钢铁质量检验技术

本钢板材股份有限公司检化验中心　编

北　京

冶 金 工 业 出 版 社

2021

内 容 提 要

本书主要内容包括三个部分：质量检验术语和定义、质量检验的分类、检验常用设备和检验数据的处理；实验室质量管理体系的建立步骤、管理体系文件的编写方法，实验室认可准则；各工艺运行技术参数、物料用途、检验原理、主要检验方法及检验注意事项。

本书可作为冶金企业检验人员培训教材，也可供职业院校人才培养及大专院校师生参考。

图书在版编目(CIP)数据

钢铁质量检验技术/本钢板材股份有限公司检化验中心编 . —北京：冶金工业出版社，2021.5
ISBN 978-7-5024-8778-2

Ⅰ.①钢… Ⅱ.①本… Ⅲ.①钢铁工业—质量检验
Ⅳ.①TF

中国版本图书馆 CIP 数据核字（2021）第 075960 号

出 版 人　苏长永
地　　址　北京市东城区嵩祝院北巷 39 号　邮编　100009　电话　（010）64027926
网　　址　www.cnmip.com.cn　电子信箱　yjcbs@cnmip.com.cn
责任编辑　卢　敏　美术编辑　郑小利　版式设计　禹　蕊
责任校对　卿文春　郭惠兰　责任印制　李玉山
ISBN 978-7-5024-8778-2
冶金工业出版社出版发行；各地新华书店经销；三河市双峰印刷装订有限公司印刷
2021 年 5 月第 1 版，2021 年 5 月第 1 次印刷
787mm×1092mm　1/16；26.5 印张；641 千字；411 页
66.00 元

冶金工业出版社　投稿电话　（010）64027932　投稿信箱　tougao@cnmip.com.cn
冶金工业出版社营销中心　电话　（010）64044283　传真　（010）64027893
冶金工业出版社天猫旗舰店　yjgycbs.tmall.com
（本书如有印装质量问题，本社营销中心负责退换）

编写委员会

主　编：田玉伟

副主编：曲　涛

编　委：(按姓氏笔画排列)

前　言

21世纪是科学技术飞速发展、日新月异的新世纪，新材料层出不穷，新工艺不断推陈出新。为满足冶金行业质量检验人员培训及生产过程控制日益严格的要求，质量检验部门组织编写了本书。

该书紧密结合冶金企业的发展需求，以实验室质量管理体系的建设和规范运行为载体，突出实用性，着重经验、技能和技巧的传授。第1章为质量检验基础知识，主要介绍质量检验术语和定义、质量检验的分类、检验常用设备和检验数据的处理；第2章为实验室质量管理体系建设与规范运行，主要介绍实验室质量管理体系的建立步骤、管理体系文件的编写方法，并对实验室认可准则进行详解；第3章为外购原燃辅料检测；第4章为焦化工序产品检测；第5章为炼铁工序产品检测；第6章为钢材质量检测，主要介绍各工艺运行技术参数、物料用途、检验原理、主要检验方法及检验注意事项。

参与本书编写的人员都是长期从事冶金检验分析的一线技术骨干，希望该书的出版能够为冶金企业检验人员培训和职业院校人才培养起到指导作用。

作　者
2020 年 12 月

目　　录

1 质量检验基础知识

1.1 质量检验概述

1.1.1 质量检验的定义

（1）检验就是通过观察和判断，适当时结合测量、试验所进行的符合性评价。对产品而言，是指根据产品标准或检验规程对原材料、中间产品、成品进行观察，适当时进行测量或试验，并把得到的特性值和规定值进行比较，判定各个物品或成批产品合格与不合格的技术性检查活动。

（2）质量检验就是对产品的一个或多个质量特性进行观察、测量、试验，并将结果和规定的质量要求进行比较，以确定每项质量特性合格情况的技术性检查活动。

1.1.2 质量检验的基本要点

（1）一种产品为满足顾客要求或预期的使用要求和政府法律、法规的强制性规定，都要对其技术性能、安全性能、互换性能及对环境和人身安全、健康影响的程度等多方面的要求做出规定，这些规定组成对产品相应质量特性的要求。不同的产品会有不同的质量特性要求，同一产品的用途不同，其质量特性要求也会有所不同。

（2）对产品的质量特性要求一般都转化为具体的技术要求在产品技术标准（国家标准、行业标准、企业标准）和其他相关的产品设计图样、作业文件或检验规程中明确规定，成为质量检验的技术依据和检验后比较检验结果的基础。经对照比较，确定每项检验的特性是否符合标准和文件规定的要求。

（3）产品质量特性是在产品实现过程中形成的，是由产品的原材料、构成产品的各个组成部分（如零、部件）的质量决定的，并与产品实现过程的专业技术、人员水平、设备能力甚至环境条件密切相关。因此，不仅要对过程的作业（操作）人员进行技能培训、合格上岗，对设备能力进行核定，对环境进行监控，明确规定作业（工艺）方法，必要时对作业（工艺）参数进行监控；而且还要对产品进行质量检验，判定产品的质量状态。

（4）质量检验是对产品的一个或多个质量特性，通过物理的、化学的和其他科学技术手段和方法进行观察、试验、测量，取得证实产品质量的客观证据。因此，需要有适用的检测手段，包括各种计量检测器具、仪器仪表、试验设备等，并且对其实施有效控制，保持所需的准确度和精密度。

（5）质量检验的结果，要依据产品技术标准和相关的产品图样、过程（工艺）文件或检验规程的规定进行对比，确定每项质量特性是否合格，从而对单件产品或批产品质量进行判定。

1.1.3　质量检验的主要功能

1.1.3.1　鉴别功能

根据技术标准、产品图样、作业（工艺）规程或订货合同的规定，采用相应的检测方法观察、试验、测量产品的质量特性，判定产品质量是否符合规定的要求，就是质量检验的鉴别功能。鉴别是"把关"的前提，通过鉴别才能判断产品质量是否合格。不进行鉴别就不能确定产品的质量状况，也就难以实现质量"把关"。鉴别主要由专职检验人员完成。

1.1.3.2　"把关"功能

质量"把关"是质量检验最重要、最基本的功能。产品实现的过程往往是一个复杂过程，影响质量的各种因素（人、机、料、法、环）都会在这个过程中发生变化和波动，各过程（工序）不可能始终处于等同的技术状态，质量波动是客观存在的。因此，必须通过严格的质量检验，剔除不合格品并予以"隔离"，实现不合格的原材料不投产，不合格的产品组成部分及中间产品不转序、不放行，不合格的成品不交付（销售、使用），严把质量关，实现"把关"功能。

1.1.3.3　预防功能

现代质量检验不单纯是事后"把关"，还同时起到预防的作用。检验的预防作用体现在以下几个方面：

（1）通过过程（工序）能力的测定和控制图的使用起预防作用。无论是测定过程（工序）能力或使用控制图，都需要通过产品检验取得一批数据或一组数据，但这种检验的目的，不是判定这一批或一组产品是否合格，而是判定计算过程（工序）能力的大小和反映过程的状态是否受控。如发现能力不足，或通过控制图表明出现了异常因素，需及时调整或采取有效的技术、组织措施，提高过程（工序）能力或消除异常因素，恢复过程（工序）的稳定状态，以预防不合格品的产生。

（2）通过过程（工序）作业的首检与巡检起预防作用。当一个班次或一批产品开始作业（加工）时，一般应进行首件检验，只有当首件检验合格并得到认可时，才能正式投产。此外，当设备进行了调整又开始作业（加工）时，也应进行首件检验，其目的都是预防出现成批不合格品。而正式投产后，为了及时发现作业过程是否发生了变化，还要定时或不定时到作业现场进行巡回抽查，一旦发现问题，可以及时采取措施予以纠正。

（3）广义的预防作用。实际上对原材料和外购件的进货检验，对中间产品转序或入库前的检验，既起把关作用，又起预防作用。前过程（工序）的把关，对后过程（工序）就是预防，特别是应用现代数理统计方法对检验数据进行分析，就能找到或发现质量变异的特征和规律。利用这些特征和规律就能改善质量状况，预防不稳定生产状态的出现。

1.1.3.4　报告功能

为了使相关的管理部门及时掌握产品实现过程中的质量状况，评价和分析质量控制的有效性，把检验获取的数据和信息，经汇总、整理、分析后写成报告，为质量控制、质量改进、质量考核以及管理层进行质量决策提供重要信息和依据。

1.1.4　质量检验的步骤

1.1.4.1　检验的准备

检验的准备包括熟悉规定要求，选择检验方法，制定检验规范。首先要熟悉检验标准和技术文件规定的质量特性和具体内容，确定测量的项目和量值。为此，有时需要将质量特性转化为可直接测量的物理量；有时需要采取间接测量方法，经换算后才能得到检验需要的量值；有时则需要有标准实物样品（样板）作为比较测量的依据。要确定检验方法，选择精密度、准确度适合检验要求的计量器具和测试、试验及理化分析用的仪器设备。确定测量、试验的条件，确定检验实物的数量，对批量产品还需要确定抽样方案。将确定的检验方法和方案用技术文件形式做出书面规定，制定规范化的检验规程（细则）、检验指导书，或绘成图表形式的检验流程卡、工序检验卡等。在检验的准备阶段，必要时要对检验人员进行相关知识和技能的培训和考核，确认能否适应检验工作的需要。

1.1.4.2　测量或试验

按已确定的检验方法和方案，对产品质量特性进行定量或定性的观察、测量、试验，得到需要的量值和结果。测量和试验前后，检验人员要确认检验仪器设备和被检物品试样状态正常，保证测量和试验数据的正确、有效。

1.1.4.3　记录

对测量的条件、测量得到的量值和观察得到的技术状态用规范化的格式和要求予以记载或描述，作为客观的质量证据保存下来。质量检验记录是证实产品质量的证据，因此数据要客观、真实，字迹要清晰、整齐，不能随意涂改，需要更改的要按规定程序和要求办理。质量检验记录不仅要记录检验数据，还要记录检验日期、班次，由检验人员签名，便于质量追溯，明确质量责任。

1.1.4.4　比较和判定

由专职人员将检验的结果与规定要求进行对照比较，确定每一项质量特性是否符合规定要求，从而判定被检验的产品是否合格。

1.1.4.5　确认和处置

检验人员对检验的记录和判定的结果进行签字确认。对产品（单件或批）是否可以"接收""放行"做出处置。

（1）对合格品准予放行，并及时转入下一作业过程（工序）或准予入库、交付（销售、使用）；对不合格品，按其程度分别做出返修、返工、让步接收或报废处置。

（2）对批量产品，根据产品批质量情况和检验判定结果分别做出接收、拒收、复检处置。

1.1.5　实验室的基本任务和基本工作准则

1.1.5.1　实验室的基本任务

实验室是组织中负责质量检验工作的专门技术机构，承担着各种检验测试任务。它是组织质量工作、质量控制、质量改进的重要技术手段，是重要的质量信息源。其基本任务是：

（1）快速、准确地完成各项质量检验测试工作；出具检测数据（报告）。

（2）负责对购入的原材料、元器件、协作件、配套产品等物品，依据技术标准、合同和技术文件的有关规定，进行进货验收检验。

（3）负责对产品形成过程中，需在实验室进行检验测试的半成品、零部件的质量控制和产成品交付前的质量进行把关检验。

（4）负责产品的形式试验（例行试验）、可靠性试验和耐久试验。

（5）承担或参与产品质量问题的原因分析和技术验证工作。

（6）承担产品质量改进和新产品研制开发工作中的检验测试工作。

（7）及时反馈和报告产品质量信息，为纠正和预防质量问题提出意见。

1.1.5.2 实验室的基本工作准则

由于实验室是生产组织进行质量把关的主要技术手段，是为质量控制、质量评价、改进和提高产品质量，开发新产品等项工作提供技术依据的重要的技术机构，其工作质量如何直接关系到产品信誉和组织自身的发展。只有为各项检验任务提供正确的、可靠的检测结果，才可能对质量作出正确的判断和结论，反之亦然。因此，实验室最基本的工作准则，应该是坚持公正性、科学性、及时性，做好检验测试工作。

（1）公正性。就是实验室的全体人员都能严格履行自己的职责，遵守工作纪律，坚持原则，认真按照检验工作程序和有关规定行事。在检测工作中，不受来自各个方面的干扰和影响，能独立公正地做出判断，始终以客观科学的检测数据说话。

（2）科学性。就是实验室应具有同检测任务相适应的技术能力和质量保证能力。人员的素质和数量的配备能满足检测工作任务的需要。检测仪器设备和试验环境条件符合检测的技术要求。对检测全过程可能影响检测工作质量的各个要素，都实行有效的控制和管理，能够持续稳定地提供准确可靠的检测结果。

（3）及时性。就是实验室的检测服务要快速及时。为了做到及时性，就要精心安排，严格执行检测计划，做好检测过程各项准备工作，使检测工作能高效有序地进行。试样的制备、仪器设备的校准、环境技术条件的监控、人员的培训以及规范操作等都应按照技术规范的要求正常地进行。检测过程不出和少出现差错、误时、仪器设备故障等影响检测顺利进行的现象，以保证检测工作的及时性。

1.2 质量检验的术语、定义

1.2.1 样品的采集与制备

1.2.1.1 采样的定义

为了对物料（原料、半成品等）进行化学分析和物理试验，按照标准规定的方法从一批物料中取出一定数量具有代表性的试样的作业，称为采样。

1.2.1.2 原燃料采样

A 采样基本方法

（1）系统采样方法。在一批物料装卸、加工或衡量的移动过程中，按一定质量或时间间隔进行取样。

（2）随机采样法。在采取子样时，对采样的部位和时间均不施加任何人为的意志，使任何部位的试样都有机会采取。

（3）分层采样法。一批物料在装卸、加工过程中，分几层取样（不得少于3层），根据每层的质量按比例在新露出的面上均匀布点采取，同时必须注意粒度比例，使每层份样的粒度比例与该层矿石的粒度分布相符，如无法取到粒度分布相符的份样，则该采样法采取的试样不进行粒度测定。其中网格采样法就是依据分层采样法制定的大堆物料采样方法。在料堆四周或新生成断面分层采样，层数不少于3层，每层采样点位均匀分布。具体点位分布如图1-1所示。每层两点之间的距离视堆长度不同取1~3m，最底层的点位不小于8点，层与层之间的距离视堆高度不同取1~3m，最上层与最下层距堆顶与底部的距离为0.5m。

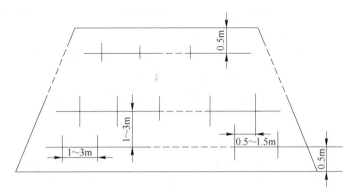

图1-1 大堆物料采样点分布示意图

（4）货车采样法。原则上从货车装卸过程中新露出的面上随机定点采取。

（5）连续采样法。从每一个采样单元采取一个总样，采样时，子样点需均匀的间隔分布。

（6）间断采样法。仅从某几个采样单元采取试样。

B 常用的采样方法分类

（1）按采样方式可分为人工采样法及机械采样法。

（2）按物料的运输方式可分为汽车采样法、火车采样法、皮带采样法。

（3）按物料的装载可分为散装物料采样法、袋装物料采样法、罐装物料采样法。

（4）按物料的形态可分为固态及液态采样法。

1.2.1.3 钢及钢材采样

A 炼钢取样

按正常工艺流程，铁水预处理、炼钢、精炼、连铸需要取样进行熔炼分析，一般取6~10个样。

B 热轧产品取样

根据执行技术条件要求的检验项目及取样方向进行取样委托，并按照国标GB/T 2975规范取样。

C 冷轧产品取样

依据GB/T 2975钢及钢产品力学性能试验取样位置及试样制备，根据产品标准或供需双方协议规定，在外观及尺寸合格的钢产品上取样，试料应有足够的尺寸以保证（机）加工出足够的试样进行规定的试验及复验。

（1）连退、镀锌、重卷后产品的取样，按照酸轧的钢卷编号为一个批次进行取样。标准编号要求各机组按 MES 填写。

1）大卷取样。各机组在进行第一分卷时取样，若不分卷，连退、镀锌在带尾取样，重卷机组在带头取样。

2）小卷取样。连退、镀锌取样时，在每个分卷的卷尾取样；重卷取样时，在每个卷的带头取样，若重卷机组投入拉矫，需要在拉矫部位取性能样。

3）特殊产品取样。DC06、BH 钢、B170P、SPCUD、180B2、180P、210P、ST16、JSC270D、JSC270E、FS-A、通用牌号（如 GM6409M、CR3、CR4，GMW2M-ST-S CR3、CR4，GMW3032M-ST-S 180P 等）需双倍取样。

（2）针对重卷重新取样，油膜、磷化膜检测用样，锌重检测等试样，在委托单中均需要标注试样用途，如"复检""磷化膜""锌重测试"等。

（3）盐雾试验取样（针对钝化、耐指纹处理）必须用防锈纸或塑料膜包装，避免划伤。委托单标注试验内容，如"盐雾试验"。

D　特钢产品取样

根据执行的产品标准、技术协议要求的检验项目及取样位置、方向进行取样。

E　北营棒线材取样

根据 GB/T 20066—2006《钢和铁化学成分测定用试样的取样和制样方法》和 GB/T 2975—1998《钢和钢产品力学性能试样的取样位置及试样制备》要求取制化学成分和力学性能试样。

1.2.1.4　试样的制备

A　制样的目的

试样制备的目的是通过破碎、混合（混匀）、缩分和干燥等步骤将采集的试样制备成能代表原来试样特性的分析（试验）用试样。破碎的目的是增加试样的颗粒数、减小缩分误差；混合的目的是使试样尽可能均匀，在缩分前进行充分的混合以减少制样误差。

B　制样的过程

制样是指用一个份样、一个副样或一个大样，制备一个测定化学成分的试样。需要经过如下过程：

（1）破碎和过筛。用机械或人工方法将试样逐步破碎，一般分为粗碎、中碎和细碎等阶段。

（2）混合与缩分。试样每经一次破碎后，使用机械（分样器）或人工方法取出一部分有代表性的试样，继续加以破碎，使试样量逐步减少，这个过程称为缩分。缩分分为机械方法和人工缩分方法。

人工缩分方法分为：

1）二分器缩分法。将混匀后的样品均匀地给入二分器中，保证样品沿二分器全部格槽均匀撒落；随机选择一个接收器内的样品为保留样品，如需进一步缩分，保留样品可再次或多次通过二分器，此时要从二分器两侧的接收器交替收集保留样品。

2）网格缩分法（棋盘法）。将混匀后样品辅在一平坦、不吸附、不污染的表面上，厚度约为最大粒度 3 倍，呈均匀的长方块，如试样量大，面积大于 2m×2.5m，则摊成质量相等的多个平堆；每个平堆划成等分的网格，分大样不得小于 20 格，缩分副样不得小于 12 格，用分样铲从每格中随机取一满铲，收集一个份样；将挡板垂直插入样品平堆底部，然后将分样铲于距挡板约等于料层厚度 2 倍处垂直平堆底部，水平移动分样铲至分样铲开口端接触挡板，使混样板上的这部分物料颗粒全部被收集；将分样铲和挡板同时提起，防止物料从样铲开口流掉，将各份样集合为缩分样品。

3）堆锥四分法。将混匀后的样品堆成圆锥形，然后将圆锥顶尖压平，将十字分样板放在扁平体的正中间，向下压至底部，使样品被分成 4 个相等的扇形，将相对的两个扇形弃去（或留存），另两个扇形体留下继续下一步制样。

4）条带截取法。将破碎后的样品充分混合均匀，然后在一平坦、无吸附性和不会污染的表面上，顺着一个方向将其均匀地铺成一长带。带长至少为带宽的 10 倍。铺带时，在带的两端挡上挡板，使粒度离析只在两侧产生，而且横向和纵向都应随机铺放。然后用一宽度至少为煤样标称最大粒度 3 倍、高度大于试样带厚度的取样框，沿样带长度每隔一定距离截取一段试样，作为一子样，至少截取 20 个子样，然后合并成试样。

5）九点取样法。用堆锥法将试样掺和一次后摊开成厚度不大于标称最大粒度 3 倍的圆饼状，然后用取样铲和操作从图 1-2 所示的 9 点中取 9 个子样，合成一份试样。

试样的最后细度应便于试样的分解，一般要求试样通过 $74 \sim 149 \mu m$ 筛孔，在生产单位均有具体规定，如一般矿样、耐火材料应全部通过大于 $120 \mu m$ 筛孔，铁合金应全部通过大于 $90 \mu m$ 筛孔，特别难溶的试样要求全部通过大于 $48 \mu m$ 筛孔。

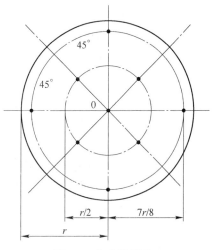

图 1-2　九点取样法

1.2.1.5　样品的保存和留样

（1）样品的保存。采集的样品保存时间越短，分析结果越可靠。为了避免样品在运送过程中待测组分的损失（由于挥发、分解和被污染原因等造成），能够在现场进行测定的项目应在现场完成。若样品必须保存，则应根据样品的物理性质、化学性质和分析要求，采用合适的方法保存样品。可采用低温、冷冻、真空和冷冻真空干燥、加稳定剂、防腐剂或保存剂，或通过化学反应使不稳定成分转化为稳定成分等措施使样品保存期延长。

根据实际情况，可用普通玻璃瓶、棕色玻璃瓶、石英试剂瓶、聚乙烯瓶、袋、桶等保存样品。

（2）工厂样品留样规定：

1）需留样品：

①原则上进厂原料和出产成品均需留样至证明分析是正确为止，一般原料样品需留样至大量投料无问题为止；成品样品需留样 1~2 年。

②不能保存的样品，应慎重取样，仔细分析和审查，防止发生错误。

2）留样方法：

①规定留存样品，应注明品名、批号、取样者和取样时间。

②留样数量不得少于 4~5 次分析检查的用量。

③易风化、潮解、挥发、失水的样品，应严密封存保存。

④重新取样化验的样品，亦予以留样，并注明情况。

1.2.1.6　测定前的预处理

试样经分解后有时还要进一步处理才能用于测定。处理的方法应根据试样的组成和采用的测定方法而定，对试样的处理一般应考虑下述几个方面。

（1）试样的状态。采用蒸发、萃取、离子交换、吸附等，将试样转化成固态、水溶液、非水溶液等形式，以适于待测组分的结构、形态、形貌和含量的测试。

（2）被测组分的存在形式。被测组分的氧化数、存在的化学形式（如游离态、配合态盐等）应适当，可采用适当的化学方法将其转变为所需形式。

（3）被测组分的浓度或含量。采用分离、富集或者稀释的方法，使被测组分的浓度或含量在所用分析方法的检测范围内，以保证测定结果的准确性。

（4）共存物的干扰。根据共存物的干扰情况测定前采取化学掩蔽和沉淀、萃取、离子交换等分离方法消除干扰组分的影响。

（5）辅助试剂的选择。有时在测定前需向被测试样中加入一些辅助试剂，以便较好地检测被测组分，如催化剂、增敏剂、显色剂等。

1.2.1.7　试样的分解

在分析工作中，除干法分析（如光谱分析等）外，试样的测试基本上在溶液中进行，因此，若试样为非溶液状态，则需通过适当的方法将其转化为溶液，这个过程称为试样的分解。

（1）溶解法。溶解法是指采用适当的溶剂将试样溶解制成溶液，这种方法比较简单、快速。水是溶解无机物的重要溶剂之一，碱金属盐类、铵和镁的盐类、无机硝酸盐及大多数碱土金属盐等都易溶于水。对于不溶于水的无机物的分解通常以酸、碱或混合物作为溶剂。

常用的酸碱溶剂有盐酸、硝酸、硫酸、磷酸、高氯酸、氢氟酸、混合酸（如硫酸-磷酸、硫酸-硝酸、盐酸-过氧化氢、浓硫酸-高氯酸等）、NaOH 和 KOH 等。

（2）熔融法。熔融法是指将试样与酸性或碱性固体熔剂混合，在高温下使其进行复分解反应，将欲测组分转变为可溶于水或酸的化合物，如钠盐、钾盐、硫酸盐或氯化物等。不溶于水、酸、碱的无机试样一般可采用这种方法分解。

根据熔剂的性质熔融法。可分为酸熔法和碱熔法。常用熔剂有 $K_2S_2O_7$ 或 $KHSO_4$、铵盐混合熔剂、Na_2CO_3 或 K_2CO_3、Na_2O_2、NaOH 或 KOH 等。

（3）半熔法。半熔法又称为烧结法，它是在低于熔点的温度下，使试样与熔剂发生反应。与熔融法相比，半熔法的温度较低，加热时间较长，但不易损坏坩埚，通常可以在瓷坩埚中进行，不需要贵金属器皿。常用 MgO 或 ZnO 与一定比例的 Na_2CO_3 混合物作为熔剂，可用来分解铁矿及煤中的硫；碳酸钠与氯化铵也常用作半熔融分解的熔剂。

（4）干式灰化法。干式灰化法适用于分解有机物和生物试样，以便测定其中的金属元素、硫及卤素元素的含量。

1.2.2 化学检验定义、术语

（1）试验（test）：是根据特定的程序，测定产品、过程或服务的一种或多种的技术操作。

（2）测试（testing）：是进行一个或多个试验的活动。

（3）试验方法（test method）：是进行试验的具体的技术程序。

（4）检验（inspection）：是对实体的一个或多个特性进行测量、检查、试验或度量并将结果与规定要求进行比较以确定每项特性合格情况所进行的活动。

（5）实体（entity，item）：是可单独描述和研究的事物，可以是产品。

（6）化验：是我国对检验的习惯用语，本书用此术语是泛指检验、试验和测试。

（7）标准：对重复性事物和概念所做的统一规定。

（8）代号：强制性国家标准的代号为 GB，推荐性国家标准为 GB/T。

（9）编号：国家标准的编号由国家标准的代号、国家标准发布的顺序号和审批年号构成。审批年号可以是 2 位或 4 位数字，当审批年号后有括号时，括号内的数字为该标准进行重新确认的年号。如：GB 252—2000，GB/T 261—81（91）。

（10）检测标准：大体分三类：综合标准、产品标准、分析方法标准，包括国标（代号 GB）、化学工业部颁发标准（代号 HG）、化工部（代号 HGB）、企业标准（代号 QB）。

（11）标准物质（基准物质）：是具有一种或多种足够均匀并已经很好地确定了其特性量值的物质或材料。标准物质可以是纯的或混合的气体、液体或固体。

有证标准物质（certified reference material，CRM）是有证书的标准物质，其一种或多种特性量值是用建立了计量溯源性的方法测定的，确定的每个特性量值均附有一定置信水平的不确定度。

我国已有 2107 个品种的标准物质（其中一级标准物质 1093 种），用于校准仪器、评价测量方法或确定物料的量值等。

标准物质分为一级标准物质"GBW"和二级标准物质"GBW（E）"。

（12）标准样品（reference material，RM）：具有足够均匀的一种或多种化学的、物理的、生物学的、工程技术的或感官等的性能特征，经过技术鉴定，并附有说明有关性能数据证书的一批样品。

有证标准样品（certified reference material，CRM）是具有一种或多种性能特征，经过技术鉴定，附有说明上述性能特征的证书，并经国家标准化管理机构批准的标准样品。

GSB 表示国家实物标准样品；YSB 表示冶金行业标准样品；YSBC 表示化学分析用冶金行业标准样品；YSBS 表示仪器分析用冶金行业标准样品；YSS 表示有色金属行业标准样品。

（13）不确定度：表征合理赋予被测量的值的分散性、与测量结果相联系的参数，称为测量不确定度。

不确定度的分类：分为标准不确定度和扩展不确定度。

根据评定方法的不同，标准不确定度分为：A 类标准不确定度（u_A）、B 类标准不确定度（u_B）及合成不确定度（u_C）。

1.2.3 化学检验方法的分类

（1）按化学检验要求分：定性分析、定量分析和结构分析。

（2）按化学检验原理和操作方法分：化学分析和仪器分析。

（3）按化学检验对象分：无机分析和有机分析。

（4）按化学检验组分的含量分：常量分析、半微量分析、微量分析和超微量分析。

（5）按化学检验任务分：例行分析、快速分析和仲裁分析。

化学检验中常用的化学分析方法为滴定分析法和重量分析法。

1.2.3.1 滴定分析法

定义：滴定分析法是用滴定管将标准溶液滴加到被测物质溶液中，直到标准溶液与被测物质恰好反应完全，根据标准溶液的浓度及滴定消耗的体积、被测物质的摩尔质量，计算被测物质的含量的方法。

滴定：用滴定管将标准溶液滴加到被测物质溶液中的过程称为滴定。

滴定反应：滴定时的反应称为滴定反应。

化学计量点：在滴定过程中，当滴入的标准溶液的物质的量与待测定组分的物质的量恰好符合化学反应式所表示的化学计量关系时，称反应到达了化学计量点，用 sp 表示。

滴定终点：可用指示剂或电位法（见分析仪器及其维护部分）指示化学计量点的到达。在化学计量点的附近指示剂颜色发生突变，此时立即停止滴定。指示剂颜色发生突变即停止滴定的一点称为滴定终点，用 ep 表示。

滴定误差：滴定终点与化学计量点不完全吻合而引起的误差称为滴定误差，又称终点误差。终点误差属于方法误差，为了减小终点误差，必须选用合适的指示剂，使滴定终点与化学计量点尽可能接近。

分类：依据滴定反应的类型可将滴定分析法分为酸碱滴定法、沉淀滴定法、配位滴定法及氧化还原滴定法。

（1）酸碱滴定法：滴定反应为酸碱中和反应的滴定分析法。

（2）沉淀滴定法：滴定反应为沉淀反应的滴定分析法。

（3）配位滴定法：滴定反应为配位反应的滴定分析法。

（4）氧化还原滴定法：滴定反应为氧化还原反应的滴定分析法。

滴定反应的条件：

（1）反应必须是定量进行，不得有副反应。

（2）反应能够迅速完成，速度较慢时应采用加热或加入催化剂等方法加快反应速度。

（3）有比较简便可靠的方法指示等量点。

（4）共存物质不干扰或能被掩蔽。

A 酸碱滴定法

（1）酸与碱的定义：

酸：凡能给出质子的物质是酸，酸失去 1 个质子后转化为它的共轭碱。

碱：凡能接受质子的物质是碱，碱得到 1 个质子后转化为它的共轭酸。

两性物质：既能给出质子，又可得到质子的物质为两性物质。

酸碱反应：质子转移的反应，酸给出质子而碱同时接受质子。

实质（原理）：$H^+ + OH^- \rightleftharpoons H_2O$，在反应过程中〔$H^+$〕、〔$OH^-$〕不断变化。

（2）酸碱指示剂：一般是弱的有机酸或有机碱，它的酸式及其共轭碱式具有不同的颜色。

$$HIn \rightleftharpoons H^+ + In^-$$

1）混合指示剂。混合指示剂有两类：一类同时使用两种指示剂，利用彼此颜色之间的互补作用，使变色更加敏锐；另一类由指示剂与惰性燃料（亚甲基蓝、靛蓝二磺酸钠）组成，也是利用颜色互补提高敏锐度。当需要将滴定终点限制在很窄的 pH 值范围内时，可采用混合指示剂。

2）非混合指示剂，终点颜色约有 ±0.3pH 值的不确定度，混合指示剂有 ±0.2pH 值的不确定度。

（3）影响酸碱指示剂理论变色点的因素：

1）温度。

2）指示剂用量：双色指示剂的用量不会影响指示剂变色点的 pH 值；但用量太多，带来误差。单色指示剂的用量多少对变色范围有影响，指示剂加入过多，终点提前。

3）离子强度和溶剂的影响：增加离子强度，指示剂的理论变色点变小。

（4）一般酸碱滴定中，酸滴定碱用甲基橙，碱滴定酸用酚酞。

B　配合滴定法

a　EDTA 的特性

乙二胺四乙酸，简称 EDTA 或 EDTA 盐，用 H_4Y 表示，其在水中的溶解度小，故可制成二钠盐，也称 EDTA，或叫 EDTA 二钠盐，用 $Na_2H_2Y \cdot 2H_2O$ 表示，它的溶解度较大，在 22℃ 时，100mL 水中溶解 11.1g，浓度为 0.3mol/L，pH 值约为 4.4。当 H_4Y 溶解于水时，若溶液的酸度很高，它的 2 个羧基可再接受 H^+，形成 H_6Y^{2+}，此时，相当于六元酸。当溶液的 pH 值<1 时，主要以 H_6Y 形式存在；当 pH 值在 2.67~6.16 之间时，主要以 H_2Y 形式存在，在 pH 值大于 10.26 的碱性溶液中，主要以 Y 形式存在。

一般情况下，EDTA 与金属离子形成 1:1 的配合物，生成配合物的反应式可简写为：

$$M + Y \rightleftharpoons MY$$

b　配合滴定曲线

配合滴定和酸碱滴定类似，但配合滴定过程中，被滴定的是溶液中的金属离子，随着滴定剂（EDTA）的加入，金属离子不断被配合，其浓度不断减小。当达到化学计量点附近时，溶液的 PM（$-\log$〔M〕）发生突变，利用适当的方法指示终点，完成滴定。

c　金属离子指示剂

在配合滴定中，通常利用一种能与金属离子生成有色配合物的显色剂来指示滴定过程中金属离子浓度的变化，这种显色剂称为金属离子指示剂，简称金属指示剂。

金属指示剂显色：　　　　　　$M + In \rightleftharpoons MIn$

滴入配合剂后：　　　　　　$MIn + Y \rightleftharpoons MY + In$

（1）金属离子指示剂应具备下列条件：

1）显色配合物（MIn）与指示剂（In）的颜色应显著不同。

2）显色剂反应灵敏、迅速，有良好的变色可逆性。

3）显色配合物的稳定性要适当。既要有足够的稳定性，但又要比该金属离子的

EDTA 配合物的稳定性小。

4）金属离子指示剂应比较稳定，便于储藏和使用。

（2）金属离子指示剂的选择：

1）在化学计量点附近 pM 发生突跃。

2）指示剂变色的 pMep 应尽量与化学计量点的 pMsp 一致，减少终点误差。

（3）金属指示剂的封闭现象和消除：

指示剂的封闭现象：指示剂在计量点附近有敏锐的颜色变化，但有时指示剂的颜色变化受到干扰，达到化学计量点后，过量的 EDTA 不能夺取金属指示剂有色配合物种的金属离子，而使指示剂在化学计量点附近没有颜色变化的现象。

产生指示剂封闭现象的原因：可能是由于溶液中某些离子的存在，与指示剂形成十分稳定的有色配合物，不能被 EDTA 破坏，因而产生封闭现象。常用加入掩蔽剂来消除某些离子的干扰。

如：以铬黑 T 为指示剂，当用 EDTA 滴 Ca^{2+}、Mg^{2+} 时，Fe^{3+}、Al^{3+} 对指示剂的封闭作用可用三乙醇胺作掩蔽剂消除；Cu^{2+}、Co^{2+}、Ni^{2+} 可用 KCN 或 Na_2S 等消除。

有时金属离子与指示剂生成难溶性有色化合物，在终点时与滴定剂置换缓慢，使终点拖长。这时可加入适当的有机溶剂，增大其溶解度，使颜色变化敏锐。如用 PAN 做指示剂，加入少量的乙醇，可使指示剂变色明显。

消除指示剂封闭现象的方法：

1）共存离子与指示剂形成稳定的有色配合物，不能被 EDTA 破坏，可加入掩蔽剂来消除。

2）有色配合物的颜色变化为可逆性很差的反应引起，返滴定。

3）金属离子与掩蔽剂生成难溶性有色配合物，加入适当溶剂。

d 提高配合滴定选择性的途径

（1）选择滴定的可行性。

（2）配合滴定酸度的控制。

（3）利用掩蔽剂提高配合滴定的选择性（配合掩蔽、沉淀掩蔽、氧化还原掩蔽）。

e 在配合分析中，掩蔽共存离子干扰的方法

（1）配合掩蔽法：向被测溶液中加入一种配合剂，使干扰离子转化为配合物，达到消除干扰的目的。

（2）沉淀掩蔽法：向被测溶液中加入与干扰离子生成沉淀的沉淀剂，并在沉淀存在下直接进行配合滴定。

（3）氧化还原掩蔽法：向被测溶液中加入一种氧化剂或还原剂，与干扰离子发生氧化还原反应，以达到消除干扰的目的。

f 配合滴定的应用

（1）直接滴定法：

在 pH＝5～6 的微酸性溶液中，用掩蔽剂掩蔽铁、锰、铝等干扰元素；

在 pH＝10 滴定 Ca^{2+}、Mg^{2+} 总量（缓冲溶液）：

$$Ca^{2} + Y \Longrightarrow CaY$$
$$Mg^{2+} + Y \Longrightarrow MgY$$

在 pH>12 滴 Ca^{2+}，加入 KOH 使溶液由酸性调到碱性发生：

$$Mg^{2+} + 2OH^- \Longrightarrow Mg(OH)_2\downarrow$$

$$Ca^{2+} + Y \Longrightarrow CaY$$

（2）返滴定法：

采用返滴定法的原因如下：

1）采用直接法时缺乏符合要求的指示剂，或者被测离子对指示剂有封闭作用；

2）被测离子与 EDTA 的配合速度很慢；

3）被测离子发生水解等副反应，影响测定。

例如对 Al^{3+} 的测定：

1）Al^{3+} 对二甲酚橙等指示剂有封闭作用；

2）配合缓慢；

3）酸度低时，生成的配合物多。

采用的方法：pH<4.1 时，加入过量的 EDTA，加热反应完全；

　　　　　　pH=5~6 时，加入二甲酚橙（PAN），用 Zn^{2+}（硫酸铜）标准溶液滴定。

C 氧化还原滴定法

（1）原理：氧化还原反应是物质之间发生电子转移的反应，获得电子的物质叫做氧化剂，失去电子的物质叫做还原剂。例如矿石中全铁的测定反应，$6Fe^{2+} + Cr_2O_7^{2-} + 14H^+ \Longrightarrow 6Fe^{3+}+2Cr^{3+}+7H_2O$，$Fe^{2+}+e^- \Longrightarrow Fe^{3+}$，$14H^++Cr_2O_7^{2-}+6e^- \Longrightarrow 2Cr^{3+}+7H_2O$。

（2）影响氧化还原反应速度的因素：

1）氧化剂和还原剂的性质。

2）反应物的浓度。一般情况下，反应物浓度越大，反应速度越大。

3）温度。对大多数反应来说，温度升高，可提高反应速度；通常每升高 $10℃$，反应速度约增加 2~3 倍。

4）催化剂对反应的影响也很大。

（3）氧化还原指示剂类型：

1）自身指示剂。标准溶液或被滴定的物质本身具有颜色，可利用自身颜色的变化指示终点，滴定时不必另加指示剂。例如，$KMnO_4$（紫红色）~ Mn^{2+}（粉红色）30s 不褪色。

2）显色指示剂。有的物质本身并不具有氧化还原性，但其能与氧化剂或还原剂产生特殊的颜色，可指示滴定终点。例如，在碘量法中就用淀粉作指示剂，淀粉与碘溶液发生反应后生成深蓝色的化合物，当 I_2 被还原为 I^- 时，深蓝色消失。

3）氧化还原反应的指示剂。即本身发生氧化还原作用，其氧化态和还原态具有不同的颜色，可以用来指示终点。例如，$K_2Cr_2O_7$ 滴定 Fe^{2+}，常用二苯胺磺酸钠为指示剂，其还原态无色，氧化态为紫红色。

（4）氧化还原滴定前的预处理。在进行氧化还原滴定之前，先把被测定物质处理成能与滴定剂迅速完全并按一定化学计量关系作用的氧化态或还原态，这一过程称为预处理。

能用于预处理的氧化剂或还原剂，必须具备以下条件：

1）反应进行完全，速度快。

2）剩余的预处理剂必须容易除去或破坏。

3）预处理剂应有一定的选择性。

（5）常用的氧化剂：$(NH_4)_2S_2O_8$、$KMnO_4$、H_2O_2、$HClO_4$、KIO_4、$NaBiO_3$。

（6）常用的还原剂：$SnCl_2$、$TiCl_3$、金属单质（Al、Zn、Fe）等。

（7）氧化还原滴定法的应用：

1）高锰酸钾法。高锰酸钾是一种较强的氧化剂，在强酸性溶液中与还原剂作用 MnO_4^- 被还原为 Mn^{2+}；在弱酸或碱性溶液中与还原剂作用，MnO_4^- 被还原为 Mn^{4+}。生成的褐色 MnO_2 沉淀实际上是 $MnO_2 \cdot H_2O$ 水合物。所以高锰酸钾是一种应用广泛的氧化剂。

$KMnO_4$ 溶液的配制：纯的 $KMnO_4$ 溶液是相当稳定的。但一般 $KMnO_4$ 试剂中常含有少量 MnO_2 和其他杂质，蒸馏水中还原性物质与 MnO_4^- 反应。热、光、酸、碱等也能促进 $KMnO_4$ 溶液的分解，故不能直接用 $KMnO_4$ 试剂配制标准溶液。为此可采取下列措施配制：

①称取稍多于理论量的 $KMnO_4$，溶解在一定体积的蒸馏水中。

②将配好的 $KMnO_4$ 溶液加热至沸 15min，放置 2 周后，使还原性物质完全被氧化。

③用微孔玻璃漏斗过滤，除去析出的沉淀。

④过滤后的 $KMnO_4$ 溶液储存于棕色试剂瓶中，并存放于暗处，以待标定。

$KMnO_4$ 溶液的标定：标定 $KMnO_4$ 溶液的基准物质有 $Na_2C_2O_4$、As_2O_3、$H_2C_2O_4 \cdot 2H_2O$、纯铁丝等。常用 $Na_2C_2O_4$，因易提纯，稳定，不含结晶水，在 $105 \sim 110℃$ 烘干 2h 后使用。

反应原理：$2MnO_4^- + 5C_2O_4^{2-} + 16H^+ \rightleftharpoons 2Mn^{2+} + 10CO_2\uparrow + 8H_2O$

条件：

①温度：$70 \sim 85℃$（不得小于 60℃，不能高于 90℃，否则 $H_2C_2O_4$ 发生分解）：

$$H_2C_2O_4 \rightleftharpoons CO_2 + CO + H_2O$$

②酸度：开始为 $0.5 \sim 1.0mol/L$，终点为 $0.2 \sim 0.50mol/L$。

③滴定速度：先慢后快，防止发生分解。

④催化剂：生成 Mn^{2+} 起作用，加快反应速度。

⑤指示剂：MnO_4^- 本身具有颜色，溶液中有稍微过量的 MnO_4^- 即可显示出粉色。

⑥滴定终点：$30 \sim 45s$ 不褪色。

2）重铬酸钾法。重铬酸钾法是以 $K_2Cr_2O_7$ 为标准溶液进行滴定的氧化还原法。$K_2Cr_2O_7$ 是一个强氧化剂，在酸性溶液中，被还原为 Cr^{3+}。

$K_2Cr_2O_7$ 是稍弱于 $KMnO_4$ 的氧化剂，它与 $KMnO_4$ 对比，具有以下优点：

①$K_2Cr_2O_7$ 容易提纯，在 $140 \sim 150℃$ 干燥后可以直接称量配制标准溶液，不需要进行标定。

②$K_2Cr_2O_7$ 标准溶液非常稳定，可以长期保存。

③$K_2Cr_2O_7$ 的氧化能力没有 $KMnO_4$ 强，在 $1.0mol/L$ HCl 溶液中，室温下不与 Cl^- 作用，故可在 HCl 溶液中滴定 Fe^{2+}。

但用 $K_2Cr_2O_7$ 法测定样品需要用氧化还原指示剂。

$K_2Cr_2O_7$ 标准溶液：$K_2Cr_2O_7$ 标准溶液通常用直接法配制，如配制 $c_{(1/6K_2Cr_2O_7)} = 0.05000mol/L$ 溶液 250mL，将 $K_2Cr_2O_7$ 在 120℃ 烘至质量恒定，置干燥器中冷却至室温。

准确称量 0.6129g $K_2Cr_2O_7$ 置于小烧杯中，加水溶解，转移至 250mL 容量瓶中，加水至刻度，摇匀。

3）碘量法。碘量法是利用碘的氧化性和碘离子的还原性进行物质含量测定的方法。碘量法分为直接碘量法和间接碘量法两种。

①直接碘量法。直接碘量法又称为碘滴定法，它是利用碘作标准溶液直接滴定一些还原性物质的方法。例如：

$$I_2 + H_2S \Longleftrightarrow S + 2HI$$

利用直接碘量法还可以测定 SO_3^{2-}、AsO_3^{3-}、SnO_2^{2-} 等，但反应只能在微酸性或近中性溶液中进行，因此受到测量条件限制，应用不太广泛。

②间接碘量法。间接碘量法又称为滴定碘法，它是利用碘的还原作用（通常使用 KI）与氧化性物质反应生成游离的碘，再用还原剂（$Na_2S_2O_3$）的标准溶液滴定从而测出氧化性物质含量的方法。例如测定铜盐中铜的含量，在酸性条件下与过量 KI 作用析出：

$$2Cu_2 + 4I^- \Longleftrightarrow 2CuI\downarrow + I_2$$

析出的 I_2 用 Na_2SO_3 标准溶液滴定。

$$I_2 + 2Na_2S_2O_3 \Longleftrightarrow 2NaI + Na_2S_4O_4$$

由此可见，间接碘量法是以过量 I^- 与氧化性物质反应，析出与氧化性物质等物质量的 I_2，然后再用 Na_2SO_3 标准溶液滴定的方法。这一反应过程被看做是碘量法的基础。

判断碘量法的终点常用淀粉作为指示剂。直接碘量法的终点是从无色变蓝色，间接碘量法的终点是从蓝色变无色。

淀粉溶液应在滴定近终点时加入，如果过早加入，淀粉会吸附较多的 I_2，使滴定结果产生误差。

标准溶液的配制和标定。碘量法中经常使用的有 $Na_2S_2O_3$ 和 I_2 两种标准溶液，下面分别介绍这两种标准溶液的配制和标定方法。

①$Na_2S_2O_3$，溶液的配制和标定。$Na_2S_2O_3$ 不是基准物质，不能直接配制标准溶液。配制好的 $Na_2S_2O_3$ 溶液不稳定，容易分解，这是由于在水中的微生物、CO_2、空气中 O_2 作用下，发生了下列反应：

$$Na_2S_2O_3 \xrightarrow{\text{微生物}} Na_2SO_3 + S\downarrow$$

$$S_2O_3^{2-} + CO_2 + H_2O \Longleftrightarrow HSO_3^- + HCO_3^- + S\downarrow$$

$$S_2O_3^{2-} + \frac{1}{2}O_2 \Longleftrightarrow SO_4^{2-} + S\downarrow$$

此外，水中微量的 Cu^{2+} 或 Fe^{3+} 等也能促进 $Na_2S_2O_3$ 分解。

因此，配制 $Na_2S_2O_3$ 溶液时，需要用新煮沸（为了除去 CO_2 和杀死细菌）并冷却了的蒸馏水，加入少量 Na_2CO_3 使溶液呈弱碱性，以抑制细菌生长。这样配制的溶液也不宜长期保存，使用一段时间后要重新标定。如果发现溶液变浑或析出硫，就应该过滤后再标定，或者另配溶液。

$K_2Cr_2O_7$、KIO_3 等基准物质常用来标定 $Na_2S_2O_3$ 溶液的浓度。称取一定量上述基准物质，在酸性溶液中与过量 KI 作用，析出的 I_2，以淀粉为指示剂，用 $Na_2S_2O_3$ 溶液滴定，有关反应式如下：

$$Cr_2O_7^{2-} + 6I^- + 14H^+ = 2Cr^{3+} + 3I_2 \downarrow + 7H_2O$$
$$IO_3^- + 5I^- + 6H^+ = 3I_2 \downarrow + 3H_2O$$

$K_2Cr_2O_7$（或 KIO_3）与 KI 的反应条件如下：

● 溶液的酸度愈大，反应速率愈快，但酸度太大时，I^- 容易被空气中的 O_2 氧化，所以酸度一般以 $0.2 \sim 0.4mol/L$ 为宜。

● $K_2Cr_2O_7$ 与 KI 作用时，应将溶液储于碘瓶或锥形瓶中（盖上表面皿），在暗处放置一定时间，待反应完全后，再进行滴定。KIO_3 与 KI 作用时，不需要放置，宜及时进行滴定。

● 所用 KI 溶液中不应含有 KIO_3 或 I_2。如果 KI 溶液显黄色，则应事先用 $Na_2S_2O_3$ 溶液滴定至无色后再使用。若滴至终点后很快又转变为 I_2^- 淀粉的蓝色，表示 KI 与 $K_2Cr_2O_7$ 的反应未进行完全，应另取溶液重新标定。

②I_2 溶液的配制和标定。用升华法可以制得纯碘，但由于碘的挥发性及对天平的腐蚀，不宜在分析天平上称量；而应在托盘天平上称取一定量碘，加入过量的 KI，置于研钵中，加少量水研磨，使 I_2 全部溶解，然后将溶液稀释，倾入棕色瓶中于暗处保存，应避免 I_2 溶液与橡皮等有机物接触，也要防止 I_2 溶液见光遇热，否则浓度将发生变化。既可用已标定好的 $Na_2S_2O_3$ 标准溶液来标定 I_2 溶液，也可用 As_2O_3 来标定。As_2O_3 难溶于水，但可溶于碱溶液中

$$As_2O_3 + 6OH^- = 2AsO_3^{3-} + 3H_2O$$
$$AsO_3^{3-} + I_2 + H_2O = AsO_4^{3-} + 2I^- + 2H^+$$

由于 As_2O_3 剧毒，一般不宜使用，可用 $Na_2S_2O_3$ 标准溶液来标定。

D　沉淀滴定法

定义：沉淀滴定法是以沉淀反应为基础的滴定分析法。

根据滴定分析对化学反应的要求，适合于作为滴定用的沉淀反应必须具备以下几个条件：

（1）生成溶解度很小的沉淀。

（2）沉淀反应必须迅速，并能按一定的化学计量关系定量进行。

（3）必须有适当的方法指示终点。

（4）沉淀的吸附现象不应妨碍滴定终点的确定。

使用沉淀滴定法存在局限的原因：

（1）组成不恒定。

（2）溶解度较大。

（3）形成过饱和溶液。

（4）达到平衡的速度慢。

（5）共沉淀现象严重。

目前，能用于沉淀滴定的主要是生成难溶性银盐的反应：

$$Ag^+ + Cl^- = AgCl \downarrow$$
$$Ag^+ + SCN^- = AgSCN \downarrow$$

这类以形成银盐沉淀的滴定方法称为银量法。

沉淀滴定法应用：

（1）莫尔（Mohr）法。用铬酸钾（$K_2Cr_2O_4$）作指示剂，用 $AgNO_3$ 标准溶液滴定的银量法。

$$滴定反应：Ag^+ + Cl^- \rule[0.5ex]{2em}{0.4pt} AgCl\downarrow（白色）$$
$$2Ag^+ + CrO_4^{2-} \rule[0.5ex]{2em}{0.4pt} Ag_2CrO_4\downarrow（砖红色）$$

$[CrO_4^{2-}]$ 控制在 $5×10^3$ mol/L，酸度控制在 pH6.5～10.5 之间。

（2）佛尔哈德（Volhard）法。用铁铵矾作指示剂，用标准 KSCN 或 NH_4SCN 溶液作滴定剂的银量法。酸度控制在 $[H^+]$ 0.1～1mol/L，弱酸阴离子（PO_4^{3-}，AsO_4^{3-}，$C_2O_4^{2-}$ 等）都无干扰，可提高滴定的选择性。

1）直接滴定法。在含有 Ag^+ 的酸性溶液中，以铁铵矾作指示剂，用 NH_4SCN（或 KSCN、NaSCN）的标准溶液滴定。

2）返滴定法。测定 Cl^- 时，首先向试液中加入已知量过量的 $AgNO_3$ 标准溶液，然后以铁铵矾作指示剂，用 NH_4SCN 标准溶液返滴定过量的 Ag^+。

1.2.3.2 重量分析法

定义：根据称得反应产物的质量来确定被测组分含量的分析方法，称为重量分析法。

沉淀形式：沉淀析出的形式称为沉淀形式。

称量形式：利用沉淀反应进行重量分析时，通过加入适当的沉淀剂，使被测组分以适当的形式析出，然后过滤、洗涤、再将沉淀烘干或灼烧成称量形式称重。沉淀形式和称量形式既可以相同，也可以不同。如 $BaSO_4$—$BaSO_4$；$CaC_2O_4 \cdot 2H_2O$—CaO。

分类：重量分析法是化学检验方法中最经典的方法，重量分析法可分为沉淀重量法、气化法（挥发法）和电解法。

A 重量分析法的分类

重量分析法有以下几类：

（1）沉淀法。将被测组分以微溶化合物的形式沉淀出来，再将沉淀过滤、洗涤、烘干或灼烧，最后称重，计算其含量，如测定 SiO_2 含量。

（2）气化法（挥发法）。通过加热或其他方法使试样中的被测组分挥发逸出，然后根据试样重量的减轻计算该组分的含量；或者当该组分逸出时，选择适当吸收剂将它吸收，然后根据吸收剂重量的增加计算该组分的含量。（如测定萤石中 CaF_2 含量）

（3）电解法。利用电解原理，使金属离子在电极上析出，然后称重，求得其含量。

B 重量分析几个要求

（1）重量分析对沉淀形式的要求：

1）沉淀溶解度必须很小，这样才能保证被测组分沉淀完全。

2）沉淀应易于过滤和洗涤。

3）沉淀力求纯净，尽量避免其他杂质的玷污。

4）沉淀应易于转化为称量形式。

（2）重量分析对称量形式的要求：

1）称量形式必须有确定的化学组成，这是计算分析结果的基础。

2）称量形式必须十分稳定，不受空气中水分、CO_2、和 O_2 等的影响。

3）称量形式的摩尔质量要大，待测组分在称量形式中的百分含量小，可提高分析的准确度。

（3）对沉淀剂的要求：

1）选用的沉淀剂和被测组分形成的沉淀式和称量式，必须满足重量分析对沉淀式或重量式的要求。

2）沉淀剂应具有良好的选择性，有机沉淀剂一般能符合这一要求。

3）沉淀剂最好能在烘干或灼烧时挥发除去。

（4）晶型沉淀的沉淀条件：

1）沉淀作用应当在适当稀的溶液中进行。

2）应该在不断的搅拌下，缓慢地加入沉淀剂。

3）沉淀作用应当在热溶液中进行。

4）陈化。

（5）无定形沉淀的沉淀条件：

1）沉淀应当在较浓的溶液中进行。

2）沉淀应当在热溶液中进行。

3）沉淀时加入大量电解质或某些能引起沉淀微粒凝聚的胶体。

4）不必陈化。

C　影响沉淀溶解度的因素

（1）同离子效应。组成沉淀晶体的离子称为构晶离子。当沉淀反应达到平衡后，如果向溶液中加入含有某一构晶离子的试剂或溶液，则沉淀溶解度减小，这就是同离子效应。一般情况下，沉淀剂过量 50%～100% 是合适的，如果沉淀剂不是易挥发的，则以过量 20%～30% 为宜。

（2）盐效应。由于加入强电解质而增大沉淀溶解度的现象，称为盐效应。

（3）酸效应。溶液酸度对沉淀溶解度的影响称为酸效应。

（4）配合效应。进行沉淀反应时，若溶液中存在能与构晶离子生成可溶性配合物的配合剂，则反应向沉淀溶解的方向进行，影响沉淀的完全程度，甚至不产生沉淀，这种影响称为配合效应。

（5）影响沉淀溶解度的其他因素：

1）温度的影响。

2）溶剂的影响。

3）沉淀颗粒大小的影响。

4）形成胶体溶液的影响。

5）沉淀析出形态的影响。

D　沉淀的类型

（1）无定型沉淀（非晶型沉淀、胶状沉淀）。如 $Fe(OH)_3$、$Al(OH)_3$ 是典型的无定型沉淀。

（2）晶型沉淀。如 $BaSO_4$、CaC_2O_4 是典型的晶型沉淀。

（3）凝乳状沉淀。跟沉淀条件有关，例如在浓溶液中快速沉淀 $BaSO_4$ 就会得到凝乳状沉淀。

E 影响沉淀纯度的因素

（1）共沉淀现象。当一种沉淀从溶液中析出时，溶液中的某些其他组分在该条件下本来是可溶的，但它们却被沉淀带下来而混杂于沉淀之中。

1）表面吸附引起的共沉淀。

2）生成混晶或固溶体引起的共沉淀。

3）吸留和包夹引起的共沉淀。

（2）继沉淀现象。溶液中某些组分析出沉淀之后，另一种本来难以析出沉淀的组分在该沉淀表面上继续析出沉淀的现象。

（3）继沉淀现象与共沉淀现象的区别：

1）继沉淀引入杂质的量，随沉淀在试液中放置时间的增长而增多，而共沉淀量受放置时间影响较小。

2）不论杂质是在沉淀之前就存在的，还是沉淀后加入的，继沉淀引入杂质的量基本上一致。

3）温度升高，继沉淀现象有时更为严重。

4）继沉淀引入杂质的程度，有时比共沉淀严重的多，杂质引入的量，甚至可能达到与被测组分差不多。

F 减少沉淀玷污的方法

（1）选择适当的分析步骤。

（2）选择合适的沉淀剂。

（3）改变杂质的存在形式。

（4）改善沉淀条件。

（5）再沉淀。

G 重量分析法注意事项

（1）采沉淀法测定时，称取试样应适量。取样量多，生成沉淀量亦较多，会使过滤洗涤困难，带来误差；取样量较少，称量及各操作步骤产生的误差较大，会使分析准确度较低。

（2）不具挥发性的沉淀剂的用量不宜过量太多，以过量 20%~30% 为宜，过量太多，会生成配合物，产生盐效应，增大沉淀的溶解度。

（3）加入沉淀剂时要缓慢，使生成较大颗粒。

（4）沉淀的过滤和洗涤，采用倾注法时，倾注时应沿玻璃棒进行，沉淀物可采用洗涤液少量多次洗涤。

（5）沉淀的干燥与灼烧，洗涤后的沉淀，除吸附大量水分外，还可能有其他挥发性杂质存在，必须用烘干或灼烧的方法除去，使之具有固定组成才可进行称量，干燥温度与沉淀组成中含有的结晶水直接相关，结晶水是否恒定又与换算因数紧密联系，因此，必须按规定要求的温度进行干燥。

（6）灼烧操作是将带有沉淀的滤纸卷好，置于已灼烧至恒重的坩埚中，先在低温使滤纸炭化，再高温灼烧，灼烧后冷却至适当温度，再放入干燥器继续冷至室温，然后称量。

1.2.4　仪器分析方法

仪器分析法：是以物质的物理和物理化学性质为基础并借用较精密的仪器测定被测物质含量的分析方法。

仪器分析法包括光学分析法、电化学分析法、色谱分析法和质谱分析法等。

（1）光学分析法主要有分光光度法，在可见光区称比色法，在紫外和红外光区分别称为紫外和红外分光光度法。还有原子吸收法、发射光谱法及荧光分析法等。

（2）电化学分析法常用的有电位法、电导法、电解法、极谱法和库仑分析法等。

（3）色谱分析法常用的有气相色谱法、液相色谱法、薄层层析法和纸层分析法等。

（4）其他分析法还有质谱分析法、X射线分析法、放射化分析法和核磁共振分析法等。

1.2.4.1　仪器分析方法术语、定义

吸光光度法：是基于物质对光的选择性吸收而建立起来的分析方法。包括比色法、可见及紫外分光光度法及红外光谱法。

比色法：通过比较溶液颜色的深浅测定溶液中有色物质的含量。

光度分析法（分光光度法）：当一定波长的光通过被测定物质的溶液时，根据被测定物质对不同波长的光的吸收程度来测定物质的含量。

电位分析法：电位分析法是电分析化学方法中的重要分支，它是在通过电路的电流接近于零的条件下以测定电池的电动势或电极电位为基础的电分析化学方法，分为电位法和电位滴定法。

离子选择性电极：也称为离子敏感电极，是一种特殊的电化学传感器，根据敏感膜和材料性质的不同，离子选择性电极有不同种类，分为原电极与酶化电极。

玻璃电极构造：核心玻璃膜内充注盐酸，再插入一根电极作内参比电极。

库仑定量分析法：是在电解分析法的基础上发展起来的，它根据电解过程中消耗的电量求得被测物质的含量。

色谱法：色谱法是一种分离分析技术，其原理是混合物中各组分在固定相和流动相中具有不同的分配系数，当两相做相对移动时，各组分在两相中反复多次分配，产生明显的分离效果，从而依次流出色谱柱。根据色谱流出曲线给出的各种信息，可对各组分进行分离和分析。

ICP分析法：采用电感耦合等离子体（ICP）为激发光源的发射光谱分析，简称ICP-AES。

共振线：凡是由电子激发态与电子基态能级之间的跃迁产生的谱线，叫共振线。

非共振线：激发态与激发态之间跃迁形成的光谱线称为非共振线。

分析线：在分析元素的谱线中选一根谱线，称为分析线。

内标线：从内标元素的谱线中选一条谱线称为内标线，这两条谱线组成分析线对。

离子线：离子发射的谱线称为离子线。

谱线的强度：常用辐射强度用 I 表示，即单位体积的辐射功率，它是群体光子辐射总能量的反映，是光谱定量分析的依据。

分辨率：指分开相邻谱线的能力。

入射狭缝：来自样品的入射光束在到达光栅之前所穿过的狭缝叫入射狭缝。

出射狭缝：沿罗兰圆排列的只让一条特定波长的谱线通过的狭缝叫出射狭缝。

红外吸收光谱：当用红外线照射物质时，物质分子的偶极矩发生变化而吸收红外线光能，由振动能级基态跃迁到激发态（同时伴随着转动能级跃迁），产生的透射率随着波长变化而变化。

红外吸收光谱法：利用红外吸收光度计测量物质对红外线的吸收及所产生的红外光谱对物质的组成和构成进行分析测定的方法，称为红外吸收光谱法。

X 射线荧光光谱法：X 射线是一种波长较短的电磁辐射，通常是指能量范围在 0.1~100keV 的光子。当用高能电子照射样品时，入射电子被样品中的电子减速，会产生宽带连续 X 射线谱。如果入射光束为 X 射线，样品中的元素内层电子受其激发，可产生特征 X 射线，称为二次 X 射线，或称 X 射线荧光（XRF）。通过分析样品中不同元素产生的荧光 X 射线波长（或能量）和强度，可以获得样品中的元素组成与含量信息，达到定性和定量分析的目的。

1.2.4.2 分光光度法

A 原理

当一束强度为 I_0 的单色光垂直照射某物质的溶液后，由于一部分光被体系吸收，因此透射光的强度降至 I，则溶液的透光率 T 按下式计算。

$$T = \frac{I_0 - I}{I_0}$$

根据朗伯（Lambert）-比尔（Beer）定律有：

$$A = abc$$

式中　A——吸光度；

b——溶液层厚度，cm；

c——溶液的浓度，g/L；

a——吸光系数。

其中吸光系数与溶液的本性、温度以及波长等因素有关。溶液中其他组分（如溶剂等）对光的吸收可用空白液扣除。

由上式可知，当溶液层厚度 b 和吸光系数 a 固定时，吸光度 A 与溶液的浓度成线性关系。在定量分析时，首先需要测定溶液对不同波长光的吸收情况（吸收光谱），从中确定最大吸收波长，然后以此波长的光为光源，测定一系列已知浓度 c 溶液的吸光度 A，作出 A-c 工作曲线。在分析未知溶液时，根据测量的吸光度 A 查工作曲线即可确定出相应的浓度。这便是分光光度法测量浓度的基本原理。

B 主要设备

主要设备有紫外分光光度计、可见分光光度计（或比色计）、红外分光光度计或原子吸收分光光度计。我们常用的是可见分光光度计。

C 显色反应的一般要求

（1）显色反应生成的有色配合物应有较大的稳定性，因为有色配合物越稳定，被测离子越容易转变为有色产物。有色配合物的颜色应当稳定足够的时间，至少应保证在测定过程中吸光度基本不变，保证测得结果的准确度。

（2）显色反应的灵敏度要高，这样有利于微量组分的测定，可根据摩尔吸光系数的大小来判断，摩尔吸光系数越大，灵敏度越高。

（3）有色配合物组成要恒定，否则测定结果的再现性就差，对于能形成不同配合比的显色反应，必须注意控制实验条件，使生成一定组成的配合物，以免引起误差。

（4）有色配合物与显色剂间的颜色差别要大，这样颜色变化才鲜明。

（5）颜色体系应符合比尔定律。

（6）显色反应的选择性要好，干扰小，或干扰容易消除。

D　影响显色反应的因素

（1）显色剂的用量。（吸光度-显色剂浓度曲线）。

（2）溶液的酸度。（吸光度-pH 值曲线）。

（3）显色时间。（吸光度-显色时间曲线）。

（4）显色温度。（吸光度-温度曲线）。

（5）副反应的影响。

（6）溶剂。

（7）溶液中共存离子的影响。

E　显色剂应具备的条件

（1）灵敏度要高（即使被测组分量很少，也能产生较深的颜色，提高灵敏度和准确度），有机显色剂一般有较高的灵敏度。

（2）选择性要好。（真正的特效试剂比较少）。

（3）与被测组分按一定比例反应，反应速度快、完全。

（4）显色剂本身最好无色，或在测定的波长范围内吸光度很小。

（5）显色剂溶液应稳定。

F　共存离子的干扰和消除方法

（1）干扰：

1）有色离子妨碍比色测定。

2）与被测离子或显色剂反应生成无色配合物使结果偏低，甚至无法进行测定。

3）与显色剂反应生成有色配合物，使测定结果偏高。

（2）消除干扰的方法：

1）控制溶液的酸度。

2）加入掩蔽剂（掩蔽有色离子）。

3）利用氧化还原反应（通过改变价态来消除有色离子干扰）。

4）利用校正系数。

5）选用适当的分析波长（吸收最强，干扰最小）。

6）利用参比溶液抵消（显色剂和某些共存有色离子）干扰。

7）采用适当的分离方法。

G　参比溶液的作用

（1）作用：

1）调节仪器的零点。

2）消除由于吸收池壁及溶剂对入射光的反射和吸收带来的误差。

（2）选用参比溶液的依据：

1）当显色剂及其他试剂均无颜色，并且试液中也没有其他有色离子时，可以用蒸馏水作参比溶液。

2）如显色剂与试剂都有颜色，就应采用试剂空白作参比溶液。即按分析步骤取同体积显色剂和试剂，只是不加被测溶液，并稀释到相同的体积。

3）显色剂无色而试液中有其他有色离子时，应使用不加显色剂的试液作参比溶液，即试剂空白作参比溶液。

4）如共存离子及显色剂都有颜色，可在一份试液中加入掩蔽剂（如配合剂、氧化还原剂等），选择性地把被测定离子掩蔽起来，使它不再与显色剂起作用，然后按操作步骤加入显色剂和其他试剂，以此溶液作为参比溶液。

H　测量条件的选择

（1）入射光波长的选择（最大吸收原则：吸收最大，干扰最小原则）。

（2）控制适当的吸光度范围（控制溶液的浓度，选择不同厚度的吸收池）。

（3）选择适当的参比溶液。

适宜的吸光度：当 $T = 36.8\%(A = 0.434)$ 时，测量的相对标准偏差最小。因此在比色分析的读数范围内，最好是透光率在 $20\% \sim 65\%$ 或吸光度在 $0.2 \sim 0.7$ 之间。

1.2.4.3　原子发射光谱分析法

A　原理

将制备好的块状样品在火花光源的作用下与对电极之间发生放电，在高温和惰性气氛中产生等离子体。被测元素的原子被激发时，电子在原子内不同能级间跃迁，当由高能级向低能级跃迁时产生特征谱线，测量选定的分析元素和内标元素特征谱线的光谱强度。根据样品中被测元素谱线强度（或强度比）与浓度的关系，通过校准曲线计算被测元素的含量。

B　适用范围

原子发射光谱分析法适用于钢铁中多元素含量的测定，采用的国家标准是：《GB/T 4336 碳素钢和中低合金钢 多元素含量的测定 火花放电原子发射光谱法（常规法）》《GB/T 11170 不锈钢多元素含量的测定 火花放电原子发射光谱法（常规法）》及《GB/T 24234 铸铁 多元素含量的测定 火花放电原子发射光谱法（常规法）》。

C　主要设备

原子发射真空直读光谱仪主要使用瑞士 ARL 公司、德国 OBLF 公司和日本岛津公司的产品，具有简便、快速、准确等特点。

1.2.4.4　ICP 电感耦合等离子体发射光谱分析法

A　原理

ICP（即电感耦合等离子体）是由高频电流经感应线圈产生高频电磁场，使工作气体（Ar）电离形成火焰状放电高温等离子体，等离子体的最高温度达 10000K。试样溶液通过进样毛细管，经蠕动泵作用进入雾化器，雾化形成气溶胶，由载气引入高温等离子体，进行蒸发、原子化、激发、电离，并产生辐射，光源经过采光管进入狭缝、反光镜、棱镜、中阶梯光栅、准直镜形成二维光谱，谱线以光斑形式落在 540×540 个像素的 CID 检测器上，每个光斑覆盖几个像素，光谱仪通过测量落在像素上的光量子数来测量元素浓度。

B　适用范围

电感耦合等离子体发射光谱法适用于合金、钢、生铁、矿粉等元素成分分析，其中锌及锌合金测定采用的国家标准是《GB/T 12689.12—2004 锌及锌合金化学分析方法铅、镉、铁、铜、锡、铝、砷、锑、镁、镧、铈量的测定　电感耦合等离子体——发射光谱法》。

C　主要设备

电感耦合等离子体发射光谱仪主要使用的是美国热电公司产品，具有适用性广、检出限低、稳定性高、简便快速、准确等特点。

1.2.4.5　X射线荧光光谱分析法

A　原理

X射线荧光光谱分析法是利用X射线管发射的一次X射线照射待测样品，通过测量待测样品元素受激发放射出的二次X射线进行含量测定的一种分析方法。

B　适用范围

X射线荧光光谱法适用于转炉渣、精炼渣、连铸保护渣、菱镁石、铁矿石等原料的元素成分分析和热镀锌板锌层重量的测定，其中热镀锌板锌层重量的测定采用的国家标准是《GB/T 1839—2008 钢产品镀锌层质量试验方法》。

C　主要设备

X射线荧光光谱仪主要使用的是瑞士ARL公司、日本理学公司和荷兰帕纳科公司产品，测量元素范围：F-U，具有简便、快速、准确、精度高的特点，特别适合对多种样品灵活的批量自动分析和测量。

D　基本类型

X射线荧光光谱仪有两种基本类型：波长色散型和能量色散型。

E　仪器组成

仪器组成如图1-3所示。

波长色散型荧光光谱仪，一般由光源、样品室、分光晶体和检测系统等组成，为了准确测量衍射光束与入射光束的夹角，分光晶体是安装在一个精密的测角仪上，还需要一庞大而精密并复杂的机械运动装置。由于晶体的衍射，造成强度的损失，要求作为光源的X射线管的功率要大。

能量色散型荧光光谱仪一般由光源（X射线管）、样品室和检测系统等组成。与波长色散型荧光光谱仪的区别在于它不用分光晶体。

1.2.4.6　红外碳硫仪分析法

A　分析原理

其是一种分子吸收光谱，为带状光谱。它可在不同波长范围内，表征出有机化合物分子中各种不同官能团的特征吸收峰位，作为鉴别分析中各种官能团的依据，并进而推断分子的整体结构。

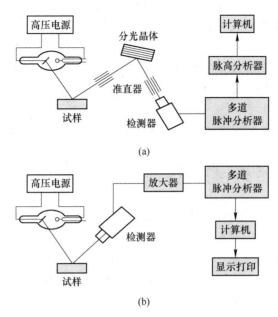

图 1-3 波长色散型和能量色散型谱仪原理

（a）波长色散谱仪；（b）能量色散谱仪

B 红外吸收光谱法的特点

特性好，分析时间短，所用试样量少，操作简便、不破坏试样。

C 基本结构

基本结构由红外辐射光源、吸收池、单色器、检测器和放大器、数据记录系统五部分组成。

D 应用

CS-200、CS-230、CS444、CS600、CS844 红外碳硫仪是以计算机为核心，靠软件带动的仪器，适用于钢铁、矿石、陶瓷及其他无机材料中碳和硫含量的测定。使用感应炉，采用红外吸收测定碳和硫含量。

1.2.5 物理检测基础知识

1.2.5.1 原燃料物理检验定义、术语

（1）筛分粒度。筛分粒度就是颗粒可以通过筛网的筛孔尺寸，以 1 英寸（25.4mm）宽度筛网内的孔数表示，称为"目数"。

不同行业的筛网规格有不同的标准。有米（m）、厘米（cm）、微米（μm）等。

（2）水分。指物质中所含水分质量与总质量的比值，通常表示为百分数，常用于化验中煤、矿粉等的指标。

（3）转鼓指数（烧结矿、球团）。物料抵抗冲击和摩擦的能力的一个相对度量。以 +6.3mm 部分的重量百分数表示。

（4）抗磨指数。物料抗摩擦的能力的一个相对度量。以 -0.5mm 的重量百分数表示。

（5）抗压强度。抗压强度是一个铁矿球团完全破裂时受到的最大压力负荷，其数值为一组试样中所有试样测定值的平均值。

（6）还原度指数。还原度指数 RI（the reduction index）以三价铁状态为基准，还原 3h 后所达到的还原度，以质量百分数表示。

（7）还原性。还原性（reducibility）是用还原气体从铁矿石中排除与铁相结合的氧的难易程度的一种量度。

（8）还原膨胀指数。球团矿在等温还原过程中自由膨胀，还原前后体积增长的相对值，用体积百分数表示。

（9）焦炭反应性及反应后强度。焦炭反应性是指焦炭与二氧化碳、氧和水蒸气等进行化学反应的能力。

焦炭反应后强度是指反应后的焦炭在机械力和热应力作用下抵抗碎裂和磨损的能力。

1.2.5.2　钢材物理检验定义、术语

（1）金属材料的力学性能。金属材料的力学性能是指材料在外力作用时抵抗变形和破坏的能力，表现为刚性（刚度）、弹性、强度和塑性等。钢的力学性能检验，就是利用一定外力或能量作用于钢的试样上，以测定钢的这种能力。根据试验方法的不同，可测得多种力学性能指标。

（2）拉伸试验。拉伸试验是力学性能试验中最基本的试验，是检验金属材料质量和研制、开发材料新品种工作中最重要的试验项目之一，可以测得钢的强度和塑性。钢的强度指标有规定塑性延伸强度、规定总延伸强度、规定残余延伸强度、屈服强度和抗拉强度；钢的塑性指标有断后伸长率、屈服点伸长率、最大应力下总伸长率、断面收缩率等。

（3）弯曲试验。就是按规定尺寸弯心，将试样弯曲至规定程度，检验金属承受弯曲塑性变形的能力，并显示其缺陷。

（4）冲击试验。金属材料在服役中，不仅受到静负荷的作用，而且还受到速度很快的冲击负荷的作用。金属材料在冲击负荷作用下，抵抗破坏的能力称为冲击韧性，金属材料冲击韧性的好坏可通过冲击试验来测定。目前最普遍应用的冲击试验是一次摆锤弯曲冲击试验。

（5）抗拉强度。抗拉强度是金属由均匀塑性变形向局部集中塑性变形过渡的临界值，也是金属在静拉伸条件下的最大承载能力，表征材料最大均匀塑性变形的抗力。拉伸试样在承受最大拉应力之前，变形是均匀一致的，但超出之后，金属开始出现缩颈现象，即产生集中变形；对于没有（或很小）均匀塑性变形的脆性材料，它反映了材料的断裂抗力。

（6）屈服强度。屈服强度是金属材料发生屈服现象时的屈服极限，亦即抵抗微量塑性变形的应力。对于无明显屈服的金属材料，规定以产生 0.2% 残余变形的应力值为其屈服极限，称为条件屈服极限或屈服强度。大于此极限的外力作用，将会使零件永久失效，无法恢复。

（7）顶锻试验。在室温或热状态下沿试样轴线方向施加压力，将试样压缩，检验金属在规定的锻压比下承受顶锻塑性变形的能力并显示金属表面缺陷。

（8）硬度试验。硬度是表示材料表面抵抗弹性变形、塑性变形或破断的一种能力，是衡量金属软硬程度的一种性能指标，代号为 H。

（9）高倍检验。利用金相显微镜等手段观察各种金属不同状态的显微组织结构和各

种缺陷。

1）组织：即合金中不同形状、大小、数量和分布的相相互组合而成的综合体。

2）铁素体：碳在 α-Fe 中形成的间隙固溶体称为铁素体，用 F 表示。铁素体的强度和硬度低，塑性和韧性好。

3）渗碳体：铁与碳形成的金属化合物，硬度高，脆性大，用 Fe_3C 表示。

4）珠光体：F 与 Fe_3C 的混合物。强度、硬度、塑性、韧性介于铁素体和渗碳体之间，用 P 表示。在光学显微镜下能够明显看出铁素体与渗碳体呈层状分布的组织形态。

5）奥氏体：碳于 γ-Fe 中形成的间隙固溶体称为奥氏体，用 A 表示。

6）魏氏组织：对于含碳量低于 0.6% 的亚共析钢，当奥氏体晶粒较粗大，冷却速度又较快时，先共析铁素体往往沿着奥氏体的一定晶面呈针状析出，这种组织称为魏氏组织。

7）马氏体：将钢加热到一定温度形成奥氏体后经迅速冷却（淬火）使钢变硬、增强的一种淬火组织。马氏体的组织形态主要有片状和板条状两种。

8）贝氏体：钢中相形态之一。钢过冷奥氏体的中温（350~550℃）转变产物，α-Fe 和 Fe_3C 的复相组织。贝氏体转变温度介于珠光体转变与马氏体转变之间。在贝氏体转变温度偏高区域转变产物叫上贝氏体，其外观形貌似羽毛状，也称羽毛状贝氏体；冲击韧性较差，生产上应力求避免。在贝氏体转变温度下端偏低温度区域转变产物叫下贝氏体；其冲击韧性较好。为提高韧性，生产上应通过热处理控制获得下贝氏体。

9）索氏体：在光学金相显微镜下放大 600 倍以上才能分辨片层的细珠光体（GB/T 7232 标准）。其实质是一种珠光体，是钢的高温转变产物，是片层的铁素体与渗碳体的双相混合组织，其层片间距较小（80~150nm），碳在铁素体中已无过饱和度，是一种平衡组织。

（10）低倍检验。即宏观检验，用肉眼和放大镜及低倍显微镜来观察检验各种金属组织和各种缺陷。

1.3 化验室常用玻璃仪器及其他设备

1.3.1 化验室常用玻璃仪器及其他制品

玻璃仪器及一些其他非玻璃仪器是化学分析中最常用的主要设备，包括各种容器、量器、坩埚等。正确掌握这些仪器的洗涤方法、使用方法及了解这些材质的化学组成和性质，对保证化学分析的准确性有重要作用。

1.3.1.1 玻璃仪器

化验室中大量使用玻璃仪器，是因为玻璃具有一系列可贵的性质，它有很高的化学稳定性、热稳定性，有很好的透明度、一定的机械强度和良好的绝缘性能。

玻璃的化学成分主要是 SiO_2、CaO、Na_2O、K_2O。引入 B_2O_3、Al_2O_3、ZnO、BaO 等可以使玻璃具有不同的性质和用途。

1.3.1.2 常用的玻璃仪器

（1）容器类（包括烧器）。烧杯、三角瓶（锥形瓶）、圆（平）底烧瓶、蒸馏瓶、试剂瓶、滴瓶、称量瓶、抽滤瓶等。

（2）量器类。量筒、量杯、容量瓶、滴定管、移液管、吸量管（有分度）、溶液稀释两用瓶（钢铁容量瓶）等。

（3）漏斗类。普通漏斗、长颈漏斗、分液漏斗、砂芯漏斗、坩埚等。

（4）试管类。普通试管、离心试管、比色管等。

（5）其他类。冷凝管、干燥器、表面皿、研钵等。

1.3.1.3　玻璃仪器的洗涤方法

在分析工作中，洗净玻璃仪器不仅是一个必须做的实验前的准备工作，也是一个技术性工作。仪器洗涤是否符合要求，对化验工作的准确度和精密度均有影响。

A　洗涤仪器的一般步骤

（1）水刷洗。用试管刷、烧杯刷、瓶刷等蘸水刷洗仪器，用水冲去可溶性物质及刷去表面粘附的灰尘。

（2）合成洗涤剂水刷洗或去污粉刷洗。用合成洗涤剂水刷洗，必要时可加入滤纸碎块，或用毛刷刷洗，温热的洗涤液去油能力更强，必要时可短时间浸泡。去污粉因含有细砂等固体摩擦物，可能损坏玻璃，一般不要使用。冲净洗涤剂时，可用自来水冲洗 3 遍。

B　各种洗液的配制方法及使用方法

洗液的使用原则：首先要考虑到能有效除去污染物，并且不引进新的干扰物质；其次，要求不应腐蚀器皿，特别是强碱性洗液不应在玻璃器皿停留超过 20min，以免腐蚀玻璃。

常用的洗液有：铬酸洗液（尽量不用）。

配制方法：称取重铬酸钾 20g，溶于 40mL 水中，徐徐加入 350mL 浓硫酸，制成深褐色的铬酸洗液。

使用方法：用于去除器壁残留油污。用少量洗液洗涤刷洗或浸泡一夜，洗液可反复使用。当使用多次变绿效力降低时，可加少量高锰酸钾使其再生。

注：虽然铬酸洗液洗涤效果好，但六价铬有毒，尽可能不使用。

C　器皿是否洗干净如何判断？

器皿是否洗干净可通过将器皿倒置观察器壁是否挂水珠进行判断，若水流出后器壁不挂水珠表明已经洗净，至此再用少量纯水刷洗器皿三次，洗去自来水带来的杂质，洗后即可使用。

D　吸收池（比色皿）的洗涤

吸收池（比色皿）是光度分析中最常用的器件，玻璃或石英吸收皿在使用前要充分洗净，可根据污染情况用冷的或温热的（40～50℃）阴离子表面活性剂的碳酸钠溶液（2%）浸泡，可加热 10min 左右；也可用硝酸、有机溶剂等洗涤。

经常使用的吸收池可以在洗净后浸泡在纯水中保存。

1.3.1.4　玻璃仪器的干燥和保管

A　玻璃仪器的干燥

有些实验要求器皿干燥后才能使用，常用的干燥方法有：

（1）晾干。

（2）烘干。洗净的器皿控去水分，放在烘箱内，于 105～110℃烘 1h 左右；也可放在红外灯干燥箱中烘干。

  注：称量用的称量瓶等在烘干后要放在干燥器中冷却和保存。

    量器类容器不能放在烘箱中烘。

    厚壁的仪器、带实心玻璃塞的仪器干燥时要缓慢升温且温度不可过高，以免烘裂。

（3）吹干。

B 玻璃仪器的保管

在储藏室里玻璃仪器要分门别类存放，以便取用。一些仪器的保管方法如下。

（1）移液管：洗净后置于防尘的盒中。

（2）滴定管：用毕洗去内装溶液，用纯水涮洗后注满纯水，上盖玻璃短试管或塑料套管，也可倒置夹于滴定管夹上。

（3）比色皿：用毕后洗净，在小瓷盘或塑料盘中下垫滤纸，倒置晾干后收于比色皿盒或洁净的器皿中。

（4）带磨口塞的仪器：比如容量瓶，滴定管等。需长期保存的磨口仪器要在塞间垫一张纸片，以免日久粘住。长期不用的滴定管要除掉凡士林后垫纸，用皮筋拴好活塞保存。磨口塞间如有砂粒不要用力转动，以免损伤其精度。

（5）成套仪器：如气体分析器等用完立即洗净，放在专门纸盒里保存。

1.3.2 滴定分析中常用的玻璃仪器

在滴定分析中，要用到3种能准确测量溶液体积的仪器，即滴定管、移液管和容量瓶。

1.3.2.1 滴定管

滴定管是准确测量放出液体体积的仪器，为量出式计量玻璃仪器。

（1）滴定管按容积不同分为常量、半微量及微量；按构造不同分为普通和自动。

酸式滴定管：在滴定管的下端有一玻璃活塞的称为酸式滴定管。适用于装酸性和中性溶液；碱式滴定管：适宜于装碱性溶液，与胶管起作用的溶液（如高锰酸钾、碘、硝酸银等溶液）不能用碱式滴定管。有些需要避光、见光分解的溶液可以采用茶色滴定管。

（2）有关的技术要求：

滴定管必须符合 GB 12805—91 要求。

滴定管按精度的高低分为 A 级和 B 级，A 级为较高级，B 级为较低级。

标准中规定滴定管的容量允差见表 1-1。

表 1-1 滴定管的容量允差

标称容量/mL		1	2	5	10	25	50	100
容量允差（±）/mL	A 级	0.010	0.010	0.010	0.025	0.05	0.05	0.10
	B 级	0.020	0.020	0.020	0.050	0.10	0.10	0.20

（3）滴定管的使用方法：

1）洗涤。无明显油污不太脏时，可直接用自来水冲洗或肥皂水或洗衣粉水泡洗，但不可用去污粉刷洗。若有油污不易洗净时，可用铬酸洗液洗涤。洗涤时将酸式滴定管内的水尽量除去，关闭活塞，倒入 10~15mL 洗液于滴定管中，两手端住滴定管，边转动边向管口倾斜，直至洗液布满全部管壁为止，立起后打开活塞，将洗液放回原瓶中。如果滴定管油垢较严重，需用较多洗液充满滴定管浸泡十几分钟或更长时间，甚至用温热洗液浸泡一段时间。洗液放出后，先用自来水冲洗，再用蒸馏水淋洗 3~4 次，洗净的滴定管内壁应完全被水均匀地湿润而不挂水珠。

碱式滴定管的洗涤方法与酸式滴定管基本相同，但要注意铬酸洗液不能直接接触胶管，否则胶管会变硬损坏。为此，最简单的方法是将胶管连同尖嘴部分一起拔下，滴定管下端套上一个滴瓶塑料帽，然后装入洗液洗涤，浸泡一段时间后放回原瓶中，然后用自来水冲洗，用蒸馏水淋洗 3~4 次备用。

2）涂油。酸式滴定管活塞与塞套应密合不漏水，并且转动要灵活，为此，应在活塞上涂一薄层凡士林（或真空油脂）。涂油的方法是：将活塞取下，用干净的纸或布把活塞和塞套内壁擦干（如果活塞孔内有旧油垢堵塞，可用细金属丝轻轻剔去，如管尖被油污堵塞，可先用水充满全管，然后将管尖置热水中，使油垢熔化，突然打开活塞，将其冲走；用手指蘸少量凡士林在活塞的两头涂上薄薄一圈，在紧靠活塞孔两旁不要涂凡士林，以免堵住活塞孔；涂完，把活塞放回套内，向同一方向旋转活塞几次，使凡士林分布均匀呈透明状态，然后用橡皮圈套住，将活塞固定在塞套内，防止滑出。

涂油也可以按图 1-4 所示的方法进行，即用手指蘸少量凡士林，在活塞的大头一边涂一圈，再用火柴棍蘸少量凡士林在塞套内小头一边涂一圈。然后将活塞悬空插入塞套内，沿一个方向转动直至凡士林均匀分布为止。然后用橡皮圈套住，将活塞固定在塞套内，防止滑出。

碱式滴定管不涂油，只要将洗净的胶管、尖嘴和滴定管主体部分连接好即可。

(1)用小布卷擦干净活塞槽

(3)活塞涂好凡士林，再将滴定管的活塞槽的细端涂上凡士林

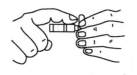

(2)活塞用布擦干净后，在粗端涂少量凡士林，细端不要涂，以免沾污活塞槽上、下孔

(4)活塞平行插入活塞槽后，向一个方向转动，直至凡士林均匀

图 1-4 酸式滴定管活塞涂抹凡士林的操作

3）试漏。酸式滴定管，关闭活塞，装入蒸馏水至一定刻线，直立滴定管约 2min，仔细观察刻线上的液面是否下降，滴定管下端有无水滴滴下，及活塞隙缝中有无水渗出；然后将活塞转动 180°后等待 2min 再观察，如有漏水现象应重新擦干涂油。

碱式滴定管，装蒸馏水至一定刻线，直立滴定管约 2min，仔细观察刻线上的液面是否下降，或滴定管下端有无水滴滴下；如有漏水，则应调换胶管中玻璃珠，选择一个大小合适比较圆滑的配上再试。玻璃珠太小或不圆滑都可能漏水，太大操作不方便。

4）装溶液和赶气泡。准备好滴定管即可装标准溶液。装之前应将瓶中标准溶液摇匀，使凝结在瓶内壁的水混入溶液，为了除去滴定管内残留的水分，确保标准溶液浓度不变，应先用此标准溶液淋洗滴定管 2~3 次，每次用约 10mL，从下口放出少量（约 1/3）以洗涤尖嘴部分，然后关闭活塞，横持滴定管并慢慢转动，使溶液与管内壁均匀接触，最后将溶液从管口倒出弃去，但不要打开活塞，以防活塞上的油脂冲入管内。尽量倒空后再洗第二次，每次都要冲洗尖嘴部分。如此洗 2~3 次后，即可装入标准溶液至"0"刻线以上，然后转动活塞使溶液迅速冲下排出下端存留的气泡，再调节液面在 0.00mL 处。如溶液不足，可以补充，如液面在 0.00mL 下面不多，也可记下初读数，不必补充溶液再调，但一般是调在 0.00mL 处较方便，这样可不用记初读数了。

先将碱式滴定管胶管向上弯曲，用力捏挤玻璃珠使溶液从尖嘴喷出，以排除气泡。碱式滴定管的气泡一般是藏在玻璃珠附近，必须对光检查胶管内气泡是否完全赶尽，赶尽后再调节液面至 0.00mL 处，或记下初读数。

装标准溶液时应从盛标准溶液的容器内直接将标准溶液倒入滴定管中，尽量不用小烧杯或漏斗等其他容器帮忙，以免浓度改变。

5）滴定。滴定最好在锥形瓶中进行，必要时也可在烧杯中进行。滴定操作是左手进行滴定，右手摇瓶，使用酸式滴定管的操作如图 1-5 所示，左手的拇指在管前，食指和中指在管后，手指略微弯曲，轻轻向内扣住活塞；手心空握，以免活塞松动或可能顶出活塞使溶液从活塞隙缝中渗出。滴定时转动活塞，控制溶液流出速度，要求做到能：①逐滴放出；②只放出 1 滴；③使溶液成悬而未滴的状态，即练习加半滴溶液的技术。

使用碱式滴定管的操作如图 1-6 所示，左手的拇指在前，食指在后，捏住胶管中玻璃珠所在部位稍上处，捏挤胶管使其与玻璃珠之间形成一条缝隙，溶液即可流出。但注意不能捏挤玻璃珠下方的胶管，否则空气进入会形成气泡。

图 1-5 酸式滴定管操作方法

图 1-6 碱式滴定管操作方法

滴定前，先记下滴定管液面的初读数，如果是 0.00mL，当然可以不记。用小烧杯内壁碰一下悬在滴定管尖端的液滴。

滴定时，应使滴定管尖嘴部分插入锥形瓶口（或烧杯口）下 1~2cm 处。滴定速度不能太快，以每秒 3~4 滴为宜，切不可成液柱流下。边滴边摇（或用玻棒搅拌烧杯中溶液）。向同一方向作圆周旋转而不应前后振动，因为那样会溅出溶液。临近终点时，应 1 滴或半滴地加入，并用洗瓶吹入少量水冲洗锥形瓶内壁，使附着的溶液全部流下，然后摇动锥形瓶，观察是否已达到终点（为便于观察，可在锥形瓶下放一块白瓷板），如终点未到，继续滴定，直至准确到达终点为止。

6）读数。由于水溶液的附着力和内聚力的作用，滴定管液面呈弯月形。无色水溶液的弯月面比较清晰，有色溶液的弯月面清晰程度较差，因此，两种情况的读数方法稍有不同，为了正确读数，应遵守下列规则：

①注入溶液或放出溶液后，需等待 30s～1min 后才能读数（使附着在内壁上的溶液流下）。

②应用拇指和食指拿住滴定管的上端（无刻度处）使管身保持垂直后读数。

③对于无色溶液或浅色溶液，应读弯月面下缘实线的最低点。为此，读数时视线应与弯月面下缘实线的最低点相切，即视线与弯月面下缘实线的最低点在同一水平面上，如图 1-7（a）所示。对于有色溶液，应使视线与液面两侧的最高点相切，如图 1-7（b）所示。初读和终读应用同一标准。

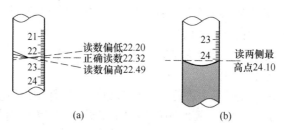

图 1-7　滴定管读数

（a）普通滴定管读取数据示意；（b）有色溶液读取数据示意

④有一种蓝线衬背的滴定管，它的读数方法（对无色溶液）与上述不同，无色溶液有两个弯月面相交于滴定管蓝线，如图 1-8 所示。读数时视线应与此点在同一水平面上，对读数方法与上述普通滴定管相同。

⑤滴定时，最好每次都从 0.00mL 开始，或从接近零的任一刻度开始，这样可固定在某一段体积范围内滴定，减少测量误差。读数必须准确到 0.01mL。

⑥为了协助读数，可采用读数卡，这种方法有利于初学者练习读数，读数卡可用黑纸或涂有黑长方形（约 3cm×1.5cm）的白纸制成，读数时，将读数卡放在滴定管背后，使黑色部分在弯月面下约 1mm 处，此时即可看到弯月面的反射层成为黑色，如图 1-9 所示，然后读此黑色弯月面下缘的最低点。

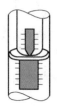
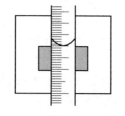

图 1-8　蓝线滴定管读数　　　　　图 1-9　借黑纸卡读数

1.3.2.2　移液管和吸量管

移液管和吸量管为量出式（Ex）计量玻璃仪器。

移液管又称单标线吸量管，其中间有一膨大部分（称为球状）的玻璃管，球的上部和下部均为较细窄的管颈，出口缩至很小以防止过快流出溶液而引起误差。管颈上部刻有一环形标线，表示在一定温度（一般为20℃）下移出的体积。

移液管必须符合 GB 12808 要求。

吸量管是具有分刻度的玻璃管，两端直径较小，中间管身直径相同，可以转移不同体积的溶液，吸量管转移溶液的准确度不如移液管。

吸量管必须符合 GB 12807 要求。

使用方法如下。

A 洗涤

洗涤前，应先检查移液管或吸量管的管口和尖嘴有无破损，若有破损则不能使用。

移液管和吸量管均可用自来水洗涤，再用蒸馏水洗净，较脏（内壁挂水珠）时，可用铬酸洗液洗净。其洗涤方法是：右手拿移液管或吸量管，管的下口插入洗液中，左手拿洗耳球，先把球内空气压出，然后把球的尖端接在移液管或吸量管的上口，慢慢松开左手手指，将洗液慢慢吸入管内直至上升到刻度以上部分，等待片刻后，将洗液放回原瓶中。如果需要比较长时间浸泡在洗液中时（一般吸量管需要这样做），应准备一个高型玻璃筒或大量筒，筒底铺些玻璃毛，将吸量管直立于筒中，筒内装满洗液，筒口用玻璃片盖上。浸泡一段时间后，取出吸量管，沥尽洗液，用自来水冲洗，再用蒸馏水淋洗干净。洗净的标志是内壁不挂水珠。干净的移吸量管应放置在干净的移液管架上。

B 吸取溶液

用右手的拇指和中指捏住移液管或吸量管的上端，将管的下口插入欲取的溶液中，插入不要太浅或太深，太浅会产生吸空，把溶液吸到洗耳球内弄脏溶液，太深又会在管外粘附溶液过多。左手拿洗耳球，接在管的上口把溶液慢慢吸入，如图 1-10 所示，先吸入移液管或吸量管容量的 1/3 左右，取出，横持，并转动管子使溶液接触到刻度以上部位，以置换内壁的水分，然后将溶液从管的下口放出并弃去，如此用欲取溶液淋洗 2~3 次后，即可吸取溶液至刻度以上，立即用右手的食指按住管口（右手的食指应稍带潮湿，便于调节液面）。

C 调节液面

将移液管或吸量管向上提升离开液面，管的末端仍靠在盛溶液器皿的内壁上，管身保持直立，略为放松食指（有时可微微转动移液管或吸量管），使管内溶液慢慢从下口流出，直至溶液的弯月面底部与标线相切为止，立即用食指压紧管口，将尖端的液滴靠壁去掉，移出移液管或吸量管，插入承接溶液的器皿中。

D 放出溶液

承接溶液的器皿如是锥形瓶，应使锥形瓶倾斜成约30°，移液管或吸量管直立，管下端紧靠锥形瓶内壁，放开食指，让溶液沿瓶壁流下，如图 1-11 所示。流完后管尖端接触瓶内壁约15s后，再将移液管或吸量管移去。残留在管末端的少量溶液不可用外力强使其流出，因校准移液管或吸量管时已考虑了末端保留溶液的体积。

但有一种吹出式吸量管，管口上刻有"吹"字，使用时必须使管内的溶液全部流出，末端的溶液也需吹出，不允许保留。

图 1-10　吸取溶液

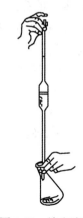

图 1-11　放出溶液

另外有一种吸量管的分刻度只刻到距离管口尚差 1~2cm 处，刻度以下溶液不应放出。

E　注意事项

（1）移液管与容量瓶常配合使用，因此使用前需作两者的相对体积的校准。

（2）为了减少测量误差，吸量管每次都应从最上面刻度为起始点，往下放出所需体积，而不是放出多少体积就吸取多少体积。

（3）移液管和吸量管一般不要在烘箱中烘干。

1.3.2.3　容量瓶

容量瓶为量入式计量玻璃仪器。

容量瓶是一种细颈梨形平底的玻璃瓶，带有玻璃磨口塞或塑料塞，颈上有一环形标线，表示在所指定的温度（一般为 20℃）下液体充满标线时，液体的体积恰好等于瓶上所标明的体积。

容量瓶是量入式（In）计量玻璃仪器，必须符合 GB 12806 要求。容量瓶按精度的高低分为 A 级和 B 级，A 级为较高级，B 级为较低级。

容量瓶主要用于配制准确浓度的溶液或定量稀释溶液。容量瓶有无色和棕色两种。

容量瓶的使用方法如下。

A　试漏

使用前，应先检查容量瓶瓶塞是否密合，为此，可在瓶内装入自来水到标线附近，盖上塞，用手按住塞，倒立容量瓶，观察瓶口是否有水渗出，如果不漏，把瓶直立后，转动瓶塞约 180° 后再倒立试一次。为使塞子不丢失不搞乱，常用塑料线绳将其拴在瓶颈上。

B　洗涤

先用自来水洗，后用蒸馏水淋洗 2~3 次。如果较脏，可用铬酸洗液洗涤，洗涤时将瓶内水尽量倒空，然后倒入铬酸洗液 10~20mL，盖上塞，边转动边向瓶口倾斜，至洗液布满全部内壁。放置数分钟，倒出洗液，用自来水充分洗涤，再用蒸馏水淋洗后备用。

C　转移

若要将固体物质配制一定体积的溶液，通常是将固体物质放在小烧杯中用水溶解后，再定量地转移到容量瓶中。在转移过程中，用一根玻璃棒插入容量瓶内，烧杯嘴紧靠玻璃棒，使溶液沿玻璃棒慢慢流入，玻璃棒下端要靠近瓶颈内壁，但不要太接近瓶口，以免有溶液溢出。待溶液流完后，将烧杯沿玻璃棒稍向上提，同时直立，使附着在烧杯嘴上的一滴溶液流回烧杯中。残留在烧杯中的少许溶液，可用少量蒸馏水洗 3~4 次，洗涤液按上述方法转移合并到容量瓶中。

如果固体溶质是易溶的，而且溶解时又没有很大的热效应发生，也可将称取的固体溶质小心地通过干净漏斗放入容量瓶中，用水冲洗漏斗并使溶质直接在容量瓶中溶解。

如果是浓溶液稀释，则用移液管吸取一定体积的浓溶液放入容量瓶中，再按下述方法稀释并定容。

D 定容

溶液转入容量瓶后，加蒸馏水，稀释到约 3/4 体积时将容量瓶平摇几次（切勿倒转摇动），作初步混匀，这样可避免混合后体积的改变；然后继续加蒸馏水，近标线时应小心地逐滴加入，直至溶液的弯月面与标线相切为止，盖紧塞子。

E 摇匀

左手食指按住塞子，右手指尖顶住瓶底边缘，将容量瓶倒转并振荡，再倒转过来，仍使气泡上升到顶，如此反复 10~15 次，即可混匀。

F 注意事项

（1）不要用容量瓶长期存放配好的溶液。配好的溶液如果需要长期存放，应该转移到干净的磨口试剂瓶中。

（2）容量瓶长期不用时，应该洗净，把塞子用纸垫上以防时间久后塞子打不开。

（3）容量瓶一般不要在烘箱中烘烤，如需使用干燥的容量瓶可用电吹风机吹干。

1.4 分析用水、试剂及溶液

1.4.1 分析用水

纯水、试验用水的分级：纯水可视为实验室用量最大的溶剂，检验用水必须是纯水，可由蒸馏、重蒸馏、亚沸蒸馏和离子交换等方法制得，也可采用复合处理技术制取。用有特殊要求的纯水须另做说明。

实验室检验用水应符合 GB/T 6682—2006 的要求，实验室用水的分级见表 1-2。

表 1-2 实验室用水的分级

项 目 名 称	一级	二级	三级
外观（目视观察）	无色透明液体		
pH 值范围（25℃）	—	—	5.0~7.5
电导率（25℃）/$\mu S \cdot cm^{-1}$	≤0.1	≤1	≤5
比电阻（25℃）/$M\Omega \cdot cm$	≥10	≥1	≥0.2
可氧化物质［以（O_2）计］/$mg \cdot L^{-1}$	—	≤0.08	≤0.4
吸光度（254nm，1cm 光程）	<0.001	<0.01	—
溶解性总固体（105℃±2℃）/$mg \cdot L^{-1}$	—	≤1.0	≤2.0
可溶性硅（以 SiO_2 计）/$mg \cdot L^{-1}$	<0.01	<0.02	—

超痕量分析时使用一级水。对高灵敏度微量分析使用二级水，三级水用于一般化学分析。

各级纯水均应使用密闭、专用的聚乙烯、聚丙烯、聚碳酸酯等类容器。三级水也可使用专用玻璃容器。新容器在使用前应进行处理，常用20%盐酸溶液浸泡2~3d，再用待测水反复冲洗，并注满待测水浸泡6h以上，沥空后再使用。

由于纯水储存期间可能会受到实验室空气中 CO_2、NH_3、微生物和其他物质以及来自容器壁污染物的污染，因此，一级水应在使用前新鲜制备；二级水、三级水储存时间也不宜过长。

1.4.2　化学试剂

1.4.2.1　定义

化学试剂是为实现某一化学反应而使用的化学物质，根据不同的使用要求，具有不同的纯度标准。

1.4.2.2　化学试剂分类

我国化学试剂规格按纯度和使用要求分为：高纯（超纯、特纯）、光谱纯、分光纯、基准、优级纯、分析纯和化学纯等7种。

后四种为通用试剂。

化学试剂的标签颜色见表1-3。

表1-3　化学试剂的标签颜色

级别（沿用）	中文标志	英文标志（沿用）	标签颜色
一级	优级纯	GR	深绿色
二级	分析纯	AR	金光红色
三级	化学纯	CP	中蓝色
	基准试剂		深绿色
	生物染色剂		玫红色

1.4.2.3　化学试剂的应用

基准试剂：是一类用于标定滴定分析标准溶液的标准物质，既可作为滴定分析中的基准物用，也可精确称量后用直接法配制标准溶液。基准试剂主要成分含量一般在99.95%~100.05%，杂质含量略低于优级纯或与优级纯相当。

优级纯：主要成分含量高，杂质含量低，主要用于精密的科学研究和测定工作。

分析纯主要成分含量略低于优级纯，杂质含量略高，用于一般的科学研究和重要的测定。

化学纯品质较分析纯差，但高于实验试剂，用于工厂、教学实验或研究。

实验试剂杂质含量更多，但比工业品纯度高，主要用于普通的实验或研究。

高纯、光谱纯及纯度99.99%（也用4N表示）以上的试剂，主要成分含量高，杂质含量比优级纯低，且规定的检验项目多，主要用于微量及痕量分析中试样的分解及试液的制备。

分光纯：要求在一定波长范围内干扰物质的吸收小于规定值。

1.4.2.4　基准物质

引起化学试剂变质的原因：有些性质不稳定的化学试剂，由于储存过久或保存条件不当，会造成变质，影响使用。有些试剂必须在标签注明（如冷藏、充氮）的条件下储存。以下是一些常见的化学试剂变质的原因。

（1）氧化和吸收二氧化碳。空气中的氧和二氧化碳对试剂的影响：易被氧化的还原剂，如硫酸亚铁、碘化钾，由于被氧化而变质；碱及碱性氧化物易吸收二氧化碳而变质，如 NaOH、KOH、MgO、CaO、ZnO 也易吸收 CO_2 变成碳酸盐；酚类易氧化变质。

（2）湿度的影响。有些试剂易吸收空气中的水分发生潮解，如 $CaCl_2$、$MgCl_2$、$ZnCl_2$、KOH、NaOH 等。

风化：含结晶水的试剂露置于干燥的空气中时，失去结晶水变为白色不透明晶体或粉末，这种现象叫风化。如 $Na_2SO_4 \cdot 10H_2O$、$CuSO_4 \cdot 5H_2O$ 等。风化后的试剂取用时其分子质量难以确定。

（3）挥发和升华。浓氨水若盖子密封不严，久存后由于 NH_3 的逸出，其浓度会降低；挥发性有机溶剂，如石油醚等，由于挥发会使其体积减少；碘、萘等也会因密封不严造成量的损失及污染空气。

（4）见光分解。过氧化氢溶液见光后分解为水和氧，甲醛见光氧化生成甲酸，$CHCl_3$ 氧化产生有毒的光气，HNO_3 在光照下生成棕色的 NO_2。因此这些试剂一定要避免阳光直射。有机试剂一般均存于棕色瓶中。

（5）温度的影响。高温加速试剂的化学变化速度，也使挥发、升华速度加快，温度过低也不利于试剂储存，在低温时有的试剂会析出沉淀，如甲醛在 6℃ 以下析出三聚甲醛，有的试剂发生冻结。

1.4.3　溶液及标准溶液

1.4.3.1　定义

溶液：一种以分子、原子或离子状态分散于另一种物质中构成的均匀而又稳定的体系叫溶液，溶液由溶质和溶剂组成。

溶剂：用来溶解别种物质的物质叫溶剂。

溶质：能被溶剂溶解的物质叫溶质。

溶质和溶剂可以是固体、液体和气体。按溶剂的状态不同，溶液可分为固态溶液、液态溶液和气态溶液（如空气），一般所说的溶液是液态溶液。

溶解：在一定温度下，将固体物质放于水中，溶质表面的分子或离子由于本身的运动和受到水分子的吸引，克服固体分子间的引力，逐渐分散到水中，这个过程叫做溶解。

结晶：已溶解的溶质粒子不断运动，与未溶解的溶质碰撞，重新被吸引到固体表面上，这个过程叫做结晶。

饱和溶液：把在一定条件下达到饱和状态的溶液叫做饱和溶液。称还能继续溶解溶质的溶液为不饱和溶液。

溶解过程的热效应：物质在溶解过程中有的会放热，使溶液温度升高；有的则吸热，使溶液温度降低，这叫做溶解过程的热效应。

溶解热：1mol 的物质在溶解时放出（或吸收）的热量叫做该物质的溶解热。溶解热如为正值，表示溶解时放出热量；如为负值，表示吸收热量。

溶解度：在一定温度下，某种物质在 100g 溶剂中达到溶解平衡状态时溶解的克数。例如在 20℃时，KCl 在 100g 水中最多能溶解 34.0g，KCl 的溶解度就是 34.0g/100g 水。

分散体系：物质分散成微粒分布在另一种物质中形成的混合物称为分散体系。被分散的物质称为分散相，分散相所在的介质称为分散介质。按分散项粒子的大小，分散体系分为：真溶液（简称溶液）$\phi<1nm$，胶体溶液：$\phi 1\sim100nm$，悬浊液：$\phi>100nm$。

1.4.3.2　溶液的分类

溶液分为一般溶液和标准溶液。

（1）一般溶液也称为非标准溶液或辅助试剂溶液，用于控制化学反应条件，在分析中溶解样品，调节 pH 值，分离或掩蔽离子，显色等。配制一般溶液精度要求不高，1~2 位有效数字，试剂的质量由架盘天平称量，体积用量筒量取即可。

（2）标准溶液：已知准确浓度的溶液叫做标准溶液。

标准溶液浓度的准确度直接影响分析结果的准确度。因此，配制标准溶液在方法、使用仪器、量具和试剂方面都有严格的要求。一般按照国标 GB 601—88 要求制备标准溶液。

配制方法有直接配制法和标定法两种。

1）直接配制法。在分析天平上准确称取一定量已干燥的"基准物"溶于水后，转入已校正的容量瓶中用水稀释至刻度，摇匀，即可算出其准确浓度。

基准物质应符合的条件：

①试剂的组成应与它的化学式完全相符。若含结晶水，其结晶水的含量也应该与化学式完全相符。

②试剂的纯度应足够高，99.9%以上，杂质的含量应少到不致于影响分析的准确度。

③试剂在一般情况下应该很稳定。

④试剂最好有比较大的摩尔质量。

⑤试剂参加反应时，应按反应式定量的进行，无副反应。

常用的基准物质有：纯金属：Cu、Fe、Zn 等；纯化合物：NaCl、Na_2CO_3、K_2CrO_7 等。

使用举例：

标定酸时用碳酸氢钠、十水合碳酸氢钠、硼砂（$Na_2B_4O_7 \cdot 10H_2O$）、碳酸氢钾等。

标定碱时用（邻）苯二甲酸氢钾、草酸等。

标定 EDTA 时用 Cu、$CaCO_3$ 等。

2）标定法

很多物质不符合基准物的条件，不能直接配制标准溶液，一般是先将这些物质配成近似所需浓度溶液，再用基准物测定其准确浓度，这一操作叫做"标定"。

标定的方法有如下两种：

①直接标定：准确称取一定量的基准物，溶于水后用待标定的溶液滴定，至反应完全。根据所消耗标定溶液的体积和基准物的质量，计算出待标定溶液的准确浓度。

②间接标定：有一部分标准溶液，没有合适的用以标定的基准试剂，只能用另一已知浓度的标准溶液来标定。

1.4.4 指示剂

1.4.4.1 定义

指示剂是化学试剂中的一类，用以指示化学计量点（滴定终点）的试剂。

1.4.4.2 指示剂的分类

指示剂根据滴定反应来分类。用于酸碱滴定的指示剂称为酸碱指示剂，用于配位滴定（配合滴定）的指示剂称为金属指示剂，用于氧化还原滴定的指示剂称为氧化还原指示剂，用于沉淀滴定的指示剂称为沉淀指示剂。

1.4.5 缓冲溶液

1.4.5.1 缓冲溶液

缓冲溶液是一种能对溶液的酸度起稳定作用的溶液。向缓冲溶液中加入少量强酸或强碱（或因化学反应溶液中产生了少量酸或碱），或将溶液稍加稀释，溶液的酸度基本保持不变，这种作用称为缓冲作用。具有缓冲作用的溶液称为缓冲溶液。

1.4.5.2 标准缓冲溶液

标准缓冲溶液是一种溶液。标准缓冲溶液性质稳定，有一定的缓冲容量和抗稀释能力，常用于校正 pH 计。

1.5 化学分析中的计算

1.5.1 分析化学中的常用的法定计量单位

国际单位制（SI）中 7 个基本的单位见表 1-4。

表 1-4 国际单位制（SI）中 7 个基本的单位

量的名称	单位名称	符号	量的名称	单位名称	符号
长度	米	m	热力学温度	开〔尔文〕	K
质量	千克（公斤）	kg	物质的量	摩〔尔〕	mol
时间	秒	s	光强度	坎〔德拉〕	cd
电流	安〔培〕	A			

1.5.1.1 物质的量（n_B）

"物质的量"是一个物理量的整体名称，它是表示物质基本单元多少的一个物理量，国际上规定的符号为 n_B，并规定它的单位名称为摩尔，符号为 mol，中文符号为摩。

1mol 是指系统中物质单元 B 的数目与 $0.012kg\ C^{12}$ 的原子数目相等。系统中物质单元 B 的数目是 $0.012kg\ C^{12}$ 的原子数的几倍，物质单元 B 的物质的量 n_B 就等于几摩尔（mol），在使用摩尔时其基本单元应予以指明，它可以是原子、分子、离子、电子及其他粒子和这些粒子的特定组合。（有时也用毫摩表示）

例如，在表示硫酸的物质的量时：

（1）以 H_2SO_4 作为基本单元的 98.08g 的 H_2SO_4 时，其 H_2SO_4 的单元数与 0.012kg

C^{12} 的原子数目相等，所以有 $n_{(H_2SO_4)} = 1mol$。

（2）以 1/2 H_2SO_4 作为基本单元 98.08 的 H_2SO_4，其（1/2 H_2SO_4）的单元数是 0.012kg C^{12} 的原子数目的 2 倍，这时 $n_{(1/2H_2SO_4)} = 2mol$。

因此，在使用物质的量的单位摩尔时，必须标明其基本单元。例如：

1mol H，具有质量 1.008g；

1mol H_2，具有质量 2.016g；

1mol 1/6$K_2Cr_2O_7$，质量 49.03g；

1mol 1/2Na_2CO_3，具有质量 53.00g。

1.5.1.2　质量

质量在习惯上称为重量，用符号 m 表示。质量的单位为千克（kg），在分析化学中也常用克（g）、毫克（mg）、微克（μg）和纳克（ng）。数量关系为：1kg = 1000g，1g = 1000mg，1mg = 1000μg，1μg = 1000ng。

1.5.1.3　体积

体积也叫容积，用 V 表示，国际单位为立方米（m^3），在分析化学中也常用升（L）、毫升（mL）和微升（μL）。它们的关系为：$1m^3 = 1000L$，1L = 1000mL，1mL = 1000μL。

1.5.1.4　摩尔质量（M_B）

摩尔质量定义为质量（m）除以物质的量（n_B）。用符号 M_B 表示，单位为千克/摩（kg/mol）。

即：
$$M_B = \frac{m}{n_B}$$

摩尔质量的单位也用克/摩（g/mol）。当已确定了物质的基本单元之后，就可知道其摩尔质量。见表 1-5。

表 1-5　常用物质的摩尔质量（M_B）

名称	化学式	式量	基本单元	M_B	化学反应式
盐酸	HCl	36.46	HCl	36.46	$HCl + OH^- = H_2O + Cl^-$
硫酸	H_2SO_4	98.08	1/2H_2SO_4	49.04	$H_2SO_4 + 2OH^- = 2H_2O + SO_4^{2-}$
邻苯二甲酸氢钾	$KHC_8H_4O_4$	204.22	$KHC_8H_4O_4$	204.22	$KHC_8H_4O_4 + NaOH = KNaC_8H_4O_4 + H_2O$
氢氧化钠	NaOH	40.00	NaOH	40.00	$NaOH + H^+ = H_2O + Na^+$
氨水	$NH_3 \cdot H_2O$	35.05	$NH_3 \cdot H_2O$	35.05	$NH_3 + H^+ = NH_4^+$
碳酸钠	$NaCO_3$	105.99	1/2$NaCO_3$	53.00	$NaCO_3 + 2H^+ = 2Na^+ + H_2O + CO_2 \uparrow$
EDTA	$Na_2H_2Y \cdot 2H_2O$	372.24	$Na_2H_2Y \cdot 2H_2O$	372.24	$H_2Y^{2-} + M^{2+} = MY^{2-} + 2H^+$
高锰酸钾	$KMnO_4$	158.04	1/5$KMnO_4$	31.61	$MnO_4^- + 8H^+ + 5e = Mn^{2+} + 4H_2O$
重铬酸钾	$K_2Cr_2O_7$	294.18	1/6$K_2Cr_2O_7$	49.03	$Cr_2O_7^{2-} + 14H^+ + 6e = 2Cr^{3+} + 7H_2O$
碘	I_2	253.81	1/2I_2	126.90	$I_3^- + 2e = 3I^-$

1.5.1.5　摩尔体积（V_m）

摩尔体积（V_m）定义为体积（V）除以物质的量（n_B）。

摩尔体积的符号为 V_m，国际单位为米³/摩（m^3/mol），常用单位为升/摩（L/mol）。

公式：$V_m = \dfrac{V}{n_B}$。

1.5.1.6　密度（ρ）

密度（ρ）作为一种量的名称，符号为 ρ，单位为千克/米³（kg/m^3），常用单位为克/厘米³（g/cm^3）或克/毫升（g/mL）。由于体积受温度的影响，对密度必须注明有关温度。公式：$\rho = \dfrac{m}{v}$。

1.5.1.7　元素的相对原子质量（A_r）

元素的相对原子质量（A_r）指元素的平均原子质量与 ^{12}C 原子质量的 1/12 之比。用符号 A_r 表示，此量的量纲为 1，以前称为原子量。

例如：Fe 的相对原子质量是 55.85；Cu 的相对原子质量是 63.55。

1.5.1.8　物质的相对分子质量（M_r）

物质的相对分子质量（M_r）是指物质的分子或特定单元平均质量与 ^{12}C 原子质量的 1/12 之比。用符号 M_r 表示。量纲为 1，以前称为分子量。

例如：CO_2 的相对质量是：44.01；$\dfrac{1}{3} H_3PO_4$ 的相对分子质量是 32.67。

1.5.2　溶液浓度计算分类

溶液浓度的表示方法如下（溶剂—A，溶质—B）。

1.5.2.1　B 的物质的量浓度（C_B）

B 的物质的量浓度常简称为 B 的浓度，是指 B 的物质的量除以混合物的体积，以 C_B 表示，单位为 mol/L，常用的还有 mol/m^3，mol/cm^3，即

$$C_B = \frac{n_B}{V}$$

式中　C_B——物质 B 的物质的量浓度，mol/L；

　　　n_B——物质 B 的物质的量，mol；

　　　V——混合物（溶液）的体积，L。

1.5.2.2　B 的质量分数

B 的质量分数是指 B 的质量与混合物的质量之比。以 w_B 表示（有时也用 A 表示）。由于质量分数是相同的物理量之比，因此其量纲为 1，结果以纯数表示。如，$w_{(HCl)} = 0.38$，也可用百分数表示，即 $w_{(HCl)} = 38\%$。实验室使用的浓酸、浓碱用这种表示法。如果分子、分母两个质量单位不同，则质量分数应写上单位，如 mg/g、μg/g、ng/g 等。

质量分数还常用来表示被测组分在试样中的含量，如铁矿石中铁的含量 $w_{(Fe)} = 0.56$，即 56%。在微量和痕量分析中，含量很低，过去常用 ppm（10^{-6}）、ppb（10^{-9}）、ppt（10^{-12}）表示，现已废止使用，改用法定的计量单位。如某化工产品中含铁 5ppm，现应写成 $w_{(Fe)} = 5 \times 10^{-6}$，或 5μg/g 或 5mg/kg。

1.5.2.3　B 的质量浓度

B 的质量浓度指 B 的质量除以混合物的体积，以 ρ_B 表示，单位为 g/L，即

$$\rho_B = \frac{m_B}{V}$$

式中　ρ_B——物质 B 的质量浓度，g/L，g/mL，kg/m^3；

　　　　m_B——溶质 B 的质量，g；

　　　　V——混合物（溶液）的体积，L。

1.5.2.4　B 的体积分数

混合前 B 的体积除以混合物的体积称为 B 的体积分数，以 ϕ_B 表示。将原装液体试剂稀释时，多采用这种浓度表示。

体积分数也常用于气体分析中表示某一组分的含量。如空气中含氧量 $\phi_{(O_2)} = 0.20$，表示氧的体积占空气体积的 20%。

1.5.2.5　比例浓度

比例浓度包括容量比浓度和质量比浓度。

（1）容量比浓度是指液体试剂相互混合或用溶剂（大多为水）稀释时的表示方法。如（1+5）或（1∶5）HCl 溶液，表示 1 体积浓 HCl 与 5 体积蒸馏水相混而成的溶液。如常用的王水（1HCl∶3HNO₃）与逆王水（3HCl∶1HNO₃）。

（2）质量比浓度是指两种固体试剂相互混合的表示方法，如（1+100）也用（1∶100）表示的钙指示剂-氯化钠混合指示剂，表示 1 个单位质量的钙指示剂与 100 个单位质量的氯化钠相互混合，是一种固体稀释方法。

1.5.2.6　滴定度

滴定度是滴定分析中标准溶液使用的浓度表示方法之一，它有两种表示方式。

（1）$T_{s/x}$。$T_{s/x}$ 是指 1mL 标准溶液相当于被测物的质量，用符号 $T_{s/x}$ 表示（以前书写为 $T_{x/s}$），单位为 g/mL，其中 s 代表滴定剂的化学式，x 代表被测物的化学式，滴定剂写在前面，被测物写在后面，中间的斜线表示"相当于"，并不是分数关系。

（2）T_s。T_s 是指 1mL 标准溶液中所含滴定剂的质量（g）表示的浓度，用符号 T_s 表示，单位为 g/mL，其中 s 代表滴定剂的化学式。

1.5.3　一般溶液的配制和浓度计算

一般溶液是指非标准溶液，配制一般溶液时对精度的要求不高，可取 1~2 位有效数字。

1.5.3.1　物质的量浓度的配制和计算

根据公式：$c_B = \dfrac{n_B}{V}$ 和 $n_B = \dfrac{m_B}{M_B}$ 的关系，得出 $m_B = c_B V \times \dfrac{M_B}{1000}$。

（1）溶质是固体物质。

例 1-1：欲配制 $c_{(Na_2CO_3)} = 0.5mol/L$ 溶液 500mL，如何配制？

解：
$$m_{(Na_2CO_3)} = c_{(Na_2CO_3)} V \times \frac{M_{(Na_2CO_3)}}{1000}$$

$$m_{(\text{Na}_2\text{CO}_3)} = 0.5 \times 500 \times \frac{106}{1000} = 26.5\text{g}$$

配法：称取 Na_2CO_3 26.5g 溶于水中，并用水稀释至 500mL，混匀。

（2）溶质是浓溶液。

例 1-2：欲配制 $c_{(\text{H}_3\text{PO}_4)} = 0.5\text{mol/L}$ 溶液 500mL，如何配制？（浓磷酸的密度 $\rho = 1.69$，$w = 85\%$，浓度为 15mol/L）

解：解法一：溶液在稀释前后其中溶质的物质的量不会改变，因而可用下式计算：

$$c_\text{浓} V_\text{浓} = c_\text{稀} V_\text{稀}$$

$$V_\text{浓} = \frac{c_\text{稀}\, V_\text{稀}}{c_\text{浓}} = \frac{0.5 \times 500}{15} \approx 17\text{mL}$$

解法二：

$$m_{(\text{H}_3\text{PO}_4)} = c_{(\text{H}_3\text{PO}_4)} V_{(\text{H}_3\text{PO}_4)} \times \frac{M_{(\text{H}_3\text{PO}_4)}}{1000} = 24.5\text{g}$$

$$V_0 = \frac{m}{\rho w} = \frac{24.5}{1.69 \times 85\%} \approx 17\text{mL}$$

配法：量取浓 H_3PO_4 17mL，加水稀释至 500mL，混匀。

1.5.3.2 质量分数溶液的配制和计算

（1）溶质是固体物质：

$$m_1 = mw$$
$$m_2 = m - m_1$$

式中 m_1——固体溶质的质量，g；

$\quad\quad m_2$——溶剂的质量，g；

$\quad\quad m$——欲配溶液的质量，g；

$\quad\quad w$——欲配溶液的质量分数。

例 1-3：欲配 $w_{\text{NaCl}} = 10\%$ NaCl 溶液 500g，如何配制？

解：
$$m_1 = （500 \times 10\%） = 50\text{g}$$
$$m_2 = （500 - 50） = 450\text{g}$$

配法：称取 NaCl 50g，加水 450mL，混匀。

（2）溶质是浓溶液。计算依据是溶质的总量在稀释前后不变。

$$V_0 \rho_0 w_0 = V\rho w$$

例 1-4：欲配 30% 的稀 H_2SO_4 溶液（$\rho = 1.22$）500mL，如何配制？（浓硫酸 $\rho_0 = 1.84$，$w_0 = 96\%$）

解：
$$V_0 = \frac{V\rho w}{\rho_0 w_0} = \frac{500 \times 1.22 \times 30\%}{1.84 \times 96\%} = 103.6\text{mL}$$

例 1-5：密度为 1.24g/mL，质量百分浓度为 12.0% 的盐酸溶液的摩尔浓度是多少？

解：已知 $\rho = 1.06\text{g/mL}$，$w = 12.0\%$，$M = 36.46\text{g/mL}$，则

$$c = \frac{n}{V} = \frac{m}{MV} = \frac{\rho V_x W}{MV} = 1000 \times \rho \times \frac{w}{M}$$

$$c = 1000 \times 1.06 \times \frac{12.0\%}{36.46} = 3.49\text{mol/L}$$

1.5.3.3　质量浓度溶液的配制和计算

例 1-6：欲配制 20g/L 亚硫酸钠溶液 100mL，如何配制？

解：
$$\rho_B = \frac{m_B}{V} \times 1000$$

$$m_B = \rho_B \times V/1000 = 20 \times 100/1000 = 2.0g$$

配法：步骤略。

1.5.3.4　体积分数溶液的配制和计算：

例 1-7：欲配制 50% 的乙醇溶液 1000mL，如何配制？

解： $V_B = 1000 \times 50\% = 500mL$

1.5.3.5　比例浓度溶液的配制和计算：

例 1-8：欲配制（2+3）三乙醇胺溶液 1L，如何配制？

解：
$$V_A = V \times \frac{A}{A+B} = 1000 \times \frac{2}{2+3} = 400mL(三乙醇胺)$$

$$V_B = 1000 - 400 = 600mL(水)$$

1.5.4　标准溶液浓度计算

1.5.4.1　直接法配制的标准溶液的物质的量浓度计算（摩尔浓度）

根据 $n_B = \dfrac{m_B}{M_B}$

代入 $c_B = \dfrac{n_B}{V_B} = \dfrac{m_B}{V_B M_B}$（mol/L），求 m_B 或 c_B

例 1-9：准确称取基准物质 K_2CrO_7 1.471g，溶解后定量转移至 250mL 容量瓶中，问此溶液的浓度为多少？以 $c_{\left(\frac{1}{6}K_2Cr_2O_7\right)}$ 表示的浓度为多少？（$M_{(K_2CrO_7)} = 294.2g/mol$）

解： $c_{(K_2CrO_7)} = \dfrac{m_{(K_2CrO_7)}}{v_{(K_2CrO_7)} M_{(K_2CrO_7)}} = \dfrac{1.471}{0.2500 \times 294.2} = 0.02000mol/L$

$$c_{\left(\frac{1}{6}K_2Cr_2O_7\right)} = 6c_{(K_2CrO_7)} = 6 \times 0.02000 = 0.1200mol/L$$

例 1-10：欲配制 0.1000mol/L 的 EDTA 溶液 1L，应称取基准 EDTA 多少克？$M_{(EDTA)} = 372.24g/mol$。

解： $m_{(EDTA)} = c_{(EDTA)} V_{(EDTA)} M_{(EDTA)} = 0.1000 \times 1 \times 372.24 = 37.224g$

1.5.4.2　标定法配制的标准溶液的物质的量浓度计算

公式：　　　　　　$n_B = n_x$　或　$C_B V_B = C_X V_X$

例 1-11：某 NaOH 溶液，用纯草酸（$H_2C_2O_4 \cdot 2H_2O$）为基准物质标定。纯草酸重 1.273g，消耗 NaOH 溶液 20.12mL，求此 NaOH 溶液的摩尔浓度？（$M_{H_2C_2O_4 \cdot 2H_2O} = 126.07g/mol$）

解：　　　　　　$c_{(2NaOH)} V_{(2NaOH)} = n_{(H_2C_2O_4 \cdot 2H_2O)} = \dfrac{m}{M}$

所以
$$c_{(2NaOH)} = \frac{m}{MV} = \frac{1.273}{126.0 \times 20.12 \times 10^{-3}}$$
$$= 0.5019 mol/L$$

$$c_{(2NaOH)} = 2c_{(NaOH)} = 0.5019 \times 2 = 1.0038 mol/L$$

1.5.4.3 滴定度标液的配制和计算

公式：
$$m_s = \frac{s}{x} T_{s/x}$$

$$m = m_s V$$

式中 m_s——1ml 滴定剂中含滴定剂（s）的质量，g；

s——按反应方程式确定的滴定剂（s）的质量，g；

x——按反应方程式确定的被测物（x）的质量，g；

$T_{s/x}$——滴定度；

m——滴定剂的质量，g；

V——欲配标准溶液的体积，mL。

例 1-12：欲配 $T_{AgNO_3/Cl^-} = 0.001000 g/mL$ 溶液 1000mL，如何配制？（可分步解题）

解：滴定反应：$AgNO_3 + Cl^- = AgCl \downarrow + NO_3^-$

$$m_{(AgNO_3)} = \frac{169.87}{35.453} \times 0.001000 = 0.004791 g$$

$$m = 0.004791 \times 1000 = 4.791 g$$

例 1-13：称取纯 $K_2Cr_2O_7$ 4.952g，配制成 1L 的溶液，试计算此溶液以 Fe、Fe_2O_3 表示的滴定度为多少？

$$M_{(K_2CrO_7)} = 294.2 g/mol, \quad M_{Fe} = 55.85, \quad M_{Fe_2O_3} = 159.69$$

解：
$$n = \frac{m}{M} = \frac{4.952}{294.2} = 0.01683 mol$$

$$c = n/V = \frac{0.01683}{1000} \times 1000 = 0.01683 mol/L$$

$$T_{Fe/K_2Cr_2O_7} = \frac{6CM_{Fe}}{1000} = \frac{6 \times 0.01683 \times 55.85}{1000}$$

$$= 0.005640 g/mL$$

$$T_{Fe_2O_3/K_2Cr_2O_7} = T_{Fe/K_2Cr_2O_7} \times \frac{M_{Fe_2O_3}}{2M_{Fe}}$$

$$= 0.005640 \times \frac{156.69}{2 \times 55.85} = 0.008065 g/mL$$

1.5.4.4 物质的量浓度与滴定度的相互换算

$$T_{s/x} = c_B \times \frac{M_X}{1000} = \frac{a}{b} \frac{c_B M_X}{1000}$$

例 1-14：$c_{(HCl)} = 0.1016 mol/L$ HCl 溶液，换算成 T_{HCl/Na_2CO_3} 应为多少？

解：
$$2HCl + Na_2CO_3 = 2NaCl + H_2O + CO_2 \uparrow$$

$$T_{HCl/Na_2CO_3} = \frac{1}{2} \cdot \frac{c_{(HCl)} \cdot M_{(Na_2CO_3)}}{1000} = 0.1016 \times 106/2 \times 1000 = 0.005385g/mol$$

例 1-15：称取草酸钠试样 0.2203g，需要 29.30mL $KMnO_4$ 与之反应，已知 1mL $KMnO_4$ 相当于 0.06023g Fe，求 $Na_2C_2O_4$ 质量分数。$M_{(Na_2C_2O_4)} = 134.01g/mol$

解：
$$C_{(1/5KMnO_4)} = \frac{0.06023 \times 1000}{55.85} = 0.1078mol/L$$

$$W_{(Na_2C_2O_4)} = \frac{29.30 \times 0.1078 \times 0.06700}{0.2203} \times 100\% = 96.06\%$$

答：草酸钠试样的质量分数是 96.06%。

1.5.4.5　标准溶液浓度的调整（稀释计算，常用）

（1）标定后浓度较指定浓度略高：加水稀释，重新标定。

公式：
$$c_1 V_1 = c_2(V_1 + V_{H_2O})$$
$$V_{H_2O} = V_1(c_1 - c_2)/c_2$$

式中　c_1——标定后的浓度，mol/L；

c_2——指定的浓度，mol/L；

V_1——标定后的体积，mL；

V_{H_2O}——稀释至指定浓度需加水的体积，mL。

例 1-16：有 $c_{(HCl)} = 0.1100mol/L$ 的 HCl 溶液 1000mL，欲配制成 $c_{(HCl)} = 0.1000mol/L$ 的 HCl 溶液，需加水多少毫升？

解：因加入水前后溶液中的 HCl 的物质的量不变，设加水为 V_{H_2O}，故有

$$c_1 V_1 = c_2(V_1 + V_{H_2O})$$

$$0.1100 \times 1000 = (1000 + V_{H_2O}) \times 0.1000$$

$$V_{H_2O} = 100mL$$

（2）标定后浓度较指定浓度略低：

$$c_1 V_1 + c_浓 V_浓 = c_2(V_1 + V_浓)$$

$$V_浓 = V_1(c_2 - c_1)/(c_浓 - c_1)$$

式中　c_1——标定后的浓度，mol/L；

c_2——指定的浓度，mol/L；

$c_浓$——需加浓溶液的浓度，mol/L；

V_1——标定后的体积，mL；

$V_浓$——需加浓溶液的体积，mL。

例 1-17：今有 $c_{(HCl)} = 0.4000mol/L$ 的 HCl 溶液 1000mL，欲配制成 $c_{(HCl)} = 0.5000mol/L$ 的 HCl 溶液，需加入 1.000mol/L 的 HCl 溶液多少毫升？

解：设需加入 1.000mol/L 的 HCl 溶液为 V，则

$$0.4000 \times 1000 + 1.000 \times V = 0.5000 \times (1000 + V)$$

$$V = 200mL$$

1.5.5 滴定分析计算或待测组分含量的计算

1.5.5.1 分析结果的表示方法

根据不同的要求，分析结果的表示方法也不同。

(1) 按实际存在形式表示。例如电解食盐水 NaCl 含量常以 NaCl 的质量浓度 $\rho_{(NaCl)}$ (g/L) 表示。

(2) 按氧化物形式表示。被测物的实际存在形式不清楚，比较复杂，则分析结果常用氧化物的形式计算，例：矿石、土壤中各元素的含量常用氧化物形式表示，铁矿石常用 Fe_2O_3、磷矿石用 P_2O_5。

(3) 按元素形式表示。在金属材料和有机元素分析中，分析结果常用元素形式，例如：合金钢中常用 Cr、Mn、Mo、W 等元素表示，有机元素分析中常用 C、N、O、S、P 等。

(4) 按存在的离子形式表示。在某些分析，例如水质分析中，常用实际存在的离子形式表示，例如测定水中钙、镁、等用 Ca^{2+}、Mg^{2+} 表示。

1.5.5.2 滴定分析结果计算

首先应找出各物质间量的关系，然后根据要求进行计算。一般在滴定分析中有下述几种量的关系：

(1) 溶液与溶液之间的计算关系：$c_{标}V_{标} = c_{测}V_{测}$

(2) 溶液与物质质量之间的计算关系：$c_{标}V_{标} = \dfrac{m_x}{M_X} \times 1000$

(3) 物质含量的计算：$m_x = c_{标}V_{标} \times \dfrac{M_x}{1000}$

$$x\% = \frac{m_x}{m} \times 100 = \frac{c_{标}\,V_{标}\,M_x}{1000G} \times 100$$

由于滴定分析时的操作方法不同，所以滴定分析结果的计算方法也不同。

A 直接滴定法结果的计算

计算依据：待测物质的物质的量与标准溶液的物质的量相等。

$$n_{测} = n_{标}$$

由于
$$n_{测} = c_{测}V_{测} = \frac{m_{测}}{M_{测}} \times 1000$$

$$n_{标} = c_{标}V_{标}$$

所以
$$\frac{m_{测}}{M_{测}} \times 1000 = c_{标}V_{标}$$

$$m_{测} = c_{标}V_{标} \times \frac{M_{测}}{1000}$$

或
$$c_B V_B = c_X V_X = 1000\frac{m_x}{M_X}$$

结果的计算式
$$x\% = \frac{m_x}{G} \times 100 = \frac{c_{测}\,V_{测}\,M_X}{1000G} \times 100$$

例 1-18：称取 1.100g 工业 Na_2CO_3 溶于水，以甲基橙为指示剂，用 $C_{(H_2SO_4)} = 0.500mol/L$ 的标准溶液滴定到终点时，用去 $V_{(H_2SO_4)} = 20.00mL$。求 Na_2CO_3 的含量是多少（%）。

解：
$$Na_2CO_3 + H_2SO_4 \stackrel{}{=\!=\!=} Na_2SO_4 + H_2O + CO_2 \uparrow$$
$$n_{(Na_2CO_3)} : n_{(H_2SO_4)} = 1 : 1$$
$$n_{(Na_2CO_3)} = n_{(H_2SO_4)}$$
$$M_{(Na_2CO_3)} = 106.0g/mol$$
$$m_{(Na_2CO_3)} = c_{(H_2SO_4)} V_{(H_2SO_4)} M_{(Na_2CO_3)} \times \frac{1}{1000}$$

所以　　　　$$Na_2CO_3\% = \frac{m_{(Na_2CO_3)}}{G} \times 100$$
$$= 0.5000 \times 20.00 \times 106.0 \times 100 / 1.100 \times 1000$$
$$= 96.36$$

此外，用 HCl 标准溶液直接滴定 NaOH、$H_2C_2O_4$ 等，用 $KMnO_4$ 标准溶液直接滴定 Fe^{2+}、$H_2C_2O_4$ 也是直接法滴定的典型例子。反应如下：
$$NaOH + HCl \stackrel{}{=\!=\!=} NaCl$$
$$5Fe^{2+} + MnO_4^- + 8H^+ \stackrel{}{=\!=\!=} 5Fe^{3+} + Mn^{2+} + 4H_2O$$

B　返滴定法结果的计算

计算依据：待测物的物质的量等于准确的过量的标准溶液的物质的量减返滴定时所用的另一种标准溶液的物质的量。

$$n_测 = n_过 - n_标$$
$$n_测 = \frac{m_测}{M_测}; \quad n_过 = c_过 V_过; \quad n_标 = c_标 V_标$$

则　　　　$$m_测 = (c_过 V_过 - c_标 V_标) \times \frac{M_测}{1000}$$

$$x/\% = \frac{m_测}{G} \times 100$$

$$= \frac{(c_过 V_过 - c_标 V_标) \times \dfrac{M_测}{1000}}{G} \times 100$$

例 1-19：测定某试样含铝量，称取试样 0.2000g 溶解后加入 $c_{(EDTA)} = 0.05010mol/L$ 的 EDTA 标准溶液 25.00mL，控制条件，使 Al^{3+} 与 EDTA 配合完全，然后以 0.05005mol/L 标准锌溶液返滴定过量的 EDTA，消耗 5.50mL，分别计算以 Al、Al_2O_3 表示的铝的质量分数。（$M_{(Al)} = 26.98g/mol$，$M_{Al_2O_3} = 101.96g/mol$）

解： $$w_{Al} = \frac{\left[c_{(EDTA)} \times V_{(EDTA)} - c_{Zn}^{2+} \times V_{Zn}^{2+} \right] \times \dfrac{26.98}{1000}}{m} \times 100\%$$

$$= \frac{(0.05010 \times 25.00 - 0.05005 \times 5.50) \times \dfrac{26.98}{1000}}{0.2000} \times 100\%$$

$$= 13.18\%$$

$$w_{Al_2O_3} = \frac{[c_{(EDTA)} \times V_{(EDTA)} - c_{Zn^{2+}} \times V_{Zn}{}^{2+}] \times \dfrac{101.96}{2 \times 1000}}{m} \times 100\%$$

$$= 24.91\%$$

C 滴定中间物法结果的计算

计算依据：待测物的物质的量等于中间产物的物质的量等于标准溶液的物质的量。

$$n_{测} = n_{中间} = n_{标}$$

$$n_{测} = n_{标}$$

则

$$m_{测} = c_{标} V_{标} \times \frac{M_{测}}{1000}$$

$$w_x = \frac{m_{测}}{G} \times 100 = \frac{c_{标} \ V_{标} \ M_{测}}{1000 G} \times 100$$

例 1-20：欲测定大理石中 $CaCO_3$ 的百分含量，称大理石试样 $0.1557g$，溶解后向试液中加入过量（$NH_4)_2C_2O_4$，使 Ca^{2+} 成 CaC_2O_4 沉淀析出，过滤、洗涤，将沉淀溶于稀 H_2SO_4，此溶液中的 $C_2O_4{}^{2-}$ 需用 $15.00mL$ $c_{(1/5KMnO_4)} = 0.2000mol/L$ 的 $KMnO_4$ 标准溶液滴定，求大理石中 $CaCO_3$ 的含量。（重量分析法）

解：

$$Ca^{2+} + C_2O_4{}^{2-} = CaC_2O_4 \downarrow$$

$$CaC_2O_4 + 2H^+ = H_2C_2O_4 + Ca^{2+}$$

$$5H_2C_2O_4 + 2MnO_4{}^- + 6H^+ = 10CO_2 \uparrow + 2Mn^{2+} + 8H_2O$$

由反应可知：$2MnO_4{}^- \to 5H_2C_2O_4 \to 5Ca^{2+} \to 5CaCO_3$

因 $KMnO_4$ 是以 $1/5 \ KMnO_4$ 为基本单元，则 $CaCO_3$ 的基本单元应为 $1/2 \ CaCO_3$。

故

$$n_{(1/2 \ CaCO_3)} = n_{[1/2(NH_4)_2C_2O_4]} = n_{(1/5 \ KMnO_4)} = c_{(1/5 \ KMnO_4)} V_{(1/5KMnO_4)}$$

$$w_{CaCO_3} = \frac{c_{(\frac{1}{5}KMnO_4)} V_{(\frac{1}{5}KMnO_4)} M_{(\frac{1}{2}CaCO_3)}}{1000m} \times 100$$

$$= \frac{0.2000 \times 15.00 \times 50.05}{1000 \times 0.1557} \times 100$$

$$= 96.4$$

1.5.5.3 分光光度法计算

$$A = \lg \frac{I_0}{I_t} = \lg \frac{1}{T} = abc = \varepsilon bc$$

式中 A——物质的吸光度；

$\dfrac{I_t}{I_o}$——溶液的透光率或透光度，用 T 表示；

b——液层厚度，cm；

a——吸光系数，L/(g·cm)；

ε——摩尔吸光系数，L/(mol·cm)。

例 1-21：用 1cm 厚的比色皿，采用绿色滤光片，测得高锰酸钾溶液的吸光度为 0.322，问该溶液的百分透光率是多少。

解：已知 $b = 1\text{cm}$，$A = 0.322$

$$A = -\log T$$

得

$$0.322 = -\log T$$

$$T = 47.6\%$$

例 1-22：有 0.088mg 铁，以硫氰酸盐显色后，用水稀释至 5mL，用 1cm 的比色皿测得吸光度为 0.74，试计算其摩尔吸光系数是多少。（最好分步计算）

解：已知 $m = 0.088\text{mg}$，$V = 5\text{mL}$，$b = 1\text{cm}$，$A = 0.74$，$M = 55.85\text{g/mol}$

$$A = abc = \varepsilon bc$$

故

$$\varepsilon = \frac{A}{bc} = \frac{0.74}{1 \times \dfrac{0.088}{5 \times 55.85}} = 2.3 \times 10^3 \text{ L/(mol·cm)}$$

1.5.5.4　重量分析结果的计算（换算因子）

被测组分的百分含量计算公式：

$$w_x = \frac{m}{m_s} \times 100$$

$$F = \frac{m}{m'}$$

式中　F——换算因数（可根据有关的化学式求得）；

$\quad\quad m$——被测组分重量；

$\quad\quad m'$——称量形式重量。

例 1-23：称取硫铁矿试样 0.1819g，经溶解、沉淀、过滤、灼烧等，最后得 $BaSO_4$ 沉淀 0.4821g，计算硫铁矿中硫的质量分数是多少。

解：

$$F = \frac{M_S}{M_{BaSO_4}} = \frac{32.06}{233.36} = 0.1374$$

0.4821g $BaSO_4$ 含 S 的质量为：0.4821×0.1374 = 0.0662g

$$w_s = \frac{0.0662}{0.1819} \times 100\% = 36.39\%$$

例 1-24：计算 0.1000g Fe_2O_3 相当于 FeO 的质量。（$M_{Fe_2O_3} = 159.7$，$M_{FeO} = 71.85$）

解：

$$F = \frac{2M_{FeO}}{M_{Fe_2O_3}} = \frac{2 \times 71.85}{159.7} = 0.8998$$

1.5.6　化学方程式计算

1.5.6.1　化学方程式书写、配平（物料平衡、电荷平衡）

书写时反应物、生成物要准确无误，注意反应前后原子种类不变，原子个数不增减。

$$a\text{A} + b\text{B} = y\text{Y} + z\text{Z}$$

例

$$H_2SO_4 + 2NaOH = Na_2SO_4 + 2H_2O$$

1.5.6.2 确立物质间的关系（利用等物质的量规则，确立反应基本单元）

即在化学反应中，消耗反应物 A、B 的基本单元 aA、bB，产生的生成物 yY、zZ，它们的物质的量相等，即（反应物负，生成物正）

$$- \Delta n_{(aA)} = - \Delta n_{(bB)} = \Delta n_{(bB)} = \Delta n_{(zZ)}$$

$$- \Delta n_{(H_2SO_4)} = - \Delta n_{(2NaOH)} = \Delta n_{(Na_2SO_4)} = \Delta n_{(H_2O)}$$

对滴定反应，一般只考虑反应物即 A、B 的计算。设 A 为待测物，B 为标准物。则

$$\Delta n_{(aA)} = \Delta n_{(bB)}$$

即 $\Delta n_{(H_2SO_4)} = \Delta n_{(2NaOH)}$ 或 $\Delta n_{(1/2H_2SO_4)} = \Delta n_{(NaOH)}$

1.5.6.3 根据化学反应计算结果

计算依据：
$$n_B = \frac{m_B}{M_B} = c_B V_B$$

$$n_{(bB)} = \frac{m_B}{M_{(bB)}} = c_{(bB)} V_B（V_B 的单位为 L）$$

（1）计算 aA 的浓度 $c_{(aA)}$，公式：

$$n_{(aA)} = \frac{m_A}{M_{(aA)}} = c_{(aA)} V_{(aA)}; \quad c_{(aA)} V_{(aA)} = c_{(bB)} V_B$$

1) $c_{(aA)} = \frac{c(b_B) V_B}{V_A}$；

2) $c_{(aA)} = \frac{m_B \times 1000}{M_{(bB)} V_A}$；

3) $c_A = a c_{(aA)}$。

称取烘干的基准物 Na_2CO_3 0.1500g，溶于水，以甲基橙为指示剂，用 HCl 标准溶液滴定至终点，消耗 25.00mL，求 $c_{(2HCl)}$ 及 $c_{(HCl)}$。

解：反应方程式：$Na_2CO_3 + 2HCl \mathop{=\!=\!=} 2NaCl + CO_2 + H_2O$

$$c_{(2HCl)} = m_{(Na_2CO_3)} \times 1000 / (M_{(Na_2CO_3)} V) = 0.1500 \times 1000 / 106.00 \times 25.00 = 0.0560 \text{mol/L}$$

$$c_{(HCl)} = 2 c_{(2HCl)} = 0.05660 \times 2 = 0.1132 \text{mol/L}$$

（2）质量和质量分数。若计算待测物 A 的质量和 A 的质量分数，则为：

$$m_A = \frac{m_B M_{(aA)}}{M_{(bB)}}$$

1) $m_A = \frac{c_{(bB)} V_B M_{(aA)}}{1000}$（$V_B$ 单位为 mL）；

2) $w_A = \frac{m_A}{m_s}$（m_s 为样品质量，单位为 g）；

3) $w_A = \frac{c_{(bB)} V_B M_{(aA)}}{m_s \times 1000} \times 100\%$（$V_B$ 单位为 ml）。

例 1-25：称取纯碱试样 0.2000g，溶于水，以甲基橙为指示剂，用 $c_{(HCl)} = 0.1000 \text{mol/L}$ 的 HCl 标准溶液滴定至终点，消耗 32.04mL，求纯碱的质量分数为多少，以百分数形式表示。

解：反应方程式：$Na_2CO_3 + 2HCl \Longrightarrow 2NaCl + CO_2 + H_2O$

$$m_{(Na_2CO_3)} = \frac{c_{(HCl)} V_{(HCl)} M_{(1/2Na_2CO_3)}}{1000} = 0.1000 \times 32.04 \times 53.00/1000 = 0.1698g$$

$$w_{(Na_2CO_3)} = \frac{m_A}{m_s} = 0.1698/0.2000 = 0.8490$$

$$w_{(Na_2CO_3)}/\% = 84.90$$

在该反应中如以 Na_2CO_3 和 2HCl 为基本单元，则等物质的量为：

$$c_{(Na_2CO_3)} V_{(Na_2CO_3)} = c_{(2HCl)} V_{(2HCl)}$$

因此，根据反应方程式进行计算时，应先配平反应方程式，然后根据滴定剂与被测物质的关系，确定它们的基本单元，利用等物质的量规则，计算被测物含量。

再如，（$Cr_2O_7^{2-}$）与 Fe^{2+} 的反应，实际是电子的转移过程：$6Fe^{2+} + Cr_2O_7^{2-} + 14H^+ \Longrightarrow 6Fe^{3+} + 2Cr^{3+} + 7H_2O$

终点时有：$c_{(Cr_2O_7^{2-})} V_{(Cr_2O_7^{2-})} = c_{(6Fe^{2+})} V_{(6Fe^{2+})}$

或 $c_{(1/6Cr_2O_7^{2-})} V_{(1/6Cr_2O_7^{2-})} = c_{(Fe^{2+})} V_{(Fe^{2+})}$

1.6　误差和数据处理

1.6.1　准确度和精密度

在任何一项分析工作中，都可能出现用同一个分析方法，测定同一个样品，虽然经过多次测定，但是测定结果总是不完全一样。这说明在测定中有误差。为此必须了解误差产生的原因及其表示方法，尽可能将误差减到最小，以提高分析结果的准确度。

1.6.1.1　真实值、平均值与中位数

A　真实值

物质中各组分的实际含量称为真实值，它是客观存在的，但不可能准确地知道。

B　平均值

（1）总体与样本。总体（或母体）是指随机变量 x_i 的全体；样本（或子样）是指从总体中随机抽出的一组数据。

（2）总体平均值与样本平均值。在日常分析工作中，总是对某试样平行测定数次，取其算术平均值作为分析结果，若以 x_1，x_2，$\cdots$，x_n 代表各次的测定值，n 代表平行测定的次数，$\bar{x}$ 代表样本平均值，则

$$\bar{x} = \frac{x_1 + x_2 + \cdots + x_n}{n} = \frac{\sum\limits_{i=1}^{n} x_i}{n}$$

样本平均值不是真实值，只能说是真实值的最佳估计，只有在消除系统误差之后并且测定次数趋于无穷大时，所得总体平均值（μ）才能代表真实值。

$$\mu = \lim_{n \to \infty} \frac{\sum\limits_{i=1}^{n} x_i}{n}$$

在实际工作中，人们把"标准物质"作为参考标准，用来校准测量仪器、评价测量方法等，标准物质在市场上有售，它给出的标准值是最接近真实值的。

C 中位数（x_M）

一组测量数据按大小顺序排列，中间一个数据即为中位数 x_M。当测定次数为偶数时，中位数为中间相邻两个数据的平均值。它的优点是能简便地说明一组测量数据的结果，不受两端具有过大误差的数据的影响；缺点是不能充分利用数据。

1.6.1.2 准确度与误差

准确度是指测量值与真实值之间相符合的程度。准确度的高低用误差的大小来衡量，误差越小分析结果的准确度越高；反之，误差越大准确度越低。

误差是测试结果或测量结果与真值之差。根据误差的性质和产生的原因，可将误差分为系统误差（偏倚）、随机误差两大类。

误差有两种表示方法绝对误差和相对误差：

$$绝对误差(E) = 测定值(x) - 真实值(T)$$

$$相对误差(RE) = \frac{测定值(x) - 真实值(T)}{真实值(T)} \times 100\%$$

由于测定值可能大于真实值，也可能小于真实值，所以绝对误差和相对误差都有正负之分。

例如，若测定值为 57.30，真实值为 57.34，则

$$绝对误差(E) = x - T = 57.30 - 57.34 = -0.04$$

$$相对误差(RE) = \frac{E}{T} \times 100\% = \frac{-0.04}{57.34} \times 100\% = -0.07\%$$

虽然两次测定的绝对误差是相同的，但它们的相对误差却相差较大。而相对误差是指误差在真实值中所占的百分率。上面例中相对误差不同说明它们的误差在真实值中所占的百分率不同，用相对误差来衡量测定的准确度更具有实际意义，对于多次测量的数值，其准确度可按下式计算：

$$绝对误差(E) = \bar{x} - T$$

$$相对误差(RE) = \frac{\bar{x} - T}{T} \times 100\%$$

例 1-26：若测定 3 次结果为 0.1201g/L、0.1193g/L 和 0.1185g/L，标准含量为 0.1234g/L，求绝对误差和相对误差。

解：平均值 $\bar{x} = \dfrac{0.1201 + 0.1193 + 0.1185}{3}$

$$= 0.1193g/L$$

$$绝对误差(E) = \bar{x} - T = (0.1193 - 0.1234) = -0.0041g/L$$

$$相对误差(RE) = \frac{E}{T} \times 100\% = \frac{-0.0041}{0.1234} \times 100\% = -3.3\%$$

但应注意有时为了说明一些仪器测量的准确度，用绝对误差更清楚。例如分析天平的称量误差是±0.0002g，常量滴定管的读数误差是±0.01mL 等。这些都是用绝对误差来说明的。

1.6.2　精密度与偏差

精密度是指在相同条件下重复 n 次测定结果彼此相符合的程度。精密度的大小用偏差表示，偏差愈小说明精密度愈高。

1.6.2.1　偏差

偏差有绝对偏差和相对偏差。

平均值：n 次测量数据的算术平均值。

绝对偏差是指单次测定值与平均值的偏差。绝对偏差 $(d) = x - \bar{x}$。

相对偏差是指绝对偏差在平均值中所占的百分率。相对偏差 $= \dfrac{x - \bar{x}}{\bar{x}} \times 100\%$。

绝对偏差和相对偏差都有正负之分，单次测定的偏差之和等于零。

1.6.2.2　算术平均偏差

算术平均偏差是指单次测定值与平均值的偏差（取绝对值）之和除以测定次数。

即算术平均偏差 $(\bar{d}) = \dfrac{\sum |x_i - \bar{x}|}{n}$ 　$(i = 1, 2, \cdots, n)$

相对标准偏差 $= \dfrac{\bar{d}}{\bar{x}} \times 100\%$

算术平均偏差和相对标准偏差不计正负。

1.6.2.3　标准偏差

在数理统计中常用标准偏差来衡量精密度。

（1）总体标准偏差。总体标准偏差是用来表达测定数据的分散程度的，其数学表达式为：

$$总体标准偏差(\sigma) = \sqrt{\dfrac{\sum (x_i - \mu)^2}{n}}$$

（2）样本标准偏差。一般测定次数有限，μ 值不知道，只能用样本标准偏差来表示精密度，其数学表达式（贝塞尔公式）为：

$$样本标准偏差(S) = \sqrt{\dfrac{\sum (x_i - \bar{x})^2}{n - 1}}$$

（3）相对标准偏差。标准偏差在平均值中所占的百分率叫做相对标准偏差，也叫变异系数或变动系数 (cv)。其计算式为：

$$相对标准偏差(cv) = \dfrac{S}{\bar{x}} \times 100\%$$

用标准偏差表示精密度比用算术平均偏差表示要好。因为单次测定值的偏差经平方以后，较大的偏差就能显著地反映出来，所以生产和科研的分析报告中常用 cv 表示精密度。

例如，现有两组测量结果，各次测量的偏差分别为：

第一组：+0.3，+0.2，+0.4，-0.2，-0.4，+0.0，+0.1，-0.3，+0.2，-0.3

第二组：0.0，+0.1，-0.7，+0.2，+0.1，-0.2，+0.6，+0.1，-0.3，+0.1

两组的算术平均偏差 $\bar{d}$ 分别为：

第一组

$$\bar{d}_1 = \frac{\sum |d_i|}{n} = 0.24$$

第二组

$$\bar{d}_2 = \frac{\sum |d_i|}{n} = 0.24$$

从两组的算术平均偏差（$\bar{d}$）的数据看，都等于 0.24，说明两组的算术平均偏差相同。但很明显的可以看出第二组的数据较分散，其中有 2 个数据即-0.7 和+0.6 偏差较大。用算术平均偏差（$\bar{d}$）表示显示不出这个差异，但用标准偏差（S）表示时，就明显地看出第二组数据偏差较大。各次的标准偏差（S）分别为：

第一组

$$S_1 = \sqrt{\frac{\sum (x_i - \bar{x})^2}{n - 1}} = 0.28$$

第二组

$$S_1 = \sqrt{\frac{\sum (x_i - \bar{x})^2}{n - 1}} = 0.34$$

由此说明第一组的精密度较好。

1.6.2.4 极差

一般分析中，平行测定次数不多，常采用极差（R）来说明偏差的范围，极差也称"全距"。R=测定最大值-测定最小值，相对极差$=\dfrac{R}{\bar{x}}\times100\%$。

1.6.2.5 公差

公差也称允差，是指某分析方法所允许的平行测定间的绝对偏差，公差的数值是将多次测得的分析数据通过数理统计方法处理确定的，是生产实践中用以判断分析结果是否合格的依据。若 2 次平行测定的数值之差在规定允差绝对值的 2 倍以内，认为有效，如果测定结果超出允许的公差范围，称为"超差"，就应重做。

例如：重铬酸钾法测定铁矿中铁含量，2 次平行测定结果为 33.18% 和 32.78%，2 次结果之差为：33.18%-32.78%＝0.40%。

生产部门规定铁矿含铁量在 30%~40%之间，允差为±0.30%。

因为 0.40%小于允差±0.30%的绝对值的 2 倍（即 0.60%），所以测定结果有效。可以用 2 次测定结果的平均值作为分析结果。即

$$w_{Fe} = \frac{33.18 + 32.78}{2}\% = 32.98\%$$

这里要指出的是，以上公差表示方法只是其中一种，在各种标准分析方法中公差的规定不尽相同，除上述表示方法外，还有用相对误差表示，或用绝对误差表示。要看公差的具体规定。

公差是生产部门对分析结果误差允许的一种限量，如果误差超出允许的公差范围，该

项分析工作就应该重做。

1.6.3 准确度与精密度的关系

欲使准确度高，首先必须要求精密度要高。但精密度高并不说明其准确度也高，因为可能在测定中存在系统误差，因此精密度是保证准确度的先决条件。

1.6.4 误差来源与消除方法

根据误差产生的原因和性质，可将误差分为系统误差和偶然误差两大类。

1.6.4.1 系统误差

（1）系统误差是分析过程中由某种固定的原因造成的，具有重复性、单向性。理论上，系统误差的大小是可以测定的，所以系统误差又称可测误差。

（2）系统误差产生的原因：

1）方法误差。

2）仪器和试剂误差。

3）操作误差。

4）主观误差。

1.6.4.2 偶然误差

偶然误差亦称随机误差，是指测定值受各种因素的随机变动引起的误差。它是由某些难以控制且无法避免的偶然因素造成的。

1.6.5 提高分析结果准确度的方法

要提高分析结果的准确度，必须考虑在分析工作中可能产生的各种误差，采取有效的措施，将这些误差减小到最小。

（1）选择合适的分析方法。各种分析方法的准确度和灵敏度各有不同。例如，对于含铁量为40%的试样中铁的测定，应采用容量法；而含铁量为0.4%的试样中铁的测定应采用光度法。

（2）减少测量误差。为了确保分析结果的准确度，必须尽量减少测量误差。例如：在质量分析中，一般分析天平的称量误差为±0.0002g，如果要求相对误差小于0.1%，试样质量就必须在0.2g以上。

（3）增加平行测定次数，可以减少随机误差。一般化学分析中，对于同一试样，通常要求平行测定2~4次。

（4）消除系统误差的方法为：

1）对照试验。对照试验是检查分析过程中有无系统误差最有效的方法。可以与标准试样的标准结果对照；可以与国标或公认经典方法进行对照；或者由不同分析人员，不同实验室来进行对照。

2）空白试验。由试剂、蒸馏水及器皿引入的杂质造成的系统误差，可作空白试验来扣除。

3）校准仪器。仪器不准引起的系统误差，可通过校准仪器来减小影响。例如对砝码、移液管、容量瓶、滴定管、分光光度计等进行校准。

4）引用其他方法作校正。例如重量法测定硅含量时，滤液中的硅可用光度法测定，然后加到重量法结果中去。

1.6.6 有效数字

1.6.6.1 定义

有效数字是指在实验室测试中实际能够测试到的数字。所谓能够测试到的是包括最后一位估计的，不确定的数字。把通过直读获得的准确数字叫做可靠数字，把通过估读得到的那部分数字叫做可疑数字，把测试结果中能够反映被测试大小的带有一位可疑数字的全部数字叫有效数字。

1.6.6.2 有效数字修约规则

为了适应生产和科技工作的需要，我国已经正式颁布了 GB/T 8170—2008《数值修约规则与极限数值的表示和判定》，通常称为"四舍六入五成双"法则。

四舍六入五考虑，即当尾数≤4时舍去，尾数≥6时进位。当尾数恰为5时，则应视保留的末位数是奇数还是偶数，5前为偶数应将5舍去，5前为奇数则进位。

这一法则的具体运用如下：

（1）若被舍弃的第一位数字大于5，则其前一位数字加1。如28.2645只取3位有效数字时，其被舍弃的第一位数字为6，大于5，则有效数字应为28.3。

（2）若被舍弃的第一位数字等于5，而其后数字全部为零，则视被保留的末位数字为奇数或偶数（零视为偶数），而定进或舍，末位是奇数时进1，末位为偶数不加1。如28.350、28.250、28.050只取3位有效数字时，分别应为28.4、28.2及28.0。

（3）若被舍弃的第一位数字等于5，而其后面的数字并非全部为零，则进1。如28.2501，只取3位有效数字时，则进1，成为28.3。

（4）若被舍弃的数字包括几位数字时，不得对该数字进行连续修约，而应根据以上各条作一次处理。如2.154546，只取3位有效数字时，应为2.15，而不得按以下方法连续修约为2.16。

$$2.154546 \to 2.15455 \to 2.1546 \to 2.155 \to 2.16$$

1.6.6.3 有效数字中"0"的意义

"0"在有效数字中有两种意义：一种是作为数字定位，另一种是有效数字。

例如在分析天平上称量物质，得到表1-6的质量。表中数据"0"起的作用是不同的。

表1-6 称量质量

物质	称量瓶	Na_2CO_3	$H_2C_2O_4 \cdot 2H_2O$	称量纸
质量/$m \cdot g^{-1}$	10.1430	2.1045	0.2104	0.0120
有效数字位数	6位	5位	4位	3位

（1）在10.1430中两个"0"都是有效数字，所以它有6位有效数字。

（2）在2.1045中，"0"也是有效数字，所以它有5位有效数字。

（3）在0.2104中，小数点前面的"0"是定位用的，不是有效数字，而在数字中间的"0"是有效数字，所以它有4位有效数字。

（4）在 0.0120 中，"1" 前面的 2 个 "0" 都是定位用的，而在末尾的 "0" 是有效数字，所以它有 3 位有效数字。

综上所述，数字之间的 "0" 和末尾的 "0" 都是有效数字，而数字前面所有的 "0" 只起定位作用。以 "0" 结尾的正整数，有效数字的位数不确定。例如 4500 这个数，就不好确定是几位有效数字，既可能是 2 位或 3 位，也可能是 4 位。遇到这种情况，应根据实际有效数字位数书写成：

$$4.5 \times 10^3 \qquad\qquad 2 \text{ 位有效数字}$$
$$4.50 \times 10^3 \qquad\qquad 3 \text{ 位有效数字}$$
$$4.500 \times 10^3 \qquad\qquad 4 \text{ 位有效数字}$$

因此很大或很小的数常用 10 的乘方表示。当有效数字确定后，在书写时，一般只保留 1 位可疑数字，多余的数字按数字修约规则处理。

对于滴定管、移液管和吸量管，它们都能准确测量溶液体积到 0.01mL，所以当用 50mL 滴定管测量溶液体积时，如测量体积大于 10mL 小于 50mL，应记录为 4 位有效数字，例如写成 24.22mL；如测量体积小于 10mL，应记录为 3 位有效数字，例如写成 8.13mL。当用 25mL 移液管移取溶液时，应记录为 25.00mL；当用 5mL 吸量管吸取溶液时，应记录为 5.00mL。当用 250mL 容量瓶配制溶液时，则所配制溶液的体积应记录为 250.0mL。当用 50mL 容量瓶配制溶液时，则应记录为 50.00mL。

总而言之，测量结果记录的数字，应与所用仪器测量的准确度相适应。

分析化学中还经常遇到 pH、log K 等对数值，其有效数字位数仅取决于小数部分的数字位数，例如：pH = 2.08，为两位有效数字，它是由 ［H$^+$］ = 8.3×10^{-3}mol/L 取负对数而来，所以是 2 位有效数字而不是 3 位。

1.6.6.4　有效数字运算规则

（1）加减法。几个数据相加或相减时，有效数字位数的保留应以小数点后位数最小的数据为准，其他数据均修约到这一位。即以绝对误差最大的为准。例如：

$$0.0121 + 25.64 + 1.05782 = 0.01 + 25.64 + 1.06 = 26.71$$

（2）乘除法。几个数据相乘除时，有效数字的位数应以几个数中有效数字位数最少的那个数据为准，即以相对误差最大的数为准。例如：

$$0.0121 \times 25.64 \times 1.05782 = 0.0121 \times 25.6 \times 1.06 = 0.328$$

（3）在运算中，各数值计算有效数字位数时，当第一位有效数字 ≥8 时，有效数字位数可以多计 1 位。如 8.34 是 3 位有效数字，在运算中可以作 4 位有效数字看待。

（4）自然数。在分析化学运算中，有时会遇到一些倍数或分数的关系，如：

$$\frac{\text{H}_3\text{PO}_4 \text{ 的相对分子质量}}{3} = \frac{98.00}{3} = 32.67$$

水的相对分子质量 （M_r） = 2×1.008+16.00 = 18.02，在这里分母 "3" 和 "2×1.008" 中的 "2" 都不能看做是 1 位有效数字。因为它们是非测量所得到的数，是自然数，所以其有效数字位数可视为无限的。

1.6.6.5　分析结果报出的位数

在计算分析结果时，高含量 （≥10%） 组分的测定，一般要求 4 位有效数字；含量在

1%~10%的一般要求3位有效数字；含量≤1%的组分只要求2位有效数字。分析中的各类误差通常取1~2位有效数字。

1.6.7　分析结果数据处理

1.6.7.1　显著性检验

显著性检验是指对存在差异的2个样本平均值之间或样本平均值与总体真值之间是否存在"显著性差异"的检验。

在分析化学中常用的显著性检验方法是t检验法和F检验法。

A　t检验法

（1）平均值与标准值的比较。为了检查分析数据是否存在较大的系统误差，可对标准试样进行若干次分析，然后利用t检验法比较测定结果的平均值与标准试样的标准值之间是否存在显著性差异。

（2）两组平均值的比较。不同分析人员、不同实验室或同一分析人员采用不同方法分析同一试样，所得到的平均值经常是不完全相等的。要从这两组数据的平均值来判断它们之间是否存在显著性差异，亦可采用t检验法。

设两组分析数据的测定次数、标准偏差及平均值分别为 n_1、s_1、$\bar{x}_1$ 和 n_2、s_2、$\bar{x}_2$，因为这种情况下两个平均值都是实验值，这时需要先用下面介绍的F检验法检验两组精密度 s_1 和 s_2 之间有无显著性差异，如证明它们之间无显著性差异，则可认为 $s_1 \approx s_2$，然后再用t检验法检验两组平均值有无显著性差异。

用t检验法检验两组平均值有无显著性差异时，首先要计算合并标准偏差

$$s = \sqrt{\frac{偏差平方和}{总自由度}} = \sqrt{\frac{\sum (x_{1i} - \bar{x}_1)^2 + \sum (x_{2i} - \bar{x}_2)^2}{(n_1 - 1) + (n_2 - 1)}}$$

或

$$s = \sqrt{\frac{s_1^2(n_1 - 1) + s_1^2(n_2 - 1)}{(n_1 - 1) + (n_2 - 1)}}$$

然后计算出 t 值

$$t = \frac{|\bar{x}_1 - \bar{x}_2|}{s} \sqrt{\frac{n_1 n_2}{n_1 + n_2}}$$

在一定置信度时，查出表值 $t_{a \cdot f}$（总自由度 $f = n_1 + n_2 - 2$），若 $t < t_{a \cdot f}$，说明两组数据的平均值不存在显著性差异，可以认为两个平均值属于同一总体，即 $\mu_1 = \mu_2$；若 $t > t_{a \cdot f}$，则存在显著性差异，说明两个平均值不属于同一总体，两组平均值之间存在着系统误差。

B　F检验法

F检验法是通过比较两组数据的方差 s^2，以确定它们的精密度是否有显著性差异的方法。统计量F的定义为：两组数据的方差的比值，分子为大的方差，分母为小的方差，即

$$F = \frac{s_{大}^2}{s_{小}^2}$$

将计算所得 F 值与表 1-7 所列 $F_表$ 值进行比较。在一定的置信度及自由度时，若 F 值大于表值，则认为这两组数据的精密度之间存在显著性差异（置信度 95%），否则不存在显著性差异。表中列出的 F 值是单边值，引用时应加以注意。$f_大$ 是大方差数据的自由度；$f_小$ 是小方差数据的自由度。

表 1-7 中所列 F 值是单边值，所以可以直接用于单侧检验，即检验某组数据的精密度是否大于等于（或小于、等于）另一组数据的精密度时，此时置信度为 95%（显著性水平为 0.05）。而进行双侧检验时，如判断两组数据的精密度是否存在显著性差异，即一组数据的精密度可能优于、等于，也可能不如另一组数据的精密度时，显著性水平为单侧检验时的 2 倍，即 0.10。因此，此时的置信度 $P = 1 - 0.10 = 0.90$，即 90%。

表 1-7　置信度 95% 时的 F 值（单边）

$f_大$	$f_小$									
	2	3	4	5	6	7	8	9	10	∞
2	19.00	19.16	19.25	19.30	19.33	19.36	19.37	19.38	19.39	19.50
3	9.55	9.28	9.12	9.01	8.94	8.88	8.84	8.81	8.78	8.53
4	6.94	6.59	6.39	6.26	6.16	6.09	6.04	6.00	5.96	5.63
5	5.79	5.41	5.19	5.05	4.95	4.88	4.82	4.78	4.74	4.36
6	5.14	4.76	4.53	4.39	4.28	4.21	4.15	4.10	4.06	3.67
7	4.74	4.35	4.12	3.97	3.87	3.79	3.73	3.68	3.63	3.23
8	4.46	4.07	3.84	3.69	3.58	3.50	3.44	3.39	3.34	2.93
9	4.26	3.86	3.63	3.48	3.37	3.29	3.23	3.18	3.13	2.71
10	4.10	3.71	3.48	3.33	3.22	3.14	3.07	3.02	2.97	2.54
∞	3.00	2.60	2.37	2.21	2.10	2.01	1.94	1.88	1.83	1.00

例 1-27：用两种不同方法测定合金中钼的质量分数，所得结果如下

方法 1	方法 2
$\overline{x}_1 = 1.24\%$	$\overline{x}_2 = 1.33\%$
$s_1 = 0.021\%$	$s_2 = 0.017\%$
$n_1 = 3$	$n_2 = 4$

试问两种方法之间是否有显著性差异（置信度 90%）？

解：

$$F = \frac{s_大^2}{s_小^2} = \frac{(0.021)^2}{(0.017)^2} = 1.53$$

查表得，$f_大 = 2 f_小 = 3 F_表 = 9.55 F < F_表$。说明两种数据的精密度没有显著性差异，故求得合并标准偏差为

$$s = \sqrt{\frac{\sum (x_{1i} - \overline{x}_1)^2 + \sum (x_{2i} - \overline{x}_2)^2}{(n_1 - 1) + (n_2 - 1)}} = 0.019$$

$$t = \frac{|\overline{x}_1 - \overline{x}_2|}{s} \sqrt{\frac{n_1 n_2}{n_1 + n_2}} = \frac{|1.24 - 1.33|}{0.019} \sqrt{\frac{3 \times 4}{3 + 4}} = 6.21$$

查表，当 $P = 0.90$，$f = n_1 + n_2 - 2 = 5$ 时，$t_{0.10,5} = 2.02$。$t > t_{0.10,5}$，故两种分析方法之间存在显著性差异。

1.6.7.2 可疑值取舍

在实验中，当对同一试样进行多次平行测定时，常常发现某一组测量值中往往有个别数据与其他数据相差较大，这一数据称为可疑值。对可疑值的取舍有以下几种方法。

A 4$\bar{d}$法

4$\bar{d}$法亦称"4乘平均偏差法"。

采用4$\bar{d}$法判断可疑值取舍时，首先应求出除可疑值外的其余数据的平均值$\bar{x}$和平均偏差$\bar{d}$，然后将可疑值与平均值进行比较，如绝对差值大于4$\bar{d}$，则将可疑值舍去，否则保留。

例如我们测得一组的数据如表1-8所示。

表1-8　测量数据

测得值	30.18	30.56	30.23	30.35	30.32	$\bar{x}=30.27$
$\|d\|=\|x-\bar{x}\|$	0.09		0.04	0.08	0.05	$\bar{d}=0.065$

从表1-8可知30.56为可疑值。4$\bar{d}$法计算步骤如下：

（1）求可疑值以外其余数据的平均值$\bar{x}_{n-1}$

$$\bar{x}_{n-1}=\frac{30.18+30.23+30.35+30.32}{4}=30.273$$

（2）求可疑值以外其余数据的平均偏差$\bar{d}_{n-1}$

$$\bar{d}_{n-1}=\frac{|d_1|+|d_2|+|d_3|+|d_4|}{n}$$

$$=\frac{0.09+0.04+0.08+0.05}{4}$$

$$=0.065$$

（3）求可疑值和平均值之差的绝对值

$$30.56-30.27=0.29$$

（4）将此差值的绝对值与4$\bar{d}_{n-1}$比较，若差值的绝对值≥4$\bar{d}_{n-1}$，则弃去，若小于$\bar{d}_{n-1}$则保留。

本例中：4$\bar{d}_{n-1}=4\times0.065=0.26$

$$0.29>0.26$$

所以此值应弃去。

采用4$\bar{d}$法判断可疑值取舍虽然存在较大误差，但该法比较简单，不必查表，至今仍为人们所采用。当4$\bar{d}$法与其他检验法判断的结果发生矛盾时，应以其他法为准。

4$\bar{d}$法仅适用于测定4~8个数据的检验。

B Q检验法

Q检验法的步骤如下：

（1）将测定数据按大小顺序排列，即 x_1，x_2，…，x_n。

（2）计算可疑值与最邻近数据之差，除以最大值与最小值之差，所得商称为 Q 值。由于测得值是按顺序排列，所以可疑值可能出现在首项或末项。

若可疑值出现在首项，则

$$Q_{计算} = \frac{x_2 - x_1}{x_n - x_1}（检验\ x_1）$$

若可疑值出现在末项，则

$$Q_{计算} = \frac{x_n - x_{n-1}}{x_n - x_1}（检验\ x_n）$$

（3）查表 1-9，若计算 n 次测量的 $Q_{计算}$ 值比表中查到的 Q 值大或相等则弃去，若小则保留。

$$Q_{计算} \geqslant Q（弃去）$$
$$Q_{计算} < Q（保留）$$

4）Q 检验法适用于测定次数为 3～10 次的检验。

表 1-9　舍弃商 Q 值表（置信度 90%、96% 和 99%）

测定次数 n	3	4	5	6	7	8	9	10
Q（90%）	0.94	0.76	0.64	0.56	0.51	0.47	0.44	0.41
Q（96%）	0.98	0.85	0.73	0.64	0.59	0.54	0.51	0.48
Q（99%）	0.99	0.93	0.82	0.74	0.68	0.63	0.60	0.57

例 1-28：标定 NaOH 标准溶液时测得 4 个数据：0.1016mol/L、0.1019mol/L、0.1014mol/L、0.1012mol/L，试用 Q 检验法确定 0.1019 数据是否应舍去。（置信度 90%）

解：（1）排列：0.1012mol/L、0.1014mol/L、0.1016mol/L、0.1019mol/L

（2）计算：$Q_{计算} = \dfrac{0.1019 - 0.1016}{0.1019 - 0.1012} = \dfrac{0.0003}{0.0007} = 0.43$

（3）查 Q 表，4 次测定的 Q 值 = 0.76

$$0.43 < 0.76$$

（4）故数据 0.1019 应保留。

C　格鲁布斯法（Grubbs）

（1）格鲁布斯法的步骤

1）将测定数据按大小顺序排列，即 x_1，x_2，…，x_n。

2）计算该组数据的平均值（$\bar{x}$）（包括可疑值在内）及标准偏差（S）。

3）若可疑值出现在首项，则 $T = \dfrac{\bar{x} - x_1}{S}$；若可疑值出现在末项，则 $T = \dfrac{x_n - \bar{x}}{S}$。计算出 T 值后，再根据其置信度查 $T_{p,n}$ 值表（表 1-10），若 $T \geqslant T_{p,n}$ 则应将可疑值弃去，否则应予保留。

表 1-10　$T_{p,n}$ 值表

测定次数 (n)	置信度（p）		测定次数 (n)	置信度（p）	
	95%	99%		95%	99%
3	1.15	1.15	12	2.29	2.55
4	1.46	1.49	13	2.33	2.61
5	1.67	1.75	14	2.37	2.66
6	1.82	1.94	15	2.41	2.71
7	1.94	2.10	16	2.44	2.75
8	2.03	2.22	17	2.47	2.79
9	2.11	2.32	18	2.50	2.82
10	2.18	2.41	19	2.53	2.85
11	2.23	2.48	20	2.56	2.88

4）如果可疑值有 2 个以上，而且又均在平均值（$\bar{x}$）的同一侧，如 x_1、x_2 均属可疑值时，则应检验最内侧的一个数据，即先检验 x_2 是否应弃去，如果 x_2 属于舍弃的数据，则 x_1 自然也应该弃去。在检验 x_2 时，测定次数应按（$n-1$）次计算。如果可疑值有 2 个或 2 个以上，且又分布在平均值的两侧，如 x_1 和 x_n 均属可疑，就应该分别先后检验 x_1 和 x_n 是否应该弃去，如果有一个数据决定弃去，再检验另一个数据时，测定次数应减少一次，同时应选择 99% 的置信度。

（2）举例说明，仍以上面 $4\bar{d}$ 法中的例子为例：

1）将测定数据从小到大排列，即 30.18、30.23、30.32、30.35、30.56。

2）计算 $\bar{x} = 30.33$；$S = 0.15$。

3）可疑值出现在末端，30.56，$T = \dfrac{30.56 - 30.33}{0.15} = 1.53$。

4）查 T 值表，$T_{0.95,5} = 1.67$。

5）$T < T_{0.95,5}$，所以 30.56 应保留。

由上面的判断结果可知，三种方法对同一组数据中的可疑值的取舍可能得出不同的结论。这是由于 $4\bar{d}$ 法在数理统计上是不够严格的，这种方法把可疑值首先排除在外，然后进行检验，容易把原来属于有效的数据也舍弃掉，所以此法有一定局限性。Q 检验法符合数理统计原理，但只适用于一组数据中有一个可疑值的判断。而 Grubbs 法，引进正态分布中两个重要参数 $\bar{x}$ 及 S，方法准确度较好，因此，三种方法以 Grubbs 法最合理而普遍适用，虽然计算上稍麻烦些，但小型计算器上都有计算标准偏差的功能键，所以这种方法仍然是可行的。

1.6.7.3　实验数据重复性限和再现性限的计算

一个数值，在重复性和再现性条件下，两次测试结果的绝对差值不超过此数的概率为 95% 称为重复性限和再现性限。这两个限值在实验过程中对数据结果判断、比对结果的判断、非标方法建立等很多方面都有应用。

A　定义

重复性（repeatability）：指在同一实验室，使用同一方法由同一操作者对同一被测对象使用相同的仪器和设备，在相同的测试条件下，相互独立的测试结果之间的一致程度。

重复性限（repeatability limit）：一个数值，在重复性条件下，两次测试结果的绝对差值不超过此数的概率为95%。重复性限符号为 r。

再现性（reproducibility）：又称"复现性"，指在不同的实验室，使用同一方法由不同的操作者对同一被测对象使用相同的仪器和设备，在相同的测试条件下，所得测试结果之间的一致程度。

再现性限（reproducibility limit）：一个数值，在再现性条件下，两次测试结果的绝对差值不超过此数的概率为95%，再现性限符号为 R。

B　具体计算

对某一水平浓度的样品进行 i 个实验室的验证试验，每个实验室平行测定 n 次，按如下公式计算重复性限 r 和再现性限 R。

$$S_r = \sqrt{\frac{\sum\limits_{i=1}^{l} S_i^2}{l}}$$

$$S_L = \sqrt{\frac{l\sum\limits_{i=1}^{l} \bar{x}_i^2 - \left(\sum\limits_{i=1}^{l} \bar{x}_i\right)^2}{l(l-1)} - \frac{S_r^2}{n}}$$

$$S_R = \sqrt{S_L^2 + S_r^2}$$

$$r = 2.8\sqrt{S_r^2}$$

$$R = 2.8\sqrt{S_R^2}$$

式中　$\bar{x}_i$ ——第 i 个实验室对某一浓度水平样品测试的平均值；

　　　S_i ——第 i 个实验室对某一浓度水平样品测试的标准偏差；

　　　S_r ——重复性限标准差；

　　　S_R ——再现性限标准差；

　　　S_L ——实验室间标准差；

　　　l ——参加验证实验的实验室总数；

　　　n ——每个实验室对某一浓度水平样品进行平行测定的次数；

　　　r ——重复性限；

　　　R ——再现性限。

2 实验室质量管理体系建设与规范运行

2.1 实验室质量管理体系概要

2.1.1 质量管理体系的构成

管理体系指组织建立的方针和目标以及实现这些目标的过程相互关联或相互作用的一组要素。管理体系由组织机构、职责、程序、过程和资源五个基本要素组成。

2.1.1.1 组织机构

组织机构是指实验室为实施其职能按一定格局设置的组织部门，明确其职责范围、权限、隶属关系和相互联系方法，是完成质量方针、目标的组织保证。由于每个实验室检验产品项目及检验人员素质等情况的不同，不可能存在一种普遍适用的、固定的、相同的组织机构模式，实验室必须根据自身的具体情况进行设计。实验室建立与质量管理体系相适应的组织机构时，应做好以下几个方面的工作：

（1）设置与检验工作相适应的检验部门；

（2）确立综合协调的管理部门；

（3）确定各个部门的职责范围及相应关系；

（4）配备各个部门开展工作所需的资源。

2.1.1.2 职责

明确规定实验室各个部门和相关人员的岗位责任，包括在质量管理体系运行中应承担的任务、权力和责任，以及在工作中的失误应负有的责任。实验室必须以过程为主线，通过协调，把各个过程的责任逐级落实到各职能部门和各层次的人员，做到全覆盖，不重叠、界定清楚、职责明确。

2.1.1.3 程序

程序是为实施某项活动所规定的途径。这种途径不是检验工作的简单"流程"或"顺序"，而是为完成某项具体工作所需要遵循的规定。主要规定按顺序开展所承担活动的细节，即所谓5W1H（何事、何人、何时、何处、何故、如何控制）。活动过程中如何控制又涉及5M1E（人员、仪器设备、材料、方法、测量和环境）等方面的因素。

2.1.1.4 过程

过程是将输入转换成输出的一组彼此相关的资源和活动。过程应具有如下特点：任何一个过程都有输入和输出，输入是实施过程的基础，输出是完成过程的结果；完成过程，必须投入适当的资源和活动；应在各环节进行检查、评价、测量，对过程质量进行控制。

2.1.1.5 资源

资源包括人员、设备、设施和环境条件，是管理体系运行的物质基础。

2.1.2　质量管理体系特性

质量管理体系的特性主要从系统性、全面性、有效性和适宜性4个方面体现。

2.1.2.1　系统性

实验室建立的质量管理体系是为实施质量管理，根据自身的需要确定其体系要素，对质量活动中的各个方面综合起来的一个完整的系统。质量管理体系各要素之间不是简单的集合，而是具有一定的相互依赖、相互配合、相互促进和相互制约的关系，形成了具有一定活动规律的有机整体。在建立质量管理体系时必须树立系统的观念，才能确保实验室质量方针和目标的实现。

2.1.2.2　全面性

质量管理体系应对质量各项活动进行有效的控制。对检验报告质量形成进行全过程、全要素、全方位（硬件、软件、物资、人员、报告质量、工作质量）控制。

2.1.2.3　有效性

实验室质量管理体系的有效性体现在质量管理体系应能减少、消除和预防质量缺陷的产生，一旦出现质量缺陷能及时发现并迅速纠正，并使各项质量活动都处于受控状态，以体现质量管理体系要素和功能上的有效性。

2.1.2.4　适宜性

质量管理体系能随着所处内外环境的变化和发展进行修订补充，以适应环境变化的需求。

实验室根据《认可准则》的要求，结合自身的特点，建立质量管理体系时，应注意质量管理体系具备的几个功能：质量管理体系能够对所有影响实验室质量的活动进行有效的和连续的控制；质量管理体系能够注重并且能够采取预防措施，减少或避免问题的发生；质量管理体系具有一旦发现问题能够及时做出反应并加以纠正的能力。

实验室要充分发挥质量（管理）体系的功能，不断完善和健全质量管理体系，并使之有效运行，只有这样才能更好地实施质量管理，达到质量目标，所以质量管理体系是实施质量管理的核心。

2.1.3　实验室认可的意义

2.1.3.1　实验室认可含义

认可机构按照相关国际标准或国家标准，对从事认证、检测和检验等活动的合格评定机构实施评审，证实其满足相关标准要求，进一步证明其具有从事认证、检测和检验等活动的技术能力和管理能力，并颁发认可证书。

2.1.3.2　实验室认可的作用

（1）表明具备了按相应认可准则开展检测和校准服务的技术能力。

（2）促进管理体系的改进，提高管理水平和技术能力，实现总体目标。

（3）增强市场竞争能力，赢得政府部门、社会各界的信任。

（4）获得签署互认协议方国家和地区认可机构的承认。

（5）有机会参与国际间合格评定机构认可双边、多边合作交流。

（6）可在认可的范围内使用 CNAS 国家实验室认可标志和 ILAC 国际互认联合标志。

（7）列入获准认可机构名录，提高知名度。

2.1.3.3 实验室认可体系的认可原则

（1）自愿申请的原则。

（2）非歧视原则。

（3）专家评审原则。

（4）国家认可原则。

2.2 实验室质量管理体系的建立

实验室质量管理体系的建立是一个逐步完善的过程，结合本实验室的具体情况编制管理体系文件只是第一步，更重要的是管理者和全体员工在实际工作中认真贯彻执行，并在执行中通过对不符合工作的控制、采取纠正和预防措施、开展内部审核和管理评审等方式实现管理体系的持续改进，其中包括对管理体系文件的修改和补充，使其更加适应本实验室的具体情况以及在实验室发展过程中出现的新情况。实验室建立质量管理体系的一般步骤如下。

2.2.1 领导决策

实验室领导（包括最高管理者和领导层成员）是实验室的领导核心和决策者。实验室建立管理体系的最终目的是建立一套科学合理的管理机制，提高产品的服务质量，进而提高自己在社会上的竞争力，取得最好的社会和经济效益，保证实验室的持续发展和提高。

实验室建立管理体系涉及实验内部诸多部门，是一项全面性的工作。领导对管理体系的建立、改进资源的配置等方面发挥着决策作用。因此，实验室最高管理者的决心是非常关键的，管理层的认识到位也很重要，以便在工作中做到上下协调，步调一致。

2.2.2 培训骨干

实验室最高管理者首先要组建一个负责建立管理体系的工作班子，工作班子成员既要熟悉实验室业务工作，又要熟悉质量管理工作，质量意识和文字表达能力均较强，具备制定工作计划的能力。制定的工作计划要目标明确、控制进程、突出重点。

管理体系建设领导小组：体系建设的总体规划，制定质量方针和质量目标，按职能部门进行质量职能分解。

管理体系建设工作小组：按照体系建设的总体规划具体组织实施。

管理体系要素工作小组：根据各职能部门的分工明确管理体系要素的责任单位。

2.2.3 确定质量方针和质量目标

实验室方针和目标应能体现实验室的能力、公正性和一致性运作。"方针"是组织的管理层正式发布的组织的宗旨和方向，"目标"是"要实现的结果"。方针为制定目标提供框架，目标可分为中长期目标和年度目标等。实验室应根据方针制定总体目标，在确定的时间区间内，确定管理、技术和质量等多个方面的目标。

实验室应在方针和目标中体现应对风险和机遇以及提升管理体系有效性、公正性、保密性等。

目标应具有时限性、挑战性、关联性、可测量和可实现性。当目标被量化时，目标就成为指标并且是可测量的。

2.2.4　建立组织机构、分配职责、配备资源

2.2.4.1　建立组织机构

由于各个实验室的性质、工作内容不同，因此不可能存在一种普遍适用的组织结构模式，但有一个共同的原则，就是机构的设置必须有利于实验室检测工作的顺利开展，有利于实验室各环节的衔接，有利于质量职能的发挥。

2.2.4.2　分配职责

为了落实职责，实验室应根据自身的实际情况，首先确定管理部门的设置和各检测室的检测业务范围，然后将管理体系各个要素的职责分配落实到有关部门，并根据各部门承担的质量活动赋予其相应权限。在分配职责时应注意各项质量活动之间的接口和协调措施，一个质量职能部门可以负责或参与多个质量活动，但不要让一项质量活动有多个职能部门来负责，避免出现职能空缺或职能重叠，造成无人管理的现象。

一般来说，实验室应成立技术委员会和内审组，技术委员会主任一般由技术负责人担任；内审组组长一般由质量负责人担任。

实验室应任命合适的人员担任下述岗位工作：中心主任（如果实验室不是独立法人单位，应有法人的任命文件和授权书）、技术负责人、质量负责人、授权签字人、内审员、监督员、给出意见和解释人员等，其中授权签字人必须由 CNAS（中国合格评定国家认可委员会）考核批准。

2.2.4.3　配备资源

在活动开展的过程中，会涉及相应的硬件、软件和人员配备，根据需要应进行适当的调配和充实。

2.2.5　编制管理体系文件

关于编制管理体系文件见 2.3 节。

2.2.6　管理体系文件全员培训

实验室在完成管理体系文件的编制并发布后，要向实验室的全体人员进行管理体系文件的宣传贯彻，使实验室全体人员了解建立管理体系的重要性，认识到建立管理体系的工作人人有责，使实验室全体人员无论在思想认识上，还是实际行动上都能做到积极响应和参与。

管理体系文件的宣贯是全员培训，培训应有记录并进行考试，不能走过场。考试内容主要是对管理体系的理解和认识，实验室全体人员应全面了解管理体系文件的内容，充分理解本人在管理体系中的位置和职责。

2.2.7 管理体系运行

2.2.7.1 试运行

通过试运行，考验管理体系文件的有效性和协调性。并对暴露出的问题采取改进和纠正措施，以达到进一步完善管理体系文件的目的。

试运行过程中，要重点抓好以下工作：

（1）有针对性地宣贯管理体系文件。使全体职工认识到新建立或完善的管理体系是对过去管理体系的变革，是为了向国际标准接轨，要适应这种变革就必须认真学习、贯彻管理体系文件。

（2）实践是检验真理的唯一标准。体系文件通过试运行可能会出现一些问题，全体职工应将实践中出现的问题和改进意见如实反映给有关部门，以便采取纠正措施。

（3）对体系试运行中暴露出的问题，如体系设计不周、项目不全等进行协调、改进。

（4）加强信息管理，不仅是体系试运行本身的需要，也是保证试运行成功的关键。所有与质量活动有关的人员都应按照体系文件要求，做好质量信息的收集、分析、传递、反馈、处理归档等工作。

2.2.7.2 正式运行

管理体系正式运行要求领导重视；全员参与；建立监督机制，保证工作质量；认真开展审核，促进体系不断完善；加强纠正措施落实，改善体系运行水平；适应市场，不断壮大，提高能力。

管理体系运行的有效性体现在：

（1）各种质量活动都处于受控状态；

（2）依靠管理体系的组织机构进行组织协调；

（3）通过质量监控、管理体系评审和审核、验证实验等方式自我完善和自我发展，具备减少、预防和纠正质量缺陷的能力，处于一种良性循环的状态。

2.2.7.3 认真开展审核活动，促进管理体系不断完善

管理体系审核是对管理体系文件是否按体系文件运行的评价，以确定管理体系的有效性，对运行中存在的问题采取纠正措施，是组织管理体系自我完善、自我提高的重要手段。

负责审核的部门应按要求编制管理体系审核计划，安排各要素的审核内容、顺序、要求、进度和频次；对不合格项的责任部门规定其改进时间和要求，并实施跟踪检查。

2.2.7.4 组织管理评审，实现管理体系的持续改进

质量体系文件的实施应该是全方位的。它既包括质量体系运行的适宜性、充分性和有效性，也包括质量方针和质量目标在战略战术上的落实与兑现。由管理者主持的，在策划的时间间隔内进行的管理评审，就是评价质量管理体系全方位实施的业绩和提出质量管理体系、产品和资源方面改进措施的自我完善的活动。

通过管理评审，能够获悉管理体系实施的状态，从而对包括质量方针和质量目标在内的体系文件和体系运行提出可行的改进建议和作出改进决议，以使体系能够得到更好的实

施、保持和持续改进。

2.2.7.5　加强纠正措施落实，改善管理体系运行水平

纠正措施是改善和提高管理体系运行水平的一项重要活动，是管理体系自我完善的重要手段。不论是在管理体系审核中还是在日常监督和用户反应中暴露的问题，实验室应及时对这些问题产生的原因进行调查，分析相关的因素，有针对性地制订和落实纠正措施，并验证纠正后的效果。对于纠正效果不明显的，要进一步采取措施，直至有明显改进。必要时将这种措施编入管理体系程序文件中，防止类似问题的重复出现，达到改善和提高管理体系运行水平的目的。

2.3　实验室质量管理体系文件的编写

2.3.1　质量管理体系文件

2.3.1.1　含义

质量管理体系文件是实验室检验工作的依据，是实验室内部的法规性文件。

实验室的质量管理就是通过对实验室内各种过程进行管理来实现的，因而就需要明确对过程管理的要求、管理人员的职责、实施管理的方法以及实施管理所需要的资源，把这些用文件形式表述出来，就形成了该实验室的质量管理体系文件，该文件是描述质量体系的一整套文件。

2.3.1.2　质量管理体系文件的特点

质量管理体系文件具有规范性、系统性、协调性、唯一性和适用性的特点。

（1）规范性。质量管理体系文件一旦批准实施，就必须认真执行；文件如需修改，须按规定的程序进行；文件也是评价管理体系实际运作的依据。

（2）系统性。体系是由相互关联或相互作用的一组要素形成的有机整体，实验室的质量管理体系文件应包括必要的要素及其相互关联形成一个系统性的文件。

（3）协调性。体系文件的所有规定应与实验室的其他管理规定相协调；体系文件之间应相互协调、互相印证；体系文件之间应与有关技术标准、规范相互协调；应认真处理好各种接口，避免不协调或职责不清。

（4）唯一性。一个实验室只能有唯一的质量管理体系文件系统，一般一项活动只能规定唯一的程序；一项规定只能有唯一的理解；一项任务只能有一个部门或人总负责。不能使用文件的无效版本。

（5）适用性。质量管理体系文件的设计和编写没有统一的标准化格式，但要注意其适用性和可操作性遵循"简单、易懂"和"写所做，做所写"的原则。

2.3.1.3　质量管理体系文件构成

质量管理体系文件主要由质量手册、程序文件、作业指导书、质量和技术记录表格构成。

第一层次——质量手册。是实验室质量管理体系的纲领性文件，描述总体的要求。

第二层次——程序文件。是质量手册的支持性文件。程序文件描述质量管理体系过程

涉及的质量和技术活动。其内容包括为什么做（目的）、做什么、由谁来做、何时做、何地做等。程序既可以在一个文件中表达，也可以在多个文件中表达。

第三层次——作业指导书。有关任务如何实施和记录的详细描述。作业指导书是用以指导某个具体过程、描述事物形成的技术性细节的可操作性文件。

第四层次——质量和技术记录表格。是体系运行的证据。

质量管理体系文件中的上下层文件要相互衔接、前后呼应，内容要求一致，不能有矛盾。

2.3.1.4　质量管理体系文件的编写原则

（1）系统协调原则。质量管理体系文件应从检验机构的整体出发进行设计、编制，对影响检测质量的全部因素进行有效控制，接口要严密、相互协调，构成一个有机整体。

（2）科学合理原则。质量管理体系文件不是对质量管理体系的简单描述，而是对照《认可准则》，结合检验工作的特点和管理的现状，做到科学合理，这样才能有效地指导检验工作。

（3）可操作实施原则。编写质量管理体系文件的目的在于贯彻实施，指导实验室的检验工作，所以编写质量管理体系文件时始终要考虑到可操作性，便于实施检查、记录、追溯。

2.3.1.5　管理体系文件编写步骤

（1）管理层负责组织制定管理体系的方针和目标，将目标在各层次和各职能上分解。

（2）管理层负责明确组织结构，分清管理层次和管理职责。

（3）管理层负责确定管理体系各过程的管理者和基本流程。

（4）管理层负责指定文件编写责任人，或组成文件编写小组。

（5）编写组成员负责编写质量手册和程序文件，质量管理手册可由一人编写，大家参与讨论；程序文件应当由参与过程和活动的人员编写，这将有助于加深对必需的要求的理解并使员工产生参与感和责任感。

（6）管理层审批手册程序文件尤其对其适用性负责（确保将管理体系要求融入检验检测全过程）。

2.3.2　质量手册的编写

2.3.2.1　编制质量手册的策划

每个实验室的质量手册都具有唯一性，各类实验室在将其管理体系形成文件时，在文件的结构、格式、内容或表述的方法方面应有灵活性。对小型实验室而言，将对管理体系整体的描述（包括按照准则要求建立所有程序文件）写入一本质量手册中可能更加适宜。对大型、跨区域的组织而言，可能需要在不同的层次上形成相应的质量手册，并且文件的层次结构也更为复杂。

2.3.2.2　质量手册内容

质量手册是阐述一个组织的质量方针并描述其质量体系的文件，是对内和对外表达管理体系信息的文件，并提出对过程和活动的管理要求，主要内容包括：

（1）管理体系的范围，任何删减的细节与合理性。

（2）质量方针、质量目标、管理体系中全部活动的政策。

（3）组织的背景、历史和规模的简要描述。

（4）组织的有关信息，如名称、地址和联络方法。

（5）对管理体系有影响的管理人员的职责和权限。

（6）对管理体系过程及其相互作用的描述。

2.3.2.3　质量手册标题和范围

质量手册的标题和（或）范围应当明确使用手册的实验室。质量手册应当引用建立管理体系所依据的管理体系标准。

2.3.2.4　目录

质量手册的目录应当列出每个部分的序号、标题及其位置。

2.3.2.5　评审、批准和修订

质量手册中应当明确质量手册的评审、批准、修订状态和日期。适用时，应当在文件或附件中明确更改的性质和内容。

2.3.2.6　质量方针和质量目标

如果实验室决定在质量手册中阐述方针，质量手册应包括对方针和目标的陈述。实验室可以决定在其他的管理体系文件中规定实现目标的具体指标。方针应体现实验室能力、公正性和一致运作的要求。目标通常源自实验室的方针并且是能够实现的。当目标被量化时，目标就成为指标并且是可测量的，目标应在各层次和各职能上分解。

2.3.2.7　组织、职责和权限

质量手册应当包括对组织结构的描述。职责、权限及其相互关系可以用组织结构图、流程图和（或）岗位说明书等方式表示。这些文件可直接包括在质量手册中或被质量手册引用。

2.3.2.8　管理体系的描述

质量手册应当对管理体系及其实施进行描述。依据准则要求，结合自身实际，按照过程顺序对过程及其相互作用进行描述。质量手册应当包括或引用程序文件。

可以用对照表的方式说明采用的标准与质量手册内容的相互关系。

2.3.2.9　附录

手册中可以包括含有其支持信息的附录。

2.3.3　程序文件的编写

2.3.3.1　程序文件的结构和格式

程序文件（硬拷贝或电子媒体）的结构和格式应当通过流程图、文字内容、表格以及上述形式的组合进行表达，或实验室所需的任何其他适宜的方式做出规定。程序文件应当包括必要的信息，并且应当具有唯一性标识。

程序文件可引用作业指导书，作业指导书规定了开展活动的方法。程序文件通常描述

跨职能的活动，作业指导书通常适用于某一职能内的活动。

2.3.3.2　程序文件的内容

（1）标题。标题应当能明确识别程序文件。

（2）目的。程序文件应当规定其目的。

（3）范围。程序文件应当描述其范围，包括适用与不适用的情况。

（4）职责和权限。程序文件应当明确人员和（或）职能部门的职责和权限，以及它们在程序中所描述的过程和活动中的相互关系。可采用流程图和文字描述的方式予以明确。

（5）活动的描述。对活动描述的详略程度取决于活动的复杂程度、使用的方法以及从事活动的人员所必需的技能和培训的水平。不论其详略程度如何，适用时，对活动的描述应考虑以下方面：

1）明确过程的输入和输出。

2）用文字和（或）流程图的方式描述过程。

3）描述过程控制要求。

4）明确做什么、由谁或哪个职能做，为什么、何时、何地以及如何做。

5）明确完成活动所需的资源（人员、培训、设备和材料）。

6）明确与活动有关的文件。

7）明确要进行的监视和测量。

（6）记录。在程序文件的该部分或其他相关部分应当规定涉及活动的记录，适用时应当明确这些记录所使用的表格，应当规定记录的填写、归档以及保存的方法。

（7）附录。在程序文件中可包括附录，其中包含一些支持性的信息，如图片、流程图和表格等。

2.3.3.3　程序文件评审、批准和修订

应当明确程序文件的评审和批准的职责及其责任人，以及修订的状态和日期。

2.3.3.4　程序文件更改的标识

可行时，应当在文件或其附件中明确更改的性质。

2.3.4　作业指导书的编写

2.3.4.1　作业指导书的结构和格式

对没有作业指导书就会产生不利影响的所有活动，应当制定作业指导书并对其实施过程进行描述。制定和描述作业指导书可以有多种方式。作业指导书应当包括标题和唯一性标识，作业指导书的结构、格式以及详略程度应当适合于实验室中人员使用的需要，并取决于活动的复杂程度、使用的方法、实施的培训以及人员的技能和资格。作业指导书的结构可不同于程序文件，作业指导书可包括在程序文件中或被其引用。

2.3.4.2　作业指导书内容

作业指导书应当描述关键的活动，作业指导书的详略程度应当足以对活动进行控制，使新手很快了解，使职务代理人能够迅速地代理工作。

2.3.4.3　作业指导书编写注意事项

（1）对作业指导书的结构和格式没有固定要求，但作业指导书通常应当描述作业的目的和范围以及其目标，并引用相关的程序文件。

（2）无论采用何种格式或组合，作业指导书应当与作业的顺序相一致，准确地反映要求及相关活动。为避免混乱和不确定性，应当规定和保持作业指导书的格式或结构的一致性。

2.3.5　表格设计

表格是记录的格式，是特殊文件。其编制审批阶段按照文件控制要求进行管理，表格应有唯一性编号、有修订状态。表格是为记录而设计的，当记入相关内容后，就形成了记录。

表格服务于所应记载的内容，通常表格是根据程序文件或作业指导书有关记录的内容进行设计，应尽可能全面地将所有内容包括在表格中。除此之外表格还应有记录人和记录时间等信息。

设计表格可将常规、不变的内容固化，将应填写的内容设计成空格待填写。

表格设计程序与作业指导书一样，由使用部门设计、审核和批准，报文件管理部门（岗位）登记备案，并给出唯一性编号。表格修订应执行文件管理程序，通过文件管理部门规定修订状态。

2.3.6　编制管理体系文件注意事项

（1）编制《质量手册》应注意满足准则要求、满足客户要求、满足法定管理机构要求和满足提供承认的组织的要求。可对照准则及相关要求，检查其符合性，并具有自身特点。

（2）编制《程序文件》应注意对手册要求的充分展开和具有可操作性。程序文件是《质量手册》的支持性文件，是对手册要求的展开，将其要求表达成流程和活动，重点在于流程设计是否顺畅，管理职责分配是否明确，接口是否清晰，表达是否清楚，让使用程序文件的人很快能看懂，知道怎样做；还要注意手册中的内容已在程序文件中充分表达，不遗不漏，要注意程序文件与手册的系统性。

（3）作业指导书通常在程序文件中引用，当需要进一步描述关键活动时，可编写作业指导书或规范性文件，对程序文件的要求进一步说明。

（4）表格的设计应服从于程序文件和作业指导书所应记录的内容。

（5）作业指导书和记录表格通常应可被程序文件引用，支持程序文件的运行。

（6）管理体系文件编制完成后，一要组织评审其符合性，对照准则及相关要求，检查是否有遗漏，内容是否全面完整；二要检查其系统性，即手册中的要求是否可以实施，在程序文件中是否明确了流程，5W1H表达是否充分和明确，尤其要强调每一个子过程的职责是否清楚；三要检查程序文件是否具有可操作性，支持文件和记录是否完备等。

2.4 准则解析——概述

《检测和校准实验室能力认可准则》（以下简称《准则》）包含了实验室能够证明其运作能力，并出具有效结果的要求。符合该准则的实验室通常也依据 GB/T 19001（S09001DT）的原则运作。实验室管理体系符合 GB/T 19001 的要求，并不证明实验室具有出具技术上有效数据和结果的能力。

中国合格评定国家认可委员会（CNAS）使用该准则作为对检测和校准实验室能力进行认可的基础。为支持特定领域的认可活动，CNAS 还根据不同领域的专业特点，制定一系列的特定领域应用说明，对该准则的要求进行必要的补充说明和解释，但并不增加或减少该准则的要求。

申请 CNAS 认可的实验室应同时满足该准则以及相应领域的应用说明，例如：

CNAS-CL01-A002《检测和校准实验室能力 认可准则在化学检测领域的应用说明》

CNAS-CL01-A006《检测和校准实验室能力认可准则在无损 检测领域的应用说明》

CNAS-CL01-A011《检测和校准实验室能力认可准则 在金属材料检测领域的应用说明》

CNAS-CL01-G001《检测和校准实验室能力认可准则 应用要求》

CNAS-CL01-G002《测量结果的计量溯源性要求》

CNAS-CL01-G0003《测量不确定度的要求》

2.4.1 准则构成

《准则》由范围、规范性引用文件、术语和定义、通用要求、结构要求、资源要求、过程要求、管理体系要求、附录 A、附录 B 十部分组成，该准则的附录是资料性附录，不构成要求，旨在帮助理解和实施该准则。

2.4.2 术语和定义

（1）公正性：客观性的存在。

注 1：客观性意味着利益冲突不存在或已解决，不会对后续的实验室活动产生不利影响。

注 2：其他可用于表示公正性要素的术语有无利益冲突、没有成见、没有偏见、中立、公平、思想开明、不偏不倚、不受他人影响、平衡。

（2）投诉：任何人员或组织向实验室就其活动或结果表达不满意并期望得到回复的行为。

（3）实验室间比对：按照预先规定的条件，由两个或多个实验室对相同或类似的物品进行测量或检测的组织、实施和评价。

（4）实验室内比对：按照预先规定的条件，在同一实验室内部对相同或类似的物品进行测量或检测的组织、实施和评价。

（5）能力验证：利用实验室间比对，按照预先制定的准则评价参加者的能力。

（6）实验室：从事检测、校准、与后续检测或校准相关的一种或多种活动的机构。

（7）判定规则：当声明与规定要求符合时，描述如何考虑测量不确定度的规则。

（8）验证：提供客观证据，证明给定项目满足规定要求。

注1：适用时，宜考虑测量不确定度。

注2：项目可以是一个过程、测量程序、物质、化合物或测量系统。

注3：满足规定要求，如制造商的规范。

注4：在国际法制计量术语中定义的验证，以及通常在合格评定中的验证，是指对测量系统的检查并加标记和（或）出具验证证书。在我国的法制计量领域，"验证"也称为"检定"。

注5：验证不宜与校准混淆。不是每个验证都是确认。

注6：在化学中，验证实体身份或活性时，需要描述该实体或活性的结构或特性。

（9）确认：对规定要求满足预期用途的验证。

2.5　准则重点要素解析——结构要求

2.5.1　实验室管理层的建立及作用

2.5.1.1　准则原文

5.2　实验室应确定对实验室全权负责的管理层。

5.5　实验室应：

a）确定实验室的组织和管理结构、其在母体组织中的位置，以及管理、技术运作和支持服务间的关系；

b）规定对实验室活动结果有影响的所有管理、操作或验证人员的职责、权力和相互关系；

c）将程序形成文件的程度，以确保实验室活动实施的一致性和结果有效性为原则。

2.5.1.2　要点解析

实验室应建立健全组织机构，确定管理层并由其全权负责管理和控制实验室的所有活动（包括质量管理、技术管理和支持服务），实验室应明确职责、权限和相互之间的关系，密切配合，形成一个有机的整体来实施、保持和改进管理体系，并规范、有序地开展实验室活动。

A　实验室管理层的作用

实验室管理层在管理体系中发挥领导、协调、承诺等8方面作用，具体如下：

（1）确定实验室方针和目标，并进行内外部沟通；

（2）落实管理职责，进行必要的授权，支持其他管理者履行相关职责；

（3）组织策划管理体系，将其要求融入检测过程，促进使用过程方法和基于风险的思维及进行风险管理；

（4）确保获得管理体系所需的资源；

（5）就管理体系的有效性建立内部沟通机制；

（6）确保管理体系实现预期结果；

（7）创造全员参与的氛围，指导、支持和促使员工提高管理体系的有效性；

（8）推动改进——重视和主持管理评审。

B　质量负责人职责

管理层应有一名人员作为质量负责人（不论如何称谓），质量负责人应有权决定实验室政策或资源的最高管理者。

（1）确保实验室的管理体系建立、实施和保持；

（2）向管理层报告管理体系的绩效和改进需求；

（3）确保在实验室内提高满足客户要求的意识；

（4）就管理体系有关事宜对外联络，如实验室认可的联络工作。

C　技术负责人职责

技术负责人——在技术方面指挥和控制的一个人或一组人。

（1）全面负责技术运作，需对技术运作进行策划，识别关键控制点并进行控制，如对标准方法的验证和非标准方法的确认、组织策划和实施质量控制、保证结果质量等承担责任。

（2）提供确保实验室运作所需的资源的质量，如确保人员能力、设施和环境条件、设备和计量溯源性、采购服务和供应品质量以及数据控制等，保证检测结果质量。

2.5.2　管理、技术运作和支持服务的关系

实验室应明确其管理、技术运作和支持服务的管理，具体体现在质量管理、技术管理和行政管理之间的关系。

质量管理是指进行实验室活动时，与活动质量有关的相互协调的活动。质量管理可分为质量策划、质量控制、质量保证和质量改进等，通过策划、组织、领导（协调）、实施、控制（监督、检查）、持续改进管理体系，确保高效地实现预期的目标，包括保证技术运作出具正确、可靠的数据和结果。

技术管理是指实验室从识别客户需求开始，将客户的需求转化为过程输入，利用人员、设施、设备、计量溯源系统、外部提供的产品和服务等资源开展实验室活动，通过实验室活动得出数据和结果，形成结果报告或证书的全流程技术运作的管理。

行政管理是指实验室的法律地位的维持、机构的设置、人员的任命、财务的支持和资源保障等，为技术管理和质量管理提供资源保障。

质量管理、技术管理和行政管理之间的关系：质量管理、技术管理和行政管理三位一体，组成实验室管理体系。技术管理是实验室活动的主过程和核心。行政管理为质量管理和技术管理提供运作资源和政策、制度保障，以便有序开展质量管理和实验室活动。质量管理提供质量保证作用，可保障技术管理、规范行政管理。没有资源、制度和政策等行政管理的支持性保障，就不能有序完成技术运作，没有质量管理的保证就得不到正确、可靠的数据和结果。质量管理、技术管理和行政管理应有机有序地运转，以实现管理体系的有效运行。

2.5.3　实验室人员职责、权利和相互关系

实验室应对实验室人员的资格确认、任用、授权和能力保持等进行规范和管理，明确岗位职责、任职要求和工作关系，使其与岗位要求相匹配，并有相应权力和资源确保管理体系有效运行。

实验室管理人员（实施计划、组织、领导和控制职能的人员）的管理素质、知识应当与实验室管理体系的建立和运作相适应，不仅应熟悉本岗位的业务管理，而且要有职、有权、有资源，同时熟悉相关实验室活动。

实验室活动的操作人员（实施具体实验室活动的人员，包括如样品前处理人员等间接从事实验室活动的人员）、验证人员（对实验室活动过程及结果进行监督、审核、校对的人员，包括授权签字人等验证人员）的结构和数量、受教育程度、理论基础、技术背景和经历、实际操作能力、职业素养等应满足工作类型、工作范围和工作量的需要。

实验室应对管理、操作或验证人员在履行实施、保持、改进管理体系时的工作职责、权力和相互关系、可支配的资源做出明确规定，对其人员实施有效管理，确保在工作中事事有人做、做事有人管、做完有评价，统一指挥、层级负责、相互协作、持续改进。

2.6　准则重点要素解析——资源要求

2.6.1　人员

2.6.1.1　准则原文

> 6.2.5　实验室应有以下活动的程序，并保存相关记录：
> a) 确定能力要求；
> b) 人员选择；
> c) 人员培训；
> d) 人员监督；
> e) 人员授权；
> f) 人员能力监控。

2.6.1.2　要点解析

A　人员能力的确认与授权

为确保人员的能力，实验室应根据教育、资格、工作经历、技术知识、培训、技能和经验等对所有人员的能力进行确认和授权，可通过发布文件和（或）持证上岗等形式规定每个岗位的能力范围。

B　人员管理

实验室应与所有人员签订用人合同，不得使用另一实验室兼职人员。实验室应对人员进行系统管理，包括录用、资格确认、授权和能力保持等。实验室应将人员管理的各项政策和程序文件化，形成《人员管理程序》等管理体系文件进行控制。确保人员能力是一个过程，实验室应对如何确保新进人员的初始工作能力和保持检测或校准人员持续工作能

力做出安排。实验室可通过岗位说明书等形式明确技术人员和管理人员的岗位职责、任职要求和工作关系，并使得每个岗位人员清楚他们的职责和授权并胜任所在岗位工作，使其能够识别对实验室活动和管理体系的偏离，并采取措施预防或减少这些偏离。

C 人员培训

人员管理程序中应包含对培训进行策划、实施、检查和改进的内容。程序中应充分描述培训过程要求，明确培训流程和管理职责，并具有可操作性。实验室应根据质量方针和目标确定人员教育、培训和技能目标，确保人员能力适应当前和预期工作任务需要。培训计划应根据培训需求制定，其内容可包括技术、管理、安全、客户要求等多方面的内容。培训应有记录，内部培训应有授课内容，外部培训应有培训证实材料等。

D 人员监督

（1）监督要求。监督员应由熟悉各项检测和（或）校准的方法、程序、目的和结果评价的人员担任，对检测和校准人员（包括在培员工）进行充分的监督；实验室应根据人力资源配置情况、技术操作过程和方法及其影响因素和满足结果报告要求等制定监督计划，明确监督对象、监督内容和监督方式；监督活动应记录完整，作为管理评审的输入。

（2）监督对象。实习、新上岗、转岗、从事新项目、使用新方法、操作新设备等达不到能识别对检测校准程序偏离的重要程度的人员。

（3）监督内容。主要针对人员正确使用方法和设备操作的能力、样品制备能力、环境监控能力、自控检测校准过程能力等，以及出具检测校准结果的正确性、可靠性进行监督。

（4）监督方式。监督可采用观察现场试验、核查记录和报告、评审参加质量控制的结果和面谈等形式，并考虑专业特点采取有效的监督方式，监督检测全过程的技术能力。监督人员应对被监督人员进行评价。监督应有记录，且监督记录应存档，并可被其用于识别人员培训需求，进行必要的培训和再监督。人员监督是保证人员的初始工作能力的有效方法。

E 人员能力监控

（1）监控范围。人员能力监控包括实验室各职能的人员。

（2）监控要求。人员监控应建立在风险评估的基础上，应考虑人员的教育背景、经验、工作经历和所从事技术活动的特点等评估风险，建立监控方案，确保人员能力满足实验室能力要求。

（3）监控方式。既可采取现场见证、人员监督、调阅记录、审核/批准报告、模拟试验，也可结合内外质控（如盲样测试、内部比对、外部比对、能力验证、质控图、留样再测等）实施人员能力监控。

2.6.2 设施和环境条件

2.6.2.1 准则原文

6.3.2 实验室应将从事实验室活动所必需的设施及环境条件的要求形成文件。

6.3.3 当相关规范、方法或程序对环境条件有要求时，或环境条件影响结果的有效性时，实验室应监测、控制和记录环境条件。

6.3.4 实验室应实施、监控并定期评审控制设施的措施，这些措施应包括但不限于：

  a）进入和使用影响实验室活动区域的控制；

  b）预防对实验室活动的污染、干扰或不利影响；

  c）有效隔离不相容的实验室活动区域。

2.6.2.2　要点解析

A　设施和环境条件的识别

实验室应从开展的检测活动范围、相应的技术标准或规范规定的要求、设备仪器规定的工作条件要求以及工作人员所需环境条件等方面入手，充分识别正确开展检测或校准所需的设施和环境条件，并将必需的设施及对环境条件的要求制定成文件，明确具体控制要求。

检测或校准场所、实验室、区域需要控制的影响因素、必需的设施及环境条件的要求可能来自但不限于温湿度要求、电源特性要求、接地措施、电磁和声频屏蔽、防静电、消音、振动、冲击隔离、存储、操作室（间）要求、照明要求、封闭区域、安全保护等。

编制的设施及环境条件的要求文件，应当明确控制场所、控制因素（参量）和具体控制要求（定性或定量的）。如化学检测领域，实验室应制定并实施有关实验室安全和保证人员健康的程序。实验室应有与检测或校准范围相适应并便于使用的安全防护装备及设施，如个人防护装备、烟雾报警器、毒气报警器、洗眼及紧急喷淋装置、灭火器等，并定期检查其功能的有效性。

B　设施和环境条件环境监测与控制

为保证实验室开展的检测或校准能够在相应的技术标准或者技术规范规定的环境条件下进行，保证环境条件不会影响检测或校准结果的有效性，实验室应考虑对环境条件进行监测的能力和手段，配置必要的满足要求的监测装置，明确环境条件监测要求，开展实时监测和控制，并做好记录。

对环境条件的监测、控制程度由相关规范、方法的要求决定，并不是所有实验室环境条件均要监测、控制和记录。例如常见的温度控制，有的检测标准中规定得很宽泛（如硬度试验环境温度 $10 \sim 35$℃），有的就相对要求比较高（如盐雾试验对应的要求为（23 ± 2）℃）。相应地，实验室采取的措施手段以及监测要求也可有所不同。因此，对环境条件的监控要有针对性，以满足有效控制为前提。

当相邻区域的工作活动不相容或相互干扰、相互影响或存在安全隐患时，实验室应当对相关设备/区域进行有效隔离（包括空间隔离、电磁场隔离和生物安全隔离等），采取有效措施消除影响，并有相应的应急处理措施。

实验室应对人员进入进行控制，以保护客户的机密和所有权，保护实验室的机密和所有权，保证数据和结果的正确可靠，保障检测或校准人员及进入人员的安全。实验室应对控制设施进行监控，并定期评审其有效性。

2.6.3　设备

2.6.3.1　准则原文

6.4.1　实验室应获得正确开展实验室活动所需的并影响结果的设备，包括但不限于：测量仪器、软件、测量标准、标准物质、参考数据、试剂、消耗品或辅助装置。

6.4.4　当设备投入使用或重新投入使用前，实验室应验证其符合规定要求。

6.4.6　在下列情况下，测量设备应进行校准：

——当测量准确度或测量不确定度影响报告结果的有效性；和（或）

——为建立报告结果的计量溯源性，要求对设备进行校准。

6.4.7　实验室应制定校准方案，并应进行复核和必要的调整，以保持对校准状态的可信度。

6.4.10　当需要利用期间核查以保持对设备性能的信心时，应按程序进行核查。

6.4.11　如果校准和标准物质数据中包含参考值或修正因子，实验室应确保该参考值和修正因子得到适当的更新和应用，以满足规定要求。

2.6.3.2　要点解析

A　设备范围

实验室应获得正确开展实验室活动所需的并能影响结果的全部设备，这里的设备包括但不限于测量仪器、软件、测量标准、标准物质、参考数据、试剂、消耗品或辅助装置。

若使用标准物质，应提供产品信息单/证书，内容至少包含规定特性的均匀性和稳定性；对于有证标准物质，其证书信息中包含规定特性的标准值、相关的测量不确定度和计量溯源性。

有些设备，特别是化学分析中一些常用设备，通常用标准物质来校准，实验室应有充足的标准物质来对设备的预期使用范围进行校准。

B　设备符合性验证

（1）设备投入使用是指新设备首次投入使用；"重新投入使用"是指已投入使用后的再次使用，包括故障设备修复后、设备搬迁移动后、设备脱离实验室控制后、设备校准返回后。实验室以外人员使用过的设备、长期停用的设备等，在再次使用前也应对其进行验证。

（2）对实验室活动所需设备（包括但不限于实验室活动所需的测量仪器、软件、测量标准、标准物质、参考数据、试剂、消耗品或辅助装置），在投入使用或重新投入使用前，实验室应验证其符合规定要求。

（3）验证的方式包括校准、核查、比对、检测等。其中，投入使用前应采用校准（或核查）的方式；重新投入使用前应采用核查（或校准）的方式。

（4）如验证设备达到要求的准确度、测量范围和不确定度等，符合相应标准或技术规范或设备说明书的要求，即满足使用要求。

C　测量设备的校准

（1）校准方案的制定。实验室所用的设备需要校准时，实验室应制定校准方案。校准方案应覆盖其测量准确度和（或）测量不确定度影响报告结果的有效性的设备，和（或）为建立所报告结果的计量溯源性而要求进行校准的设备。校准方案的内容至少应包括所需校准的设备、校准参数（计量特性）、测量范围、测量准确度或测量不确定度、校准期间间隔和校准机构等，以便送校时提出明确的、有针对性的要求。校准方案还应考虑设备性能退化因素的影响、使用范围的变化等情况。因此，校准方案应是动态的，实验室应针对设备的实际情况，定期或不定期地对设备校准方案安排复核，依据复核结果进行必要的调整，以保持对校准状态的信心。

（2）计量确认。设备校准后应进行计量确认，确认满足要求后方可使用。确认内容如下：

1）校准证书的规范性。检查测量的计量溯源声明，能否溯源到国家或国际标准，准确度或测量不确定度是否满足计量溯源要求。

2）校准证书的完整性。校准证书信息是否全面，包括校准后的示值、修正值或校准因子、测量不确定度等。

3）根据校准结果作出与预期使用要求的符合性判定。实验室依据标准或规范要求，对照检定或校准证书，针对提供溯源性的有关信息和不确定度及其包含校准因子的说明，确认设备准确度或测量不确定度是否满足标准或规范的要求。

4）适用时，根据校准结果对相关设备进行调整，导入校准因子或在使用中修正。

D　测量设备的期间核查

（1）期间核查定义。设备在使用过程中或相邻两次校准之间，按照规定程序验证其功能或计量特性能否持续满足方法要求或规定要求而进行的操作。

（2）期间核查计划的制定。判断设备是否需要期间核查至少需考虑的因素包括设备校准周期、历次校准结果、质量控制结果、设备使用频率、设备维护情况、设备操作人员及环境的变化、设备使用范围的变化。根据上述情况，需对校准设备进行期间核查的，应纳入核查计划，按核查程序在规定的期间间隔内进行，以保持设备校准状态的可信度。

（3）期间核查的方式包括：

1）使用标准物质进行仪器设备期间核查。

2）使用实物标准或标准仪器进行仪器设备期间核查。

3）使用附带"自校准"设备进行仪器设备期间核查。

4）使用能力验证的样品进行仪器设备期间核查。

5）对保留样品量值重新测量。

6）仪器设备之间的比对。

7）利用不同检验检测机构/实验室间的仪器比对。

8）使用高准确度的检定或校准装置进行仪器设备期间核查。

9）直接测量法。

（4）设备期间核查的流程：

1）制定设备期间核查程序。

2）判断设备是否需要进行期间核查并制定计划。

3）制定具体设备的期间核查作业指导书。

4）依据期间核查计划和作业指导书实施核查，保留记录。

5）出具核查报告。

6）利用核查报告。

7）对全过程进行实施效果评价。

进行期间核查后，应对数据进行分析和评价，如经分析发现仪器设备已经出现较大偏离，可能导致检测结果不可靠时，应按相关规定处理（包括重新校准），直到经验证的结果是满意时方可投入使用。

2.6.4 计量溯源性

2.6.4.1 准则原文

6.5.1 实验室应通过形成文件的不间断的校准链将测量结果与适当的参考对象相关联，建立并保持测量结果的计量溯源性，每次校准均会引入测量不确定度。

6.5.2 实验室应通过以下方式确保测量结果溯源到国际单位制（SI）：

a）具备能力的实验室提供的校准；

b）具备能力的标准物质生产者提供并声明计量溯源至 SI 的有证标准物质的标准值；

c）SI 单位的直接复现，并通过直接或间接与国家或国际标准比对来保证。

6.5.3 技术上不可能计量溯源到 SI 单位时，实验室应证明可计量溯源至适当的参考对象，如：

a）具备能力的标准物质生产者提供的有证标准物质的标准值；

b）描述清晰的参考测量程序、规定方法或协议标准的结果，其测量结果满足预期用途，并通过适当比对予以保证。

2.6.4.2 要点解析

A 溯源性

溯源性是通过一条具有规定不确定度的不间断的比较链，使测量结果或测量标准的值能够与规定的参考标准（通常是与国家测量标准或国际测量标准）联系起来的特性。计量溯源性是确保测量结果在国内和国际上可比性的重要概念。

该条款从检测或校准结果的溯源性方面对实验室提出了设备校准、标准物质、参考标准的使用和管理要求，而不是只单纯地从设备校准的角度提出溯源要求，因为设备的校准只是实现计量溯源性的一种手段，在测量过程中还有很多的溯源方式，如使用适当的有证标准物质核查验证、使用规定的方法和/或被有关各方接受并且描述清晰的协议标准、参加实验室间的比对、参加能力验证等。

RM 标准物质/标准样品：具有一种或多种规定特性足够均匀且稳定的材料，已被确定其符合测量过程的预期用途。

CRM 有证标准物质/标准样品：采用计量学上有效程序测定的一种或多种具有规定特性的标准物质/标准样品，并附有证书，可以提供规定特性值及其不确定度和计量溯源性的陈述。

B　计量溯源的管理与控制

实验室对计量溯源性的管理和控制应有相应的文件规定，以文件的形式清楚地说明所进入的溯源链。文件的内容应适用并完整，开列清单，并明确区分哪些是可以溯源到国际单位制（SI），哪些是可以溯源到国家规定标准物（如硬度、表面粗糙度标准物质等），哪些不属于前两类而按约定的方法或协议标准实施追溯（如测量结果业内认同的测量方法等）。实验室应收集相关的记录或文件等作为依据，也可用参加实验室之间比对结果的相符性作为佐证。

实验室应对设备校准的测量不确定度引起重视。如果实验室设备校准时产生的测量不确定度会对结果造成影响，则实验室应关注每次校准的测量不确定度的获得和变化，并在设备使用过程中予以引入。

C　计量溯源途径

（1）由有能力的机构提供校准。实验室可以寻找外部有能力的校准机构提供校准服务。按照准则运行实验室的管理体系、满足计量溯源性的要求、能为实验室提供满足设备校准需求并能提供测量不确定度的校准机构可以被认为是有能力的。这样的校准机构可以为实验室提供设备计量溯源性的有效证明。

（2）具备能力的标准物质生产者提供并声明计量溯源至 SI 的有证标准物质的标准值。实验室使用有能力的标准物质生产者出具的有证标准物质证书上给出的标准值可以帮助实验室有效地完成测量结果的溯源，也可以帮助实验室使用此类标准物质用于实验室的质量监控活动，如人员比对、人员监督、设备核查等。此类有证标准物质的标准值对实验室的设备应既是适用的，也是满足检测或校准方法标准要求的。

（3）国际单位制（S）的直接复现，就是要求溯源是通过不间断的校准链或比较链直接与相应测量的 S 单位基准相连接，以建立测量标准和测量仪器对 SI 的溯源性，如中国计量院通过国际比对实现了计量溯源。对 SI 的链接可以通过参比国家测量标准来达到。国家测量标准可以作为基准，它们是 SI 单位的原级复现并通过直接或间接与国内或国际标准比对来保证。

D　检定与校准的区别

我国法定计量机构依据相关法律法规对属于强制检定管理的计量器具实施检定，CNAS 承认其所承担的检定服务的计量溯源性，检定和校准的区别如下：

（1）性质。检定具有法定性，属于计量管理范畴的执法行为；校准不具有法律性，是检验机构自愿溯源行为。

（2）内容。检定是对其计量特性和技术室要求符合性的全面评估；校准主要确定测量设备的示值误差或给定修正值（修正因子）。

（3）依据。检定依据检定规程；校准依据校准规范/方法。

（4）结果。检定应做出合格与否的结论；校准通常不判断测量设备合格与否，若客户明确使用目的和计量要求时，也可确定某一特性是否符合预期要求。

（5）证书。检定结果若合格则出具检定证书；校准结果出具校准证书/报告。

2.7 准则重点要素解析——过程要求

2.7.1 方法的选择、验证和确认

2.7.1.1 准则原文

7.2.1.5 实验室在引入方法前，应验证能否正确地运用该方法，以确保实现所需的方法性能。应保存验证记录。如果发布机构修订了方法，应在所需的程度上重新进行验证。

7.2.1.7 对实验室活动方法的偏离，应事先将该偏离形成文件，做技术判断，获得授权并被客户接受。

7.2.2.1 实验室应对非标准方法、实验室制定的方法、超出预定范围使用的标准方法，或其他修改的标准方法进行确认。确认应尽可能全面，以满足预期用途或应用领域的需要。

注1：确认可包括检测或校准物品的抽样、处置和运输程序。

注2：可用以下一种或多种技术进行方法确认：

a）使用参考标准或标准物质进行校准或评估偏倚和精密度；

b）对影响结果的因素进行系统性评审；

c）通过改变控制检验方法的稳健度，如培养箱温度、加样体积等；

d）与其他已确认的方法进行结果比对；

e）实验室间比对；

f）根据对方法原理的理解以及抽样或检测方法的实践经验，评定结果的测量不确定度。

7.2.2.2 当修改已确认过的方法时，应确定这些修改的影响。当发现影响原有的确认时，应重新进行方法确认。

7.2.2.3 当按预期用途评估被确认方法的性能特性时，应确保与客户需求相关，并符合规定要求。

注：方法性能特性可包括但不限于：测量范围、准确度、结果的测量不确定度、检出限、定量限、方法的选择性、线性、重复性或复现性、抵御外部影响的稳健度或抵御来自样品或测试物基体干扰的交互灵敏度以及偏倚。

7.2.2.4 实验室应保存以下方法确认记录：

a）使用的确认程序；

b）规定的要求；

c）确定的方法性能特性；

d）获得的结果；

e）方法有效性声明，并详述与预期用途的适宜性。

2.7.1.2　要点解析

A　方法验证

验证是提供客观证据，证明给定项目满足规定要求。方法验证是指通过提供客观证据，证明特定方法能够满足规定要求。实验室在引入检测或校准方法之前，应对其能否正确运用这些标准方法的能力进行验证。验证不仅需要识别相应的人员、设施和环境、设备等，还应通过试验证明结果的准确性和可靠性，如精密度、线性范围、检出限和定量限等方法特性指标，必要时应进行实验室间比对。

方法验证的内容包括：

（1）对执行新方法的人员能力进行评价，即检测人员是否具备所需的知识和技能验证方法；必要时应进行人员培训，经能力确认后上岗。

（2）对现有设备适用性的评价，诸如是否具有所需的标准/参考物质，配备必要的计量器具等，必要时应予补充。

（3）对设施和环境条件进行验证，必要时予以完善。

（4）对样品制备，包括前处理、存放等各环节是否满足方法要求的评审。

（5）对作业指导书、原始记录、报告格式及其内容是否适应方法要求的评价。

（6）技术验证，评价实验室能力是否能达到方法规定的要求。

当需要重新验证时，对新旧方法进行比较，尤其是差异分析，根据所需程度进行验证。

B　方法确认

实验室在使用非标准方法、实验室开发的方法、超出预定范围使用的标准方法，或其他修改的标准方法前，应进行确认。确认应尽可能全面，以确保该方法满足预期用途或应用领域的需要。

确认是指对规定要求满足预期用途的验证。可用以下一种或多种技术进行方法确认：

（1）使用参考标准或标准物质进行校准或评估偏倚和精密度；

（2）对影响结果的因素进行系统性评审；

（3）通过改变受控参数（如培养箱温度、加样体积等）来控制检验方法的稳健度；

（4）与其他已确认的方法进行结果比对；

（5）实验室间比对；

（6）根据对方法原理的理解和抽样或检测方法的实践经验评定结果的测量不确定度。

C　方法偏离

方法偏离是指实施实验室活动的任何方面（不包含对方法原理的改变）与检测/校准结果报告中规定"所用方法"之间的差异。偏离仅允许在一定的误差范围、一定的数量和一定的时间等条件下发生。偏离应区别于非标准方法。如需要长久偏离，可以修订方法，形成文件作为作业指导书使用。偏离的特点是突发性的，仅在一次性的、万不得已情况下使用。偏离要满足4个要求：形成文件、经技术判断、获得授权、被客户接受。

（1）形成文件。说明偏离原因、偏离内容、分析偏离对结果的影响以及采取的措施。

（2）经技术判断。技术判断应采用技术手段进行验证。

（3）获得授权。实验室有关人员审核和评估风险，批准偏离意味着承担责任。

（4）被客户接受：客户接受的偏离可以事先在合同中约定。实验室应该保留对方法偏离所采取控制活动的全部记录。

方法偏离、验证、确认的区别见表2-1。

表 2-1 方法偏离、验证、确认的区别

项目	方法偏离	方法验证	方法确认
对象	检测/抽样方法；标准方法和非标准方法	标准检测/检验/抽样方法	非标准方法；自制方法；超出预定范围使用的标准方法；其他修改的标准方法
目的	临时需要非常态	确保实现所需的方法性能	确保方法的性能特性满足预期用途或应用领域以及客户的需要和符合规定要求
要求	文件规定、技术判断、获得批准、客户接受	技术验证	使用参考标准或标准物质进行校准或评估偏倚和精密度等6种方法中的一种或其组合进行技术确认
时机	偏离后回归到正常状态	投入使用前发生变更重新验证	保存5方面的记录，确认并声明有效性后使用

2.7.2 测量不确定度的评定

2.7.2.1 准则原文

7.6.1 实验室应识别测量不确定度的贡献。评定测量不确定度时，应采用适当的分析方法考虑所有显著贡献，包括来自抽样的贡献。

7.6.3 开展检测的实验室应评定测量不确定度。当由于检测方法的原因难以严格评定测量不确定度时，实验室应基于对理论原理的理解或使用该方法的实践经验进行评估。

注1：某些情况下，公认的检测方法对测量不确定度主要来源规定了限值，并规定了计算结果的表示方式，实验室只需遵守检测方法和报告要求，即满足7.6.3条款的要求。

注2：对一特定方法，如果已确定并验证了结果的测量不确定度，实验室只要证明已识别的关键影响因素受控，则不需要对每个结果评定测量不确定度。

2.7.2.2 要点解析

A 测量不确定度来源

测量不确定度是指根据所用到的信息，表征被测量量值分散性的非负参数。通常测量不确定度一般由若干分量组成。其中一些分量可根据一系列测量值的统计分布，按测量不确定度A类评定，并用标准差表征。而另外一些分量可根据经验或其他信息假设的概率密度函数，按测量不确定度B类评定，也可用标准差表征。测量不确定度的来源包括但不限于：

(1) 对被测量的定义不完善；

(2) 实现被测量的定义的方法不理想；

(3) 抽样的代表性不够，即被测量的样本不能代表所定义的被测量；

(4) 对测量过程受环境影响的认识不周全，或对环境条件的测量与控制不完善；

(5) 对模拟仪器的读数存在人为偏移；

(6) 测量仪器的分辨力或鉴别力不够；

(7) 赋予计量标准的值或标准物质的值不准；

(8) 引用于数据计算的常量和其他参量不准；

(9) 测量方法和测量程序的近似性和假定性；

(10) 在表面上看来完全相同的条件下，被测量重复观测值的变化。

B　测量不确定度评定对检测实验室的一般要求

(1) 检测实验室应制定与检测工作特点相适应的测量不确定度评估文件。

(2) 检测实验室应有能力对每项有数值要求的测量结果进行测量不确定度评估，需要时，应评估这些测量结果的不确定度。

(3) 检测实验室对于不同的检测项目和检测对象可以采用不同的评估方法。

(4) 检测实验室在采用新的检测方法时，应按照新方法重新评估测量不确定度。

(5) 检测实验室应对所采用的非标准方法、实验室自己设计和研制的方法、超出预定使用范围的标准方法以及其他修改的标准方法进行确认，其中应包括对测量不确定度的评估。

(6) 对于某些广泛公认的检测方法，如果该方法规定了测量不确定度主要来源的限值和计算结果的表示形式，实验室只要按照该检测方法的要求操作，并出具测量结果报告，即被认为符合本要求。

(7) 由于某些检测方法的性质，决定了无法从计量学和统计学角度对测量不确定度进行有效而严格的评估，这时至少应通过分析方法，列出各主要的不确定度分量，并做出合理的评估；同时应确保测量结果的报告形式不会造成客户对所给测量不确定度的误解。

(8) 如果检测结果不是用数值表示或者不是建立在数值基础上（如合格不合格、阴性/阳性，或基于视觉和触觉等的定性检测），则不要求对不确定度进行评估。

(9) 检测实验室测量不确定度评估所需的严密程度取决于：

1) 检测方法的要求；

2) 用户的要求；

3) 用来确定是否符合某规范所依据的误差限的范围。

(10) 下列情况下，适用时，应在检测报告中报告测量结果的不确定度：

1) 当不确定度与检测结果的有效性或应用有关时；

2) 当用户要求时；

3) 当测量不确定度影响到与规范限量的符合性时。

2.7.3 确保结果有效性

2.7.3.1 准则原文

7.7.1 实验室应有监控结果有效性的程序。记录结果数据的方式应便于发现其发展趋势，如可行，应采用统计技术审查结果。实验室应对监控进行策划和审查，适当时，监控应包括但不限于以下方式：

a）使用标准物质或质量控制物质；

b）使用其他已校准能够提供可溯源结果的仪器；

c）测量和检测设备的功能核查；

d）适用时，使用核查或工作标准，并制作控制图；

e）测量设备的期间核查；

f）使用相同或不同方法重复检测或校准；

g）留存样品的重复检测或重复校准；

h）物品不同特性结果之间的相关性；

i）审查报告的结果；

j）实验室内比对；

k）盲样测试。

7.7.2 可行和适当时，实验室应通过与其他实验室的结果比对监控能力水平。监控应予以策划和审查，包括但不限于以下一种或两种措施：

a）参加能力验证；

b）参加除能力验证之外的实验室间比对。

7.7.3 实验室应分析监控活动的数据用于控制实验室活动，适用时实施改进。如果发现监控活动数据分析结果超出预定的准则，应采取适当措施防止报告不正确的结果。

2.7.3.2 要点解析

A 质量监控的总体要求

（1）实验室对结果的监控应覆盖到认可范围内的所有检测项目，确保检测或校准结果的准确性和稳定性。当检测方法中规定了质量监控要求时，实验室应符合该要求。

（2）质量监控可通过内部质量控制和外部质量控制相结合的方式进行。

（3）实验室对监控结果有效性的活动应进行策划，制定质量控制计划并审查、批准相关质量控制计划。

（4）实验室应采用统计技术对监控结果进行分析、判断和审查。当质量监控结果临近判据的边缘时，或使用质量控制图，结果超出警戒线时，应及时对检测过程和试剂、材料进行检查，分析产生问题的原因，采取纠正措施消除隐患，预防超差的发生。

（5）实验室应通过质量监控实施的结果，评价质量监控的效果，作为管理评审的输入，由管理评审的输出作为质量监控改进的依据。

B　质量监控手段

实验室可以采取多种适用的质量监控手段，包括但不限于以下方式：

（1）定期使用标准物质、核查标准或工作标准来监控结果的准确性；

（2）通过使用质量控制物质制作质控图持续监控精密度；

（3）通过获得足够的标准物质，评估在不同浓度下检测结果的准确性；

（4）定期留样再测或重复测量以及实验室内比对，监控同一操作人员的精密度或不同操作人员间的精密度；

（5）采用不同的检测方法或设备测试同一样品，监控方法之间的一致性；

（6）通过分析一个物品不同特性结果的相关性，以识别错误；

（7）进行盲样测试，监控实验室日常检测的准确度或精密度水平。

C　内部质量控制

内部质量监控活动是实验室为持续监控测量过程和测量结果以确定结果是否足够可靠，能否达到可以发布的程度而采取的一组操作。

内部质量监控方案是针对具体的检测项目，为确保其结果可靠性而规定的技术作业活动。包括明确质控样品选择的原则和要求，以及判定规则和临界值等。内部质量控制方案应明确重点需要解决的问题，采取最为有效的质量控制方式。

内部质量控制计划可理解为是对内部质量监控进行策划的输出，可以结合日常质量监控方案的实施和以下因素制定内部质量控制计划：

（1）检测业务量；

（2）检测结果的用途；

（3）检测方法本身的稳定性与复杂性；

（4）对技术人员经验的依赖程度；

（5）参加外部比对（包含能力验证）的频次与结果；

（6）人员的能力和经验、人员数量及变动情况；

（7）新开展的检测方法或变更的方法等因素。

内部质量监控活动涉及的要素包括但不限于对检测结果有影响的物品（含标准物质）、检测人员、环境条件、仪器设备（含量值溯源）、检测方法，其最终是为了确保检测结果的有效性，具体如下：

（1）对检测结果有影响的物品（含标准物质）的质量控制。实验室应对包括但不限于：标准物资、实验用水、试剂等的采购、验收、存储、核查和评价做出文件化规定，并按规定要求定期实施。

（2）检测人员的质量控制。实验室应对检测人员定期进行技术培训、考核评价和能力监督，尤其应关注对于技术人员经验依赖程度高的项目，包括但不限于感官检验等，对检测人员操作手法有一致性要求等活动进行监控，其频次应满足相关应用说明要求。

（3）环境条件的质量控制，实验室应对影响检测的环境条件定期进行核查和评价。包括但不限于恒温恒湿室、异味检测室、光源室（箱）、暗室、天平室（台）、精密仪器室等。

（4）仪器设备（含计量溯源）的质量控制。实验室应对稳定性易发生变化的仪器设备定期进行核查。包括但不限于仪器量值期间核查、标准物质核查、设备比对、化学分析仪器灵敏度、精密度等技术参数核查。

（5）检测方法的质量控制。实验室应有证据确保在现有条件下资源和能力可以满足标准方法规定的精度，对化学分析检测，应定期对方法的检出限、精密度、回收率等技术指标进行验证，以证明实验室具备与该标准方法要求一致的技术能力，确保给出可靠的检测结果。可能时，还应用标准物质或有证标准物质进行验证。

（6）检测结果的质量控制。实验室应定期对检测结果进行验证，包括但不限于使用质量控制样品、有证标准物质（CRM）、标准物质（RM）、留样再测、相关性检查等方式。

2.7.3.3 外部质量控制

外部质量监控方案不仅包括 CNAS-RL02《能力验证规则》中要求参加的能力验证计划，适当时，还应包含实验室间比对计划。实验室制定外部质量监控计划应考虑以下因素：

（1）认可准则中描述的因素；

（2）内部质量监控结果；

（3）实验室间比对（包含能力验证）的可获得性，对没有能力验证的领域，实验室应有其他措施来确保结果的准确性和可靠性；

（4）CNAS、客户和管理机构对实验室间比对（包含能力验证）的要求。

1）实验室应定期对外部质量控制中选择的能力验证提供者的资质、组织活动的技术水平和数据的可信度进行评估。外部质量控制计划制订时应明确质控项目、质控方式、质控人员、质控评价等，并重点关注新开展项目、业务量大的项目、检测频次过低的项目（如低于 1 次/月）、关键检测技术项目、方法重复性差、对人员操作技能要求高的项目、内审和外审中发现问题的项目等。

注：GB/T 27043 包含了关于能力验证和能力验证提供者的详细信息。满足 GB/T 27043 要求的能力验证提供者被认为是有能力的。

2）参加除能力验证之外的实验室间比对。

2.7.4 数据控制和信息管理

2.7.4.1 准则原文

7.11.3 实验室信息管理系统应：

a. 防止未经授权的访问；

b. 安全保护以防止篡改和丢失；

c. 在符合系统供应商或实验室规定的环境中运行，或对于非计算机化的系统，提供保护人工记录和转录准确性的条件；

d. 以确保数据和信息完整性的方式进行维护；

e. 包括记录系统失效和适当的紧急措施及纠正措施。

2.7.4.2 要点解析

进行采集、处理、记录、报告、存储或检索时，实验室应对出具的数据进行有效的控制，以确保数据的完整性和保密性。实验室信息管理系统应做到"三个加"，（1）加密，给每个员工一个密码，有密码才能进入信息管理系统；（2）加权，设置权限，谁能改，谁能读；（3）加备，定期备份，防止丢失。实验室应建立数据保护程序，其内容包括：计算机操作人员应有专职授权；计算机硬盘应有备份，建立定期备份和电子签名制度；软盘、光盘、闪存等有专人保管，禁止非授权人员接触，防止结果修改或篡改；实验室应经常对计算机或自动化设备进行维护，以确保其功能正常，并提供必要的运营条件，防止计算机病毒侵入系统。对于没有使用计算机的信息系统，实验室应有人工保护和转录数据准确性的措施。

2.8　准则重点要素解析——管理体系要求

2.8.1　管理体系文件的控制

2.8.1.1　准则原文

8.3.1　实验室应控制与满足本准则要求有关的内部和外部文件。

注：本准则中，"文件"可以是政策声明、程序、规范、制造商的说明书、校准表格、图表、教科书、张贴品、通知、备忘录、图纸、计划等。这些文件可能承载在各种载体上，例如：硬盘拷贝或数字形式。

8.3.2　实验室应确保：

a）文件发布前由授权人员审查其充分性并批准；

b）定期审查文件，必要时更新；

c）识别文件更改和当前修订状态；

d）在使用地点应可获得适用文件的相关版本，必要时，应控制其发放；

e）文件有唯一性标识；

f）防止误用作废文件，无论出于任何目的而保留的作废文件，应有适当标识。

2.8.1.2　要点解析

A　文件管控的要求

（1）文件是实验室保持其运作一致性和结果有效性的前提，是实验室管理层传递信息、沟通意图、保持一致的重要途径，实验室应通过建立文件控制程序，对文件的编制、审核、批准、发布、变更和废止、归档及保存等各个环节进行管理。

（2）实验室应明确受控文件的范围。不是实验室的所有文件都要受控，但与满足实验室认可准则要求有关的所有管理体系文件均应纳入受控范围。这些文件包括内部制定的文件和来自外部的文件。内部文件包括实验室编制和引用的质量手册、程序文件、作业指导书、制度、规范和记录表格等；外部文件包括法律法规、认可规则、检测标准等。

（3）为确保文件的充分性和适宜性，需要控制的文件在发布之前应经授权人员审批后方能使用，在文件控制程序中应对授权批准文件的职责做出明确规定。

（4）为确保文件的规范性和完整性，文件应包括文件名称、文件编号、发布者及发布时间、文件内容要求、文件依据或来源、适用范围、起草人、审核人、批准人等。

（5）实验室制订的管理体系文件应有唯一性标识。其作用是区分不同文件并确保其完整性和有效性。

（6）为防止使用无效作废的文件且便于查阅，实验室一方面可通过编制受控文件清单（能识别文件的更改和当前的修订状态，证明其现行有效）进行管理，以方便查询受控文件；另一方面也可采用"文件分发的控制清单"记录文件去向，以便于监督、核查和文件变化时及时更新。

B 文件的使用注意事项

（1）为确保实验室管理体系的有效运作和方便操作人员正确使用，实验室应保证在重要作业场所都能得到相应的、适用的相关版本文件。

（2）为了防止误用（指非预期使用）无效作废文件，实验室应及时从所有使用现场或发放场所撤除这些文件。实验室也可采用其他方法，如对无效作废文件做适当的标识。尤其是技术标准汇编本，其中有些是现行有效文件，有些是无效作废标准，往往需通过标识加以区别。

（3）无论出于任何目的而保留的作废文件，都应有适当的标记。"适当的"在此意指能有效识别。

2.8.2 内部审核

2.8.2.1 准则原文

8.8.1 实验室应按照策划的时间间隔进行内部审核，以提供有关管理体系的下列信息：

a）是否符合：

——实验室自身的管理体系要求，包括实验室活动；

——本准则的要求；

b）是否得到有效的实施和保持。

8.8.2 实验室应：

a）考虑实验室活动的重要性、影响实验室的变化和以前审核的结果，策划、制定、实施和保持审核方案，审核方案包括频次、方法、职责、策划要求和报告；

b）规定每次审核的审核准则和范围；

c）确保将审核结果报告给相关管理层；

d）及时采取适当的纠正和纠正措施；

e）保存记录，作为实施审核方案和审核结果的证据。

注：内部审核相关指南参见 GB/T 19011（ISO 19011，IDT）。

2.8.2.2 要点解析

A 内部审核

内部审核是实验室自行组织的管理体系审核，按照管理体系文件规定，对其管理体系的各过程开展的有计划的、系统的、独立的检查活动。实验室应当编制内部审核控制程序，对内部审核各过程进行控制。

B　内部审核要求

（1）内部审核通常每年一次，由质量负责人策划内审并制定审核方案，内部审核应根据过程的重要性、影响实验室的变化和以前审核结果进行策划，确定每次审核的特定目标。

（2）内部审核发现问题应采取纠正、纠正措施，对发现的潜在风险应制定和实施应对风险的措施。

（3）内部审核过程及其产生的纠正、纠正措施均应予以记录。内部审核记录应清晰、完整。

C　内部审核应提供的信息

内部审核提供的有关管理体系的信息应包括以下内容。

（1）符合性信息：

1）管理体系运行情况的核查。对体系运行情况的核查不仅仅是对证据的核查而且要核查实验室活动（检测、校准、抽样）是否满足自身管理体系的要求。覆盖全部管理体系要求的审核，不仅可以验证实验室的运作是否符合自身管理体系的要求，还可以促进管理体系的要求得到落实。

2）管理体系文件的核查。将体系文件与准则的要求进行比对，如果准则有要求而在管理体系文件中没有表达，就要找到符合准则要求的客观证据，否则应完善管理体系要求。

（2）有效实施和保持的信息。内部审核记录应能够体现管理体系得到实施和保持的情况，以及相关证据。

2.8.3　管理评审

2.8.3.1　准则原文

8.9.1　实验室管理层应按照策划的时间间隔对实验室的管理体系进行评审，以确保其持续的适宜性、充分性和有效性，包括执行本准则的相关方针和目标。

8.9.2　实验室应记录管理评审的输入，并包括以下相关信息：

a）与实验室相关的内外部因素的变化；

b）目标实现；

c）政策和程序的适宜性；

d）以往管理评审所采取措施的情况；

e）近期内部审核的结果；

f）纠正措施；

g）由外部机构进行的评审；

h）工作量和工作类型的变化或实验室活动范围的变化；

i）客户和员工的反馈；

j）投诉；

k）实施改进的有效性；

l） 资源的充分性；

m） 风险识别的结果；

n） 保证结果有效性的输出；

o） 其他相关因素，如监控活动和培训。

8.9.3 管理评审的输出至少应记录与下列事项相关的决定和措施：

a） 管理体系及其过程的有效性；

b） 履行本准则要求相关的实验室活动的改进；

c） 提供所需的资源；

d） 所需的变更。

2.8.3.2 要点解析

A 管理评审

管理评审是指实验室的管理层为评价管理体系的适宜性、充分性和有效性，采用系统和透明的管理方法就管理体系的现状、适宜性、充分性和有效性以及方针和目标的实现情况进行的综合评价的活动，其目的就是总结管理体系的绩效，找出与预期目标的差距，并寻求任何可能改进的机会，从而找出自身的改进方向。

B 管理评审输入内容

管理评审的输入应包括以下 15 方面内容，管理评审就这些内容的充分讨论和评价，有益于管理层正确判断管理体系的状况，并通过采取措施保证其适宜性、充分性和有效性：

（1） 与实验室有关的内外部变化，如实验室外部评审准则变化，政策要求变化，实验室内部人、机、料、法、环的变化等。

（2） 质量目标中各项指标完成情况和支持数据。

（3） 政策和程序的适用性，即管理体系文件是否需要变更。

（4） 以往管理评审采取措施的情况跟踪，包括有效性判断。

（5） 近期内部审核的结果。

（6） 管理体系运行中采取纠正措施的实施情况和有效性。

（7） 外部机构进行的评审情况，且不仅仅是按照本准则进行的外部评审，也包括实验室建立管理体系时涉及的其他要求，如资质认定评审、其他行业评审等。

（8） 工作量、工作类型或实验室活动范围的变化。

（9） 客户和人员的反馈。收集客户和员工的反馈将有助于多渠道识别管理体系存在的问题和所需的改进。

（10） 投诉。

（11） 实施的改进措施的有效性。

（12） 资源的充分性，包括人力资源、设备资源、环境资源、计量溯源性资源、外部提供的产品和服务资源等是否满足要求，或今后的发展需求。

（13） 风险识别的结果。

（14） 保证结果有效性的输出。包括从对实验室结果有影响的各种质量活动（如使用标准物质、设备的期间核查、比对和能力验证、分析物品不同特性结果之间的相关性、审查报告的结果等）获得的涉及检测结果有效性的结论。

（15）其他相关因素，如监控活动（如环境监控、人员监督等管理体系运行过程中各关键环节的监控情况）和培训。

C　管理评审输出

管理评审的输出至少应记录与下列事项相关的决定和措施：

（1）管理体系及其过程的有效性；

（2）履行本准则要求相关的实验室活动的改进；

（3）提供所需的资源；

（4）所需的变更。

D　管理评审要求

（1）实验室管理层应定期系统地对管理体系的适宜性、充分性、有效性进行评价，以确保其实现方针和目标；

（2）管理评审通常 12 个月一次；

（3）管理评审由管理层主持；

（4）实验室应编制管理评审计划，明确管理评审的目的、参加人员、内容、时机等；

（5）实验室应当对管理评审结果形成评审报告；

（6）管理层应确保管理评审提出的改进措施在规定的时间内得到实施，并对改进结果进行跟踪验证；

（7）应保留管理评审的记录。

3　外购原燃辅料检测

3.1　概述

本章中大宗原燃料品种分为原料、燃料、合金、辅料、废钢铁，具体介绍如下。

3.1.1　原料

3.1.1.1　矿产品

矿产品主要包括菱镁石（块、粉）、白云石和石灰石等，本钢年采购量100余万吨，产地主要在海城、大石桥和本溪县等地区，菱镁石（块）用于炼钢造渣，作用相当于白云石，菱镁石（粉）用于炼铁烧结，白云石和石灰石用于炼钢生产。

3.1.1.2　矿粉

矿粉主要指高炉生产需要的进口矿粉、地方矿粉，本钢年需要矿粉重量为2200余万吨，其中自产矿粉800余万吨，进口矿粉1000余万吨，地方矿粉400余万吨。本钢进口矿石主要来源于巴西和澳大利亚，主要供应商为巴西淡水河谷公司、澳大利亚必和必拓公司、澳大利亚力拓公司。进口矿石品种包括巴西淡水河谷公司生产的卡粉；澳大利亚必和必拓公司的纽曼粉和扬迪粉，澳大利亚力拓公司生产的PB粉和PB块，用于炼铁生产。地方矿粉指本溪周边生产的矿粉，本溪地区盛产优质低磷低硫铁精矿，资源主要分布在本溪县、火连寨、辽阳一带，采购铁精矿主要用于烧结矿和球团矿生产使用。

3.1.2　燃料

3.1.2.1　燃煤

燃煤主要分为无烟煤、烟煤、动力煤及焦炭等品种，其中无烟煤年需求量为240万吨左右，用于铁厂高炉喷吹，替代部分焦炭，以降低成本，主要产地为山西、河南、宁夏等地；烟煤年需求量为60万吨左右，用于铁厂高炉喷吹，替代部分无烟煤降成本，主要产地在陕西榆林、内蒙古鄂尔多斯等地；动力煤年需求量为60万吨左右，用于发电厂生产及矿业、余热公司取暖，主要采购辽宁、吉林地区动力煤；焦炭年需求量不固定，用于铁厂高炉炼铁，根据生产需求临时采购，主要产地在山西、河北地区。

3.1.2.2　炼焦煤

炼焦煤在大宗原料采购量中所占比重较大，按照中国煤炭分类，结合本钢使用炼焦煤情况，可现采购的炼焦煤分为主焦煤、肥煤、1/3焦煤、瘦煤及贫瘦煤五个类别。本钢国内采购的炼焦煤主要分布在黑龙江、山西、河北及辽宁等地；国内供应商有山西焦煤集团、黑龙江龙煤集团、沈阳焦煤集团；国外供应商主要是必和必拓。根据本钢生产需要现炼焦煤每年采购量为1100余万吨。其中国内采购1000余万吨，国外采购100余万吨。

3.1.3　合金

炼钢原料主要包括合金、脱氧合金，其中合金主要包括锰系合金、硅系合金、铬系合金和其他特种合金，年采购量为 13 余万吨。产地主要分布在内蒙古、山西和吉林地区，合金品种几乎主要用于炼钢生产，少量用于北营铸管生产；脱氧合金主要为金属铝、金属镁和包芯线类产品，年采购量为 3 万余吨，产地主要在本溪周边地区，脱氧合金品种主要用于炼钢生产，少量用于北营铸管生产。

3.1.4　辅料

辅料主要指矿产品，主要品种包含菱镁石（粉）、白云石和石灰石等，本钢年采购量为 100 余万吨。产地主要在海城、大石桥和本溪县等地区，菱镁石（粉）用于炼铁烧结，白云石和石灰石用于炼钢生产。

3.1.5　废钢铁

废钢铁应用在转炉炼钢和电炉炼钢中。在炼钢厂的转炉直接加入，主要起降低钢水温度的作用；在特钢厂的电炉中直接加入，起降铁耗增产量的作用。

3.2　原料

3.2.1　铁矿石

地壳中铁的储量比较丰富，按元素总量计占 4.2%，仅次于氧、硅及铝，居第四位。但在自然界中铁不能以纯金属状态存在，绝大多数形成氧化物、硫化物或碳酸盐等化合物。不同的岩石含铁品位差别很大。凡在当前技术条件下，可以从中经济地提取出金属铁的岩石称为铁矿石。铁矿石的种类很多，用于炼铁的主要有磁铁矿（Fe_3O_4）、赤铁矿（Fe_2O_3）和菱铁矿（$FeCO_3$）等。铁都是以化合物的状态存在于自然界中，尤其是以氧化铁的状态存在的量特别多。下面介绍几种比较重要的铁矿石。

3.2.1.1　磁铁矿

磁铁矿是一种氧化铁矿石，主要成分为 Fe_3O_4，是 Fe_2O_3 和 FeO 的复合物，呈黑灰色，比重大约 5.15，含 Fe：72.4%，O：27.6%，具有磁性。在选矿时可利用磁选法，处理非常方便；但是由于其结构细密，故被还原性较差。经过长期风化作用后即变成赤铁矿。

3.2.1.2　赤铁矿

赤铁矿也是一种氧化铁的矿石，主要成分为 Fe_2O_3，呈暗红色，比重大约为 5.26，含 Fe：70%，O：30%，是最主要的铁矿石。由其本身结构状况的不同又可分成很多类别，如赤色赤铁矿、镜铁矿、云母铁矿、黏土质赤铁等。

3.2.1.3　褐铁矿

褐铁矿是含有氢氧化铁的矿石。它是针铁矿 $HFeO_2$ 和鳞铁矿 FeO(OH) 两种不同结构矿石的统称，也有人把它主要成分的化学式写成 $mFe_2O_3 \cdot nH_2O$，呈现土黄或棕色，含有 Fe 约 62%，O 约 27%，H_2O 约 11%，比重为 3.6~4.0，多半附存在其他铁矿石之中。

3.2.1.4 菱铁矿

菱铁矿是含有碳酸亚铁的矿石，主要成分为 $FeCO_3$，呈现青灰色，比重在 3.8 左右。这种矿石多半含有相当多数量的钙盐和镁盐。由于碳酸根在高温约 800~900℃ 时会吸收大量的热而放出二氧化碳，所以先把这一类矿石加以焙烧，然后再加入鼓风炉。

3.2.2　对铁矿石的评价

3.2.2.1　品位要求

铁矿石的品位指的是铁矿石中铁元素的质量分数，通俗来说就是含铁量。矿石品位基本上决定了矿石的价格，即冶炼的经济价值。若含铁品位低需经富选才能入炉的为贫矿。划分富矿与贫矿没有统一的标准，其界限随选矿及冶炼技术水平的提高而变化。一般对矿石中铁的质量分数高于 65% 而硫、磷等杂质少的矿石，供直接还原法和熔融还原法使用；而矿石中铁的质量分数高于 50% 低于 65% 的矿石可供高炉使用。我国富矿储量很少，绝大部分是铁的质量分数为 30% 左右的贫矿，要经过富选才能使用。

对于赤铁矿（主要成分为 Fe_2O_3），理论最高品位为 70%；对于磁铁矿（主要成分为 Fe_3O_4），理论最高品位为 72.4%；对于菱铁矿（主要成分为 $FeCO_3$），理论最高品位为 48.3%；对于褐铁矿（主要成分为 $Fe_2O_3 \cdot H_2O$），理论最高品位为 62.9%。

3.2.2.2　铁矿石中有益与无益元素

铁矿石中的杂质很多，根据其对冶炼过程及其对产品质量的影响可分为有益的与有害的两类。

A　有害杂质

有害杂质指影响选冶的杂质。常见和最主要的有害杂质有硫、磷、砷、钾、钠、氟等。磷在高炉中全部被还原并大部分进入生铁；含磷多的钢铁在低温加工时易破裂，即所谓“冷脆”。冶炼时硫部分被还原进入生铁，钢铁中含硫在热加工时易产生“热脆”。高炉冶炼时虽然可以脱硫，但却要多消耗焦炭（提高炉温）和石灰石（提高炉渣碱度），以致提高生产成本，因此入炉铁矿石要求含硫应低于 0.15%。磷常存在于霓石、钠闪石、云石之中，它们的最大危害性是降低铁矿石的软化点，常造成高炉结瘤。含钾、钠高的矿石往往容易影响高炉冶炼的顺行。砷在一般铁矿石中很少，但在褐铁矿中比较常见，它以毒砂（$FeAs_2S$）或其他氧化物（As_2O_3、As_3O_5）的形态存在，砷在冶炼时大部分进入生铁，当钢中砷含量超过 0.1% 时会使钢冷脆，并影响钢的焊接性能。

B　有益元素

铁矿石中有些元素对冶炼过程不一定有益，但是它们却往往能改善产品的某些性能，对这些元素我们称它为有益元素。这类元素常见的有锰、镍、铬、钒、钛等。有些与铁伴生的元素可被还原进入生铁，并能改善钢铁材料的性能。这些有益元素包括 Cr、Ni、V 及 Nb 等。还有的矿石中的伴生元素有极高的单独分离提取价值，如钛及稀土元素等。某些情况下，这些元素的品位已达到可单独分离利用的程度，虽然其绝对含量相对于铁来说仍是少量的，但其价值已远超过铁矿石本身，则这类矿石应作为综合资源利用。

3.2.2.3　矿石的强度和粒度

矿石的强度和粒度对高炉冶炼的影响很大。粉末多,使得料柱的透气性变坏,煤气流分不均,能量利用不好,导致悬料、崩料;粒度过粗又使还原速度降低,使得焦比升高。对于铁矿石粒度来说,从还原性角度考虑,需控制粒度上限;从透气性角度考虑,应控制粒度下限。一般规定小于 5~8m 的矿石不能入炉;目前下限多控制在 8~10mm,上限则多在 25~30mm。

3.2.2.4　矿石的还原性

铁矿石的还原性是指铁矿石被还原性气体 CO 或 H_2 还原的难易程度,它是评价铁矿石质量的重要指标。铁矿石的还原性好,有利于降低高炉燃料比。铁矿石的还原性可用其还原度来评价,还原度越高,矿石的还原性越好。对于烧结矿来说,生产中习惯使用 FeO 含量代表其还原性。FeO 含量高,表明烧结矿中难还原的硅酸铁多,烧结矿过熔而使结构致密,气孔率低,故还原性差。合理的指标是 FeO 含量在 8% 以下,但多数企业的指标在 10% 左右,有的甚至更高。根据国内外实践经验,烧结矿中 FeO 含量每减少 1%,高炉焦比下降 1.5%,产量增加 1.5%。

影响铁矿石还原性的因素主要有矿物组成、矿物结构的致密程度、粒度和气孔率等。组织致密、气孔度小、粒度大的矿石,还原性较差。一般磁铁矿因结构致密,最难还原;赤铁矿有中等的气孔率,比较容易还原;褐铁矿和菱铁矿被加热后将分别失去结晶水和 CO_2,使得矿石气孔率大幅度增加,最易还原;烧结矿和球团矿由于气孔率高,其还原性一般比天然富矿要好。

3.2.3　矿石入炉前的准备处理

(1) 入炉原料成分稳定,即矿石品位、脉石成分与数量、有害杂质含量的波动幅度值很小,对改善高炉冶炼指标有很大的作用。为此,应在原料入厂后,对其进行中和、混匀处理。通过“平铺切取”法,将入厂原料水平分层堆存到一定数量,一般应达数千吨,然后再纵向取用。

(2) 含铁品位较高,可直接入炉的天然富矿,在入炉前还要经过破碎、筛分等处理,使其粒度适当(冶炼时炉料的透气性要好,又容易被煤气还原)。

一般矿石粒度的下限为 8mm,大的可至 20~30mm。小于 5mm 的称为粉末,它严重阻碍炉内煤气的正常流动,必须筛除。粒度均匀、粒度分布范围窄、料柱孔隙度高,则料透气性好。而粒度小被气体还原时反应速度快,在矿石软熔前可达到较高的还原度,有利于降低单位产品的燃料消耗量。粒度的大小必须适当兼顾。

(3) 含铁品位低的贫矿直接入炉冶炼将极大地降低高炉生产的效率,增加成本,必须经过选矿处理。由于将有用含铁矿物与脉石单体分离的需要,往往需将原矿破碎到很细的粒度,如小于 0.074mm。不同的选矿方法可根据其利用的有用矿物与脉石不同的特性差异分类。如利用不同的磁性、密度、表面吸附性及电导率等,选矿法可分为磁选、重力选、浮选等。

(4) 选矿后所得细粒精矿和天然富矿在开采、破碎、筛分及运输过程中产生的粉末,必须经过造块过程(即经过烧结或球团工艺过程)才能供高炉使用。造块过程能改善铁矿石的冶金性能，以制成粒度、碱度、强度和还原性能等比较理想的烧结矿和球团矿。

（5）烧结矿是一种由不同成分黏结相将铁矿物黏结而成的多孔状集合体。它是混合料经干燥（水分蒸发）、预热（结晶水和碳酸盐分解）、燃料燃烧（产生还原氧化和固相反应）、熔化（生成低熔点液相）和冷凝（铁矿物和黏结相结晶）等多个阶段后生成的产品。

（6）球团矿是细磨铁精矿在加水润湿的条件下，通过造球机滚动成球，再经干燥、固结而成的含有较多微孔的球形含铁原料。目前，世界上生产的球团矿有酸性氧化性球团（包括氧化镁酸性球团等）、自熔性球团和白云石熔剂性球团三种，我国高炉生产普遍采用的是碱度在 0.4 以下的酸性氧化性球团矿，它通常与高碱度烧结矿配合作为高炉的炉料结构。

3.2.4　辅助原料

3.2.4.1　锰矿石

锰矿石在高炉炼铁中的作用是改善渣的流动性，有利于脱硫；可作为高炉洗炉剂；调整铸铁和高锰炼钢铁的含锰量。对锰矿石的冶炼价值评价，通常有以下几方面的质量要求。

（1）含锰量。锰矿石的含锰量比铁矿石的含铁量显得更加重要。因为锰在高炉冶炼中只有一部分（最高只 80%）进入生铁，其余则损失在炉渣和煤气中，而铁几乎 99% 以上进入生铁。所以锰矿愈贫，渣量愈大，锰的回收率愈小，冶炼价值低。

（2）脉石成分。脉石中 SiO_2 愈少，加入熔剂和生成渣量就愈少，冶炼价值愈高，锰的回收率高。

（3）有害杂质。锰矿石中有害杂质硫磷愈低愈好，否则会影响铁的质量。

（4）含铁量。对锰矿石中的含铁量要控制，铁几乎全部进入生铁，含铁量高不易获得高锰铁，因此要求锰矿石含铁愈少愈好。

3.2.4.2　钒钛铁矿石

钒钛矿作为护炉剂使用，有利于延长高炉寿命，钒钛矿对炉衬保护作用可归结于以下几点：

（1）碳化钛、氮化钛以及低价氧化物具有高温难熔性；

（2）由于它们的存在造成了高炉渣、铁的"黏稠性"；

（3）黏稠的渣铁在原有的冷却强度下产生"结厚"；

（4）"结厚"的炉缸、炉底的等温线向中心移动，可达到护炉"降温"的目的。

3.2.5　熔剂

3.2.5.1　熔剂的作用、种类

高炉冶炼过程中，除主要加入铁矿石和焦炭外，还要加入一种助熔物质，即熔剂。

A　熔剂在高炉冶炼过程的作用

（1）降低矿石中脉石和焦炭中灰分的熔点。铁矿石中除了含铁矿物以外，还含有一定数量的脉石，焦炭中除了固定碳外，还含有一定数量的灰分。这些脉石和灰分部分是酸

性氧化物 SiO_2 和 Al_2O_3，还有少量碱性氧化物 CaO、MgO 等，它们各自的熔点都很高，单独存在时，在高炉条件下不可能熔化。加入一定数量的熔剂，可使它们生成低熔点化合物，形成流动性良好的炉渣，从而达到渣铁分离。

（2）造成一定数量和具有一定物理化学性能的炉渣，达到去除有害杂质（主要是硫）的目的，以改善生铁质量。

B　熔剂的种类

（1）碱性熔剂。当矿石中脉石主要是酸性氧化物时，应加入碱性熔剂，常用的碱性熔剂有石灰石（$CaCO_3$）、白云石（$CaCO_3 \cdot MgCO_3$）、菱镁石（$MgCO_3$，CaO）。

（2）酸性熔剂：主要有石英（SiO_2）。一般只在渣中 Al_2O_3 含量过高（>18%~20%），使冶炼过程失常时，才加入部分 SiO_2 高的酸性熔剂，以改善炉渣性能；另外用高碱度烧结矿冶炼时可用酸性熔剂调整碱度。

由于高炉冶炼所用的铁矿石大多数脉石是酸性的，因此高炉用熔剂绝大多数都是碱性熔剂，而且主要是使用石灰石。

3.2.5.2　对熔剂的质量要求

（1）熔剂中的碱性氧化物（CaO+MgO）含量要高，而酸性氧化物（SiO_2+Al_2O_3）含量要低，一般要求石灰石中酸性氧化物含量不超过 3.5%。因为熔剂中的酸性氧化物含量高，不仅会降低碱性氧化物的含量，而且它本身造渣还要消耗一部分碱性氧化物，使熔剂的有效碱性氧化物含量（即有效熔剂性）降低。

（2）有害杂质 S、P 含量愈少愈好。

（3）要求石灰石有一定的强度和均匀的粒度组成。

3.2.6　本钢外购原料

本钢炼铁用原料除矿业公司南芬矿、歪头山矿供铁精矿粉，石灰石矿供应石灰石外，还需要采购地方铁精矿粉、锰矿石、钒钛铁矿石、菱镁石、白云石等炼铁用原料。目前这些外购物料由本钢板材检化验中心原料检查作业区负责采、制样工作。

3.2.6.1　外购铁精矿粉分类及质量标准

A　分类

外购铁精矿粉共分为如下品种：外购地方铁精矿（料号 01013）、外购硼镁铁精矿（料号 01014）、外购低品位铁精矿粉（料号 01016 低品位矿粉、0102450 精矿、0102560 精矿）。

B　质量标准

外购铁精矿粉质量标准见表 3-1。

表 3-1　外购铁精矿粉质量标准

品种	料号	化学成分（质量分数）/%					
		TFe	SiO_2	P	S	B_2O_3	MgO
地方铁精矿	01013	≥65.0	≤8.5	≤0.020	≤0.30		
硼镁铁精矿	01014	≥53.0	≤6.0		≤1.40	≥3.0	≥8.0

品种	料号	化学成分（质量分数）/%					
		TFe	SiO_2	P	S	B_2O_3	MgO
低品位矿粉	01016	≥65.0	—				
60 矿粉	01024	≥60.0	—				
50 矿粉	01025	≥50.0	—				

C　矿粉采、制样概况

目前，本钢板材检化验中心铁精矿粉采样均为全自动采样机采样，可实现采样随机布点、车厢全断面采样、自动二次缩分、自动分布收集器位，布料及平铺直取等，同时本钢板材检化验中心依托信息化平台开发了原燃料实验室系统、铁区 MES 系统，成功实现采样机信息化升级，同时完成采、制、化环节分级加密，自动水分分析仪进行水分检测，这些软硬件的升级有效地保证了外购物料检测的真实、准确、及时，使得外购物料流程更加严谨、代表性更强、自动化程度较高。

矿粉采制样简要流程如图 3-1 所示。

a　主体设备概况

河南安阳 XDCY-Q 型全自动智能机械取样机由智能控制系统和机械系统两部分组成，控制系统控制机械取样装置完成自动定位、自动取样、自动制样等工作。机械系统由取样系统机械、制样系统机械两部分组成。取样系统机械包括大小车走行机构、采样头上下升降机构、取样提升物料的螺旋机构，以及存储物料样品的集料斗；制样系统机械包括接料溜槽、输送皮带机、布料器、缩分器、样品收集器、弃料收集等。

XDCY-Q 型汽车全自动智能机械取样机主要工艺参数如下。

采样品种：精矿粉、颗粒矿粉。

采样方式：桥式螺旋钻采样。

使用车型：各种载重汽车。

螺旋筒内径：110mm。

采样深度：0~2500mm。

采样点数：1~7 点自动选取，连续采样。

采样时间：≤40s/点。

装机容量：30kW，380V，50Hz。

采样方式：按 GB 19494.1 标准随机自动选点取样，任意随机深度全断面采样。

投产年月：2008 年 5 月；2010 年 10 月。

b　矿粉采、制样作业标准

（1）作业区接到生产技术室进货预报，通知矿粉班。

（2）班组每天进货前要详细检查设备，对安全进行确认，做好采制样准备工作。

（3）计控部门对进货车辆进行重量检定，出具重检检斤单，由当车司机随车携带。

（4）进货车辆到达采样场地，由当车司机向班组接票人员提供重检检斤单，检斤单上车号、车牌号、车厢后车牌放大号一致方可采样，对供应商和车号不符的车辆不予采样，通知司机联系供应商自行处理。

车辆到场　　　　　　接票验票　　　　　　组批加密

集料斗弃料　　　　安阳XBCY-Q　　　　　画框自动选点
　　　　　　　　全自动采样机五点采样

皮带机缩分　　　　　圆盘机接样　　　　　人工缩分

试样研磨　　　　　　试样烘干　　　　　　水分仪分析

图 3-1　矿粉采制样简要流程

（5）登陆 MES 系统"受检单开立作业"，进行组批加密，下发至"原燃料实验室管理系统"，打印条码，贴好试样袋和制样卡片。组批原则：同一厂家 5 车组成一批，当天不足 5 车部分单独组批。

（6）采样人员操作采样机按程序对车厢整体进行画框选点并开启全自动采样，当自动选点过于靠近车帮时，应重新进行画框，每车采 5 点，单车组批时采 7 点，做好采样记录。

（7）单车采完样在检斤单上盖上"已采样"印章，一份留存，另两份交给司机随车携带至卸料地点卸车。留存的重检单按批次装订在一起，背面写上批号、车数。

（8）继续采下一车，同一厂家不超过 5 车组一批，留存的重检单按批次钉在一起，背面写上批号、车数。对不同厂家的矿粉要根据规定要求随机进行 3 批次单车组批。

（9）计控部门对空车进行重量检定后并上传 MES 系统。

（10）采样人员将 MES 系统上车号、毛重、矿名与重检检斤单核对无误后，将净重抄在采样记录对应车号后边；按照采样记录在 MES 系统上挑选车号完成组批。

（11）单组批次采样完成后经单独接料斗至制样盘，开启制样程序。自动采样机完成非单组批次采样后，试样经接料斗、缩分皮带、布料器及取样刮板至样品收集器，待每一批样采完后及时制样。

（12）试样采用四分法进行缩分，试样堆成圆锥形后，用缩分板将锥尖垂直向下压成 100~200mm 厚度的圆饼，用缩分板通过锥饼中心划两条互相垂直的直线，把试样分成 4 个相同的扇形部分，把其中相对的两部分弃去，剩余部分重新混合，再进行缩分，直到规定量为止。剩余试样留作备查大样不得少于 1kg，放入标签，注明品名、批号、日期。

（13）缩分出 100g 水分测定样，用快水仪测定水分含量，并做好记录；登陆原燃料实验室管理系统"矿粉水分录入"，在组好的批次相应中录入或上传水分测定结果。

（14）约 150g 试样放入托盘在烘干箱中（105±5）℃下烘干 2h，细粉机细粉后过制样筛（120μm）至完全通过。

（15）细粉后的试样分装两个预先写好自封试样袋中，封好袋口，一袋留作副样，一袋装入带三把锁的送样箱送原料化验作业区。

（16）封好的大样投入送样桶，副样投入带锁的副样箱中，作业区每天派专人取回至作业区内试样室保存。

（17）作业区每天派专人去原料化验作业区会同该作业区人员共同打开三把锁，取出分析试样，交由化验工序，并在样品交接记录上予以签字确认。

C　注意事项

（1）送货车达到采样区域后要立即上交车钥匙并熄火，以此保证采样机安全，不配合者不予采样。

（2）要严格执行《外购物料明水管理规定》，发挥外观质量检查作用，对有明水的车辆要先控水重新检斤并单独组批、制样。

（3）在采样过程中，如有意外情况发生，可立即按下操作台上"急停"按钮，采样机停止采样；意外消除后，开启操作台上"急停"按钮，采样系统恢复运转。

（4）水分分析前要先确认快水仪水平状态后方可进行，每日要进行快水仪和国标法测水进行比对，以验证快水仪的可靠性，并做好比对记录。

（5）采制样过程中严格对采制样工器具进行清洗、冲洗，保证采制样工作的代表性。

（6）自动采样机及信息化系统出现故障后，及时启动应急预案，保证采制样工作正常运行。

（7）雨天送样要对送样箱做好防雨措施，以免试样受潮。

（8）接班后要对前一日弃料房料堆进行取样分析，验证采制样工作的代表性。

3.2.6.2　外购矿石分类及质量标准

A　分类

外购矿石共分为如下品种：钒钛铁矿石（料号01211）、锰矿石（料号01212）、菱镁石（01611、0161C）、白云石（0161F）。

B　矿石质量标准

矿石质量标准见表3-2。

表 3-2　矿石质量标准

品种	料号	化学成分（质量分数）/%									
		TFe	TiO$_2$	V$_2$O$_5$	P	S	Mn	MgO	SiO$_2$	MgO+CaO	P$_2$O$_5$
钒钛铁矿石	01211	≥45.0	≥11.0	≥0.5	≤0.20	≤0.30	0				
锰矿石	01212						≥20.0				
菱镁石	01611 0161C							≥40.0	≤9.0		
白云石	0161F					≤0.025		≥19.0	≤3.0	≥48.0	≤0.16

C　矿石采、制样概况

矿石采制样现场主要位于原料厂原三车间 F 料条菱镁石区、原三车间 A 料条钒钛矿区、原二车间焦场菱镁石区、原一车间锰矿区等地，采样为汽运卸车后取样，受场地及现场制约，目前均为人工采样。

矿石汽车人工采、制样标准：

（1）原料厂验收岗位确认进货后，通知矿石采样班。

（2）班组每天接班后做好准备工作，采样人员提前带好工具到卸料场地等候。

（3）计控部门对进货车辆进行重量检定，出具重检检斤单由当车司机随车携带。

（4）进货车辆到达采样场地，由当车司机向采样人员提供重检检斤单，共同确认供货商名称、车号等信息，对供应商和车号不符的车辆不予采样，通知司机联系供应商自行处理。

（5）卸车后采样人员按照规程进行车下堆上采样作业，原料厂负责用铲车将料堆剖开，而后采样人员进行采样。

采样基本原则：每车至少取 5 个子样，每个子样不少于 0.5~1kg，且每点的采样量相同，试样总量不少于 16kg。

采样点分布图如图 3-2 所示。

（6）采完样，在检斤单上盖上"已采样"印章，一份留存，另两份交给司机，原料厂人员验收后将采完样的料堆推平。

（7）计控部门对空车进行重量检定，出具正式检斤单，并上传 MES 系统。

（8）继续采下一车，同一厂家不超过 7 车为一批，样品整合到一起带回班组制样室。

（9）登陆 MES 系统"受检单开立作业"，进行组批加密，下发至"原燃料实验室管理系统"，打印条码，贴好试样袋和制样卡片。

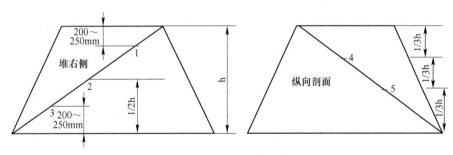

图 3-2 采样点分布图

（10）在 MES 系统上车号、毛重、矿名与空检检斤单核对无误后，按照采样记录在 MES 系统上挑选车号完成组批，留存的空检、重检单按批次钉在一起，背面写上批号、车数。

（11）试样破碎混匀，试样经过粗破碎、二次破碎后全部通过 6mm 制样筛，采用圆锥法进行试样混匀，混匀次数 3 次以上。

（12）试样缩分，采样用堆锥四分法进行，试样做成圆锥形后，用缩分板将锥尖垂直向下压成 100~200mm 厚度的圆饼，用缩分板通过锥饼中心划两条互相垂直的直线，把试样分成 4 个相同的扇形部分，把其中相对的两部分弃去，剩余部分重新混合，再进行缩分，直到规定量为止。试样缩分至不少于 2kg，继续缩分 3 次，取对角约 100g 作为分析试样，剩余留作备查大样，放入标签，注明品名、批号、日期。

（13）试样烘干研磨，约 120g 试样放入托盘在烘干箱中（105±5）℃下烘干 2h，冷却至室温用细粉机研磨后全部通过 96μm 制样筛。

（14）研磨后的试样经过混均缩分后分装在 2 个试样袋中，封好袋口，投入带锁送样箱送至矿粉班，双方开箱签字交接。矿粉班人员将分析试样投入带 3 把锁的矿粉送样箱内一起送原料化验作业区，将副样投入副样箱内，由作业区派专人取回送至存样间保存。

（15）作业区每天派专人同原化验作业区人员共同打开 3 把锁，取出分析试样交由化验工序，并在样品交接记录上予以签字确认。

D 注意事项

（1）采样过程中严格执行安全操作规程，要及时规避运输大车和铲车，采样过程中做好安全确认。

（2）采样前进行外观检查，观察物料颜色、粒度有无异常，发现异常立即上报。

（3）制样前要对所用工器具进行冲洗，保证制样的代表性。

（4）信息化系统出现故障后，及时启动应急预案，保证采制样工作正常运行。

3.2.7 各种原料检验详解及主要设备

3.2.7.1 概述

本钢外购的原料目前有铁精矿、钒钛铁矿石、硼镁矿石、菱镁石等，主要用于炼铁、炼钢工序。所有这些物料的检验方法涉及称量分析法、酸碱滴定法、氧化还原滴定法、配合滴定法、吸光光度法和 X 射线荧光光谱法。其简要定义如下：

（1）称量分析法。称量分析法也称重量分析法，是通过称量操作，测定试样中待测组分的质量，以确定其含量的一种分析方法。根据被测组分的分离方法，称量分析法分为三类：挥发分析法、沉淀称量分析法和电解分析法。

（2）酸碱滴定法。利用酸、碱之间质子传递反应的滴定称为酸碱滴定法。该方法主要用于酸、碱的测定。

（3）氧化还原滴定法。利用氧化还原反应进行的滴定称为氧化还原滴定法。根据所用的标准滴定溶液又可分为高锰酸钾滴定法、重铬酸钾滴定法、溴量法、碘量法等。

（4）配合滴定法。利用配合物的形成及解离反应进行的滴定称为配合滴定法，也称配位滴定法。

（5）吸光光度法。吸光光度法是基于物质对光的选择性吸收而建立起来的分析方法，包括比色法、可见及紫外分光光度法以及红外光谱法等。其基本原理是被测物质对光的吸收符合朗伯-比耳定律。

（6）X射线荧光光谱法。X光管发射出一次X射线照射到样品上，样品中的元素被激发发射出各元素的特征X射线，利用分光器，将特征X射线从X射线连续光谱中分离出来。根据分离出来的特征X射线光谱，可进行X射线荧光光谱定性分析；根据特征X射线光谱的强度值，可进行X射线荧光光谱的定量分析。

3.2.7.2　铁精矿的检验方法

通常铁精矿的检验项目有全铁、二氧化硅、磷和硫。

A　全铁的检验

全铁的检验执行企业标准Q/BB 701.1—2009《铁矿石化学分析方法 硫磷混酸溶样容量法测定全铁量》，简介如下：

（1）方法提要。试样用硫磷混酸加氟化钠分解，以钨酸钠为指示剂，用三氯化钛将高价铁还原为低价铁，过量的三氯化钛进一步还原钨酸根生成"钨蓝"，再用重铬酸钾溶液将"钨蓝"氧化消失，以二苯胺磺酸钠为指示剂，用重铬酸钾标准溶液滴定，借此测定全铁量。

（2）所用试剂。氟化钠（固体）、盐酸（$\rho 1.19\mathrm{g/mL}$）、硫磷混酸、二氯化锡溶液（6%）、三氯化钛溶液、钨酸钠溶液（25%）、二苯胺磺酸钠溶液（0.32%）、重铬酸钾标准溶液 $[C_{(1/6K_2Cr_2O_7)} = 0.05372\mathrm{mol/L}]$、高锰酸钾（0.4%）。

（3）试样要求。一般试样粒度应小于$100\mu\mathrm{m}$，如试样中结合水或易氧化物质含量高时，其粒度应小于$160\mu\mathrm{m}$。将试样于105~110℃干燥1~2h，置于干燥器中冷却至室温。

（4）分析步骤：

1）试样量：称取0.3g试样（精确至0.0002g）。

2）空白试验：随同试样做空白试验，所用试剂须取自同一试剂瓶。

3）测定。

试样的分解：将试样置于500mL锥形瓶中，加0.2~0.5g氟化钠，30mL硫磷混酸，加热溶解至三氧化硫浓烟冒至瓶口，取下稍冷，再加30mL硫磷混酸加热至冒硫酸烟，取下稍冷。

还原、滴定：加10mL盐酸（$\rho 1.19\mathrm{g/mL}$），滴加二氯化锡溶液至浅黄色，若二氯化锡过量，应滴加高锰酸钾（0.4%）至浅黄色，用水稀释溶液体积约150mL，加15滴钨酸钠溶液，用三氯化钛滴至蓝色，再滴加重铬酸钾溶液氧化至蓝色消失，加5~6滴二苯胺磺酸钠溶液，用重铬酸钾标准溶液滴定至稳定的紫色为终点。

空白测定：空白试液滴定时，在加二苯胺磺酸钠溶液之前，加5.00mL（用移液管取）硫酸亚铁铵，滴定后记下消耗重铬酸钾标准溶液的毫升数A，再向溶液中加入5.00mL（用移液管取）硫酸亚铁铵，再以重铬酸钾标准溶液滴至稳定紫色，记下滴定的毫升数B，则$V_0 = A - B$即为空白值。

（5）结果计算。按下式计算全铁的百分含量：

$$w(\mathrm{TFe}) = \frac{C(V - V_0) \times 0.05585}{m} \times 100$$

式中　V——试样消耗重铬酸钾标准溶液的体积，mL；

　　　V_0——空白试验消耗重铬酸钾标准溶液的体积，mL；

　　　m——试样量，g；

　　　C——$C_{(1/6\mathrm{K}_2\mathrm{Cr}_2\mathrm{O}_7)}$标准溶液的浓度，mol/L。

B　二氧化硅的检验

二氧化硅的检验执行企业标准Q/BB 701.5—2009《铁矿石化学分析方法 高氯酸脱水重量法测定硅量》，简介如下：

（1）方法提要。试样用混合熔剂熔融，盐酸溶样加高氯酸冒烟使硅酸脱水，过滤、洗涤、灼烧、称量沉淀，计算二氧化硅的百分含量。

（2）所用试剂。碳粉、混合熔剂（无水碳酸钠+硼酸+过氧化钠＝20+10+3）、盐酸（$\rho 1.19\mathrm{g/mL}$）、盐酸（1+9）、高氯酸（$\rho 1.67\mathrm{g/mL}$）、硝酸银（0.1%）、硫氰酸铵（5%）。

（3）试样要求。一般试样粒度应小于100μm，如试样中结合水或易氧化物质含量高时，其粒度应小于160μm。

（4）分析步骤。称取0.5g试样（精确至0.0002g），放入称有1g混合熔剂的定量滤纸上，搅拌均匀，包成小球置于装有碳粉并压成凹形的瓷坩埚中。放入高温炉待滤纸灰化后关上炉门于950~1000℃熔融5min，取出冷却后，熔球用镊子夹出，用毛刷轻轻扫去碳粉，放入300mL烧杯中，然后加30mL盐酸（$\rho 1.19\mathrm{g/mL}$）。盖上表面皿，低温加热至熔球完全溶解后，加15mL高氯酸，继续加热蒸发到冒高氯酸白烟至近干，取下稍冷，加10mL盐酸（$\rho 1.19\mathrm{g/mL}$），50mL沸水溶解盐类，用中速定量滤纸过滤，洗净烧杯。用盐酸（1+9）洗涤沉淀3~4次，至无铁离子（用硫氰酸铵检查）。然后用热水洗至无氯离子（用硝酸银检查）。将沉淀连同滤纸移入瓷坩埚中，低温烘干碳化后于950~1000℃高温炉中灼烧30min，取出置于干燥器中，冷却至室温，称量。

（5）结果计算

$$w(\mathrm{SiO}_2) = \frac{m_1 - m_0}{m} \times 100$$

式中　m_1——试样沉淀的重量，g；

　　　m_0——试剂空白沉淀的重量，g；

　　　m——称样量，g。

C　磷 的 检 验

磷的检验执行作业文件——检化验中心 ZY—360《铁矿石中全铁、磷和二氧化硅含量的测定　X-射线荧光光谱法》，该作业文件也适用于全铁、二氧化硅的测定。简介如下：

（1）方法提要。试样以助熔剂混合后，用铂黄坩埚在高频熔样机内进行熔融，冷却后成为光滑完整的熔片，通过 X 荧光光谱仪选择相应的工作曲线，分析 TFe、P、SiO_2 的含量。

（2）试样要求。试样粒度小于 0.125mm，分析前应在 105～110℃烘 2h，置于干燥器中冷至室温。

（3）仪器设备。X 荧光光谱仪、高频熔样机、铂黄坩埚、电子天平（感量 0.1mg）、瓷坩埚。

（4）主要试剂。无水四硼酸锂、溴化锂溶液（300g/L）、硝酸锂溶液（300g/L）、钴粉。

（5）分析步骤：

1）称取试样（0.3500±0.0002)g，钴粉（0.3000±0.0002)g，将试样和钴粉置于一个称取（5.0000±0.0002)g 无水四硼酸锂的瓷坩埚中，搅拌均匀；然后倒入铂黄坩埚中，加入 15 滴硝酸锂溶液、适量的溴化锂溶液，放入高频熔样机中。

2）设置熔样模式：一热时间 60s，一热温度 800℃；二热时间 120s，二热温度 1050℃，熔融时间 450s，熔融温度 1050℃；自冷时间 120s，风冷时间 120s，摇摆速度 4 档，程序设置完毕。也可根据实际情况设定熔样条件，必须保证试样熔融均匀完全，样片完整无裂纹。

3）选择设置的模式，开始熔样，熔样完毕，取下，冷却完全。

4）分析试样前先分析标样，检查曲线是否漂移，若标样结果与标准值比较在误差范围之内，对样品进行分析；若标样结果与标准值比较超出误差范围需对工作曲线进行校正，校正后再分析标样，如标样结果与标准值比较在误差范围之内对样品进行分析。

5）用 X 荧光光谱仪进行试样分析时，将熔片放入样品盒，选择相应工作曲线，输入样盒所放位置，然后填入样品标识，开始分析样品，分析结束后记录结果。

（6）工作曲线的绘制。选择铁矿石成分含量有一定梯度的标样，按 1）～5）操作，在 X 荧光仪上选择合适的条件进行分析，绘制铁矿石工作曲线。

D　硫 的 检 验

硫的检验方法参照国家标准 GB/T 6730.61—2005《铁矿石 碳和硫含量的测定 高频燃烧红外吸收法》，日常工作中，采用美国力可公司的 CS-230 红外分析仪进行分析，简介如下：

（1）仪器主要技术参数。

测硫范围：$4×10^{-6}～0.4\%$。

测试时间：45s。

试样重量：1g（额定）。

测试方法：无色散的红外吸收法（NDIR）。

（2）试剂及材料。高氯酸镁、碱石棉、镀铂硅胶、纤维素、玻璃棉、钨粒、锡粒、纯铁助熔剂、瓷坩埚。

气体要求：载气（氧气：纯度大于99.5%，27.58MPa（40psi）、动力气（压缩空气，氮气或氩气，275.86kPa（40psi））。气源必须无油无水。

（3）工作原理。试样于高频感应炉的氧气流中加热燃烧，生成的二氧化碳（或一氧化碳）、二氧化硫由氧气载至红外池，先检测二氧化硫，随后通过热的氧化铜将少量的一氧化碳转化成二氧化碳，二氧化硫转化成三氧化硫，三氧化硫被纤维素吸收，然后待测气体通过二氧化碳红外池，再检测出二氧化碳的含量。

（4）仪器结构。仪器主要由主机、计算机系统、打印机和电子天平组成。

（5）试样量。称取0.4g试样，准确至0.001g。称样量要与铁矿石标样的称样量尽可能一致。试样粒度小于96μm，在（105±2）℃下干燥试样。

（6）分析步骤：

1）分析前，检查载气和动力气压力是否达到要求，依次打开计算机、打印机、电子天平、主机开关，仪器至少预热0.5h；然后进行系统漏气检查，观察仪器各参数正常后方可操作。

2）标样校正。选择和分析样品含量接近的标样进行仪器校正，重复测量3~5次，选择重现性好的结果，在"配置"菜单下进行校准；校准结束后，可进行试样的分析。

3）试样分析：

在分析画面上输入试样编号，选择合适的分析方法。

在外置天平上放一个空坩埚，关好天平门，按"Tare"键，去皮。

称取0.400g试样，待重量稳定后，按天平的输入键输入重量，然后置于烧过并铺有0.9g纯铁助熔剂的坩埚中，加0.2g锡粒，再覆盖0.4g纯铁助熔剂和1.9g的钨粒。

按炉子的"活塞上升/下降"按钮，打开炉子，将坩埚放在支架上。再关闭炉子，分析自动开始。

分析结束后，显示器自动显示分析结果。

（7）注意事项：

1）如果气体关闭8h以上，应打开气体流通1h后，方可分析。

2）分析过程中要用专门的坩埚钳夹取坩埚，防止烫伤。

3）分析过程中不要用手接触试样、助熔剂，不要让其他东西混入试样和助熔剂中，防止污染，以免影响分析结果。

（8）日常维护：

1）每天都要清理炉头及燃烧管的灰尘。

2）日常观察试剂管的药剂，如果失效要进行更换。

3）定期观察催化炉中的氧化铜，如果变黑失效要进行更换。

4）其他的维护详见设备维护规程。

3.2.7.3　钒钛铁矿石的检验

钒钛铁矿石的检验项目有全铁和二氧化钛。

A　全铁的检验

全铁的检验执行企业标准Q/BB 701.1—2009《铁矿石化学分析方法 硫磷混酸溶样容量法测定全铁量》。方法与铁精矿分析全铁一致，详见2.7.2.1"全铁的检验"。

B　二氧化钛的检验

二氧化钛的检验执行作业文件——检化验中心 ZY—052《二氧化钛含量的测定硫酸铁铵容量法》，简介如下：

（1）方法提要。在盐酸溶液中，隔绝空气加铝片还原钛成三价，用硫氰酸盐作指示剂，用硫酸铁铵标准溶液进行滴定，根据硫酸铁铵标准溶液的消耗量求出二氧化钛含量。

（2）所用试剂。硫酸（ρ1.84g/mL）、硝酸（ρ1.42g/mL）、盐酸（1+1）、铝（金属薄片）、碳酸氢钠（固体）、碳酸氢钠溶液（饱和）、硫氰酸铵溶液（100g/L）、硫酸铁铵标准溶液（0.02mol/L）。

（3）试样要求。试样加工至粒度小于0.088mm。

（4）分析步骤。称取0.2500g的试样于500mL的锥形瓶中，加水35mL，加浓硫酸20mL，加热溶解后加硝酸1~2mL氧化并蒸发至冒白烟2~4min，稍冷，用水冲洗瓶壁，加热使析出的盐类溶解，继续蒸发至冒白烟约1min后取下冷却至室温。加盐酸（1+1）70mL，加水80mL，加热使盐类溶解后，加铝片2g、碳酸氢钠（固体）2g，盖上盖氏漏斗，漏斗中装入饱和碳酸氢钠溶液，将锥形瓶放到电炉加热，待剧烈作用停止，铝片全部溶解后继续煮沸数分钟（逐尽氢气），取下，冷却至室温，取下盖氏漏斗，加硫氰酸铵指示剂10mL，立即用硫酸铁铵标准溶液滴定至溶液呈红色为终点，按下列计算公式求出二氧化钛含量。

（5）结果计算

$$w(\mathrm{TiO_2}) = \frac{AV_2}{V}$$

式中　A——标样中二氧化钛的含量，%；

　　　V_1——滴定标样所消耗硫酸铁铵标准溶液的体积，mL；

　　　V_2——滴定试样所消耗硫酸铁铵标准溶液的体积，mL。

3.2.7.4　硼镁矿石的检验

硼镁矿石的检验项目有全铁、三氧化二硼、二氧化硅和氧化镁。

A　全铁的检验

全铁的检验执行 HG/T 2956.4—2001《硼镁矿石中全铁含量的测定 重铬酸钾容量法》，简介如下：

（1）方法提要。试样用盐酸分解，钨酸钠-甲基橙为指示剂，二氯化锡和三氯化钛联合还原三价铁，以二苯胺磺酸钠为指示剂，用重铬酸钾标准滴定溶液滴定。

（2）试剂和溶液。盐酸（1+1）、磷酸（5+95）、硫磷混合酸溶液、氯化亚锡溶液（50g/L）、三氯化钛溶液、重铬酸钾标准滴定溶液 $[c_{(1/6\mathrm{K_2Cr_2O_7})} = 0.0200\mathrm{mol/L}]$、钨酸钠指示液（250g/L）、甲基橙指示液（1g/L）、二苯胺磺酸钠指示液（5g/L）。

（3）试样要求。试样通过125μm试验筛，于105~110℃干燥2h以上，置于干燥器中冷却至室温。

（4）分析步骤：

1）称取0.1~0.5g试样（精确至0.0002g），于250mL烧杯中用少量水润湿，加入30mL盐酸溶液（1+1），盖上表面皿，在电热板上加热，微沸30min后取下。

2）趁热滴加氯化亚锡溶液至溶液呈浅黄色，用水稀释至约60mL。加入10滴钨酸钠指示液、2滴甲基橙指示液、3滴二苯胺磺酸钠指示液，滴加三氯化钛溶液至溶液红色恰好消失，用水稀释至100mL。加入15mL硫磷混合酸溶液，立即用重铬酸钾标准滴定溶液滴定至溶液呈稳定的蓝紫色为终点。

（5）分析结果的表述。以质量百分数表示的全铁（以Fe_2O_3计）含量（X）按下式计算：

$$X = \frac{CV \times 0.07985}{m} \times 100$$

式中　C——重铬酸钾标准滴定溶液的实际浓度，mol/L；

　　　V——重铬酸钾标准滴定溶液的体积，mL；

　　　m——试样的质量，g；

0.07985——与1.00mL重铬酸钾标准滴定溶液相当的以克表示的三氧化二铁质量。

B　三氧化二硼的检验

三氧化二硼的检验执行HG/T 2956.3—2001《硼镁矿石中三氧化二硼含量的测定　容量法》，简介如下：

（1）方法提要。试样用盐酸溶解，用碳酸钙分离干扰物质，加入甘露醇或转化糖作硼酸的强化剂，以酚酞为指示剂，用氢氧化钠标准滴定溶液滴定。

（2）试剂和溶液。盐酸（1+1）、盐酸（1+9）、过氧化氢（30%）溶液（1+9）、碳酸钙、甘露醇（中性）、硝酸银溶液（10g/L）、氧化钠标准滴定溶液[$c_{(NaOH)}$ = 0.05mol/L]、溴甲酚绿-甲基红混合指示液、酚酞指示液。

（3）试样要求。试样通过125μm试验筛，于105~110℃干燥2h以上，置于干燥器中冷却至室温。

（4）分析步骤：

1）称取0.1~0.3g试样（精确至0.0002g），置于锥形瓶中。

2）装上回流冷凝管，加入15mL盐酸溶液（1+1），在低温电炉上微沸30min，稍冷后加入5mL过氧化氢溶液，用水冲洗回流冷凝管，摇匀，煮沸并使过量的过氧化氢分解完全，冷却，用水冲洗回流冷凝管和磨口连接处，取下锥形瓶，用水稀释至约60mL。

3）在不断摇动下，分次少量加入碳酸钙，直至无二氧化碳气泡发生，再加少许，用水冲洗瓶壁。加热微沸2min，趁热用快速滤纸过滤，以500mL锥形瓶承接滤液，用热水洗涤沉淀，直至滤液中无氯离子为止（用硝酸银溶液检查）。于滤液中加入8滴溴甲酚绿-甲基红指示液，滴加盐酸溶液（1+9）至溶液变红，并过量1~2滴，加热煮沸，赶尽二氧化碳。

4）待溶液冷却后，以氢氧化钠标准滴定溶液中和至溶液呈暗红色（pH应为5.1），此为滴定起点，加入10滴酚酞指示液、2g甘露醇，用氢氧化钠标准滴定溶液滴定至溶液由绿色变为灰色；再加0.5g甘露醇，如果变为绿色，继续滴定至灰色，反复此操作，直至加入甘露醇后灰色30s不消退为终点。

5）与试样测定同时做空白试验。

（5）分析结果的表述。以质量百分数表示的三氧化二硼全铁（B_2O_3计）含量（X）按下式计算：

$$X = \frac{c(V - V_0) \times 0.03481}{m} \times 100$$

式中　c——氢氧化钠标准滴定溶液的实际浓度，mol/L；

　　　V——氢氧化钠标准滴定溶液的体积，mL；

　　　V_0——空白试验氢氧化钠标准滴定溶液的体积，mL；

　　　M——试样的质量，g；

0.03481——与1.00mL氢氧化钠标准滴定溶液 $[c(NaOH) = 1.000mol/L]$ 相当的以克表示的三氧化二硼的质量。

C　二氧化硅的检验

二氧化硅的检验执行企业标准 Q/BB 701.5—2009《铁矿石化学分析方法 高氯酸脱水重量法测定硅量》，详见前节二氧化硅的检验。

D　氧化镁的检验

氧化镁的检验执行作业文件——检化验中心 ZY—650《硼镁矿中全铁、二氧化硅和氧化镁含量的测定 X 射线荧光光谱法》，该方法也可以同时检验硼镁矿中的全铁、二氧化硅的含量，简介如下：

（1）方法提要。试样以助熔剂混合后，用铂黄坩埚在高频熔样机内进行熔融，冷却后成为光滑完整的熔片，通过 X 荧光光谱仪选择相应的工作曲线，分析 TFe、SiO_2 和 MgO 的含量。

（2）试样要求。试样粒度小于 0.125mm，分析前应在 105~110℃烘 2h，置于干燥器中冷至室温。

（3）仪器设备。X 荧光光谱仪、高频熔样机、铂黄坩埚、电子天平（感量 0.1mg）、瓷坩埚。

（4）主要试剂。无水四硼酸锂、溴化锂溶液（300g/L）、硝酸锂溶液（300g/L）、钴粉。

（5）分析步骤：

1）称取试样（0.3500±0.0002）g，钴粉（0.3000±0.0002）g，将试样和钴粉置于一个称取（5.0000±0.0002）g 无水四硼酸锂的瓷坩埚中，搅拌均匀；然后倒入铂黄坩埚中，加入 15 滴硝酸锂溶液、适量的溴化锂溶液，放入高频熔样机中。

2）设置熔样模式：一热时间 60s，一热温度 800℃；二热时间 120s，二热温度 1050℃；熔融时间 450s，熔融温度 1050℃；自冷时间 120s，风冷时间 120s，摇摆速度 4 挡，程序设置完毕。也可根据实际情况设定熔样条件，必须保证试样熔融均匀完全，样片完整无裂纹。

3）选择设置的模式，开始熔样，熔样完毕取下，冷却完全。

4）分析试样前先分析标样，检查曲线是否漂移，若标样结果与标准值比较在误差范围之内对样品进行分析；若标样结果与标准值比较超出误差范围需对工作曲线进行校正，校正后再分析标样，如标样结果与标准值比较在误差范围之内对样品进行分析。

5）用 X 荧光光谱仪进行试样分析时，将熔片放入样品盒，选择相应工作曲线。输入样盒所放位置，然后填入样品标识，开始分析样品，分析结束后记录结果。

（6）工作曲线的绘制。选择硼镁铁矿成分含量有一定梯度的标样，按1）～5）操作，在 X 荧光仪上设置选择合适的条件进行分析，绘制硼镁铁矿工作曲线。

3.2.7.5　菱镁石的检验

菱镁石的检验项目有氧化钙、氧化镁和二氧化硅。检验方法是执行企业标准 Q/BB 798—2014《菱镁石 SiO_2、CaO、MgO 含量的测定 X 射线荧光光谱法》，简介如下：

（1）方法提要。检测完灼减后的灰分试样以助熔剂混合后，用铂黄坩埚在高频熔样机内进行熔融，冷却后成为光滑完整的熔片，通过 X 荧光光谱仪选择相应的工作曲线，分析 SiO_2、CaO、MgO 的含量。

（2）试样要求。试样粒度小于 0.090mm，分析前应在 105～110℃烘 2h，置于干燥器中冷至室温。

（3）仪器设备。X 荧光光谱仪、高频熔样机、铂黄坩埚、电子天平（感量 0.1mg）、自动控温干燥箱、瓷坩埚。

（4）主要试剂。无水四硼酸锂、溴化锂溶液（300g/L）。

（5）分析步骤：

1）称取 1.0g 试样，精确至 0.0001g。将试样置于瓷坩埚中，放于（1050±50）℃的马弗炉中灼烧 60min，取出瓷坩埚，冷却至室温，称量灰分的质量。

2）称取灼烧后的试样（0.4000±0.0002）g，将试样置于一个称取（5.0000±0.0002）g 无水四硼酸锂的瓷埚中，搅拌均匀；然后倒入铂黄坩埚中，加入适量的溴化锂溶液，放入高频熔样机中。

3）设置熔样模式。加热时间 240s，加热温度 1100℃；熔融时间 360s，熔融温度 1100℃；自冷时间 70s，风冷时间 300s，摇摆速度 4 档，程序设置完毕。也可根据实际情况设定熔样条件，必须保证试样熔融均匀完全，样片完整无裂纹。

4）选择设置的模式，开始熔样，熔样完毕取下，冷却完全。

5）分析试样前先分析标样，检查曲线是否漂移，若标样结果与标准值比较在误差范围之内对样品进行分析；若标样结果与标准值比较超出误差范围需对工作曲线进行校正，校正后再分析标样，如标样结果与标准值比较在误差范围之内对样品进行分析。

6）用 X 荧光光谱仪进行试样分析时，将熔片放入样品盒，选择相应工作曲线，输入样盒所放位置，然后填入样品标识，开始分析样品，分析结束后记录结果。

（6）工作曲线的绘制

1）选择菱镁石成分含量有一定梯度的标样或已准确定值的内控样品，按分析步骤中 1）～4）操作，在 X 荧光仪上设置选择合适的条件进行分析，绘制菱镁石工作曲线。

2）在对内控样品定值时采用 GB/T 5069—2007 规定的方法。

（7）结果计算

$$SiO_2\% = \frac{m_1 \times 荧光分析的结果}{m}$$

$$CaO\% = \frac{m_1 \times 荧光分析结果}{m}$$

$$MgO\% = \frac{m_1 \times 荧光分析结果}{m}$$

式中　m_1——灰分的质量，g；

　　　m——称样的质量，g。

3.3　燃料

3.3.1　燃料作用

燃料是高炉冶炼的又一重要原料，它的作用表现在以下四个方面。

3.3.1.1　作发热剂

高炉冶炼是一个高温物理化学过程。矿石被加热，进行各种化学反应，熔化成液态渣铁，并将其过热到能从渣铁口顺利流出的温度，需要大量的热。这些热量主要是靠炉料中的燃料燃烧提供的。根据热平衡计算，燃料提供的热量约占高炉热量总收入的70%～80%。

3.3.1.2　作还原剂

高炉冶炼主要是一个高温还原过程。生铁中的主要成分 Fe、Si、Mn、P 等元素都是从矿石的氧化物中还原得来的。提供廉价还原剂的也是加于炉内的燃料。

3.3.1.3　作生铁的组成成分

被还原出的纯铁熔点很高，为1535℃。虽然生铁中还溶入其他组分，但在高炉冶炼的温度下还是难于熔化。当铁在高温下与燃料接触不断渗碳后，其熔化温度逐渐降低，可至1150℃。这样，生铁在高炉内能顺利熔化、滴落，与由脉石组成的熔渣良好分离，保证高炉生产过程连续不断地进行。生铁中含碳量达 3.5%～4.5%，均来自燃料。

3.3.1.4　作高炉料柱的骨架料

高炉料柱中的其他炉料在下降到高温区后相继软化熔融，唯有块状固体燃料不熔不软，在料柱中所占体积又很大，约 1/3～1/2，犹如骨架支撑着，使料柱维持透气性，煤气流从中穿透上升，冶炼得以顺利进行。

3.3.2　燃料分类

高炉所用燃料种类很多，目前除某些小高炉直接使用无烟煤、烟煤外，各类高炉普遍采用喷吹技术，从风口喷入天然气、重油和粉状固体燃料等，以代替部分价格昂贵、资源匮乏的冶金焦。从全面考察燃料在高炉冶炼中的作用看，质量优良的冶金焦仍是最主要的燃料组成部分。它的数量和质量如何，在很大程度上决定着高炉的生产和冶炼的效果，历来受到炼铁工作者的高度重视。

3.3.3　焦炭

焦炭的应用是高炉冶炼发展史上一个重要的里程碑。古老的高炉使用木炭。17、18世纪随着钢铁工业的发展森林资源急剧减少，木炭的供应成了冶金工业进一步发展的限制性环节。1709 年焦炭的发明，不仅用地球上储量极为丰富的煤炭资源代替木炭进行冶炼，而且焦炭的强度比木炭高，这为高炉不断扩大炉容、扩大生产规模奠定了基础。

3.3.3.1　对焦炭的质量要求

A　固定碳含量要高，灰分要低

焦炭含碳量愈高，发热量愈大，则还原剂愈多，有利于降低焦比。固定碳升高1%，焦比可降低约2%：焦炭灰分对焦炭质量影响很大，灰分高使固定碳数量减少，也降低了焦炭的耐磨强度，导致高炉多消耗石灰石，增加渣量，使焦比升高。灰分增加1%，焦比升高1.5%~2.0%，产量降低2%~3%。

B 含S、P杂质要少

高炉冶炼过程中的硫80%是由焦炭带入的，因此降低焦炭含硫量对降低生铁含硫有很大作用。焦炭含硫升高，相应要提高炉渣碱度以改善炉内脱硫。

C 焦炭的机械强度要好

焦炭在高炉下部高温区作为支承料柱骨架承受着上部料柱的巨大压力，如果焦炭的机械强度不高，将形成大量碎焦，恶化炉缸透气性，破坏高炉顺行，严重时无法进行正常生产。另外，机械强度不好的焦炭，在运输过程中会产生大量粉末，造成损失。因此，要求焦炭必须具有一定的机械强度。焦炭的机械强度是评价焦炭质量的主要指标之一。

D 粒度要均匀，粉末要少

粒度均匀、粉末少的焦炭，可以改善高炉透气性，保证煤气流合理分布和高炉顺行。

E 水分要稳定

焦炭中的水分在高炉上部即可蒸发完毕，对高炉冶炼没有影响。但由于焦炭是按重量入炉的，水分波动必然要引起干焦量的波动，从而引起炉温波动。因此，要求焦炭水分稳定，以便配料准确，稳定炉温。

3.3.4 高炉喷煤

高炉喷煤是现代高炉生产中一项重大的技术革新，高炉喷入煤粉代替部分冶金焦炭，是高炉喷煤的目的。

3.3.4.1 高炉喷煤作用

(1) 可降低焦比，降低生铁成本。

(2) 可以充分利用高风温。

(3) 有利于高炉顺行。

3.3.4.2 喷吹煤粉种类及其质量要求

(1) 高炉喷吹煤粉一般采用无烟煤和烟煤。对喷吹的无烟煤要求是：灰分低于12%，最高不超过15%；硫分小于0.7%，最高不超过1%；挥发分8%~10%最合适。煤粉细度要求小于160μm，大于160μm的数量不应超过15%。对于硬度较大的无烟煤，大于160μm的数量不宜超过9%。煤的水分一般小于8%，水分高的煤粉在喷吹时黏滞力大，所需的推动力大，且水分高到一定程度以后，就会使煤粉黏在一起而不能喷吹。煤粉的固定炭含量要大于75%。

(2) 由于喷吹对煤质要求严格，因此有条件时应对煤进行洗选，精煤经干燥脱水和细磨再供高炉喷吹更为理想。

3.3.5 本钢外购煤分类及质量标准

高炉主要燃料焦炭是由炼焦煤在隔绝空气的条件下，加热到950~1050℃，经过干燥、热解、熔融、黏结、固化、收缩等阶段最终制成焦炭，这一过程叫高温炼焦（高温干馏）。高炉喷吹用煤主要包括喷吹无烟煤和喷吹烟煤；发电用煤主要为动力煤。

　　按我国的分类标准，可用于炼焦的煤依煤的变质程度、挥发分的多少和黏结性大小（胶质层的厚度）分为四大类，见表3-3。

表 3-3

煤类别	可燃基挥发分	胶质层厚度/mm
气煤	37 以上	5~25
肥煤	26~37	25~30
焦煤	14~30	8~25
瘦煤	20 以下	0~12

3.3.5.1　本钢外购煤分类

A　炼焦煤

本钢炼焦煤主要由进口焦煤、主焦煤、肥煤、肥焦煤、1/3焦煤、瘦焦煤、瘦煤等构成，主要由山西焦煤集团、龙煤集团、沈煤集团和开滦集团供货。

B　喷吹煤

本钢喷吹煤由喷吹无烟煤和喷吹烟煤构成，主要由焦作煤业、阳泉煤业、河北港口物流、蒙发煤业、内蒙古集通、辽宁沈焦、辽宁铁瑞集团等供货。

C　动力煤

本钢动力煤主要由国矿煤、贫瘦煤、无烟块煤及褐煤构成，主要由铁法煤业、辽源矿业、珲春矿业和阜新矿业供货。

3.3.5.2　本钢外购煤质量标准

（1）炼焦煤质量标准见表3-4。

表 3-4　炼焦煤质量标准

供应商	煤种	灰分 A_d/%	挥发分 V_{daf}/%	全硫分 $S_{t,d}$/%	胶质层指数 Y/mm	黏结指数 $G_{R.I}$	反射率标准差 S	组别
山焦集团	屯兰焦煤1	≤10.00	20.00~23.00	≤1.30	≥14.0	≥75	≤0.12	I 组
	屯兰焦煤2	≤11.00	20.00~23.00	≤1.30	≥14.0	≥75	≤0.12	
	西曲焦煤	≤11.00	18.00~22.00	≤1.30	≥11.0	≥65	≤0.12	
	西曲焦煤	≤11.00	18.00~22.00	≤1.50	≥11.0	≥65	≤0.12	II 组
	沙曲焦煤	≤11.00	20.00~23.00	≤0.70	≥14.0	≥85	≤0.10	III 组
	马兰肥焦煤	≤11.00	24.00~28.00	≤1.30	≥25.0	≥85	≤0.12	肥焦煤
	镇城底肥焦煤	≤10.00	24.00~28.00	≤1.30	≥25.0	≥85	≤0.12	
	东曲瘦煤1	≤11.00	16.00~20.00	≤1.30	—	≥30	≤0.10	贫瘦煤
	东曲瘦煤2	≤11.00	16.00~20.00	≤1.80	—	≥15	≤0.10	
太原煤气化	镇城底焦煤	≤10.50	19.00~24.00	≤1.30	≥15.0	≥75	≤0.12	I 组

供应商	煤种	灰分 A_d/%	挥发分 V_{daf}/%	全硫分 $S_{t,d}$/%	胶质层指数 Y/mm	黏结指数 $G_{R,I}$	反射率标准差 S	组别
龙煤集团	滴道焦煤	≤10.50	≤26.00	≤0.60	≥15.0	≥85	≤0.12	IV组
	新发焦煤	≤10.50	≤26.00	≤0.60	≥15.0	≥85	≤0.12	
	平岗焦煤	≤10.50	≤28.00	≤0.60	≥16.0	≥85	≤0.12	
	龙湖焦煤	≤10.50	≤28.00	≤0.60	≥20.0	≥85	≤0.12	
	梨树 1/3 焦煤	≤10.50	≤30.00	≤0.60	≥16.0	≥85	≤0.12	I组
	新发 1/3 焦煤	≤10.50	≤30.00	≤0.60	≥16.0	≥85	≤0.12	
	新建 1/3 焦煤	≤10.00	≤30.00	≤0.60	≥16.0	≥85	≤0.12	
	东山 1/3 焦煤	≤9.50	≤33.00	≤0.60	≥14.0	≥80	≤0.12	II组
	杏花 1/3 焦煤	≤9.50	≤33.00	≤0.60	≥14.0	≥80	≤0.12	
	城子河 1/3 焦煤	≤9.50	≤33.00	≤0.60	≥14.0	≥80	≤0.12	
	南选 1/3 焦煤	≤9.00	≤34.00	≤0.60	≥14.0	≥80	≤0.12	
	新一 1/3 焦煤	≤9.00	≤32.00	≤0.60	≥16.0	≥85	≤0.12	III组
	双鸭山 1/3 焦煤	≤10.50	≤37.00	≤0.60	≥14.0	≥80	≤0.10	V组
沈煤集团	富强瘦煤	≤10.00	≤20.00	≤0.60	—	≥10	≤0.10	IV组
	红菱瘦煤	≤10.50	≤20.00	≤1.80	—	≥45	≤0.12	II组
	红菱瘦煤	≤10.50	≤20.00	≤1.80	—	≥35	≤0.10	IV组
	红阳瘦煤	≤10.00	≤20.00	≤1.80	—	≥10	≤0.10	IV组
沈煤鸡西盛隆	恒山 1/3 焦煤	≤9.50	≤33.00	≤0.60	≥14.0	≥80	≤0.12	II组
开滦(集团)	赵各庄肥煤	≤11.00	≤32.00	≤1.20	≥25.0	≥90	≤0.12	I组
	钱家营肥煤	≤11.00	≤33.00	≤1.20	≥25.0	≥90	≤0.12	I组
	林西焦煤	≤11.00	≤25.00	≤1.20	≥17.0	≥80	≤0.12	I组
开滦能源股份	范各庄肥煤	≤11.00	≤35.00	≤1.30	≥25.0	≥90	≤0.12	I组
冀中能源	康城瘦煤	≤10.50	≤18.00	≤1.50	—	≥45	≤0.12	II组
	九龙焦煤	≤12.00	23.00~26.00	≤0.70	≥22.0	≥86	≤0.12	IV组
柳林寨崖底	寨崖底焦煤	≤10.00	18.00~24.00	≤1.30	≥10.0	≥75	≤0.12	I组

注：1. 全水分 (M_t) 不大于 10.00%，不做质量判定依据。

2. 肥煤测定 b 值时，检测胶质体塑性温度区间 ΔT ($T_{固} - T_{软}$)，其值应 ≥120℃。

3. 肥煤当 V_{daf} ≤28.00% 时，最大膨胀度 b ≥150%；当 28.00% < V_{daf} ≤34.00% 时，b ≥220%。

（2）喷吹煤质量标准见表 3-5。

表 3-5　喷吹煤质量

用途	灰分 (A_d)/%	挥发分 (V_{daf})/%	全硫分 ($S_{t,d}$)/%	全水分 (M_t)/%	发热量 ($Q_{net,ar}$) /MJ·kg⁻¹
喷吹用煤	≤13.0	≤10.0	≤0.60	≤10.0	≥27.17
喷吹用俄罗斯煤	≤13.0	≤10.0	≤0.60	≤13.0	≥27.17
烧结用煤	≤16.0	≤12.0	≤0.80	≤10.0	—

用途	灰分（A_d）/%	挥发分（V_{daf}）/%	全硫分（$S_{t,d}$）/%	全水分（M_t）/%	发热量（$Q_{net,ar}$）/MJ·kg^{-1}
沈阳西马矿无烟煤	≤13.0	≤10.0	≤1.00	≤10.0	≥27.17
喷吹用玉门沟洗混煤	≤17.00	≤17.00	≤2.00	≤11.0	≥26.33
喷吹用兰炭	≤12.00	≤10.00	≤0.50	≤15.0	≥28.42
烧结用兰炭	≤12.00	≤10.00	≤0.50	≤15.0	—
阳泉3号	≤14.0	≤10.0	≤1.20	≤10.0	≥26.00
阳泉4号	≤14.0	≤10.0	≤1.40	≤10.0	≥26.00

注：1. 冀中能源无烟煤允许 V_{daf}≤12.0%，供北台用山西晋城矿业无烟煤允许 V_{daf}≤12.0%。新桥无烟煤允许 V_{daf}≤12.0%。

　　2. 冀中能源无烟煤允许 S≤0.80%，阳泉1号无烟煤允许 S≤0.65%，阳泉2号无烟煤允许 S≤0.80%。新桥无烟煤允许 $S_{t,d}$≤0.80%。

　　3. 寿阳无烟煤允许 V_{daf}≤13.0%。

（3）动力煤质量标准见表3-6。

表3-6　动力煤质量

用途	灰分（A_d）/%	挥发分（V_{daf}）/%	全硫分（$S_{t,d}$）/%	全水分（M_t）/%	发热量（$Q_{net,ar}$）/MJ·kg^{-1}
动力煤	≤30.0	≥25.0	≤1.0	≤18.0	≥18.80

注：梅河矿、铁法混煤、霍林河动力煤发热量≥18.00MJ/kg。

3.3.5.3　本钢外购煤采、制样现状

本钢板材检化验中心外购煤火车采样基本实现全自动采样机采样，涵盖炼焦煤、喷吹无烟煤、喷吹烟煤、动力煤等煤种，采样过程可实现采样随机布点、车厢全断面采样、自动缩分、自动分布收集器位、布料及平铺直取等措施，同时实现试样自动喷码、自动封包，同时本钢板材检化验中心依托信息化平台，开发了原燃料实验室系统、铁区 MES 系统，成功实现采样机信息化升级，同时完成采、制、化环节分级加密，这些软硬件的升级有效保证了外购物料检测的真实、准确、及时，使得外购物料流程更加严谨，代表性更强，自动化程度较高。

受原料厂场地分散影响，目前采样岗位分散在储一、储二、五翻等处，为了加强制样环节管控，采取集中制样的方式进行，即不同采样地点将试样集中送煤至制样岗位，并集中制样，由于煤质自身特性，为保证制样的代表性，煤质制样采取人工制样方式。

A　煤质采制样简要流程

煤质采制样简要流程如图 3-3 所示。

B　主体设备概况

主体设备包括 XDCY-H 型、C-QHFQ-4.2M 型火车全自动智能机械取样机，由智能控制系统和机械系统两部分组成，由控制系统控制机械取样装置完成自动定位、自动取样、自动制样等工作。机械系统由取样系统机械、制样系统机械两部分组成。取样系统机械包括大小车走行机构、采样头上下升降机构、取样提升物料的螺旋机构，以及存储物料样品的集料斗；制样系统机械包括：接料溜槽、输送皮带机、布料器、缩分器、样品收集器、弃料收集等。

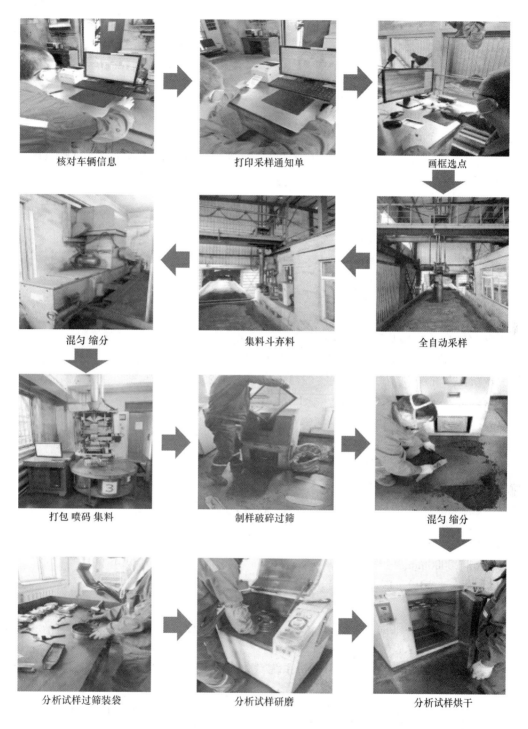

图 3-3　煤质采制样简要流程

XDCY-H 型全自动智能机械取样机主要工艺参数：

采样品种：炼焦煤、喷吹煤。

采样方式：桥式螺旋钻采样。

使用车型：火车。

螺旋筒内径：110mm。

采样深度：0~2500mm。

采样点数：1点自动选取，连续采样。

采样时间：≤40s/点。

装机容量：30kW，380V，50Hz。

采样方式：按 GB 475—1996、GB 19494.1 标准随机自动选点取样，任意随机深度全断面采样。

投产年月：2016.11。

C-QHFQ-4.2M 型火车桥式采样机设备主要工艺参数：

工作方式：桥式螺旋钻采样。

采样行程：最高点 3600mm，最低点 1100mm。

有效采样行程：2500mm。

进料粒度：≤100mm。

出料粒度：≤6~13mm。

适用车型：C70 及以下通用火车车厢。

采样头规格：双采样头：用于焦煤（洗精煤），直径：108mm，长度：2500mm；用于动力煤（原煤 洗粒 洗混块），直径：273mm，长度：2500mm。

取样时间：采 1 点<90s，采 2 点<150s。

取样点数：1~7 点自动选取，焦煤 1 点，动力煤 2 点。

装机功率：55kW，380V，50Hz。

执行标准：GB 475—2008，GB 19494.1 等。

采样头转速：276r/min。

进给速度：200m/s。

总高：12000mm。

总宽：16000mm。

总长：20000mm。

投产年月：2012.11。

C 煤质火车采、制样标准（板材厂区）

（1）运输部按照供货商、发货日期、到站时间等信息，在"铁区 MES"对来煤车辆进行组批，上传至"原燃料试验室管理系统"。

（2）火车配至各采样线时，采样机系统自动扫描出车号，"原燃料试验室管理系统"自动匹配出该车号对应的检验批号。

（3）登陆"原燃料试验室管理系统-火车采样"界面打印出对应采样通知单一份。

（4）将第一节车厢拽至采样位置，发出允许采样信号，采样人员操作火车采样机进行自动采样，每节车厢试样自动喷码、自动打包，"原燃料试验室管理系统"自动记录每车采样时间，采样人员在采样通知单上对应车号后打"√"。

（5）每一车采完，翻车机进行翻车，并将下节车厢拽至采样位置。

（6）每一批试样所有车采完后，将该批所有打包好的试样与采样通知单一起装入送样袋中，袋口绑好；在"原燃料试验室管理系统-火车采样"界面该批次前打"√"，点击"采样完成"，重新打印一份采样通知单，并填写试样委托单。

（7）当1批试样涵盖多条采样线或两个区域时，涉及的岗位要做好试样整合，并与煤质制样班交接清楚。

（8）每天作业区驻在车到焦化、五翻、沙窝取样，采样班跟车送样；采样班将采样通知单、试样委托单一并交给制样班。

（9）制样班将试样委托单与试样袋核对无误后，登陆"原燃料试验室管理系统-原料制样"界面中扫描采样通知单上的条码，点击"制样开始"，再次扫描，点击"打印化验条码"，打印出加密后的条形码5份（缩分号），贴在制样卡片、试样袋和采样通知单上。

（10）制样人员制样前将制样卡片、试样袋和采样通知单与送样袋中采样通知单一一对应后将打包好的试样拆包进行制样作业。

（11）全水分试样的制备：将煤样用13mm筛子筛分，筛上的煤要进行破碎，直到全部通过13mm筛子为止；之后用堆锥四分法缩分出2000g作为全水分试样，水分试样在制完后要立即装入密封袋中密封，做完水分试样后的剩余试样进行分析试样制备。

（12）分析试样制备：将剩余试样破碎，全部通过6mm制样筛，缩分出150g左右装在烘样盘中放入50℃恒温干燥箱中，缩分出2kg左右装入自封袋中与制样卡片一起塑封好留作备查大样；试样干燥2h左右直至干燥不粘手，烘干后的试样细粉全部通过0.2mm（80目）制样筛，分装入两个试样袋中，一份正样送化验工序，一份副样备查。

（13）胶质层及黏结指数试样制备：按照供货厂家实际情况，从存查焦煤大样中缩取出1kg用于制备胶质层、100g用于制备黏结指数（包括奥亚膨胀度）试样，将上述试样分别放入不高于40℃的烘干箱中空气干燥2~3h，至煤样达到不冒烟、不粘手的状态后取出冷却10min。

将冷却后的胶质层试样用1.5mm筛子筛分，大于1.5mm煤样继续破碎直到全部通过1.5mm筛子后装入试样盒中放好标签，用做胶质层指数的测定。

将冷却后的黏结指数试样放入密封式研磨机中研磨，用0.2mm（80目）筛子筛分，筛上煤样继续放入密封式研磨机中研磨（为避免研磨钵温度过高氧化煤样，每次研磨的时间不得超过5s），直到全部通过0.2mm（80目）的筛子，其中0.1~0.2mm的煤粒占全部煤样的20%~35%，将全部过筛后的煤样混匀后装入试样袋用做黏结指数和奥亚膨胀度的测定。

（14）制好的水分试样、分析试样、胶质层及黏结指数试样送原料检查作业区，原料检查作业区在"原燃料实验室系统"中扫描接收试样，双方做好试样交接确认。

（15）备查大样、副样每天转移至试样室，大样留存15天以上，副样留存3个月以上方可弃掉。

D 注意事项

（1）采样前进行外观检查，观察煤质颜色、粒度、干湿情况等，如遇掺杂、"盖被"或有明水等异常情况要立即反馈作业区并做好记录，各班没采完试样要体现在试样交接记录上，长时间仍未采完的，及时反馈作业区。

（2）在采样过程中，如有意外情况发生，可立即按下操作台上"急停"按钮，采样机停止采样。意外消除后，开启操作台上"急停"按钮，采样系统恢复运转；

（3）第一次自动采样前，检查采样机电脑与喷码机通信连接是否正常。

（4）实际车号与系统上传车号不符或找不到车号的，记清车号后先采样打包，当班及时同铁运公司组批人员联系确认并及时反馈作业区专责进行处理。

（5）三车以下组成一个采样批次时，应及时调整缩分时间间隔，并将包装袋拉长或者从弃料口接取，保证试样总质量符合要求。

（6）同一批次涵盖不同区域或不同道线时，该批所有车都采样完毕，送样时将告知煤质制样班做好批次整合。

（7）采样与制样班交接试样时，要核对好采样单与试样数量，及时填写试样交接记录；同时要检查帆布袋是否封装完好，是否有试样袋掉落出来，发现及时上报作业区，并做好记录。

（8）试样拆袋时，要核对好试样袋数目与采样单是否一致，如有异常及时反馈作业区，并做好记录。

（9）要检查试样袋上喷码是否完整清楚，如有异常及时反馈作业区，并做好记录。

（10）发现水分异常、有杂质、采样量较少、煤种颜色外观异常等情况要及时反馈作业区，并做好记录。

（11）制样过程中除木料和铁件外，禁止从试样中挑出异物。

（12）采制样及信息化系统出现故障后，及时启动应急预案，保证采制样工作正常运行。

3.3.6　各种燃料检验详解及主要设备

3.3.6.1　概述

本钢外购的燃料有煤和焦炭等，本节重点讲解各种煤炭，其主要用于发电、炼焦、炼铁等生产工序，用途不再详述。

煤按照其煤化程度参数（主要是干燥无灰基挥发分）分为无烟煤（WY）、烟煤（YM）和褐煤（HM）。再根据干燥无灰基挥发分及黏结指数等指标，将烟煤划分为贫煤（PM）、贫瘦煤（PS）、瘦煤（SM）、焦煤（JM）、肥煤（FM）、1/3 焦煤（1/3JM）、气肥煤（QF）、气煤（QM）、1/2 中黏煤（1/2ZN）、弱黏煤（RN）、不黏煤（BN）及长焰煤（CY）。其代号、编码、分类指标见 GB/T 5751—2009《中国煤炭分类》。

本钢采购进来的煤炭经各个地点采样后，统一制样并送到化验室进行检验，将各种根据煤炭定义的物料名称有：贫瘦煤、高硫瘦煤、瘦煤二组、进口主焦煤、高硫焦煤、焦煤一组、焦煤四组、高硫肥煤、肥煤一组、1/3 焦煤一组、1/3 焦煤二组、1/3 焦煤三组、喷吹烟煤、喷吹无烟煤、无烟洗粒煤、阳泉 4 号无烟煤、烧结无烟煤（寿阳）、国矿煤，等等。

3.3.6.2　常用术语和定义

（1）无烟煤：煤化程度高的煤。挥发分低、密度大、燃点高、无黏结性，燃烧时多不冒烟。

（2）烟煤：煤化程度高于褐煤低于无烟煤的煤。其特点是挥发分产率范围宽，单独炼焦时从不结焦到强结焦均有，燃烧时有烟。

（3）褐煤：煤化程度低的煤。外观多呈褐色，光泽暗淡，含有较高的内在水分和不同数量的腐殖酸。

（4）一般分析试验煤样：一般分析煤样破碎到粒度小于 0.2mm，并达到空气干燥状态，用于大多数物理和化学特性测定的煤样。

（5）工业分析：水分、灰分、挥发分和固定碳四个煤炭分析项目的总称。

（6）外在水分（M_f）：在一定条件下煤样与周围空气湿度达到平衡时失去的水分。

（7）内在水分（M_{inh}）：在一定条件下煤样与周围空气湿度达到平衡时保持的水分。

（8）全水分（M_t）：煤的外在水分和内在水分的总和。

（9）固定碳（FC）：从测定挥发分后的煤样残渣中减去灰分后的残留物，通常由100减去水分、灰分和挥发分得出。

（10）一般分析试验煤样水分（M_{ad}）：在规定条件下测定的一般分析试验煤样水分。

（11）灰分（A）：煤样在规定条件下完全燃烧后所得的残留物。

（12）挥发分（V）：煤样在规定条件下隔绝空气加热，并进行水分校正后的质量损失。

（13）全硫（S_t）：煤中无机硫和有机硫的总和。

（14）弹筒发热量：单位质量的试样在充有过量氧气的氧弹内燃烧，其燃烧产物组成为氧气、氮气、二氧化碳、硝酸和硫酸、液态水以及固态灰时放出的热量。

（15）恒容高位发热量（$Q_{gr,v}$）：单位质量的试样在充有过量氧气的氧弹内燃烧，其燃烧产物组成为氧气、氮气、二氧化碳、二氧化硫、液态水以及固态灰时放出的热量。

恒容高位发热量在数值上等于弹筒发热量减去硝酸生成热和硫酸校正热。

（16）恒容低位发热量（$Q_{net,v}$）：单位质量的试样在恒容条件下，在过量氧气中燃烧，其燃烧产物组成为氧气、氮气、二氧化碳、二氧化硫、气态水以及固态灰时放出的热量。

恒容低位发热量在数值上等于高位发热量减去水（煤中原有的水和煤中氢燃烧生成的水）的气化热。

（17）恒压低位发热量：单位质量的试样在恒压条件下，在过量氧气中燃烧，其燃烧产物组成为氧气、氮气、二氧化碳、二氧化硫、气态水以及固态灰时放出的热量。

（18）热量计的有效热容量：量热系统产生单位温升所需的热量，简称热容量，通常以焦耳每开尔文（J/K）表示。

（19）黏结指数（$G_{R,I}$）：在规定条件下以烟煤在加热后黏结专用无烟煤的能力。

（20）胶质层指数：由萨波日尼柯夫提出的一种表征烟煤塑性的指标，以胶质层最大厚度Y值、最终收缩度X值等表示。

（21）胶质层最大厚度（Y）：烟煤胶质层指数测定中利用探针测出的胶质体上下层面差的最大值。

（22）胶质层体积曲线：烟煤胶质层指数测定中记录的胶质体上部层面位置随温度变化的曲线。

（23）最终收缩度（X）：烟煤胶质层指数测定中，温度为730℃时体积曲线终点与零点线的距离。

（24）奥阿膨胀度：由奥迪贝尔和阿尼二人提出的烟煤膨胀性和塑性的量度，以膨胀度b和收缩度a等参数表征。

（25）收到基（ar）：以收到状态的煤为基准。

（26）空气干燥基（ad）：以与空气湿度达到平衡状态的煤为基准。

（27）干燥基（d）：以假想无水状态的煤为基准。

（28）干燥无灰基（daf）：以假想无水无灰状态的煤为基准。

3.3.6.3　检验流程

原料检查作业区将制好的煤样编号在全厂检化验系统上录入登记，然后送到原料化验作业区试样接收室，原料化验作业区样品管理员将煤样编号登记到试样登记本上后，将煤样下发到班组，班组根据各种煤的检验要求，按照标准和规程进行检验，填写原始记录，检验结果经三级审核后输入检化验系统报出，同时填写分析报告单报出。

3.3.6.4　煤质检验指标

煤的检验指标有很多种，目前本钢检化验中心的外购煤炭仅检验以下指标：

（1）煤的全水分（M_t）。

（2）煤的工业分析（M_{ad}、A_d、V_{daf}和FC_{ad}）。

（3）煤中全硫（$S_{t,d}$）。

（4）煤的发热量（$Q_{net,t}$）。

（5）烟煤的胶质层指数（Y值）。

（6）烟煤的黏结指数（G值）。

（7）烟煤奥阿膨胀指数（b值）。

3.3.6.5　检验方法

A　煤中全水分（M_t）的检验

煤中全水分的检验执行 GB/T 211—2017《煤中全水分的测定方法》，该标准正文中给出了煤全水分测定的两种方法——方法 A（两步法）和方法 B（一步法）。日常分析中执行方法 B2（空气干燥），简述如下：

（1）方法提要。称取一定量的 13mm 试样，于 105~110℃下在空气流中干燥到质量恒定，根据试样干燥后的质量损失计算出全水分。

（2）测定步骤。在预先干燥和已称量过的浅盘内迅速称取 13mm 的试样 490~510g（称准至 0.1g），平摊在浅盘中。将浅盘放入预先加热到 105~110℃的空气干燥箱中，在鼓风条件下，烟煤干燥 2h，无烟煤干燥 3h。将浅盘取出，趁热称量（称准至 0.1g）。进行检查性干燥，每次 30min，直到连续两次干燥试样的质量减少不超过 0.5g 或质量增加时为止。在后一种情况下，采用质量增加前一次的质量作为计算依据。

（3）结果计算。按下式计算煤中全水分：

$$M_t = \frac{m_4}{m} \times 100$$

式中　M_t——煤中全水分，%；

　　　m——称取的试样质量，g；

　　　m_4——试样干燥后的质量损失，g。

（4）主要材料及仪器设备：

空气干燥箱：带有自动控温和鼓风装置，能控制温度在 30~40℃和 105~110℃范围内，有气体进出口，有足够的换气量，每小时可换气 5 次以上。

工业天平：分度值 0.1g。

浅盘：由搪瓷、不锈钢、镀锌板或铝板等耐热、耐腐蚀材料制成，其规格应能容纳 500g 试样，且单位面积负荷不超过 1g/cm^2。

说明：

试样量：13mm 的全水分试样不少于 3kg；6mm 的全水分试样不少于 1.25kg。

煤的全水分分析也可用粒度为 6mm 的煤样，这时称样量为 10～12g（称准至 0.001g），平摊在称量瓶中，详见 GB/T 211《煤中全水分的测定方法》。

称取试样前，应将密封容器中的试样充分混合均匀（混合时间不少于 1min）。

B 煤的工业分析的检验

煤的工业分析检验有两种方法：一种是执行 GB/T 212—2008《煤的工业分析方法》；另一种是仪器分析法，利用全自动工业分析仪进行分析。

a 采用 GB/T 212—2008《煤的工业分析方法》进行测定

（1）水分的测定。国家标准中水分的测定分为三种方法：方法 A（通氮干燥法），适用于所用煤种；方法 B（空气干燥法），仅适用于烟煤和无烟煤；微波干燥法，适用于褐煤和烟煤水分的快速测定。

日常分析中执行方法 B（空气干燥法），简述如下：

1）方法提要。称取一定量的一般分析试验煤样，置于 105～110℃鼓风干燥箱内，于空气流中干燥到质量恒定。根据煤样的质量损失计算出水分的质量分数。

2）试验步骤。在预先干燥并已称量过的称量瓶内称取粒度小于 0.2mm 的一般分析试验煤样（1±0.1）g，称准至 0.0002g，平摊在称量瓶中。打开称量瓶盖，放入预先鼓风并已经加热到 105～110℃的干燥箱中，在一直鼓风的条件下，烟煤干燥 1h，无烟煤干燥 1.5h。从干燥箱中取出称量瓶，立即盖上盖，放入干燥器中冷却至室温（约 20min）后称量。进行检查性干燥，每次 30min，直到连续两次干燥煤样的质量减少不超过 0.0010g 或质量增加时为止。在后一种情况下，采用质量增加前一次的质量为计算依据。水分小于 2.00% 时，不必进行检查性干燥。

3）结果计算。按下式计算一般分析试验煤样的水分：

$$M_{ad} = \frac{m_1}{m} \times 100$$

式中　M_{ad}——一般分析试验煤样水分的质量分数，%；
　　　　m——称取的一般分析试验煤样的质量，g；
　　　　m_1——煤样干燥后失去的质量，g。

4）主要材料及仪器设备：

鼓风干燥箱：带有自动控温装置，能保持温度在 105～110℃范围内。

玻璃称量瓶：直径 40mm，高 25mm，并带有严密的磨口盖。

分析天平：感量 0.1mg。

干燥器：内装变色硅胶或粒状无水氯化钙。

变色硅胶：工业用品。

无水氯化钙（HGB 3208）：化学纯，粒状。

（2）灰分的测定。国家标准中灰分的测定分为两种方法：缓慢灰化法和快速灰化法。缓慢灰化法为仲裁法，快速灰化法又包括两种——方法 A 和方法 B。

日常分析中执行缓慢灰化法，简述如下：

1）方法提要。称取一定量的一般分析试验煤样，放入马弗炉中，以一定的速度加热到（815±10）℃，灰化并灼烧到质量恒定，以残留物的质量占煤样质量的质量分数作为煤样的灰分。

2）试验步骤。在预先灼烧至质量恒定的灰皿中，称取粒度小于 0.2mm 的一般分析试验煤样（1±0.1）g，称准至 0.0002g，均匀地摊平在灰皿中，使其每平方厘米的质量不超过 0.15g。将灰皿送入炉温不超过 100℃的马弗炉恒温区，关上炉门并使炉门留有 15mm 左右的缝隙。在不少于 30min 的时间内将炉温缓慢升至 500℃，并在此温度下保持 30min。继续升温到（815±10）℃，并在此温度下灼烧 1h。从炉中取出灰皿，放在耐热瓷板或石棉板上，在空气中冷却 5min 左右，移入干燥器中冷却至室温（约 20min）后称量。进行检查性灼烧，温度为（815±10）℃，每次 20min，直到连续两次灼烧后的质量变化不超过 0.0010g 为止。以最后一次灼烧后的质量为计算依据。灰分小于 15.00%时，不必进行检查性灼烧。

3）结果计算。按下式计算煤样的空气干燥基灰分：

$$A_{ad} = \frac{m_1}{m} \times 100\%$$

式中　A_{ad}——空气干燥基灰分的质量分数，%；

　　　m——称取的一般分析试验煤样的质量，g；

　　　m_1——灼烧后残留物的质量，g。

4）主要材料及仪器设备

马弗炉：炉膛有足够的恒温区，能保持温度为（815±10）℃，炉后壁的上部带有直径为 25~30mm 的烟囱，下部离炉膛底 20~30mm 处有一个插热电偶的小孔。炉门上有一个直径为 20mm 的通气孔。

灰皿：瓷质，长方形，底长 45mm，底宽 22mm，高 14mm。

干燥器：内装变色硅胶或粒状无水氯化钙。

分析天平：感量 0.1mg。

5）说明

标准中测的是空气干燥基的灰分 A_{ad}，实际报出的是干燥基的灰分 A_d，所以要用下列公式进行换算：

$$A_d = \frac{A_{ad}}{100 - M_{ad}} \times 100\%$$

实际工作中，用到的是智能马弗炉，所以在试验步骤上有些出入。

（3）挥发分的测定。

1）方法提要。称取一定量的一般分析试验煤样，放在带盖的瓷坩埚中，在（900±10）℃下隔绝空气加热 7min。以减少的质量占煤样质量的质量分数，减去该煤样的水分含量作为煤样的挥发分。

2）试验步骤。在预先于 900℃温度下灼烧至质量恒定的带盖瓷坩埚中，称取粒度小于 0.2mm 的一般分析试验煤样（1±0.01）g，称准至 0.0002g，然后轻轻振动坩埚，使煤样摊平，盖上盖，放在坩埚架上。将马弗炉预先加热至 920℃左右。打开炉门，迅速将放有坩埚的坩埚架送入恒温区，立即关上炉门并计时，准确加热 7min，坩埚及坩埚架放入后，要求炉温在 3min 内恢复至（900±10）℃，此后保持在（900±10）℃，否则此次试验作废。加热时间包括温度恢复时间在内。从炉中取出坩埚，放在空气中冷却 5min 左右，移入干燥器中冷却至室温（约 20min）后称量。

3）结果计算。按下式计算煤样的空气干燥基挥发分：

$$V_{ad} = \frac{m_1}{m} \times 100\% - M_{ad}$$

式中　V_{ad}——空气干燥基挥发分的质量分数,%;

　　　m——一般分析试验煤样的质量,g;

　　　m_1——煤样加热后减少的质量,g;

　　　M_{ad}——一般分析试验煤样水分的质量分数,%。

4）主要材料及仪器设备

挥发分坩埚:带有配合严密盖的瓷坩埚,坩埚总质量为 15~20g。

马弗炉:带有高温计和调温装置,能保持温度在（900±10）℃,并有足够的（900±5）℃的恒温区。炉子的热容量为当起始温度为920℃左右时,放入室温下的坩埚架和若干坩埚,关闭炉门后,在 3min 内恢复到（900±10）℃。炉后壁有一个排气孔和一个插热电偶的小孔。小孔位置应使热电偶插入炉内后其热接点在坩埚底和炉底之间距炉底 20~30mm 处。马弗炉的恒温区应在关闭炉门下测定,并至少每年测定一次。高温计（包括毫伏计和热电偶）至少每年校准一次。

坩埚架:用镍铬丝或其他耐热金属丝制成。

坩埚架夹。

干燥器:内装变色硅胶或粒状无水氯化钙。

分析天平:感量 0.1mg。

5）说明:

标准中测的是空气干燥基的挥发分 V_{ad},实际报出的是干燥无灰基挥发分 V_{daf},所以要用到下列公式进行换算:

$$V_{daf} = \frac{V_{ad}}{100 - M_{ad} - A_{ad}} \times 100\%$$

试样放入马弗炉中,人员不能离开。要随时观察智能马弗炉的状态,及时将试样取出。

（4）固定碳的计算。按下式计算空气干燥基固定碳:

$$FC_{ad} = 100 - (M_{ad} + A_{ad} + V_{ad})$$

式中　FC_{ad}——空气干燥基固定碳的质量分数,%;

　　　M_{ad}——一般分析试验煤样水分的质量分数,%;

　　　A_{ad}——空气干燥基灰分的质量分数,%;

　　　V_{ad}——空气干燥挥发分的质量分数,%。

b　采用全自动工业分析仪进行测定

目前原料化验作业区采用长沙开元仪器股份有限公司的 5E-MAG6700 全自动工业分析仪进行煤的工业分析。该仪器测试过程完全符合国标 GB/T 212 的要求,也可实施快速法测试。

（1）仪器适用范围。可测（试煤、焦炭、飞灰可燃物的）水分、灰分、挥发分指标分析。

（2）仪器主要技术参数及工作环境:

试样质量:0.5000~1.2000g。

炉温范围:100~1000℃。

分析精度：符合 GB/T 212 的要求。

环境温度：5~40℃。

相对湿度：≤85%。

（3）工作原理。采用热重分析。全自动工业分析仪将远红外加热设备与称量用的电子天平结合在一起，在特定的气氛条件、规定的温度、规定的时间内对受热过程中的试样予以称重，以此计算出试样的水分、灰分及挥发分等工业分析指标。

（4）仪器结构。仪器主要由测试仪主机、计算机系统和打印机三大部分组成。测试仪主机由分析仪Ⅰ和分析仪Ⅱ组成，分析仪Ⅰ用来测定挥发分，分析仪Ⅱ用来测定水分和灰分。其内部各部件见仪器说明书。

（5）分析步骤：

1）挥发分测定流程：

依次打开计算机、打印机、分析仪Ⅰ电源，将挥发分坩埚清理干净放入分析仪Ⅰ的转盘中。

打开 5E 全自动工业分析仪测试系统，选择［开始测试］菜单，按系统提示输入试样相关信息及输入试样位置。

然后按系统提示，仪器开始自动称量挥发分空坩埚重量，坩埚应带盖。

空坩埚称量完毕，系统提示放置试样，然后系统称量试样质量并开始加热高温炉。当高温炉到达 900℃后打开隔热板送 0 号空白坩埚和 19 号坩埚至高温炉中关闭隔热板灼烧 7min，7min 后打开隔热板将 0 号坩埚和 19 号坩埚送回恒温炉中，然后送第 1、第 2 号坩埚到高温炉中关闭隔热板并灼烧 7min，以此类推，待所有分析样品灼烧完毕后，恒温炉开始加热，所有分析样品在恒温炉中干燥冷却一段时间后，以减少质量占样品的百分数减去该煤样空气干燥水分含量作为煤样的挥发分。系统报出挥发分测定结果，并打印结果报表。

2）水分和灰分测定流程：

依次打开计算机、打印机、分析仪Ⅰ电源，将挥发分坩埚清理干净放入分析仪Ⅱ的转盘中。

打开 5E 全自动工业分析仪测试系统，选择［开始测试］菜单，按系统提示输入试样相关信息及输入试样位置。

然后按系统提示，仪器开始自动称量空坩埚重量。

空坩埚称量完毕，系统提示放置试样，然后系统称量试样质量并开始加热高温炉。先将高温炉加热到 107℃，恒温 45min 后开始称量坩埚并进行检查性干燥，当坩埚质量变化不超过系统设定值（推荐为 0.0007g）时水分分析结束，系统报出水分测定结果。高温炉继续加热至 500℃，恒温 30min 后再加热至 815℃恒温，之后系统开始称量坩埚并进行检查性干燥，当坩埚质量变化不超过系统设定值（推荐为 0.0007g）时灰分分析结束，系统报出灰分测定结果，并打印结果或报告。

3）注意事项：

0 号孔为校正坩埚位置，必须放校正坩埚，校正坩埚内不放试样。

在进行称重前，仪器必需预热 0.5h 以上。

若进行第二次试验，需要等待转盘和加热炉内腔表面温度降到室温方可进行。

测定挥发分时，坩埚和盖子要紧密严实。坩埚及盖子不要有裂纹。分析完成后，用过的坩埚要重新用马弗炉灼烧去除煤焦油后方可用于下次分析。

分析结束时，要等到坩埚冷却后再进行清理，以免烫伤。

4）日常维护：

一般3~4个月维护机械部件，给旋转机构、升降机构加机油润滑，可以消除机械噪声，增加仪器使用寿命。

仪器应防止灰尘及腐蚀性气体侵入，并置于干燥环境中使用。

仪器搬运时应小心轻放，放好后应重新调节仪器及天平的水平。

仪器电源必须有良好接地；搬动仪器时，要将电子天平取出；要保持仪器清洁；长期不用时，要保持仪器干燥。

C 煤中全硫的检验

煤中全硫的检验有两个标准：一个是GB/T 214—2007《煤中全硫测定方法》，该标准规定了三种方法——艾士卡法、库伦法和高温燃烧中和法，既适用于褐煤、烟煤、无烟煤和焦炭，也适用于水煤浆干燥煤样；艾士卡法可用于仲裁分析。另一个是GB/T 25214—2010《煤中全硫测定 红外光谱法》。

日常分析中，原料化验作业区可以采用长沙开元仪器股份有限公司的5E-AS3200B全自动测硫仪来进行煤中全硫的测定，此设备满足GB/T 214《煤中全硫测定方法》中库伦法的要求；或是采用美国力可公司的S832硫分析仪进行煤中全硫的测定，此设备满足GB/T 25214《煤中全硫测定 红外光谱法》的要求，下面分别简要介绍。

a 采用5E-AS3200B全自动测硫仪进行测定

（1）仪器适用范围。主要用于煤、重油等物质中全硫含量的测定。

（2）仪器主要技术参数及工作环境：

测硫分辨率：0.01%。

测硫范围：0.1%~30%。

测试时间：<7min/样。

测试温度：1150℃。

控温精度：±3℃。

控温范围：0~1250℃。

试样重量：45~55mg。

测试方法：库伦滴定法。

试样个数：20个/次，试验过程中可随时添加或插入样品。

升温速度：30~40℃/min。

分析精度：符合GB/T 214—2007。

工作环境温度：5~40℃。

环境相对湿度：0~80%。

功率：不小于4.0kW。

周围无强烈振动、灰尘、强电磁干扰、腐蚀性气体。空气中应基本不含SO_2，否则干燥管中应加装NaOH。

供电电源：AC220V±10%，50Hz。

仪器供电电源必须配有良好的接地装置，必须使用有接地的插头和插座，确保仪器接地良好。不要擅自更换原装配置的标准电源线。有雷电时尽量不要使用仪器，并断开电源和计算机对外连接的网线。

（3）试剂和材料：

三氧化钨（HG 10-1129）。

变色硅胶（HG/T 2765.4，工业品）。

氢氧化钠（GB/T 629，化学纯）。

电解液［称取碘化钾（GB/T 1272）、溴化钾（GB/T 649）各5.0g，溶于250～300mL蒸馏水中并在溶液中加入冰乙酸（GB/T 676）10mL］。

燃烧舟（素瓷或刚玉坩埚，装样部分长约60mm，耐温1200℃以上）。

硅酸铝棉。

脱脂棉。

煤标准物质（带有全硫含量的有证标准物质）。

电子天平（感量0.1mg）。

（4）工作原理。当煤样到达1150℃的高温区，在催化剂作用下，于空气流中燃烧分解，煤中硫被转化为硫氧化物（主要为二氧化硫），并被空气流带到电解池中，会与水反应生成亚硫酸，可以用电解碘化钾或溴化钾溶液产生的碘进行滴定，根据电解消耗的电量计算煤中全硫的含量。

（5）仪器结构。仪器主要由测试仪主机、计算机系统、打印机、集线器等主要部件构成。测试仪主机主要由送样机构、高温炉、热电偶、燃烧管、电解池、搅拌机构、真空泵、流量计、干燥管、送样杆、放样盘等部件组成。

（6）分析步骤：

依次打开打印机、计算机、测试仪主机的电源开关。点击电脑桌面上的"5E-SSeries"图标，点击"以管理员身份运行"，选择好登录用户后，点击"登录"进入测试软件，联机正常后仪器自检，放样盘开始自动复位，当复位完成后，1号燃烧舟位置应对准炉口位置；再点击测试软件中红色"升温"按钮，设备自动开始升温。

按GB/T 214中的方法配制电解液，关闭高温炉与电解池之间的过滤开关上的阀门，点击"搅拌/气泵"，在一边抽气的情况下，从电解液的放液口中抽入电解液约250mL，夹紧放液管。

关闭过滤开关上的阀门，流量计的浮子应慢慢下降，如能降到400mL/min以下则气密性良好；然后再打开过滤开关上的阀门。

用电子天平称煤样重，将煤样按序号依次装入燃烧舟中，样品质量应为45.0～55.0mg。在每个煤样上均匀撒上三氧化钨，将燃烧舟按顺序放入设备托盘上。

在测试界面点击"添加试样"，做多少个样点多少次。

在分析列表中输入样品编号、质量和水分（M_{ad}）值。

仪器升温至1150℃时，点击"开始试验"，仪器自动开启搅拌电解液并开始进行分析。煤样先由计算机控制送到500℃炉温处预热15s（可根据情况设定），然后再由送样杆继续将试样送入1150℃高温区，煤样在此完全燃烧。

实验完成后，点击"搅拌/气泵"关闭搅拌电解液，或10min无动作设备自动关闭搅拌，放出电解液；抽入蒸馏水，清洗电解池后再将水放干净。

点击测试软件中绿色"降温"按钮，待设备温度降至600℃以下方可关闭设备电源。

退出测试软件，关闭测硫仪主机电源，然后再关闭计算机。

（7）注意事项：

燃烧舟初次使用，最好在900℃高温炉中灼烧后再使用。

试样和三氧化钨不使用时，应放在干燥箱，以免吸收空气中水分，影响测试结果。

要将燃烧舟中残渣清除干净，如结渣严重，应更换新燃烧舟。

实验前必须做1~2个废样，使电解液达到平衡状态。

电解液不宜加得过满，一般超过电极片3cm左右即可。

定期更换电解液，经常清洗电解池，保持电极片干净。

变色硅胶有2/3以上发生变色时要及时更换。

定期疏通气路并检查气路的密封性。

空气中应基本不含SO_2气体，若含有SO_2气体，干燥管中应加装NaOH，否则不用。

（8）日常维护：

每天测试完试样后对电解池进行清洗。包括电解池电极片的清洗（一般要求每测试200个样品左右就应清洗电极片）和电解池气体过滤器的清洗。

气路维护。包括定期更换过滤开关内的玻璃棉（一般每测试200个试样或变脏时就应更换），定期对过滤开关的磨口涂凡士林和每次使用前检查干燥管。

机械部件的维护。定期（一般3~4月）在送样机构的齿条处加机油润滑。

电解液的更换。电解液配好后可重复使用，电解液的pH值应在1~2之间，当pH<1或混浊不清时应更换。电解液应密封避光保存。

b 采用S832硫分析仪进行测定

（1）仪器适用范围。主要用于煤、焦炭、燃料油以及土壤、水泥、石灰石等物质中全硫含量的测定。

（2）仪器主要技术参数及工作环境：

测硫范围：0.002%~8%。

测试时间：60~120s/样。

测试温度：1300℃。

试样重量：350mg。

测试方法：无色散的红外吸收法（NDIR）。

分析精度：符合GB/T 25214。

环境温度：15~35℃。

相对湿度：20%~80%。

（3）试剂和材料：

无水高氯酸镁（粒状或片状）；

氧气（纯度≥99.5%，输入压力为1MPa（15psi±10%））；

玻璃棉；

燃烧舟（耐温1300℃以上）；

煤标准物质（带有全硫含量的有证标准物质）；

电子天平（感量 0.1mg）。

（4）工作原理。煤样在 1300℃高温下于氧气流中燃烧分解，气流中的颗粒和水蒸气分别被玻璃棉和高氯酸盐吸附滤除后通过红外检测池，其中的二氧化硫由红外检测系统测定，仪器使用前需用标准物质标定，煤样中全硫的含量根据预先的标定由微型计算机计算。

（5）仪器结构。仪器主要由主机、计算机系统、打印机和电子天平组成。

（6）分析步骤：

开机操作：依次打开稳压器、S832 仪器主机、计算机电源、comestone 软件；再打开炉子（等待炉子升温到 1300℃），然后打开气体（O_2），使入口压力在 15psi±10%。

关机操作：关机操作与开机操作相反。需要注意待炉温降到 400℃以下，再关闭 S832 仪器主机电源。

日常操作：

空白分析并执行空白校正。在登录栏中选择空白键，再选择分析方法，至少做 3 次重复空白分析，在登录栏中选择"+或−"选择重复测定次数。做完空白后，在操作栏中选择多选，点击所选空白分析，这些结果被加亮，然后在操作栏中点击空白，做空白校正并保存。

标样分析并进行仪器校正。

在分析试样前要进行标样的分析，如果标样值在误差范围内，可直接进行试样的分析；如果标样值超出误差范围，就要进行仪器校正，仪器的校正分为单点校正和漂移校正。校正结束后，再做标样进行验证，若标样值在误差范围内，方可开始试样的分析。

分析试样。分析界面下，在登录栏中选择试样进行登记，输入试样编号，选择分析方法，将燃烧舟放入电子天平，去皮，称取 0.15g 左右（称准至 0.0002g）试样，输入重量。

用坩埚钳将称好试样的燃烧舟放在炉子门口，在分析界面"分析准备就绪"下按 F5 键，待出现"加载试样并按分析按钮"时，将燃烧舟推入炉膛底部，然后马上再按一次 F5 键，分析开始；直到电脑显示分析数值，完成一次分析。待所有试样分析完毕后，分别输入每个试样的内水值，仪器显示的就是试样的干基硫值。

（7）注意事项：

分析低硫样品时，建议在 1000℃马弗炉内加热 1h，稍冷后移到干燥器内，冷却到室温后备用。

建议烧过的燃烧舟 24h 内使用，或用前再次焙烧。不要徒手接触燃烧舟。

要将燃烧舟中残渣清除干净，如结渣严重，应更换新燃烧舟。

D　煤发热量的检验

煤发热量的检验执行 GB/T 213—2008《煤的发热量测定方法》。该标准规定了用氧弹量热法测定煤的高位发热量的原理等以及低位发热量的计算方法。该标准适用于泥炭、褐煤、烟煤、无烟煤、焦炭、碳质页岩等固体矿物燃料及水煤浆。

日常分析中采用美国力可公司的 AC500 量热仪进行煤的发热量的测定，下面进行简要介绍。

（1）工作原理：

1）高位发热量。煤的发热量在氧弹热量计中进行测定。一定量的分析试样在氧弹热量计中，在充有过量氧气的氧弹内燃烧，热量计的热容量通过在相近条件下燃烧一定量的基准量热物苯甲酸确定，根据试样燃烧前后量热系统产生的温升，对点火热等附加热进行校正后即可求得试样的弹筒发热量。

从弹筒发热量中扣除硝酸形成热和硫酸校正热（氧弹反应中形成的水合硫酸与气态二氧化硫的形成热之差）即得高位发热量。

2）低位发热量。煤的恒容低位发热量和恒压低位发热量可以通过分析试样的高位发热量计算。计算恒容低位发热量需要知道煤样中水分和氢的含量。原则上计算恒压低位发热量还需知道煤样中氧和氮的含量。

（2）试验室条件。进行发热量测定的试验室应满足以下条件：

1）进行发热量测定的试验室，应为单独房间，不应在同一房间内同时进行其他试验项目；

2）室温保持相对稳定，每次测定室温变化不应超过1℃，室温以15~30℃为宜；

3）室内应无强烈空气对流，不应有强烈的热源、冷源和风扇等，试验过程中应避免开启门窗；

4）试验室最好朝北，以避免阳光照射，否则热量计应放在不受阳光直射的地方。

（3）试剂和材料：

氧气：至少99.5%纯度，压力足以使氧弹充氧至3.0MPa。

苯甲酸：基准量热物质，二等或二等以上，其标准热值需经权威计量机构确定或可以明确溯源到权威计量机构。

点火丝：直径0.1mm左右，长10cm的镍铬丝。镍铬丝点火时放出的热量为6000J/g；也可用铂丝、铜丝或其他已知热值的金属丝或棉线，如使用棉线则应选用粗细均匀、不涂蜡的白棉线。

（4）仪器设备：

AC-500热量计。热量计是由燃烧氧弹、内筒、外筒、搅拌器、水、温度传感器、试样点火装置、温度测量和控制系统组成。热量计通常有两种：恒温式和绝热式，AC-500是恒温式热量计。

热量计的精密度和准确度要求为：测试精密度：5次苯甲酸重复测定结果的相对标准差不大于0.20%。准确度：标准煤样测试结果与标准值之差都在不确定度范围内；或者用苯甲酸作为样品进行5次发热量测定，其平均值与标准热值之差不超过50J/g。计算中除燃烧不完全的结果外，所有的测试结果不应随意舍弃。

燃烧皿：镍铬钢制品，规格为高17~18mm，底部直径19~20mm，上部直径25~26mm，厚0.5mm。

压力表和氧气导管。压力表由两个表头组成，一个指示氧气瓶中的压力，另一个指示充氧时氧弹内的压力。压力表每2年应经计量部门检定一次，以保证指示正确和操作安全。

分析天平：感量0.1mg。

（5）分析步骤：

检测前准备：清理燃烧皿；在季节变换、环境变动情况下，必须用苯甲酸基准试剂对仪器的热容量进行标定。

依次打开稳压器、仪器主机及计算机开关。仪器启动后预热30min，然后双击桌面上的"AC500 software Multiple Units"分析图标，进入分析系统。

称取（0.8000±0.1000）g试样至燃烧皿内。把点火丝挂在燃烧皿支架上，插入试样内；将试样放入已加好10mL蒸馏水的氧弹筒内，拧紧。

充氧：将氧弹放在充氧器上，自动充氧，压力为3.0MPa。

循环水（蒸馏水）将自动流入2000mL量液瓶中，将蒸馏水沿着筒壁放入内筒中。

把氧弹放入装好水的内筒中，如氧弹中无气泡漏出，表明气密性良好；如有气泡出现，则表明漏气，应找出原因，加以纠正，重新充氧。接上点火电极插头，盖好外盖；点击F5，开始分析。

试样分析完成后，输入全水分、分析水分、全硫量、氢含量，计算机计算低位发热量，记录好结果。

打开量热仪盖，取出内筒和氧弹，将内筒中的蒸馏水倒回外筒中循环使用，开启氧弹放气阀，将燃烧废气排入废气桶中。

打开氧弹，清洗擦干。

全部试样分析完成后，先退出分析程序，再关闭计算机、仪器主机、稳压器。

（6）注意事项：

注意苯甲酸的纯度，在压片或操作过程中不要将其玷污，以免影响热容量标定的准确度。

每次试验时，氧弹的盖子要拧紧，防止漏气或充不上氧。

移取内筒水量时，不要有气泡产生，使内筒水量在试验中保持相同。

注意室温与外筒温度的差不应超过1.5℃，室内保持清洁。

氧气瓶周围禁放易燃品和油类，不得在扳手和瓶嘴处有油污，用后关闭，严禁吸烟。

分析完的试样，取出时检查是否燃烧完全，如未烧透，检查气体流量，重新分析。

E　煤的胶质层指数检验

煤的胶质层指数检验执行GB/T 479—2016《烟煤胶质层指数测定方法》，该标准适用于烟煤。日常分析采用鞍山市科翔仪器仪表有限公司的全自动胶质层指数测定仪进行检验，下面进行简要介绍。

（1）方法提要。将一定量的煤样装入煤杯，煤杯放在特制的电炉内以规定的升温速度进行单侧加热，煤样相应形成半焦层、胶质层和未软化的煤样层3个等温层面，用探针测量出胶质层最大厚度Y，根据试验记录的体积曲线测得最终收缩度X（见国标GB/T 479）。

（2）试剂和材料：

纸管：在一根细钢棍上用卷烟纸制成直径为2.5~3mm、高度约为60mm的纸管。装煤杯时将钢棍插入纸管，纸管下端折约2mm，纸管上端与钢棍贴紧，防止煤样进入纸管。

滤纸条：定性滤纸，条状，宽约60mm，长190~200mm。

石棉圆垫：厚度为0.5~1.0mm，直径为59mm。在上部圆垫上有供热电偶铁管穿过的圆孔和所述纸管穿过的小孔；在下部圆垫上对应压力盘上的探测孔处作一标记。

有证烟煤胶质层指数标准物质。

干磨砂布：棕刚玉磨料，粒度P80，NO.1-1/2（GB/T 4X）。

（3）仪器设备：

胶质层指数测定仪。仪器采用计算机网络控制，电加热炉的温度采用 PLC 温度闭环模糊逻辑 PID 控制。胶质层上下部层面测量完全采用计算机全自动控制，智能机械手全程自动测量、自动添表、自动计算。平衡铊完全采用自动控制。仪器完全符合 GB/T 479 的技术要求。

煤杯。煤杯由 45 号钢制成，其规格如下：外径 70mm，杯底内径 59mm，从距杯底 50mm 处至杯口的内径 60mm，从杯底到杯口的高度 110mm。煤杯使用部分的杯壁应光滑，不应有条痕和缺凹，每使用 50 次后应检查一次使用部分的内径。检查时，自杯底起沿其高度每隔 10mm 测量一点，共测 6 点，测得结果的平均数与平均内径（59.5mm）相差不得超过 0.5mm，杯底与杯体之间的间隙也不应超过 0.5mm。

探针。

托盘天平：最大称量 500g，感量 0.5g。

取样铲：长方形，宽 30mm，长 45mm。

热电偶：镍铬-镍铝或镍铬-镍硅电偶，一般每年校准一次。在更换或重焊热电偶后应重新校准。

全自动磨杯机。

（4）煤样：

测定胶质层指数的煤样按 GB 474 制备到粒度不小于 3mm（GB 74ϕ11.3.3），再使用对辊式破碎机逐级破碎到全部通过 1.5mm 圆孔筛，其中粒度小于 0.2mm 部分不超过 30%，缩分出不少于 500g。

达到空气干燥状态的试样应储存在磨口玻璃瓶或其他密闭容器中，置于阴凉处，应在制样后不超过 15d 内完成测定。

（5）试验准备。

1）清理煤杯：用全自动磨杯机将煤杯内壁上遗留的焦屑等清除干净。杯底及压力盘上各析气孔应畅通，热电偶管内不应有异物。

2）装煤杯：

①将杯底放入煤杯使其下部凸出部分进入煤杯底部圆孔中，杯底上放置热电偶铁管的凹槽中心点与压力盘上放热电偶的空洞中心点对准。

②将石棉圆垫铺在杯底上，石棉圆垫上圆孔应对准杯底上的凹槽，在杯内下部沿壁围一条滤纸条。将热电偶铁管插入杯底凹槽，把带有卷烟纸管的钢棍放在下部石棉圆垫的探测孔标志处，用压板把热电偶铁管和钢棍固定，并使它们都保持垂直状态。

③将全部试样倒在缩分板上，堆掺均匀，摊成厚约 10mm 的方块。用直尺将方块划分为若干 30mm×30mm 左右的小块，用取样铲按棋盘式取样法隔块分别取出两份试样，每份试样质量为（100±0.5）g。

④将每份试样用堆锥四分法分为 4 部分，分 4 次装入煤杯中。每装 25g 之后，用金属丝将煤样摊平，但不得捣固。

⑤试样装完后，将压板暂时取下，把上部石棉圆垫小心地平铺在煤样上，并将露出的滤纸边缘折复于石棉圆垫上，放入压力盘，再用压板固定热电偶铁管。

⑥将煤杯放入炉孔中。

⑦在整个装样过程中，卷烟纸管应保持垂直状态；然后将钢棍小心地由纸管中抽出来，务必使纸管留在原有位置，将探针插入纸管中。

⑧连接热电偶：将热电偶置于热电偶套管中，检查前杯和后杯热电偶连接是否正确。

（6）试验步骤：

1）准备就绪后，启动检测器 TD400C，按下 F3 键升起 1 号平衡砣、F5 键升起 2 号平衡砣，检查平衡砣升降机构上下移动正常后，分别按下 F4 键、F6 键，降下 1、2 平衡砣，压紧煤杯；将探针安装到机械手上，调整探针位置后固定机械手，转动体积传感器支架，将体积传感器检测端放到平衡杆上，调整体积传感器上下位置，使其在 TD400C 显示屏上显示为 17mm 左右，并固定体积传感器。按下 SHIFT+F4 降下 1 号探针，SHIFT+F6 降下 2 号探针，观察 TD400C 显示的探针位移参数、机械手压力、体积检测器是否正常，接着按 SHIFT+F3 升起 1 号探针，按 SHIFT+F5 升起 2 号探针，调整位移传感器位置，将热电偶插入煤杯。

2）打开显示器，进入系统主界面，在"SCR 启动/停止"选择部分，点击 1 号、2 号 SCR 启动，完成系统对 1 号、2 号炉的主回路的合闸；在"启动模式"选择中，要根据煤种预测波形，在运行过程中根据波形变动情况及时调整探针模式。"模式选择"时选择 1 号、2 号 F1 模式，最后点击 1 号、2 号运行。

3）胶质层测定试验在温度到达 730℃时自动停止。

4）分析结束后，点击"生成报告"，在弹出的界面下将"1 号 Y 值计算"和"2 号 Y 值计算"保存后，对此次试验结果进行保存。

5）点击 1 号、2 号探针停止模式，点击 1 号、2 号 SCR 停止，退出界面，关闭电源。

（7）结果计算。计算两次胶质层指数重复测定结果的平均值，保留到小数点后一位，按 GB/T 483 规定修约到 0.5 报出。

（8）注意事项。若试样在试验中生成流动性很大的胶质体溢出压力盘，要重新装样试验。试验前煤杯内壁的焦屑必须清理干净。定期检查煤杯。

F 煤的黏结指数的检验

煤的黏结指数检验执行 GB/T 5447—2014《烟煤黏结指数测定方法》，该标准适用于烟煤，简述如下：

（1）方法提要。将一定质量的试验煤样和专用无烟煤在规定条件下混合后快速加热成焦，所得焦块使用转鼓进行强度检验，计算其黏结指数（$G_{R.I}$），以表示试验煤样的黏结能力。

（2）材料：

1）测定黏结指数专用无烟煤（简称专用无烟煤）应符合 GB/T 14181《测定烟煤粘结指数专用无烟煤技术条件》规定。

2）干燥器：内盛变色硅胶。

3）镊子。

4）刷子。

（3）仪器设备：

1）转鼓试验装置：主要由转鼓、变速器和电动机组成，转鼓转速（50±0.5）r/min。

2）压力器：能以 6kg 质量压力垂直压紧试验煤样与专用无烟煤混合物的仪器，置于平稳固定的水平台面上。

3）坩埚：带盖的瓷质坩埚。

4）压块：镍铬钢制，质量为 110~115g。

5）搅拌丝：由直径 1.0~1.5mm 硬质金属丝（如钢丝）制成。

6）坩埚架：由直径 3~4mm 镍铬丝制成。

7）分析天平：最小分度值 1mg。秒表。

8）马弗炉：能控制温度为（850±10）℃，炉膛恒温区长度不小于 120mm。炉后壁有一个排气孔和一个插热电偶的小孔。马弗炉的恒温区每年至少测定一次，高温计和热电偶每年应检定一次。

9）圆孔筛：筛孔直径 1mm。

10）平铲：手柄长 600~700mm，平铲外形尺寸约为 200mm×20mm×1.5mm。

（4）试验煤样：

1）试验煤样按 GB 474《煤样的制备方法》规定逐级破碎缩分制备成粒度小于 0.2mm 的一般分析试验煤样，其中粒度为 0.1~0.2mm 的煤样比例应在 20%~35% 之间。

2）试样煤样应装在密封的容器内，试验前应充分混合均匀，制样后到试验时间不应超过 5d，如超过 5d，应在报告中注明制样和试验时间。

（5）试验步骤：

1）先称取 5.00g 专用无烟煤，再称取 1.00g 试验煤样放入坩埚，质量称准至 0.001g。

2）用搅拌丝将坩埚内的混合物搅拌 2min。搅拌方法是：坩埚作 45° 左右倾斜，逆时针方向转动，转速约 15r/min，搅拌丝按同样倾角作顺时针方向转动，转速约 150r/min，搅拌时搅拌丝的圆环接触坩埚壁与底相连接的圆弧部分。约经 1min 45s 后，一边继续搅拌，一边将坩埚与搅拌丝逐渐转到垂直位置，约 2min 时，搅拌结束。搅拌过程中应防止煤样外溅。

3）搅拌后，将坩埚壁上煤粉用刷子轻轻扫下，用搅拌丝将混合物小心拨平，并使沿坩埚壁的层面略低 1~2mm，以便压块将混合物压紧后，使煤样表面处于同一水平面。

4）用镊子夹压块置于坩埚中央，然后将其置于压力器下，将压杆轻轻放下，加压 30s。

5）加压结束后，压块仍留在混合物上，盖上坩埚盖。注意在上述整个过程中，盛有样品的坩埚应轻拿轻放，避免受到撞击与振动。

6）将马弗炉预先加热至 850℃ 左右，打开炉门，迅速将放有坩埚的坩埚架送入恒温区，立即关上炉门并计时，准确加热 15min。坩埚架和坩埚放入后，要求炉温在 6min 内恢复至（850±10）℃，此后一直保持在（850±10）℃。加热时间包括温度恢复时间在内。

7）从炉中取出坩埚，放在空气中冷却到室温，若不立即进行转鼓试验，则将坩埚移入干燥器中。

8）从坩埚中取出压块，当压块上附有焦屑时，应刷入坩埚内。称量焦渣总质量，然后将其放入转鼓内，进行转鼓试验（每次 250r，5min），第一次转鼓试验后的焦渣用 1mm 圆孔筛进行筛分后，称量筛上物的质量；然后将筛上物放入转鼓进行第二次转鼓试验，筛分、称量，按式（3-1）计算结果。

9）当测得的黏结指数小于 18 时，需更改专用无烟煤和试验煤样的比例为 3∶3，即称取 3.00g 专用无烟煤与 3.00g 试验煤样，重新试验，结果按式（3-2）计算。

（6）结果表述：

1）专用无烟煤和试验煤样的比例为 5∶1 时，黏结指数（$G_{R.I}$）按式（3-1）计算：

$$G_{R.I} = 10 + \frac{30m_1 + 70m_2}{m} \tag{3-1}$$

式中　m_1——第一次转鼓试验后，筛上物的质量，g；

　　　m_2——第二次转鼓试验后，筛上物的质量，g；

　　　m——焦化处理后焦渣总质量，g。

2）专用无烟煤和试验煤样的比例为 3∶3 时，黏结指数（$G_{R.I}$）按式（3-2）计算：

$$G_{R.I} = \frac{30m_1 + 70m_2}{5m} \tag{3-2}$$

3）烟煤的黏结指数（$G_{R.I}$）计算到小数点后一位，结果以两次重复测定的算术平均值按 GB/T 483《煤炭分析试验方法一般规定》规定修约到整数报出。

（7）注意事项：

1）严格遵守试验步骤中的时间要求。

2）从马弗炉中取出坩埚要冷却到室温再进行称量。

3）压块上的焦屑要全部收集到坩埚中。

4）称量焦屑质量时，要将坩埚清扫干净。

G　煤的奥阿膨胀指数的检验

煤的奥阿膨胀指数检验执行 GB/T 5450—2014《烟煤奥阿膨胀计试验》，该标准适用于烟煤。日常分析采用鞍山市科翔仪器仪表有限公司的奥阿膨胀度测定仪，下面进行简要介绍。

（1）方法提要。将试验煤样按规定方法制成一定规格的煤笔，放在一根标准口径的管子（膨胀管）内，其上放置一根能在管内自由滑动的钢杆（膨胀杆），将上述装置放在专用的电炉内，以规定的升温速度加热，记录膨胀杆的位移曲线。根据位移曲线得出最大膨胀度（b）、最大收缩度（a）。图 3-4 所示为一种典型的膨胀曲线。

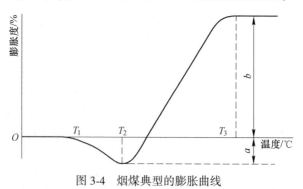

图 3-4　烟煤典型的膨胀曲线

图中，软化温度 T_1：膨胀杆下降 0.5mm 的温度。

开始膨胀温度 T_2：膨胀杆下降到最低点后开始上升时的温度。

固化温度 T_3：膨胀杆停止移动时的温度。

最大收缩度 a：膨胀杆下降的最大距离占煤笔长度的百分比。

最大膨胀度 b：膨胀杆上升的最大距离占煤笔长度的百分比。

（2）仪器设备：

1）鞍山市科翔仪器仪表有限公司的 ADY-2006 型奥阿膨胀度测定仪。主要由膨胀管和膨胀杆、电炉、程序控温仪、四路位移巡检仪和计算机组成。该仪器由计算机控制，能对奥阿电炉温度进行自动调节，并对煤在受热过程中体积的变化进行自动记录；对煤的软化温度、开始膨胀温度、固化温度及收缩度和膨胀度进行自动跟踪记录和计算。

2）煤笔制备设备。主要由成型模及其附件、量规、成型打击器、脱模压力器及其附件、切样器组成。

3）天平：工业天平，分度值 0.1g。

4）辅助工具：主要包括膨胀管和成形模清洁工具。

5）涂蜡棒：尺寸与成型模相配的金属棒。

（3）试样制备与储存：

1）煤样按 GB 474 规定制备到粒度<3mm 的试样，达到空气干燥状态后，再破碎至全部通过 0.2mm 筛子。粒度<0.2mm 的一般分析试验煤样其粒度组成应符合表 3-7 要求。

表 3-7 样品粒度分布表

粒度/mm	组成/%
<0.20	组成 = 100
<0.10	70<组成≤85
<0.06	55<组成≤70

2）试样储存。已制备好的一般分析试验煤样应装在带磨口瓶塞的玻璃瓶中，置于阴凉处。试验应在制备后 3 天内使用。若不能在 3 天内使用，试样应放在真空干燥器或氮气中储存或将煤样瓶密封后冷藏，储存时间不允许超过一周，否则试样作废。

（4）试验步骤：

1）煤笔制备：

①用布拉刷擦净成型模，并用涂蜡棒在成型模内壁上涂上一薄层蜡。称取一般分析试验煤样 4g，放在小蒸发皿中，用 0.4mL 水润湿试样，迅速混匀，并防止有气泡存在。然后将成型模的小口径一端向下，放置在模子垫架上，并将漏斗套在大孔径一端，用牛角勺将试样顺着漏斗的边拨下，直到装满成型模，将剩余的试样刮回小蒸发皿中。将打击导板水平压在漏斗上，用打击杆沿垂直方向压实试样。

②将整套成型模放在打击器下，先用长打击杆打击 4 下，然后加入试样再打击 4 下；依次使用长、中、短三种打击杆各打击 2 次。每次 4 下，共计 24 下。

③移开打击导板和漏斗，取下成型模，将出模导器套在成型模小口径的一端，接样管套在成型模大口径一端，再将出模活塞插入出模导器，然后将这整套装置置于脱模压力器中，旋转手柄将煤笔推入接样管中，当推出有困难时，须将出模活塞取出擦净。当无法将煤笔推出时，须用铝丝或铜丝将成型模中煤样挖出，重新称取试样制备煤笔。

④将装有煤笔的接样管放在切样器槽中，用打击杆将其中的煤笔轻轻推入切样器的煤笔槽中，在切样器中部插入固定片使煤笔细的一端与其靠紧，用刀片将伸出煤笔槽部分的

煤笔（即长度大于 60mm 的部分）切去。煤笔长度要调整到 （60±0.25）mm。

⑤将制备好的煤笔细端向上从膨胀管的下端轻轻推入膨胀管中，再将膨胀杆慢慢插入膨胀管中。当试样的最大膨胀度超过 300% 时，改为半笔试验，即将 60mm 长的煤笔从两头各切掉 15mm，留下中间的 30mm 进行试验。

2）膨胀度测定

①将装有煤笔的膨胀管放入相应的电炉孔内（四个电炉孔已做好 1~4 号标签，可分别进行单支煤笔、双支煤笔、三支煤笔、四支煤笔试验），将位移传感仪与膨胀杆连接固定好。

②打开计算机、四路位移巡检仪、ADY-2006 型奥阿膨胀度测定仪的电源开关，再打开 ADY-2006 型奥阿膨胀度测定仪的控制开关。

③用鼠标双击桌面上的 "ADY-2006A.exe" 程序图标。进入分析界面，点击"选择试验参数"，选择所需预升温度参数（选择方法见表 3-8），设置对应的相应炉号、煤笔参数等，点击"确认"，回到分析界面，选择"启动升温体统"等待恒温后，放入膨胀管后点击"放入膨胀管"，试验开始运行。

根据试样挥发分 V_{daf} 大小将电炉预升至一定温度（表 3-8）。

表 3-8   电炉预升温温度

$V_{daf}/\%$	预升温度/℃
$V_{daf}<20$	380
$20 \leqslant V_{daf} \leqslant 26$	350
$V_{daf}>26$	300

④试验结束后即可自动停机，也可按"停止试验"结束试验。

⑤试验过程中，点击"温度曲线"可观测温度曲线，也可分别点击"位移曲线"单独观察各体积曲线。

⑥点击"历史资料"，可在弹出画面中查看历史报告。

⑦点击"生成报告"，可在弹出画面中点击"1-2 结果计算"或"3-4 结果计算"来计算所需实验结果，然后点击"生成结果报告"即可生成报告。

⑧退出系统，关闭电源。

3）膨胀管和膨胀杆清洁：

①卸去膨胀管底的丝堵，用头部呈斧形的金属杆除去管内的半焦，然后用铜丝网刷清管内残留的半焦粉，再用布拉刷擦净，直到内壁光滑明亮为止。当管子不易擦净时，可用粗苯或其他适当的溶液装满管子，浸泡数小时后再清擦。

②膨胀杆。用细砂纸擦去黏附在膨胀杆上的焦油渣，并注意不要将其边缘的棱角磨圆，最后检查膨胀杆能否在管中自由滑动。

（5）结果表述：

1）记录曲线类型判断和结果计算。

图 3-5~图 3-8 所示分别给出了烟煤膨胀计试验中的正膨胀、负膨胀、仅收缩、倾斜收缩 4 种记录曲线类型。根据试验记录的曲线，读出 3 个特征温度：软化温度 T_1、开始

膨胀温度 T_2、固化温度 T_3，并计算最大收缩度 a 和最大膨胀度 b。烟煤膨胀计试验记录曲线类型按下列方法确定和表述：

①若收缩后膨胀杆回升的最大高度高于开始下降位置，则最大膨胀度以"正膨胀"表示（图 3-5）；

②若收缩后膨胀杆回升的最大高度低于开始下降位置，则最大膨胀度以"负膨胀"表示，膨胀度按膨胀的最终位置与开始下降位置间的差值计算，但应以负值表示（图 3-6）；

③若收缩后膨胀杆没有回升，则最大膨胀度以"仅收缩"表示（图 3-7）；

④若最终的收缩曲线不是完全水平的，而是缓慢向下倾斜，则最大膨胀度以"倾斜收缩"表示（图 3-8），并规定最大收缩度以 500℃ 处的收缩值报出。

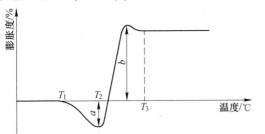

图 3-5　烟煤奥阿膨胀计试验正膨胀曲线

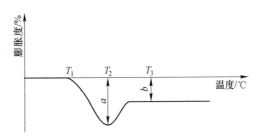

图 3-6　烟煤奥阿膨胀计试验负膨胀曲线

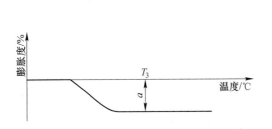

图 3-7　烟煤奥阿膨胀计试验仅收缩曲线

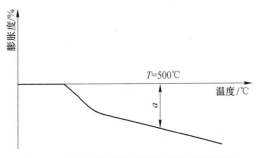

图 3-8　烟煤奥阿膨胀计试验倾斜收缩曲线

2）结果表述。根据试验位移曲线判断曲线类型。被测样品的特征温度测定值修约到整数，最大收缩度 a 和最大膨胀度 b 的测定值修约到小数点后一位；最终结果以两次重复测定结果的算术平均值按 GB/T 483 规定修约到整数报出。

（6）注意事项：

1）要按要求制样，煤粒过细或过粗都会影响测定结果。

2）膨胀管检查：将已做了 100 次测定后的膨胀管及膨胀杆，与一套新的膨胀管和膨胀杆测得的 4 个煤样结果相比较。如果相对差值的平均值绝对值大于 3.5，则弃去旧管、旧杆；如果膨胀管、膨胀杆仍然适用，则以后每测定 50 次重新检查。

3）膨胀杆和记录笔的总质量应控制在（150±5）g。

4）遇到脱模困难的煤，在制作煤笔时，可以适当增加水量。

5）每次测定前，一定要把上次用过的膨胀管壁擦净，擦亮为止。

6）仪器的热电偶、仪表等应定期检定。

7) 试验在自动运行时，操作者亦不能离开，应观察试验现象，以确保试验准确可靠。

8) 试验运行时一定要关闭计算机的屏幕保护程序，以免计算机休眠或硬盘关闭造成计算机自动关闭。

3.4　合金

3.4.1　合金在生产中的主要作用

3.4.1.1　铁合金的定义

铁合金由一种或两种以上的金属或非金属元素与铁元素组成，可作为钢铁和铸造业的脱氧剂、脱硫剂和合金添加剂等，例如硅铁是硅与铁的合金；锰铁是锰与铁的合金；硅钙合金是硅与钙组成的合金。就生产方法与用途而言，铁合金还包括含铁极低的锰、铬、钒及工业硅等合金金属。

3.4.1.2　铁合金的用途

铁合金是钢铁工业和机械铸造行业必不可少的重要原料之一，其主要用途：一是作为脱氧剂，消除钢液中过量的氧；二是作为合金元素添加剂，改善钢的质量与性能。随着我国钢铁工业持续、快速发展，钢的品种、质量的不断扩大和提高，对铁合金产品提出了更高要求，铁合金工业日益成为钢铁工业的相关技术和配套工程。其用途包括以下几个方面：

（1）用作脱氧剂。炼钢过程是用吹氧或加入氧化剂的方法使铁水进行脱碳及去除磷、硫等有害杂质的过程。这一过程的进行，虽然使生铁炼成钢，但钢液中的 [O] 含量增加了。在钢液中一般以 [FeO] 的形式存在。如果不将残留在钢中多余的氧去除，就不能浇铸成合格的钢坯，得不到力学性能良好的钢材。为此，需要添加一些与氧结合力比铁更强，并且其氧化物易于从钢液中排除进入炉渣的元素，把钢液中的 [O] 去掉，这个过程叫脱氧。用于脱氧的合金叫脱氧剂。

钢水中各种元素对氧的结合强度，即脱氧能力，从弱到强的顺序如下：铬、锰、碳、硅、钒、钛、硼、铝、锆、钙。因而，一般炼钢脱氧常用的是由硅、锰、铝、钙组成的铁合金。

（2）用作合金剂。合金钢中因其含有不同的合金元素而具有不同的性能。钢中合金元素的含量是通过加入铁合金的方法来调整的。用于调整钢中合金元素含量的铁合金叫合金剂。常用的合金剂有硅、锰、铬、钼、钒、钨、钛、钴、镍、硼、铌、锆等铁合金。

（3）用作铸造晶核孕育剂。改善铸铁和铸钢的性能的措施之一是改变铸件的凝固条件。为了改变凝固条件，往往在浇铸前加入某些铁合金作为晶核，形成晶粒中心，使形成的石墨变得细小分散、晶粒细化，从而提高铸件的性能。

（4）用作还原剂。硅铁可用作生产钼铁、钒铁等其他铁合金时的还原剂；硅铬合金、锰硅合金可分别用作中低碳铬铁和中低碳锰铁生产的还原剂。

（5）其他方面的用途。在有色冶金和化学工业中，铁合金也越来越被广泛使用。例如，中低碳锰铁用于生产电焊条；硅铝合金用于生产硅铝明中间合金；铬铁用作生产铬化物和镀铬的阳极材料，有些铁合金用作生产耐高温材料。

3.4.1.3 铁合金产品的分类

随着现代科学技术的发展，各个行业对钢材的品种、性能的要求越来越高，从而对铁合金也提出了更高的要求。铁合金的品种在不断扩大。铁合金的品种繁多，分类方法也多。一般按下列方法分类：

（1）按铁合金中主元素分类，主要有硅、锰、铬、钒、钛、钨、钼等系列铁合金。

（2）按铁合金中含碳量分类，有高碳、中碳、低碳、微碳、超微碳等品种。

（3）按生产方法分类，有高炉铁合金，包括高炉高碳锰铁、低硅锰合金、低硅铁等；电炉铁合金，包括高碳锰铁、高碳铬铁、硅铁、锰硅合金、硅铬合金、硅铝合金、硅钙合金、磷铁、中低碳和微碳铬铁、中低碳锰铁、精炼钒铁等；炉外法（金属热法）铁合金，包括金属铬、钼铁、钛铁、硼铁、钒铁、锆铁、高钒铁等；真空固态还原法铁合金，包括超微碳真空铬铁、氮化铬铁、氮化锰铁等；转炉铁合金，包括转炉中碳铬铁、转炉低碳铬铁、转炉中碳锰铁等；电解法铁合金，包括电解金属铬、电解金属锰等。此外，还有氧化物压块与发热铁合金等特殊铁合金。

（4）含有两种或两种以上合金元素的多元铁合金，主要品种有硅铝合金、硅钙合金、锰硅铝合金、硅钙铝合金、硅钙钡合金、硅铝钡钙合金等。

（5）各类包芯线（丝线）。包芯线是将欲加入钢液或铁液中的各种添加剂（脱氧剂、脱硫剂、变质剂、合金等）破碎成一定的粒度，然后用冷轧低碳钢带将其包扎为一条具有任意长度的复合材料。包芯线技术是 20 世纪 80 年代在喷射冶金技术基础上发展起来的一种炉外精炼手段。包芯线适用于炼钢和铸造。

各类丝线的主要作用如下：

（1）铝镇静钢的加钙处理。钙（主要呈 CaSi 合金形态）是用来使用铝脱氧时生成的主要固体 Al_2O_3 转变成在浇注温度下为液体的铝酸钙，也叫铝镇静钢的钙处理。硅镇静钢的冶炼过程中，用往钢水中喂入 CaSi 线的办法，可使钢中的氧降到很低的水平。

（2）往含钙易切削钢中加钙。用 CaFe 线生产超低硅钢的加钙处理，可以不带入任何数量的硅，因而特别适合于深冲钢，以及某些特殊钢（如含钙不锈钢、含钙齿轮钢）、其他具有特定物理性能的钢。

（3）合金成分微调。钢水精炼过程中，从钢包上部加入调整合金成分的原料，由于炉渣和冶炼条件的限制，一般收得率不稳定，影响因素多，炼钢工操作难度大，使用喂入丝线的方法，可以直接将合金化元素或者脱氧剂直接输送到钢水内部，能够避免以上的风险。比如在炉后增碳生产低碳和中碳钢时，碳的平均收得率能够大幅度提高，操作简单，在不锈钢钢水加钛生产工艺中间，生产诸如 1Cr18Ni9Ti 的不锈钢时，使用钛铁线调整钢水的含钛量，不仅收得率高，而且能很精确地达到技术标准的要求。往 20CrMnTi 之类的钢中加钛，在钢水经脱氧后用钛铁线增钛，钛的回收率可达 80% 以上，往 40MnB 与 40MnVB 之类含硼钢和 303、304、316 之类不锈钢中加硼，钢水经脱氧及固氮处理后，再用硼铁线加硼，硼的回收率可高达 80% 以上，结果稳定，成分控制精确。

（4）往钢中加稀土。稀土可以净化钢液，细化钢的组织，控制夹杂物的形态。钢水经脱氧处理后再用稀土硅铁线或铈铁线加入稀土合金或铈，可以稳定提高稀土或铈的回收率。这种工艺通过丝线在连铸机的中间包或者结晶器内喂线，具有独到的优势。

（5）往钢中加铌、钒等贵重合金。与常规的加合金方法相比，用铌铁线加铌，不仅合金熔化快，且不存在小块铌铁被渣包裹而降低铌有效率和回收率低的危险。往钢中加铌，用包芯线加铌既可提高回收率，又能增加加铌的稳定性，能够降低合金化的成本。

（6）钢水的增硫。用硫黄线或硫化铁线往钢水加硫，以生产含硫易切削钢，硫的回收率可达 80% 以上，且几乎不会放出有毒的 SO_2。

（7）强化钢水终脱氧。一般是在顶吹或底吹氩的条件下，根据钢种的不同而往钢水中加入铝线，并使钢水的残余铝含量保持在 0.025～0.04% 水平上，可消除钢材的气泡等缺陷。

合金包芯线包括硅钙包芯线、钛铁包芯线、硼铁包芯线、硅锰钙包芯线、稀土硅包芯线、稀土硅镁包芯线、稀土硅钡包芯线、硅钙钡包芯线、硅钙钡铝包芯线、金属镁包芯线、铁钙包芯线、钙铁包芯线、纯钙包芯线、铝钙包芯线、稀土镁钙包芯线、碳包芯线等。

3.4.2　生产过程的简单描述

铁合金的生产方法很多，其中大部分铁合金产品是采用火法冶金生产的。根据使用的冶炼设备、操作方法和热量来源，主要有以下几种。

3.4.2.1　按使用的设备分类

根据使用的设备铁合金的生产方法可分为高炉法、电炉法、炉外法、转炉法及真空电阻炉法。

（1）高炉法使用的主体设备为高炉。高炉法是最早采用的铁合金生产方法。高炉法冶炼铁合金和高炉冶炼生铁基本相同。目前主要是生产高炉高碳锰铁。高炉锰铁生产主要原料为锰矿、焦炭和熔剂以及助燃的空气或富氧。原料从炉顶装入炉内，高温空气或富氧经风口鼓入炉内，使焦炭燃烧获得高温及还原气体，对矿石进行还原反应，熔化了的炉渣、金属积聚在炉底，通过渣口、铁口定时出渣出铁。随着炉料的熔化、反应和排出，再不断加入新炉料，生产是连续进行的。用高炉法生产铁合金，具有劳动生产率高、成本低等优点。但鉴于高炉炉缸温度的局限性，以及高炉冶炼条件下金属被碳充分饱和，因此高炉法一般只用于生产易还原元素铁合金和低品位铁合金，如高碳锰铁、低硅铁、低锰硅、镍铁及富锰渣等。

（2）电炉法是生产铁合金的主要方法，其产量约占全部铁合金产量的 4/5，所使用的主体设备为电炉。电炉主要分为还原电炉（矿热炉）和精炼炉两种：

1）还原电炉法是以碳作还原剂还原矿石生产铁合金。炉料入炉内并将电极插埋于炉料中，依靠电弧和电流通过炉料产生的电阻电弧热进行埋弧还原冶炼操作。熔化的金属和熔渣集聚在炉底并通过出铁口定时出铁出渣，生产过程是连续进行的。用此方法生产的品种主要有硅铁、硅钙合金、工业硅、高碳锰铁、锰硅合金、高碳铬铁、硅铬合金等。

2）精炼炉（电弧炉）法是用硅（硅质合金）作还原剂生产含碳量低的铁产品，依靠电弧热和硅氧反应热进行冶炼。炉料从炉顶或炉门加入炉内，整个冶炼过程分为引弧、加料、熔化、精炼和出铁等五道工序，生产是间歇进行的。主要生产品种有中、低碳锰铁、中、低、微碳铬铁及钒铁等。

（3）炉外法是用硅、铝或铝镁合金作还原剂，依靠还原反应产生的化学热来进行冶炼的，使用的主体设备为简式熔炉。使用的原料有精矿、还原剂、熔剂、发热剂以及钢屑、铁矿石等，生产的主要品种有钼铁、钛铁、硼铁、铌铁、高钒铁及金属铬等。

（4）氧气转炉法使用的主体设备为转炉，按其供氧方式，有顶、底、侧吹和顶底复合吹炼法。使用的原料是液态高碳铁合金、纯氧、冷却剂及造渣料等。将液态高碳铁合金加入转炉，高压氧气经氧枪通入炉内吹炼，依靠氧化反应放出的热量脱碳，生产是间歇进行的。生产的主要品种有中低碳铬铁、中低碳锰铁等。

（5）生产含碳量极低的微碳铬铁、氮化铬铁、氮化锰铁等产品时一般采用真空电阻炉法，其主体设备为真空电阻炉。真空炉法的脱碳反应是在真空固态条件下进行的，冶炼时将压制成形的块料装入炉内，依靠电流通过电极时的电阻热加热，同时真空抽气，生产是间歇进行的。

3.4.2.2 按热量来源分类

根据热量来源的不同铁合金生产可分为碳热法、电热法、电硅热法、金属热法。

（1）碳热法。碳热法的冶炼过程的热源主要是焦炭的燃烧热，使用焦炭作还原剂还原矿石中的氧化物，采用此方法的生产是在高炉中连续进行的。

（2）电热法。电热法的冶炼过程的热源主要是电能，使用碳质还原剂还原矿石中的氧化物，采用连续式的操作工艺并在还原电炉中进行。

（3）电硅热法。电硅热法的冶炼过程的热源主要是电能，其余为硅氧化时放出的热量，使用硅（如硅铁、中间产品锰硅合金及硅铬合金）作为还原剂还原矿石中的氧化物。生产是在精炼电炉中进行间歇式作业。

（4）金属热法。金属热法冶炼过程的热源主要是由硅、铝等金属还原剂还原精矿中氧化物时放出的热量，生产采用间歇式在筒式熔炼炉中进行。

3.4.2.3 包芯线生产

炼钢使用的包芯线是使用厚 $0.25 \sim 0.4mm$、宽 $45 \sim 55mm$ 的低碳冷轧带钢，通过包线机将合金粉剂、非合金粉剂等原料包覆压实，最后将芯线卷成为线卷，重量在 $500 \sim 1000kg$，长度在 $1000 \sim 3000m$ 之间。线卷使用时分为内抽式和外抽式两种，丝线的生产工艺为：

电炉冶炼→合金块→破碎→筛分→配粉→粉剂料仓→加粉剂→锁口→截面变形→压实→排线→卷取→检验→包装→成品。

3.4.3 评价质量的标准

原材料是炼钢的物质基础，原材料质量的好坏对炼钢工艺和钢的质量有直接影响。国内外大量生产实践证明，采用精料以及原料标准化，是实现冶炼过程自动化、改善各项技术经济指标、提高经济效益的重要途径。根据所炼钢种、操作工艺及装备水平合理地选用和搭配原材料可达到低费用投入、高质量产出的目的。

炼钢生产铁合金的主要要求是：

（1）铁合金块度应合适，一般为 $10 \sim 50mm$；精炼用合金块度为 $10 \sim 30mm$，成分和数量要准确。

（2）在保证钢质量的前提下，选用价格便宜的铁合金，以降低钢的成本。

（3）铁合金应保持干燥、干净。

（4）铁合金成分应符合技术标准规定，以避免炼钢操作失误。如硅铁中的铝、钙含量，沸腾钢脱氧用锰铁的硅含量，都直接影响钢水的脱氧程度。

3.4.4　各种合金采样详解

3.4.4.1　易破碎合金取样量见表 3-9。

表 3-9　易破碎合金取样量

品　名	组批数量/t	取样数量
锰铁、硅铁（特种硅铁）、高铬、锰硅、低钛高铬、氮化锰、钒氮、硅铁粉合金	5 以下	≥6 点份样
	>5~10	≥8 点份样
	>10~25	≥10 点份样
	>25~50	≥15 点份样
	>50~100	≥18 点份样
	>100~250	≥20 点份样
	>250~500	≥23 点份样
金属锰、硼铁、磷铁、硅钙合金	0.5 以下	≥5 点份样
	>0.5~1	≥7 点份样
	>1~3	≥9 点份样
	>3~5	≥11 点份样
	>5~10	≥14 点份样
	>10~20	≥17 点样
	>20~50	≥20 点份样
	>50~100	≥24 点份样
	>100	≥28 点份样
铌铁、铌砂	0.5 以下	≥5 点份样
	>0.5~1	≥7 点份样
	>1~3	≥9 点份样
	>3~5	≥11 点份样
	>5~10	≥14 点份样
	>10~16	≥17 点样
	>16~25	≥20 点份样
	>25~40	≥24 点份样
	>40~64	≥28 点份样
钼铁、钛铁、钛铁压球	0.5 以下	≥5 桶（袋）
	>0.5~1	≥7 桶（袋）
	>1~3	≥9 桶（袋）
	>3~5	≥11 桶（袋）
	>5~10	≥14 桶（袋）
	>10~16	≥17 桶（袋）
	>16~25	≥20 桶（袋）
	>25~40	≥24 桶（袋）
	>40~64	≥28 桶（袋）

品　名	组批数量/t	取样数量
钒铁	0.5 以下	≥3 桶
	>0.5～1	≥5 桶
	>1～3	≥7 桶
	>3～5	≥9 桶
	>5～10	≥11 桶
	>10～16	≥14 桶
	>16～25	≥17 桶
	>25～40	≥20 桶
	>40～64	≥23 桶
硅钙粉	>3～5	≥11 点份样
	>5～10	≥14 点份样
	>10～20	≥17 点份样
	>20～50	≥20 点份样
粉末还原铁粉	>1～5	≥5 点份样
	>5～11	≥5 点份样
	>11～20	≥6 点份样
	>20～35	≥7 点份样
	>35～60	≥8 点份样
含镍生铁	每车组一批	随机在车中抽取三块
阴极铜	每次进货组一批	随机在车中抽取一块
重熔性铝锭	每次进货组一批	随机在车中抽取三块

份样重量：（1）合金每点取样不少于 0.75kg。（2）不易破碎合金和其他合金要求每份试样每点取样不少于 1 块。

3.4.4.2　钼铁、钒铁采样

（1）携带好剪子、取样铲、布袋（桶）和质量证明书，核对好标识、车号等信息。

（2）根据进货量在车上按《易破碎表》中随机选规定的试样桶数量，每桶都做好标识。

（3）卸车后，打开桶盖，在每桶表面取一点。

（4）倾倒合金铁桶，在每桶中、下部位各随机取一点。（每桶上、中、下部位取样量大致相同）另取少量洗缸试样。

（5）在采样过程中对物料宏观进行确认，发现问题及时反馈信息到班长、作业区和储运中心现场人员。

3.4.4.3　高铬、金属锰、锰铁、锰硅、硼铁、铌铁、磷铁、钛铁、钛铁压球、低钛高铬、硅铁（特种硅铁）、氮化锰、钒氮、硅钙合金采样

（1）携带好剪子、取样铲、布袋（桶）和质量证明书，核对好标识、车号等信息。

（2）按规定数量随机选取试样袋并做好标记，分别在吨袋上部、中部、下部用取样

铲取样，将试样装入布袋（桶）。

（3）在采样过程中对物料宏观进行确认，发现问题及时反馈信息到班长、作业区和储运中心现场人员。

3.4.4.4　低铬采样

（1）携带剪子、试样袋和质量证明书，核对好标识、车号等信息。

（2）按规定数量随机选取试样袋并做好标记，分别在吨袋上用取样铲随机采取，将试样装入布袋（桶）。

（3）在采样过程中对物料宏观进行确认，发现问题及时反馈信息到班长、作业区和储运中心现场人员。

3.4.4.5　镍铁、镍铜采样

（1）携带剪子、试样袋和质量证明书，核对好标识、车号等信息。

（2）按规定数量随机选取试样袋并做好标记，分别在吨袋上部、中部、下部用取样铲取样，将试样装入布袋（桶）。

（3）在采样过程中对物料宏观进行确认，发现问题及时反馈信息到班长、作业区和储运中心现场人员。

3.4.4.6　重熔性铝锭、含镍生铁采样作业

采样方法：

（1）携带剪子、试样袋和质量证明书，核对好标识、车号等信息。

（2）将含镍生铁随机选 3 袋做好标记，在吨袋上部随机取样，每袋取一块为化验试样。

（3）重熔性铝锭随机在一捆的上、中、下随机抽取三块。

（4）将所取的 3 块试样用记号笔标注好批次。

（5）在采样过程中对物料宏观进行确认，发现问题及时反馈信息到班长、作业区和储运中心现场人员。

3.4.4.7　阴极铜采样

（1）携带剪子和质量证明书，核对好标识、车号等信息。

（2）在车上随机选 1 捆，抽取一块为化验试样。

（3）将所取的一块试样用记号笔标注好批次。

（4）在采样过程中对物料宏观进行确认，发现问题及时反馈信息到班长、作业区和储运中心现场人员。

3.4.4.8　硅铁粉、硅钙粉、粉末冶金用还原铁粉采样

（1）携带取样钎、试样桶（袋）和质量证明书，核对好标识、车号等信息。

（2）随机选取规定吨袋做好标记，分别在吨袋上部、中部和下部用取样钎插入取样，将试样装入试样桶（袋）。硅铁粉每点取样不少于 0.4kg，试样总量不少于 3.2kg；硅钙粉每点取样不少于 0.3kg，试样总量不少于 4.2kg；粉末冶金用还原铁粉每点取样不少于 0.3kg；试样总量不少于 4.2kg。

（3）在采样过程中对物料宏观进行确认，发现问题及时反馈信息到班长、作业区和储运中心现场人员。

3.4.5 各种合金检验详解及主要设备

3.4.5.1 高频红外碳硫分析仪

高频红外碳硫分析仪如图 3-9 所示。

图 3-9 高频红外碳硫分析仪

A 高频红外碳硫分析原理

将试样在高温炉中通氧燃烧，生成并逸出 CO_2 和 SO_2 气体，实现碳、硫元素与金属元素及其化合物的分离，然后测定 CO_2 和 SO_2 的含量，再换算出试样中的碳、硫含量。

CO_2、SO_2 等极性分子具有永久电偶极矩，因而具有振动和转动等结构。按量子力学分成分裂的能级，可与入射的特征波长红外光耦合产生吸收，气体分子在红外光波段具有选择性吸收谱图，当特定波长的红外光通过 CO_2 或 SO_2 气体后能产生强烈的光吸收。

由于探测器是将光信号转换为电信号，当探测器工作在线性区域内，选定某一特定波长并且确定了分析池（吸收池）长度时，由测量光强能换算出混合气体中被测气体的浓度，这就是红外吸收法能定量测量气体浓度的基本原理。

B 维护保养

（1）燃烧室内的粉尘：样品在燃烧过程中会产生 Fe_2O_3 及 WO_3 粉尘，积聚在金属过滤器及石英管上方。如粉尘积聚过多，对氧气流量、高频感应加热等均会产生不利影响，使碳硫分析结果偏低不稳定，因此，在样品分析过程中或分析完成后，需加以清理，分析过程中，连续分析 10 个样品后即需除尘一次。

除尘方法：打开仪器面板，按下除尘按键，仪器自动清扫粉尘，并把粉尘收集在积尘盒内。

样品在高频炉中燃烧后，混合气体（CO_2、SO_2、O_2）经净化管进入分析仪检测。在净化管中，上部装高氯酸镁，吸收坩埚及样品燃烧后有可能产生的水分，以消除硫分析的影响；下部装脱脂棉，对混合气体中可能残留的粉尘进行二次净化，确保检测系统不受粉尘污染。

（2）高频燃烧炉内部的粉尘：经过长时间的使用仪器，仪器的内部会堆积少量粉尘，而且粉尘大多数是金属粉尘，具有导电性，因为高频感应炉中是高电压，高频率的环境当粉尘多了以后很容易在器件中导电，产生电路短路、打火等现象，严重的会烧坏整个设备，因此，仪器内部的粉尘应根据安放的环境和做样的频率定期打扫，一般为 6~8 个月除尘一次。

除尘方法：打开高频燃烧炉面板，用毛刷刷高频组件和高频室，清除大部分粉尘，然后用氧气管对着仪器吹，把剩余的粉尘吹走，再盖上仪器面板（注意：在整个操作中，应该断掉仪器电源，拔出电源线，以免发生意外）。

（3）红外碳硫分析仪净化剂的更换：净化系统中净化管的净化剂碱石棉和高氯酸镁可吸收氧气中的二氧化碳和坩埚及样品燃烧后的水分。碱石棉、高氯酸镁可根据分析样品量的多少定期更换。碱石棉、高氯酸镁均有粒度要求，通常为830μm（20目）左右，购买时应予注意。

（4）红外碳硫分析仪石英管的更换：石英管属消耗品，在损坏或长时间使用后需进行更换、清理。

1）石英管的拆卸：

①卸下高频炉左上方的屏蔽面罩；

②下降气缸，打开炉头，取出坩埚托、坩埚座；

③逆时针旋松（由下往上看）石英管上方炉管压帽半圈左右，使压帽与密封"O"形圈松动，手握石英管向下即可从炉尾下方取出石英管。

2）石英管的清理。用 5%~10% HCl 或 HNO_3 加热清洗。

3）石英管的安装：按拆卸步骤逆向进行。

3.4.5.2 ICP 发射光谱仪

ICP 光谱法是以 ICP 为发射光源的光谱分析方法，其全称为电感耦合等离子体原子发射光谱（简称 ICP-AES）。ICP 发射光谱仪如图 3-10 所示。

图 3-10 ICP 发射光谱仪

A 电感耦合等离子（inductively coupled plasma source）

等离子体是一种原子或分子大部分已电离的气体。它是电的良导体，因其中的正负电荷密度几乎相等，所以从整体来看它是电中性的。ICP 属低温等离子体，温度可高达 5000~10000K。被测定的溶液首先进入雾化系统，并在其中转化成气溶胶，一部分细微颗粒被氩气载入等离子的环形中心，另一部分颗粒较大的则被排出。进入等离子体的气溶胶在高温作用下，经历蒸发、干燥、分解、原子化和电离的过程，所产生的原子和离子被激发，并发射出各种特定波长的光，这些光经光学系统通过入射狭缝进入光谱仪照射在光栅上，光栅对光产生色散使之按波长的大小分解成光谱线。所需波长的光通过出射狭缝照射在光电倍增管或固体检测器上产生电信号，将此信号输入电子计算机后与标准的电信号相比较，即可计算试液的浓度。

B　ICP 的形成

（1）ICP 光源是高频感应电流产生的类似火焰的激发光源。仪器主要由高频发生器、等离子炬管、雾化器等三部分组成。高频发生器的作用是产生高频磁场供给等离子体能量。频率多为 27~50MHz，最大输出功率通常是 2~4kW。

（2）ICP 的主体部分是放在高频线圈内的等离子炬管，是一个三层同心石英管，感应线圈 S 为 2~5 匝空心铜管。

（3）等离子炬管分为 3 层。最外层通氩气作为冷却气，沿切线方向引入，可保护石英管不被烧毁。中层管通入辅助气体氩气，用以点燃等离子体。中心层以氩气为载气，把经过雾化器的试样溶液以气溶胶形式引入等离子体中。

（4）3 股气流中，最外层的气流称为等离子体气流（又称为冷却气），从切线方向引入，流量一般为 10~15L/min，它的作用是把等离子体炬和石英管隔离开，以免烧熔石英炬管。由于它的冷却作用使等离子体的扩大受到抑制而被"箍缩"在外管内。从切向进气产生的涡流使等离子体炬保持稳定。中间管气流是点燃等离子体通入的，称为辅助气流，其作用是使等离子体火焰高出炬管。火焰点燃后既可以保留，也可切断。内管气流称为载气或进样气，流量约为 1~1.5L/min，主要作用是在等离子体中打通一条通道，并载带试样气溶胶进入等离子体。

（5）等离子焰炬外观像火焰，但它不是化学燃烧火焰而是气体放电。它分为 3 个区域：

1）焰心区。感应线圈区域内，白色不透明的焰心，高频电流形成的涡流区，温度最高达 10000K，电子密度也很高。它发射出很强的连续光谱，光谱分析应避开这个区域。试样气溶胶在此区域被预热、蒸发，又称预热区。

2）内焰区。在感应圈上 10~20mm 左右处，淡蓝色半透明的炬焰，温度约为 6000~8000K。试样在此停留约 0.002s，经历原子化、激发、电离过程，然后发射很强的原子线和离子线。这是光谱分析利用的区域，称为观测区。测光时在感应线圈上的高度称为观测高度。该区间光谱背景低，分析元素可获得最高的信背比。

3）尾焰区。在内焰区上方，无色透明，温度低于 6000K，只能发射激发电位较低的谱线。

C　ICP 的主要装置

图 3-11 所示为 ICP 光源。ICP 的主要装置如下。

（1）进样系统。在 ICP 光谱分析中，样品导入等离子体的方法可分为溶液气溶胶进样系统、气相样品进样系统和固态粉末直接进样系统。溶液气溶

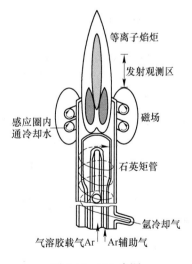

等离子焰炬

发射观测区

磁场

感应圈内
通冷却水

石英矩管

氩冷却气

气溶胶载气 Ar　　Ar 辅助气

图 3-11　ICP 光源

胶进样系统是目前最常用的方法。因此，下面主要介绍这种进样方法。

1）雾化装置。雾化装置的作用是利用载气流将液体试样雾化成细微的气溶胶状态并输入等离子体中。雾化装置由雾化器和雾室部分组成。

雾化器：直角型气动雾化器。毛细管容易被堵塞，这是各类气动雾化器存在的主要问题，特别对于高盐分溶液或悬浮液雾化时更是如此。一般认为直角雾化器相对具有较强的抗高盐分和悬浮体溶液的能力。

雾室：雾室的作用是将较大的液滴（直径大于10）从细微的液滴中分离出来，且阻止它们进入等离子体中。各种气动雾化器产生的液滴，其直径在 $0.1 \sim 100 \mu m$ 的范围内，较大液滴进入火炬会使等离子体发射信号的噪声非常大，并且能引入很多的水分致使等离子体过分冷却。雾室可以使载气突然改变方向，让比较小的液滴跟随气流一起进入等离子体，而较大的液滴由于惯性较大，不能迅速转向而撞击在雾室壁上，聚集在一起向下流，并通过最低点处的管道排出。

（2）等离子炬管。炬管的结构形状对 ICP 光谱分析性能有直接影响，炬管为三管同轴式石英管，是目前使用最普遍的一种炬管。其外径为 20mm，高 125mm，内管直径 5mm，它的喷嘴孔直径为 1.5mm；中管呈喇叭形；外管的环形间隙为 1.0mm。耐氢氟酸气溶胶的炬管的内管以聚四氟乙烯作衬里，其喷嘴用氢化硼制成。

炬管的主要作用是使等离子体焰炬与负载线圈隔离开，并借助于能入的外气流带走等离子体的热量和限制等离子体大小。在 ICP 光谱法中，一般要求炬管易点燃、能够获得稳定的具有环状结构的等离子体、氩气耗量小、功耗低以及具有良好的耦合效率，即功率转换率高。

传统方式炬管是垂直安装的，在侧向进行光谱观测（ICP 轴与观测方向相垂直，称垂直观测），这种"侧视式"的主要局限性在于光程较短，检出能力受到一定影响，但对较高浓度组分的测定有较高的准确性和精密度，有利于金属样品，高浓盐分样品中主量、次量和痕量元素的测定。

（3）高频发生器。ICP 系统中的高频发生器的功能是向感应螺管提供高频电流。

在高频发生器的螺管中产生的高频电流为 ICP 的工作提供了必不可少的振荡磁场。螺管中产生的废热靠通水冷却来散失。螺管是由铜或镀铜的银制成的。高频发生器的振荡频率一般为 27.12MHz 或 40.68MHz，输出功率一般为 $1 \sim 1.5kW$。反射功率越小越好，一般要求小于 10W。要求高频发生器的输出功率有极好的稳定性，因为输送到 ICP 的功率只要有 0.1% 的漂移，发射强度就能产生超过 1% 的变化。因此，高频发生器的功率变化必须小于±0.05%。

等离子炬的能量来源于高频发生器。当等离子体引燃后，负载线圈与等离子体组成类同一个变压器，负载修改路径这个变压器的初级线圈，而等离子体相当于一匝次级线圈，高频功率通过负载线圈耦合到等离子体中去，使等离子体焰炬维持不灭。高频发生器的输出功率主要消耗在负载线圈发热、等离子体焰炬（入射功率）和部分地反射回来（反射功率）。

D　ICP-AES 分析的特点

由于 ICP-AES 具有良好的检出限和分析精密度，基体干扰小，线性动态范围宽，分析工作者可以用基准物质配制成一系列的标准，以及试样处理简便等优点，因此，它广泛应用于地质、冶金、机械制造、环境保护、生物医学、食品等领域。

（1）测定元素范围广。从原理上讲，它可用于测定除氩以外的所有元素。

（2）线性分析范围宽。分析物在温度较低的中间通道内电离和激发，由于外围温度高，就消除了一般发射光谱法的自吸现象。在一定高浓度（一般元素数百 μg/mL 溶液质量浓度）范围内，其工作曲线仍能保持直线；而低含量（0.01μg/mL 以下）由于检出限低，又可使工作曲线向下延长。因此，工作曲线的直线范围可达 5~6 个数量级，待测元素的质量浓度在 1000μg/L 以下一般都能呈良好的线性关系。对于 ICP 直读光谱法，主量、低量和痕量元素可同时进行分析。

（3）大多数元素都有良好的检出限。ICP 炬的高温和环状结构，使分析物可在一个直径约 1~3mm 狭窄的中间通道内充分预热去溶、挥发、原子化、电离和激发；致使元素周期表内绝大多数元素在水溶液中的检出限达 0.1~100ng/mL，若用质量表示约为 0.01~10μg/g（当溶质的质量浓度为 10mg/mL 时），与经典光谱法相近。对于难熔元素和非金属元素，ICP-AES 比经典光谱法具有较好的检出限。

（4）可供选择的波长多。每个元素都有好几个供测定的、灵敏度不同的波长，因此 ICP-AES 适用于从超微量成分到常量成分的测定。

（5）分析精密度高。分析物由载气带入中间通道内，相当于在一个静电屏蔽区中进行原子化、电离和激发，分析物组分的变化不会影响到等离子体能量的变化，保证了具有较高的分析精密度。当分析物浓度大于等于检测限的 100 倍时，测定的相对标准偏差（RSD）一般在 1%~3% 的范围内。在相同情况下，一般电弧、火花光源的 RSD 为 5%~10% 左右，因而优于经典电弧和火花光谱法，故可用于精密分析和高含量成分的分析。

（6）干扰较少。在 Ar-ICP 光源中，分析物在高温和氩气氛中进行原子化、激发，基本上没有化学干扰和电离干扰，基体效应也较小，因此在许多情况下可用人工配制的校准溶液。在一定条件下，可以减少参比样品严格匹配的麻烦，一般亦可不用内标法。Ar-ICP 光源电离干扰小，即使分析样品中存在容易电离的 K 或 Na，参比样品也不用像匹配 K 或 Na 时，需要添加大量的 K 来抑制 Na 的成分。而用火焰原子吸收光谱法，在分析 Na 时，需要添加大量的 K 来抑制 Na 的电离干扰。低的干扰水平和高的分析准确度，是 ICP 光谱法最主要的优点之一。

（7）同时或顺序多元素测定能力强。多元素同时分析能力是发射光谱法的共同特点，非 ICP 发射法所特有。但是由于经典光谱法因样品组成影响较严重，欲对样品中多种成分进行同时定量分析，参比样品的匹配、参比元素的选择都会遇到困难，同时由于分馏效应和预燃效应，造成谱线强度-时间分布曲线的变化，无法进行顺序多元素分析。而 ICP 光谱法由于具有低干扰和时间分布的高度稳定性以及宽的线性分析范围，因此可以方便地进行同时或顺序多元素测定。进行多元素同时测定，如多道光谱仪在短短的 30s 内就能完成 30~40 种元素的分析，而只消耗 0.5mL 试液。

ICP-AES 的局限性和不足之处是，其设备费用和操作费用较高，样品一般需预先转化为溶液，有的元素（如铷）的灵敏度相当差；基体效应仍然存在，光谱干扰仍然不可避免，氩气消耗量大。

3.4.6　合金中常见元素的测定

3.4.6.1　钛的测定

A　硫酸铁铵滴定法

（1）原理：试样用硫酸、氢氟酸、硝酸和盐酸溶解。在酸性溶液中，在二氧化碳气氛中用金属铝将钛（Ⅳ）还原为钛（Ⅲ）。以硫氰酸盐为指示剂，用硫酸铁铵标准滴定溶液滴定。其反应如下：

$$3Ti^{4+}+Al \longrightarrow 3Ti^{3+}+Al^{3+}$$

$$Ti^{3+}+Fe^{3+} \longrightarrow Ti^{4+}+Fe^{2+}$$

铬、钒、钼、钨和锡等元素在铝还原钛时，均被还原成底价状态而干扰测定，可在过氧化氢存在下沉淀氢氧化钛，与干扰元素分离。

该方法适用于钛铁合金中 20%~80% 范围钛的测定。

（2）分析步骤：称取 1.0000g 试样置于 250mL 聚四氟乙烯烧杯中，加 20mL 水和 35mL 硫酸，当反应缓慢时，加入 20mL 盐酸和 1mL 氢氟酸，边冷却边缓慢加入 5mL 硝酸氧化，待反应完全后，加热至出现硫酸烟，继续加热约 5min，稍微冷却至液面平静，加入 35mL 盐酸，加热至溶液澄清，冷却至室温，移入 500mL 容量瓶中，以水定容。

分取 25~50mL 上述溶液于 500mL 锥形瓶中，加 85mL 盐酸和 25mL 水。加 2g 碳酸氢钠和 2g 铝箔，立即盖上盛有饱和碳酸氢钠溶液的盖氏漏斗，铝箔溶解完全后，冷却至室温，加 10mL 硫氰酸铵溶液，用硫酸铁铵标准滴定溶液滴定至稳定的红色出现，即为终点。

（3）注意事项：

1）试样溶解时，化学药品按顺序依次加入，动作要缓慢，注意烧杯中溶液反应情况，避免反应剧烈导致溶液溅出。

2）钛（Ⅲ）不稳定，易被空气氧化，不宜在空气中暴露过久，滴定开始时速度要快，近终点时应逐滴加入并激烈震荡。

B　二安替比林甲烷（DAPM）光度法

（1）原理：试样用稀硫酸分解或过氧化钠熔融分解，在 1.5~2.0mol/L 硫酸-盐酸溶液中，钛（Ⅳ）与二安替比林甲烷（DAPM）生成黄色可溶性络合物，于分光光度计波长 390nm 处进行吸光度测定。其反应如下：

$$TiO^{2+}+3DAPM+2H^+ \longrightarrow 〔Ti(DAPM)_3〕^{4+}+H_2O$$

在测定条件下，大量的钙、镁、铝、锌、镉、锰（Ⅱ）以及硫酸根、硝酸根、硼酸根、草酸根、EDTA 均不干扰测定。铁（Ⅲ）与 DAPM 形成棕色络合物，严重干扰测定，可用抗坏血酸还原铁（Ⅱ）以消除干扰。铬（Ⅵ）离子本身颜色影响测定，用亚硫酸钠将其还原至低价状态可消除影响。

该方法适用于铬铁合金中 0.01%~0.06% 范围钛的测定。

（2）分析步骤：

酸溶分解：称取 0.1000~0.4000g 试样于 150mL 烧杯中，加入 20mL 硫酸溶液，盖上表面皿，低温加热至完全溶解，移入 200mL 容量瓶中，以水定容。

碱熔分解：称取 0.1000～0.4000g 试样于盛有 5g 过氧化钠的铁坩埚中，混匀后再覆盖2g 过氧化钠，放入 750℃马弗炉中熔融 10min，取出冷却，放入盛有 80mL 热水的塑料杯中浸取融块，加 25mL 硫酸溶液，移入 200mL 容量瓶，以水定容。

分取 25.00mL 上述溶液各两份分别置于 50mL 容量瓶中。

显色液：滴加 6 滴亚硫酸钠饱和溶液，加 5mL 抗坏血酸，混匀，加 20mL 二安替比林甲烷溶液，以水定容。

参比液：滴加 6 滴亚硫酸钠饱和溶液，加 5mL 抗坏血酸，混匀，以水定容。室温放置 30min。随同试样进行空白试验。

用 1cm 吸收皿，以参比溶液为参比，在 390nm 波长处测定吸光度。在工作曲线上查出相应的钛的质量。

工作曲线的绘制：移取 0.00mL、0.50mL、1.00mL、2.00mL、3.00mL、5.00mL、7.00mL 钛标准溶液于一组 50mL 容量瓶中，之后按分析步骤进行。以试剂空白溶液为参比测量标准溶液系列的吸光度。以钛质量为横坐标，吸光度为纵坐标绘制工作曲线。

（3）注意事项：

1）碱熔分解时，坩埚中试样应呈亮红色流体状，可视为熔解完全。

2）关注空白试验值，消光值不宜过高，否则影响钛值准确度。如偏高，需查找导致消光值高的原因，进行消除。

3.4.6.2 锰的测定

A 硫酸亚铁铵滴定法——硝酸铵、高氯酸作氧化剂

（1）原理：本法以磷酸为溶解剂和络合剂，在热的浓磷酸介质中，用硝酸铵或高氯酸将锰（Ⅱ）氧化到锰（Ⅲ）的络合物，以苯代邻氨基苯甲酸为指示剂，用硫酸亚铁铵标准滴定溶液滴定锰（Ⅲ）。其反应如下：

$$2Mn^{2+}+NO_3^-+4PO_4^{3-}+2H^+ \Longrightarrow 2[Mn(PO_4)_2]^{3-}+NO_2^-+H_2O$$
$$4NO_2^-+2NH_4^+ \Longrightarrow 3N_2+4H_2O$$

或
$$14Mn^{2+}+2ClO_4^-+28PO_4^{3-}+16H^+ \Longrightarrow 14[Mn(PO_4)_2]^{3-}+Cl_2+8H_2O$$
$$Fe^{2+}+[Mn(PO_4)_2]^{3-} \Longrightarrow Fe^{3+}+Mn^{2+}+2PO_4^{3-}$$

2mg 钛、0.2mg 铈、0.1mg 五氧化二钒、铬（Ⅲ）对锰的干扰不显著，但其含量高时，需加以校正。

该方法适用于锰铁合金中 50%以上锰的测定。

（2）硝酸铵作氧化剂的分析步骤。将 0.2000g 试样（金属锰 0.1500g）置于 300mL 锥形瓶中，加 15mL 磷酸、5mL 硝酸，加热至试料完全溶解，继续加热，蒸发至液面平静刚出现微烟取下，立即加入 3g 硝酸铵，除尽氮氧化物，稍冷，加入 60mL 蒸馏水，混匀，冷至室温。用硫酸亚铁铵标准滴定溶液滴定至溶液呈浅红色，加入 2 滴苯代邻氨基苯甲酸溶液，继续滴定至亮黄色即为终点。

高氯酸作氧化剂分析步骤：将 0.2000g 试样（金属锰 0.1500g）置于 300mL 锥形瓶中，加 15mL 磷酸、5mL 硝酸、5mL 高氯酸，加热至试料完全溶解，继续加热，蒸发至高氯酸烟冒尽，出现磷酸微烟取下，稍冷，加入 60mL 蒸馏水，混匀，冷至室温。用硫酸亚铁铵标准滴定溶液滴定至溶液呈浅红色，加入 2 滴苯代邻氨基苯甲酸溶液，继续滴定至亮

黄色即为终点。

（3）注意事项：

1）溶样温度不宜过高或过低，过高时易生成焦磷酸盐黏结在瓶底不再溶解，导致结果偏低，溶样温度过低时试样分解不完全。

2）锰（Ⅱ）氧化到锰（Ⅲ）与溶液温度有关，发烟时间过长，生成磷酸锰被分解；发烟时间短二价锰不能被完全氧化，都造成结果偏低。

3.4.6.3 铬的测定

铬的测定可以使用硫酸亚铁铵滴定法。

（1）原理：试样用酸分解或碱熔分解（酸难溶试料）后，在硫酸溶液中，以硝酸银作催化剂，用过硫酸铵将铬（Ⅲ）氧化为铬（Ⅵ），锰氧化为高锰酸，加入少量的氯化钠煮沸破坏高锰酸，再用硫酸亚铁铵标准滴定溶液滴定。其反应如下：

$$2Cr^{3+}+3S_2O_8^{2-}+7H_2O \longrightarrow AgNO_3（催化剂）\longrightarrow Cr_2O_7^{2-}+6SO_4^{2-}+14H^+$$

$$Cr_2O_7^{2-}+6Fe^{2+}+14H^+\longrightarrow 2Cr^{3+}+6Fe^{3+}+7H_2O$$

铈、钒对测定有干扰。钒含量大于 0.5% 时，可用高锰酸钾反滴定的方法消除。铈可采用校正数的办法予以扣除（1.00% 的铈相当于 0.124% 铬）。在氧化前应避免氯离子的引入。

该方法适用于铬铁合金中 25.00%~80.00% 范围铬的测定。

（2）分析步骤：

酸溶分解：称取 0.1000g 试样于 500mL 锥形瓶中，加 40mL 硫酸溶液，低温加热至全溶，加 5mL 磷酸，滴加硝酸至溶液无反应后，加水至溶液体积为 200mL。

碱熔分解：称取 0.1000g 试样于已加 3.0g 过氧化钠的瓷坩埚中，覆盖 1.0g 过氧化钠。瓷坩埚加盖，置于 800~850℃ 马弗炉中熔融 3~7min，取出稍冷，将坩埚放入盛有 200mL 热水的 600mL 烧杯中，浸取熔融物。加 20mL 硫酸溶液，移入 500mL 锥形瓶中煮沸，直至溶液体积为 200mL。

上述溶液加 2~4 滴高锰酸钾溶液，加 5mL 硝酸银溶液，加 20mL 过硫酸铵溶液，煮沸，溶液至呈红色，继续煮沸 5~8min。加 10mL 氯化钠溶液，煮沸以消除高锰酸钾及过量的过硫酸铵，煮沸约 10min，至氯化银沉淀凝聚，出现白色悬浮物，冷却，加 5 滴苯代邻氨基苯甲酸溶液，用硫酸亚铁铵标准滴定溶液滴定至亮绿色即为终点。

（3）注意事项：

1）控制溶样时溶液体积，硫酸酸度不宜过大，过大时氧化不完全。

2）过硫酸铵氧化铬时，溶液中出现紫红色时表示铬已氧化完全。

3）如红色不消失，可添加少量氯化钠，并继续煮沸至还原完全为止。

4）过硫酸铵必须赶尽，否则消耗硫酸亚铁铵溶液。

3.4.6.4 硅的测定

A 重量法

（1）高氯酸脱水重量法：

1）原理：试样用碳酸钠-过氧化钠混合溶剂熔融，使硅转化成硅酸盐，用盐酸酸化，以高氯酸二次冒烟使硅酸脱水。经过滤洗涤后，将沉淀于 1050~1100℃ 灼烧至恒量，由氢氟酸处理前后的质量差计算硅的百分含量。其反应如下：

$$SiO_2 + 2NaOH \longrightarrow Na_2SiO_3 + H_2O$$

$$Na_2SiO_3 + 2HCl \longrightarrow H_2SiO_3 + 2NaCl$$

$$H_2SiO_3 \longrightarrow SiO_2 + H_2O$$

$$SiO_2 + HF \longrightarrow SiF_4 + 2H_2O$$

该方法适用于硅铁合金中 30.00%~98.00% 范围硅的测定。

2) 分析步骤：称取 0.2000~0.3000g 试样置于预先盛有 8g 碳酸钠-过氧化钠混合熔剂的铁坩埚中，搅拌均匀，再覆盖 2g 碳酸钠-过氧化钠混合熔剂。置于低温电热板上，盖坩埚盖，加热焙烘至熔剂焦黄，置于 850~900℃ 马弗炉中熔融，直至完全熔清，继续熔融 2min，冷却。坩埚外壁用水冲洗后置于 250mL 塑料烧杯中，加 100mL 热水，以热水用擦棒擦洗坩埚及盖并取出。将浸出液缓慢移入盛有 35mL 盐酸溶液的 600mL 玻璃烧杯中，用水洗净塑料烧杯及表皿，洗液并入玻璃烧杯中，搅拌至溶液澄清。

将试液蒸发至约 100mL，加 80mL 高氯酸，盖上表皿，留有缝隙，置于电热板上，加热冒高氯酸白烟（约回流 20min），直至残留物呈黏稠状，取下，冷却。沿杯壁加入 20mL 盐酸，用少许热水冲洗表皿及杯壁，加入 100mL 热水（80℃ 以上），搅拌使盐类溶解。趁热用中速定量滤纸过滤于 600mL 烧杯中，将沉淀移入滤纸上，用擦棒仔细擦洗玻璃棒及杯壁，用热盐酸溶液洗净烧杯及玻璃棒，洗涤沉淀至无铁离子（用硫氰酸铵溶液检查），然后用热水洗至无氯离子（用硝酸银溶液检查）。

保留滤纸及沉淀。将滤液及洗液移入原烧杯中，加热蒸发至约 100mL 时，加入 20mL 高氯酸，按上步骤重复进行。

将两次沉淀连同滤纸置于铂坩埚中，加 4 滴氢氧化铵溶液，置于电热板上烘至近干，置于马弗炉 500℃ 使滤纸炭化至完全，马弗炉 1100~1150℃ 灼烧 30min，取出置于干燥器中，冷却至室温，称至恒量。

将不纯的二氧化硅用数滴水湿润，加 4 滴硫酸溶液、6mL 氢氟酸，置于电热板上，蒸发至冒硫酸烟，再加 4mL 氢氟酸，继续加热蒸发至冒尽硫酸烟。将坩埚置于 1100℃ 马弗炉中灼烧 30min，取出置于干燥器中，冷却至室温，称至恒量。

（2）硫酸脱水重量法：

1) 原理：试样以酸分解，用硫酸蒸发冒烟使硅酸脱水。以盐酸溶解可溶性盐类，分离沉淀，经过滤洗涤后，将沉淀于 1050℃ 灼烧至恒量。加入氢氟酸使硅呈四氟化硅挥发除去，再灼烧至恒量，由氢氟酸处理前后的质量差计算硅的百分含量。其反应如下：

$$H_2SiO_3 \longrightarrow SiO_2 + H_2O$$

$$SiO_2 + 4HF \longrightarrow SiF_4 + 2H_2O$$

该方法适用于钒铁合金中 0.10%~3.50% 范围硅的测定。

2) 分析步骤：称取 1.0000g 试样置于 300mL 烧杯中，加 30mL 硝酸、10mL 盐酸，低温加热分解后加 25mL 硫酸，继续加热至冒硫酸浓烟 5~10min，取下，冷却。

加 50mL 盐酸，低温加热溶解盐类。用加少许滤纸浆的中速滤纸过滤，用温热盐酸水洗净杯壁，洗涤沉淀至无铁离子（用硫氰酸铵溶液检查），再用热水洗至无氯离子（用硝酸银溶液检查）。

将滤液及洗液移入原溶样烧杯中，加热至冒硫酸浓烟 5~10min，取下，冷却。按上步骤重复进行。

将两次所得沉淀连同滤纸移入铂皿中，干燥后加热至滤纸碳化，小心灰化，在1050℃的马弗炉中灼烧30min，取出置于干燥器中，冷却至室温，称至恒量。

向铂皿中滴加2~3滴硫酸溶液，使沉淀润湿，加5mL氢氟酸，加热蒸发至冒尽三氧化硫白烟，在1050℃的高温炉中灼烧15min，取出置于干燥器中，冷却至室温，称至恒量。

随同试样分析做空白试验。

3）注意事项：

①当灰化温度高或马弗炉中空气不足时，易生成难烧尽的黑色物质，影响结果的准确性。

②如硅含量高，可加5mL氢氟酸，重复挥硅步骤一次。

B　氟硅酸钾滴定法

（1）原理：用硝酸、氢氟酸分解试样，加硝酸钾使硅生成氟硅酸钾沉淀。加中性沸水使氟硅酸钾水解，析出氢氟酸，以酚酞作指示剂，用氢氧化钠标准滴定溶液滴定。其反应如下：

$$FeSi+6HF+10HNO_3 \longrightarrow H_2SiF_6+Fe(NO_3)_2+7NO_2+7H_2O$$

$$H_2SiF_6+2KNO_3 \longrightarrow K_2SiF_6\downarrow+2HNO_3$$

$$K_2SiF_6+3H_2O \longrightarrow 2KF+H_2SiO_3+4HF$$

$$HF+NaOH \longrightarrow NaF+H_2O$$

该方法适用于硅铁合金中20.00%~90.00%范围硅的测定。

（2）分析步骤：称取0.1000g试样置于300mL塑料烧杯中，加15mL硝酸钾-硝酸溶液，边摇边缓慢滴加5mL氢氟酸至试样完全溶解。加5mL尿素用塑料棒搅动至无气泡产生，加5mL硝酸钾饱和溶液，搅拌均匀后，于冷水中进行沉淀。用中速滤纸和布氏漏斗抽滤，用硝酸钾溶液洗净烧杯，并洗涤沉淀及滤纸2~3次。将沉淀连同滤纸移入原烧杯中，沿杯壁加入15mL硝酸钾-乙醇溶液，浸过滤纸和沉淀，加入5滴酚酞溶液，在充分搅拌下用氢氧化钠标准滴定溶液滴定，至出现稳定玫瑰红色（不计读数，中和残余酸）；然后加150~200mL中性沸水，并搅拌至沉淀溶解，再用氢氧化钠标准滴定溶液滴定，接近终点时，补加4滴酚酞溶液继续滴定至浅红色出现，搅拌30s不褪色为终点。

（3）注意事项：

1）溶解样品时温度不宜过高，否则结果偏低。

2）沉淀时体积不宜超过50mL，有利于氟硅酸钾沉淀完全。

3）中和游离酸时，应将氢氧化钠滴入溶液中，避免与滤纸和氟硅酸钾沉淀直接接触，当大部分酸被中和时，应逐步把滤纸搅碎，否则不易中和完全。

4）当检验室温超过30℃时，硝酸钾-乙醇溶液浓度可适当增大。

C　硅钼蓝分光光度法

（1）原理：在弱酸性溶液中，硅酸能与钼酸铵生成可溶性黄色硅钼杂多酸，被硫酸亚铁还原成硅钼蓝，于分光光度计波长810nm处进行吸光度测定。其反应如下：

$$H_4SiO_4+12H_2MoO_4 \longrightarrow H_8[Si(Mo_2O_7)_6]+10H_2O$$

$$H_8[Si(Mo_2O_7)_6]+4FeSO_4+2H_2SO_4 \longrightarrow H_8[SiMo_2O_5(Mo_2O_7)_5]+2Fe_2(SO_4)_3+2H_2O$$

溶液中若含有磷、砷酸根离子生成相应的杂多酸，均能被还原成钼蓝，可加入氢氟酸消除磷、砷杂元素影响。硫酸根无影响，大量氯根会使钼蓝颜色加深，大量硝酸根可使钼蓝颜色变浅。铝、铜、钛、镍、锰、镁等元素存在对测定无显著影响。

该方法适用于锰铁合金中 0.001%~0.60% 范围硅的测定。

(2) 分析步骤：称取 0.2000~2.0000g 试样置于 300mL 烧杯中，加水润湿，盖上表皿，加入硫酸溶液，低温加热至分解完全，用脱脂棉加少量纸浆过滤于容量瓶中，用水洗涤，冷却至室温，稀释至刻度。

分取 25.00mL 试液于 100mL 容量瓶中，加水稀释至 40mL，置于 50℃ 水浴中，待瓶内温度为 50℃ 时，摇动加入 10mL 钼酸铵溶液，用少量水冲洗瓶内壁上的钼酸铵，在 50℃ 恒温水浴中保温 5min，并不时摇动，取下流水冷却至室温。

加 15mL 氢氟酸，混匀，在 30s 内加 5mL 硫酸亚铁铵溶液，混匀，稀释至刻度，静置 15min。

随同试样进行空白试验。以空白溶液为参比，在 810nm 波长处测量吸光度。在工作曲线上查出相应的硅的质量。

工作曲线的绘制：移取 0.00mL、2.00mL、4.00mL、6.00mL、10.00mL、12.00mL 硅标准溶液于一组 100mL 容量瓶中，分别加 9mL 硫酸溶液，以下按分析步骤进行。以试剂空白为参比，在 810nm 波长处测量标准溶液系列的吸光度。以硅量为横坐标、吸光度为纵坐标绘制工作曲线。

(3) 注意事项：试样溶解时，温度不宜过高，若体积变小可补加水，以保持体积。

3.4.6.5 钒的测定

硫酸亚铁铵滴定法

(1) 原理：试样用硝酸、磷酸和硫酸混合酸溶解，在 15%~20% 的酸度下，过硫酸铵将钒（Ⅳ）氧化成钒（Ⅴ）。煮沸除去过量的过硫酸铵。以苯基邻氨基苯甲酸为指示剂，用硫酸亚铁铵标准滴定溶液进行滴定。其反应如下：

$$2V_2O_2(SO_4)_2+2(NH_4)_2S_2O_8+12H_2O \Longrightarrow 4H_3VO_4+2(NH_4)_2SO_4+6H_2SO_4$$
$$2FeSO_4+2H_3VO_4+3H_2SO_4 \Longrightarrow Fe_2(SO_4)_3+V_2O_2(SO_4)_2+6H_2O$$

试液中含 75mg 锰（Ⅱ）、50mg 铬（Ⅲ）不干扰测定。大量钼和铀的存在会使测定结果偏高，低含量钼和铀对测定的干扰不显著。钨的影响可被磷酸络合故忽略。

该方法适用于钒铁合金中 35.00%~85.00% 范围钒的测定。

(2) 分析步骤：称取 0.2000g 试样置于 500mL 锥形瓶中，沿杯壁加少许水，加 5mL 磷酸、3mL 硝酸，加 40mL 硫酸溶液，加热至试料溶解完全并冒硫酸烟约 1min，取下，冷却，以水稀释至体积约 120mL，加热至近沸，加 5g 过硫酸铵，继续加热煮沸至冒大气泡后约 2~3min，取下，冷却至室温，加入 3 滴 N-苯基邻氨基苯甲酸指示剂溶液，用硫酸亚铁铵标准滴定溶液滴定，溶液由紫红色转为亮绿色为终点。

(3) 注意事项：

1) 溶样的温度很重要，温度过高易使焦磷酸盐析出，温度过低时试样不能完全溶解，一般以 300℃ 为宜。

2) 加热煮沸时间要足够，以除去过量的过硫酸铵。

3）在有铁、钒同时存在时，结果随指示剂量的增加而降低。操作过程中，指示剂量不可多加，以免影响测定结果。

3.4.6.6　钼的测定

钼酸铅重量法：

（1）原理：试料用稀硝酸分解，用 EDTA 络合铁，在乙酸-乙酸铵溶液中，加乙酸铅使钼成钼酸铅沉淀，在 550~600℃ 灼烧，以钼酸铅形式称量。其反应如下：

$$(NH_4)_2MoO_4+Pb(C_2H_3O_2)_2 \longrightarrow PbMoO_4\downarrow +2NH_4C_2H_3O_2$$

凡能与钼酸根生成钼酸盐沉淀的金属阳离子如钙（Ⅱ）、锶（Ⅱ）、钡（Ⅱ）等会干扰测定。钨酸根、砷酸根、磷酸根、钒酸根、铬酸根等阴离子在乙酸-乙酸铵介质中会与乙酸铅作用生成沉淀，需预先分离。

该方法适用于钼铁合金中 >40% 范围钼的测定。

（2）分析步骤：称取试样 0.2500g 置于 500mL 烧杯中，加 20mL 硝酸溶液，低温加热至溶解；加 10mL 盐酸溶液，加热煮沸驱除氮氧化物；加 100mL 热水、加 20mL EDTA 溶液，以氨水调节溶液呈棕红色，再以盐酸溶液调节至棕红色消失；加 10mL 乙酸、10mL 乙酸铵溶液，用水稀释至 250~300mL。加热，在煮沸状态下滴加乙酸铅溶液至出现沉淀，再逐滴加入 30mL 乙酸铅溶液，盖上表皿，继续煮沸 10min。在 60~80℃ 保温 45min。用盛有少量滤纸浆的慢速滤纸过滤，烧杯中的沉淀用热硝酸铵溶液洗 5 次，将沉淀全部转移至滤纸上，洗净烧杯，洗涤沉淀 15~20 次。

将沉淀连同滤纸移入已恒重的瓷坩埚中，灰化，在 550~600℃ 灼烧 40min。取出置于干燥器中，冷却至室温，称至恒量。

（3）注意事项：

1）溶解试样时氮氧化物一定要驱除尽，但溶液不能出现浑浊。

2）乙酸铅沉淀剂一定要在煮沸状态下滴加，使其生成大颗粒结晶，否则沉淀过细，过滤时易穿过滤纸和漂浮上移造成沉淀损失。

3）沉淀灼烧时，温度不能超过 600℃，否则使结果偏低。

3.4.6.7　磷的测定

A　钼蓝分光光度法

（1）原理：试样用硝酸、氢氟酸分解或者用过氧化钠熔融，使磷氧化成正磷酸，加亚硫酸氢钠还原铁，加钼酸铵与磷生成磷钼杂多酸，加硫酸肼还原为磷钼蓝，于分光光度计波长 825nm 处进行吸光度测定。

该方法适用合金中磷的测定范围为：铬铁 <0.15%；锰铁 0.003%~0.450%；钒铁 0.010%~0.250%。

（2）分析步骤：

1）铬铁：

①酸溶分解方法（低碳铬铁等）。称取 0.5000g 试样置于 300mL 烧杯中，盖上表皿，加入 20mL 溴饱和盐酸加热至分解完全，加 20mL 高氯酸，在高氯酸蒸汽呈回流状态下保持加热约 10min；同时加入 5mL 盐酸，使铬挥发；再加入 5mL 盐酸，反复挥铬；最后加约 1g 氯化钠，使铬挥发；再反复进行加氯化钠，至不再出现氯化铬酰棕色蒸汽，继续使

之产生白烟以除去氯。冷却后，加 40mL 水溶解盐类，用放有少量纸浆的滤纸过滤入 200mL 容量瓶中，温水洗涤滤纸 4~5 次，流水冷却至室温，混匀。

②碱熔分解方法（高碳铬铁等）。称取 0.5000g 试样置于已经盛有 10g 过氧化钠的镍坩埚中，搅匀，覆盖 1g 过氧化钠。750℃ 高温炉中熔融 10min，用热水浸取于 500mL 烧杯中，边缓慢搅拌加入硫酸中和并过量 10mL。加入 3mL 三氯化铁溶液，用氨水中和并过量 5mL，慢慢煮沸 1min，沉淀用中速定量滤纸过滤，用氨水洗涤。将沉淀用水和盐酸冲洗入 300mL 烧杯中，加入溶解后，加 10mL 高氯酸，待蒸发至冒白烟，加氯化钠，反复挥铬，使铬挥发，至不再出现氯化铬酰棕色蒸汽，继续使之产生白烟以除去氯。冷却后，加 40mL 水溶解盐类，用放有少量纸浆的滤纸过滤入 200mL 容量瓶中，温水洗涤滤纸 4~5 次，流水冷却至室温，混匀。

显色与测定：分取 25.00mL 试液于 100mL 容量瓶中，加入 10mL 亚硫酸氢钠溶液，在沸水浴中加热至溶液无色，立即加入 25mL 显色剂溶液，再在沸水浴中加热 15min，取下流水冷却至室温，稀释至刻度，混匀。

随同试样进行空白试验。在 825nm 波长处测量吸光度，用水为参比调零，试样吸光度减去随同试样空白溶液的吸光度得到试样溶液的净吸光度。在工作曲线上查出相应的磷的质量。

工作曲线的绘制：移取 0.00mL、1.00mL、2.00mL、3.00mL、4.00mL、5.00mL 磷标准溶液于一组 100mL 烧杯中，加 5mL 高氯酸，加热蒸发至高氯酸冒白烟。自然冷却后加 40mL 水溶解盐类，用放有少量纸浆的滤纸过滤入 200mL 容量瓶中，温水洗涤滤纸 4~5 次，流水冷却至室温，混匀。在 825nm 波长处用水为参比调零测量其吸光度。以磷量为横坐标、净吸光度为纵坐标绘制工作曲线。

2）锰铁：

①金属锰、电解锰试料分解。称取 1.0000g 试料置于 250mL 烧杯中，用少量水湿润，盖上表面皿，缓慢加入 20mL 硝酸，加热使试样完全分解，加入 10mL 高氯酸，加热蒸发至冒白烟，在高氯酸蒸气沿烧杯壁呈回流状态下保持加热约 10min，取下。

②锰铁、锰硅合金试料分解。称取 0.2000~0.5000g 试料置于 200mL 聚四氟乙烯烧杯（或 100mL 铂皿）中，加入 20mL 硝酸，放冷水浴中，若试液中含硅量≤50mg 时，一次性逐滴加入 5mL 氢氟酸进行分解；含硅量在 50~70mg 时（大于 70mg 有干扰），可采取补加 5mL 氢氟酸、5mL 高氯酸进行二次挥硅。

加入 10mL 高氯酸，加热蒸发至冒烟约 5min，驱除氢氟酸。冷却后，用温水洗涤至 150mL 烧杯中，盖上表面皿。

还原、显色、比色操作：稍冷后，加入约 30mL 温水使可溶性盐类溶解，滴加亚硫酸氢钠使二氧化锰等分解，用中速滤纸过滤于 250mL 容量瓶中，用温水洗涤至无酸性，冷却至室温，用水稀释至刻度，混匀。

移取 25.00mL 试液于 100mL 容量瓶中，加入 10mL 亚硫酸氢钠，在沸水浴中加热至溶液呈无色，取下立即加入 25mL 显色剂溶液（钼酸铵和硫酸肼），再于沸水浴中加热 15min，取下，流水冷却到室温，稀释至刻度，混匀。

随同试样进行空白试验：在 825nm 波长处测量吸光度，以随同试样的空白溶液为参比，在校准曲线上查出相应的磷的质量。

标准曲线的绘制:

金属锰、电解锰磷标准曲线绘制。移取 0mL、1.00mL、2.00mL、3.00mL、4.00mL、5.00mL、6.00mL、7.00mL(0.1mg/mL) 磷标准溶液 (磷质量分数 0.020% ~ 0.070%) 或 0mL、2.00mL、4.00mL、6.00mL、8.00mL、10.00mL、12.00mL(0.02mg/mL) 磷标准溶液 (质量分数 0.003% ~ 0.020%) 于一组 100mL 烧杯中,分别加入 5mL 高氯酸,加热蒸发至冒高氯酸烟,取下,以下按"还原、显色、比色操作"步骤进行。以试剂空白为参比,于分光光度计波长 825nm 处测量其吸光度,以磷量为横坐标、吸光度为纵坐标绘制校准曲线。

锰铁、锰硅合金校准曲线绘制。移取 0mL、1.00mL、3.00mL、5.00mL、7.00mL、9.00mL(0.1mg/mL) 磷标准溶液置于一组 100mL 烧杯中,分别加入 5mL 高氯酸,加热蒸发至冒高氯酸烟,取下,以下按"还原、显色、比色操作"步骤进行。以试剂空白为参比,于分光光度计波长 825nm 处测量其吸光度,以磷量为横坐标、吸光度为纵坐标绘制校准曲线。

3) 钒铁。称取 0.2500 ~ 0.5000g 试样置于 200mL 烧杯中,盖上表面皿,加入 10mL 硝酸、5mL 盐酸,低温加热至试样溶解,再加入 10mL 硫酸,继续加热蒸发至冒硫酸白烟约 2min。放置冷却后加入 8mL 氯化铁溶液、50mL 温水,加热溶解可溶性盐类,用中速定量滤纸过滤不溶性残渣。用温热的硝酸溶液充分洗净,弃去残渣。

将滤液收集于 300mL 烧杯中,用水稀释至 200mL,加入 5mL 过氧化氢,一边搅拌一边加入氢氧化铵中和至沉淀刚好出现,并再加入 10mL,搅拌,同时再加入 2mL 过氧化氢,立即用中速定量滤纸过滤,用温水充分洗净,弃去滤液和洗液。分次加入 50mL 温热硝酸溶解滤纸上的沉淀于原烧杯中,用温热硝酸洗净滤纸 (洗至无铁离子反应);加入 10mL 高氯酸,加热蒸发至高氯酸冒烟,并浓缩至溶液体积约为 5mL。

取下冷却后,加入约 30mL 温水加热溶解可溶性盐类,过滤,温水洗净,弃去残渣。滤液收集于 100mL 容量瓶中,冷却至室温,以水稀释至刻度,混匀。

显色与测定:

显色溶液:移取 10.00mL 试液于 100mL 容量瓶中,加入 10mL 亚硫酸氢钠溶液,摇匀,在沸水浴中加热溶液至无色,立即加入 25mL 显色溶液,摇匀,再于沸水浴中加热 15min,取下,流水冷却至室温,以水稀释至刻度,混匀。

参比溶液:移取 10.00mL 试液于 100mL 容量瓶中,加入 10mL 亚硫酸氢钠溶液,摇匀,在沸水浴中加热溶液至无色,加入 25mL 硫酸肼溶液,摇匀,再于沸水浴中加热 15min,取下,流水冷却至室温,用水稀释至刻度,混匀。

随同试样进行空白试验。于分光光度计上 825nm 波长处,以参比溶液调零,测量显色溶液吸光度,减去随同试样空白溶液的吸光度得到试样溶液的净吸光度。从校准曲线上查得相应磷的质量。

工作曲线的绘制:移取 0mL、1.00mL、2.00mL、4.00mL、6.00mL、8.00mL 磷标准溶液于一组 200mL 烧杯中,各加入 5mL 高氯酸和 5mL 氯化铁溶液,加热至高氯酸冒烟,取下,冷却后加入约 30mL 水,加热溶解盐类,冷却至室温,移入 100mL 容量瓶中,以水稀释至刻度,混匀。以下按照"显色与测定"步骤进行。于分光光度计上 825nm 波长处,以参比液调零,测量其吸光度。校准曲线溶液的吸光度减去零浓度溶液的吸光度,为磷校准曲线系列溶液的净吸光度，以磷量为横坐标、净吸光度为纵坐标绘制工作曲线。

B 铋磷钼蓝分光光度法

原理：试样用硝酸、氢氟酸分解，以高氯酸、硫酸冒烟使磷氧化成正磷酸，磷与硝酸铋、钼酸铵形成磷铋钼三元配合物，用抗坏血酸还原后，磷形成铋磷钼蓝，于分光光度计波长 700nm 处进行吸光度测定。

该方法适用合金中磷的测定范围为：钛铁 0.010%~0.150%；钼铁 0.010%~0.150%。

1）钼铁。称取 0.5000g 试样置于铂皿中，加入 15mL 硝酸，待剧烈反应后，缓慢逐滴滴加氢氟酸并加热至试料溶解完全，取下，加入 3mL 高氯酸、10mL 硫酸，继续加热至冒硫酸白烟 3~5min 后，取下，冷却。加入 35mL 盐酸加热溶解盐类，移入 500mL 烧杯中，以温水稀释至约 250mL，煮沸，取下。稍冷，用氨水中和至有沉淀产生并过加 10mL，低温煮沸 1min，取下静置待沉淀下沉，以中速定性滤纸过滤，用温水洗涤烧杯、沉淀各 3~4 次。以 65mL 热硫酸分数次溶解沉淀于原烧杯中，滤纸上的沉淀用热硫酸洗液洗净。将滤液（必要时浓缩体积）移入 100mL 容量瓶中，冷却至室温，用水稀释至刻度，混匀。

显色与测定：移取 15.00mL 试液于 50mL 容量瓶中，加入 5mL 硫代硫酸钠溶液、5mL 硝酸铋溶液、10mL 钼酸铵溶液、10mL 抗坏血酸溶液，混匀。用水稀释至刻度，混匀。

随同试样进行空白试验。室温静置 15min，在 700nm 波长处测量吸光度，用水为参比调零，试样吸光度减去随同试样空白溶液的吸光度得到试样溶液的净吸光度。在工作曲线上查出相应的磷的质量。

工作曲线的绘制：分别移取 0mL、0.50mL、1.00mL、2.00mL、4.00mL、6.00mL、8.00mL、10.00mL、12.00mL 磷标准溶液于一组 50mL 容量瓶中，分别加入 6.0mL 硫酸、2.0mL 硫酸铁铵溶液，以下按照"显色与测定"步骤进行。室温静置 15min，以水为参比，于分光光度计上 700nm 波长处，测量其吸光度。校准曲线系列每一溶液的吸光度减去零浓度溶液的吸光度，为磷校准曲线系列溶液的净吸光度，以磷量为横坐标、净吸光度为纵坐标绘制工作曲线。

2）钛铁。称取 0.5000~1.0000g 试样置于铂皿或聚四氟乙烯烧杯中，盖上表皿，加入 20mL 硝酸，缓慢分次滴加少量氢氟酸至试样溶解，取下表皿，加入 10mL 硫酸和 10mL 高氯酸于低温电热板上加热至几乎不再冒硫酸白烟，取下冷却。加入 10mL 硫酸、40mL 温水，加热溶解可溶性盐类，移入 500mL 烧杯中，以热水稀释至约 100mL，边搅拌边加入氢氧化钠溶液至生成沉淀并一次过量 40mL。加热煮沸 3~5min，取下，冷却至室温。移入 200mL 容量瓶中，以水稀释至刻度，混匀。以中速滤纸干过滤，弃去最初滤液。

显色与测定：移取 10.00mL 滤液于 50mL 容量瓶中，加入 10mL 硫酸、加入 1.00mL 硫酸铁铵溶液、5mL 硫代硫酸钠溶液、5mL 硝酸铋溶液、加入 5mL 钼酸铵溶液，混匀，再加入 5mL 抗坏血酸溶液，混匀，以水稀释至刻度，混匀。

随同试样进行空白试验。常温静置 15min，在 700nm 波长处测量吸光度，用水为参比调零，试样吸光度减去随同试样空白溶液的吸光度得到试样溶液的净吸光度。在工作曲线上查出相应的磷的质量。

工作曲线的绘制：移取 0mL、1.00mL、2.00mL、3.0mL、4.00mL、5.00mL 磷标准溶

液于一组 50mL 容量瓶中，加入 10mL 硫酸溶液，加入 1.00mL 硫酸铁铵溶液，以下按照"显色与测定"中"加入 5mL 硫代硫酸钠溶液"及后续步骤进行。常温静置 15min，以水为参比，于分光光度计上 700nm 波长处测量其吸光度。将校准曲线系列每一溶液的吸光度减去零浓度溶液的吸光度，为磷校准曲线系列溶液的净吸光度，以磷量为横坐标、净吸光度为纵坐标绘制工作曲线。

3）硅铁。称取 0.3000g 试样置于铂皿或聚四氟乙烯烧杯中，加入 15mL 硝酸，边摇动边加 3~5mL 氢氟酸至试样溶解，加入 10mL 高氯酸，于电热板上加热至冒白烟，并浓缩体积至约 3mL，取下冷却，加入 30mL 热水，加热溶解盐类，用快速滤纸过滤于 100mL 容量瓶中，热水洗涤杯壁及滤纸各 4~5 次，冷却至室温，以水稀释至刻度，混匀。

显色与测定：移取 20.00mL 溶液于 100mL 烧杯中，加入 5mL 高氯酸，于低温电热板上蒸发至体积约为 1mL，取下稍冷，用水冲洗杯壁，控制体积约 10mL，加热溶解盐类，取下稍冷，移入 50mL 容量瓶中。加入 1mL 硫代硫酸钠溶液、5mL 硝酸铋溶液、5mL 钼酸铵溶液、15mL 抗坏血酸-乙醇溶液，每加完一种试剂须立即混匀，以水稀释至刻度，混匀，放置 2min（室温如低于 15℃ 则放置 10min）。

随同试样进行空白试验。在 690nm 波长处测量吸光度，以试样空白溶液为参比，在工作曲线上查出相应的磷量。

工作曲线的绘制：移取 0mL、1.00mL、2.00mL、4.0mL、5.00mL，磷标准溶液于一组 100mL 烧杯中，用水稀释至 20mL，以下按照"显色与测定"步骤进行。以试剂空白为参比，于分光光度计上 690nm 波长处测量其吸光度。以磷量为横坐标、净吸光度为纵坐标绘制工作曲线。

3.4.6.8　碳的测定

高频感应炉燃烧红外吸收法测定碳

原理：在助熔剂存在下，在高频感应炉内通入氧气流，使试样在高温下燃烧，碳生成二氧化碳气体进入红外吸收池，二氧化碳吸收某特定波长的红外能，其吸收能与其浓度成正比，根据检测器自动测量其对红外能的吸收后，计算并显示结果。

该方法适用于合金中 0.002%~8.00% 范围碳的测定。

（1）分析步骤：

仪器的稳定性：通过燃烧几个类似于待测试样的试样来调整和稳定仪器。

校正空白：在已预烧过的陶瓷坩埚中加入相应助熔剂，将坩埚放到炉子的支座上并上升到燃烧位置，重复操作 3 次，得到低而比较一致的读数，计算其平均值。（在新建检验方法、检验条件发生变化、结果异常时，必须进行空白检验）

（2）校正仪器：称取 0.2000~0.8000g 与待测试样类似的标准样品置于已预烧过的陶瓷坩埚中，加入相应助熔剂，将坩埚放到炉子的支座上并上升到燃烧位置，重复操作 2~3 个标准样品，直至标准样品中碳的结果稳定在允许差范围内为止。

（3）测定：称取 0.2000~0.8000g 试样，将试样置于已预烧过的陶瓷坩埚中，加入相应助熔剂，将坩埚放到炉子的支座上并上升到燃烧位置，显示碳含量。重复操作 2 次，试样中碳的结果在允许差范围内，以试样两次有效检验的平均值报出。表 3-10 和表 3-11 为 LECO CS-230 高频红外分析仪测定碳的参考工作条件和主要合金测定碳的称样量及助熔剂量参考工作条件。

表 3-10 LECO CS-230 高频红外分析仪测定碳的参考工作条件

载气	输入氧气压力 p/kPa	系统气体压力 p/kPa	最短分析时间 t/s	气动气流量 Q/L·min^{-1}	氧气流量 Q/L·min^{-1}
氧气 99.5%	245~255	83.4	40	1	3

表 3-11 主要合金测定碳的称样量及助熔剂量参考工作条件

合金种类	称样量/g	锡粒/g	纯铁/g	钨粒/g
高碳锰铁	0.20	0.30		1.80
中、低碳锰铁	0.50	0.30		1.80
锰硅合金	0.20	0.30	0.40	1.50
金属锰	0.80	0.30		1.80
硅铁合金	0.20	0.30	0.50	1.20
钼铁合金	0.80	0.30		1.50
钛铁合金	0.50	0.50		1.50
高碳铬铁	0.25~0.30	0.30		1.50
低碳铬铁	0.45~0.50	0.30		1.50
钒铁合金	0.50	0.30	0.50	1.50

3.4.6.9 硫的测定

A 高频感应炉燃烧红外吸收法测定硫

原理：在助熔剂存在下，在高频感应炉内通入氧气流，使试样在高温下燃烧，硫生成二氧化硫气体进入红外吸收池，二氧化硫吸收某特定波长的红外能，其吸收能与其浓度成正比，根据检测器自动测量其对红外能的吸收后，计算并显示结果。

该方法适用于合金中 0.003%~0.100% 范围硫的测定。

（1）分析步骤：

仪器的稳定性：通过燃烧几个类似于待测试样的试样来调整和稳定仪器。

校正空白：在已预烧过的陶瓷坩埚中加入相应助熔剂，将坩埚放到炉子的支座上并升到燃烧位置，重复操作 3 次，得到低而比较一致的读数，计算其平均值。（在新建检验方法、检验条件发生变化、结果异常时，必须进行空白检验）。

（2）校正仪器：称取 0.2000~0.5000g 与待测试样类似的标准样品置于已预烧过的陶瓷坩埚中，加入相应助熔剂，将坩埚放到炉子的支座上并升到燃烧位置，重复操作 2~3 个标准样品，直至标准样品中硫的结果稳定在允许差范围内为止。

（3）测定：称取 0.2000~0.5000g 试样，将试样置于已预烧过的陶瓷坩埚中，加入相应助熔剂，将坩埚放到炉子的支座上并上升到燃烧位置，显示碳含量。重复操作 2 次，试样中硫的结果在允许差范围内，以试样两次有效检验的平均值报出。表 3-12 和表 3-13 为 LECO CS-230 高频红外分析仪测定硫的参考工作条件和主要合金测定硫的称样量及助熔剂量参考工作条件。

表 3-12　LECO CS-230 高频红外分析仪测定硫的参考工作条件

载气	输入氧气压力 p/kPa	系统气体压力 p/kPa	最短分析时间 t/s	气动气流量 $Q/L \cdot min^{-1}$	氧气流量 $Q/L \cdot min^{-1}$
氧气 99.5%	245~255	83.4	40	1	3

表 3-13　主要合金测定硫的称样量及助熔剂量参考工作条件

合金种类	称样量/g	锡粒/g	纯铁/g	钨粒/g
高碳锰铁	0.20	0.30		1.80
中、低碳锰铁	0.20	0.30		1.80
锰硅合金	0.20	0.30		1.80
金属锰	0.50	0.30		1.80
硅铁合金	0.20	0.30	0.50	1.20
钼铁合金	0.50	0.30		1.50
钛铁合金	0.25	0.25	0.50	1.00
高碳铬铁	0.50	0.30		1.50
低碳铬铁	0.50	0.30		1.50
钒铁合金	0.50	0.30	0.50	1.50

B　色层分离硫酸钡重量法

原理：试样在溴液中，以硝酸、氢氟酸溶解，经高氯酸冒烟，以水溶解盐类后过滤，滤液可提高活性氧化铝色层柱，除去大部分干扰元素，用稀氢氧化铵洗脱色层柱上的硫酸根离子，加入氯化钡溶液进行沉淀。沉淀经过滤、灼烧后称重，按硫酸钡的质量计算试样中硫的百分含量。

该方法适用于硅铁合金中 0.005%~0.025% 范围硫的测定。

（1）分析步骤。称取 5.000g 试样置于 600mL 聚四氟乙烯烧杯中，加 100mL 硝酸、5mL 溴、1~2mL 氢氟酸；低温加热至反应开始，取下，逐滴加 50~60mL 氢氟酸，使其缓慢分解；加 50mL 高氯酸，加热至冒高氯酸烟，溶液体积至 20mL 左右，取下冷却；加 150mL 水和 0.1g 硼酸，加热溶解盐类，保温 20min。

用中速滤纸过滤，用高氯酸溶液洗涤聚四氟乙烯烧杯和滤纸各 4~5 次，控制溶液体积约 200mL，准确加入 2.00mL 硫标准溶液。将溶液通过色层柱，流速控制在 10~15mL/min。待溶液全部通过色层柱，用 50mL 盐酸溶液分三次洗涤烧杯并通过色层柱，再用 30mL 水分二次洗涤色层柱，弃去从色层柱流出的溶液和洗液。用氢氧化铵洗脱色层柱上的硫酸根离子，流速控制在 5mL/min。将洗脱液收集在 100mL 烧杯中，用水洗烧杯及滤纸各 4~6 次，溶液低温浓缩至体积约为 45mL，加入 1 滴甲基红乙醇溶液，滴加盐酸至出现稳定的红色并过量 0.50mL。加入 1mL 冰乙酸和 5 滴过氧化氢，还原并络合色层柱带下的少量铬离子，待蓝色褪去，加入 10mL 无水乙醇，搅匀，加热至近沸，滴加 5mL 氯化钡溶液，同时搅拌至沉淀出现，在 60~70℃保温 2h 以上。

用慢速定量滤纸过滤；用热水将沉淀全部转移至滤纸上，用硝酸铵溶液洗涤滤纸及沉淀物氯离子，用硝酸银溶液检查；将沉淀及滤纸移入已灼烧至恒量的铂坩埚中，低温灰化，在 800~850℃ 高温炉中灼烧 30min 以上，取出置于干燥器中，冷却至室温，称至恒量。

（2）注意事项：

1）逐滴加氢氟酸，待其缓慢分解，溶液反应剧烈，注意安全。

2）用硝酸铵溶液洗涤滤纸及沉淀物中氯离子时，一般需冲洗烧杯 12~13 次，每次约 2mL。

3.5　辅料

3.5.1　辅料在生产中的主要作用

3.5.1.1　炼钢用辅料的定义

钢铁冶炼过程中，为了除去磷、硫等杂质，造成反应性好、数量适当的炉渣，需要加入冶金熔剂（如石灰石、石灰或萤石等）；为了控制出炉钢水温度不致过高，需要加入冷却剂（如氧化铁皮、铁矿石、烧结矿或石灰石等）；为了除去钢水中的氧，需要加入脱氧剂（如锰铁、硅铁等铁合金等）。上述材料统称为辅助原料。

在炼钢过程中，造渣材料主要有石灰、石灰石、白云石、轻烧白云石、镁球、菱镁矿、萤石、火砖块、化渣剂、压渣剂、硅石、石英砂等，按照材料主要成分，可以分为钙质熔剂材料和镁质熔剂材料、硅质熔剂材料、化渣剂、脱氧剂。

3.5.1.2　钙质造渣材料

（1）石灰是炼钢主要的造渣材料，主要成分为 CaO。它由石灰石煅烧而成。其来源广泛、价格低廉、具有较强的脱磷和脱硫能力，有利于转炉炉衬的安全。

石灰质量对炼钢的影响：用于炼钢的石灰通常含有硅、硫、镁等杂质。石灰质量直接关系到炼钢的成渣速度、能源消耗，并影响钢水脱硫效果等指标。高质量的石灰具有缩短冶炼时间、提高钢水纯净度及收得率、降低石灰及萤石消耗、提高炉衬寿命等优点。

1）有效 CaO 和 SiO_2 含量的影响：有效 CaO 是指石灰中 CaO 含量减去石灰自身 SiO_2 在特定渣碱度条件下消耗的 CaO 量所得的余量。成分一定的铁水所需的石灰量由炉渣碱度（CaO/SiO_2）确定，而 SiO_2 含量又是决定炉渣碱度的关键因素，SiO_2 含量越高，所需石灰量就越大。对石灰中所含的杂质 SiO_2，若按渣碱度为 3.2 计算，则石灰中每含 1mol 的 SiO_2 就需要 3.2mol 的活性 CaO 与之中和，大大降低了石灰中有效 CaO 的含量，从而增加了炼钢用石灰量，也增加了渣量。某厂的生产实践表明，有效 CaO 质量分数减小 1% 时，按炼钢渣碱度 3.2 计算，炼钢石灰消耗量将增加 0.432kg/t。

2）硫含量的影响：石灰中硫含量增加会降低对钢水的脱硫能力，影响冶炼工艺，增加石灰消耗，同时增加了渣量，延长冶炼时间，冶炼过程中的钢铁料消耗和炉衬的寿命会间接受到影响。因此，降低石灰中的硫含量是降低石灰消耗、提高炉衬寿命、提高钢水质量、保证冶炼顺利进行的重要措施。

3）灼减（也叫做烧失）：一般石灰的灼减量为 2.5%~3.0%，相当于石灰中残余 CO_2 量为 2% 左右。石灰中残余 CO_2 的量还反映了石灰在煅烧中的生过烧情况，影响石灰中有效 CaO 含量。据报道，当烧失量减少 0.20% 时，有效 CaO 含量可提高 0.17%，将降低吨钢石灰消耗。

4）活性度：石灰的活性是指在熔渣中与其他物质的反应能力，用石灰在熔渣中的熔化速度表示。由于直接测定石灰在熔渣中的熔化速度（热活性）比较困难，通常用石灰与水的反应速度，即石灰水活性表示。石灰活性度高，其化学性能活泼、反应能力强，有利于冶炼过程的进行。据统计，采用活性石灰（一级灰，活性度大于 320mL）与采用普通石灰（活性度小于 300mL）相比，转炉吹氧时间可缩短 10%，钢水收得率可提高 10%，石灰消耗可减少 20%，萤石消耗可减少 25%，同时高活性的石灰还有利于提高脱硫、去磷能力，并提高炉衬寿命。

（2）石灰石：石灰石作为造渣材料使用的优势：石灰石在 420℃ 左右开始分解，随温度升高分解速率加快，820℃ 左右分解速率最大，5min 之内几乎全部分解。开吹后，转炉内熔池温度一般在 1300~1400℃，石灰石的分解过程会产生大量 CO_2 气体，一方面使得炉内熔渣泡沫化程度提高，有效增加石灰与熔渣反应的表面积，同时 CO_2 气体的逸出会在石灰石煅烧生产的石灰表面形成诸多气孔，高气孔率的形成更可有效促进石灰的快速熔化，有利于高碱度转炉熔渣快速形成；另一方面石灰石含有质量分数为 44% 的 CO_2，在炼钢前期分解产生的 CO_2 可与 C 发生氧化反应，直接或间接提高熔渣氧化性，有利于前期脱磷。石灰石造渣主要优势有以下的两点：

1）采用石灰石基本可以替代常规工艺中起降温作用的部分石灰，从磷含量的对比来看，碱度按 3.0 左右控制可以保证去磷效果。

2）利用石灰石替代部分石灰造渣炼钢，能够有效降低吨钢石灰消耗 6.69kg，铁皮用量减少 1.03kg/t，使炼钢生产成本降低 3.3 元/t，能够达到降低生产成本的预期目的。

石灰石用于炼钢生产的必要条件要求如下：

1）石灰石的冷却效应是废钢的 3.0~4.0 倍，其分解需要吸收大量的热量，为此热铁水消耗或铁水温度要高，以满足炉内热量平衡。

2）由于石灰石的表面比石灰硬，且石灰石在转炉内分解需要一定的时间，因此入炉的石灰石的粒度最好在 20~40mm 之间。

3）石灰石的加入与石灰的加入方式一致，即石灰石从料场由汽车运输至低位料仓，采用皮带运送至转炉高位料仓。由于石灰石在转炉内要经过煅烧，石灰石完全煅烧分解完的时间长，而且由于铁水消耗高，入炉温度大于 1330℃，要控制炉内前期的过程温度，因此石灰石最好在吹炼前期加完。若加入量较大，也可通过加底灰的方式在吹炼前加入，避免在吹炼过程中加入过快，造成炉渣结团，不利于石灰石的熔化。

3.5.1.3　镁质冶金溶剂

镁质冶金溶剂在炼钢生产中的作用：

转炉炼钢过程中，熔渣的黏度与熔渣和金属间的传质和传热速度有着密切的关系，因而它影响着渣钢反应的反应速度和炉渣的传热能力。黏度过大的熔渣使得熔池不活跃，冶炼不能顺利进行；黏度过小的熔渣，容易发生喷溅，而且严重侵蚀炉衬的耐火材料，降低转炉的寿命。熔渣黏度的影响因素主要是熔渣的组成和冶炼温度。因此，为了保证钢的质量和良好的经济技术指标，就要保证熔渣有适当的黏度。而加入含有 MgO 的造渣材料被证明是最有效的调整炉渣黏度的工艺。

转炉炉衬主要耐火材料的材质是镁碳砖，为了使得转炉的炉衬有较高的使用寿命，调整炉渣的黏度，可将渣中的 MgO 含量控制在 8%～15%，由于转炉炉渣的碱度在 2.5～4.8 之间，氧化镁在此类钢渣中间的溶解度有限，故向炉内加入一定数量的含氧化镁的材料，可使渣中的氧化镁接近饱和，从而减弱熔渣对镁质炉衬中氧化镁的溶解。渣中氧化镁处于过饱和状态，因而有少量的固态氧化镁颗粒析出，使炉渣黏度升高，实施溅渣护炉工艺后，这些含有较高氧化镁的转炉炉渣挂在炉衬表面，可形成保护层，这就是转炉溅渣护炉的工艺原理。

镁质的渣辅料加入转炉或者电炉以后，有利于形成各类低熔点的橄榄石和其他的低熔点岩相组织，促进炉渣的熔化，能够代替部分萤石，帮助化渣，降低石灰用量。

部分含有 MgO 的高熔点物质是形成泡沫渣的悬浮物质点，有利于泡沫渣的形成，泡沫渣对于增加钢-渣反应界面，提高冶金过程中的化学反应速度有极大的促进作用。

A 白云石块矿（生白云石）

白云石是组成为 $CaMg(CO_3)_2$ 的碳酸复盐，也叫做白云岩，具有完整的解理以及菱面结晶。颜色多为白色、灰色、肉色、无色、绿色、棕色、黑色、暗红色等，透明到半透明，具有玻璃光泽。有的白云石在阴极射线照射下发橘红色光。白云石为三方晶体，晶体结构像方解石，晶体呈菱面体，晶面常弯曲成马鞍状，常见聚片双晶，集合体通常呈粒状。纯者为白色，含铁时呈灰色，风化后呈褐色。遇冷稀盐酸时缓慢起泡。海相沉积成因的白云岩常与菱镁矿层、石灰岩层成互层产出。在湖相沉积物中，白云石与石膏、硬石膏、石盐、钾石盐等共生，密度为 2.86～3.20g/cm³，在国内大部分的区域均存在这种矿物。广义的白云岩分布很广，但纯的白云岩很少，根据 CaO/MgO 的比值大小可分为：

（1）白云岩。白云岩中含少量的方解石（小于 5%），CaO/MgO 比值在 1.39 左右，煅烧后 MgO 含量为 35%～45%。

（2）钙质白云岩。CaO 含量较多，CaO/MgO 比值大于 1.39，CaO 含量过高时，称为白云石质灰岩，煅烧后 MgO 的含量为 8%～30%。

（3）镁质白云岩。MgO 含量较多 CaO/MgO 比值小于 1.39，MgO 的含量为 40%～65%，当 MgO 含量过高时，称为白云石质菱镁矿或高镁白云岩，煅烧后 MgO 的含量为 70%～80%。

我国有丰富的白云石原料，主要产地有辽宁大石桥、内蒙古、河北、山西、四川、甘肃、湖北乌龙泉、湖北钟祥、湖南湘乡等地，原料较纯，CaO 含量不小于 30%，MgO 含量大于 19%，CaO/MgO 比值在 1.40～1.68 之间。

炼钢过程中白云石原矿颗粒作为含镁的渣辅料使用，其使用与石灰石的使用一样，粒度控制在 10～50mm。

B 轻烧白云石

轻烧白云石是将白云石原矿经过煅烧以后得到的产品，其煅烧的目的也是为了解决转炉或者电炉热能不足的矛盾，其煅烧的工艺设备与煅烧石灰的工业设备类似。白云岩的矿物 $CaMg(CO_3)_2$ 中含 MgO 21.7%，CaO 30.4%。白云石与滑石、菱镁矿、石灰岩、石棉伴生，并夹有石英碎屑、黄铁矿、云母等，在开采过程中会不可避免地带入黏土等物质，SiO_2、Al_2O_3、Fe_2O_3 是白云岩中的主要杂质。这些杂质在白云岩高温煅烧过程中，与白云石的分解产物 CaO、MgO 生成低熔点物，主要是与 CaO 形成低熔物，如铁铝酸四钙

（1415℃）、铁酸二钙（1436℃分解出）、铝酸三钙（1535℃分解出）等，降低轻烧白云石加入炼钢炉以后的反应能力。其中 SiO_2 作为一项指标要求，因为原料中含过量的 SiO_2，化合成硅酸三钙，会进一步形成硅酸二钙，冷却过程中，硅酸二钙发生晶型转变，伴随体积膨胀，会使物料粉碎。这也是轻烧白云石粉末率较高的一个原因。

C　菱镁矿

菱镁矿是一种镁的碳酸盐，其化学分子式为碳酸镁（$MgCO_3$），理论组分为 MgO 47.81%、CO_2 52.19%。密度为 $2.9 \sim 3.1g/cm^2$，硬度 $3 \sim 5$。菱镁矿根据其结晶状态的不同，可以分为晶质和非晶质两种。晶质菱镁矿呈菱形六面体、柱状、板状、粒状、致密状、土状和纤维状等，其往往含钙和锰的类质同象物，Fe^{2+} 可以替代 Mg^{2+} 组成菱镁矿（$MgCO_3$）-菱铁矿（$FeCO_3$）完全类质同象系列。非晶质菱镁矿为凝胶结构，常呈泉华状，没有光泽，没有解理，具有贝壳状断面。

菱镁矿加热至 640℃以上时，开始分解成氧化镁和二氧化碳。在 $700 \sim 1000$℃煅烧时，二氧化碳没有完全逸出，成为一种粉末状物质，称为轻烧镁（也称苛性镁、煅烧镁、α-镁、菱苦土），其化学活性很强，具有高度的胶黏性，易与水作用生成氢氧化镁。在 $1400 \sim 1800$℃煅烧时，二氧化碳完全逸出，氧化镁形成方镁石致密块体，称重烧镁（又称硬烧镁、死烧镁、β-镁、煅烧镁等），这种重烧镁具有很高的耐火度。

3.5.1.4　萤石

萤石，俗称氟石，硬度 4，密度 $3.18g/cm^3$。萤石是低熔点的矿物，在钢铁冶炼中加入一定量的萤石，不仅可以提高炉温，除去硫、磷等有害杂质，而且还能同炉渣形成共溶体混合物，增强活动性、流动性，使渣和金属分离。

因此，萤石作为助熔剂被广泛应用于钢铁冶炼及铁合金生产、化铁工艺和有色金属冶炼。冶炼用萤石矿石一般要求氟化钙含量大于 65%，并对主要杂质二氧化硅也有一定的要求，对硫和磷有严格的限制。硫和磷的含量分别不得高于 0.3% 和 0.08%。

3.5.1.5　硅石与石英砂

硅石与石英砂是酸性炉炼钢的主要造渣材料。在碱性电炉炼钢过程中，硅石和石英砂主要用于还原期调整炉渣的成分，控制炉渣的流动性和综合冶金性能。在碱性转炉的生产过程中，加入硅石和石英砂，主要在少渣冶炼工艺过程中，用于化渣和调整炉渣的流动性。

3.5.1.6　炼钢用无氟化渣剂

炼钢过程使用萤石作为化渣剂，它可以使较稠的炉渣变稀，增加炉渣的流动，使之易于脱硫、脱磷，但转炉渣中氟化钙是侵蚀炉衬、包衬的重要因素。还产生大量氟离子，对生态环境产生污染，导致地球大气层中臭氧层空洞扩大；氟离子还对水资源产生污染，可导致骨质硬化和骨质疏松，对人健康带来极大的危害。长期以来，使用的矿石、萤石质量不稳定，造成化渣困难，加入量大，增加了消耗，也加剧了对炉衬、包衬等侵蚀及对环境的污染。目前钢铁企业是最主要的氟化污染物排放者，因此在转炉冶炼过程中，采用其他材料替代萤石作为转炉炉渣助熔剂，或用其他方法促进炉渣快速熔化，成为当前必须解决的问题之一。无氟化渣剂正是利用了向转炉渣内加入少量的某种原料就可以显著降低炉渣熔点这一原理。

目前国内无氟复合造渣剂的研究主要包括以下几个方向：实际生产应用中，硼酸盐基助熔剂的资源有限、价格较高；$CaO-Fe_2O_3$基的制备过程需要高温设备，工艺较为复杂，且不符合节能减排的总体要求；Al_2O_3基助熔剂的主要矿物铁土和MnO基的主要矿物锰矿均为国内分布广泛的普通矿物，具有供应充足、价格稳定的特点，这两种助熔剂也是投入工业试验及应用较为成功的助熔剂。

3.5.1.7　配碳剂

在电炉钢的冶炼过程中，为了弥补废钢中碳含量的不足，除用生铁配碳外，也经常用炭质材料如天然石墨、电极块、焦炭等配碳，这些材料统称为配碳剂。

电炉常用的配碳剂有：

（1）天然石墨。天然石墨的真密度约为$1.9 \sim 2.1 \text{ t/m}^2$，碳含量因产地不同而不同，一般为60%~80%，最高可达95%。电炉炼钢的配碳应选用碳含量高，S、P及其他杂质如SiO_2等含量低，灰分也低，且块度为40~70mm的石墨。利用石墨配碳，收得率不稳定，且与所炼钢种及用氧强度有关，一般波动在50%~70%之间。

（2）电极块。电极块是由废电极破碎而成，碳含量约为93%~98%，灰分小于0.5%，硫含量也低，真密度为2.2t/m^3，是较为理想的配碳材料，用于返吹法冶炼的高级优质钢，使用的块度为20~50mm，在低碳钢上的收得率一般按65%考虑。

（3）焦炭。焦炭根据使用原料的不同，分为石油焦、冶金焦、沥青焦多种。其中冶金焦最常见，也最廉价，如果不作特殊说明，通常所说的焦炭就是指冶金焦。焦炭是把粉煤或几种煤粉的混合物装在炼焦炉内，隔绝空气加热到950~1000℃，实行干馏后残留下来的多孔块状产物。焦炭的真密度为$1.8 \sim 2.0 \text{t/m}^3$，质轻多孔易吸收水分，且S、P等杂质含量也高，因此只能用于氧化法冶炼的配碳，收得率约为30%。

这三种配碳剂，因密度小，多于装料前装入炉内，以利于钢液的吸收；也可将它们制成粉，利用喷粉设备喷入钢液中。

3.5.1.8　增碳剂

在电炉和转炉冶炼过程中，由于配料或装料不当以及脱碳过量等原因，有时造成钢中的碳含量没有达到预想的要求，这时要向钢液中增碳。常用的增碳剂包括：

（1）增碳生铁。增碳生铁要求表面清洁、无锈，且硫、磷含量低，使用前应进行烘烤，避免将表面黏附的水分带入钢中，并防止加入时引起熔渣喷溅伤人。与其他增碳剂比较，生铁的含碳较低，约有4%左右，因此利用生铁增碳时，增碳量不宜过大，以避免钢水量增加过多引起其他元素成分发生波动；另外，生铁远不如钢液纯洁，加入量过大会使钢中夹杂物含量增加而不利于提高钢的质量。因此，用生铁增碳一般不宜超过0.05%。利用生铁增碳时，碳在钢液中的收得率为100%。

（2）电极。电极的碳含量较高，硫含量和灰分较低，用于钢液的增碳时收得率比较稳定，因此是一种比较理想的增碳剂。

（3）石油焦。石油焦中灰分极少，含硫也少，用于钢液的增碳效果也比较理想，但价格较高。

（4）木炭。木炭中的灰分和硫含量虽然很低，但密度小，用于钢液的增碳时收得率低且价格较贵，目前已很少使用。

（5）焦炭。焦炭是最常见的增碳剂。但灰分和硫含量较高，增碳作用不如电极粉好。

由于粉末状的炭质材料吸水性很强，且含有较高的氮，因此使用前需在 60~100℃ 的温度下干燥 8h 以上，并要求残留水分不大于 0.5%。

3.5.1.9　保温剂

钢包内或者中间包内钢水热损失主要是因钢水上表面的辐射和对流散失大量的热量，造成钢液的温度下降。为了减少这种热量的散失，在钢水表面加入覆盖剂后，热量通过与覆盖剂传导传热后，再通过覆盖剂上表面与空气进行热交换，覆盖剂上表面温度相对较低，与周围空气温差小，定性温度也降低，所以使对流热损失和辐射热损失减小，可起到保温的效果，这是覆盖剂的基本原理。

A　碳化稻壳

（1）在没有钢水炉外精炼设备的时候，转炉钢水的钢渣很少，甚至没有钢渣，这种情况下转炉水表面裸露以后，一是温降大，二是钢水的二次氧化现象比较严重，前者的矛盾远远大于后者。为了防止钢水温降过快，最初以碳化稻壳为主的钢水覆盖剂应运而生。钢水覆盖剂的最初功能只是保温，以防止钢水在传输过程或浇注过程中温降过大。碳化稻壳是以稻米加工过程中产生的稻壳为原料，经过充分炭化处理以后的产物。碳化稻壳体积密度小，松散体积密度 $0.07~0.09g/cm^3$，密实体积 $0.13~0.15g/cm^3$，热熔小、熔点高，对于耐火材料的侵蚀作用较小，具有优良的保温绝热性能，且成本低廉。研究结果表明，炭化稻壳的内外表面由致密的 SiO_2 组成，内表面层薄，外表面层稍厚，内外表面之间是一个夹层，夹层由纵横交错的板片构成，含有大量呈现疏松蜂窝状的孔洞，这些孔洞中间存在静止状态的空气，形成孔洞之间的空气阻隔。由于空气的导热性较差，所以碳化稻壳的这种结构具有相对良好的绝热保温性能。随着钢种质量的要求越来越高，碳化稻壳作为钢水覆盖剂壳表现出以下缺点：

1）碳化稻壳的铺展性差。碳化稻壳加入钢包后，往往出现堆状，不能迅速地铺展开，因此导致钢水表面经常有局部裸露在空气中，钢水散热比较快，使炭化稻壳的保温作用未能得到很好的发挥。为了弥补这种状况，需要额外加入较多的碳化稻壳，使得钢坯的制造成本增加。

2）隔热保温作用不理想。碳化稻壳是将稻壳炭化后作为发热剂，但由于其发热值相对较低，化学反应的时间相对较短，而且碳化稻壳的覆盖层未能形成有效的隔热保温层，因此钢水热量的损失仍很大。

3）碳化稻壳加入以后对于作业环境的污染严重，不利于操作者操作。

4）碳化稻壳对于钢水具有增碳作用。

5）碳化稻壳对于钢液有二次氧化的作用，尤其是铝镇静钢尤为明显。

（2）针对碳化稻壳性能上存在的主要缺陷，可通过改进覆盖剂使用的材料和优化成分的设计来提高覆盖剂的保温性能，在成分设计上，主要考虑以下几方面：

1）提高覆盖剂的铺展性。方法是添加一定数量的膨胀材料，比如膨胀蛭石和膨胀石墨。膨胀蛭石和膨胀石墨都具有较高的膨胀能力，能够使覆盖剂在投入钢包后迅速铺展开，使覆盖剂有效地覆盖住钢水表面；同时这种膨胀作用还能在钢水表面的渣层中形成一个隔离层，可有效降低钢水向外的热传导速度，起到隔热保温的作用。

2）提高覆盖剂的发热值。方法是在覆盖剂中配加适量的发热剂，利用发热剂化学反应产生的热量来弥补钢包内钢水的热损失。发热剂主要选择焦炭粉和煤粉。

3) 确保覆盖剂具有适宜的成渣性能。覆盖剂的成渣性能包括适宜的成渣速度和成渣温度。覆盖剂加入钢包后,应能够形成较为理想的三层结构:原始层、烧结层、液态层,这就要求覆盖剂加入钢包后要具有一定的成渣速度,使部分渣料接触高温钢水后能够形成一定的熔渣层,在钢液表面扩散并覆盖住钢水表面。适宜的成渣温度主要取决于覆盖剂的熔点。覆盖剂熔点过高,则加入钢包不易熔化,成渣后的粒度大,使覆盖剂不能很好地覆盖住钢水表面,对非金属夹杂物的捕集能力较差;熔点过低,则成渣速度过快,反应时间短,无法在钢液表面形成适宜的三层结构,起不到应有的保温作用。

B 新型覆盖剂

(1) 由于炭化稻壳存在的缺点,目前已经淡出市场。目前使用的覆盖剂一般分为酸性类和碱性类。其作用机理是:新型钢包覆盖剂加入钢包后迅速地铺展开,覆盖住钢水的表面,并很快形成三种层次结构。

1) 熔融层。覆盖剂的下层在钢水液面上(约 1550~1600℃),靠钢液提供热量,渣中低熔点的组成在高温作用下熔化,并逐渐向四周扩散,在钢液面上形成一定厚度的液渣覆盖层,即熔融层;同时,钢水中的夹杂物在镇静时不断上浮进入熔融层,被熔渣捕集、融化,使熔融层逐渐增厚。使用钢包覆盖剂能净化钢水,吸附钢中的夹杂物,提高钢水的内在质量。

2) 熔化层。熔融层的形成可使钢水的传热速度减慢,同时在热作用下膨胀剂的膨胀作用更加明显,逐渐在熔融层的上面形成一个隔离层,该层温度在 600~900℃左右。部分高熔点的渣料虽然尚未熔化,但在高温作用下,渣料之间互相烧结在一起,形成了一个多孔的过渡烧结层,即熔化层。该层渣黏度较大,可起到骨架支撑作用。熔化层的形成使钢水向外的传热速度明显降低,正是由于熔化隔离带的形成,使覆盖剂的保温效果明显提高。经过实践测算,一种新型钢包覆盖剂的保温效果明显优于炭化稻壳覆盖剂,其温降速率比炭化稻壳低 0.4℃/min(镇静 15mn 后钢水降温速度由原炭化稻壳覆盖剂 1.33℃/min 降低到 0.93℃/min)。

3) 原始层。熔化层的上面由于温度较低,因此覆盖剂的成分和状态基本未发生变化,即原始层。随着浇注时间的推移,覆盖剂中的发热物质逐渐开始反应,并放出热量,熔融层不断增加,原始层逐渐小。但是由于发热物质与 Fe_2O_3 进行反应,反应的速度较慢,反应持续的时间较长,而且熔化隔离层在相当长的时间里比较稳定,故使导热系数仍保持相对较低的数值,至最初的原始层基本熔化掉(覆盖剂表面出现发红现象)大约需要 60min,因此覆盖剂起保温作用的时间明显比炭化稻壳延长。

(2) 中间包覆盖剂的作用主要有以下几点:

1) 中间包加入覆盖剂,覆盖剂覆盖在钢水表面,防止钢水裸露在空气中,防止钢水温度迅速下降,造成钢水温度过低、液面结壳、水口冻结。

2) 隔绝空气、防止钢水二次氧化。覆盖剂加入后,形成透气性差的熔融层,将钢水与空气隔绝开,可防止钢水的二次氧化,减少钢水中的夹杂物。

3) 吸收钢液面上的非金属夹杂物。覆盖剂在钢水表面形成一定厚度的熔融层,可以吸附上浮到钢水表面的非金属夹杂物、耐火材料颗粒等浮游物,起到净化钢水的作用。中间包越大,钢水在其中停留的时间越长,覆盖剂吸收夹杂的作用越明显。酸性覆盖剂主要是碳化稻壳等,目前冶炼优质钢较少使用,碱性覆盖剂的使用较为常见。

3.5.1.10　转炉溅渣护炉炉渣改质剂

氧气顶吹转炉溅渣护炉是在转炉出钢后将炉体保持直立位置，利用顶吹氧枪向炉内喷射高压氮气，将炉渣喷溅到炉衬的大部分区域或指定区域，在炉衬上黏附于炉衬内壁逐渐冷凝成固态的坚固保护渣层，成为可消耗的耐火材料层。转炉冶炼时，保护层可减轻高温气流及炉渣对炉衬的化学侵蚀和机械冲刷，以维护炉衬、提高炉龄、降低喷补料等耐火材料消耗。影响炉渣熔点的物质主要有 FeO、MgO 和炉渣碱度。渣相熔点高可提高溅渣层在炉衬的停留时间，提高测渣效果，减少测渣频率。由于 FeO 易与 CaO 和 MnO 等形成低熔点物资，因此不利于溅渣护炉工艺过程中炉渣的黏附性；提高 MgO 的含量可减少 FeO 相应产生的低熔点物质数量，从而有利于炉渣熔点的提高。

为了有利于溅渣，转炉出钢后往往需加调渣剂（例如石灰、焦粉、镁质材料等），加入调渣剂，可使炉渣改质，满足炉渣测渣护炉的工艺要求。常用的调渣剂主要有菱镁矿、镁球和钙质改质剂。钙质改质剂的主要目的是提高溅渣护炉炉渣碱度，主要采用石灰粉末与焦炭粉，或者是石灰石粉末与炭质原料压球而成。不同的厂家使用的工艺条件不同，故成分各不相同。

3.5.1.11　脱氧剂

A　氧化钙碳球

向钢液中加入电石进行沉淀脱氧的工艺，主要是利用碳化钙分解以后其中的碳与钢液或者钢渣中间的氧或者氧化物反应，可起到减少钢液或者钢渣中间氧含量的工艺目的。电石脱氧工艺的脱氧产物为 CO 和 CaO，在对钢液脱氧的时候，脱氧产物 CO 直接从钢液中间逸出，不污染钢液，并且分解的产物 CaO 与钢液中间的 S 离子结合生成 CaS，与 Al_2O_3 发生反应，生成低熔点的化合物 $nCaO \cdot mAl_2O_3$，达到上浮去除的目的。炼钢使用电石脱氧成本提高，并且炼钢使用电石脱氧在运输和仓储过程中容易受潮变质，安全问题突出，产生负面影响。加上电石生产属于高能耗行业，属于国家控制发展的行业，所以炼钢过程中使用电石炼钢的前景和成本对于钢铁企业都有一定的压力。

B　精炼渣

精炼渣是近几年发展起的新型脱氧剂，主要用于 LF 钢水脱硫、去除夹杂、净化钢液。从熔点、流动性等方面，由于它对 CaO 和 Al_2O_3 具有很强的容纳能力，因而可配加大量的石灰、发泡剂等组合成具有很强脱硫能力的 LF 精炼渣，尤其适用于铝脱氧钢，包括薄板在内的品种钢，因此在国内它的应用发展得很快，已在很多厂家使用。

（1）烧结精炼渣：将要求成分的粉料添加黏结剂混匀后烧结成块状，破碎成颗粒状后使用。

（2）合成精炼渣：将不同的脱氧剂或者渣料原料破碎加工成粉状，按照一定比例的质量分数进行混合，配成粉料使用，以达到加入钢包以后能够较快熔化参与反应，进行脱氧和脱硫，去除夹杂物的目的，此类脱氧剂叫做合成渣。典型的有将电石、铝灰、萤石粉、镁钙石灰、石墨炭粉、添加剂按照 4:2:1:2:0.5:0.5 的比例进行机械混合，包装成为 5~20kg/袋，或者罐装运输到工厂的料仓进行使用，是一种多功能的脱氧剂。

（3）预熔精炼渣：预熔精炼渣是按照理想渣系组元的成分范围，配料以后在化渣炉将要求成分的原料熔化成液态渣，倒出凝固后，按照粒度的要求进行破碎，然后包装使用。预熔渣的主要作用是脱硫脱氧，促使钢中夹杂物上浮。预熔渣解决了合成渣不易储运的问题，同时经过成分的优化，解决了造渣工艺中存在的问题，常见的预熔渣的主要配置成分是以 $12CaO \cdot 7Al_2O_3$ 为基础成分生产的。

（4）LF 埋弧精炼剂：不同的精炼剂的功能各不相同，在起到埋弧加热作用的同时，有的精炼剂可在 LF 起脱氧作用，兼顾起发泡剂的作用；有的是调整碱度，促使炉渣向吸附夹杂物的渣组分方向转变。

（5）脱硫剂：脱硫剂也是脱氧剂的一种，主要有脱氧单质元素或者复合脱氧剂，其配方组成各个厂家各不相同。

（6）铝渣球：铝渣球可用于转炉出钢脱氧和 LF 炉的造渣冶炼。

1）转炉出钢过程中加入使用。当产品加入钢液中时，产品中含有 10% ~ 18% 的金属铝迅速与钢液中的氧反应，进行脱氧的同时，吸附铝合金脱氧产生的 Al_2O_3，团聚长大，在吹氩的作用下，上浮到钢液的顶部，达到去除夹杂物的作用，同时与顶渣中的氧化钙反应形成铝酸钙渣系。这种渣流动性好，吸附夹杂物的能力强。

2）LF 冶炼过程中加入。产品在 LF 冶炼过程中加入，主要目的是在脱氧的同时调整炉渣中 Al_2O_3 含量，达到调整炉渣流动性、脱氧、脱硫和吸附夹杂的目的。铝是很强的脱氧剂，主要用于生产镇静钢，它的脱氧能力比锰大 2 个数量级，比硅及碳大 1 个数量级。加入的铝量不大时也能使钢液中碳的氧化停止，并能减少凝固过程中再次脱氧生成的夹杂物。

3.5.2 辅料的生产过程

3.5.2.1 石灰生产

（1）石灰的熔化是一个复杂的多相反应，石灰本身的物理性质对熔化速度有重要影响。煅烧石灰必须选择优质石灰石原料，低硫、低灰分燃料，合适的煅烧温度以及先进的煅烧设备，如回转窑、气烧窑等。根据煅烧温度和时间的不同，石灰可分以下几种：

1）生烧石灰。煅烧温度过低或煅烧时间过短，含有较多未分解的 $CaCO_3$ 的石灰称为生烧石灰。

2）过烧石灰。煅烧温度过高或煅烧时间过长而获得的晶粒大、气孔率低以及体积密度大的石灰称为过烧石灰。

3）软烧石灰。煅烧温度在 1100℃ 左右获得的晶粒小、气孔率高、体积密度小、反应能力高的石灰称为软烧石灰或活性石灰。

4）生烧石灰和过烧石灰的反应性差，成渣也慢。活性石灰是优质冶金石灰，它有利于提高炼钢生产能力，减少造渣材料消耗，提高脱磷、脱硫效果并能减少炉内热量消耗。

（2）生产石灰的窑根据工艺特点可分为竖窑和回转窑。

1）竖窑。即垂直于地平面呈方形或圆形的立式炉体，内衬用耐火材料砌筑，煅烧过程可控。一般石灰石从上部装入，燃料在炉子的中央附近燃烧，烧成的物料从下部排出。炉体根据功能可分为预热带、煅烧带和冷却带三部分。气体穿过石灰石填充层的空隙上升，石灰石经过受热、分解、出灰下降。相向运动，气流层紊乱，接触面大，其传热速度快，热效率高，生产能力也比较大。

2）回转窑。回转窑之所以得以发展；是由于产品活性度高、生产能力大、性能稳定、可利用小颗粒石灰石（7～40mm）。回转窑的主要设备是预热器、回转器、冷却器。1）预热器。石灰石在预热器中被回转窑燃烧产生的尾气加热，逐步向下送至回转窑。2）回转窑。预热后的石灰石在回转窑内翻滚煅烧。回转窑是由耐火材料内衬砌筑的圆形筒体，数组轮箍式滚轮组成的支撑装置，外周齿轮、小齿轮组成的传动装置，窑体出口、入口密封装置以及出口烟罩组成。3）冷却器。在冷却器中石灰逐步降温，利用其放热来加热冷空气，加热后的空气可作为二次空气用于窑内。

3）活性石灰是钢铁工业的基本原料，它作为炼钢的造渣剂，具有缩短冶炼时间、提高钢水纯净度及收得率、降低石灰及萤石消耗、提高转炉炉衬寿命等优点。因此，发达国家已100%采用活性石灰炼钢，我国在1983年冶金部召开第一次全国转炉炼钢会议时就有明确的规定，转炉炼钢使用活性石灰是一项基本的技术政策。

3.5.2.2　萤石的生产

炼钢用萤石是由萤石矿直接开采获得，主要成分为 CaF_2，它的熔点很低（约930℃）。它能使 CaO 和阻碍石灰溶解的 $2CaO \cdot SiO_2$ 外壳的熔点显著降低，而且作用迅速，既改善碱性熔渣流动性且又不降低碱度。萤石在造渣初期加入可协助化渣，但这种助熔化渣作用会随着氟的挥发而逐渐消失；萤石还能增强渣钢间的界面反应能力，这对脱磷、脱硫十分有利；大量使用萤石会增加转炉喷溅，加剧对炉衬的侵蚀，主要原因是萤石中的氟与炉衬中的氧化镁反应，产生的氟化镁熔点在1536℃，在冶炼过程中容易从炉衬上剥落，造成耐火材料的侵蚀。

3.5.2.3　氧化钙碳球生产

利用机械力化学反应原理生产的氧化钙碳球，遵循冶金学的基础原理，将高温合成的电石改为由机械力合成，在生产中应用成为能够替代电石的脱氧剂，其生产原理表述为：

（1）竖窑或者旋窑生产出的石灰（CaO）属于多孔物质，容易吸潮失效，将石灰破碎磨粉到 0.5～1mm，在这一过程中，磨粉的机械能施加在石灰以后，石灰中间的氧化钙粉末的反应活性能力增加，为了防止石灰粉末的吸潮失效，将粒度在 0.5mm 以下的高纯膨胀石墨炭粉末与石灰颗粒混匀，加入钝化剂和石灰石粉，再使用高压干粉压球机造球，压制成为细粉封闭氧化钙表面细孔的球团，使之成为能够防止吸潮反应的脱氧剂。

（2）石灰中的膨胀石墨碳，遇热膨胀使得氧化钙碳球迅速碎裂成为小颗粒，较快地参与脱氧反应。与钢液或者熔渣反应过程中，在接触熔渣或者钢液的一侧，碳元素直接反应产生的 CO 或者 CO_2 在溢出过程中会促使炉渣起泡，增加钢渣和钢液，或者钢渣和钢渣反应的界面，CaO 参与成渣反应的速度加快，从而优化了 LF 炉的炼钢脱氧工艺。与电石相比，电石首先是分解反应，然后是脱氧反应，故这种脱氧剂的迅速反应，能够缩短脱氧时间，并且反应产生的 CO 或者 CO_2 起泡产生的泡沫渣埋弧作用，能够有效减少 LF 炉的电弧热能辐射损失，节电效果优于电石的使用效果。

3.5.3　辅料的评价质量的标准

3.5.3.1　炼钢对于石灰的成分质量要求

炼钢对于石灰的成分质量要求为：

（1）CaO 含量高，SiO_2 和 S 含量尽可能低。SiO_2 消耗石灰中的 CaO，降低石灰的有效

CaO 含量；S 能进入钢中，增加炼钢脱硫负担；石灰中杂质越多，石灰的使用效率越低。

（2）应具有合适的块度。转炉石灰的块度以 5~40mm 为宜。块度过大，石灰熔化缓慢，不能及时成渣并发挥作用；块度过小或粉末过多，容易被炉气带走，电炉冶炼工艺中还会降低电炉砖砌小炉盖的使用寿命。

（3）石灰在空气中长期存放易吸收水分成为粉末，而粉末状的石灰又极易吸水形成 $Ca(OH)_2$，它在 507℃ 时可吸热分解成 CaO 和 H_2O，加入炉中造成炉气中氢的分压增高，使氢在钢液中的溶解度增加而影响钢的质量，所以应使用新烧石灰并限制存放时间。石灰的烧失率应控制在合适的范围内（4%~7%），避免造成炼钢热效率降低。

（4）活性度高。活性度是衡量石灰与炉渣的反应能力，即石灰在炉渣中溶解速度的指标。活性度高，则石灰熔化快，成渣迅速，反应能力强。

炼钢对于石灰粒度的要求：转炉散装料（又称副原料）主要是指转炉炼钢过程中所用的造渣剂、助熔剂和冷却剂等。在氧气转炉冶炼过程中，散装料一般都由高位料仓经固定下烟罩加入转炉。比如石灰、轻烧白云石、铁钒土、萤石、复合造渣剂、球团矿、铁矿石、锰矿石、氧化铁皮等。高速流动的转炉烟气会抽走粒度细小的散装料，为了节省资源和保护环境，采用块度适中而均匀的石灰对加速造渣过程有利，轻烧石灰的优越性中也包括了合适的石灰块度的作用。氧气转炉炼钢用石灰块度的下限一般规定为 8mm，再小的石灰粒会被抽风机带走而损失掉；上限一般认为以 30~40mm 为宜，电炉炼钢用石块度可适当增大。

3.5.3.2　炼钢过程中需要使用含镁的渣辅料，以优化冶炼工艺

目前国内使用含有 MgO 成分的原料主要有以下几种：

（1）白云石。炼钢使用白云石是国内最常见的工艺，有轻烧白云石和白云石原矿两种。

将白云石煅烧得到的称为轻烧白云石，煅烧的目的是提高 MgO 的反应活性和效率，以及减少从熔池中吸收的热量，增加废钢比，优化炼钢过程中的温度控制工艺。使用白云石原矿的目的除了增加渣中的 MgO 含量外，还可以平衡转炉炼钢过程中的富余热。

（2）菱镁矿。采用这种工艺的钢厂通常附近有菱镁矿资源，优点是菱镁矿中的 MgO 含量高，加入量少。我国的菱镁矿资源集中在东北，故使用菱镁矿的钢企多在东北地区。

（3）镁钙石灰。采用这种工艺的原因是炼钢厂生产区域的石灰石矿物中富含 $MgCO_3$ 矿物成分，烧制的石灰成分中含有 5%~15% 的 MgO。这种工艺常见于中原地区的钢企。

（4）MgO-C 压块。这种压块是吹炼终点碳低或冶炼低碳钢溅渣时的调渣剂，由轻烧菱镁矿和炭粉制成压块，一般 $w(MgO)=50\%~60\%$，$w(C)=15\%~20\%$，块度为 10~30mm。

（5）镁球。目前国内的各大钢厂，如宝钢、包钢、马钢、鞍钢等企业均采用镁球炼钢，是冶炼优钢、实施少渣炼钢的重要技术手段。这些企业使用的镁球，大多数采用煅烧的菱镁矿粉末，在专门的生产线上压球生产，成本较高。

3.5.3.3　萤石的质量要求

萤石是助熔剂，其主要成分是 CaF_2。纯 CaF_2 的熔点为 1418℃，萤石中还含有 SiO_2 和 S 等成分，因此熔点在 930℃ 左右；加入炉内后可使 CaO 和石灰高熔点的 $2CaO \cdot SiO_2$ 外壳

的熔点降低，生成低熔点化合物 $3CaO \cdot CaF_2 \cdot 2SiO_2$（熔点为 1362℃），也可以与 MgO 生成低熔点化合物（1350℃），从而改善炉渣的流动性。萤石助熔作用快、时间短。但过多使用萤石会形成严重的泡沫渣，导致喷溅，同时也加剧对炉衬的侵蚀，并污染环境，因此应严格控制吨钢萤石加入量。转炉用萤石 $wCaF_2 \geq 85\%$，$wSiO_2 \leq 5.0\%$，$w_s \leq 0.10\%$，$w_P \leq 0.06\%$，块度在 $5 \sim 50mm$，并要干燥、清洁。近年来，由于萤石供应不足，各钢厂从环保的角度考虑，试用多种萤石代用品，均为以氧化锰或氧化铁为主的助熔剂，如铁锰矿石、氧化铁皮、转炉烟尘、铁矾土等。

炼钢使用的萤石要求 CaF_2 的含量越高越好，而 SiO_2 的含量要适当，其他杂质如 S、Fe 等含量要尽量低。如果萤石中的 SiO_2 的含量大于 12%，会形成玻璃状熔渣；但含量太少，萤石的熔点升高而熔化困难，延长萤石的熔化时间，使很多氟挥发掉，达不到快速稀释助熔的目的。含 SiO_2 少且 CaF_2 高的萤石呈鲜绿色，而微微带白色的萤石的 SiO_2 的含量适中。萤石中往往还混有硫化物夹杂，如 FeS、ZnS、PbS 等，最好将其挑出，这种萤石表面有光泽的条纹或黑斑，在冶炼高标准结构钢或特殊合金时应绝对禁用。

萤石中容易混入泥沙、粉末，运往车间前应经冲洗和筛选。加入炉中的萤石块度要合适，并且干燥清洁。冶炼优质钢用的萤石使用前要在 $60 \sim 100℃$ 低温下烘烤 8h 以上，以便去除吸附的水分，而高温烘烤将会使萤石崩裂。造渣时，配比、用量要合适，如果加入量过少，起不到稀释与助熔的作用；如果加入量过多将使熔渣过稀，对渣线侵蚀严重；另外，过稀的熔渣的渣面不起泡沫，既浪费了热量应也降低了炉衬的使用寿命。

3.5.3.4 转炉炼钢对增碳剂的要求

转炉冶炼中、高碳钢种时，通常使用含杂质很少的石油焦作为增碳剂。对顶吹转炉炼钢用增碳剂的要求是固定碳要高，灰分、挥发分和硫、磷、氮等杂质含量要低，并要干燥、干净，粒度要适中。其固定碳 $w_C \geq 96\%$，挥发分 $\leq 1.0\%$，$w_S \leq 0.5\%$，水分 $\leq 0.5\%$，粒度在 $1 \sim 5mm$；粒度太细容易烧损，太粗加入后浮在钢液表面，不容易被钢水吸收。

3.5.3.5 转炉炼钢对石灰的要求

石灰是炼钢主要造渣材料，具有脱 P、脱 S 能力，用量也最多。其质量好坏对吹炼工艺，产品质量和炉衬寿命等有着重要影响。因此，要求石灰 CaO 含量要高，SiO_2 含量和 S 含量要低，石灰的生过烧率要低，活性度要高，并且要有适当的块度，此外，石灰还应保证清洁、干燥和新鲜。SiO_2 会降低石灰中有效 CaO 的含量，降低 CaO 的有效脱硫能力。石灰中杂质越多越降低它的使用效率，增加渣量，恶化转炉技术经济指标。石灰的生烧率过高，说明石灰没有烧透，加入熔池后必然继续完成焙烧过程，这样势必吸收熔池热量，延长成渣时间；若过烧率高，说明石灰死烧，气孔率低，成渣速度也很慢。石灰的渣化速度是转炉炼钢过程成渣速度的关键，所以对炼钢用石灰的活性度也要提出要求。石灰的活性度（水活性）是石灰反应能力的标志，也是衡量石灰质量的重要参数。此外，石灰极易水化潮解，生成 $Ca(OH)_2$，要尽量使用新焙烧的石灰；同时对石灰的储存时间应加以限制，一般不得超过 2 天。块度过大的石灰熔解慢，影响成渣速度；过小的石灰颗粒易被炉气带走，造成浪费。一般以块度为 $5 \sim 50mm$ 或 $5 \sim 30mm$ 为宜，大于上限、小于下限的比例各不大于 10%。储存和运输时必须防雨防潮。

3.5.3.6 炼钢时使用活性石灰的作用

通常把在 $1050 \sim 1150℃$ 温度下，在回转窑或新型竖窑（套筒窑）内焙烧的石灰，即其有高反应能力的体积密度小、气孔率高、比表面积大、晶粒细小的优质石灰叫活性石灰，也称软烧石灰。活性石灰的水活性度大于310mL，体积密度小，约为 $1.7 \sim 2.0 g/cm^3$，气孔率高达40%以上，比表面积为 $0.5 \sim 1.3 \ g/cm^3$；晶粒细小，熔解速度快，反应能力强。使用活性石灰能减少石灰、萤石消耗量和转炉渣量，有利于提高脱硫、脱磷效果，减少转炉热损失和对炉衬的蚀损，在石灰表面也很难形成致密的硅酸二钙硬壳，有利于加速石灰的渣化。

3.5.3.7 转炉炼钢对白云石和菱镁矿的要求

（1）白云石是调渣剂，有生白云石与轻烧白云石之分。生白云石的主要成分为 $CaCO_3 \cdot MgCO_3$。经焙烧可成为轻烧白云石，其主要成分为 CaO、MgO。根据溅渣护炉技术的需要，加入适量的生白云石或轻烧白云石保持渣中的 MgO 含量达到饱和或过饱和，可以减轻初期酸性渣对炉衬的蚀损，使终渣能够做黏，出钢后达到溅渣的要求。对生白云石的要求是 $w_{MgO} > 20\%$，$w_{CaO} \geqslant 29\%$，$w_{SiO_2} \leqslant 2.0\%$，烧减 $\leqslant 47\%$，块度为 $5 \sim 30mm$。由于生白云石在炉内分解吸热，所以用轻烧白云石效果最为理想。对轻烧白云石的要求是 $w_{MgO} \geqslant 35\%$，$w_{CaO} \geqslant 50\%$，$w_{SiO_2} \leqslant 3.0\%$，烧减 $\leqslant 10\%$，块度为 $5 \sim 40mm$。

（2）菱镁矿也是调渣剂，菱镁矿是天然矿物，主要成分是 $MgCO_3$，焙烧后用做耐火材料。对菱镁矿的要求是 $w_{MgO} \geqslant 45\%$，$w_{CaO} < 1.5\%$，$w_{SiO_2} \leqslant 1.5\%$，烧减 $\leqslant 50\%$，块度为 $5 \sim 30mm$。

（3）MgO-C 压块是吹炼终点碳低或冶炼低碳钢溅渣时的调渣剂，由轻烧菱镁矿和碳粉制成压块，一般 $w_{MgO} = 50\% \sim 60\%$，$w_C = 15\% \sim 20\%$，块度为 $10 \sim 30mm$。

3.5.4 各种辅料采样

3.5.4.1 采样组批和取样数量的规定

一般辅料取样数量见表3-14。

表 3-14 一般辅料取样数量

品　名	组批数量	取样数量
包芯线	1 车	1.5m×3
铝线	每次交货量	不少于总卷数的1/3 的量
铝粒	每次交货量	≥15 点样
铝铁	40t 以下或 1 车	≥15 点样
硅铝钡锶钙锰铁	40t 以下	≥15 点样
钝化镁粉	15t 以下	≥15 点样
脱硫粉剂	1 车	≥3 点样
碳化稻壳	1 车	≥18 点样
出钢口填料	1 车	≥20 点样
电炉焦粉发泡剂	每次交货量	≥20 点样
模铸保护渣	1 车	≥20 点样

品　　名	组批数量	取样数量
大包渣、引流剂	1 车	≥15 点样
铁渣分离料	1 车	≥20 点样
氧化铝球、石墨压球	1 车（石墨压球）	≥15 点样
氧化铝粉	每次交货量	≥20 点样
增碳剂、精炼增碳剂、低氮增碳剂	1 车	≥9 点样
焦丁增碳剂	每次交货量	≥20 点样
中间包覆盖剂	每次交货量	≥10 点样
钢包覆盖剂	1 车	≥20 点样
钢包改质剂	每次交货量	≥10 点样
轻烧铝矾土	1 车	≥15 点样
新型中包无碳渣	每次交货量	随意取一袋取三点
超低碳保护渣	1 车	≥3 点样
速熔改质剂	1 车	≥5 点样
低碳钢包砖	1 套	1 块
衬板	每次交货量	3 块
轴承钢中包覆盖剂	20t 以下	≥15 点样
轴承钢合成渣	30t 以下	≥15 点样
硫铁矿	每次交货量	≥15 点样
纯钙线	1 车	0.3m×3

散装辅料见表 3-15。

表 3-15　散装辅料

散装材料	组批数量	取样数量
铁皮压块	1 车	1 车≥3 点样
铁皮团块	1 天交货量	1 车≥5 点样
萤石压块	1 车（散装在平台采样）	取 5 袋（15 点）每袋不少于 1kg
萤石粉	每次交货量	1 车≥15 点样
生铁	1 车	1 车≥3 点样
铁屑压块	1 车	1 车≥3 点样

注：一般辅料以供方提供质量证明书的组批数量为准。

3.5.4.2　包芯线采样作业

（1）适用范围：本方法适用于供炼钢用外购包芯线的采样。

（2）引用标准：

Q/BB 930—2017《外购包芯线》；

Q/BB 502—2017《孕育包芯线》；

Q/BB 501—2017《球化包芯线》；

Q/BB 925—2011《外购稀土包芯线》。

（3）采样作业：

1）采样人员携带好断线钳和质量证明书，核对好标识、车号等信息。

2）《外购包芯线》《孕育包芯线》《球化包芯线》采样：

① 随机选取一卷，用断线钳进行铗取，线卷头部分舍掉。

② 用断线钳铗取长度为 4.5m 的包芯线。

③ 将长度为 4.5m 的包芯线平均铗成三根化验试样，每根为 1.5m，一份作为试样，另两份作为备用样和大样。

④ 将试样两端用胶带封好，贴上写有物料名称、采样日期、试样编号、采样人姓名的标签。

（4）《外购高钙包芯线》《外购纯钙包芯线》采样：

1）随机选取一卷，用断线钳进行铗取，线卷头部舍掉部分。

2）再进行铗取长度为 0.9m 的包芯线。

3）将长度为 0.9m 的包芯线平均铗成三根化验试样，每根为 0.3m，一份作为试样，另两份作为备用样和大样。

4）试样两端用胶带封好，贴上写有物料名称、采样日期、试样编号、采样人姓名的标签。

（5）《外购稀土包芯线》采样：

1）随机选取 2 卷，用断线钳进行铗取，线卷头部舍掉部分。

2）每卷分别铗取长度不小于 1m 的试样一根。

3）一份作为试样，另一份作为备用样。

4）试样两端用胶带封好，贴上写有物料名称、采样日期、试样编号、采样人姓名的标签。

备注：《球磨铸管用高镁包芯线技术协议》《热模管稀土镁包芯线技术协议》《水冷管用稀土镁包芯线技术协议》（北营铸管厂用）参照《外购稀土包芯线》采取方法。

3.5.4.3 硅铝钡锶钙锰铁、铝铁、氧化铝球、萤石压块、轻烧铝钒土、低钛氧化铝球、硫铁矿采样作业

（1）适用范围：本方法适用于供炼钢用上述物料的采样。

（2）引用标准：

Q/BB 913—2012《外购硅铝钡锶钙锰铁》；

Q/BB 908—2011《外购铝铁》；

Q/BB 974—2016《外购氧化铝球》；

BC 1002—2019《外购萤石压块》；

Q/BB 678—2018《轻烧铝矾土》；

硫铁矿协议。

（3）采样规程：

1）携带好剪子、取样铲、装样桶和质量证明书，核对好标识、车号等信息。

2）随机选 5 个吨袋，分别在吨袋上部、吨袋中部和吨袋下部用取样铲取样，将试样装入装样桶，总取样点数不少于 15 点，铝铁、硅铝钡锶钙锰铁、硫铁矿每点取样量不少于 0.75kg，试样总量不少于 11.5kg。氧化铝球、萤石压块、轻烧铝矾土每点取样不少于 0.25kg，试样总量不少于 3.75kg。

3）散装萤石压块。在每车卸出 1/3 时开始采样，卸出 2/3 时取样结束，在卸车的过程中随机取 3 点，每点采样量大致相等，大样量不少 5kg。

3.5.4.4　铬（锆）质引流剂、高效无（低）碳引流剂采样

（1）适用范围：本方法适用于供炼钢用外购铬质引流剂、高效无碳引流剂的采样。

（2）引用标准：协议《高效无（低）碳引流剂》、协议《外购锆质引流剂》。

（3）采样规程：

1）携带取样钎、塑料桶和质量证明书，核对好标识、车号等信息。

2）取样总点数不少于 15 点，每点取样量不少于 0.1kg，试样总量不少于 1.5kg。

3）随机选取 5 袋做好标记，分别在吨袋上部、中部和下部用取样钎插入取样，将试样装入塑料桶。

3.5.4.5　精炼增碳剂、增碳剂、低氮增碳剂采样作业

（1）适用范围：本方法适用于供炼钢用外购精炼增碳剂、增碳剂、低氮增碳剂的采样。

（2）引用标准：Q/BB 903—2016《外购增碳剂》。

（3）采样规程：

1）携带取样钎、塑料桶（袋）和质量证明书，核对好标识、车号等信息。

2）取样点数不少于 9 点，每点取样量不少于 0.1kg，总量不少于 0.9kg。

3）随机选取 3 个吨袋做好标记，分别在吨袋上部、中部和下部用取样钎插入取样，将试样装入塑料桶。

3.5.4.6　钝化镁粉、大包渣、新型中包无碳渣、碳化稻壳、超低碳保护渣采样作业

（1）适用范围：本方法适用于供炼钢用外购钝化镁粉、大包渣、新型中包无碳渣、碳化稻壳、超低碳保护渣的采样。

（2）引用标准：

BC 3003—2019《钝化镁粉》；

Q/BB 921—2011《外购大包渣》；

QBB 973—2016《外购新型中包无碳渣》；

QBB 510—2018《外购碳化稻壳》；

Q/BB 972—2011《外购超低碳保护渣》。

（3）采样规程：

1）携带取样钎、塑料桶（袋）和质量证明书，核对好标识、车号等信息。

2）钝化镁粉、大包渣取样点数不少于 15 点，每点取样量不少于 0.1kg，试样总量不少于 1.5kg。碳化稻壳取样点数不少于 18 点，每点取样量不少于 0.08kg，试样总量不少于 1.5kg。

3）随机选取 5 袋做好标记，分别在吨袋上部、中部和下部用取样钎插入取样，将试样装入塑料桶（袋）。

4）新型中包无碳渣随机选取一袋，取 3 点，试样量不少于 300g。

5）超低碳保护渣选取一袋，取 2 点，试样量不少于 200g。

3.5.4.7　焦丁增碳剂、氧化铝粉、出钢口填料、电炉焦粉发泡剂、模铸保护渣、钢包覆盖剂、铁渣分离料、萤石粉采样作业

（1）适用范围：本方法适用于供炼钢用外购焦丁增碳剂、氧化铝粉、出钢口填料、电炉焦粉发泡剂、模铸保护渣、钢包覆盖剂、铁渣分离料的采样。

（2）引用标准：

Q/BB 36—2016《外购焦丁增碳剂》；

Q/BB 672—2013《外购氧化铝粉》；

Q/BB 933—2011《外购出钢口填料》；

YX 104—2012 电炉焦粉发泡剂协议；

Q/BB 943—2011《外购模铸保护渣》；

协议《铁渣分离料》；

Q/BB 608—2011《萤石粉》。

（3）采样：

1）携带取样钎、塑料桶和质量证明书，核对好标识、车号等信息。

2）取样点数不少于 20 点，每点取样量不少于 0.05kg，总量不少于 1.0kg。

3）在随机选取的吨袋上做好标记，分别在吨袋上部、中部和下部用取样钎插入取样，将试样装入塑料桶，作为化验试样。

3.5.4.8　铝线采样

（1）适用范围：本方法适用于供炼钢用外购铝线的采样。

（2）引用标准：Q/BB 907—2011《外购铝线》。

（3）采样规程：

1）携带取样剪、试样袋和质量证明书，核对好标识、车号等信息。

2）按不少于总卷数的 1/3 的量随机进行铗取。

3）取每卷的内、外抽头为一个份样，长 10~15cm 作为化验试样。

3.5.4.9　铝粒采样作业

（1）适用范围：本方法适用于供炼钢用外购铝粒的采样。

（2）引用标准：Q/BB 907—2011《外购铝粒》。

（3）采样规程：

1）携带取样剪、取样铲、试样袋和质量证明书，核对好标识、车号等信息。

2）取样点数不少于 15 点，每点取样量不少于 2 粒，总量不少于 30 粒。

3）随机选取吨袋做好标记，分别在吨袋上部、中部和下部用取样剪剪开，用取样铲取样，将试样装入试样桶。

3.5.4.10　脱硫粉剂、石灰石粉采样作业

（1）适用范围：本方法适用于供炼钢用外购脱硫粉剂和铁厂用脱硫石灰石粉的采样。

（2）引用标准：

Q/BB 917—2011《外购脱硫粉剂》；

Q/BB 75—2014《石灰石粉》。

（3）采样规程：

1）携带取样钎、采样桶、试剂瓶和质量证明书，核对好标识、车号等信息。

2）用取样钎在打开的每个取样罐口处取样，总量不少于 50g。

3）钎内试样放入采样桶中。

4）将桶内试样摇匀，摇匀后的试样倒入试剂瓶中。

5）试剂瓶贴好物料名称、采样日期、试样编号、采样人姓名的标签封好。

3.5.4.11　低碳钢包砖采样作业

（1）适用范围：本方法适用于供炼钢用外购低碳钢包砖的采样。

（2）引用标准：Q/BB 845—2011《外购低碳钢包砖》。

（3）采样规程：

1）携带取样剪和质量证明书，核对好标识、车号等信息。

2）在试样上用记号笔标注检验批号，用取样剪剪开捆带，随机抽取 1 块作为试样。

3.5.4.12　衬板采样作业

（1）适用范围：本方法适用于供炼钢用外购衬板的采样。

（2）引用标准：Q/BB 845—2011《外购衬板》。

（3）采样规程：

1）携带质量证明书，核对好标识、车号等信息。

2）在试样上用记号笔标注检验批号，随机抽取 3 块，每块的一半作为试样，另一半装入编织袋中作为备样。

3.5.4.13　速熔改质剂采样作业

（1）适用范围：本方法适用于供炼钢用外购速熔改质剂的采样。

（2）引用标准：速熔改质剂供货技术协议。

（3）采样规程：

1）携带取样锹、采样铁桶、质量证明书，核对好标识、车号等信息。

2）在车的两对角线前、中、后进行锹取 5 点，锹取深度至少为 300mm。

3）所取份样数不得少于 5 点，每点至少取 0.5kg，试样总量不少于 2.5kg，将所取的全部试样装入采样铁桶内。

3.5.4.14　铁皮压块采样

（1）适用范围：本方法适用于供炼钢用铁皮压块的采样。

（2）引用标准：Q/BB 660—2011《外购铁皮压块》。

（3）采样规程：

1）核对记录好车号等信息。

2）卸车前在车上随机任取一块，在试样一侧写上试样编号。

3.5.4.15　购外购钢包改质剂、外购中间包覆盖剂采样

（1）适用范围：本方法适用于供炼钢外购钢包改质剂的采样。

（2）引用标准：

Q/BB 949—2014《外购钢包改质剂》；

Q/BB 948—2014《外购中间包覆盖剂》。

（3）采样规程：

1）携带取样铲、采样铁桶，核对记录好车号等信息。

2）取样点数不少于 10 点，每点取样不少于 0.05kg，总量不少于 0.5kg。

3）随机选取 10 袋做好标记，分别在 3 袋上部、4 袋中部、3 袋下部用取样钎插入取样，装入试样铁桶。

3.5.4.16　特钢白云石、菱镁石采样方法

（1）适用范围：本方法适用于供特钢用外购白云石、菱镁石的采样。

（2）引用标准：BC 1006—2020 外购白云石、BC 1010—2020 外购菱镁石。

（3）组批方法：依据 BC 1006—2020 外购白云石、BC 1010—2020 外购菱镁石每次交货量为一批。

（4）采样规程：

1）携带取样锹、采样铁桶，核对记录好车号等信息。

2）在车上斜对角 1/4、1/2、3/4 处 3 个位置采样，每点深挖 300mm 左右采样，每点取样不小于 2kg，装入采样桶中。

3）写好委托单放入采样铁桶中，送二钢原料班组进行制样。

3.5.4.17　生铁、铁屑压块采样方法

（1）适用范围：本方法适用于供炼钢用铁屑压块、生铁的采样。

（2）引用标准：

Q/BB 57—2012《外购铁屑压块》；

Q/BB 58—2013《外购预处理渣冶炼生铁》；

Q/BB 55—2018《外购炼钢用生铁》。

（3）采样规程：

1）核对记录好车号等信息。

2）在车前、中、后各任取一块为化验试样。

3）在试样上用记号笔标注检验批号。

3.5.4.18　铁皮团块采样

（1）适用范围：本方法适用于供特钢用外购铁皮团块的采样。

（2）引用标准：Q/BB 663—2014《外购铁皮团块》。

（3）采样规程：

1）携带取样锹、采样铁桶，核对记录好车号等信息。

2）卸车后取样，在卸车后的大堆四周任选 5 点，每点挖 300mm 深进行取样，每点取样量不少于 1kg，将试样装入采样桶。

3）车上取样，在车上两个斜对角的 1/4 处和 3/4 处及中心点共 5 个位置采样，每点深挖 300mm 左右采样，每点取样不小于 1kg，装入采样桶。

3.5.4.19　石墨压球采样

（1）适用范围：本方法适用于供特钢用外购石墨压球的采样。

（2）引用标准：Q/BB 509—2018《外购石墨压球》。

（3）采样规程：

1）携带好剪子、取样铲、装样桶和质量证明书，核对好标识、车号等信息。

2）石墨压球每点取样不少于0.5kg，试样总量不少于7.5kg。

3）随机选5个吨袋，分别在每个吨袋上部、中部和下部用取样铲取样，将试样装入装样桶。

3.5.4.20　轴承钢合成渣、轴承钢中包覆盖剂采样方法

（1）适用范围：本方法适用于本钢集团有限公司轴承钢用中包覆盖剂、轴承钢合成渣的采样。

（2）引用标准：Q/BB 506—2017《外购轴承钢中包覆盖剂》、Q/BB 505—2017《外购轴承钢合成渣》。

（3）采样规程：

1）携带取样钎、塑料桶和质量证明书，核对好标识、车号等信息。

2）取样点数不少于15点，每点取样量不少于0.1kg，总量不少于1.5kg。

3）任选5袋，在取样的吨袋表面做好标记，分别在吨袋上部、中部和下部用取样钎插入取样，将采取试样装入塑料桶内。

3.5.4.21　外购石英砂采样方法

（1）适用范围：本标准适用于本钢集团北营厂区外购石英砂样品的采取。

（2）引用标准：下列文件对于本方法的应用是必不可少的。凡是注日期的引用文件，仅注日期的版本适用于本方法。凡是不注日期的引用文件，其最新版本（包括所有的修改单）适用于本方法。

《GB/T 10325 定形耐火制品抽样验收规则》；

《GB/T 17617 耐火原料抽样检验规则》；

《980—2011 外购LF炉用石英砂》；

《981—2011 外购中频炉用石英砂》。

（3）仪器设备：

1）电子天平：分度值0.1g；量程3kg以上；台秤：分度值0.05kg。

2）标准检验筛：2mm、5mm、74μm。

3）电热鼓风干燥箱（0~300℃）。

4）铁锹、取样桶、镀锌样盘。

（4）组批：

1）LF炉用石英砂汽车运输进厂的每日每10车作为一个批次（每日不足10车视作10车）。

2）中频炉用石英砂按批（车）检验和验收，每批为一个检验单位。

（5）采样：

1）保证所采物料具有代表性，汽车物料在卸入场地前对所进车辆进行车车取样。

2）LF炉用石英砂：为吨袋运输，每车吨袋开袋率不低于20%。用取样钎取样，每个取样点取样重量大致相等，采样点数不少于9点，大样量不少于5kg。

3）中频炉用石英砂：汽车停靠在采样平台一侧用取样钎取样，在车厢上沿前、中、后各布1点，每点上、中、下各采1袋，每个取样点取样重量大致相等，大样总质量不少于5kg。

注意事项：

①在采样前检查好工作环境、设施等是否安全。

②采样过程中应使采到的试样具有均匀性和代表性。

③采样所使用的设备、工具保持干净。

④合金宏观检查,汽运开 5 袋,火运开 8 袋。

3.5.5 各种合金、辅料的制样与设备

3.5.5.1 制样的基本分类

(1) 粗破碎:是指经破碎机破碎后物料粒度在 10~15mm。

(2) 细破碎:是指经破碎机破碎后物料粒度小于 6mm。

3.5.5.2 制样的基本方法

A 锥堆混匀法

(1) 制样前准备。检查破碎机里是否夹带其他试样,若有,必须将其他试样清理干净。

(2) 试样制备:

1) 破碎机和制样工具的清扫。启动破碎机,从同批试料中取出适量的物料在破碎机中通过,待试样全部破碎后,用破碎后的试样将破碎机取料盒、缩分盘及缩分铲清洗干净,将清洗后试样倒掉,将破碎机和制样工具清扫干净。

2) 将试样均匀投入破碎机给料口,直至试样全部破碎到规定粒度。

3) 将破碎完的试样放在干净的缩分盘(台)上,用缩分铲铲起堆成圆锥体,再交互从试样堆的两边对角贴底逐渐铲起堆成另一个圆锥体,每次铲起的试样不应过多,撒落在新堆顶端,使其均匀地落在堆的四周。堆成锥体的过程中,堆顶中心位置不得移动。如此反复三次,使试样粒度分布均匀。

4) 将堆锥混合后的试样从堆的顶端中心压平成扁平体。扁平体厚度要适当均匀,通过扁平体的中心划一个"十"字,将试样分成 4 个相等的扇形体。

5) 将破碎后的试样经混匀缩分后一半用做生产试样,另一半作为留存大样,大样量不少于 3kg。

6) 将生产试样按锥堆混匀法混匀,用四分法进行缩分,根据需要可重复多次,直至将试样缩分到 200g 左右。

7) 经研磨后过规定大小的标准筛,分成两份一份送化验室一份留着副样。(含有水分的辅料,将其中一对对角的两份试样分别装入两个试样瓶中作为水分正负试样)

8) 将缩分盘中剩余试样及清洗试样倒回原物料袋中。

9) 大样、备样试样袋要写好标识便于追溯。

B 网目缩分法

(1) 检查破碎机运转是否正常。检查破碎机里是否夹带其他试样,若有,必须将其他试样清理干净。

(2) 启动破碎机,取少量的试样均匀投入给料口,待试样全部破碎后用破碎后的试样将缩分盘清洗干净,将清洗后试样倒掉。

(3) 取少量试样均匀投入破碎机给料口,直至试样全部破碎到规定粒度。用缩分盘

接住破碎后的试样并摊平成长方形。将9格网格筛平放在试样表面。用小勺在每格中取少许，放入筛分盘中，小勺插入深度不少于勺一半，总计不少于9勺，量不少于100g。

（4）取缩分盘中试样少许倒入研磨机中进行洗缸。将取到的100g试样倒入洗净后的研磨机中进行研磨。研磨后的试样全部过120μm筛，分别装入两个写好编号的试样袋中，封好。将缩分盘中的试样用小锹在正中央划"十"字，取对角线试样过1~5mm筛，直至1mm筛下方没有粉末筛出为止，筛分中部的试样装入写好编号的自封袋封好。

C　桶内摇匀制样法

（1）将桶盖盖严拧紧，将整个试样桶倒置上下抖动两次。

（2）将整个试样桶平放上下抖动两次。

（3）将整个试样桶正立上下抖动两次。

（4）拧开桶盖将试样均匀倒入正负试样袋中。

（5）剩余试样倒回车上的吨袋中，将桶盖盖严拧紧。

D　桶内混匀制样法

（1）将整个试样桶放正，用取样铲插入桶内试样，试样没试样铲只露出铲柄为止。

（2）用取样铲在试样中以试样中心为轴顺时针搅动三周。

（3）接着以试样中心为轴逆时针搅动三周。

（4）用此取样铲在桶中随机取样装入正负试样袋中，封好。

3.5.5.3　按国家标准方法进行制备的检验品种

以下品种依据国家标准制样方法进行试样制备，检验品种明细见表3-16。

表3-16　依据国家标准制样的品种明细

编号	检验品种	制备依据的标准	备注
1	钼铁	GB/T 4010—15 铁合金化学分析用试样的采取和制备	120μm（120目）筛
2	钛铁、钛铁压球	GB/T 4010—15 铁合金化学分析用试样的采取和制备	120μm 筛
3	硅铁、钒氮合金、硅钙合金	GB/T 4010—15 铁合金化学分析用试样的采取和制备	120μm 筛
4	钒铁	GB/T 4010—15 铁合金化学分析用试样的采取和制备	180μm（80目）筛
5	锰铁、锰硅合金、金属锰、氮化锰	GB/T 4010—15 铁合金化学分析用试样的采取和制备	120μm 筛
6	铬铁、低钛高铬	GB/T 4010—15 铁合金化学分析用试样的采取和制备	120μm 筛
7	硼铁	GB/T 4010—15 铁合金化学分析用试样的采取和制备	120μm 筛
8	铌铁	GB/T 4010—15 铁合金化学分析用试样的采取和制备	120μm 筛
9	磷铁	GB/T 4010—15 铁合金化学分析用试样的采取和制备	96μm（160目）筛
10	硅铁粉、粉末还原铁粉	GB/T 4010—15 铁合金化学分析用试样的采取和制备	120μm 筛
11	轻烧铝矾土、硫铁矿、铁皮压块	GB 2007.2—87 散装矿产品取样、制样通则 手工制样方法	120μm 筛

编号	检验品种	制备依据的标准	备注
12	电炉渣	GB 2007.2—87 散装矿产品取样、制样通则 手工制样方法	样品量不少于50g；180μm 筛
13	铝铁、硅铝钡锶钙锰铁、萤石压块	GB 2007.2—87 散装矿产品取样、制样通则 手工制样方法	180μm 筛
14	硅钙线、硼铁线	GB 2007.2—87 散装矿产品取样、制样通则 手工制样方法	硼铁线过250μm（60目）筛
15	超低碳/低碳/高碳保护渣	GB 2007.2—87 散装矿产品取样、制样通则 手工制样方法	不过筛
16	中间包覆盖剂、钢包改质剂、钢包覆盖剂、新型中包无碳渣、大包渣、轴承钢钢包覆盖剂、轴承钢合成渣等	GB 2007.2—87 散装矿产品取样、制样通则 手工制样方法	不过筛
17	出钢口填充料、铁渣分离料	GB 2007.2—87 散装矿产品取样、制样通则 手工制样方法	不过筛
18	速熔改质剂	GB 2007.2—87 散装矿产品取样、制样通则 手工制样方法	不过筛
19	硫铁线、硫磺包芯线	GB 2007.2—87 散装矿产品取样、制样通则 手工制样方法	不过筛
20	碳包芯线	GB 2007.2—87 散装矿产品取样、制样通则 手工制样方法	不过筛
21	电炉焦粉发泡剂	GB 2007.2—87 散装矿产品取样、制样通则 手工制样方法	不过筛
22	硅钙粉	GB 2007.2—87 散装矿产品取样、制样通则 手工制样方法	不过筛
23	铁皮团块	GB 2007.2—87 散装矿产品取样、制样通则 手工制样方法	每周一次做水分
24	铬质引流剂、石墨压球	GB 2007.2—87 散装矿产品取样、制样通则 手工制样方法	180μm 筛
25	氧化铝球	GB 2007.2—87 散装矿产品取样、制样通则 手工制样方法	150μm（100目）筛
26	高效无碳引流剂	GB 2007.2—87 散装矿产品取样、制样通则 手工制样方法	180μm 筛
27	碳化稻壳	GB 2007.2—87 散装矿产品取样、制样通则 手工制样方法	不过筛
28	增碳剂、精炼增碳剂、焦丁增碳剂	GB 2007.2—87 散装矿产品取样、制样通则 手工制样方法	不过筛
29	钙铁线、孕育线、球化线	GB 2007.2—87 散装矿产品取样、制样通则 手工制样方法	钙铁线不研磨
30	铝锭、锌锭	GB/T 4010—15 铁合金化学分析用试样的采取和制备	不过筛
31	阴极铜	GB/T 4010—15 铁合金化学分析用试样的采取和制备	不过筛
32	含镍生铁、镍铜、镍铁	GB/T 4010—15 铁合金化学分析用试样的采取和制备	不过筛
33	铝线、铝粒	企标没有明确制样方法，按满足实际需要进行试样制备	不过筛
34	纯钙线	企标没有明确制样方法，按满足实际需要进行试样制备	不过筛

3.5.5.4　合金、辅料检验试样的制备

本方法适用于合金、辅料检验样品的制备。

合金：钼铁、钒铁、高铬、金属锰、锰铁、氮化锰、锰硅、硼铁、铌铁、铌砂、磷铁、钛铁、钛铁压球、低钛高铬、硅铁、特种硅铁、硅铁粉、硅钙粉、粉末还原铁粉、钒氮合金、硅钙合金按前言锥堆混匀法进行制备。

辅料：大包渣、新型中包无碳渣、碳化稻壳、硅铝钡锶钙锰铁、铝铁、氧化铝球、萤石压块、铬（锆）质引流剂、高效无（低）碳引流剂、焦丁增碳剂、增碳剂、精炼增碳剂、石墨压球、电炉焦粉发泡剂、出钢口填料、速熔改质剂、模铸保护渣、铁皮团块、铁皮压块、轻烧铝矾土、钢包改质剂、钢包覆盖剂、轴承钢中包覆盖剂、轴承钢合成渣、铁渣分离料、低钛氧化铝球、硫铁矿、衬板等按锥堆混匀法或摇匀法进行制备。

3.5.5.5　引用标准

（1）根据国家标准 GB/T 4010—2015 相关规定。

（2）根据国家 GB 2007.2—87《散装矿产品取样、制样通则 手工制样方法》相关规定。制样方法：合金参照锥堆混均法制样的基本方法。

辅料铬（锆）质引流剂、高效无（低）碳引流剂、焦丁增碳剂、增碳剂、精炼增碳剂、低氮增碳剂、出钢口填料、模铸保护渣、新型中包无碳渣、钢包覆盖剂、轴承钢钢包覆盖剂、轴承钢合成渣、外购超低碳保护渣、铁渣分离料、大包渣、碳化稻壳参照前面章节所讲的桶内摇匀制样的基本方法。

3.5.5.6　制样工具及设备

剪刀、脱脂棉（沾有酒精的）、镊子、试样筛、牛耳勺、小毛刷（钢丝球）、振磨机、破碎机。

3.5.5.7　合金辅料采制样流程

合金辅料采制样流程如图 3-12 所示。

3.5.5.8　生铁、含镍生铁、镍铜、镍铁检验样品的制备

（1）适用范围。本方法适用于生铁、含镍生铁、镍铜、镍铁检验样品的制备。

（2）引用标准。根据国家标准 GB/T 4010—15《铁合金化学分析用试样的采取和制备》。

（3）制样工具及设备。直径 12mm、14mm 的钻头、乙醇作冷却剂、毛刷、台钻。

（4）试样制备：

1）在化验试样的试样袋上写好品名、编号及制样日期（编号与试样上一致）。

2）用毛刷将试样表面清扫干净，将试样固定在模具上，启动台钻，用钻头钻去表皮（不少于 2mm 深）。

3）在原点钻取试样，钻取深度为样品高度的四分之一，钻下的屑状试样混匀后装入试样袋。

4）把化验分析试样袋用胶带封好，送到化验室登记后交于化验室有关人员。

注：钻头事先用四氯化碳进行浸泡去油渍。

钻取过程中，必要时用乙醇作冷却剂进行冷却。

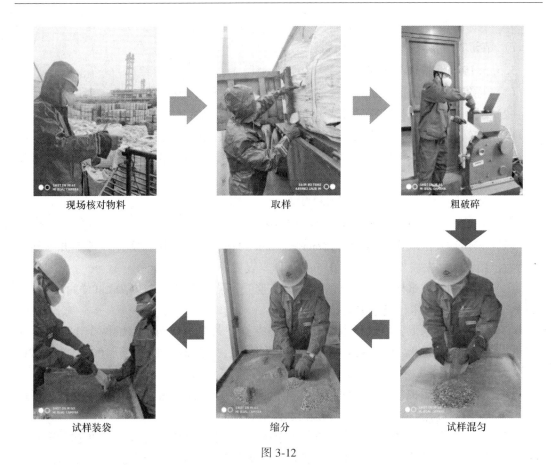

图 3-12

3.5.5.9　铝线、铝粒、低铬、阴极铜、铝锭、锌锭检验试样的制备

（1）适用范围。本方法适用于铝线、铝粒、低铬、阴极铜、铝锭、锌锭样品的制备。

（2）引用标准：

1）根据国家标准 GB/T 4010—2015 相关规定。

2）根据国家标准 GB 2007.2—87《散装矿产品取样、制样通则　手工制样方法》相关规定。

（3）制样工具及设备。乙醇或水作冷却剂、6～12mm 的钻头、毛刷、台钻、手电钻、粉碎机。如果用水作冷却剂需要按标准进行烘干，温度控制在 100℃ 以下。

（4）试样制备：

1）在化验试样的试样袋上写好品名、编号及制样日期（品名、编号与粗试样袋上一致）。

2）铝线、铝粒试样制备。

3）采用钻孔法取样，用直径 6～8mm 的钻头取样，用乙醇作冷却剂。

4）针对铝粒，对每块铝粒进行钻样；针对铝线，从铝线一端开始，每隔 5cm 进行钻样。

5）在钻取试样前，铝线必须先清除试样表面氧化层，其厚度不少于 0.5mm。铝线钻进的深度不小于试样直径的 2/3；铝粒钻进的深度不小于试样直径的 1/2。

6）将钻取试样混匀后，装入试样袋中。

7）钻完的物料放入原试样袋内封好。

3.5.5.10　低铬试样制备

（1）用直径 8mm、12mm 的钻头取样，用乙醇或水作冷却剂；

（2）针对低铬，选择规则试样，制样量不低于来样量的 2/3。

（3）在钻取试样时，低铬钻进的深度不小于试样直径的 1/3。

（4）将钻取试样混匀后，用 80 目筛过筛后，留取筛上物，用磁铁吸除杂质，装入试样袋中。

（5）钻完的物料放入原试样袋内封好。

3.5.5.11　阴极铜、铝锭、锌锭试样制备

（1）采用钻孔法取样。用直径 12mm、15mm 的钻头取样，用乙醇作冷却剂并擦拭表面污垢，用钻头钻去表皮（不少于 0.5mm 深），表皮用毛刷清扫干净。

（2）阴极铜钻取试样采取多点法。三横三竖边一点共计 10 点，钻取试样过 40 目标准筛，筛下物吸去铁末，剩余混匀装袋。

（3）铝锭试样采取，取试样中心点及中心点到一条对角线两顶点的两个 1/2 处。每点钻取试样，钻取深度为样品高度的 1/2，试样混匀后，总试样量不低于 100g，装入试样袋中。

（4）锌锭试样采取，将混匀的袋中试样，倒入高速万能粉碎机中，扣好上盖，通电将全部试样粉碎（用时 0.5min），粉碎粒度不大于 2mm。

将粉碎的试样铺平用磁铁吸除杂质，十字缩分后要送化验室的化验试样再次用磁铁吸除杂质一遍。化验试样和剩余试样分别装入各自试样袋中，用胶带封好。袋上写好品名、牌号、批号。

（5）注意事项：

1）钻头事先用四氯化碳进行浸泡去油渍。

2）钻取过程中，钻速不宜过快，必要时用乙醇作冷却剂进行冷却。

3.5.5.12　钙铁包芯线检验试样的制备

（1）适用范围。本方法适用于钙铁包芯线检验样品的制备。

（2）根据国家标准 GB 2007.2—87《散装矿产品取样、制样通则 手工制样方法》。

（3）制样工具。克丝钳、磁石、试样筛、托盘天平、铁锤。

（4）试样制备：

1）钙试样制备：用克丝钳从钙铁线任意部位依次剪取 2~3cm 长的 3 个试样段送检，每段中的钙铁粉全部作为钙检验试样。

2）硅试样制备：取 1m 长包芯线，用克丝钳剪取几段，铁锤敲击包芯线外皮，倒出物料，取出的全部粉末过 380μm 和 250μm 的套筛后，用磁石吸取 380μm 与 250μm 之间的试样，将吸取的试样混入 250μm 以下的试料中，作为硅检验试样。380μm 筛上试样称重后作为钙重量。用磁石吸取的试样重量和剩余的试样重量用托盘天平进行称重，数值写在试样袋中。

3）把化验分析试样装用胶带封好送到化验室。

3.5.5.13　硅钙线、硫铁线、碳包芯线、硫磺线、硫精矿粉包芯线、球化包芯线、孕育包芯线检验试样的制备

（1）适用范围。本方法适用于硅钙线、硫铁线、碳包芯线、硫磺线、硫精矿粉包芯线、球化包芯线、孕育包芯线检验样品的制备。

（2）引用标准。根据国家标准 GB 2007.2—87《散装矿产品取样、制样通则 手工制样方法》。

（3）制样工具。克丝钳、振磨机、托盘天平、铁锤。

（4）试样制备：

1）取 1m 长包芯线，用克丝钳剪取几段，铁锤敲击包芯线外皮，倒出物料，进行振磨。

2）试样混匀后，装入试样袋中，送到化验室登记后交于化验室有关人员。

3）将制完的物料归类放在试样铁架上。

（5）注意事项。硫黄线倒出物料不用振磨。

3.5.5.14　硼铁线检验试样的制备

（1）适用范围。本方法适用于硼铁包芯线检验样品的制备。

（2）引用标准。根据国家标准 GB 2007.2—87《散装矿产品取样、制样通则 手工制样方法》。

（3）制样工具。克丝钳、试样筛 120 目、托盘天平、铁锤。

（4）试样制备：

1）用镊子夹取少量脱脂棉（沾有酒精的），清洗研磨缸及试样筛。

2）取 1m 长包芯线，用克丝钳剪取几段，铁锤敲击包芯线外皮，倒出物料。

3）将物料全部倒入清洗好的研磨缸内进行研磨。研磨过筛方法同合金、辅料检验试样的制备。

4）将制完的物料归类放在试样铁架上。

3.5.5.15　钝化镁粉、硅钙粉、萤石粉、氧化铝粉检验试样的制备

（1）制样方法。参照前面章节所讲的桶内摇匀制样的基本方法。

（2）适用范围。本方法适用于钝化镁粉、硅钙粉、萤石粉、氧化铝粉检验样品的制备。

（3）引用标准。根据国家标准 GB 2007.2—87《散装矿产品取样、制样通则 手工制样方法》。

（4）试样制备：

1）在化验试样的试样袋上写好品名、编号及制样日期（品名、编号与粗试样袋上一致）。

2）将试样袋进行摇匀。

3）用剪刀从试样袋的上部横向剪开，将袋中 100g 试样倒入化验分析用试样袋中。

4）将化验分析试样袋和原试样袋用胶带封好。原试样袋放在托盘中，化验分析试样送到化验室。

3.5.5.16　纯钙线检验试样的制备

（1）适用范围。本方法适用于纯钙包芯线检验样品的制备。

（2）引用标准。根据国家标准 GB 2007.2—87《散装矿产品取样、制样通则 手工制样方法》。

（3）制样工具。钳子、铁锤。

（4）试样制备：

1）将试样用锤子轻轻砸直，用钳子固定住。

2）用手锯截去一节（约 5cm），弃掉；再接着截（约 5cm）试样；或用车床将试样两端分别加工 2~3cm。

3）将约 5cm 试样用钳子固定住，手锯顺着试样锯开试样表面铁皮去掉。

4）用锤子将露出的钙质部分砸扁，用钳子钳成小块，装入试样袋中，送到化验室。

3.5.5.17　外购稀土包芯线

试样两端用胶带封好，贴上写有物料名称、采样日期、试样编号、采样人姓名的标签。

3.5.5.18　低碳钢包砖制样

（1）引用标准。Q/BB 845—2011《外购低碳钢包砖》。

（2）制样规程：

1）试样表面清理后，垂直于底面钻取，在试样块上平行取 6 点。

2）先去掉表皮，再进行钻取，至 10~20mm 左右。

3）钻取时进钻速度和钻头转速不要太快，钻取转速一般控制在 200r/min 以下，钻取的试样重量约 40g，装入研磨机中进行研磨。

4）研磨后的试样分别装入两个写好编号的试样袋中，封好。

3.5.5.19　烧结用粉石灰制样规程

（1）适用范围。本方法适用于供炼铁用外购烧结用粉石灰的制样。

（2）引用标准。BC 1008—2020 外购烧结用粉石灰。

（3）将桶内试样摇匀，摇匀后的试样倒入试剂瓶中进行研磨，过 120μm 标准筛。

3.5.5.20　注意事项

（1）制样过程中应使化验试样具有均匀性和代表性，应保证试样全部研磨、过筛。

（2）制备试样使用的设备、工具、容器、仪器等应保持干净。每完成一个试样须将设备、工具、容器等清理干净，再进行下一个试样的制备。

（3）金属试样表面存在的包砂、锈、涂料、油垢等必须先清理干净，使其部分或全部露出金属光泽。

（4）试样发现缩空、气泡、夹渣或其他杂质时，在平行位置进行取样。

（5）钻取试样时，要防止进刀量太快，影响试样受热氧化变质。

（6）硬质合金刀头、钻头、刀具等长时间使用时，用酒精冷却要防止退火。处理试样及冷却刀具所用的乙醇等易燃物应注意防火。

（7）试样潮湿需要烘干制备时，要在不破坏物料本身元素结构的温度时间下进行烘干。

（8）制备过程中为防止不同品种、不同编号试样相互干扰、颠倒、混号和混样等现象发生，一名职工不能同时研磨 2 种试样，必须遵守先研磨试样后写化验试样袋编号

（化验试样袋编号与送来的粗样袋上编号一致）。

3.5.5.21 包芯线类物理检测方法芯粉质量、直径、钢带厚度的测定

（1）适用范围。本方法采用物理测量法测定芯粉质量、直径、钢带厚度。

本方法适用于冶炼用包芯线的测定。

（2）方法提要。测量包芯线的长度，称量包芯线内的芯粉质量，用 g/m 表示。测量包芯线的直径、包芯线钢带厚度，用 mm 表示。

（3）设备：

1）米尺，最小量程 1m，分度值为 1cm。

2）天平，最大载荷 1000g，分度值为 10mg。

3）游标卡尺，精度为 0.05mm。

（4）试样要求：

1）试样要求：包芯线长度至少大于 1.5m。

2）试样外观平整圆滑，不能有大幅度的变形，不允许有明显的凹凸、裂纹。

（5）检测步骤：

1）检测前应把包芯线两端去掉线头。用米尺沿包芯线上表皮准确量取 1m 包芯线，将量取后的包芯线剪成若干段，取出包芯线内芯粉并用天平进行称重。此质量为包芯线的芯粉质量（g/m）。

2）用游标卡尺随机测量 3 段包芯线铁皮的直径、钢带厚度，精确至 0.05mm。测量应在包芯线较平整圆滑的断面进行。取 3 次测量值的平均值为包芯线的直径和钢带厚度（mm）。

3.5.5.22 外购石英砂制样方法

（1）适用范围。本标准适用于本钢集团北营厂区外购石英砂样品的制备。

（2）规范性引用文件：

GB/T 17617 耐火原料和不定形耐火材料

Q/BB 980—2011 外购 LF 炉用石英砂

BC A002—2020 外购中频炉用石英砂

（3）制样：

1）水分测定：

① 将采取的试样全部倒在洁净的缩分台上，进行堆锥混匀，并将试样缩分至约 1000g（900~1100g 之间），记为 M_2，准确至 1g，平摊在洁净、经预先干燥和已知质量（M_1）的样盘中，厚度不超过 30mm，放在烘箱中于（105±5）℃下烘干至恒量，待冷却至室温后，称量，记作 M_3。

② 结果计算

$$M = \frac{M_2 - M_3}{M_2 - M_1} \times 100 \qquad （保留 1 位小数）$$

式中 M——样品的水分，用质量百分数表示，%；

M_1——样盘的质量，g；

M_2——样盘与所称约 1000g（900~1100g 之间）样品的质量，g；

M_3——样盘与样品干燥后的质量，g。

2）LF炉用石英砂粒度测定：

① 将烘干后的试样称取约200g（200~220g），精确至1g。按筛孔大小顺序再逐个用手筛筛至每分钟通过量小于试样总量0.1%为止。通过的试样并入下一号筛中，并和下一号筛中的试样一起过筛，这样顺序进行，直至各号筛全部筛完为止。称出各号筛的筛上量，精确至1g。

② 粒度计算。记录2mm标准筛的筛上物质量M_1：

$$m_{(2~5)mm} = 100×M_1/200$$

3）制成分样：

①将烘干后试样混匀，称取约不少于100g试样盛装在样盘中，将试样全部倒入干净的钵中，研磨至全部通过74μm的标准检验筛后，装入填写完整的样袋不少于50g，送检。

②在缩分后留取不少于2kg试样，作为大样，结果上网后15天备查。

3.5.5.23　碳化稻壳、炼钢增碳剂、精炼增碳剂、焦丁增碳剂、新型中包无碳渣水分、粒度测定

（1）适用范围。本标准适用于本钢集团北营厂区外购碳化稻壳、炼钢增碳剂、精炼增碳剂、焦丁增碳剂、新型中包无碳渣水分、粒度测定。

（2）规范性引用文件：

GB/T 17664　木炭和木炭的试验方法

GB/T 211—2007　煤中全水分的测定方法

GB/T 2001　焦炭工业分析测定方法

QBB 973　外购新型中包无碳渣

（3）仪器设备：

1）烘干箱；

2）镀锌样盘；

3）电子天平：分度值，0.1g；

4）标准筛1mm、3mm、5mm。

（4）组批：

1）碳化稻壳、炼钢增碳剂、精炼增碳剂及新型中包无碳渣一车为一批，每批为一个检验单位。

2）焦丁增碳剂每天交货量为一批。

（5）水分测定：

1）将采取的试样全部倒在洁净的缩分台上，进行堆锥混匀，并将试样缩分至约100g（炼钢增碳剂、精炼增碳剂、焦丁增碳剂500g），准确至0.1g，平摊在洁净、经预先干燥和已知质量（M_1）的样盘中，厚度不超过30mm，记为M_2，放在烘箱中于100~110℃下烘干至恒量，待冷却至室温后，称量，记作M_3。

2）结果计算

$$M = \frac{M_2 - M_3}{M_2 - M_1} × 100\%　　（保留1位小数）$$

式中　M——样品的水分，用质量百分数表示，%；

M_1——样盘的质量，g；

M_2——样盘与称量样品的质量，g；

M_3——样盘与样品干燥后的质量，g。

（6）粒度检测：

1）将筛子按照筛孔尺寸大小从上至下顺次排列，所采全部样品500g（M）分若干次倒在规定的筛上进行筛分，如果试样潮湿影响筛分，需要进行烘干，一次装入量要使全部颗粒在筛分时都有接触筛孔的机会，手持筛具水平往复摇动，注意避免粒度发生变化，每分钟约60次，振幅约70mm。

2）筛分终点：继续筛分1min，下筛量不超过装样量的0.1%，筛分结束。准确称量粒度区间内质量（M_1）。损失计算在最小的一个级别内。

3）粒度按下式计算：

$$L = M_1/M \times 100\%$$

式中 L——样品的粒度，用质量百分数表示，%；

M_1——粒度区间量，kg；

M——筛分前试样质量，kg。

3.5.5.24 脱硫粉剂、脱硫石灰石粉粒度检测

（1）适用范围。本标准适用于本钢集团北营厂区外购脱硫石灰石粉、脱硫粉剂粒度检测。

（2）规范性引用文件。GB/T 2007.7 散装矿产品取样、制样通则 粒度测定方法——手工筛分法。

（3）仪器设备：

1）电子天平（精度0.1g）。

2）烘干箱（0~300℃）。

3）1.18mm、0.044mm 标准筛。

（4）粒度。称取石灰石粉、脱硫粉剂50g（M），倒入规定标准筛（石灰石粉使用0.044mm，脱硫粉剂使用1.18mm 和0.044mm）进行筛分，使用清水冲洗物料，轻轻搅拌，直到无物料下落为止，将筛上物在105±5℃烘干箱内烘干至恒重（M_1）。

计算公式：

$$L = M_1/M \times 100 \qquad （结果保留1位小数）$$

式中 L——样品的粒度，用质量百分数表示，%；

M_1——筛上物质量，g；

M——筛分前试样质量，g。

3.5.6 各种辅料检验详解及主要设备

外购辅料中检验项目采用的分析方法有化学分析和仪器分析。化学分析用到的方法有滴定法、重量法、分光光度法；仪器分析用到的主要设备有ICP光谱仪、X-荧光光谱仪、红外碳硫仪、快水仪。

3.5.6.1　化学分析

A　萤石化学分析方法

a　容量法测定氟化钙量

（1）方法原理。试样以醋酸溶解后，取一定量体积，在三乙醇胺存在下，pH 值调至 12.5，加钙指示剂，以 EDTA 标准溶液滴定，求得氟化钙含量。

（2）分析步骤。称取 0.5000g 试样，将试样置于 250mL 的烧杯中，加 30mL 醋酸（1+9），盖上表面皿于沸水浴中保温 30min，每隔 5min 振动一次，用中速滤纸过滤于 500mL 三角瓶中，用热水洗涤至无醋酸味为止，沉淀连同滤纸放于原烧杯中，加 15mL 盐酸、15mL 硝酸、30mL 高氯酸、蒸发冒烟近干，取下，稍冷加 5mL 盐酸，加 100~150mL 沸水，以快速滤纸过滤于 250mL 容量瓶中，沉淀用热盐酸水洗涤 7~8 次，再用沸水洗涤沉淀 2~3 次，用水稀释至刻度，振荡均匀。分取 50.00mL 于 500mL 三角瓶中，加 100mL 水，加 10mL 三乙醇胺溶液，加 20mL 氢氧化钾溶液，加少许钙指示剂，用 EDTA 标准溶液滴定至纯蓝色为终点，计算结果。

（3）注意事项：滴氟化钙时，滴定终点不明显或无终点，要检查试液 pH 值。

b　重量法测定二氧化硅量

（1）方法原理。试样以稀醋酸分解，将碳酸钙分离，然后残渣以硝酸、盐酸、高氯酸溶解发高氯酸烟，经过滤、洗涤、灼烧，称重计算出二氧化硅的含量。

（2）分析步骤。称取 0.5000g 试样，将试样置于 250mL 的烧杯中，加 30mL 醋酸（1+9），盖上表面皿于沸水浴中保温 30min，每隔 5min 振动一次，用中速滤纸过滤于 500mL 三角瓶中，用热水洗涤至无醋酸味为止，沉淀连同滤纸放于原烧杯中，加 15mL 盐酸、15mL 硝酸、30mL 高氯酸、蒸发冒烟近干，取下，稍冷加 5mL 盐酸，加 100~150mL 沸水，以快速滤纸过滤于 500mL 三角瓶中，沉淀用热盐酸水洗涤 7~8 次，再用沸水洗涤沉淀 2~3 次，滤纸连同沉淀放入坩埚中，放于 950℃ 马弗炉中灼烧 30min，取出，放入干燥器中冷至室温，称重，计算结果。

（3）注意事项：

1）试样要每隔 5min 振荡一次。

2）要用热蒸馏水洗涤无醋酸味。

3）坩埚要恒重。

B　石灰石、白云石、活性灰、外购灰、粉石灰、石灰石粉、冶金石灰、脱硫粉剂化学分析方法

a　氧化钙、氧化镁的测定（配合滴定法）

（1）方法原理。试料用碳酸钠-硼酸混合剂熔融，稀盐酸浸取。分取部分试液，以三乙醇胺掩蔽铁、铝、锰等离子，在强碱介质中，以钙羧酸作指示剂，用 EDTA 标准溶液滴定氧化钙。对高镁试样，在试液调节至碱性前预置 90%~95% 的 EDTA 标准滴定溶液，以消除大量镁的影响。另取部分试液，以三乙醇胺掩蔽铁、铝、锰等离子，在 pH 值为 10 的氨性缓冲溶液中以酸性铬蓝 K 和萘酚绿 B 作混合指示剂，用 EDTA 标准溶液滴定氧化钙、氧化镁合量。

（2）分析步骤。称取 0.5000g 试样（随同试样做空白试验），将试样置于预先盛有

3.0g 混合熔剂的铂坩埚中，混匀，再覆盖 1.0g 混合熔剂，将铂坩埚置于高温炉中熔样。然后用水冲洗铂坩埚外壁，将铂坩埚及铂盖置于 300mL 烧杯中，加 75mL 盐酸，低温加热浸出熔块，用水洗出铂坩埚及盖。低温加热至试液清亮，冷却至室温。将试液移入 250mL 容量瓶中，用水稀释至刻度，混匀。此试液可作为测定氧化钙、氧化镁、二氧化硅的储备液。

分取 25.00mL 储备液两份，分别置于 250mL 锥形瓶中，加 25mL 水，于一份试液中加 5mL 三乙醇胺，混匀，加 20mL 氢氧化钾溶液及约 0.1g 钙指示剂，混匀，用 EDTA 标准溶液滴定至试液由红色变为亮蓝色为终点（氧化钙的滴定）。

于另一份试液中加 5mL 三乙醇胺，混匀，加 20mL 氨性缓冲溶液，加 4~5 滴酸性铬蓝 K 和萘酚绿 B 作混合指示剂，用 EDTA 标准溶液滴定至试液由暗红色变为蓝绿色为终点（氧化钙、氧化镁合量的滴定）。

（3）注意事项：

1）石灰石、白云石试样分析前在 105~110℃ 干燥 2h，置于干燥器中冷却至室温。

2）一定要低温加热浸出熔块，高温易崩溅。

3）空白试验和氧化镁小于 1.0% 的试样，滴定前加 1.0mL 氧化镁标准溶液，氧化镁大于 2.5% 时，要预滴定。

4）白云石试样滴定氧化钙时要进行预滴定，即加入相当于滴定溶液中 90%~95% 氧化钙量的 EDTA 标准溶液。

5）指示剂要加适量，滴定时注意滴定速度。

b　二氧化硅的测定（硅钼蓝分光光度法）

（1）方法原理。试料用碳酸钠-硼酸混合剂熔融，稀盐酸浸取。分取部分试液，在约 0.15mol/L 的盐酸介质中钼酸铵与硅酸形成硅钼杂多酸，加入草酸-硫酸混合酸，消除磷、砷干扰，用硫酸亚铁铵将其还原为硅钼蓝，用分光光度计于波长 680nm 处测量吸光度。

（2）分析步骤。根据试样二氧化硅的含量分取不同体积的储备液于 100mL 容量瓶中，加 8mL 无水乙醇，加相应量盐酸，立即用水稀释至 50mL，混匀。加 5mL 钼酸铵，混匀于室温放置 20min，加 20mL 草酸-硫酸混合酸，混匀，放置 1~2min，立即加入 5mL 硫酸亚铁铵溶液，用水稀释至刻度，混匀。将部分显示液移入吸收皿中，以空白溶液为参比，分光光度计于波长 680nm 处测量吸光度，从标准曲线上查出相应的二氧化硅量。

（3）注意事项：

1）石灰石、白云石试样分析前在 105~110℃ 干燥 2h，置于干燥器中冷却至室温。

2）室温低于 15℃ 时，于约 30℃ 的温水浴中放 15~20min。

c　灼烧减量的测定

（1）方法原理。试料置于铂坩埚内，于高温炉中逐渐升温至（1050±50）℃，灼烧至恒量，其减少的质量即为灼烧减量。

（2）分析步骤。称取 1.0000g 试样置于铂坩埚中，将铂坩埚置于炉温低于 300℃ 的高温炉中，盖上铂盖，使铂坩埚与铂盖间留一间隙。将高温炉逐渐升温。当室温至 800~900℃ 时，开启炉门 2~3 次，每次约 1min，逐渐升温至（1050±50）℃，并在该温度下灼烧 60min。取出铂坩埚，盖上铂盖，稍冷。将铂坩埚及盖放入干燥器中冷至室温，称重。将铂坩埚及盖再次置于高温炉中，于（1050±50）℃ 灼烧 15min，取出铂坩埚，盖上铂盖，稍冷。将铂坩埚及盖放入干燥器中冷至室温，称重。直至前后 2 次称量差不超过 1.0mg。

（3）注意事项：

取出的铂坩埚及盖放入干燥器中冷至室温，称重。如重复灼烧后称得质量增加，则以称量增加之前最后一次称得的质量计算分析结果。

d　活性度的测定

（1）方法原理。将一定量的试样水化，同时用一定浓度的盐酸将石灰水化过程中产生的氢氧化钙中和。从加入石灰试样开始至试样结束，始终要在一定搅拌速度的状态下进行，并保持中和过程中的等量点。准确记录 10min 时盐酸的消耗量。

（2）分析步骤。称取 50.0g 试样，置于装有（40±1）℃2000mL 水的 3000mL 烧杯中，开动搅拌仪。加 8~10 滴酚酞指示剂开始计时间。当消化开始呈红色时，用盐酸滴定，滴定并保持溶液到红色刚刚消失。待又出现红色时则继续滴入盐酸。整个过程都要保持溶液滴定至红色刚刚消失。记录到 10min 时消耗的盐酸毫升数。

（3）注意事项：

1）滴定后期，如果变色不明显，可适当补加酚酞指示剂 2~4 滴。

2）注意水的温度，用温度计测量。

3）注意搅拌仪的转速：250~300r/min。

C　铁皮压（团）块、尾渣化学分析方法

a　全铁的测定

（1）方法原理。试样用硫磷混酸加氟化钠分解，以钨酸钠为指示剂，用三氯化钛将高价铁还原为低价铁，过量的三氯化钛进一步还原钨酸根生成"钨蓝"，再用重铬酸钾溶液将"钨蓝"氧化消失，以二苯胺磺酸钠为指示剂，用重铬酸钾标准溶液滴定，借此测定全铁量。

（2）分析步骤。称取 0.3000g 试样置于 500mL 锥形瓶中，加 0.2~0.5g 氟化钠，30mL 硫磷混酸，加热溶解至三氧化硫浓烟冒至瓶口，取下稍冷，再加 30mL 硫磷混酸加热至冒硫酸烟，取下稍冷。

加 10mL 盐酸，滴加二氯化锡溶液至浅黄色，若二氯化锡过量，应滴加高锰酸钾至浅黄色，用水稀释溶液体积约 150mL，加 15 滴钨酸钠溶液，用三氯化钛滴至蓝色，再滴加重铬酸钾溶液氧化至蓝色消失，加适量二苯胺磺酸钠溶液，用重铬酸钾标准溶液滴定至稳定的紫色为终点。

（3）注意事项：

1）氟化钠要加适量，加多溶液易混，加少不利于试样溶解。

2）加 10mL 盐酸后趁热滴加二氯化锡溶液至浅黄色。

3）用三氯化钛滴至刚出现蓝色即可，再滴加重铬酸钾溶液氧化至蓝色消失，不要过量。

b　二氧化硅的测定

（1）方法原理。试样用过氧化钠熔融，稀盐酸浸取。在 [H^+] 为 0.2~0.25mol/L 的酸性介质中，使硅酸与钼酸作用生成硅钼杂多酸（硅钼黄）。在草酸存在下，用硫酸亚铁铵将硅钼黄还原成硅钼蓝，于波长 660nm 处进行比色，测量其吸光度，从而测定二氧化硅含量。

（2）分析步骤。准确称取试样 0.1500g 于铁坩埚内，加入 1g 过氧化钠搅拌均匀后置于 950℃高温炉中熔融至液态，取出，在盛满蒸馏水的 1000mL 烧杯液面上冷却降温后，浸入预先加入 100mL 水的 300mL 烧杯中，将铁坩埚用水冲洗干净取出，加盐酸 20mL 至试样完全溶解后，移入 250mL 容量瓶中，用洗瓶冲洗烧杯，洗液移入上述 250mL 容量瓶中，稀释至刻度，震荡均匀。用移液管吸取母液 10.00mL（硅含量高时取 5.00mL），放入预先加有 10mL 水的 100mL 容量瓶中，加入钼酸铵 5mL，室温下静止 5min 后，加硫酸亚铁铵溶液 20mL，用水稀至刻度，混匀。放置 10min。取试液置于 1cm 比色皿中，以水为参比，于分光光度计波长为 660nm 处测量其吸光度，从工作曲线上查出相应的硅量。

（3）注意事项：

1）熔融时间不宜过长或过短，熔至液面恰好平静即可取出。

2）绘制曲线的环境温度应与试样分析的环境温度保持一致，否则影响结果的准确性。

c 磷的测定

（1）方法原理。试样用盐酸溶解，高氯酸冒烟，并加入一定量的铁盐消除背景干扰，以过量亚硫酸钠还原高价铁为低价铁，加钼酸铵生成磷钼黄，在弱酸性溶液中，磷钼黄被还原为磷钼蓝，于波长 660nm 处测量其吸光度，求出磷量。

（2）分析步骤。称取 0.2000g 试样，随同试样做空白。将试样置于 250mL 烧杯中，加入 25mL 盐酸，适量氟化钠，浓缩体积至 5mL。加 5mL 高氯酸，冒烟至皮膜状（体积约 2mL）。取下待烟冒尽，加热水控制体积为 25~30mL，用快速滤纸过滤于 150mL 三角瓶中，加入高铁盐至试液中含铁量为 0.2g/mL，按下式计算铁盐的加入体积：

$$V = \frac{m \times (1 - TFe\%)}{a}$$

式中 m——称样质量，g；

TFe——试样中含全铁量，%；

a——1mL 高铁盐溶液中铁的量，0.05g；

V——须加高铁盐溶液体积，mL。

加 4.5mL 盐酸、12mL 亚硫酸钠溶液，低温加热煮沸 1min，取下迅速以流水冷却至室温，移至 100mL 容量瓶中，加 12mL 盐酸、8mL 钼酸铵溶液，静置 10~15min，稀释至刻度，摇匀。用 3cm 比色皿，以水为参比，在分光光度计上于 660nm 波长处进行比色，测量其吸光度，从工作曲线上查得磷量。

（3）注意事项

1）高氯酸冒烟必须使液面呈皮膜状，否则氟驱赶不净影响分析结果。

2）高硅试样需增加盐酸、氟化钠加入量和溶样时间，至样品溶解完全。

3）绘制曲线的环境温度应与试样分析的环境温度保持一致，否则影响结果的准确性。

d 金属铁（单质铁，MFe）的测定

（1）方法原理。用三氯化铁溶液溶解金属铁成二价铁，过滤分离不溶残渣，滤液中的二价铁用重铬酸钾标准溶液滴定，根据重铬酸钾标准溶液消耗量计算金属铁含量。

（2）分析步骤。根据金属铁含量称取 0.10~0.50g 试样，精确至 0.0002g，见表 3-18。

表 3-18　试样称取量

金属铁量/%	称取试样量/g
≤30.00	0.3500~0.5000
>30.00~70.00	0.2500~0.3500
>70.00	0.1000~0.2500

将称取的试样置于干燥的 250mL 锥形瓶中，放入磁搅拌子，加入 40mL 三氯化铁溶液，塞上瓶塞。用电磁搅拌器搅拌 40min，避免溅起溶液。期间用少量水吹洗瓶壁 1~2 次。

用过滤器抽滤，滤液收集在吸滤瓶中，水洗过滤器 3~4 次，每次 5~10mL 至淡黄色状溶液后，移至 300mL 烧杯中，用水洗吸滤瓶 2~3 次，稀释至 150~200mL。

或用酸洗石棉填充的玻璃漏斗过滤，将残渣洗入漏斗，洗涤 8~10 次，滤液收集在 500mL 锥形瓶中，稀释至 150~200mL。

在 500mL 锥形瓶中加 20mL 硫磷混酸（铁高时可再加 10mL 磷酸），加 6 滴二苯胺磺酸钠溶液，用重铬酸钾标准溶液滴定至稳定的紫色为终点。

（3）注意事项：

1）金属铁含量高时应延长振荡时间，使试样溶解完全，否则结果偏低。

2）增加试样研磨时间，尽量保证处理均匀，分析时要做平行测试，以减少大偏差的出现。

3）所用的三氯化铁溶液必须过滤后方可使用，以免杂质引入。

D　铁碳（磷）球的化学分析测定

（1）全铁的测定。同铁皮压（团）块全铁的测定方法。

（2）二氧化硅的测定。同铁皮压（团）块二氧化硅的测定方法。

（3）磷的测定。同铁皮压（团）块磷的测定方法。

E　消石灰化学分析方法

（1）方法原理。试验溶液以酚酞为指示剂，用盐酸标准溶液滴定至无色。

（2）分析步骤。称取 0.5000g 试样，随同试样做空白置于 250mL 锥形瓶中，加入 50mL 水，振摇使之混匀。加入 50mL 蔗糖溶液，用电磁搅拌器搅拌 15min 后加入 2~3 滴酚酞指示剂，用盐酸标准溶液滴至溶液无色，并保持 30s。

（3）注意事项。控制滴定速度，终点滴至溶液为无色，并保持 30s。

F　石膏化学分析方法

a　三氧化硫的测定

（1）方法原理。在酸性溶液中，用氯化钡溶液沉淀硫酸盐，经过滤灼烧后，以硫酸钡形式称量。测定结果以三氧化硫计。

（2）分析步骤。称取约 0.2000g 试样，置于 300mL 烧杯中，加入 30~40mL 水使其分散。加 10mL 盐酸，用玻璃棒压碎块状物，慢慢加热溶液直至试样分解完全。将溶液加热微沸 5min。用中速滤纸过滤，用热水洗涤 10~12 次。调整滤液体积至 200mL，煮沸，在搅拌下滴加 15mL 氯化钡溶液，继续煮沸数分钟，然后移至温热处静置 4h 或过夜。用慢速滤纸过滤，用温水洗涤，直至检验无氯离子。将沉淀及滤纸一并移入已灼烧恒重的瓷坩埚中，灰化后在 800℃ 的马弗炉内灼烧 30min，取出坩埚置于干燥器中冷却至室温，称量。反复灼烧直至恒量。

（3）注意事项。溶液在温热处静置 4h 或过夜时体积应保持在 200mL。

b　H_2O 的测定

（1）方法原理。试样在（45±3）℃下烘干所失去的附着水分。

（2）分析步骤。称取试样 1g（准确到 0.0001g），置于已烘干至恒重的称量瓶内，将装有试样的称量瓶在（45±3）℃的干燥箱中烘干 2h 以上，取出放入干燥器中，冷却至室温，马上称量。在同样温度下再烘干 30min 以上，如此反复烘干，直至恒量。

（3）注意事项：

1）称量瓶要恒重。

2）试样在干燥箱中烘干 2h 以上，要烘透。

3）试样冷却至室温取出立即称量，防止吸潮。

G　增碳剂、精炼增碳剂、电炉焦粉发泡剂、焦丁增碳剂、石墨压球化学分析方法

（1）增碳剂、精炼增碳剂、电炉焦粉发泡剂、焦丁增碳剂、石墨压球中固定碳的测定同煤工业分析中固定碳的测定方法。

（2）增碳剂、精炼增碳剂、石墨压球中硫的测定同煤硫的测定方法。

（3）石墨压球中灰分、挥发分的测定同煤工业分析中灰分、挥发分的测定方法。

H　碳化稻壳中固定碳的测定

（1）方法原理。固定碳指在高温下有效的碳素百分含量。固定碳以经干燥后的木炭质量减去其所含灰分及挥发分来计算。

（2）分析步骤：

1）灰分的测定：在已于 800℃ 下灼烧到恒量的带盖瓷坩埚中称取试样 1g（准确到 0.0002g），将坩埚连同试样一道送入温度不超过 300℃ 的高温炉中，敞开坩埚盖，使炉温逐渐升到 800℃，并在（800±20）℃的条件下灼烧 2h，取出坩埚置于瓷板上，盖上坩埚盖，在空气中冷却约 5min，放入干燥器，冷却到室温称量。然后进行检查性灼烧，每次 30min，直到试样的减量小于 0.001g 或者质量增加时为止。

公式：
$$A = m_2 \times 100/m_A$$

2）挥发分的测定：在已于 850℃ 灼烧到恒量的挥发分坩埚中称取试样 1g（准确到 0.0002g），将坩埚盖好，轻轻振动以便试样铺平，安放在坩埚架上，迅速送入预先加热到 850℃ 的高温炉中，使坩埚位于热电偶测点的上方或下方，立即严闭炉门，同时开始计时，继续 7min。试验开始时炉温下降，要求在 3min 内炉温应该恢复到（850±20）℃，否则高温电炉温度应事先加热到 870℃。试验完毕后，取出坩埚置于瓷板上，在空气中冷却 5min 后，将坩埚自架上取下，放入干燥器，冷却到室温称量。

公式：
$$V = (m_B - m_3) \times 100/m_B$$

固定碳公式：
$$C = 100 - (A + V)$$

（3）注意事项

1）瓷坩埚要恒重。

2）要进行检查性灼烧，每次 30min，直到试样的减量小于 0.001g 或者质量增加时为止。在后一种情况下必须采用增量前的一次质量作为计算依据。

3）做灰分时，炉膛内不要放入过多试样，加热要均匀，要灼烧透。

4）做挥发分时，注意坩埚位于热电偶测点的位置，3～7min 保证炉温恢复到（850±20）℃，放入坩埚架时不要接触热电偶。

I 硫磺包芯线化学分析方法

硫的测定：

（1）方法原理。本方法通过扣除杂质（灰分、水分、有机物）的质量分数总和的方法，计算得工业硫黄中的硫的质量分数。

（2）分析步骤：

1）水分的质量分数的测定。称取 5g 试样（精确至 0.0001g），置于预先恒量的称量瓶中，置于恒温干燥箱内，在（80±2）℃下干燥 3h，取出称量瓶置于干燥器中，冷却，称量，精确至 0.0001g。重复以上操作，直至连续两次称量相差不超过 0.001g。

结果计算：水分的质量分数数值以%表示，按下式计算：

$$w_2 = \frac{m_2 - m_1}{m_2} \times 100$$

2）灰分的质量分数测定。称取 5g 试样（精确至 0.0001g），置于预先恒量的瓷坩埚中，置于高温电炉门口，在低温下使硫黄缓慢燃烧。燃烧完毕后，移至高温炉内，在 800～850℃的温度下灼烧 40min，取出瓷坩埚于干燥器中，冷却，称量，精确至 0.0001g。重复以上操作，直至连续两次称量相差不超过 0.0002g。

结果计算：灰分的质量分数 w_3 数值以%表示，按下式计算：

$$w_3 = \frac{m_1 \times 100}{m \times (100 - w_2)} \times 100$$

3）有机物的质量分数测定。称取 5g 试样（精确至 0.0001g），置于预先恒量的瓷皿中，置于恒温干燥箱内，在（250±2）℃下烘 2h，将瓷皿与残余物移入干燥器中，冷却至室温，称量，精确至 0.0001g。将带有残余物的瓷皿在高温炉内于 800～850℃灼烧 40min，在干燥器中冷却至室温，称量，精确至 0.0001g。重复以上操作直至恒量。由 250℃ 和 800℃ 温度下两次称量的质量差计算出有机物的质量分数。

结果计算：有机物的质量分数 w_4 数值以%表示，按下式计算：

$$w_4 = \frac{m_1 \times 100}{m \times (100 - w_2)} \times 100$$

4）硫的结果计算。硫的质量分数 w_1 数值以%表示，按下式计算：

$$w_1 = 100 - (w_2 + w_3 + w_4)$$

（3）注意事项：

1）称量瓶、瓷坩埚、瓷皿要恒重。

2）做水分时，试样要灼烧透。

3）做灰分时，注意试样易爆燃。

J 铝粒、铝线、重熔性铝锭、切削铝化学分析方法

（1）方法原理。用氢氧化钠溶解试样，以盐酸、氨水调节 pH = 6，再加入过量的

EDTA 标准溶液，以二甲酚橙为指示剂，用锌标准溶液回滴过量的 EDTA，根据其消耗量，借此计算铝的质量分数。

（2）分析步骤。称取试样 0.1g（精确至 0.0001g）于聚四氟乙烯烧杯中，加 20mL 氢氧化钠溶液，加热使试样完全溶解，冷却至室温，将溶解后的试液定容于 250mL 容量瓶中，混匀。准确移取 25.00mL 试液于 500mL 锥形瓶中，加 100mL 水，加一小块刚果红试纸，用盐酸调节试纸由红变为棕红色，如盐酸过量可用氨水进行调节。此时溶液 pH = 6，加 25.00mL EDTA 标准溶液，加 15mL 醋酸-醋酸钠缓冲溶液，加热，煮沸 2min，冷却至室温。加 5~6 滴二甲酚橙指示剂，用锌标准溶液，滴定至试液由黄色变玫瑰红色即为终点。

（3）注意事项：

1）EDTA 标准溶液与锌标准溶液浓度要完全相同。

2）试样溶解后，如溶液混浊，则需要过滤处理。

3）注意溶液的 pH 值。

K 钝化镁粉化学分析方法

（1）方法原理。试样用盐酸溶解，以酒石酸、三乙醇胺掩蔽铁、铝、锰等干扰元素，在 pH 值为 10 的氨性缓冲介质中以铬黑 T 为指示剂，用 EDTA 标准溶液滴定镁量。

（2）分析步骤。称取两份 0.2500g 试样（随同试样作空白试验），并带同种类的标准试样。将试样置于 250mL 烧杯中，加水少许，慢慢加入盐酸 15mL 至样品溶完［（如有不溶样品可加过氧化氢数滴）］，在热水溶解中加热溶解，冷却，定容 250mL 容量瓶中，加水稀释至刻度。用移液管取 25.00mL 于 250mL 锥形瓶中，加三乙醇胺 5mL、抗坏血酸少许（0.05g）、酒石酸 2mL，加氨性缓冲溶液 10mL，再加铬黑 T 指示剂 0.05g，以 0.025mol/L EDTA 标准溶液滴定至试液由红色变为纯蓝色为终点。

（3）注意事项：

1）控制滴定速度，切不要太快，否则结果偏高。

2）滴定终点不明显或不显示时，要检查 pH 值。

L 高碳保护渣、锆质引流剂、速溶改质剂、电炉渣、轴承钢中包覆盖剂、低钛氧化铝球、轴承钢、出钢口填充料、氧化铝球、低钛增碳剂合成渣化学分析方法

a 二氧化硅的测定

（1）方法原理。试样以混合熔剂在碳粉上，于 950℃ 的马弗炉中熔融，熔块以盐酸溶解，高氯酸发烟使硅酸脱水，过滤、洗涤、沉淀、灼烧、称重，计算二氧化硅的含量。（滤液保存备做氧化钙、氧化镁、三氧化二铁、三氧化二铝等项测定）

（2）分析步骤。称取 0.25g 试样（精确至 0.0002g）随同试样做空白试验，用无灰分的定量滤纸叠成包子状，加 3g 混合熔剂，试样于混合熔剂中混匀，拧紧后放入凹形碳粉中。将装有碳粉的坩埚放入 950℃ 的马弗炉中，溶解试样 13min，取出器皿，冷却后将熔块从凹形碳粉中取出擦去碳粉，放入 200mL 烧杯中，加盐酸 30mL，加热溶解，待试样全溶后加 30mL 高氯酸，冒尽高氯酸烟（干涸），取下加 5mL 盐酸、100mL 热水，加热溶解盐类，以快速滤纸过滤于 250mL 的容量瓶中，沉淀用热盐酸水洗至无铁离子（以硫氰酸铵检验），再以沸水洗至无氯离子（以硝酸银检验），将沉淀连同滤纸放入瓷坩埚中，放于 950℃ 马弗炉中灼烧 30min，取出，放入干燥器中冷至室温，称重。

（3）注意事项：

1）熔融时温度不可过高，否则熔块不光滑。

2）高氯酸要洗净，否则在高温灼烧时易崩溅。

b　三氧化二铝的测定

（1）方法原理。取二氧化硅滤液，调节滤液 pH=2，以磺基水杨酸为指示剂，掩蔽铁离子。调节溶液在 pH=5~6 时，加入 EDTA 标准溶液络合铝，以二甲酚橙为指示剂，再以锌标准溶液滴定过量的 EDTA，根据其消耗量，计算铝含量。

（2）分析步骤。称取 0.25g 试样（精确至 0.0002g）随同试样做空白试验，取二氧化硅的滤液 50.00mL 至 500mL 锥形瓶中，加 50mL 水，加一小块刚果红试纸，用氨水调至刚果红试纸变红，再用盐酸调至试纸变蓝（此时 pH=2），加热至 60℃ 左右，加 2mL 磺基水杨酸，用 EDTA 标准溶液滴至红色消失，变为无色。加氨水使刚果红试纸变红（pH=6），加入 EDTA 标准溶液（加入 EDTA 的量，根据含铝的高低加入）。加 15mL 醋酸-醋酸钠缓冲溶液，加热煮沸 2min，冷至室温，加 5~6 滴二甲酚橙指示剂，用锌标准溶液滴定至由黄色变玫瑰红色为终点。

（3）注意事项：

1）溶液若铁含量高时，终点为黄色。

2）如果试样不要求分析铁，操作过程也要滴定铁，否则干扰铝的测定，使结果偏高。

c　氧化钙的测定

（1）方法原理。取二氧化硅滤液，在 pH 不小于 12 时，加入钙指示剂，用 EDTA 标准溶液滴定时，根据 EDTA 标准溶液的消耗量，计算氧化钙的含量。

（2）分析步骤。称取 0.25g 试样（精确至 0.0002g）随同试样做空白试验，取 25.00mL 作二氧化硅的滤液于 500mL 锥形瓶中，加水 100mL，加 10mL 三乙醇胺，加 20mL 氢氧化钾，加少许钙指示剂，用 EDTA 标准溶液滴定至紫色为终点。

（3）注意事项：

1）控制滴定速度，切不要太快，否则结果偏高。

2）滴定终点不明显或不显示时，要检查 pH 值。

d　氧化镁的测定

（1）方法原理。取二氧化硅滤液，在 pH 不小于 12 时加入钙指示剂，用 EDTA 标准溶液滴定时根据 EDTA 标准溶液的消耗量，计算氧化钙的含量。

取二氧化硅滤液，以三乙醇胺掩蔽铁、铝、锰等离子，在 pH=10 时加入镁指示剂，用 EDTA 标准溶液滴定氧化钙、氧化镁合量。

（2）分析步骤。称取 0.25g 试样（精确至 0.0002g）随同试样做空白试验，取 25.00mL 作二氧化硅的滤液于 500mL 锥形瓶中，加水 100mL，加 10mL 三乙醇胺，加 20mL 氢氧化钾，加少许钙指示剂，用 EDTA 标准溶液滴定至紫色为终点。（氧化钙的滴定）

称取 0.25g 试样（精确至 0.0002g）随同试样做空白试验，取 25.00mL 作二氧化硅的滤液于 500mL 锥形瓶中，加水 100mL，加 10mL 三乙醇胺，加 10mL 氯化铵-氢氧化铵缓冲溶液，加少许镁指示剂，用 EDTA 标准溶液滴定至蓝色为终点。（氧化钙、氧化镁合量的

滴定）

（3）注意事项：

1）控制滴定速度，不要太快，否则结果偏高。

2）滴定终点不明显或不显示时，要检查 pH 值。

e　氧化亚铁的测定

（1）方法原理。在隔绝空气的条件下，用盐酸和氟化钠分解试样，以二苯胺磺酸钠为指示剂，用重铬酸钾标准溶液滴定，根据标准溶液的消耗量计算出氧化亚铁的含量。

（2）分析步骤。准确称取 0.2000~0.5000g 试样于干燥的 500mL 三角瓶中，加氟化钠 0.1~0.3g，加入碳酸氢钠 1g，加盐酸 30~40mL，于低温电炉上溶解，盖上坩埚盖，浓缩体积至 7~8mL，取下，迅速冲洗三角瓶，并加水 100mL 左右，加入硫磷混酸 10mL，加二苯胺磺酸钠指示剂 5 滴，迅速用重铬酸钾标准溶液滴至稳定的紫色为终点。

（3）注意事项：

1）分析过程连续，滴定操作要迅速。

2）当结果大于 20% 时，滴定前应再加入碳酸氢钠 0.5g 左右。

f　三氧化二铁的测定

（1）方法原理。取二氧化硅滤液，调节滤液 pH=2，控制温度在 60℃，EDTA 与铁形成络合物，加入磺基水杨酸，用 EDTA 标准溶液滴定，磺基水杨酸被置换出来，红色逐渐减少，终点时，磺基水杨酸全部置换出来，呈现无色。

（2）分析步骤。称取 0.25g 试样（精确至 0.0002g）随同试样做空白试验，取二氧化硅的滤液 50.00mL 至 500mL 锥形瓶中，加水 50mL，加一小块刚果红试纸，用氨水调至刚果红试纸将要变红，再用盐酸调至试纸变蓝（此时 pH=2）。加热至 60℃ 左右，加 2mL 磺基水杨酸，用 EDTA 标准溶液至红色消失、无色为终点。

（3）注意事项：

1）滴定铁时 pH 值一定为 2，否则终点不明显。

2）溶液若铁含量高时，终点为黄色。

h　二氧化钛的测定

（1）方法原理。试样用碳酸钠-硼酸混合熔剂熔融，稀盐酸浸取。取部分滤液，在盐酸介质中钛与二安替比林甲烷形成黄色络合物，于分光光度计波长 390nm 处测量其吸光度。加入抗坏血酸消除三价铁的干扰。

（2）分析步骤。称取 0.2g 试样（精确至 0.0001g）随同试样做空白试验，将试样置于盛有 4g 混合熔剂的铂坩埚中，混匀，再覆盖 1g 混合熔剂，盖上坩埚盖并稍留缝隙，置于 800~900℃ 高温炉中，升温至 1050~1100℃ 熔融，使其完全熔融，取出，旋转坩埚，使熔融物均匀附于坩埚内壁，冷却。放入盛有煮沸的 60mL 盐酸的 200mL 烧杯中，低温加热浸取熔融物至溶液清亮，用水洗出坩埚及盖，冷至室温，移入 100mL 容量瓶中，用水稀释至刻度，摇匀。移取 25.00mL 试样溶液于 50mL 容量瓶中。

注：也可采用移取 25.00mL 检验二氧化硅的滤液（光度法）进行测定。加入 5mL 抗坏血酸溶液、6mL 二安替比林甲烷溶液、12mL 盐酸，用水稀释至刻度，摇匀，放置 40min。于分光光度计波长 390nm 处以空白试验溶液为参比测量其吸光度。

标准曲线绘制：根据试样含量移取 0mL、1.00mL、2.00mL、4.00mL、6.00mL、

8.00mL 不同浓度的钛标准溶液，分别置于一组 50mL 容量瓶中，加 5mL 抗坏血酸溶液、6mL 二安替比林甲烷溶液、12mL 盐酸，用水稀释至刻度，摇匀，于室温下放置 40min。于分光光度计波长 390nm 处以试剂空白为参比测量其吸光度，绘制标准曲线。

结果计算： $w(TiO_2) = 1.668 \times 100 \times m_1/m$

（3）注意事项：

1）熔融时间不宜过长或过短，熔至液面清亮平静，熔融完全即可（不同物料熔融时间不同）。

2）浸取熔融物时，溶液易突沸迸溅，控制低温浸取并轻轻摇动烧杯，防止试液溅出。

3）绘制曲线的环境温度应与试样分析的环境温度保持一致，否则影响结果的准确性。

M　高效无碳引流剂、铬质引流剂、高效低碳引流剂、锆质引流剂化学分析方法

三氧化二铬的测定

（1）方法原理。试样用碱溶解后，在硝酸银存在条件下，用过硫酸铵氧化将三价铬氧化为高价铬，用硫酸亚铁铵标准溶液滴定。

（2）分析步骤。称取 0.1000g 试样，精确至 0.0002g。先加 2~3g 的过氧化钠于坩埚中，再在试样上覆盖 1g 左右的过氧化钠，置于马弗炉 800~850℃ 中熔融，关门 3~7min，使之均匀熔融直至试样完全溶解，取出冷却，置于事先加入 100~150mL 热水的 600mL 烧杯中，浸出熔块，洗出坩埚，加入 20mL 硫酸酸化，再转移至 500mL 锥形瓶中，加 10mL 磷酸，用水稀释至体积约为 200mL，加 5mL 硝酸银溶液，加 10mL 过硫酸铵，煮沸约 5min，溶液至红色稳定，并使过量的过硫酸铵分解。加 10mL 氯化钠煮沸，溶液呈橙黄色稳定，冷却至室温，加 5~8 滴 N-苯代邻氨基苯甲酸指示剂，用硫酸亚铁铵标准溶液滴定至亮绿色为终点。

结果的计算：按下式计算三氧化二铬含量：

$$w(Cr_2O_3) = \frac{CV \times 152}{6m \times 1000} \times 100$$

（3）注意事项：

1）控制滴定速度，切不要太快，否则结果偏高。

2）加完氯化钠后的体积不得小于 100mL，否则结果偏低。

N　硅钙线化学分析方法

a　硅的测定

（1）方法原理。试样以混合熔剂于 950℃ 的马弗炉中熔融，熔块以盐酸溶解，高氯酸冒烟。经过滤、洗涤、灼烧、称量，求得硅含量。

（2）分析步骤。取一张无灰滤纸，叠成包子状，在滤纸中放约 3g 混合熔剂；称取 0.2500g 试样，精确至 0.0001g，倒入其中混匀；将滤纸拧成球状，放于铺有碳粉坩埚的小凹里，将坩埚连同试样放入 950℃ 马弗炉中熔融至清亮，取出冷却、凝固；用镊子将熔块取出，擦去碳粉，然后放入 250mL 烧杯中，加 30mL 盐酸，加热溶解后，加高氯酸 30mL 冒烟（干涸）；再加水溶解盐类，以快速滤纸过滤于 250mL 容量瓶中，沉淀用热盐酸水洗至无铁离子（以硫氰酸铵检验，滤液不显红色）为止；再以热蒸馏水洗至无氯离

子（以硝酸银检验，无白色沉淀）为止；将沉淀连同滤纸放入瓷坩埚中，置于马弗炉中，于 1000℃灼烧 30min，取出，冷却至室温，称量。

结果计算：　　　　　　　　$w(\mathrm{Si}) = m_1 \times 0.4674 \times 100/m$

（3）注意事项：

1）熔融时温度不可过高，否则熔块不光滑。

2）高氯酸要洗净，否则在高温灼烧时易溅出。

b　钙的测定

（1）方法原理。控制硅的滤液 pH = 12，加入钙指示剂，钙离子与指示剂生成绿色络合物，再用 EDTA 标准溶液滴定。Ca^{2+} 与 EDTA 中的阴离子可形成更稳定的络合产物，从而置换出钙指示剂，游离出的钙指示剂则呈现本身的紫色，借此判定滴定终点。

（2）分析步骤。将测硅所得滤液移入 250mL 容量瓶中，用水稀释至刻度。分取 50mL 至 500mL 锥形瓶中，加 50mL 水、10mL 三乙醇胺溶液、20mL 氢氧化钾溶液，少许钙指示剂，用 EDTA 标准溶液滴定至亮绿色消失为止。

结果计算：　　　　　　　　$w(\mathrm{Ca}) = V \times C \times 0.04008 \times 100/m_1$

（3）注意事项：

1）控制滴定速度，切不要太快，否则结果偏高。

2）滴定终点不明显或不显示时，要检查 pH 值。

O　铝铁化学分析方法

a　铁的测定

（1）方法原理。试样用盐酸、氟化钠分解。先用二氯化锡将部分高价铁还原为低价铁，在一定体积下，加钨酸钠指示剂，用三氯化钛还原剩余的高价铁，过量的三氯化钛进一步还原钨酸根生成"钨蓝"，再用重铬酸钾将"钨蓝"氧化消失，加入硫磷混酸，以二苯胺磺酸钠为指示剂，用重铬酸钾标准溶液滴定。

（2）分析步骤。称取 0.2g 试样（精确至 0.0001g）。将试样置于 500mL 三角瓶中。加 0.1~0.3g 氟化钠、30mL 盐酸，于低温电炉盘上加热溶解 3~4min，滴加二氯化锡还原至溶液呈浅黄色，继续加热至试样溶解完全。浓缩体积在 8~10mL 后，加 80mL 水、15 滴钨酸钠溶液，滴加三氯化钛至溶液呈浅蓝色，再滴加重铬酸钾至无色，立即加入 20mL 硫磷混酸、5~6 滴二苯胺磺酸钠，以重铬酸钾标准溶液滴定至稳定的紫色为终点。记取滴定消耗重铬酸钾标准溶液的体积。空白试验：用相同的试剂，按与试样相同的操作测量空白值，但在滴定前加入 10.00mL 硫酸亚铁铵溶液，用重铬酸钾标准溶液滴定至终点；再加入 10.00mL 硫酸亚铁铵溶液，用重铬酸钾标准溶液滴定至稳定的紫色为终点。前后滴定消耗重铬酸钾标准溶液体积之差即为空白值。空白值计算：$V_0 = A - B$。

结果计算：

$$w(\mathrm{TFe}) = \frac{(V - V_0) \times C \times 55.86}{m \times 1000} \times 100\%$$

（3）注意事项：

1）用三氯化钛还原时，不宜过量，否则滴定时终点回返呈淡绿。

2）三氯化钛还原时，溶液温度控制在 40~50℃，还原后应立即滴定。

b　铝的测定

（1）方法原理。试样经酸溶解、氧化后，加过量氢氧化钠搅拌、过滤，分离铁、锰等干扰元素。分取部分滤液加入过量的 EDTA 标准溶液，以 PAN 为指示剂，先用硫酸铜标准溶液滴定过量的 EDTA，再用氟盐取代，最后用硫酸铜标准溶液滴定，借此求得铝含量。

（2）分析步骤。准确称取 0.1000g 试样，置于 250mL 烧杯中，加 10mL 盐酸，加热溶解后加 2mL 硝酸，浓缩体积至 1~2mL，取下稍冷。加 70mL 水、5g 氯化钠，加热至 50℃，在不断搅拌下加入 10g 氢氧化钠，煮沸 5min，冷却至室温。加 100mL 水，搅拌、过滤、定容于 250mL 容量瓶中。

分取 50.00mL 滤液于 500mL 锥形瓶中，加 30mL EDTA 标准溶液，加 1~2 滴酚酞指示剂，用盐酸中和至无色；加 20mL 乙酸-乙酸钠缓冲溶液，加热煮沸 3~5min，加 5 滴 PAN 指示剂，用硫酸铜标准溶液滴定至紫蓝色为终点（不记读数）；加 10mL 氟化钠溶液，摇匀，煮沸 2min，冷却至室温；加 2 滴 PAN 指示剂，用硫酸铜标准溶液滴定至紫蓝色为终点，记录第二次消耗硫酸铜标准溶液的体积。

结果计算：

$$w(\text{Al}) = \frac{C \times V \times 0.02698}{m} \times 100$$

（3）注意事项：

1）控制好温度。

2）注意第一次不记读数用硫酸铜标准溶液滴定溶液中过量的 EDTA 时紫蓝色为终点，不要过量。

P　稀土化学分析方法

稀土总量的测定

（1）方法原理。以硝酸、硫酸溶解试样，用草酸盐沉淀稀土，过滤、灼烧成稀土氧化物，称量，计算出稀土总量的质量分数。

（2）分析步骤。称取约 0.1g 试样（精确至 0.0001g）。将试样置于 300mL 烧杯中，加 10mL HNO_3 溶解，待试样溶解后，加 4mL H_2SO_4，加热至冒浓硫酸烟；取下，冷却，用水冲洗杯壁，再加热至冒硫酸白烟，取下冷却；用 15mL 水浸取盐类，加 10mL HCl 加热至沸，加热水稀释体积至 100mL，加 50mL 热草酸溶液，加 5~6 滴甲酚红指示剂，用氨水调至橘黄色（pH=1.5~2.0）并用 pH 试纸测验，煮沸，保温 10min，在室温下放置 2h，用慢速滤纸过滤，用草酸-草酸铵混合液，洗烧杯 3~4 次，洗沉淀 7~8 次，将沉淀连同滤纸放入瓷坩埚中，低温灰化；置于 850~900℃ 的马弗炉中灼烧 40min，冷却至室温，称量。

稀土总量：

$$RE\% = \frac{W}{G} \times K \times 100\%$$

式中　W——灰分的质量，g；

　　　G——试样的质量，g；

　　　K——稀土氧化物换算为稀土总量的换算系数。通常采用 0.831~0.835。

（3）注意事项：发硫酸烟不易时间太长。

Q 衬板分析方法

体积密度的测定：

（1）方法原理。称量试样的质量，测量试样的尺寸，求出体积，计算体积密度。

（2）分析步骤。称量前应把试样表面附着的灰尘及细碎颗粒刷净，在电热干燥箱内于（110±5）℃下干燥 1h，并于干燥器内自然冷却至室温，称量每个试样的质量，精确至 0.01g。再于（110±5）℃下干燥 15min，置于干燥器内自然冷却至室温，再称量，直至恒重；用游标卡尺分别测量每个试样的长度、宽度和厚度 c，精确至 0.05mm。测量应在各面的中心线进行，每个尺寸需取 4 个面测定的平均值。试样干燥至最后两次称量之差不大于其前一次的 0.1%，即为恒重。

结果计算：（体积密度）$D_b = m/V = m/(abc)$

（3）注意事项：正确使用游标卡尺，读数要准确。

3.5.6.2 仪器分析

A 钙包芯线、氧化铝粉 ICP 光谱仪分析方法

ICP 光谱仪（图 3-13）分析的辅料品种有纯钙包芯线、氧化铝粉。

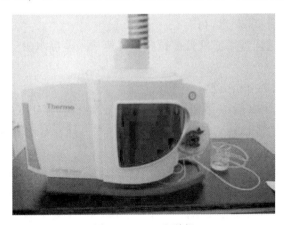

图 3-13 ICP 光谱仪

a ICP 光谱仪工作原理

液态样品通过雾化室用泵打成细小的喷雾，大液滴通过雾化室去除，小液滴通过等离子区。高温蒸发溶剂后，样品被分解成激发态的离子和原子，并发射出可以检测的特征光，从而可以测量样品中每种元素的浓度。

b ICP 光谱仪操作

（1）ICP 分析仪点火操作：

1）单击右下角点火图标，打开等离子状态对话框，设置泵速、雾化器气体流量、驱气气体流量。

2）确认光室温度稳定在（38±0.1）℃。

3）再次确认氩气储量和压力 0.60MPa。

4）查看仪器状态是否正常，若有红灯警示，需做相应检查，若一切正常点击等离子

体开启，进行点火操作。如果上次分析后有动过炬管，需打开仪器外门，注意观看点火时火焰的颜色、燃烧时的声音；发现点火后有不正常情况时要立即打开炬室门；正常点燃后，需查看废液泵管是否有水和气泡流出。

5）样品分析需等待等离子体燃烧 30min 稳定后方可进行。

（2）ICP 分析仪的常规试样分析操作：

1）单击"分析"进入分析模块，单击"方法"→新建……，选择所需的元素及其谱线。如校验曲线，需单击"方法"→打开，选择所需方法后确定。

2）单击"方法"→分析参数，设置重复次数，样品冲洗时间，积分时间。

3）点击"等离子源设置"，设置冲洗泵速和分析泵速、泵稳定时间、RF 功率、雾化器压力、辅助气流量、雾化器流量和垂直观测高度。

4）点击"标准"，选择标准中所含有的元素及其所需的谱线，设置和修改元素含量。

5）单击"方法"→保存，输入方法名，点击"确定"，方法编辑完成。

6）选择"分析方法"，点击标准化图标中运行校正标准，依次运行标准溶液，点击"完成"。

7）通过方法→元素→拟合，察看谱线的线性关系和相关系数，以确定该谱线是否可用。如果没问题，就可点击未知样图标分析样品。

8）输入样品名称后点击"运行"。

9）测试完毕后，进样管用滤纸轻擦拭后，迅速放入蒸馏水中。

c　ICP 分析方法

（1）纯钙包芯线仪器分析方法：

1）方法原理。试样以盐酸溶解后稀释至一定体积。在电感耦合等离子体发射光（ICP-AES）仪器上同时测定锰、铜、镍、镁、铁、铝、硅元素发射光强度，计算锰、铜、镍、镁、铁、铝、硅的质量分数。

2）分析步骤。称取 0.1g 试样（精确至 0.0001g），随同试样做空白试验。将试料置于 100mL 两用瓶中，加入 20mL 盐酸，低温加热至试料完全溶解，冷却至室温，用水稀释至刻度，混匀；启动电感耦合等离子体发射光谱仪，并在测量前至少预热 0.5h，按照仪器操作说明使仪器优化。测定试料溶液中锰、铜、镍、镁、铁、铝、硅发射光强度，计算机自动由工作曲线计算出锰、铜、镍、镁、铁、铝、硅的浓度，以 g/mL 或%表示。

工作曲线：分别移取 1% 钙溶液 10mL 6 份于 100mL 容量瓶中，并加入 20mL 盐酸（1+1），分别加入锰、铜、镍、镁、铁、铝、硅标准溶液，使其分别含锰、铜、镍、镁、铁、铝、硅为 0.000%、0.010%、0.050%、0.100%、0.500%、1.000%，定容，摇匀，以此作为标准溶液。由低到高测定工作曲线溶液中锰、铜、镍、镁、铁、铝、硅的发射光强度，分别以锰、铜、镍、镁、铁、铝、硅浓度为横坐标，分析线强度为纵坐标，绘制工作曲线。按下式计算锰、铜、镍、镁、铁、铝、硅的含量：

$$w = \frac{C \times V}{m \times 10^6} \times 100$$

3）注意事项：

① 当在配制工作曲线溶液和试料溶液所加试剂量完全相同时，可不做空白试验。

② 溶液必须为澄清溶液，不能有漂浮、混浊、沉淀物。

③ 点火前检查蠕动泵泵管，确保无损伤或磨损过度。

④ 检查雾化器，看是否被堵。

（2）氧化铝粉仪器分析方法。

1）方法原理。试料以硫酸-磷酸混合酸在石英烧杯中加热溶解，用水稀释后，在电感耦合等离子体发射光谱仪上同时测定硅、铁、钠元素发射光强度，计算二氧化硅、三氧化二铁、氧化钠的质量分数。

2）分析步骤。称取0.1g试样（精确至0.0001g）随同试料做空白试验。将试样置于200mL石英烧杯中，加入10mL磷酸和2mL硫酸，盖上表面皿，在电炉上边摇边加热溶解，待试料溶解完全后，立即取下冷却至40~70℃，用热水冲洗表面皿，洗涤液并入原烧杯中；再用热水将全部溶液洗入200mL容量瓶中，混匀，冷却至室温；再用水稀释至刻度，混匀。启动电感耦合等离子体发射光谱仪，并在测量前至少预热0.5h，按照仪器操作说明使仪器优化；测定试料溶液中硅、铁、钠的发射光强度，计算机自动由工作曲线计算出二氧化硅、三氧化二铁、氧化钠的浓度，以%表示。

工作曲线：称取5个不同含量的氧化铝标准样品与试样同操作，由低到高测定标准样品溶液中硅、铁、钠的发射光强度。根据发射光强度和标准值由计算机自动绘制工作曲线。

3）注意事项：

①溶液必须为澄清溶液，不能有漂浮、混浊、沉淀物。

②点火前检查蠕动泵泵管，确保无损伤或磨损过度。

③检查雾化器，看是否被堵。

B　石灰石、白云石、铁碳（鳞）球、炉渣 X-荧光光谱仪分析方法

a　X荧光光谱仪工作原理

照射原子核的X射线能量与原子核的内层电子的能量在同一数量级时，核的内层电子共振吸收射线的辐射能量后发生跃迁，在内层电子轨道上留下一个空穴，处于高能量的外层电子跳回低能态的空穴，将过剩的能量以X射线的形式放出产生的X射线即为代表各元素特征的X射线荧光谱线。其能量等于原子内壳层电子的能级差，即原子特定的电子层间跃迁能量。X射线荧光分析法是根据特征谱线的波长或光量子能量来鉴别元素的。

b　X荧光光谱仪操作

X荧光光谱仪如图3-14所示。

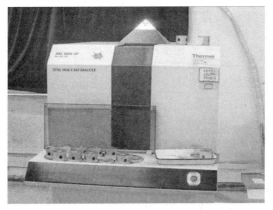

图3-14　X荧光光谱仪

（1）X 荧光光谱仪操作（PW2540）：

1）样品的制作：采用不同方法将试样压片。

2）将样品片进行编号，注明品种日期。

3）将样品放入杯中，如所测的是疏松的粉末样品那么必须使用一个合适的样品杯（或用套环固定），防止样品污染样品室和通道光路，易发热的样品在光谱仪中不宜停留太长时间。

4）在 Super Q 系统下选择测量这一项，点击"Open sample list"图标，如进样器中有样品存在则按 Remove 键取消，然后选定样品所在的进样器位置，按 Add Sample 键。

5）进入 Add New Sample 窗口，选择 Routine，在 Application 中选择品种。在 Value 中输入样品编号，点击 Add 添加，完毕后关闭此窗口，按"No"回到进样器窗口。

6）点击 Measurement Sample queue 查看所输入样品顺序号是否正确，确定无误后点击 Sample changer map 回到进样器窗口，点击 Start，开始自动分析。

7）分析结束后，按黄色图标（Results quantitative），进入 Results quantitative 窗口，输入样品品种名称，在 Select 中选择查询方式，查询所有点击 All，按时间查询点击 Time Period，并更改日期，点击 OK 后出现所有样品的结果。

（2）X 荧光光谱仪操作（ARL9900）：

1）打开计算机，启动 OXSAS（输入用户名"HY"）无密码，点击 OK 进入操作系统（图 3-15）。

2）出现发送仪器配置对话框，直接关闭此对话框。

（3）操作步骤：

点击分析和数据—批处理，出现批处理界面。如图 3-16 所示。

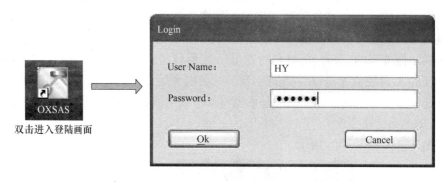

双击进入登陆画面

图 3-15　操作界面

选择"方法"，可使用填充中的第一个方框按钮进行方法复制；"位置"可使用填充中的第二个方框按钮进行依次递增；在样品标识"Sample Name"中输入样品编号（注意：菱镁石样品在手工输入 LOI 中要输入灰分量），然后用鼠标选取所分析样品，按运行分析中的第三个方框按钮（包含所选样品），再按运行分析中的第一个方框按钮（开始执行批处理分析）。样品开始自动分析，分析完成，结果会显示在定量分析的界面。

（4）分析结果的查看。

路径：分析和数据——查看结果，如图 3-17 所示。

出现如图 3-18 所示界面。

点击每条结果前面的"+"，结果将在下面显示。

c　X 射线荧光光谱分析方法

(1) 方法原理。试样用助熔剂混合后，用铂黄坩埚在高频熔样机内进行熔融，冷却后成为光滑完整的熔片，或用压片机选择合适的压片模式将试样压制成片，通过 X 荧光光谱仪选择相应的工作曲线，进行分析。

(2) 分析步骤：

1) 铁碳 (鳞) 球分析方法：称取试样 (0.3500±0.0002)g，钴粉 (0.3000±0.0002)g，将试样和钴粉置于一个称取 (5.0000±0.0002)g 无水四硼酸锂的瓷坩埚中，搅拌均匀，然后倒入铂黄坩埚中，加入 15 滴硝酸锂溶液、适量的溴化锂溶液，放入高频熔样机中 (根据实际情况设定熔样条件，必须保证试样熔融均匀完全，样片完整无裂纹)。选择设置的模式，开始熔样，熔样完毕，取下，冷却完全。选择相应的工作曲线，用 X 荧光光谱仪进行分析，分析结束后记录结果。

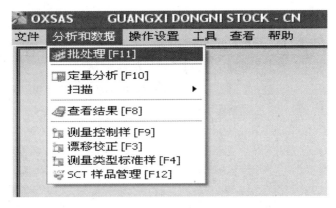

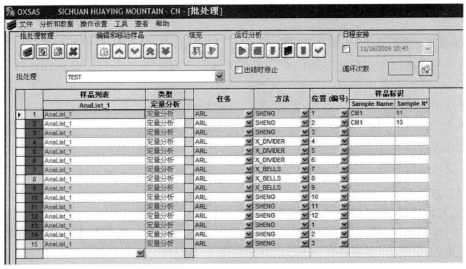

图 3-16　分析结果查看步骤

2) 石灰石、白云石分析方法：称取试样 (0.7000 ± 0.0002)g，置于一个称取

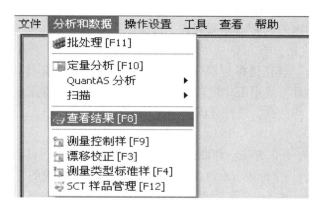

图 3-17　操作界面

		日期 / 时间	签名	类型	批处理	任务	方法
▶	+	8/11/2009 16:01:26	ARL - 200-E	NI	X_LONG_1	X_SHORT	X_SHORT
	⊞	8/11/2009 15:58:47	ARL - 200-E	NI	X_SHORT_1	X_LONG	X_LONG
	⊞	8/11/2009 13:39:36	ARL - 200E	QA		QUANTAS	C:\Thermo\OXSAS_Data\QuantAS\QuantasScan.xml
	⊞	8/11/2009 13:35:47	ARL - 200E	QA		QUANTAS	C:\Thermo\OXSAS_Data\QuantAS\QuantasScan.xml
	⊞	10/13/2008 7:43:43	XMBIH 12673A	QA		QUANTAS	C:\Thermo\OXSAS_DATA\QuantAS\XRF QA Control XMBH 12673A.xml
	⊞	10/10/2008 18:29:2	ARL 200-E -	QA	X_QA Quantas Calibration	QUANTAS	C:\Thermo\OXSAS_Data\QuantAS\XRF QA Control ARL 200-E.xml
	⊞	10/10/2008 17:53:2	XSRM NIST620	QA	X_QA Quantas Calibration	QUANTAS	C:\Thermo\OXSAS_Data\QuantAS\XRF QA Control XSRM NIST620.xml
	⊞	10/10/2008 17:17:2	XBCS 372 -	QA	X_QA Quantas Calibration	QUANTAS	C:\Thermo\OXSAS_Data\QuantAS\XRF QA Control XBCS 372.xml
	⊞	10/10/2008 16:41:2	XMBH SN2H -	QA	X_QA Quantas Calibration	QUANTAS	C:\Thermo\OXSAS_Data\QuantAS\XRF QA Control XMBH SN2H.xml
	⊞	10/10/2008 16:05:2	XMBH MNB5L	QA	X_QA Quantas Calibration	QUANTAS	C:\Thermo\OXSAS_Data\QuantAS\XRF QA Control XMBH MNB5L.xml
	⊞	10/10/2008 14:53:2	XMBH HC5S -	QA	X_QA Quantas Calibration	QUANTAS	C:\Thermo\OXSAS_Data\QuantAS\XRF QA Control XMBH HC5S.xml
	⊞	10/10/2008 14:17:2	XMBH 7185J -	QA	X_QA Quantas Calibration	QUANTAS	C:\Thermo\OXSAS_Data\QuantAS\XRF QA Control XMBH 7185J.xml
	⊞	10/10/2008 13:41:2	XMBH 17005B	QA	X_QA Quantas Calibration	QUANTAS	C:\Thermo\OXSAS_Data\QuantAS\XRF QA Control XMBH 17005B.xml
	⊞	10/10/2008 13:05:2	XMBH 352C -	QA	X_QA Quantas Calibration	QUANTAS	C:\Thermo\OXSAS_Data\QuantAS\XRF QA Control XMBH 352C.xml

图 3-18　操作界面

(7.0000 ± 0.0002)g 无水四硼酸锂的瓷坩埚中，搅拌均匀；然后倒入铂黄坩埚中，加入适量的溴化锂溶液，放入高频熔样机中（根据实际情况设定熔样条件，必须保证试样熔融均匀完全，样片完整无裂纹）；选择设置的模式，开始熔样，熔样完毕，取下，冷却完全。选择相应的工作曲线，用 X 荧光光谱仪进行分析，分析结束后记录结果。

3）炉渣分析方法：称取试样（10.0000 ± 0.0002)g，放入套环中，用压片机根据实际情况选择压片模式（确保样片完整无裂纹），开始压片；然后选择相应的工作曲线，用 X 荧光光谱仪进行分析，分析结束后记录结果。

（3）注意事项：

1）分析试样前先分析标样，检查曲线是否漂移，若标样结果与标准值比较在误差范围之内对样品进行分析；若标样结果与标准值比较超出误差范围需对工作曲线进行校正，校正后再分析标样，如标样结果与标准值比较在误差范围之内对样品进行分析。

2）将压片放入荧光仪器前一定要检查压片是否疏松，要使用一个合适的样品杯（或用套环固定），防止样品污染样品室和通道光路。

3）易发热的样品在光谱仪中不宜停留太长时间。

C 石灰石、铁碳（鳞）球、矿粉、铁皮压（团）块、活性灰、外购灰、新型中包无碳渣、低碳钢包砖、高碳保护渣、硅钙线、锆质引流剂、速溶改质剂中（C、S）红外碳硫仪分析方法

a 红外碳硫仪工作原理

红外碳硫仪如图 3-19 所示。

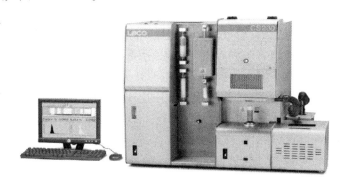

图 3-19 红外碳硫仪

加入助溶剂的试样通氧，在感应炉作用下融化，试样中的碳转化为 CO、CO_2，硫转化为 SO_2，待测气体随载气进入气路系统，先到达 SO_2 检测池进行 S 的检测，随后通过热的氧化铜，将少量的 CO 转化成 CO_2，SO_2 转化成 SO_3 被纤维素吸收，然后，待测气体通过 CO_2 红外池检测碳的含量。

b 红外碳硫仪操作

（1）在分析画面上输入样品编号，选择合适的分析方法。

（2）在外置天平上放一个空坩埚，关好天平门，按"Tera"键，进行去皮。

（3）称取所需试样，将试样放入坩埚内进行称重，关好天平门待重量稳定后，按天平的输入键输入重量。

（4）置于烧过并铺有助熔剂的坩埚中，用测定标样相同的条件、程序、操作进行测量。

（5）按炉子的"UP/DOWN"键，打开炉子，将坩埚放在支架上。

（6）再按"UP/DOWN"键，炉子关闭，分析自动开始。

（7）分析结果和释放峰值在显示器上自动显示出来。

c 红外碳硫仪分析方法：

（1）方法原理。试样于高频感应炉的氧气流中加热燃烧，生成的二氧化碳（二氧化硫）由氧气载至红外分析器的测量室，二氧化碳（二氧化硫）吸收某特定波长的红外能，其吸收能与其浓度成正比，根据检测器接受能量的变化可测得碳（硫）的含量。

（2）分析步骤：

1）铁碳（鳞）球、铁皮压（团）块、活性灰、外购灰、新型中包无碳渣、低碳钢包砖、高碳保护渣、硅钙线、锆质引流剂、速溶改质剂碳中硫含量的测定：称取约（0.2±0.02）g 试料，精确至 0.0001g。将试料置于已预烧过的碳硫坩埚中，覆盖 1.5g 钨粒，将坩埚放到炉子的支座上并上升到燃烧位置，按照仪器说明书中"自动分析"步骤操作，显示碳（硫）含量。

2）铁矿石硫含量的测定：称取约 0.400g 试料，精确至 0.001g。将试料置于已预烧过并铺有 0.9g 纯铁助熔剂的坩埚中，加 0.2g 锡粒，再覆盖 0.4g 纯铁助熔剂和 1.9g 钨粒，用测定标样相同的条件、程序、操作进行测量。

3）石灰石硫含量的测定：称取 0.15~0.20g 试料，精确至 0.0001g。将试料置于已预烧过并铺有 0.3g 锡粒、0.50g 纯铁和 1.5g 钨粒，均匀覆盖。按照仪器说明进行分析测定。

（3）注意事项：

1）如果气体关闭 8h 以上，应打开气体流通 1h 后，方可分析。

2）如果高频炉不工作，将坩埚取走，炉头关闭。

3）除非故障或长时间不使用不要关闭主电源开关。

4）分析过程中不要用手接触坩埚，用专门的坩埚夹取坩埚，防止烫伤。

5）分析过程中不要用手接触试样、助熔剂，不要让其他东西混入试样和助熔剂中，防止污染，以免影响分析结果。

6）分析过程中，可根据试样熔解状态适量添加锡粒、纯铁助熔剂，改变钨粒的用量，改善试样熔解状态。

7）石灰石试样分析前在 105~110℃ 干燥 2h，置于干燥器中冷却至室温。

D　出钢口填充料、氧化铝球、轴承钢中包覆盖剂、轴承钢合成渣、低钛氧化铝球、新型中包无碳渣、钢中包覆盖剂、高碳保护渣、锆质引流剂、衬板、铁皮团块、铁碳（鳞）球、萤石压块、增 C 剂、精炼增 C 剂、电炉焦粉发泡剂、焦丁增碳剂、石墨压球、碳化稻壳（H_2O）快水仪分析方法

（1）方法原理。称取一定量的粒度小于 6mm 的试样，使用红外线照射试样进行加热干燥，根据试样水分蒸发产生的质量损失计算出水分的含量。

（2）分析步骤。按检验品种不同称取不同质量。衬板、碳化稻壳试样称取 10.0~12.0g。氧化铝球、电炉发泡剂、增碳剂、焦丁增碳剂、石墨压球、精炼增碳剂、出钢口填料、中包无碳渣、萤石压块、精炼合成渣等试样称取 20.0~22.0g。铁皮团块、铁碳（鳞）球试样称取 30.0~32.0g。

试样均匀地放在称样盘内，确认显示面板上显示稳定标志（O）后，按 "START/STOP" 键，开始分析。随温度逐渐上升至 120℃，每隔 2min 自动进行一次称量，待两次称量结果变化等于 0.03% 时，系统自动结束分析。测定结束时，加热器标志消失，显示测定结果标志（*），蜂鸣器响 10s。按 "TERE/RESET" 键复位。测定结果显示消失，显示干燥后的质量，分析结果直接显示在显示器上。打开加热器盖，垂直上提提圈，取出样品盘。使整个机器冷却到室温，再进行下次测定。

（3）注意事项：

1）两次测定间要让仪器冷却到室温，测定时必须使用常温的样品盘。

2）试样应平坦均匀地摊开盛放。

3.6　废钢铁

3.6.1　废钢铁基本概念

废钢铁就是钢铁制品失去原有使用价值的报废品，或因各种原因被更新淘汰的钢铁制

品，以及在钢铁冶炼当中和使用钢铁材料生产当中产生的废品、边角余料、含钢铁废弃物等。废钢由于其产生的情况不同，因而存在各种不同的形状，其性能与产生此种废钢的成材基本相同，但也受到时效性、有效性、疲劳性等因素的影响性能有所降低。钢铁厂生产过程中不能成为产品的钢铁废料（如切边、切头等）以及使用后报废的设备、构件中的钢铁材料，成分为钢的叫废钢，成分为生铁的叫废铁，统称废钢铁。

3.6.2 废钢铁的作用

废钢是转炉炼钢的主要原料之一，适当地增加废钢比例，可以降低转炉炼钢成本、能耗以及炼钢辅助材料的消耗。废钢一般作为降温剂使用，同时可以降低钢的成本，占钢铁料的10%左右。转炉用废钢有两个来源：一是外购废钢，由废钢厂采购加工成炼钢所需合格料，运到炼钢厂废钢池或指定存放点存放；二是厂内回收废钢，厂内的连铸坯切头、切尾、不合格钢坯、中间包铸余钢砣经处理后返回废钢池存放。使用时由磁盘吊装入废钢斗，由天车加入转炉内。废钢硫、磷含量不得大于0.050%；废铁硫、磷含量不得大于0.100%。

3.6.3 废钢铁生产工艺

废钢铁生产工艺流程如图 3-20 所示。

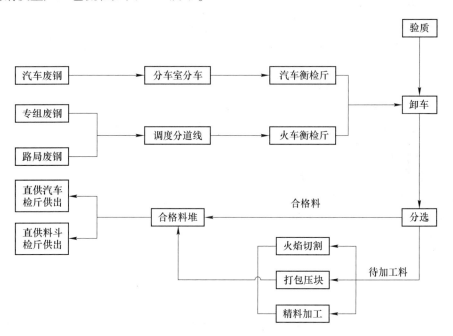

图 3-20　废钢铁生产工艺流程

3.6.4 废钢铁装卸设备

在废钢铁加工、供应过程中需要使用部分装卸设备对废钢铁进行吊装和卸料，目前，本钢废钢铁装卸设备主要有门式起重机、桥式起重机和液压抓钢机三种。

（1）门式起重机。主要用于室外废钢料场散料的装卸作业，包括路局火车废钢、公司内部回收待加工废钢的卸车，直供汽车的装车以及进行切割加工时的铺料等。它的金属结构像门形框架，承载主梁下安装两条支脚，可以直接在地面的轨道上行走，主梁两端具有外伸悬臂梁。门式起重机具有场地利用率高、作业范围大、适应面广、通用性强等特点。

（2）桥式起重机。桥式起重机是横架于车间、仓库和料场上空进行物料吊运的起重设备，它的两端坐落在高大的水泥柱或者金属支架上，形状似桥。桥式起重机的桥架沿铺设在两侧高架上的轨道纵向运行，可以充分利用桥架下面的空间吊运物料，不受地面设备的阻碍。它是使用范围最广、数量最多的一种起重机械。

（3）液压抓钢机。液压抓钢机结构复杂，装卸能力强，根据板材废钢厂生产工艺的需要，用于装卸废钢的液压抓钢机主要由工作装置和主机两大部分组成。

3.6.5　外购废钢铁采购和验收标准

3.6.5.1　范围

适用于废钢铁的采购和验收。

3.6.5.2　规范性引用文件

GB/T 4223 废钢铁

GB 5085.1 危险废物鉴别标准 腐蚀性鉴别

GB 5085.3 危险废物鉴别标准 浸出毒性鉴别

GB 13015 含多氯联苯废物污染控制标准

GB 16487.6 进口可用作原料的固体废物环境保护控制标准 废钢铁

SN/T 0570 进口可用作原料的废物放射性污染检验规程

3.6.5.3　术语

采用 GB/T 4223 规定术语。

3.6.5.4　分类

（1）废铁、废钢的类别按表3-18中的规定。

（2）合金废钢（分类及钢组按 GB/T 4223 的规定）允许采购，但应分类堆放、储存。其主要化学成分由双方共同检验确定。

表 3-18　外购废钢、废铁外形和分类

类　别	典　型　举　例	供应状态	外形尺寸（mm）或密度（t/m³）
重型结构废钢[a]	废钢锭、钢坯；切头、切尾；设备结构、建筑结构板材等	块、条、板、管、型	厚度≥6 ≤600（长）×400（宽） 圆柱直径≥30 单件重量≥3kg
中型结构废钢[a]	废钢锭、钢坯；切头、切尾；设备结构、建筑结构板材等	块、条、板、管、型	厚度≥3～<6 ≤600（长）×400（宽） 圆柱直径≥12 单件重量≥1kg

续表3-18

类　别		典 型 举 例	供应状态	外形尺寸（mm）或密度（t/m³）	
重型机械类废钢		机械零部件；轴、半轴；齿轮；机械类壳体等	圆、块、条、板、型	厚度≥6 ≤600（长）×400（宽） 圆柱直径≥30 单件重量≥3kg	
中型机械类废钢		机械零部件；轴、半轴；齿轮；机械类壳体等	圆、块、条、板、管、型	厚度≥3～<6 ≤600（长）×400（宽） 圆柱直径≥12 单件重量≥1kg	
重中型废钢		钢锭、钢材、钢坯及其切头、铸钢件、机械零件、重型兵器部件、船板、轧辊、火车轴、火车轮、汽车、拖拉机废钢、工业设备废钢等	圆、块、球、型	长度≤800 宽度≤600 高度≤400 厚度≥6	
小型废钢		切割结构件；焊接件；小型机械零件等	圆、块、条、板、管、型	厚度≥3 长+宽≤300 圆柱直径≥8 单件重量≥0.1kg	
轻料废钢		各种机械废钢及混合废钢、管材、薄板、钢丝、边角料、生产和生活废钢等	条、板、块、卷、型	长度≤1500 宽度≤600 厚度<2	
打包块	汽车板打包块（小型）	汽车板边角料压制	包、块	≤400×400×500	厚度≥0.6 密度≥2.0
	汽车板打包块[b]	汽车板边角料压制	包、块	≤1000×700×700	厚度≥0.6 密度≥1.3
	普通打包块	各种机械废钢及混合废钢、管材、薄板、钢丝、边角料、轻薄料压制	包、块	≤700×700×700	密度≥2.0
破碎废钢[c]		报废汽车拆解后的破碎料及钢筋头	散料	20×20～350×350 厚度≥0.6 堆密度≥1.8t/m³	
		注：禁止用打包料拆解			
废铸铁件		引擎外壳、闸阀、机械底座、汽车缸体等	圆、块、条、板、球型	≤800（长）×600（宽） 单件重量≥3kg	

注：1. 对于重、中型结构废钢，当≤800mm（长）×600mm（宽）可作为待加工料（预留加工费），单独采购、验收和储存。

2. 允许有单笔合同重量的15%比例打包块尺寸超出此范围，但最大尺寸不得大于1200mm。

3. 破碎废钢尺寸超过规定尺寸的量不得大于总重量的10%。

3.6.6 技术要求

（1）废钢铁必须分类供应。

（2）废钢硫含量和磷含量均不大于0.05%（质量分数）。废铁的硫含量和磷含量分别不大于 0.12%（质量分数）和 1.00%（质量分数）。

（3）破碎料废钢铜含量不大于 0.25%（质量分数）。

（4）各类型废钢、废铁尺寸（长、宽、高）的正负偏差不大于 10%。废钢铁单件重量不大于 1500kg。

（5）对于单件表面有锈蚀的废钢铁，其每面附着的铁锈厚度不大于单件厚度的 10%。

（6）废钢铁表面和器件、打包件内部不应存在泥块、水泥、粘砂、油脂、耐火材料、炉渣、矿渣等，打包块不应包芯、掺杂等。

（7）废钢铁表面的油污、珐琅等应予以清除。

（8）废钢铁中不应混有炸弹、炮弹等爆炸性武器弹药及其他易燃易爆物品，不应混有两端封闭的管状物、封闭器皿等物品。不应混有橡胶和塑料制品。

（9）废钢中不应有成套的机器设备及结构件（如有，则应拆解且压碎或压扁成不可复原状）。各种形状的容器（罐筒等）应全部从轴向割开。机械部件容器（发动机、齿轮箱等）应清除易燃品和润滑剂的残余物。

（10）废钢铁中不应混有其浸出液中有害物质浓度超过 GB 5085.3 中鉴别标准值的有害废物。

（11）废钢铁中不应混有其浸出液中超过 GB 5085.1 中鉴别标准值即 pH 值不小于 12.5 或不大于 2.0 的夹杂物。

（12）废钢铁中不应混有多氯联苯含量超过 GB 13015 控制标准值的有害物。

（13）废钢铁中不应混有下列有害物：

——医药废物、废药品、医疗临床废物；

——农药和除草剂废物、含木材防腐剂废物；

——废乳化剂、有机溶剂废物；

——精（蒸）馏残渣、焚烧处置残渣；

——感光材料废物；

——铍、六价铬、砷、硒、镉、锑、碲、汞、铊、铅及其化合物的废物，含氟、氰、酚化合物的废物；

——石棉废物；

——厨房废物、卫生间废物等。

（14）废钢铁中不应夹杂放射性废物。具体要求按 GB 16487.6 执行。

（15）军工废钢须成批交货，同时应附有关部门的证明。废钢中若有废旧武器、易燃易爆物品及有毒品，应由供方作技术性的安全检查、处理、确认，对炼钢生产无害后方可用于炼钢生产。

（16）曾经盛装液体和半固体化学物质的容器、管道及其碎片等化工废钢，应经过技术处理、清洗干净后方可交货。

（17）有特殊要求时，由供需双方协商确定。

3.6.7　检验方法

（1）种类、清洁性、夹杂物检验方法。废钢铁的种类、清洁性、夹杂物采用目测检验或其他检测手段进行测定。

（2）外形尺寸、单件重量等检验方法。外形尺寸、单件重量等项目，使用衡器、卷尺、卡尺等检验手段进行。

（3）化学元素检验方法。对废钢铁中硫、磷、碳等化学元素不确定时，可抽取试样按照通用的方法进行检验、判定。

3.6.8　废钢铁的验质操作流程

3.6.8.1　外购二级废钢验质操作流程

（1）车辆到达卸车现场后，验质员要认真核对分车单和监装单信息，严格按照分车单指定场地卸车，如确实有意外情况需更换卸车场地，必须要求司机到分车班更改分车单。

（2）开始卸车前验质员要核对车辆信息与手持终端中的信息，手持终端中没有登记信息的车辆一律告知司机无法进行卸车验质，要求司机驶离；对于未经验质员允许就提前卸车的情况，一律拒绝验质，并告知损失自负。

（3）核对完手持终端信息后，可以指示天车、抓斗机开始卸车，并操作手持终端拍照录像，卸车过程中指挥天车、抓斗机分别于车身前中后部抽取不少于3盘废钢落地检查，对于质量有异议的废钢要加大抽检量，直到可以确认质量情况为止。

（4）卸车过程要认真查看每盘物料和料池中的质量情况，每车抽检长度、厚度、重型、中型结构废钢要每车抽检单件重量，抽检过程要及时用手持终端拍照，测量结果如实填写台账。卸车过程如发现杂质量预估超过500kg、不合格料型超过1t，或存在渣土、渣粒、磁性粉超过300kg等掺假情况，需立即停止卸车并上报作业区。

（5）完成卸车后要查看车厢情况，车厢底部如有非金属杂质结合卸车过程杂质情况一并进行扣除，情况严重时要上报作业区。

（6）判定结果由每组验员共同判定得出，判定结果及时填写台账，同时由手持终端即时录入数据并上传到验质平台。

（7）完成当天全部现场验质工作后，将手持终端中的照片上传到备份电脑中，将验质台账拍照并上传到微信工作群中，同时将所有票据整理装订。

3.6.8.2　外购破碎废钢验质操作流程

（1）车辆到达卸车现场后，验质员要认真核对分车单和监装单信息，严格按照分车单指定场地卸车，如确实有意外情况需更换卸车场地，必须要求司机到分车班更改分车单。

（2）开始卸车前验质员要核对车辆信息与手持终端中的信息，手持终端中没有登记信息的车辆一律告知司机无法进行卸车验质，要求司机驶离。对于未经验质员允许就提前卸车的情况，一律拒绝验质，并告知损失自负。

（3）破碎废钢在开始卸车前，同一送货单位每5车随机抽取1车进行堆密度检测，对达不到合同标准堆密度的，上报作业区后予以返车处理。

（4）自卸车卸到平地的破碎废钢，完成卸车后要指挥铲车对料堆进行翻料；自卸车卸到废钢料池中的破碎废钢，完成卸车后要指挥天车对料堆进行翻料，通过料堆断面判断质量情况，每车破碎废钢同一面翻料不少于两铲、两盘。

（5）需要天车协助卸车的破碎废钢，卸车前要随机打开一扇车厢板检查废钢断面质量情况；卸车时在车厢料层上中下随机抽取不少于 3 盘废钢落地检查，对于质量有异议的废钢要加大抽检量，直到可以确认质量情况为止。

（6）卸车过程要认真查看每盘物料和料池中质量情况，抽检过程要及时用手持终端拍照录像，测量结果如实填写台账。卸车过程如发现不合料型、杂质量预估超过 800kg，或存在渣土、渣粒、磁性粉超过 300kg 等掺假情况，需立即停止卸车并上报作业区。

（7）完成卸车后要查看车厢情况，车厢底部如有非金属杂质应结合卸车过程杂质情况一并进行扣除，情况严重时要上报作业区。

（8）判定结果由每组验质员共同判定得出，判定结果及时填写台账，同时由手持终端即时录入数据并上传到验质平台。

（9）完成当天全部现场验质工作后，将手持终端中的照片上传到备份电脑中，将验质台账拍照并上传到微信工作群中，同时将所有票据整理装订。

3.6.8.3　外购废钢打包块验质操作流程

（1）车辆到达卸车现场后，验质员要认真核对分车单和监装单信息，严格按照分车单指定场地卸车，如确实有意外情况需更换卸车场地，必须要求司机到分车班更改分车单。

（2）开始卸车前验质员要核对车辆信息与手持终端中的信息，手持终端中没有登记信息的车辆一律告知司机无法进行卸车验质，要求司机驶离；对于未经验质员允许就提前卸车的情况，一律拒绝验质，并告知损失自负。

（3）核对完手持终端信息后，可以指示天车、抓斗机开始卸车，并操作手持终端拍照录像，每车测量打包块尺寸和厚度抽检过程要及时用手持终端拍照，测量结果如实填写台账。

（4）卸车过程中验质人员每车随机抽取不少于 2 块打包块，并用记号笔在打包块上标注编号，由废钢厂负责运走用炮锤或者火焰切割进行拆包，验质人员对拆包后的打包块进行检查验收。

（5）当单车抽取打包块不合格品总量 ≥300kg 时，上报作业区确认后，做退货处理。

（6）完成卸车后要查看车厢情况，车厢底部如有非金属杂质应结合卸车过程杂质情况一并进行扣除，情况严重时要上报作业区。

（7）判定结果由每组验质员共同判定得出，判定结果及时填写台账，同时由手持终端即时录入数据并上传到验质平台。

（8）完成当天全部现场验质工作后，将手持终端中的照片上传到备份电脑中，将验质台账拍照并上传到微信工作群中，同时将所有票据整理装订。

3.6.8.4　外购生铁验质操作流程

（1）车辆到达卸车现场后，验质员要认真核对分车单和监装单信息，严格按照分车单指定场地卸车，如确实有意外情况需更换卸车场地，必须要求司机到分车班更改分车单。

（2）开始卸车前验质员要核对车辆信息与手持终端中的信息，手持终端中没有登记信息的车辆一律告知司机无法进行卸车验质，要求司机驶离；对于未经验质员允许就提前卸车的情况，一律拒绝验质，并告知损失自负。

（3）核对完手持终端信息后，可以指示天车、抓斗机开始卸车，并操作手持终端拍照录像，卸车过程中验质人员每车随机抽取 3 块生铁，外形规则完整，验质人员将生铁样块随机编号并用漆油笔写在样块或试样袋上。

（4）将抽取的生铁样块装车，并按规定填写检验委托单，由班长指定验质员随车将样品送至原料检查作业区制备，卸车时由验质员填写检验委托台账。

（5）当单车杂质总量≥1000kg 时，上报作业区确认后做退货处理。

（6）完成卸车后要查看车厢情况，车厢底部如有非金属杂质应结合卸车过程杂质情况一并进行扣除，情况严重时要上报作业区。

（7）判定结果由每组验质员共同判定得出，判定结果及时填写台账，同时由手持终端即时录入数据并上传到验质平台。

（8）完成当天全部现场验质工作后，将手持终端中的照片上传到备份电脑中，将验质台账拍照并上传到微信工作群中，同时将所有票据整理装订。

3.6.8.5 内部回收废钢验质操作流程

（1）车辆入厂后，验质员要认真核对分车单上车辆信息和送货信息是否属实，并在台账记录。

（2）指挥车辆靠近验质平台停放，登上验质平台查看质量情况并判定料型。

（3）将判定结果及料型记录在分车单上，将分车单、检斤单整理装订。

3.6.9 废钢铁的未来发展趋势

国家"十三五"规划纲要提出的树立绿色、低碳发展理念，以节能减排为重点，"逐步减少铁矿石的比例，增加废钢铁比重"是打造绿色钢铁的重要举措和必由之路。众所周知，废钢铁是目前唯一能代替铁矿石的大宗原料商品，铁矿石为不可再生型资源，并且在生产中会带来高能耗、高污染，而废钢铁是可无限循环利用的节能环保原料和再生资源。据专业机构测算，与使用铁矿石相比，利用废钢炼钢可节约能源 60%，节水 40%，减少排放废水 76%，废气 86%，废渣 72%，每多用 1t 废钢，可少用 1.7t 精矿粉，减少 4.3t 原生铁矿石的开采。

未来废钢铁回收加工配送体系必须纳入钢铁工业生产体系中，要形成与炼钢企业相配套的现代化、规模化的废钢铁加工配送基地。理想的废钢铁加工配送模式是把合格的废钢产品从配送加工企业运到钢厂直接入炉，实现清洁生产。

4 焦化工序产品检测

4.1 焦化工序简介

4.1.1 板材焦化工序基本情况

本钢集团有限公司旗下有两个焦化厂，分别是本钢板材股份有限公司焦化厂（简称板材焦化厂）和本溪北营钢铁（集团）股份有限公司焦化厂（简称北营焦化厂），为板材公司和北营公司提供优质的焦炭和工业煤气。

本钢板材股份有限公司焦化厂是集高炉冶金焦炭和焦炉煤气净化与炼焦化学生产回收与加工的综合性大型焦化厂。厂区分布在本钢工源主厂区和溪湖区东风乡的东风厂区。机关位于本溪市平山区钢铁路，占地面积96.16万平方米。

本钢板材焦化厂（图4-1）前身为始建于1936年的宫源炼焦场，于1956年恢复生产，历经本溪钢铁公司工源炼焦厂、本钢第二焦化厂、本溪钢铁公司焦化厂等多次更名，于1996年更名为本溪钢铁（集团）有限责任公司焦化厂，2007年更名为本钢板材股份有限公司焦化厂至今。

图4-1 本钢板材焦化厂

板材焦化厂工源厂区有2套配煤系统、6座6m焦炉及配套的4套干熄焦系统、2套煤气净化系统和1套焦油处理系统，东风厂区有1套配煤系统、2座7m焦炉及配套的1套干熄焦系统、1套煤气净化系统。

（1）产品和产能。焦化厂产品包括焦炭、焦炉煤气和焦油、粗苯、硫酸铵、硫黄、硫黄膏、硫氰酸钠等炼焦化学产品。

板材焦化厂共有8座焦炉，产能为年产焦炭480万吨，外供焦炉煤气18亿立方米、煤焦油20万吨、粗苯4.5万吨、硫酸铵2.3万吨。

（2）全流程简述：

配煤：将炼焦煤按适当比例均匀配合。

炼焦生产：利用煤的高温干馏生产焦炭和荒煤气产品。

炼焦化学产品回收：对荒煤气做冷凝、冷却和各种吸收剂处理，产出净煤气、硫酸铵、煤焦油、粗苯等产品。

焦化厂工艺流程如图4-2所示。

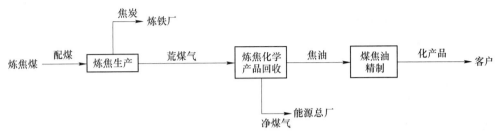

图 4-2 焦化厂工艺流程

煤焦油精制：对煤焦油通过双炉双塔蒸馏、洗涤、结晶等工艺进行产品提取和提纯。

（3）主体设备。主体设备有炼焦配煤设备、化工生产设备和环保设备。

炼焦配煤设备主体设备包括翻车机、破碎机、焦炉、除尘加煤车、推焦车、拦焦车、熄焦车、交换机、干熄焦装置等；化工生产设备包括煤气鼓风机、电捕焦油器、脱硫塔、再生塔、蒸氨塔、饱和器、离心机、终冷塔、洗苯塔、脱苯塔、管式炉等；环保主体设备包括酚氰废水处理池、粉碎机除尘、加煤除尘、出焦除尘、干熄焦除尘、筛焦除尘、运焦除尘等。

4.1.1.1 板材焦化厂工艺简介

煤在焦化厂经过一定比例的配合，在炼焦炉内干馏生成焦炭，从而为炼铁厂提供高炉冶炼的重要原料焦炭；同时在煤的干馏过程中，还有焦炉煤气的生成，焦炉煤气经净化处理后作为洁净燃料提供给轧制厂使用，在此过程中还可以提炼出很多化产品。

本钢板材焦化厂由10个作业区组成：配煤、焦二、焦三、焦四、干熄焦、净化一、净化二、净化三、焦油精制、检验。主要作业区按生产工序简介如下。

4.1.1.2 配煤作业区

板材焦化厂炼焦用煤：

炼焦煤：习惯上将具有一定的黏结性，在室式焦炉炼焦条件下可以结焦，用于生产一定质量焦炭的原料煤通称为炼焦煤。

现焦化厂炼焦煤分类：焦、肥、瘦、1/3焦、肥焦煤等。

配合煤：就是将两种以上的单种煤料按适当比例均匀配合，以求制得各种用途所要求的焦炭。

配煤作业区的基本任务：负责供给焦炉数量和质量稳定的配合煤，加强配煤管理，做到配煤准确、粉碎均匀，制备高质量的炼焦煤料，并及时将配合煤供给焦炉，以保证焦炉的连续生产。

工艺流程概述：将配煤槽中的各单组（种）煤按照规定的配煤比，瘦煤先经过单独预粉碎后再与其他煤种混合，制成配合煤，经电磁分离器除去铁质杂物后，送粉碎机粉碎到规定的细度，再进一步经永磁除铁器除铁，最后用皮带输送机运到 4 炉组、5 炉组、6 号、7 号、8 号、9 号焦炉煤塔。

主要设备：储配煤槽、配合煤粉碎机、瘦煤单独粉碎粉碎机、永磁除铁器、电磁分离器、定量给料机、电子秤及附属设备。

配合煤的主要技术指标：每班必须做配合煤质量分析，配合煤质量应符合下列标准：

（1）水分允许波动范围为 ±1.0%。

（2）灰分允许波动范围为 ±0.3%。

（3）挥发分允许波动范围为 ±0.7%。

（4）细度标准由厂总工程师决定，允许波动 ±2%。

（5）硫分为 <1.0%。

配煤原理：配煤原理有三个，即胶质层重叠原理、互换性原理和共炭化原理。

（1）胶质层重叠原理。配煤炼焦时除了按加和方法根据单种煤的灰分、硫分控制配合煤的灰分、硫分以外，要求配合煤中各单种煤的胶质体的软化区间和温度间隔能较好地搭接，这样可使配合煤在炼焦过程中，能在较大的温度范围内煤料处于塑性状态，从而改善黏结过程，并保证焦炭的结构均匀。

（2）互换性原理。根据煤岩学原理煤的有机质可分为活性组分和非活性组分（惰性组分）两大类。活性组分的数量标志煤黏结能力的大小，非活性组分的强度决定焦质的强度。要制得强度好的焦炭，配合煤的活性组分和非活性组分应有适当的比例，而且非活性组分应有足够的强度。

（3）共炭化原理。不同煤料配合炼焦后如能得到结合较好的焦炭，这样的炼焦称为不同煤料的共炭化。

配煤原则：为了保证焦炭质量又利于生产操作，在确定配煤方案时，应考虑以下几项原则：

（1）保证炼出的焦炭质量符合要求。

（2）遵循区域配煤的原则，做到合理运输，降低成本。

（3）在保证焦炭质量的前提下，尽量多配高挥发分煤，以增加化学产品和煤气的产量。

（4）避免产生危及炉体寿命的膨胀压力，不发生焦饼难推。

（5）力求做到降低装炉煤的成本。

（6）配煤比要保持稳定。

4.1.1.3　炼焦作业区

焦炭及其基本特征：焦炭是炼焦煤料经过干馏得到的可燃固体产物，主要用于高炉冶炼，其基本特征为质地坚硬、脆性、多孔、存在裂纹和缺陷、呈银灰色、形态不规则，含有一定量无机矿物杂质和有害有机元素（S、P、N），以碳为主要成分的块状炭质材料。

焦炭的形成：以烟煤、沥青或其他液体碳氢化合物为原料，在隔绝空气条件下干馏得到的固体产物都可成为焦炭，且随干馏温度的高低又有高温（900~1050℃）焦炭、中温（700~900℃）焦炭和低温（500~700℃）焦炭之别，后者也称为半焦。

炼焦的基本任务：生产出质量合格的焦炭；保证化学产品的回收率达到最佳；精心操作、精心维护炉体与设备，保证焦炉的稳产、高产、生产炉龄达到 25 年以上；正确使用除尘设施，保证除尘设施运转正常；确保污染物达标排放。

工艺流程概述：配煤作业区送来的配合煤装入煤塔。装煤车按作业计划从煤塔取煤，经计量后装入炭化室内。煤料在炭化室内经过一个结焦周期的高温干馏炼制成焦炭并产生荒煤气。在装煤的同时，地面站集尘系统把从装煤孔逸出的烟气抽出，经集尘干管导至地面站，除尘净化后排入大气。

炭化室内的焦炭成熟后，用推焦机推出，经拦焦机导入焦罐内，并由电机车牵引至干熄站进行干法熄焦，熄焦后的焦炭送往筛储焦工段，经筛分按级别储存外运。焦炉出焦时产生的烟尘由拦焦机集尘罩将其收集，并通过集尘干管导至地面站，除尘净化后排入大气。

主要设备：焦炉炉体以及推焦车、拦焦车、熄焦车、装煤车等。

焦炉炉型及主要部位尺寸见表 4-1。图 4-3 所示为板材焦化厂炼焦炉。

表 4-1　焦炉炉型及主要部位尺寸

项　目		炉　别			
		4 炉组	5 炉组	6 号、7 号焦炉	8 号、9 号焦炉
炉型		双联下喷式 JN60-6 型	双联下喷式 JN60-6 型	双联下喷式 JN60-6 型	双联下喷式 JNX70-2 型
炉体总长/mm		81700	66200	81700	92800
炉体总宽/mm		15980	15980+210（热态）	15980	16660+200（热态）
炉体总高/mm		240+12150	12390	240+12150	13795
炭化室孔数		60	45	60	60
燃烧室孔数		61	46	61	61
蓄热室孔数		62	47	62	62
炭化室长/mm	总尺寸	15980	15980+210（热态）	15980	16960
	有效尺寸	15140	15140	15140	16100
炭化室高/mm	总尺寸	6000	6000+78（热态）	6000	6980
	有效尺寸	5650	5650	5650	6630
炭化室宽/mm	焦侧	480	480	480	475
	机侧	420	420	420	425
	平均	450	450	450	450
炭化室有效容积/m³		38.5	38.5	38.5	48
炭化室中心矩/mm		1300	1300+1（热态）	1300	1400
立火道数/燃烧室/个		32	32	32	34
加热水平/mm		1005	1005	1005	1050

图 4-3　板材焦化厂炼焦炉

焦炭品种规格如下：焦炭分为<10mm、10~25mm、>25mm 和>40mm 四级；
冶金焦炭：大于 40mm 的大块焦和 25~40mm 的中块焦合称为冶金焦炭。

供 5 号、6 号、7 号高炉冶金焦炭质量指标见表 4-2。

表 4-2　供 5 号、6 号、7 号高炉冶金焦炭质量指标

指 标 名 称		粒度（>25mm）
灰分（A_d）/%		≤12.5
硫分（$S_{t,d}$）/%		≤0.90
机械强度	抗碎强度（M_{40}）/%	≥86.0
	耐磨强度（M_{10}）/%	≤7.0
反应性（CRI）/%		≤24.0
反应后强度（CSR）/%		≥66.0
挥发分（V_{daf}）/%		≤1.50
含粉/%		≤3.5
水分含量（M_t）/%　（干熄焦）		≤1.0

注：采用湿熄时，水分应≤8.0(%)。

供新 1 号高炉冶金焦炭质量指标见表 4-3。

表 4-3　供新 1 号高炉冶金焦炭质量指标

指标名称		粒度（>25mm）
灰分（A_d）/%		≤12.5
硫分（$S_{t,d}$）/%		≤0.90
机械强度	抗碎强度（M_{40}）/%	≥88.0
	耐磨强度（M_{10}）/%	≤6.5
反应性（CRI）/%		≤22.0
反应后强度（CSR）/%		≥68.0
挥发分（V_{daf}）/%		≤1.50
含粉/%		≤3.0
水分含量（M_t）/%　（干熄焦）		≤1.0

注：采用湿熄时，水分应≤8.0(%)。

冶金焦炭粒级分布见表4-4。

表4-4 冶金焦炭粒级分布

粒 度	<25mm	25~40mm	40~60mm	40~80mm	>80mm
所占比例/%	≤4.0	≤16.0	≥40.0	≥70.0	≤10.0

小块焦：粒度10~25mm，小块焦的技术指标应符合表4-5的规定。

表4-5 小块焦的技术指标

项 目	指 标
灰分（A_d）/%	≤13.5
焦粉含量/%	≤13.0
水分（M_t）/%	≤10.0

注：水分含量不作考核依据，仅为生产控制指标。

焦粉：粒度小于10mm。焦粉的技术指标应符合表4-6的规定。

表4-6 焦粉的技术指标

项 目	指 标
灰分（A_d）/%	—
水分（M_t）/%	≤25.0

注：水分含量不作考核依据，仅为生产控制指标。超出部分扣量计算。

炼焦作业区生产能力见表4-7。

表4-7 炼焦作业区生产能力

项 目	4炉组	5炉组	6号、7号焦炉	8号、9号焦炉
焦炉数量/个	2	2	2	2
设计周转时间/h	19	19	19	19
允许最短周转时间/h	18	18	18	18
设计年产量/万吨	120	90	120	150

A 熄焦方式

本钢板材焦化厂的熄焦方式有两种：干法熄焦和湿法熄焦，主要采用干法熄焦。

干熄焦的基本任务：负责将焦炉生产的红焦连续均匀稳定地装入干熄炉内进行熄灭，干熄后的焦炭由排焦系统输送到后部工序，锅炉产生的蒸汽送公司发电厂发电或供热。

工艺概述：（干熄焦原理）干熄焦是利用惰性气体（主要为氮气）将焦炉生产的红焦在干熄炉内熄灭，惰性气体吸收热量后进入锅炉，与经过除氧的除盐水进行热交换产生蒸汽，通过循环风机将惰性气体进行循环利用，干熄后的焦炭由排焦系统输送到后部工序，产生的蒸汽送公司发电厂发电或供热。

B 干熄焦装置

板材焦化厂现有5套干熄焦装置：1号干熄焦和6号、7号干熄焦处理能力为150t/h，

2 号和 3 号干熄焦处理能力为 110t/h，8 号、9 号干熄焦处理能力为 190t/h。

　　干熄焦的主要设备有提升机、干熄炉、一次除尘器、锅炉、二次除尘器、循环风机、振动给料器、旋转密封阀等。

　　干熄焦装置如图 4-4 所示。

图 4-4　干熄焦装置

　　干法熄焦的优点：

　　（1）干熄焦可使焦炭质量明显提高。干熄焦过程中焦炭缓慢冷却，降低了内部热应力，网状裂纹减少，气孔率低，因而其转鼓强度提高，真密度也增大。干熄焦过程中焦炭在干熄炉内从上往下流动时增加了焦块之间的相互摩擦和碰撞次数，大块焦炭的裂纹提前开裂，强度较低的焦块提前脱落，焦块的棱角提前磨蚀，这就能改善冶金焦的机械稳定性，并且块度在 70mm 以上的大块焦减少，而 25~75mm 的中块焦相应增多，也就是焦炭块度的均匀性提高了。干熄焦与湿熄焦的焦炭相比，反应性明显降低。首先，这是因为干熄焦时焦炭在干熄炉的预存段有保温作用，相当于在焦炉里焖炉，进行温度的均匀化和残存挥发分的析出过程；其次，干熄焦时焦炭在干熄炉内往下流动的过程中，焦炭经受机械力后，焦炭的结构脆弱部分及生焦变为焦粉筛除掉；最后，湿熄焦时焦块表面和气孔内因水蒸发后沉积有碱金属的盐基物质，使焦炭反应性提高，而干熄焦过程不发生这种沉积，因而其反应性较低。据有关资料报道，干熄焦比湿熄焦焦炭 M_{40} 可提高 3%~8%，M_{10} 可降低 0.3%~0.8%，反应性有一定程度的降低。

　　（2）干熄焦可以充分利用红焦显热，节约能源。同湿熄焦相比，干熄焦可回收利用红焦约 83% 的显热，每干熄 1t 焦炭回收的热量约为 1.35GJ。

　　（3）干熄焦可以降低有害物质的排放，保护环境。干熄焦采用惰性循环气体在密闭的干熄炉内对红焦进行冷却，可以免除对周围设备的腐蚀和对大气的污染。此外，由于采用焦罐定位接焦，焦炉出焦的粉尘污染也更易于控制。干熄炉炉顶装焦及炉底排、运焦产生的粉尘以及循环风机后放散的气体、干熄炉预存段放散的少量气体经除尘地面站净化后再排入大气。

　　C　影响焦炭质量因素及改善措施

　　影响焦炭质量的因素包括配合煤的成分和性质、焦炉炉型、炼焦加热制度、炭化室内煤料堆密度、熄焦工艺、运焦工艺、炼焦生产管理与操作等。

D 配合煤成分和性质及技术指标

配合煤的成分和性质直接影响焦炭中的灰分和硫分的含量，而焦炭的块度和强度在很大程度上都取决于原料煤的性质。

（1）灰分。灰分是一种无用的杂质，在炼焦时不熔融、不黏结，也不收缩，不易破碎，造成炼焦煤料细度不好。因此，在炼焦时，耗用额外的热量，较大粗粒还会在炼焦时形成裂纹，降低焦炭机械强度。若按全焦率75%计算，生产一级冶金焦一般要求配合煤灰分≤9%。

（2）硫分。配合煤硫分是有害杂质，炼焦过程中有60%~70%转入焦炭。一般要求配合煤硫分<0.9%。

（3）挥发分。配合煤挥发分对焦炭的最终收缩量、裂纹度、焦炭质量、煤气和化学产品产率均有直接影响，挥发分过高使焦炭的抗碎强度降低。大型高炉用焦一般要求配合煤挥发分控制在26%~28%。

（4）黏结性（Y值、G值）。配合煤的黏结性是影响焦炭机械强度的主要因素，煤在结焦过程的黏结阶段和半焦收缩阶段中的行为受煤的黏结性和煤化程度共同影响，只有当黏结性和煤化程度的指标值都处于适宜范围时，才能炼出合格的焦炭。顶装焦炉要求Y值在14~22mm，G值在58~82。

（5）结焦性（b值、MF、ΔT）。在一定的工业加热条件下，配合煤转变成冶金焦的性能称为结焦性，是焦炭强度的决定性因素。衡量结焦性的指标是最大膨胀度b值、基氏流动度MF、软化状态的温度间隔ΔT。

（6）煤岩显微组分。当无碱金属时，焦炭显微结构的反应性从高到低的序列为各向同性、类丝炭和破片、镶嵌结构，其他随其光学结构单元增大，反应速度有不明显的下降；当有碱金属时，反应性相反，所有显微结构的反应性均增加，但原来反应性高的焦炭显微结构反应性增加的幅度小，原来反应性较低的反应性增加的幅度大。

（7）镜质组平均最大反射率及其分布。镜质组平均最大反射率作为煤化度指标，在炼焦生产中可以评价煤质、指导配煤、预测焦炭强度，其分布可以判别混煤的种类。配合煤中煤岩组分的比例要恰当，其显微组分中的活性组分占主要部分，但也应有适当的惰性组分作为骨架，以利于形成致密的焦炭，同时也可缓解收缩应力，减少裂纹的形成。当配合煤的最大反射率R_{max}<1.3时，惰性组分为30%~32%较好；当最大反射率R_{max}>1.3时，惰性组分为25%~30%为好。采用高挥发分煤时，需考虑角质类物质。

（8）灰成分。配合煤灰成分包括SiO_2、Al_2O_3、Fe_2O_3、CaO、MgO、K_2O、Na_2O等，对焦炭热性能有不利影响。炼焦单种煤间灰分差异是造成同品种煤焦炭热性能差异大的主要原因。

（9）细度。细度是衡量炼焦煤粉碎程度的一项指标，用0~3mm粒级的煤料占全部煤料的质量百分数来表示。炼焦煤细粉碎有利于得到裂纹少、块度大、质量均匀的焦炭。对同一种煤而言，粉碎细度增加，焦炭强度增加，当粉碎细度达到某极限值时，继续增加时焦炭强度反而降低。顶装焦炉要求配合煤细度控制在76%~80%。

（10）粒度组成。煤料的粒度组成与堆密度关系密切：煤的粒度越大，堆密度越大。按单种煤的性质分别控制不同的粉碎粒度有利于提高焦炭质量。

（11）水分。配合煤水分多少和其稳定与否对焦炭产量、质量以及焦炉寿命有很大影响。配合煤水分高会影响炉体使用寿命、延长结焦时间、增加炼焦耗热量；配合煤水分过低会使操作条件恶化，装煤时冒烟、着火加剧，上升管与集气管焦油渣含量增加，炭化室墙面石墨沉积加快。一般入炉煤料水分应控制在 7% ~ 10%。

E　焦炉炉型

（1）炭化室高度。炭化室越高，焦炭高向加热均匀性越不好控制，上部形成焦炭的时间越长，焦炭质量越差。采用高低灯头、废气循环、不同厚度的炉墙、分段加热以及加热微调等方法可以解决高向加热均匀性的问题。目前最大的焦炉炭化室高度已达到 8m 以上。

（2）炭化室宽度。焦炭具有层状结焦的特点，因此，炭化室越宽，焦饼中心形成焦炭的时间越长，焦炭质量越差。但是在常用火道温度和炭化室宽 400 ~ 600mm 的条件下，炭化室宽度对焦炭质量几乎没有影响。

F　炼焦加热制度

（1）加热速度。当加快结焦速度时，可以使胶质体的流动性增加，炼出比较坚固的焦炭；但是，加快结焦速度，会使焦炭的收缩裂纹增加，焦炭的块度变小。

（2）炼焦最终温度。提高结焦末期的温度，可以增加焦炭的耐磨性（即减少小于 10mm 的焦末的产率），但是会减低焦炭的块度。因为焦炭最终收缩增加，势必使小裂纹增加，因而焦块容易沿着这些裂纹裂开。因此，必须合理确定炼焦的加热制度，以使焦炭有尽可能小的磨损度和尽可能大的块度。

G　炭化室内煤料堆密度

增大炭化室内煤料的堆密度，可使煤粒紧密黏结，可获得机械强度高的焦炭。如预热煤炼焦、捣固炼焦和配型煤炼焦等，都会增加装炉煤的堆密度，改善焦炭质量。

H　熄焦工艺

熄焦工艺包括干法熄焦和湿法熄焦。干法熄焦能够提高焦炭的机械强度。因为在干法熄焦时，红热焦炭不会被水急冷产生裂纹或破坏结构，且在干熄焦装置内，红热焦炭在预储室经过"焖火"，焦炭成熟度得到提高，焦炭质量更加均匀和稳定，具有较高的强度。干法熄焦与湿法熄焦相比，M_{40} 可提高 3% ~ 8%，M_{10} 降低 0.3% ~ 0.8%。

I　运焦工艺

不同的运焦生产工艺，焦炭的 M_{40} 不同。焦炭在运输过程中摔打次数多、落差大，部分焦炭裂纹摔开成为较小块的焦炭，M_{40} 提高，但其焦炭的块度变小。若选择湿法熄焦工艺，焦炭经过整粒后有利于提高焦炭质量。

J　炼焦生产管理与操作

（1）焦炉加热温度管理与控制。炭焦炉加热制度制定的不合理或执行的不好，会使焦炭成熟不好，出现生焦或焦炭过火；焦炉 $K_{均}$、$K_{安}$、$K_{头}$、焦饼温度、高向加热等各项温度调节不均匀，全炉温度不稳定，个别燃烧室或火道温度太低或过高，都会影响焦炭的成熟。

（2）$K_{总}$。焦炉因生产操作、设备故障和焦炭运输等影响不能按规定时间推焦出炉，影响焦炭的成熟。

（3）加煤与平煤。炭化室加煤不均匀、平煤效果不好、加煤过满使焦饼成熟不均匀，影响焦炭的强度和挥发分。

4.1.1.4 净化作业区

工作任务：

（1）不间断且稳定地抽送4号炉组、5号炉组A焦炉产生的荒煤气，经过冷凝、冷却、吸收、净化等过程回收化学产品。煤气经过气液分离器、横管初冷器、电捕焦油器、煤气鼓风机、预冷塔、脱硫塔、饱和器、终冷塔、洗苯塔后到能源总厂。

（2）不间断且稳定地为焦炉提供循环氨水与高压氨水，用于冷却煤气和无烟加煤。

（3）生产合格的粗苯和煤焦油。

（4）生产含硫约80%的硫膏、粗焦油，生产180℃前馏出量约93.5%的粗苯。

4.1.1.5 焦油精制作业区

主要任务为：将净化一、二作业区送来的粗焦油，净化三作业区和外来卸车的粗焦油用三相卧式离心机脱水、脱渣得到低水分净焦油，经管式炉进行加热蒸馏、洗涤、分解、结晶等加工工序，制取合乎质量标准要求的轻油、粗酚、酚油、洗油、工业萘、蒽油、液体沥青、中温沥青等产品。

4.1.2 北营焦化工序基本情况

北营焦化厂现拥有固定资产14亿元，占地面积70多万平方米，有3个自然生产区，主要产品为冶金焦炭和多种煤化工产品。2019年计划焦炭产量322万吨、焦油9.58万吨、粗苯2.53万吨、硫酸铵2.78万吨、外供焦炉煤气132020万立方米/年的综合生产能力。

机关设5个专业室：生产技术室、安全管理室、设备管理室、党群管理室、综合办公室。下设10个生产作业区（一备煤、一炼焦、一回收、二备煤、二炼焦、二回收、三备煤、三炼焦、三回收、干熄焦作业区），1个维检自动化工区。

主体设备：一区JN60-6型2×50孔复热式焦炉一组，与之配套干熄焦125t/h一套；二区JN43—804型2×65孔复热式焦炉一组，与之配套干熄焦110t/h一套；三区JNK43-98F型4×72孔复热式焦炉两组，与之配套干熄焦125t/h两套。

4.1.2.1 北营焦化厂工艺简介

图4-5所示为本钢北营焦化厂。

图4-5 本钢北营焦化厂

A　备煤工艺简述

外来炼焦煤接受卸煤后（冬季还要经解冻库解冻），到煤场按各单种煤堆牌号用桥式抓斗天车卸车，使煤进行缓冲、储存、均匀化、自然脱水；然后，再用桥式抓斗天车按煤种或牌号分别倒入上料漏嘴经过地下槽漏至煤皮带，经煤皮带运送到对应的各单种煤配煤槽，其间冬季要经电磁分离器除去铁质杂物和破块机，将大块冻结煤进行预破碎；配煤槽各单种煤按照批准的配煤比配合用电磁分离器除去铁质杂物，通过煤皮带送往粉碎机，粉碎后经煤皮带输送到煤塔进行炼焦生产。

B　炼焦工艺简述

进厂原料煤经翻车机、螺旋卸车机或桥式抓斗天车卸车按品种单独堆放，或储在储配煤槽中，经配煤再经带式输送机运至粉碎机粉碎，粉碎后得到的合格煤料最后通过通廊及转运站由带式输送机输送至煤塔，装煤车按作业计划从煤塔取煤，经计量后装入炭化室内。煤料在炭化室内经过一个结焦周期的高温干馏炼制成焦炭并产生荒煤气。装煤时产生的烟气，通过集尘干管输送至地面站，经除尘净化后排入大气，炭化室内的焦炭成熟后用推焦机推出，经拦焦车导入熄焦车内，并由电机车牵引至熄焦塔内进行喷水熄焦或送干熄炉进行干熄焦。湿熄焦后的焦炭卸至晾焦台上，晾置一定时间后送往筛储焦楼，经筛分按级别储存外运；干熄焦后的焦炭直接经焦皮带后送往筛储焦楼，经筛分按级别储存外运。

C　回收工艺简述

由吸气管来储煤气，经气液分离器进行气液分离，液体到焦油氨水澄清槽，得到循环氨水、剩余氨水和煤焦油，煤焦油产品送油库待售，循环氨水回焦炉冷却荒煤气，剩余氨水上蒸氨塔供生产硫酸铵用；气体经初冷器、捕雾器、电捕进鼓风机，再到脱硫、硫酸铵、终冷，最后得到净煤气，部分回焦炉地下室加热，部分供外网使用；煤气到脱硫生产硫黄，到硫酸铵生产硫酸铵，到终冷洗苯塔经贫油（或洗油）洗苯得富油，富油经管式炉、再生器到脱苯塔进行脱苯生产粗苯，同时得贫油，贫油循环使用。

根据资源条件，将按一定配比的粉状煤混匀，置于隔绝空气的炭化室内干馏，由两侧燃烧室供热，随温度的升高，粉煤开始干燥和预热（50~200℃）、热分解（200~300℃）、软化（300~500℃），产生液态胶质层，并逐渐固化形成半焦（500~800℃）和成焦（900~1000℃），最终形成具有一定强度的焦炭。整个干馏过程中逸出的煤气导入化工产品回收系统，从中提取百余种化工副产品。

用于炼焦的原煤依煤的变质程度、挥发分、黏结性（胶质层厚度）分为四大类，见表4-8。

表 4-8　炼焦煤四大类别

煤类别	可燃基挥发分/%	胶质层厚度/mm
气煤	30~37 以上	5~25
肥煤	26~37	25~30
焦煤	14~30	8~25
瘦煤	14~30	0~12

焦化公司主要生产工艺流程如图4-6所示。

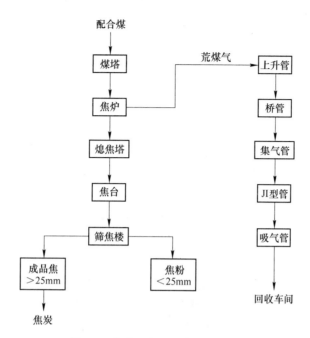

图 4-6 焦化厂主要生产工艺流程

4.1.2.2 产品简介

焦化主要产品及辅助产品如下。

焦炭系统的产品：焦炭是以碳为主要成分的含有裂缝和缺陷的不规则多孔体，呈银白色或灰黑色，有金属光泽，燃烧时无烟。

冶金焦的化学特性指的是挥发分、灰分、水分、硫分、磷分；物理机械性质指的是筛分组成、耐磨性（以耐磨指标 M_{10} 表示）、抗碎性（以抗碎指标 M_{25} 表示）。

煤气净化系统的产品包括以下几种。

A 焦炉煤气

焦炉煤气是一种无色有毒气体，发热值较高，含惰性气体少，含氢较多，燃烧速度快，火焰短，遇空气易形成爆炸性气体，爆炸范围大，易着火，燃点低。净化后的焦炉煤气可供焦炉加热用，可作为气体燃料供企业用户及民用，还可作为合成氨等化学工业的原料。

B 煤焦油

煤焦油在常温下是一种黑褐色、黏稠、密度较大、有特殊气味的油状液体，加温后流动状态较好，易与水形成乳化物，高温下容易燃烧。主要是由芳香烃等组成的复杂化合物。

煤焦油是一种极其复杂的混合物，是生产酚、萘、蒽等化工产品的原料，其详细用途及产品如下：

（1）煤焦油在<170℃时可提炼 0.5%～0.8%的焦油轻油、粗苯。粗苯可进一步提炼苯、甲苯、二甲苯。

苯：可进一步合成合成苯、苯胺染料、洗涤剂、橡胶、人造纤维、农药等。

甲苯：可进一步合成溶剂、炸药、染料、医药、食物防腐剂（苯甲酸）等。

二甲苯：可进一步合成合成纤维、增塑剂、溶剂等。

（2）酚油。煤焦油在 170~210℃ 时可提炼 3%~4% 的酚油。酚油可进一步提炼苯酚、甲酚、二甲酚等。

苯酚：可进一步合成酚醛树脂、人造纤维、抗氧化剂、显影剂、毛皮染色剂、医药等。

甲酚：可进一步合成杀菌剂、增塑剂、选矿药剂、除草剂、消毒剂、呈色剂等。

二甲酚：可进一步合成杀虫剂、工程塑料、润滑油添剂、古马隆树脂、沥青漆等。

（3）萘油。煤焦油在 210~230℃ 时可提炼 7%~10% 的萘油。萘油可进一步提炼工业萘。工业萘是制造染料、助溶剂、减水剂、合成纤维、驱虫剂、糖精、增塑剂、防老剂等的主要原料。

（4）洗油。煤焦油在 230~300℃ 时可提炼 4%~6% 的洗油。洗油可进一步提炼甲基萘（α-甲基萘、β-甲基萘）、二甲基萘、联苯、喹啉、异喹啉等。

（5）蒽油。煤焦油在 300~330℃ 时可提炼 20%~25% 的蒽油。蒽油可进一步提炼蒽、菲、炭黑等。

蒽：可进一步合成蒽醌染料、炭黑、蒽醌纸浆蒸解助剂、乳化剂等。

菲：可进一步合成菲醌农药、蒽、植物生长刺激素等。

（6）二蒽油。煤焦油在 330~360℃ 时可提炼 4%~6% 的二蒽油。二蒽油可进一步提炼萤蒽、蒽、炭黑等。

（7）沥青。煤焦油在 >360℃ 时可提炼 50%~60% 的沥青。

C　粗苯

粗苯是淡黄色透明液体、表面蒸汽分压较大、有毒、比水轻、不溶于水，由于含有不饱和化合物，经氧化、聚合后可溶于苯，使粗苯在储存时变成棕色或暗黑色。粗苯蒸气与空气混合可形成爆炸性气体，粗苯易燃易爆，流动时易产生静电。

粗苯是由多种有机化合物组成的复杂混合物，主要用于精制苯类产品，经精制加工提取的苯、甲苯、二甲苯等产品是宝贵的化工原料。

D　硫酸铵

纯态硫酸铵为无色长棱型晶体。但焦化厂生产的硫酸铵由于杂质的影响往往带有绿色、蓝色、灰色或暗灰色，结晶多为针状、片状或粉末状。硫酸铵易溶于水，水溶液为弱酸性，易吸收空气中的水分而结块。

硫酸铵是重要的氮肥，对各种农作物有良好的肥效。可做追肥、基肥、种肥，但对酸性土壤需与石灰石配合（非混合）使用。长期使用硫酸铵，硫酸铵与土壤中的钙结合生成石膏，变成酸性，会使土壤板结，所以须用石灰石改变土壤酸性。此外，还可用作焊药、织物防火剂、染料、医药、皮革等工业原料。

安全及警告：

焦化油类产品易燃、有毒有害，对皮肤和眼睛有刺激，有吸入毒气或侵入皮肤的危险，要戴防毒口罩、防护眼镜和防护手套，试验操作要在强制通风橱中进行，与火源保持距离。

4.1.2.3 焦化废水

A 焦化废水治理概述

北营焦化厂废水处理采用 A-A-O 活性污泥法+深度处理法。

活性污泥法主要是通过各种类型微生物的分解代谢作用，把废水中复杂的有机物转变为简单物质的无害化过程；深度处理采用化学法。

焦化一区采用芬顿催化氧化工艺，设施包括预反应池、催化氧化池、中和池。其原理是在酸性条件下以亚铁离子（Fe^{2+}）为催化剂用过氧化氢（H_2O_2）进行化学氧化；焦化二区废水在进行活性污泥法处理后送至焦化三区进行深度处理；焦化三区深度处理采用芬顿催化氧化法+Dy 超电位电解法+BAF 曝气生物滤池处理工艺。曝气生物滤池是曝气作用下通过气-水逆向接触的方式，利用池体中滤料生物膜上微生物的新陈代谢作用，进一步降解废水中的有机物。Dy 超电位电解法的原理是在电解池内，在电极表面的电催化作用下或在自由电场的作用下产生的具有强氧化作用的羟基自由基使有机物氧化，电解池内发生的作用主要有絮凝作用、浮选作用、直接氧化还原作用、间接氧化作用。

B 废水处理工艺流程

北营焦化厂一区废水处理工艺流程如图 4-7 所示。

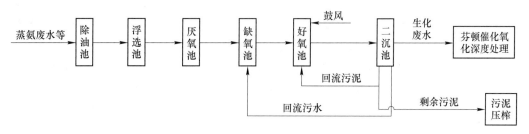

图 4-7 北营焦化厂一区废水处理工艺流程

北营焦化厂二区废水处理工艺流程如图 4-8 所示。

北营焦化厂三区废水处理工艺流程如图 4-9 所示。

C 废水处理的主要设备

焦化厂废水处理能力为 185m³/h，其中，一区为 50m³/h，二区为 35m³/h，三区为 100m³/h。

废水处理池体：焦化厂一区废水处理池体包括除油池、浮选池、厌氧池、缺氧池、好氧池、二沉池、催化氧化池、混凝沉淀池、砂滤罐、调节池等；二区废水处理池体包括除油池、厌氧池、浮选器、1 号井、调节池、2 号井、3 号井、缺氧池、好氧池、4 号井、5 号井、回流沉淀池、二沉池、混凝池等；三区废水处理池体包括除油池、浮选池、厌氧池、回流吸水井、调节池、厌氧吸水井、缺氧池、好氧池、混合池、反应池、中间水池、

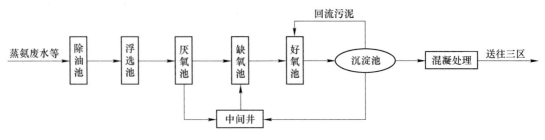

图 4-8　北营焦化厂二区废水处理工艺流程

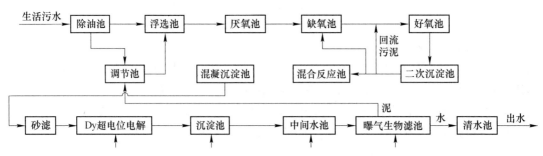

图 4-9　北营焦化厂三区废水处理工艺流程

砂滤罐、Dy 超电位电解池、沉淀池、中间水池、曝气生物滤池、清水池等。

    废水处理设备：焦化厂一区废水处理主要设备包括浮选泵、厌氧泵、缺氧泵、回流污泥泵、浮选刮油刮渣机、硫酸计量泵、亚铁计量泵、双氧水计量泵、液碱计量泵、混凝刮泥机、过滤加压泵、过滤器、污泥压滤机、鼓风机、厌氧布水器、缺氧布水器、加碱计量泵等；二区废水处理主要设备包括浮选泵、厌氧泵、回流污泥泵、沉淀池刮泥机、鼓风机、混凝池刮泥机、布水器、加碱泵、加磷泵等；三区废水处理主要设备包括浮选泵、厌氧泵、缺氧泵、回流污泥泵、二沉池刮泥机、混凝池刮泥机、鼓风机、Dy 电解装置、罗茨风机、污泥压滤机、厌氧布水器、缺氧布水器、加碱计量泵、浮选器等。

    D　分析项目

    废水污染范围广、危害性大，对人体、水体、鱼类及农作物带来严重危害。因此对焦化生产过程中排放出的污水必须进行处理，及时监控焦化污水，达到排放标准后才能排放。

    分析项目有 pH、氰化物、挥发酚、化学需氧量、悬浮物、油、硫化物、氨氮（NH_3-N）等分析项目。油、硫化物暂不分析。

    （1）化学需氧量（COD）。化学需氧量是在一定的条件下，采用一定的强氧化剂处理水样时消耗的氧化剂量。它是表示水中还原性物质多少的一个指标。水中的还原性物质主要是有机物。因此，化学需氧量（COD）又往往作为衡量水中有机物质含量多少的指标。化学需氧量越大，说明水体受有机物的污染越严重。

    （2）氨氮（NH_3-N）。氨氮是水体中的营养素，可导致水产生富营养化现象，是水体中的主要耗氧污染物，对鱼类及某些水生生物有毒害。

（3）石油类。石油类主要是烷烃、烯烃和芳香烃的混合物，其进入水体后的危害是多方面的。如在水上形成油膜，能阻碍水体复氧作用，油类黏附在鱼鳃上可使鱼窒息；黏附在藻类、浮游生物上，可使它们死亡。油类会抑制水鸟产卵和孵化，严重时使鸟类大量死亡。石油污染还能使水产品质量降低。

（4）挥发酚。挥发酚是指在酸性条件下，随水蒸气挥发的酚类化合物，包括苯酚、苯二酚、苯甲酚等酚类化合物，其含量以苯酚计。水中酚类属毒物质，人体摄入一定量会出现急性中毒症状；长期饮用被酚污染的水，可引起头痛、出疹、瘙痒、贫血及各种神经系统症状。

（5）总氰化物。水中总氰化物可分为简单氰化物和络合氰化物两种。氰化物属于剧毒物质，对人体的毒性主要是与高铁细胞色素氧化酶结合，生成氰化高铁细胞色素氧化酶，因而失去传递氧的作用，引起组织缺氧窒息。

4.1.3 焦炭在炼铁中的作用

焦炭在炼铁高炉中起到供热、还原剂、料柱骨架、供碳的作用。

（1）供热。高炉冶炼是一个高温物理化学过程，矿石被加热，进行各种化学反应，熔化成液态渣铁，并将其加到能从渣铁中顺利流出的温度需要大量的热量。这些热量是由焦炭和喷煤的燃烧以及热风提供的，其中焦炭燃烧的热占75%~80%。

（2）还原剂。高炉冶炼主要是一个高温还原过程。生铁中的主要成分Fe、Si、Mn、P等元素都是从矿石的氧化物中还原得来的。焦炭燃烧并与煤气中CO_2反应生成的CO将铁矿石中的铁氧化物还原。

（3）料柱骨架。高炉炉料中焦炭体积占炉料总体积的35%~50%。焦炭比较坚固，且在风口区以上始终保持块状，因此它是高炉料柱的骨架，对料柱起疏松、支撑作用，并保证料柱有良好的透气性，是煤气上升和铁水、熔渣下降必不可少的高温疏松骨架，是炉况顺行的重要因素。

（4）供碳。由于还原出的纯铁熔点很高，为1535℃，在高炉冶炼的温度下难以熔化；但当铁在高温下与焦炭接触不断渗碳后，其熔化温度逐渐降低，可低至1150℃。这样生铁在高炉内能顺利熔化、滴落，与由脉石组成的熔渣良好分离，保证高炉生产过程不断地进行。生铁中的碳全部来源于焦炭，进入生铁中的碳约占焦炭含碳量的7%~9%。焦炭中的碳从软熔带开始渗入生铁；在滴落带，滴落的液态铁与焦炭接触时碳进一步渗入生铁，最后可使生铁的含碳量达到4%左右。

4.2 炼焦原料

4.2.1 检测方法

焦炭是以炼焦煤为主要原料，在室式焦炉中加热至950~1050℃制成的。烟煤中能够单独炼焦或参与配煤炼焦的主要是气煤、肥煤、焦煤、瘦煤四种及其过渡性煤1/2中黏煤、气肥煤、1/3焦煤和贫瘦煤四种。由于单种煤炼焦在性能上的缺陷及储量上的原因，实际上炼焦都是采用配煤。配煤的检测项目及检测方法见表4-9。

表 4-9 配煤的检测项目及检测方法

检测项目	检 测 方 法	测定值	报告值	单位
水分（M_t）	GB/T 211—2017 煤中全水分的测定方法	小数点后一位		%
灰分（A_d） 挥发分（V_{daf}）	GB/T 212—2008 煤的工业分析方法 GB/T 30732—2014 煤的工业分析方法 仪器法	小数点后两位		%
全硫（$S_{t,d}$）	GB/T 214—2007 煤中全硫的测定方法 GB/T 25214—2010 煤中全硫测定 红外光谱法	小数点后两位		%
胶质层指数 （Y）	GB/T 479—2016 烟煤胶质层指数测定方法	0.5 修约		mm
黏结指数 （$G_{R.1}$）	GB/T 5447—2014 烟煤黏结指数测定方法	小数点后一位	个位	无
细度	检化验中心 . ZY-158 工序产品及其原燃料制样作业指导书	小数点后一位		%

（1）水分。配煤的水分含量影响其堆积密度和结焦时间，因而影响焦炭的产量、质量及炉体寿命。水分过高时，煤粒表面因水膜存在彼此产生黏结力而不能达到最紧密排列，使堆积密度降低，炭化室装煤量减少；另外，水分蒸发需吸收大量的热，而中心部分热量传递又很慢，从而延长结焦时间。煤料水分不稳定易造成焦饼中心温度偏低以至出现生焦，影响焦炭强度。一般要求配煤中的水分含量为 7%~10%，并保持相对稳定。

（2）灰分。配煤的灰分在炼焦中全部转入焦炭。由于配煤的成焦率一般为 70%~80%，因此，焦炭灰分约为配煤灰分的 1.3~1.4 倍。我国规定一级冶金焦的灰分不大于12%，则配煤的灰分应不大于 9%（按成焦率 75% 计）。

（3）挥发分。配煤的挥发分高，则焦炉煤气和化学产品的产率也高。但大多数情况下，挥发分过高的煤结焦性较差，因此，多配高挥发分煤会降低焦炭的强度。综合考虑焦炭质量和资源特点，一般大中型高炉用焦的配煤，干燥无灰基挥发分为 28%~32%；中小型高炉用焦此值可高一些。

（4）全硫。炼焦煤中的硫有 60%~70% 转入焦炭，故焦炭中的硫为配煤的 80%~90%。据此，可根据对焦炭含硫量的要求确定配煤的含硫量，一般应不大于 1.0%~1.2%。

（5）胶质层指数。胶质层厚度通常反映煤在结焦时的黏结性能。胶质层厚度大，黏结性强，焦炭的强度高；但过大的胶质层厚度，又使结焦过程中的膨胀压力过大，且收缩量小，对焦炉炉墙的保护不利。我国大中型高炉所用焦炭配煤的胶质层厚度为14.0~20.0mm。

（6）黏结指数。配煤的黏结性指标是影响焦炭强度的重要因素，依据塑性煤的成焦机理，配煤中各单种煤的塑性温度区间应彼此衔接和依次重叠，在此基础上，室式炼焦配合煤的黏结指数 G 的适宜范围大致为 58~72。配煤的黏结性指标一般不能用单种煤的黏结性指标按加权平均计算。

（7）细度。配煤的细度指煤粉碎后 0~3mm 粒级的质量占全部煤料质量的百分数。细度过低，配合煤混合不均，焦炭内部结构不均一，强度降低；细度过高，不仅粉碎煤的动力消耗增加，装煤也困难，而且使煤的体积密度降低，会降低焦炭产量和质量。一般要求配合煤的细度为 80% 左右。强黏结煤应粗一些，弱黏结煤和灰分高的煤应细一些。

4.2.2　方法原理及主要检测设备

炼焦用煤配煤过程的采样分为两种方式，单种煤的采样是在单种煤的仓下或输送皮带上进行人工截取，配煤的采样在皮带输送过程进行机械自动截取。

由于配煤的水分、灰分、挥发分、全硫、胶质层指数和黏结指数的检测方法及检测设备与单种煤（外购炼焦煤）完全一致，已在第 4 章中有详细讲解，这里只对配煤细度的检测进行介绍。

配煤细度是焦化厂衡量配煤粉碎情况的技术指标，指配煤中小于 3mm 粒级占全部配煤的质量百分比，它的数值大小会直接影响焦炭的质量。将煤料均匀布满粉碎机转子后，受到高速旋转的锤头首次破碎，获得动能的物料高速冲向反击腔内齿形反击板，经过齿形反击板的反弹再次被锤头破碎。如此反复，在反击腔内多次破碎。与此同时，物料还会受到彼此间的撞击而破碎。配煤细度的控制可通过调整锤头与齿形反击板的间隙和改变锤头的排列来实现。一般条件下，室式炼焦的配煤细度因装炉煤的工艺特征确定，常规炼焦（顶装煤）时为 72% ~ 80%，配型煤炼焦时约 85%，捣固炼焦时为 90% 以上。在此前提下，应尽量减少小于 0.5mm 的细粉含量，以减轻装炉时的烟尘逸散。

配煤细度试样的制备：用圆锥四分法缩分出不少于 1kg，烘干后即可。

检测方法原理：称取一定质量的干燥后的配煤，通过 ϕ3mm 筛子，筛下物质量占干燥后的配煤的总质量的百分数为配煤的细度。

主要设备：电子秤（精度 0.1kg）、电热恒温干燥箱、振筛机。

检测过程：把缩分好的配煤试样（700±100）g 均匀平铺在试样盘中，放到烘箱内烘 30min，烘箱温度不得超过 80℃。把烘干的煤样称重后倒在振筛机中，盖好压板启动振筛 5min。筛分停止后分别称筛上物和筛下物的重量，计算出配煤的细度。要求筛上物和筛下物的重量之和与筛前烘干量之差，人工筛分不得超过 1.2%，机械筛分不得超过 0.6%。

图 4-10 所示为撞击式标准振筛机。

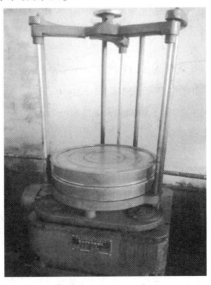

图 4-10　撞击式标准振筛机

4.3 焦炭

4.3.1 检测方法

焦炭的检测项目及检测方法见表 4-10。

表 4-10 焦炭的检测项目及检测方法

检测项目	检测方法	测定值	报告值	单位
水分（M_t）	GB/T 2001—2013 焦炭工业分析测定方法	小数点后一位		%
灰分（A_d）	GB/T 2001—2013 焦炭工业分析测定方法	小数点后两位		%
挥发分（V_{daf}）				
全硫（$S_{t,d}$）	GB/T 2286—2017 焦炭全硫含量的测定方法	小数点后两位		%
CRI CSR	GB/T 4000—2017 焦炭反应性及反应后强度试验方法	小数点后两位		%
M_{40} M_{10}	GB/T 2006—2008 焦炭机械强度的测定方法 YB/T 4547—2016 焦炭在线自动采样、制样、粒度分析及机械强度测定技术规范	小数点后一位		%
筛分组成 焦末含量	GB/T 2005—1994 冶金焦炭的焦末含量及筛分组成的测定方法 YB/T 4547—2016 焦炭在线自动采样、制样、粒度分析及机械强度测定技术规范	小数点后一位		%

4.3.1.1 焦炭采样和制样

采样：根据 GB/T 1997—2008 采样方法，板材焦化厂冶金焦炭的采样方法是在运焦皮带上用自动采样器进行采取，每批次总量不少于 400kg。

制样如下：

（1）水分试样的制备。将试样先破碎到 25mm 以下，用堆锥四分法进行缩分，将缩分后的试样用 13mm 的方孔筛进行筛分，大于 13mm 的试样用出料口为 13mm 的破碎机进行破碎，直到所有试样全部通过 13mm 的方孔筛；将小于 13mm 的试样用堆锥四分法缩分出两等份，一份用于制备水分试样，另一份用做工业分析试样。将水分试样用堆锥四分法缩分到不少于 2kg，分成两等份，一份作为水分试样，另一份为保留样，保留 24h。

（2）工业分析试样的制备。将工业分析试样用堆锥四分法缩分出 2kg，全部破碎到 6mm 以下。将破碎后的试样用堆锥四分法混匀缩分出 500g 作为存查大样，剩余试样继续混匀缩分出不少于 50g，放入（150±10）℃ 干燥箱中烘干。烘干后的试样用研磨机破碎到全部通过 0.2mm（80 目）筛子，装入试样袋中。

（3）热强度试样的制备。经热强度试样制样流程制备的热强度试样，经全自动焦炭机械制球一体机，取 23~25mm 粒级的焦炭作为热强度试样。

4.3.1.2 焦炭工业分析

按固定碳、挥发分、灰分和水分测定焦炭化学组成的方法称为工业分析。

(1) 水分。高炉焦的水分要求低并保持稳定。焦炭水分高则高炉冶炼焦比高，焦炭水分波动会使高炉上焦计量不准，并引起炉温波动，从而影响高炉炉况的稳定。

(2) 灰分。灰分是焦炭中的惰性物和有害杂质，其主要成分是高熔点的 SiO_2 和 Al_2O_3 等酸性氧化物。在高炉冶炼中须加入 CaO、MgO 等碱性氧化物溶剂与硅、铝等酸性氧化物反应生成低熔点的化合物，形成流动性较好的熔融炉渣，借密度不同及相互的不溶性，使炉渣和铁水很好地分离，并使炉渣以熔渣形式从高炉中顺畅排出。炉渣中 Al_2O_3 的含量会影响渣的黏度，并影响铁水与渣的分离。焦炭灰分高，需要适当提高烧结矿和炉渣的碱度，以使高炉造渣顺利，但对高炉生产不利，会影响高炉的产量和消耗。

通常，焦炭灰分每增加 1.0%，高炉焦比将提高 2.0%~3.0%，炉渣量约增加 3.0%，溶剂消耗约增加 4.0%，生铁产量降低 2.0%~3.0%。

(3) 挥发分。焦炭挥发分是焦炭成熟度的标志。一般高炉冶炼用焦的挥发分为 1.2% 左右。若挥发分大于 1.8%，则表明焦炭成熟不够，属生焦，其 M_{40}、M_{10} 较差，CRI 高，CSR 低；若挥发分小于 0.7%，则表明焦炭过火，焦炭裂纹多且易碎，小块焦多。

(4) 固定碳。焦炭固定碳是指煤经高温干馏后残留的固态可燃性物质。

4.3.1.3 焦炭中的硫

焦炭中的 S 包括无机硫化物硫、硫酸盐硫、有机硫三种形态。这些硫的总和称为全硫 (S_t)。

硫是焦炭中的有害杂质。在炼焦过程中煤料所含硫的 70%~90% 转入焦炭中，其余进入焦炉煤气中。高炉入炉炉料全部硫的 80%~95% 来源于入炉焦炭含硫。高炉冶炼过程中，炉料带入的硫仅有 5%~20% 随高炉煤气逸出，其余的硫大部分随炉渣排出，也有少量硫进入铁水中。

焦炭含硫高对高炉冶炼极为不利，会使炉渣黏度增大，造成排渣困难，为此，需提高烧结矿和炉渣碱度，但会使炉渣量增大，从而使高炉利用系数（铁产量）降低，焦比和燃料比升高，溶剂消耗也增加。另外，焦炭含硫高会造成铁水含硫增高，对生铁质量有严重影响，还会给炼钢工序生产带来严重困难。

一般，焦炭含硫量为 0.6%~1.0%，其每增加 0.1%，则炼铁焦比增加 1.0%~3.0%，铁产量减少 2.0%~2.5%，溶剂消耗增加约 2.0%。

4.3.1.4 焦炭热强度

焦炭热强度是反映焦炭热态性能的一项焦炭机械强度指标。它表征焦炭在使用环境的高温和气氛下，受到外力作用时抵抗破碎和磨损的能力。

焦炭在使用过程中经常处于较高的温度下，在受热过程中，其石墨化度、化学性质、物理性质、机械强度和力学性质都会发生变化。因此，仅用冷态强度不能全面反映焦炭的使用性能，用焦炭热强度来评价焦炭的热态性能是最主要的方法。

4.3.1.5 焦炭机械强度

焦炭机械强度是指焦炭在机械力和热应力作用下抵抗碎裂和磨损的能力。焦炭机械强度有冷态和热态两种。冷态强度也称常温强度，是在室温下测量的，其测量方法有落下法和转鼓法；焦炭热强度也称焦炭高温强度，是在一定的高温下进行测量的。

焦炭的机械强度取决于多种因素：所含裂纹、多孔体结构和强度，以及气孔壁厚度、气孔壁强度和组织成分等。通常块焦的机械强度随其裂纹率和气孔率的增大而降低。在相同气孔率下，小气孔均匀分布的及气孔壁较厚的焦炭机械强度较高。

4.3.2　方法原理及主要检测设备

4.3.2.1　焦炭的工业分析

A　水分的测定

水分的测定分为焦炭的全水分和空气干燥基水分的测定方法。

检测方法原理：称取一定质量的焦炭试样，置于预先鼓风的干燥箱中，在一定的温度下干燥至质量恒定，以焦炭试样的质量损失计算出水分的质量分数（%）。

检测过程如下。

a　全水分的测定

用已知质量干燥、清洁的浅盘称取粒度小于 13mm 的试样（500±10 精确到 0.1g），平摊在浅盘中；将装有试样的浅盘置于预先鼓风并已经加热到 170~180℃ 的干燥箱中，在鼓风条件下干燥 1h，将浅盘取出，冷却 5min，称量，精确到 0.1g。

进行检查性干燥，每次 10min，直到连续两次质量差不超过 1g 或质量增加时为止，计算时取最后一次的质量，若有增重则取前一次质量为计算依据。

b　空气干燥基水分的测定

在预先干燥已称量过的称量瓶内称取粒度小于 0.2mm 分析试样（1±0.05）g 精确到 0.0001g，平摊在称量瓶中。将盛有试样的称量瓶开盖放入预先鼓风并已加热到 105~110℃ 干燥箱中，在一直鼓风的条件下干燥 1h，在干燥箱中取出称量瓶立即盖上盖，放入干燥器中冷却至室温（约 20min）后，称量。

进行检查性干燥，每次 15min，直到连续两次质量差不超过 0.001g 或质量增加时为止，计算时取最后一次的质量，若有增重则取前一次质量为计算依据。

结果的计算：

全水分按下式计算：

$$M_t = \frac{m - m_1}{m} \times 100\%$$

式中　M_t——焦炭试样的全水分质量分数，%；

　　　m——干燥前焦炭试样的质量，g；

　　　m_1——干燥后焦炭试样的质量，g。

空气干燥基水分按下式计算：

$$M_{ad} = \frac{m_2 - m_3}{m_2} \times 100\%$$

式中　M_{ad}——空气干燥基水分的质量分数，%；

　　　m_2——称取的空气干燥基焦炭试样的质量，g；

　　　m_3——干燥后分析试样的质量，g。

试验结果取两次试验结果的算术平均值。

精密度：水分测定值的重复性，不得超过表4-11的规定。

表4-11 焦炭水分重复性限值

	水分范围/%	重复性/%
全水的质量分数（M_t）	<5.00	0.4
	$5.00 \leqslant M_t \leqslant 10.00$	0.6
	>10.00	0.8
空气干燥基水分的质量分数（M_{ad}）	—	0.20

主要设备：干燥箱、电子天平、电子秤。

B 灰分的测定

检测方法原理：称取一定质量的焦炭试样，逐渐送入预先升至（815±10）℃的马弗炉中灰化并灼烧到质量恒定，以残留物的质量占焦炭试样质量的质量分数作为焦炭的灰分含量。

检测过程：方法一（仲裁法）。在预先灼烧至质量恒定的灰皿中，称取粒度小于0.2mm并搅拌均匀的焦炭试样（1±0.05）g，精确到0.0001g，均匀地铺平在灰皿中，使其每平方厘米的质量不超过0.10g。将装有试样的灰皿放在温度为（815±10）℃的马弗炉炉门口，在10min内逐渐将其推入炉膛恒温区，关上炉门并使炉门留有约15mm的缝隙，同时打开炉门上的通气小孔和炉后烟囱。在（815±10）℃温度下灼烧1h。用灰皿夹或坩埚钳从炉中取出灰皿，置于耐热瓷板或石棉板上，放在空气中冷却约5min，将灰皿移入干燥器中冷却至室温（约20min）后，称量。

进行检查性灼烧，温度为（815±10）℃，每次15min，直到连续两次灼烧后的质量变化不超过0.001g或质量增加时为止，计算时取最后一次的质量，若有增重则取增重前一次的质量为计算依据。

结果计算：焦炭空气干燥基灰分按下式计算

$$A_{ad} = \frac{m_5}{m_4} \times 100\%$$

式中 A_{ad}——空气干燥基灰分的质量分数，%；

m_4——称取的空气干燥基焦炭试样的质量，g；

m_5——灼烧后灰皿中残留物的质量，g。

焦炭的干基灰分按下式计算：

$$A_d = \frac{A_{ad}}{100 - M_{ad}} \times 100\%$$

式中 A_d——干基焦炭试样灰分的质量分数，%。

试验结果取两次试验结果的算术平均值。

注：每次测定灰分时，应先进行空气干燥试样的水分测定，水分试样与灰分测定试样应该同时采取。

精密度：灰分测定的重复性和再现性，不得超过表4-12的规定值。

表 4-12 焦炭灰分重复性和再现性限值

重复性/%	再现性/%
0.20	0.30

主要设备：智能马弗炉、电子天平。

C 挥发分的测定

检测方法原理：称取一定质量的焦炭试样，放在带盖的瓷坩埚中，在 (900±10)℃下隔绝空气加热 7min，以减少的质量占焦炭试样质量的质量分数减去该焦炭试样的空气干燥基水分含量，作为焦炭的挥发分含量。

检测过程：在预先于 (900±10)℃温度下灼烧至质量恒定的带盖瓷坩埚中，称取粒度小于 0.2mm 搅拌均匀的焦炭试样 (1±0.01)g，精确到 0.0001g，然后轻轻振动坩埚，使试样摊平，盖上盖子，放在坩埚架上。如果测定试样不足 6 个，则在坩埚架的空位上放上空坩埚补位。将马弗炉预先升温至 (900±10)℃，打开炉门，迅速将放有坩埚的坩埚架送入马弗炉的恒温区内，立即关上炉门并开始计时，准确加热 7min。坩埚和坩埚架放入后，炉温会有所下降，要求炉温必须在 3min 内恢复到 (900±10)℃，并继续保持此温度到试验结束，否则此次试验作废。

注：加热时间包括温度恢复时间在内，加热过程中炉门小孔一直处于关闭状态。

加热到 7min 立即从炉中取出坩埚，放在空气中冷却约 5min，移入干燥器中冷却至室温 (约 20min) 后称量。

结果计算如下。

焦炭的空气干燥基挥发分按下式计算：

$$V_{ad} = \frac{m_6 - m_7}{m_6} \times 100\% - M_{ad}$$

式中　V_{ad}——空气干燥基挥发分质量分数,%；

　　　m_6——空气干燥基焦炭试样的质量，g；

　　　m_7——焦炭加热后残渣的质量，g。

焦炭的干基挥发分按下式计算：

$$V_d = \frac{V_{ad}}{100 - M_{ad}} \times 100\%$$

式中　V_d——干基挥发分质量分数,%。

焦炭干燥无灰基挥发分按下式计算：

$$V_{daf} = \frac{V_{ad}}{100 - M_{ad} - A_{ad}} \times 100\%$$

式中　V_{daf}——干燥无灰基挥发分质量分数,%。

精密度：焦炭挥发分测定的重复性和再现性，不得超过表 4-13 的规定值。

表 4-13 焦炭挥发分重复性和再现性限值

重复性/%	再现性/%
0.30	0.40

主要设备：智能马弗炉、电子天平。

智能马弗炉如图 4-11 所示。

图 4-11 智能马弗炉

4.3.2.2 全硫的测定（库仑滴定法）

检测方法原理：试样在催化剂作用下，于空气流中燃烧分解，试样中硫生成硫氧化物，其中二氧化硫被碘化钾溶液吸收，以电解碘化钾溶液产生的碘进行滴定，根据电解消耗的电量计算试样中全硫的含量。

检测过程：试验准备按照仪器使用说明书开启和调试设备，使其处于正常待测状态，将燃烧炉升温至 1150℃。在燃烧管出口处充填洗净、干燥的玻璃纤维棉，开动抽气和供气泵，将抽气流量调节到 1000mL/min，然后关闭电解池与燃烧管间的活塞，若抽气量能降到 300mL/min 以下，则证明仪器各部件及各接口气密性良好，可以进行测定；否则检查仪器各个部件及其接口情况，重新检查气密性。

仪器标定：

标定方法：使用有证标准样品，按以下方法之一进行仪器标定。

多点标定法：用硫含量能覆盖被测样品硫含量范围的至少 3 个有证标准样品进行标定。

单点标定法：用与被测样品硫含量相近的标准样品进行标定。

标定程序：按照 GB/T 2001 测定标准样品的空气干燥基水分，计算其空气干燥基全硫 $S_{t,ad}$ 标准值。用被标定仪器测定标准样品的硫含量。每一标准样品至少重复测定 3 次，以 3 次测定值的平均值为标准样品的硫测定值。将标准样品的硫测定值和空气干燥基标准值输入测硫仪（或仪器自动读取），生成校正系数。

标定有效性核验：另外选取 1~2 个标准样品或者其他控制样品，用被标定的测硫仪测定其全硫含量。若测定值与标准值（控制值）之差在标准值（控制值）的不确定度范围（控制限）内，说明标定有效，否则应查明原因，重新标定。

测定步骤：将燃烧炉升温并控制在（1150±10）℃。开动供气泵和抽气泵并将抽气流量调节到 1000mL/min。在抽气下，将电解液加入电解池内，开动电磁搅拌器。在燃烧舟中放入少量非测定用的样品，进行终点电位调整试验。在燃烧舟中称取（0.05±0.005）g粒度小于 0.2mm 的空气干燥试样（精确到 0.0001g），在其上方铺上薄薄一层三氧化钨（催化剂），将燃烧舟放在送样装置上，按照仪器使用说明书进行操作，开启程序，进行检测。试验结束后，微计算机显示出硫的毫克数或质量分数。

标定检查：仪器测定应定期使用标准样品或者其他控制样品对测硫仪的稳定性和标定的有效性进行核查，如果标准样品或者其他控制样品的测定值超出标准值的不确定度范围（控制限），应重新标定仪器。

主要设备：库仑自动测硫仪、电子天平。

库仑法自动测硫仪如图 4-12 所示。

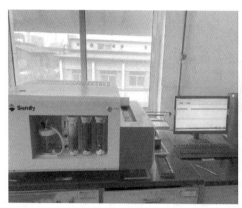

图 4-12　库仑法自动测硫仪

4.3.2.3　反应性及反应后强度的测定

检测方法原理：称取一定质量的焦炭试样，置于反应器中，在 1100℃时与二氧化碳反应 2h 后，以焦炭质量损失的百分数表示焦炭反应性（Coke Reactivity Index，CRI）。反应后焦炭经 I 型转鼓试验后，以大于 10mm 粒级的焦炭质量占反应后焦炭质量的百分数表示焦炭反应后强度（Coke Strength After Reaction，CSR）。

检测过程：按比例取不小于 25mm 焦炭 60kg，完全弃去气孔大、成蜂窝状的泡焦和带有黑头、不完全是灰色的炉头焦。将焦炭制成 23~25mm 的近似球形颗粒。将制好的试样用缩分器缩分出 900g，在 170~180℃温度下干燥 2h，放入干燥器中冷却至室温，再用 ϕ23mm 和 ϕ25mm 的筛子进行筛分，去除粘着在焦块上的焦粉，用四分法将试样分成 4 份，每份不少于 220g，装入密封的容器中备用。

试验次数：最少进行两次试验。记录每一次试验的焦粒数量，保证重复性试验或再现性试验使用的焦炭粒数相差不超过 1 粒。如果不能保证焦炭粒数满足要求时，在报告中注明并说明原因。

试验步骤：称取试样（200±2）g，精确到 0.1g，记录其质量 m，最终的质量校正可通过替换一块较轻或较重的焦炭来完成。试样装入反应器，将焦炭试样装入反应器中铺平，确保反应器内的焦炭层处于电炉恒温区中部，将热电偶插入套管内，并处于料层中心位置，固定好反应器。将反应器进气口与供气系统连接，检查气路，保证系统的气密性。电炉升温，升温速度为 8~16℃/min。当料层温度达到 400℃时，以 0.8L/min 的流量通入氮气，防止焦炭烧损。当料层温度达到 1050℃时，预热二氧化碳气瓶出口处，以保证二氧化碳稳定流出。当料层温度达到 1100℃时，稳定 10min，切断氮气，改通二氧化碳，流量为 5L/min，记录开始反应时间。通二氧化碳后料层温度应在 5~10min 内恢复到（1100±3）℃。反应 2h，停止加热，切断二氧化碳，改通氮气，流量为 2L/min。

注意：试验过程中有少量的 CO 排出，为保证安全，应将尾气燃烧或直接排出室外。试验过程中，要保持室内空气流通。

试样冷却，反应器出炉，在氮气保护下温度降到 100℃以下，停止通入氮气。称量，打开反应器，倒出焦炭，称量，精确到 0.1g，记录为 m_1 并记录反应后试样粒数。反应后的焦炭全部装入 I 型转鼓内，以 20r/min 的转速共转 30min，总转数 600r，然后取出用 ϕ10mm 圆孔筛筛分，称量筛上物质量，精确到 0.1g，记录为 m_2 并记录转鼓后试样粒数。

结果计算如下。

反应性按下式计算（数值以%表示）：

$$CRI = \frac{m - m_1}{m} \times 100\%$$

式中　m——反应前焦炭质量，g；

　　　m_1——反应后残余焦炭质量，g。

反应后强度按下式计算（数值以%表示）：

$$CSR = \frac{m_2}{m_1} \times 100\%$$

式中　m_2——转鼓后大于 10mm 粒级焦炭质量，g。

焦炭反应性及反应后强度的试验结果取平行试验的算数平均值，保留到小数点后一位（现保留 2 位）。

焦炭反应性及反应后强度精密度见表 4-14。

表 4-14　焦炭反应性及反应后强度精密度

精密度要求	重复性/%	再现性/%
焦炭反应性（CRI）	≤2.4	≤4.0
焦炭反应后强度（CSR）	≤3.2	≤5.0

主要设备：KF-2008H 全自动焦炭反应性及反应后强度测定仪、I 型转鼓、电子秤。

KF-2008H 全自动焦炭反应性及反应后强度测定仪如图 4-13 所示。

I 型转鼓如图 4-14 所示。

4.3.2.4　焦末含量及筛分组成的测定

方法提要：将冶金焦炭试样用机械筛进行筛分，计算出各粒级的质量占试样总质量的百分数，即为筛分组成。小于 25mm 的焦炭质量占试样总质量的百分数，即为焦末含量。

检测过程：将采取的试样连续缓慢均匀地加入机械筛进行筛分，并保持试样在筛面上不出现重叠现象，将试样分成大于 80mm、80~60mm、60~40mm、40~25mm 及小于 25mm 的五个粒级焦炭。筛分试样全部筛完后，分别称量各粒级焦炭的质量（称准至

0.1kg），并计算各粒级焦炭质量占总量的百分数。其中小于 25mm 焦炭质量占总量的百分数，即为焦末含量。

图 4-13　KF-2008H 全自动焦炭反应性及反应后强度测定仪

图 4-14　I 型转鼓

结果计算：各粒级百分数 S_i 按下式计算

$$S_i = \frac{m_i}{m} \times 100\%$$

式中　S_i——各粒级筛分百分数，%；

　　　m_i——各粒级试样质量，kg；

　　　m——试样总质量，kg；

　　　i——各粒级范围值（如 25~40、40~60 等）。

主要设备：方孔机械筛。

方孔机械筛如图 4-15 所示。

图 4-15　方孔机械筛

4.3.2.5　焦炭机械强度的测定

方法提要：称取一定量的大于 60mm 的焦炭试样，置于转鼓内，焦炭在转动的转鼓中不断地被提料板提起，在此过程中，焦炭由于受机械力的作用，产生撞击、摩擦，使焦块沿裂纹破裂开来以及表面被磨损，以测定焦炭的抗碎强度和耐磨强度。

测定过程：将试样用直径 60mm 的圆孔筛进行人工筛分，并进行手穿孔（即筛上物用手试穿筛孔，只要在一个方向可穿过筛孔者，均做筛下物计）。筛分时，每次入筛量不超过 15kg，力求筛净，又要防止用力过猛使焦炭受撞而破碎。称取 50kg（称准至 0.1kg）筛上物（大于 60mm 的焦炭），置于待入鼓的容器内，余下部分为备用样。将其中一份试样小心放入已清扫干净的鼓内，关紧鼓盖，取下转鼓摇把，开动转鼓，100 转后停鼓（4min），静置 1~2min，使粉尘降落后打开鼓盖，把鼓内焦炭倒出，并仔细清扫，收集鼓内鼓盖上的焦粉。将出鼓的焦炭依次用直径 40mm 和 10mm 的圆孔筛进行筛分，大于 40mm 部分必须进行手穿孔。筛分时，每次入筛量不超过 15kg，既要力求筛净，又要防止用力过猛使焦炭受撞而破碎。分别称量大于 40mm、40~10mm 与小于 10mm 各粒级焦炭的质量（称准至 0.1kg），其总和与入鼓焦炭质量之差为损失量，当损失量不小于 0.3kg 时，该试验无效，小于 0.3kg 时，则计入小于 10mm 一级中。

结果计算如下。

抗碎强度 M_{40} 按下式计算：

$$M_{40} = \frac{m_1}{m} \times 100\%$$

耐磨强度 M_{10} 按下式计算：

$$M_{10} = \frac{m_2}{m} \times 100\%$$

式中　　m——入鼓焦炭的质量，kg；

　　　　m_1——出鼓后大于 40mm 焦炭的质量，kg；

　　　　m_2——出鼓后小于 10mm 焦炭的质量，kg。

试验结果保留一位小数。

精密度：重复性 r 见表 4-15。

表 4-15　焦炭机械强度重复性限值

指　　标	M_{40}	M_{10}
重复性 r/%	≤3.0	≤1.0

主要设备：焦炭机械强度转鼓机。

焦炭机械强度转鼓机如图 4-16 所示。

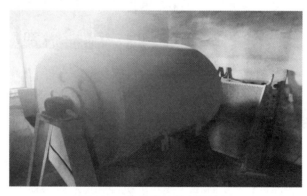

图 4-16　焦炭机械强度转鼓机

4.3.2.6　焦化 108 转运站焦炭自动检测系统

现板材焦化厂自产的冶金焦炭全部由焦化检验作业区在 108 转运站启用焦炭自动检测系统进行检验。

主要功能：自动完成在线焦炭试样的采集，以及在线焦炭试样和外来焦炭试样的制备、焦炭筛分组成测定、焦炭转鼓试验。在转运站旁设制样间布置制样设备。试样制备工作包括试样的缩分和试样破碎后制取水分试样、工业分析试样、热性能分析试样。所有焦炭试样（含在线焦炭样品以及外来焦炭样品）制备后的弃料，需自动返回到生产系统带式输送机上。当系统自动制样设备出现故障或需人工制样时，可实现自动制样及人工制样之间的切换。

系统包括焦炭自动采样系统、粒级分析系统及转鼓强度测定系统、热强度制样系统、工业分析制样系统。整套系统和焦炭供料皮带联锁运行。

该系统物化流程分有三大流程：化学样制备流程、强度测定流程、热性能样制备流程。强度测定流程又分三个小流程：配鼓流程、转鼓流程、鼓后筛分流程。

（1）采取试样：该系统正常生产时可根据控制室可视信号监视运焦皮带上料情况，发现上料时启动采样流程，采样头每5min（可调）采一次，连续多次采集直到达到设定规定的采样值停止，最大采样量为400kg。

样品采到规定重量后启动物化样流程，焦炭样品由电动子分料器分成三路，一路进行转鼓强度测定，一路进行焦炭工业分析样品、焦炭全水分测定样品制备，还有一路进行筛分组成及热性能样品制备。

（2）转鼓强度测试：焦炭测定样品由电动分料器送到1号二级滚筒筛，大于60mm的粒级物料系统会根据粒度组成自动配鼓（50±0.5）kg，进行机械强度测定。在线转鼓有3个限位，分别是接料位、水平位、卸料位。焦炭转到规定时间和转数后（4min 100r），从转鼓自动转到卸料位，焦炭落入下方出鼓秤，经溜管进入三级滚筒筛，每级筛后由电子料斗秤自动显示大于40mm、40～10mm及小于10mm的焦炭各个粒级重量，由系统自动计算 M_{40} 和 M_{10} 的百分比，完成焦炭机械强度测定。

（3）工业分析试样的制备：工业分析样品制备的物料经1号颚式破碎机将全部物料破碎，经均匀给料机，再经在线缩分器，再经2号破碎机破碎成小于13mm样品，一部分物料即全水分样品，经人工用堆锥四分法缩分到不少于2kg，分成两等份，一份作为水分试样，另一份为保留样，保留到规定时间；另一部分物料由对辊破碎机粉碎成小于6mm工业分析样品。制备成的工业分析样品进入各种收集器内，将破碎后的试样经人工用堆锥四分法混匀缩分出500g作为存查大样，保留规定时间，剩余试样继续混匀缩分出不少于50g，放入（150±10）℃干燥箱中烘干。烘干后的试样用研磨机破碎到全部通过0.2mm（80目）筛子，装入试样袋中。

（4）筛分组成测定及热性能试样的制备：测定样品由电动分料器均匀送入六级滚筒筛进行筛分。筛分出>80mm、80～60mm、60～40mm、40～25mm、25～10mm、<10mm六个粒级的试样，试样经溜管分别进入6个筛后减量秤进行称重。工控机根据称重结果自动进行数据处理，自动生成数据库，并自动打印出各粒级组成比例。（如系统不需<10mm检测时，控制软件可将25～10mm、<10mm纳入25～0mm常规粒级计算）。筛分结束后，>80mm、80～60mm、60～40mm、40～25mm粒级的样品通过减量秤按比例配成13kg（可调）后，通过可逆皮带机及溜管送入热性能颚式破碎机破碎至25mm，再通过溜料管送入热性能二级滚筒筛进行筛分，筛分出23～25mm、<23mm两个粒级的试样，其中23～25mm进入热性能样品罐收集（块状）。通过改造现是将样品直接送入切焦机，切到小于25mm后，人工送入到球磨机内，制备焦炭球状试样（23～25mm），送到化验室化验。

（5）弃料：所有检测及采制样结束后，剩余样品经溜管自动弃料到弃料皮带上，皮带自动运行，弃料到主皮带上进入高炉上料系统。

焦炭自动检测控制系统如图4-17所示。控制室如图4-18所示。

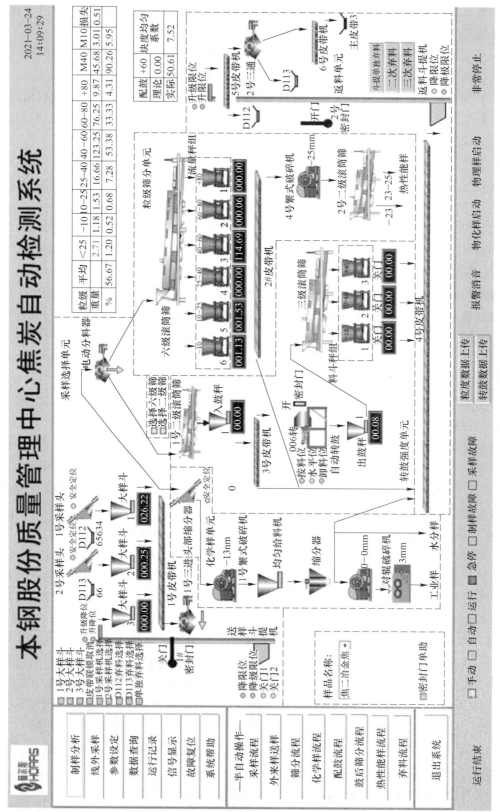

图 4-17　焦炭自动检测控制系统

图 4-18　控制室

自动转鼓如图 4-19 所示。

图 4-19　自动转鼓

滚筒筛如图 4-20 所示。

图 4-20　滚筒筛

4.4　焦化副产品

4.4.1　检测方法

4.4.1.1　焦炉煤气

炼焦化学工业是煤炭化学工业的一个重要组成部分。煤炭的主要加工方法是高温炼焦（900~1050℃）和回收化学产品。产品焦炭既可作为高炉冶炼的燃料，也可用于铸造、有色金属冶炼、制造水煤气。在炼焦过程中产生的化学产品经过回收、加工可提取焦油、氨、萘、粗苯、硫化氢、氰化氢等产品，并获得净焦炉煤气。

煤气（塔前、塔后）测定萘、焦油、氨、硫化氢、氰化氢、苯、煤气工业分析（CO_2、O_2、CO、C_2H_4、C_2H_2、CH_4、H_2、N_2、C_6H_6）。分析目的用于生产的物料平衡，同时监控生产操作。

（1）检测方法见表 4-16。

表 4-16　焦炉煤气检测方法

产品名称	检测元素	执行标准/规程
焦炉煤气	O_2	GB/T 12208—2008 人工煤气组分与杂质含量测定方法
	CO_2	
	氨	
	萘	检化验中心.ZY—154 焦炉煤气萘含量的测定-苦味酸法作业指导书
	苯	检化验中心.ZY—126 煤气苯含量色谱法作业指导书
	H_2S	检化验中心.ZY—140 焦炉煤气中硫化氢及焦油含量和含尘的测定作业指导书
	焦油含量及含尘	

（2）技术指标见表 4-17 及表 4-18。

表 4-17　焦炉煤气化学成分推荐值

成分	H_2	N_2	CO	CO_2	O_2	CH_4	C_nH_m
体积含量/%	56.0~62.0	2.0~6.0	5.0~9.0	2.0~3.0	0~0.7	20.0~26.0	2.0~3.0

表 4-18　焦炉煤气杂质含量控制指标

杂质含量/mg/m³	H_2S	萘		焦油	氨
		冬季	夏季		
普通煤气	≤300	≤300	≤350	≤50	≤100

4.4.1.2　煤焦油

煤焦油是炼焦化工的主要产品，其产量为装炉煤的 3%~4%。煤焦油是煤炭干馏时生成的具有刺激性臭味的黑色或黑褐色黏稠状液体。

煤焦油是一种高芳香度的碳水化合物的复杂混合物，绝大部分为带侧链或不带侧链的多环、稠环化合物和含氧、硫、氮的杂环化合物，并含有少量脂肪烃、环烷烃和不饱和烃，还夹带煤尘、焦尘。还含有多种无机盐和其他杂质的水分。

根据煤焦油物理性质密度、黏度、馏程等判断其质量，为煤焦油深加工得到轻油馏分、酚油馏分、洗油馏分、蒽油馏分等提供可靠的依据。

（1）检测方法见表 4-19。

表 4-19　煤焦油检测方法

品种	检测项目	执行标准/规程
焦油	水分	GB/T 2288—2008 焦化产品水分测定方法
	密度	GB/T 2281—2008 焦化油类产品密度测定方法
	灰分	GB/T 2295—2008 焦化固体类产品灰分测定方法
	甲苯不溶物	GB/T 2292—2018 焦化产品甲苯不溶物含量的测定
	黏度	GB/T 24209—2009 洗油黏度的测定方法
	萘含量	检化验中心. ZY—136 焦化类产品萘含量的测定——结晶点法

（2）技术指标见表 4-20。

表 4-20　煤焦油技术指标值

项　目	1 号	2 号
密度/g·cm⁻³	1.15~1.21	1.13~1.22
水分/%	≤3.0	≤4.0
灰分/%	≤0.13	≤0.13
黏度（E_{80}）	≤4.0	≤4.2
甲苯不溶物/%	3.5~7.0	≤9.0
萘含量/%	≥7.0	≥7.0

4.4.1.3　洗油

洗油主要用于生产供吸收焦炉煤气所含的苯及其同系物用的洗油，也用于进一步精馏切取榨馏分，可提取甲基萘、喹啉、吲哚、联苯、苊、氧芴、芴等产品。洗油主要依据物理性质及其组成判定其质量。

（1）检测方法见表4-21。

表4-21　洗油检测方法

品种	检测项目	执行标准/规程
洗油	水分	GB/T 2288—2008 焦化产品水分测定方法
	密度	GB/T 2281—2008 焦化油类产品密度测定方法
	馏程	GB/T 18255—2000 焦化粘油类产品馏程的测定
	萘	检化验中心.ZY—136 焦化类产品萘含量的测定作业指导书
	酚	GB/T 24207—2009 洗油酚含量的测定方法
	15℃结晶物	GB/T 24206—2009 洗油15℃结晶物的测定方法

（2）技术指标见表4-22。

表4-22　洗油技术指标值

项　目	要　求	
	一等品	合格品
密度（20℃）/g·cm⁻³	1.03～1.06	1.03～1.06
馏程（大气压101.3kPa）	—	—
230℃前馏出量（体积分数）/%	≤3	≤3
270℃前馏出量（体积分数）/%	≥70	—
300℃前馏出量（体积分数）/%	≥90	≥90
酚含量（体积分数）/%	≤0.5	≤0.5
萘含量（质量分数）/%	≤10	≤15
水分含量（质量分数）/%	≤1.0	≤1.0
黏度 E_{20}	≤1.5	—
15℃结晶物	无	无

4.4.1.4　粗苯

粗苯是焦炉煤气净化过程中用洗油洗涤煤气后回收的产品。粗苯是黄色透明液体，不溶于水，20℃时的密度不大于0.9g/mL，其主要成分是苯及其同系物。

粗苯检测方法见表4-23。

表4-23　粗苯检测方法

品种	检测项目	执行标准/规程
粗苯	密度	GB/T 2281—2008 焦化油类产品密度测定方法
	馏程	GB/T 2282—2000 焦化轻油类产品馏程的测定
	水分	YB/T 5022—2016 粗苯
	外观	

粗苯主要技术指标见表4-24。

表4-24　粗苯主要技术指标

指标名称		粗　　苯	
		加工用	溶剂用
外观		黄色透明液体	
密度（20℃）/g·cm⁻³		0.871~0.900	≤0.900
馏程 （大气压101.325kPa）	75℃前馏出量（体积分数）/%（不大于）	—	≤3
	180℃前馏出量（体积分数）/%（不小于）	≥93	≥91
	馏出96%（体积分数）/温度℃（不大于）	—	—
水分		室温（18~25℃）下目测无可见的不溶解的水	

4.4.1.5　工业硫黄

硫化氢（H_2S）在常温下是一种带刺鼻臭味的无色气体，燃烧时能生成二氧化硫及水，有毒，在空气中含量为0.1%时就能使人死亡；同时对钢铁设备有严重的腐蚀性。其含量主要取决于配合煤的含硫量，焦炉煤气中一般含有2~15g/m³硫化氢和1~2g/m³氰化氢。硫化氢还是一种有害的杂质，含硫化氢高的焦炉煤气用于炼钢会使钢的质量降低；用于合成氨生产时则使催化剂中毒和腐蚀设备；用于城市煤气，硫化氢及其燃烧产物二氧化硫均有毒，因而破坏环境卫生，影响人的健康。所以，随着工农业生产的发展和为了加强环境保护，焦炉煤气的脱硫日益显得重要。同时脱除的硫化氢还可以生产硫黄和硫酸。工业硫黄主要检测硫的含量和水分。

工业硫黄检测方法见表4-25。

表4-25　工业硫黄检测方法

品种	检测项目	执行标准/规程
工业硫黄	水分、S	GB/T 2449.1—2014 工业硫黄第1部分：固体产品 GB/T 18952—2003 橡胶配合剂 硫黄 试验方法

4.4.1.6　硫酸铵

焦化厂回收焦炉煤气中的氨，制成硫酸铵。其产品为粉状结晶，容易结块。易溶于水，溶液呈酸性。硫酸铵是氮肥工业主要产品。

（1）检测方法见表4-26。

表4-26　硫酸铵检测方法

品种	检测项目	执行标准/规程
硫酸铵	水分、游离酸、氮含量、外观	GB 535—1995 硫酸铵 GB/T 535—1995/XG1—2003《硫酸铵》国家标准第1号修改单

（2）技术指标见表4-27。

表 4-27　硫酸铵技术指标值

项　目	指　标		
	优等品	一等品	合格品
外观	白色结晶，无可见机械杂质	无可见机械杂质	
氮（N）含量（以干基计）/%	≥21.0	≥21.0	≥20.5
水分/%	≤0.2	≤0.3	≤1.0
游离酸（H₂SO₄）含量/%	≤0.03	≤0.05	≤0.20

4.4.2　方法原理及主要检测设备

4.4.2.1　焦炉煤气

A　O_2、CO_2 的测定

分析方法：GB/T 12208—2008 人工煤气组分与杂质含量测定方法。

分析原理：主要组分分析是用直接吸收法测定二氧化碳（CO_2）、不饱和烃（C_nH_m）、氧（O_2）、一氧化碳（CO），然后用爆炸法（加氧爆炸剩余的可燃气体）根据反应结果计算甲烷及氢；惰性气体用差减法求得。

主要检测设备：奥氏仪。如图 4-21 所示。

B　氨（NH_4）的测定

分析方法：GB/T 12208—2008 人工煤气组分与杂质含量测定方法。

分析原理：把一定量的煤气通入硫酸溶液中，以吸收其中的氨，过剩的硫酸用氢氧化钠标准滴定溶液回滴，根据消耗的硫酸量计算氨的含量。

主要检测设备如图 4-22 所示。

C　萘的测定

分析方法：检化验中心、ZY—154 焦炉煤气萘含量的测定——苦味酸法作业指导书。

分析原理：定量的煤气通过经水冷却的已知过量的苦味酸溶液时，煤气中

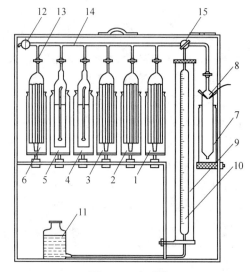

图 4-21　奥氏仪

1—接触式吸收管，盛氢氧化钾溶液（30%）；
2—接触式吸收管，盛发烟硫酸；
3—接触式吸收管，盛焦性没食子酸碱性溶液；
4，5—鼓泡式吸收管，盛氨性氯化亚铜溶液；
6—接触式吸收管，盛硫酸溶液（10%）；
7—爆炸管；8—铂丝极，接收火花发生器；
9—水冷夹套管；10—量气管；11—封气水准瓶；
12—进样直通旋塞；13—吸收管旋塞（七只）；
14—梳形管；15—中心三通旋塞

的萘与苦味酸作用生成苦味酸萘沉淀，把沉淀过滤出去，取剩余的苦味酸溶液用氢氧化钠标准溶液滴定，从已知苦味酸量中减去剩余量，即可算出煤气中萘含量。

主要检测设备：同氨。

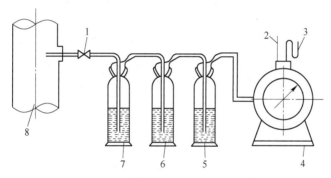

图 4-22 焦炉煤气氨（NH₄）的测定仪器

1—取样阀；2—温度计；3—U 型压力计；4—湿式气体流量计；5~7—洗气瓶；8—煤气管道

D 苯的测定

分析方法：检化验中心、ZY—126 煤气苯含量色谱法作业指导书。

分析原理：用带有热导检测器的气相色谱仪，通过气相色谱柱来分离试样中的组分，记录各组分的色谱峰面积数值。在相同操作条件下，采用外标法分析已知组分含量的标准气体，把测得的试样色谱峰峰面积与标准气色谱峰峰面积相比较，计算各组分的含量。

主要检测设备：安捷伦气相色谱仪。如图 4-23 所示。

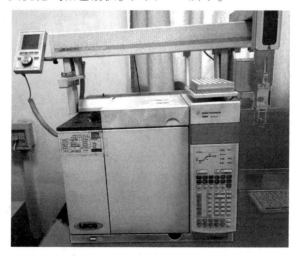

图 4-23 安捷伦 7890A 型气相色谱仪

E 硫化氢及焦油含量和含尘的测定：

分析方法：检化验中心：ZY—140 焦炉煤气中硫化氢及焦油含量和含尘的测定作业指导书。

分析原理：抽取一定量的煤气，使其在控制的流速下通过填充有特别制备的化学物质的检测管，煤气中的硫化氢与检测管内的化学物质反应后产生颜色变化，当样气的体积一定时，检测管的着色长度与煤气中的硫化氢的含量成正比，通过读取刻度，计算出硫化氢含量。一定体积的煤气，通过已知质量的玻璃烧结器，以玻璃烧结器的质量增加量和取样体积，计算出焦油和灰尘的含量。

主要检测设备：硫化氢管。

4.4.2.2　煤焦油

A　水分的测定

分析方法：GB/T 2288—2008 焦化产品水分测定方法。

分析原理：一定量的试样与无水溶剂混合，进行蒸馏测定其水分含量，并以质量分数表示。

主要检测设备如图 4-24 所示。

B　密度的测定

分析方法：GB/T 2281—2008 焦化油类产品密度测定方法。

分析原理：试样在规定的试验温度下，用规定的密度计测定试样的密度。待试样静止，温度达到平衡后，记录温度计和密度计的读数，换算到 20℃时的密度，以符号 ρ_{20} 表示，单位 g/cm^3。

主要检测设备：密度计、温度计。

C　灰分的测定

分析方法：GB/T 2295—2008 焦化固体类产品灰分测定方法。

分析原理：称取一定量的焦化固体产品试样，先用小火加热除掉大部分挥发物后，置于 (900±10)℃马弗炉中灰化至恒重，以其残留物质量占试样质量的百分数作为灰分。

主要检测设备：马弗炉控温 (900±10)℃、分析天平分度值 0.0001g。

D　甲苯不溶物的测定

分析方法：GB/T 2292—2018 焦化产品甲苯不溶物含量的测定。

分析原理：试样与砂混匀（煤沥青类）或用甲苯浸渍（焦油类），然后用热甲苯在滤纸筒中萃取，干燥并称量不溶物。

主要检测设备如图 4-25 所示。

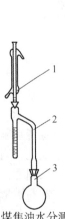

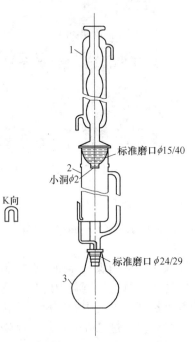

图 4-24　煤焦油水分测定仪器　　　　　图 4-25　甲苯不溶物的测定仪器

1—冷却管；2—接受管；3—蒸馏瓶　　　1—冷凝器；2—抽提筒；3—平底烧瓶

E　黏度的测定

分析方法：GB/T 24209—2009 洗油黏度的测定方法。

分析原理：液体受外力作用时，在液体分子间发生的阻力称为黏度，恩氏黏度是试样在某温度从恩氏黏度计流出 200mL 所需的时间与水在 20℃流出相同体积所需的时间（即黏度计的水值）之比。

主要检测设备：恩氏黏度计。如图 4-26 所示。

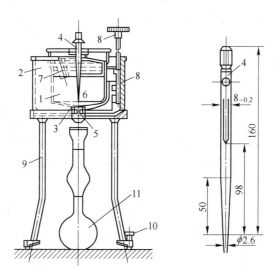

图 4-26　恩氏黏度计

1—内容器；2—外容器；3—球面形底；4—木塞；5—流出孔；6—小尖钉；7—温度计插孔；
8—搅拌器；9—三角支架；10—水平调节螺钉；11—接收瓶

F　萘含量的测定

分析方法：检化验中心：ZY—136 焦化类产品萘含量的测定——结晶点法。

分析原理：液体萘冷却到一定温度时，析出结晶，温度回升达到最高点即为萘的结晶点，根据萘的结晶温度及其百分含量关系表确定萘的含量。

主要检测设备：萘结晶点测定仪。

4.4.2.3　洗油

A　水分的测定

分析方法：GB/T 2288—2008 焦化产品水分测定方法。

分析原理：一定量的试样与无水溶剂混合，进行蒸馏测定其水分含量，并以质量分数表示。

主要检测设备：同煤焦油水分测定仪器。

B　密度的测定

分析方法：GB/T 2281—2008 焦化油类产品密度测定方法。

分析原理：试样在规定的试验温度下，用规定的密度计测定试样的密度。待试样静止，温度达到平衡后，记录温度计和密度计的读数，换算到 20℃时的密度，以符号 ρ_{20} 表示，单位 g/cm^3。

主要检测设备：密度计、温度计。

C　馏程的测定

分析方法：GB/T 18255—2000 焦化黏油类产品馏程的测定。

分析原理：在试验条件下，蒸馏一定量试样，按规定的温度收集冷凝液，并根据所得数据通过计算得到被测样品的馏程。

主要检测设备：蒸馏瓶、下异径量筒。

D　酚含量的测定

分析方法：GB/T 24207—2009 洗油酚含量的测定方法。

分析原理：酚及酚的同系物与氢氧化钠作用生成酚钠，酚钠溶于碱液，不溶于油，可根据碱液的增量计算酚含量。

主要检测设备：

双球计量管：刻度部分 50mL，分格值 0.1mL，上球容量 300mL，下球容量 120mL。如图 4-27 所示。

E　萘含量的测定

分析方法：检化验中心. ZY—136 焦化类产品萘含量的测定——结晶点法。

分析原理：液体萘冷却到一定温度时析出结晶，温度回升达到最高点即为萘的结晶点，根据萘的结晶温度及其百分含量关系表确定萘的含量。

主要检测设备：萘结晶点测定仪。

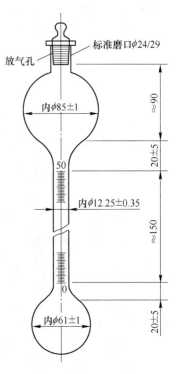

图 4-27　双球计量管

F　15℃结晶物的测定

分析方法：GB/T 24206—2009 洗油 15℃结晶物的测定方法。

分析原理：将洗油于 15℃下保持 30min，观察有无结晶现象。

主要检测设备：容量瓶、水浴，保持（15±1）℃。

4.4.2.4　粗苯

A　密度的测定

分析方法：GB/T 2281—2008 焦化油类产品密度测定方法。

分析原理：试样在规定的试验温度下，用规定的密度计测定试样的密度。待试样静止，温度达到平衡后，记录温度计和密度计的读数，换算到 20℃时的密度，以符号 ρ_{20} 表示，单位 g/cm^3。

主要检测设备：密度计、温度计。

B　馏程的测定

分析方法：GB/T 2282—2000 焦化轻油类产品馏程的测定。

分析原理：在规定的条件下蒸馏 100mL 试样，观察温度计读数和馏出液的体积，并根据所得数据，通过计算得到被测样品的馏程。

主要检测设备：蒸馏瓶。如图 4-28 所示。

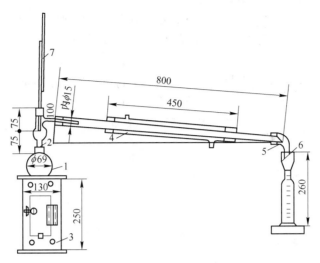

图 4-28 蒸馏装置

C 外观、水分的测定

分析方法：YB/T 5022—2016 粗苯。

室温（18~25℃）下目测无可见的不溶解的水。

外观：取试样置于直径 50mm 的无色透明玻璃管中，于透射光线下目测观察其颜色。

4.4.2.5 工业硫黄

A 硫的测定

分析原理：试样中的硫首先转换成硫代硫酸盐，然后用碘标准溶液滴定的方法予以测定。

主要试剂：

亚硫酸钠溶液（50g/L）：在 1L 水中溶解 50g 亚硫酸钠。

碘标准体积溶液：$c=0.05$mol/L，新配制并标定。

B 水分的测定

分析原理：试料在恒温干燥箱中于 80℃下干燥，称量其失去的质量即为失去水的质量。

主要检测设备：称量瓶，直径 70mm，高 35mm。恒温干燥箱，能控制温度（80±2）℃。

4.4.2.6 硫酸铵

分析方法：GB 535—1995 硫酸铵及 GB/T 535—1995/XG1—2003《硫酸铵》国家标准第 1 号修改单。

（1）外观：目测。

（2）氮（N）含量的测定：

分析原理：在中性溶液中，铵盐与甲醛作用生成六次甲基四胺和相当于铵盐含量的酸，在指示剂存在下，用氢氧化钠标准滴定溶液滴定。

分析仪器、药品：滴定管，氢氧化钠标准滴定溶液，$c_{(\mathrm{NaOH})}=0.5$mol/L。

（3）游离酸（H_2SO_4）含量的测定：

分析原理：试样溶液中的游离酸，在指示剂存在下，用氢氧化钠标准滴定溶液滴定。

分析仪器：微量滴定管，5mL，分度值0.02mL；酸度计。

（4）水分的测定：

分析原理：在一定温度的电热恒温干燥箱内，将试样烘干至恒重，然后测定试样减少的质量。本方法适用于所取试样中水分质量不小于0.001g。

仪器、设备：一般实验室仪器，带盖磨口称量瓶，直径50mm，高30mm。电热恒温干燥箱，能维持温度（105±2）℃。

4.5　焦化污水检测

4.5.1　检测方法

污水检测方法见表4-28。

表4-28　污水检测方法

	分析项目	分 析 方 法
污水	COD	检化验中心.ZY—496 污水中化学需氧量的测定作业指导书
	溶解氧	检化验中心.ZY—551 水质溶解氧的测定（碘量法）作业指导书
	挥发酚	HJ 503—2009 水质 挥发酚测定 4-氨基安替比林分光光度法
	氨氮	HJ 535—2009 水质 氨氮的测定 蒸馏-中和滴定法
	悬浮物	检化验中心.ZY—145 水质 悬浮物的测定（重量法）作业指导书
	总氰	HJ 484—2009 水质 氰化物的测定 容量法和分光光度法
	pH	检化验中心.ZY—138 水质 pH 值测定作业指导书

4.5.2　方法原理及主要检测设备

4.5.2.1　COD 的测定

分析方法：检化验中心.ZY—496 污水中化学需氧量的测定作业指导书。

方法原理：强酸性溶液中加入准确过量的重铬酸钾，将水样中还原性物质（主要是有机物）氧化，过量的重铬酸钾以试亚铁灵作指示剂，用硫酸亚铁铵溶液回滴，根据所消耗的重铬酸钾量算出水样中的化学需氧量。

主要检测设备：恒温消解仪 5B-1 型。

4.5.2.2　溶解氧的测定

分析方法：检化验中心.ZY—551 水质溶解氧的测定（碘量法）作业指导书。

方法原理：在样品中溶解氧与刚刚沉淀的二价氢氧化锰（将氢氧化钠或氢氧化钾加入到二价硫酸锰中制得）反应。酸化后，生成的高价锰化合物将碘化物氧化游离出等当量的碘，用硫代硫酸钠滴定法，测定游离碘量。

主要检测设备：常用实验室设备。

4.5.2.3　氨氮的测定

分析方法：HJ 535—2009 水质 氨氮的测定 蒸馏-中和滴定法。

方法原理：以游离态的氨或铵离子等形式存在的氨氮与纳氏试剂反应生成淡红棕色络合物，该络合物的吸光度与氨氮含量成正比，于波长 420nm 处测量吸光度。

水样中含有悬浮物、余氯、钙镁等金属离子、硫化物和有机物时会产生干扰，含有此类物质时要作适当处理，以消除对测定的影响。

若样品中存在余氯，可加入适量的硫代硫酸钠溶液去除，用淀粉碘化钾试纸检验余氯是否除尽，在显色时加入适量的酒石酸钾钠溶液，可消除钙镁等金属离子的干扰。若水样浑浊或有颜色时可用预蒸馏法或絮凝沉淀法处理。

主要检测设备：可见分光光度计，具 20mm 比色皿，氨氮蒸馏装置。

4.5.2.4 挥发酚测定

分析方法：HJ 503—2009 水质 挥发酚测定 4-氨基安替比林分光光度法。

方法原理：用蒸馏法使挥发性酚类化合物蒸馏出，并与干扰物质和固定剂分离。由于酚类化合物的挥发速度是随馏出液体积而变化，因此，馏出液体积必须与试样体积相等。被蒸馏出的酚类化合物，于 pH=10.0±0.2 介质中，在铁氰化钾存在下，与 4-氨基安替比林反应生成橙红色的安替比林染料显色后，在 30min 内于 510nm 波长测定吸光度。

主要检测设备：符合国家 A 级标准的玻璃量器。分光光度计，具 460nm 波长，并配有光程为 30mm 的比色皿。一般实验室常用仪器。

4.5.2.5 悬浮物的测定

分析方法：检化验中心 . ZY—145 水质 悬浮物的测定（重量法）作业指导书。

方法原理：一定量水样通过一定规格的滤纸，截留在滤纸上并于 103~105℃烘干至恒重的固体物质。

主要检测设备：定量滤纸、称量瓶、玻璃漏斗。

4.5.2.6 氰化物的测定（总氰）

分析方法：HJ 484—2009 水质 氰化物的测定 容量法和分光光度法。

方法原理：

总氰化物：向水样中加入磷酸和 EDTA 二钠，在 pH<2 条件下加热蒸馏，利用金属离子与 EDTA 络合能力比与氰离子络合能力强的特点使络合氰化物离解出氰离子，并以氰化氢形式被蒸馏出，用氢氧化钠溶液吸收。

易释放氰化物：向水样中加入酒石酸和硝酸锌，在 pH=4 条件下加热蒸馏，简单氰化物和部分络合氰化物（如锌氰络合物）以氰化氢形式被蒸馏出，用氢氧化钠溶液吸收。

主要检测设备：本标准均使用经检定为 A 级的玻璃量器。600W 或 800W 可调电炉、500mL 全玻璃蒸馏器（图 4-29）。

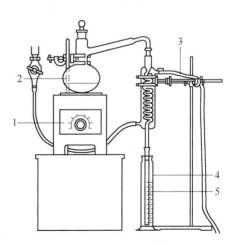

图 4-29 蒸馏装置
1—可调电炉；2—蒸馏瓶；3—冷凝水出口；
4—接收瓶；5—馏出液导管

4.5.2.7 pH 的测定

水的颜色、浊度、胶体物质、氧化剂、还原

剂及较高含盐量均不干扰测定。温度影响电极的电极电位和水的电离平衡，必须注意调节仪器的补偿。

分析方法：检化验中心 . ZY—138 水质 pH 值测定作业指导书。

方法原理：pH 值由测量电池的电动势获得。该电池通常由饱和甘汞电极为参比电极，玻璃电极为指示电极。温度差异在仪器上有补偿装置。

主要检测设备：实验室 pH 计：Lida pH3C 型；复合电极：E-201-C-9；温度计：0～50℃。

5 炼铁工序产品检测

5.1 炼铁工序简介

5.1.1 板材炼铁工序基本情况

板材公司炼铁厂是本钢集团钢铁主业的主要生产单位，现有大型现代化高炉 4 座，高炉总容积 13047m³。其中，新 1 号为东北地区最大的高炉，容积 4747m³，6 号、7 号高炉容积均为 2850m³，5 号高炉容积 2600m³，年产生铁 1000 万吨。有大型烧结机 4 台，其中新烧结车间有 1 台 566m² 烧结机，二烧结车间有 2 台 265m² 烧结机，三烧结车间有 1 台 360m² 烧结机，年产烧结矿 1450 万吨。与高炉生产相配套的主要设备有 2 台链带式铸铁机、8 台煤粉中速磨。

图 5-1 所示为板材炼铁厂新 1 号高炉。

图 5-1　板材炼铁厂新 1 号高炉

高炉冶炼的主要原理和工艺流程：高炉生产时从炉顶装入铁矿石、焦炭、造渣用熔剂（石灰石），从位于炉子下部沿炉周的风口吹入经热风炉预热的空气。在高温下焦炭（有的高炉也用喷吹煤粉、重油、天然气等辅助燃料）中的碳同鼓入空气中的氧燃烧生成的一氧化碳和氢气在炉内上升过程中除去铁矿石中的氧，从而还原得到铁。炼出的铁水从铁口放出。铁矿石中未还原的杂质和石灰石等熔剂结合生成炉渣，从渣口排出。产生的煤气从炉顶排出，经除尘后，作为热风炉、加热炉、焦炉、锅炉等的燃料。

高炉冶炼工艺流程如图 5-2 所示。

原燃料技术质量要求：含铁原料主要包括天然块矿、烧结矿和球团矿等含铁炉料。品位高、成分稳定、冶金和力学性能良好的天然块矿可以直接入炉冶炼；品位较低的矿石，可通过细磨精选，提高含铁品位，去除部分有害杂质，然后烧结或造球，获得粒度均匀、

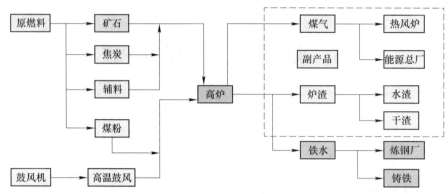

图 5-2　高炉冶炼工艺流程

还原性和冶金性能良好的人造富矿。入炉原料应以烧结矿和球团矿为主。

5.1.1.1　选矿

选矿是利用矿物的物理或物理化学性质差异，借助各种选矿设备将矿石中的有用矿物与脉石矿物分离，并达到使有用矿物相对富集的过程。选矿的目的就是除去矿石中所含的大量脉石及有害元素，使有用矿物得到富集，或使共生的各种有用矿物彼此分离，得到一种或几种有用矿物的精矿产品。

矿山生产是本钢钢铁生产总流程中的头道工序。本钢矿山包括本溪钢铁（集团）矿业有限责任公司（以下简称本钢矿业公司）和北营矿业公司两部分。

本钢矿业公司于 1995 年 12 月 28 日正式组建成立，现有下属南芬露天铁矿、歪头山铁矿、南芬选矿厂、石灰石矿、马耳岭球团厂、黏土矿等 11 个单位；是以铁矿和石灰石矿开采、选矿加工、球团矿生产及冶金石灰焙烧为主的大型矿山联合企业。

本钢矿山是我国矿山历史最悠久的老企业之一。南芬露天铁矿早在 1823 年就有人用土法开采；石灰石矿也早在 1915 年开始人工开采；南芬选矿厂 1919 年建成投产。1970 年歪头山铁矿开工建设，1974 年投产。

本钢矿山的改造、扩建和新建从未停止，特别是进入 20 世纪以来，实施了南芬露天铁矿扩帮和扩产；南芬选矿厂降硅提铁、新建大型磨选和红矿处理车间；歪头山铁矿扩帮、主选降硅提铁、新建马选车间；石灰石矿新建阎家沟石灰石矿；新建贾家堡子铁矿采选工程；马耳岭球团等主体工程。

主体工艺设备：采矿系统拥有 35 台不同型号的钻机、11 台 BCRH-15 现场混装炸药车、48 台不同立方米电铲、141 台不同吨级的矿用汽车、46 台不同吨级的电力机车。选矿系统共 48 个磨选系列，其中，南芬选矿厂有 27 个磨选系列，歪矿有主选 13 个磨选系列、马选 6 个磨选系列。马耳岭球团厂有 1 台 CLM150100 高压辊磨、1 台强混机、9 台 ϕ6m 造球机、1 台 4.5×57m 链箅机、1 座 ϕ6.1×40m 回转窑、1 台 128m^2 环冷机；石灰焙烧系统有 4 座 250m^3 机械化竖窑、1 座 280m^3 机械化竖窑、日产 300t 和 500t 套筒窑各 1 座、日产 600t 回转窑 2 座。

主要工艺流程：矿石经破碎、筛分至一定粒度，在球磨机中磨矿分级，然后经磁选机磁选，产生的矿浆脱水、过滤后产出铁精矿粉。本钢矿业公司矿山生产总体工艺流程如图 5-3 所示。

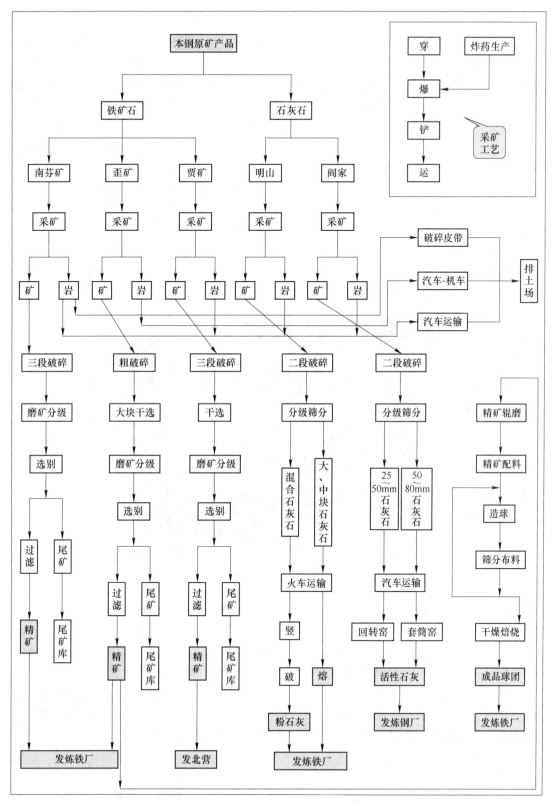

图 5-3 本钢矿山生产总体工艺流程

5.1.1.2　烧结矿

现代高炉生产中技术经济指标之所以先进，最重要的一条是使用精料。烧结就是向高炉提供精料的主要工序。烧结就是将各种粉状含铁原料，配入适量的燃料和熔剂，加入适量的水，经混合和造球后在烧结设备上使物料发生一系列物理化学变化，将矿粉颗粒黏结成块的过程；主要包括烧结料的准备、配料与混合、烧结和产品处理等工序。现代烧结生产已成为钢铁联合企业重要的一环，经烧结工艺处理加工后，细磨的选矿产品及富矿粉都变成具有一定粒度、强度、化学成分稳定均匀的高炉炉料。烧结矿质量的好坏影响高炉经济技术指标。

本钢板材公司炼铁厂拥有烧结机 4 台，其中 566m² 烧结机一台、360m² 烧结机一台（图 5-4）、265m² 烧结机 2 台，分别为 4 座高炉供料（新 1 号高炉为 4747m³，6 号、7 号高炉都为 2850m³，5 号高炉为 2600m³）。4 台烧结机年产烧结矿 1450 万吨，烧结矿入炉比例为 78% 左右。

带式烧结机由烧结机本体、给料装置、点火装置、抽风除尘设备组成。带式烧结机本体主要包括传动装置、台车、风箱、密封装置。

图 5-4　板材 360m²烧结机

烧结的基本原理及主要工艺流程：按烧结矿质量标准要求的配比，将含铁原料（铁精矿粉、外矿、高炉炉尘，轧钢皮，钢渣）、熔剂（石灰石、生石灰、菱镁石粉）、燃料（无烟煤、焦粉）进行配料混合，获得粒度组成良好的烧结混合料，以保证烧结矿的质量和产量。混合后的物料按照烧结机的铺料工艺参数及技术要求铺料；然后进行点火、烧结工艺操作，将物料烧结成烧结矿。烧结矿经剪切式单辊破碎机破碎后，形成小于 150mm 温度（700~850）℃的烧结矿送入环冷机冷却至 120℃ 以下。经环冷机冷却后烧结矿再经冷矿振动筛使粒度均匀、粉末减少，最后合格粒度烧结矿送至高炉。

原燃料来源、种类见表 5-1。

原燃料技术要求：

（1）铁矿粉是烧结生产的主要原料，它的物理化学性质对烧结矿质量影响最大，主要要求铁矿粉品位高、成分稳定、杂质少、脉石成分适用于造渣、粒度适宜。

表 5-1 烧结用原燃料来源种类

含铁料	精矿	南芬矿、歪头山矿	磁铁矿（Fe$_3$O$_4$）
	进口矿粉	PB 粉、卡粉、纽曼	褐铁矿（mFe$_2$O$_3 \cdot n$H$_2$O）
	地矿	外购铁精矿	磁铁矿（Fe$_3$O$_4$）
	小品种	含铁回收料	回收矿、铁屑、钢渣、沉泥、高炉灰等
熔剂	石灰石	本钢石灰石矿、阎家沟矿	CaCO$_3$
	菱镁石	外购菱镁石	MgCO$_3$
	生灰	本钢石灰石矿	CaO
燃料	焦粉	本钢焦化厂	
	无烟煤	外购无烟煤	

自产铁精矿 TFe≥67.50%，SiO$_2$≤6.50%。

进口矿粉（PB）TFe≥61.50%，SiO$_2$≤4.00%；（卡粉）TFe≥64.50%，SiO$_2$≤3.00%。

外购地矿 TFe≥65.00%，SiO$_2$≤8.50%。

（2）熔剂的要求是碱性氧化物（CaO、MgO）含量高，酸性氧化物（SiO$_2$、Al$_2$O$_3$）含量低，粒度≤3mm 达到 88%。

一般石灰石 CaO≥51.5%，SiO$_2$≤4.0%。

生灰 CaO≥82.0%，SiO$_2$≤4.0%。

菱镁石 MgO≥41.0%。

（3）燃料的要求是固定碳含量高，挥发分、灰分、硫含量低等。

烧结工艺流程如图 5-5 所示。

烧结矿质量标准见表 5-2。

根据不同容积高炉入炉烧结矿使用实际和质量要求，烧结矿质量应符合表 5-3 规定。

5.1.1.3　球团

球团矿是又一种细磨铁精矿或其他含铁粉料造块的方法。它是将精矿粉、黏结剂和燃料混合，在造球机中滚成生球，然后干燥、焙烧、固结成型，成为具有良好冶金性质的优良含铁原料，供给钢铁冶炼需要。球团法生产的主要工序包括原料准备、配料、混合、造球、干燥、焙烧、冷却、成品和返矿处理等工序。

本钢球团包括本钢板材辽阳球团有限责任公司（以下简称马耳岭球团厂）球团矿生产线和本钢北营炼铁厂球团生产线（以下简称北营球团）。其中，马耳岭球团厂（图 5-6）于 2007 年 6 月 1 日开工建设，2009 年 4 月 30 日建成投产，年设计生产氧化球团矿 200 万吨，采用链箅机-回转窑氧化球团生产工艺，主体工艺设备包括 CLM150100 高压辊磨机 1 台、ϕ6000mm 圆盘式造球机 9 台、4.5m×57m 链箅机 1 台、ϕ6.1m×40m 回转窑 1 座、128m^2 环冷机 1 台。

目前本钢球团矿生产全部采用链箅机—回转窑—环冷机方法，生产的球团矿全部为酸性氧化球团矿，球团矿占入炉含铁原料的 20% 左右。球团矿铁品位高、有害元素少、化学成分稳定、强度好、粉末少、粒度均匀、还原性能好，能提高炼铁产品质量和产量并且保护冶炼设备。高碱度烧结矿与酸性氧化球团矿搭配使用的炉料对高炉增产、节焦、降低生产成本效果明显。

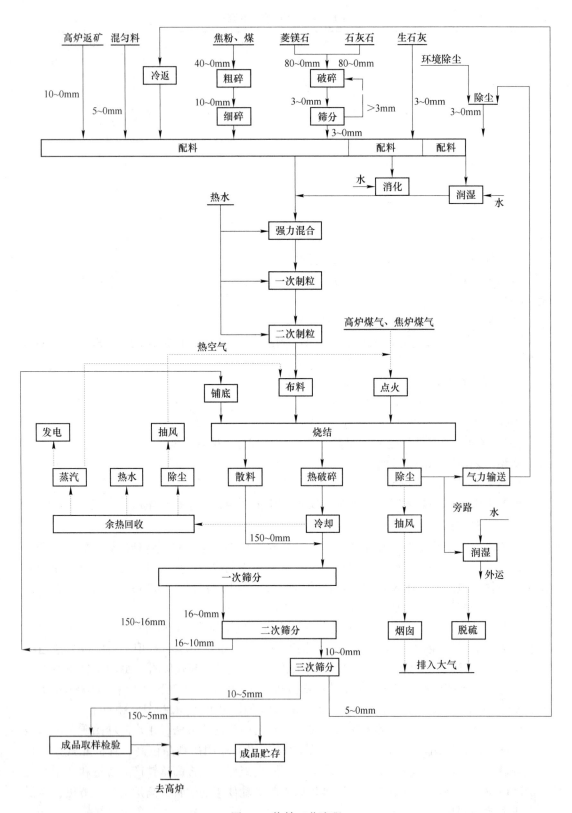

图 5-5　烧结工艺流程

表 5-2 烧结矿质量标准

类别			化学成分/%				物理性能/%	
			TFe	CaO/SiO₂	FeO	S	转鼓指数 (+6.3mm)	筛分指数 (-5mm)
			允许波动		不大于			
碱度	1.5~2.5	一级品	±0.5	±0.05	10.0	0.15	≥78.0	<7.0
		合格品	±1.0	±0.10	11.0	0.20	≥76.0	<9.0
	1.0~1.5	一级品	±0.5	±0.05	10.0	0.15	≥76.0	<9.0
		合格品	±1.0	±0.10	13.0	0.20	≥73.0	<11.0

表 5-3 烧结矿质量要求

炉容级别/m³	1000	2000	3000	4000	5000
铁分波动/%	≤±0.5	≤±0.5	≤±0.5	≤±0.5	≤±0.5
碱度波动/%	≤±0.08	≤±0.08	≤±0.08	≤±0.08	≤±0.08
铁分和碱度波动的达标率/%	≥80	≥85	≥90	≥95	≥98
含 FeO/%	≤±0.08	≤±0.08	≤±0.08	≤±0.08	≤±0.08
FeO 波动/%	≤±1.0	≤±1.0	≤±1.0	≤±1.0	≤±1.0
转鼓指数 (+6.3mm)/%	≥71	≥74	≥77	≥78	≥78

图 5-6 马耳岭球团厂

主要工艺原理：将准备好的原料（细磨精矿或其他细磨粉状物料如铁精矿粉、膨润土、除尘灰，添加剂或黏合剂）按一定的比例经过配料、混匀，在造球机上经滚动制成一定尺寸的生球，然后采用干燥和焙烧或其他方法，使其发生一系列的物理、化学变化而硬化固结，这一过程就叫做球团过程。球团法生产的主要工序包括原料准备、配料、混合、造球、干燥、焙烧、冷却、成品和返矿处理等工序。

球团原料主要包括含铁原料、黏结剂、添加剂等。

燃料包括气体燃料、液体燃料和固体燃料。

主要工艺设备包括高压辊磨机、强力混合机、造球机、链箅机、回转窑、环冷机等。表 5-4 为马耳岭球团主要设备之一的高压辊磨机主要参数。

表 5-4　马耳岭球团厂高压辊磨机参数

设备名称	高压辊磨机	
	参数名称	参数值
	型号	CLM150100
	台数	1 台
	辊子直径/mm	1500
	辊子宽度/mm	1000
	生产能力/t·h	440~520

（1）原燃料质量标准见表 5-5~表 5-8。

表 5-5　马耳岭球团厂铁精矿粉质量标准

项　目	TFe/%	FeO/%	SiO$_2$/%	-200 目含量/%	水分/%
歪矿主选	68.50±0.5	28.50	<5.0	>75	<9.5
马选	68.50±0.5	28.50	<5.0	>80	<8.0

表 5-6　膨润土化学成分

项　　目	SiO$_2$	Al$_2$O$_3$	FeO	MgO	CaO	K$_2$O	Na$_2$O
化学成分/%	≤69	≤14	≤2	≤2.5	≤1.5	≤0.8	≤2.8

表 5-7　膨润土物理性能

项　目	蒙脱石	胶质价	-0.074mm	水分	膨胀比例	烧损	吸水率	吸蓝量
物理性能/%	≥62	>420	≥95	≤15	≥18 倍	≤8	≥240	29~30

表 5-8　马耳岭球团厂用贫瘦煤质量标准

热值/MJ·kg^{-1}	挥发分/%	灰分/%	灰熔点/℃	硫含量/%	水分/%	粒度/mm
≥29	10~18	≤12	≥1400	≤1.5	<10	0~75

（2）球团矿质量控制标准见表 5-9。

表 5-9　球团矿质量标准

项　目	指标名称	单位	指　标	
			一级品	合格品
			马球	马球
化学成分	TFe	%	≥65	≥65
	FeO	%	≤1.0	≤1.0
	S	%	<0.05	<0.08

续表5-9

项 目	指标名称	单位	指 标	
			一级品	合格品
			马球	马球
物理性能	粒度（9~16mm）	%	>80	>80
	抗压强度	N/个	≥2200	≥2000
	转鼓指数（>6.3mm）	%	≥92	≥90
	抗磨指数（<0.5mm）	%	<6	<8.0
	筛分指数（<5mm）	%	≤5	≤5
冶金性能	膨胀率	%	≤15	≤20
	还原度	%	≥65	≥65

（3）球团矿的质量要求

根据各厂使用国产和进口球团的高炉操作实际情况，对不同炉容、入炉球团的质量要求，见表5-10。

表 5-10　球团矿质量要求

炉容级别/m³	1000	2000	3000	4000	5000
TFe/%	≥63	≥63	≥64	≥64	≥64
FeO/%	≤2.0	≤2.0	≤1.5	≤1.0	≤1.0
S/%	≤0.1	≤0.1	≤0.1	≤0.05	≤0.05
K_2O+N_2O/%	≤0.1	≤0.1	≤0.1	≤0.1	≤0.1
转鼓指数（+6.3mm）/%	≤89	≤89	≤90	≤92	≤90
耐磨指数（-0.5m）/%	≤5	≤5	≤4	≤4	≤4
常温耐压强度/N·个$^{-1}$	≥2000	≥2000	≥2000	≥2500	≥2500
低温还原粉化率/%	≤17	≤17	≤16	≤15	≤15
铁分波动/%	≤±0.5	≤±0.5	≤±0.5	≤±0.5	≤±0.5
粒度组成/%	10~16mm	≥85	≥85	≥90	≥92	≥95
	-5mm	≤6	≤6	≤5	≤5	≤5

5.1.1.4　精块矿的质量要求

对块矿质量的要求列于表5-11。

表 5-11　入炉天然块矿质量指标

炉容/m³	1000	2000	3000	4000	5000
TFe/%	≥62	≥62	≥64	≥64	≥64
P/%	≤0.07	≤0.07	≤0.07	≤0.06	≤0.06
S/%	≤0.06	≤0.06	≤0.06	≤0.05	≤0.05
铁分波动/%	≤±0.5	≤±0.5	≤±0.5	≤±0.5	≤±0.5
水分/%	<3	<3	<3	<2	<2

炉容/m³	1000	2000	3000	4000	5000
热爆裂指数/%	<5	<3	≤1	<1	<1
还原性/%	>50	>50	>55	>55	>55
粒度范围/mm	8~25, ≥80%	8~25, ≥80%	8~25, ≥80%	8~25, ≥85%	8~25, ≥85%
	-5, ≤6%	-5, ≤6%	-5, ≤6%	-5, ≤4%	-5, ≤4%

5.1.1.5　焦炭质量要求

良好的焦炭质量是高炉顺行和喷煤操作的基础，为确保高炉透气性、炉温、渣铁质量和炉缸的活跃性，必须制定和实施焦炭质量标准，并在生产中作为日常分析项目和监控指标，进行严格管理。根据不同容积高炉的焦炭使用要求和使用实际，规定了不同容积高炉的焦炭质量要求，见表5-12。

表5-12　对焦炭质量的要求

炉容级别/m³	1000	2000	3000	4000	5000
焦炭灰分/%	≤13	≤13	≤12.5	≤12	≤12
焦炭含硫/%	≤0.7	≤0.7	≤0.7	≤0.6	≤0.6
M_{40}/%	≥78	≥82	≥84	≥85	≥86
M_{10}/%	≤8.0	≤7.5	≤7.0	≤6.5	≤6.0
反应后强度 CSR/%	≥58	≥60	≥62	≥65	≥66
反应性指数 CRI/%	≤28	≤26	≤25	≤25	≤25
粒度范围/mm	75~20	75~25	75~25	75~25	75~30
大于上限/%	≤10	≤10	≤10	≤10	≤10
小于下限/%	≤8	≤8	≤8	≤8	≤8

5.1.1.6　喷吹用煤的质量要求

根据以上高炉对喷吹煤的成分和性能要求，在生产中，根据喷煤系统的类型、技术条件，对原煤质量进行控制管理。使用的原煤在进入磨煤机前应达到以下标准（表5-13）。喷吹煤质量应符合表5-14的规定。

表5-13　喷吹用单一原煤或混合煤的质量要求

灰分/%	挥发分/%	全硫量/%	水分/%	粒度/mm	HGI	休止角/(°)	灰分熔点/℃
<12	18-25	<0.5	<10	≤25	50~90	<42	>1500

表5-14　对喷吹煤质量的要求

炉容级别	1000	2000	3000	4000	5000
灰分/%	≤12	≤11	≤10	≤9	≤9
含硫/%	≤0.7	≤0.7	≤0.7	≤0.6	≤0.6

5.1.1.7　入炉原料和燃料有害杂质控制要求

矿石中含有硫、磷、铅、锌、砷、氟、氯、钾、钠、锡等有害杂质。冶炼优质生铁要求矿石中杂质含量越少越好，不但可减轻对焦炭、烧结矿和球团矿质量的影响，减少高炉熔剂用量和渣量，而且也是冶炼纯净钢和洁净钢的必要条件，同时可减轻炼钢炉外精炼的工作量。

入炉铁矿石中有害杂质的含量要求见表 5-15。

表 5-15 入炉铁矿石中有害杂质的含量要求

元素	S	Pb	Zn	Cu	Sn	As	Ti, TiO$_2$	P	Cl	Cr
含量/%	≤0.3	≤0.1	≤0.15	≤0.2	≤0.08	≤0.07	≤1.5	≤0.05	≤0.06	≤0.25

5.1.2 北营炼铁工序基本情况

北营炼铁厂始建于 1970 年 4 月，已有 50 多年的发展历史，回顾北营炼铁历史，其发展历程如下：

北营炼铁厂第一座高炉始建于 1970 年 4 月，炉容 28m³，1988 年扩容为 350m³。1987~1995 年相继建成 2~4 号高炉，其容积均为 350m³，年产生铁 165 万吨。

2001 年 5 月至 2006 年 10 月，先后建成 3 座 420m³、2 座 450m³、4 座 530m³ 高炉，年产生铁达到 800 万吨。

2012 年 11 月 7 日新 1 号炉、2014 年 7 月 26 日新 2 号炉建成投产，容积为 3200m³。2012 年 6 月 1~4 号高炉，2014 年 9 月 5~8 号高炉、12 号高炉、13 号高炉相继停产。

北营炼铁厂经过 50 多年跨越式发展，由当初的 1 座 28m³ 高炉发展至目前 7990m³ 的高炉总容积，高炉生产模式为"2 座大高炉+3 座小高炉"，年产生铁达到 750 万吨的规模。同时，北营炼铁厂对炼铁工序及装备也在不断地进行升级改造，实现炼铁技术及科技进步快速发展。

北营炼铁厂现有大型现代化高炉 2 座、小高炉 3 座，高炉总容积 7990m³。其中，新 1 号高炉、新 2 号高炉容积均为 3200m³，小高炉容积均为 530m³，年产生铁 750 万吨；有大型烧结机 3 台，其中 400m² 烧结机 1 台、360m² 烧结机 1 台、300m² 烧结机 1 台，年产烧结矿 1192 万吨；75 万吨球团生产线 2 条，年产球团矿 160 万吨。与高炉生产相配套的主要设备有 2 台链带式铸铁机、6 台煤粉中速磨。

5.1.2.1 选矿

板材北营矿业公司选矿始建于 1960 年，由冶金部鞍山黑色金属矿山设计院完成设计。1968 年 10 月建成投产。1972~1979 年完成对破碎、磨矿选别系统的扩建；1980 年新建细筛再磨系统；1989 年新建二选系统。一选、二选共 8 个系列生产，设计生产能力为年处理铁矿石 230 万吨。主要设备包括颚式破碎机 2 台、圆锥破碎机 2 台、球磨机 20 台、半逆流型永磁筒式磁选机 32 台。

贾家堡铁矿选矿车间于 2012 年 3 月开工建设，2013 年 7 月投产。由于贾家堡铁矿石属于极细粒嵌布磁铁矿矿石，原矿品位低、磨选难度大，因此针对矿石性质进行了单一弱磁选工艺流程研究，经过三段磨矿、最终磨矿粒度-500 目（-0.0308mm）达到 90% 左右。原矿铁品位 25%，铁精矿品位 63%，回收率 74%。共有两个磨选系列，采用三段一闭路破碎—三段磨矿—四段选别工艺流程。贾家堡选矿主要设备有球磨机各 6 台，选别设备有各类磁选机 26 台。

主要工艺流程：矿石经破碎、筛分至一定粒度，在球磨机中磨矿分级，然后经磁选机磁选，产生的矿浆脱水、过滤后产出铁精矿粉。

5.1.2.2 球团

北营炼铁厂采用链箅机—回转窑生产酸性氧化球团矿。

主要工艺：质量合格的铁精矿粉、膨润土、除尘灰、添加剂，经配料、烘干及混合、造球工艺制成粒度和强度符合技术要求的生球。生球在链箅机上完成干燥和预热，经预热后的球团进入回转窑后受热辐射作用得到均匀焙烧。焙烧后的球团矿在环冷机上进行鼓风冷却，同时球团矿中剩余的 FeO 得到进一步氧化，最终使球团矿中的 FeO 含量降至 1% 以下，温度降到 150℃ 以下。

原燃料质量标准见表 5-16~ 表 5-19。

表 5-16　精矿粉质量要求

化学成分（质量分数）/%				物理性能	
TFe	SiO_2	P	S	水分/%	−0.074mm 所占比例/%
≥65.0	≤8.5	≤0.020	≤0.30	<9.0	88±2

表 5-17　膨润土质量要求

化学成分/%	SiO_2	Al_2O_3	FeO	MgO	CaO	K_2O	Na_2O
	≤69	≤14	≤2	≤2.5	≤1.5	≤0.8	≤2.8
物理性能/%	蒙脱石	胶质价	−0.074mm	水分	膨胀比例	烧损	吸水率	吸蓝量
	≥62	>420	≥95	≤15	≥18 倍	≤8	≥240	29~30

表 5-18　燃料

名　称	热值/kcal · m^{-3}	年耗量/m^3 · a^{-1}	备　注
高炉煤气	770	6.75×10^7	原料干燥用
焦炉煤气	3800	0.57×10^8	焙烧用
高炉煤气	770	1.28×10^8	
高焦混合煤气	>1800	1.85×10^8	

表 5-19　球团矿质量标准

项　目	指标名称	指　标	
		一级品	合格品
化学成分	TFe%	≥62.5	≥62
	FeO%	≤1.0	≤1.0

5.1.2.3 烧结矿

目前北营公司主要有 300m^2 烧结机、360m^2 烧结机、400m^2 烧结机三种。

主要工艺流程：按烧结矿质量标准要求的配比，将含铁原料（铁精矿粉、外矿、高炉炉尘、轧钢皮、钢渣）、熔剂（石灰石、生石灰、菱镁石粉）、燃料（无烟煤、碎焦、焦粉、无烟煤粉）进行配料混合，获得粒度组成良好的烧结混合料，以保证烧结矿的质量和产量。混合后的物料按照烧结机的铺料工艺参数及技术要求铺料；然后进行点火、烧结工艺操作，将物料烧结成烧结矿。烧结矿经剪切式单辊破碎机破碎后，形成小于150mm 温度（700~850）℃的烧结矿送入环冷机冷却至120℃以下。经环冷机冷却后烧结矿再经冷矿振动筛使粒度均匀、粉末减少，最后合格粒度烧结矿送至高炉。

原燃料、熔剂料、烧结矿质量标准见表 5-20~表 5-26。

表 5-20 铁精矿标准

项目	TFe/%	SiO₂/%	S/%	P/%	水分/%
指标	≥65	≤8.5	≤0.30	≤0.02	≤9.0

表 5-21 厂内收料标准

名 称	TFe/%	SiO₂/%	S/%	水分/%
高炉灰	≥20	≤10	≤0.8	≤10
轧钢皮	≥70	≤1.0	≤0.1	≤5
钢渣	≥40	≤10	≤0.15	≤5

表 5-22 石灰石

项目	CaO/%	MgO/%	SiO₂/%	S/%	粒度/mm	粒度允许范围
指标	≥49.0	≤5.0	≤3.0	≤0.020	0~3	≥80%

表 5-23 生石灰

项目	CaO/%	SiO₂/%	P/%	烧减率/%	粒度/mm
指标	≥74	≤4.5	≤0.05	≤10	(0~3mm) ≥90%

表 5-24 菱镁石粉

化学成分/%			粒度/mm	粒度允许范围
MgO	SiO₂	CaO		
≥41	≤4.0	≤6.0	0~5	大于5mm 上限≤10%

表 5-25 燃料

名称	固定碳	灰分 A_d	挥发分 V_{daf}	S	全水分	粒度	备注
	%						
无烟煤	≥75	≤16	≤12	≤0.8	≤10	(0~13)mm	四辊破碎用
碎焦	≥80	≤15	≤2.5	≤0.7	≤15	(0~25)mm	四辊破碎用
焦粉	≥80	≤15	≤2.5	≤0.7	≤15	(0~3)mm≥77%	烧结使用
无烟煤粉	≥75	≤16	≤12	≤0.8	≤10	(0~3)mm≥80%	烧结使用

表 5-26　烧结矿质量标准

类别			化学成分/%				物理性能/%	
			TFe	CaO/SiO₂	FeO	S	转鼓指数 (+6.3mm)	筛分指数 (−5mm)
			允许波动		不大于			
碱 度	1.5~2.5	一级品	±0.5	±0.05	10.0	0.15	≥78.0	<7.0
		合格品	±1.0	±0.10	11.0	0.20	≥76.0	<9.0
	1.0~1.5	一级品	±0.5	±0.05	10.0	0.15	≥76.0	<9.0
		合格品	±1.0	±0.10	13.0	0.20	≥73.0	<11.0

5.1.2.4　高炉炼铁

高炉生产时从炉顶装入铁矿石、焦炭、造渣用熔剂（石灰石），从位于炉子下部沿炉周的风口吹入经热风炉预热的空气。在高温下焦炭（有的高炉也喷吹煤粉、重油、天然气等辅助燃料）中的碳同鼓入空气中的氧燃烧生成的一氧化碳和氢气，在炉内上升过程中除去铁矿石中的氧，从而还原得到铁。炼出的铁水从铁口放出。铁矿石中未还原的杂质和石灰石等熔剂结合生成炉渣，从渣口排出。产生的煤气从炉顶排出，经除尘后，作为热风炉、加热炉、焦炉、锅炉等的燃料。

目前北营公司主要有容积为 3200m³ 高炉 2 座，分别为新 1 号高炉、新 2 号高炉；530m³ 高炉 3 座，分别为 9 号高炉、10 号高炉、11 号高炉。原燃料技术要求见表 5-27~表 5-33。

表 5-27　烧结矿质量要求

序号	项　目	单位	数值
1	全铁	%	≥57
2	铁分波动	%	≤±0.5
3	碱度（CaO/SiO₂）	倍	≥1.8
4	碱度波动	%	≤±0.05
5	铁分和碱度波动达标率	%	≥90
6	FeO 含量	%	≤10
7	FeO 波动	%	≤±1.0
8	转鼓指数（+6.3mm）	%	≥78
9	粒度范围	mm	5~50
	其中：>50mm	%	≤8
	<5mm	%	≤5

表 5-28　块矿质量要求

序号	项　目	单位	数值
1	全铁	%	≥64
2	铁分波动	%	≤±0.5
3	热爆裂性能	%	≤1

续表5-28

序号	项　目	单位	数值
4	粒度范围	mm	6~18
	其中：>30mm	%	≤10
	<5mm	%	≤5

表 5-29　球团矿质量要求

序号	项　目	单位	数值
1	全铁	%	≥62.5
2	铁分波动	%	≤±0.5
3	转鼓指数（+6.3mm）	%	≥92
4	耐磨指数（-0.5mm）	%	≤5
5	常温耐压强度	N/个球	≥2200
6	低温还原粉化率（+3.15mm）	%	≥70
7	膨胀率	%	≤15
8	粒度范围（9~16mm）	%	≥80

表 5-30　喷吹煤质量要求

序号	项　目	单位	数值
1	灰分 A_{ad}	%	≤10
2	硫分 $S_{t,ad}$	%	≤0.65

表 5-31　杂矿质量要求

序号	项　目	单位	数值
1	石灰石，粒度 20~50mm	%	CaO≥52
2	白云石，粒度 20~50mm	%	MgO≥19
3	锰矿，粒度 10~40mm	%	Mn≥25
4	硅石，粒度 10~30mm	%	SiO_2≥90
5	萤石，粒度 5~30mm	%	CaF_2≥35

表 5-32　入炉原料和燃料有害杂质控制要求

序号	项　目	单位	数值
1	K_2O+Na_2O	kg/t铁	≤3.0
2	Zn	kg/t铁	≤0.15
3	Pb	kg/t铁	≤0.15
4	As	kg/t铁	≤0.1
5	S	kg/t铁	≤4.0
6	Cl^-	kg/t铁	≤0.6

表 5-33　焦炭质量要求

序号	项　目		单位	数值
1	灰分		%	≤12.5
2	硫分		%	≤0.8
3	反应后强度 CSR		%	≥67
4	反应性指数 CRI		%	≤23
5	转鼓指数	M_{40}	%	≥84
		M_{10}	%	≤6
6	粒度范围		mm	75～25
	其中	>75	mm	≤10%
		<25	mm	≤8%

5.1.3　入炉原燃料的主要作用

高炉炼铁的原料有铁矿石、燃料、熔剂等，它们在炉内分别起着不同的作用，通过物理及化学变化，转化成为生铁、炉渣、煤气等高炉主要产品而排出炉外。炼铁原料是高炉生产的基础，原料的质量和性质将直接影响高炉生产指标。无论"七分原料、三分操作"或者"四分原料、三分设备、三分操作"都说明原料质量在高炉冶炼中的重要性。因而寻求合理的炉料结构和提高原料质量是炼铁工作者的重要任务。

5.1.3.1　铁矿石

铁矿石是铁的主要来源，它的主要成分是铁的氧化物。通过还原剂的还原，把铁氧化物中的铁元素还原出来，构成生铁的主要成分（为95%左右）。目前高炉铁料主要有烧结矿、球团矿、富块矿。烧结和球团是目前两种常用的造块方法。造块的主要目的是提高矿石的品位、机械强度、还原性，并均匀粒度、稳定化学成分等。

供高炉冶炼用的含铁原料分为生料和熟料。以原矿（一般为富块矿）直接冶炼时，这种炉料称为生料；将多种原料配合并经高温处理的人造块矿称为熟料。由于熟料在形成过程中先完成造渣等过程，在高炉冶炼过程中只进行铁氧化物还原和分离，从而可使燃耗大大降低、成本下降、设备生产能力提高，特别是在大型高炉冶炼中尤为显著，所以目前高炉冶炼以熟料为主。烧结、球团法不仅使粉料成块，还对高炉炉料起着火法预处理作用，熔剂也提前加入，高炉冶炼基本不直接加石灰石，使高炉冶炼容易实现了高产、优质、低耗、长寿。高炉冶炼效果随熟料的使用而提高，提高的程度不仅随炉料中熟料率增加而增加，而且还随熟料质量的提高而提高。

5.1.3.2　燃料

燃料在高炉内燃烧产生大量的热量和还原气体，为铁矿石的还原提供了必要条件。目前高炉用燃料按形态分有固体、气体、液体三种，高炉常用燃料有焦炭、煤、重油和天然气。焦炭是从炉顶通过装料设施进入炉内，煤粉、重油和天然气是通过风口喷吹进入炉内，故可取代部分焦炭，降低生铁成本。我国重油和天然气储量相对较少，价格较高，还有更重要的用途，故目前较少采用。我国无烟煤或弱黏结性的烟煤储量丰富、分布较广、价格低廉，因而已在各类高炉上广泛用作喷吹燃料。高炉喷吹煤粉是将原煤磨制成小于

74μm 的粒度，通过管道，从高炉的风口喷入炉内。喷吹用煤基本要求是固定碳含量高、灰分低、有害杂质硫分少、挥发分较低、可磨性好。

5.1.3.3 熔剂

熔剂也是高炉炼铁不可缺少的原料之一。熔剂一般可分碱性熔剂、中性熔剂和酸性熔剂。由于自然铁矿石都以酸性脉石为主，所以高炉炼铁普遍采用碱性熔剂，一般采用较为廉价的石灰石。现在使用的石灰石一般不从高炉加入，而是在铁矿造块过程中配加，这样可以降低高炉炼铁的成本。

熔剂在冶炼过程中的主要作用如下。

（1）使还原出来的铁与脉石和灰分实现良好分离，并顺利从炉缸流出。铁矿石中含有一定数量的脉石、焦炭和喷吹的固体燃料中含有相当数量的灰分。脉石和灰分中的主要成分为酸性氧化物 SiO_2、Al_2O_3，少量为碱性氧化物 CaO、MgO 等。它们的熔点都很高，依次为 1713℃、2050℃、2370℃ 和 2800℃。故在高炉冶炼的温度下都不可能熔化。为确保高炉生产的连续性，必须使还原出来的铁和未被还原的脉石都熔融成为液体，实现铁水和熔渣的分离，并顺利地从炉内排出。要使脉石和灰分在高炉内熔融成为液态炉渣，并具有良好的流动性，必须使炉料中碱性氧化物与酸性氧化物达到一定的比例。它们在高温下彼此接触时发生化学反应，生成低熔点的化合物和共熔体——炉渣。绝大多数天然矿石中，酸碱性氧化物的含量是达不到造渣所需的适宜比例的，因此，需要加入熔剂来造渣。

（2）去除有害杂质硫，确保生铁质量。铁矿石和焦炭中都含有一定量的硫，当加入适量碱性熔剂（常指 CaO），造成一定数量和一定物理化学性质的炉渣，就可改善去硫条件，使更多的硫从生铁转入炉渣而排出。

根据矿石中脉石成分的不同，高炉冶炼使用的熔剂主要为碱性熔剂。其质量要求如下。

（1）碱性氧化物 CaO 和 MgO 含量高，酸性氧化物 SiO_2、Al_2O_3 含量愈少愈好；否则，冶炼单位生铁的熔剂消耗量增加、渣量增大、焦比升高。

（2）石灰石（$CaCO_3$）理论含 CaO 量为 56%。在自然界中石灰石都含有铁、镁、锰等杂质，故一般含 CaO 仅为 50%~55%。石灰石呈块状集合体，硬而脆、易破碎，颜色呈白色或乳白色。有时，其成分中还含有 SiO_2 和 Al_2O_3 杂质，在冶炼中它本身造渣还要消耗部分碱性氧化物，从而使石灰石所能提供的有效碱性氧化物含量减少。

（3）有害杂质硫、磷含量要少。石灰石中，一般硫、磷杂质都较低，我国各钢铁厂使用的石灰石，S、P 分别只有 0.01%~0.08% 和 0.001%~0.03% 左右。

（4）白云石也常作为高炉冶炼的熔剂。主要作用是提供造渣所需的 MgO，以保证炉渣中有适宜的 MgO 含量而改善其流动性与稳定性，这对保持炉况顺行，提高炉渣脱硫能力是有利的。尤其在渣中 Al_2O_3 很高和炉料硫负荷高，需要有较高炉渣碱度的情况下，就更有必要加入白云石。对白云石的质量要求与石灰石是一致的，特别是 MgO 含量越高越好。纯白云石的理论组成为 $CaCO_3$ 54.2%（CaO 30.41%），$MgCO_3$ 45.8%（MgO 21.87%），一般白云石的成分为 CaO 26%~35%，MgO 17%~24%。

必须指出的是当前现代高炉冶炼所需的熔剂几乎都是在造块过程中加入，而不在高炉中直接加入。传统高炉加入的熔剂必须具备一定的粒度和机械强度。

石灰石的有效熔剂性是指石灰石根据炉渣碱度的要求除去自身所含酸性氧化物造渣所

消耗的碱性氧化物外，剩余的 CaO 含量。同种成分的石灰石，由于要求的炉渣碱度不同，其有效熔剂性是不同的。要求的炉渣碱度愈高，其所含酸性氧化物对有效熔剂的影响越大。要求石灰石的有效熔剂性越高越好。

5.2　炼铁原料

5.2.1　检测方法

5.2.1.1　铁精矿粉（含进口矿）

铁精矿粉（含进口矿）检测项目及检测方法（板材）见表 5-34。

表 5-34　铁精矿粉（含进口矿）**检测项目及检测方法**（板材）

检测项目	检 测 方 法	测定值	报告值	单位
TFe	Q/BB 701.2—2009 铁矿石化学分析方法　盐酸溶样容量法测定全铁量	两位小数		%
SiO$_2$	Q/BB 701.6—2009 铁矿石化学分析方法　硅钼蓝光度法测定二氧化硅量	两位小数		%

铁精矿粉（含进口矿）检测项目及检测方法（北营）见表 5-35。

表 5-35　铁精矿粉（含进口矿）**检测项目及检测方法**（北营）

检测项目	检 测 方 法	测定值	报告值	单位
TFe	Q/BB 701.19—2013 铁矿石中 TFe、SiO$_2$ 含量的测定 X 射线荧光光谱法	两位小数		%
	检化验中心.ZY—134 铁矿石中全铁含量的测定作业指导书	两位小数		%
SiO$_2$	Q/BB 701.19—2013 铁矿石中 TFe、SiO$_2$ 含量的测定　X 射线荧光光谱法	两位小数		%
	检化验中心.ZY—135 铁矿石中二氧化硅含量的测定作业指导书	两位小数		%

5.2.1.2　烧结矿及烧结原料

（1）石灰石检测项目及检测方法见表 5-36、表 5-37。

表 5-36　石灰石检测项目及检测方法（板材）

检测项目	检 测 方 法	测定值	报告值	单位
SiO$_2$	检化验中心.ZY—109 炼铁检验作业区 MXF-2400X 荧光光谱仪作业指导书　检化验中心 ZY—121 炼铁检验作业区 ARL9900 X 射线荧光光谱仪作业指导书	两位小数		%
	Q/BB 702—2011 硅钼蓝比色法测定硅量	两位小数		%
CaO	检化验中心.ZY—109 炼铁检验作业区 MXF-2400 X 荧光光谱仪作业指导书　检化验中心.ZY—121 炼铁检验作业区 ARL9900 X 射线荧光光谱仪作业指导书	两位小数		%

续表 5-36

检测项目	检 测 方 法	测定值	报告值	单位
CaO	Q/BB 702.1—2011 盐酸熔融 EDTA 容量法测定钙、镁量	两位小数%		
MgO	检化验中心 . ZY—109 炼铁检验作业区 MXF—2400X 荧光光谱仪技术操作规程 检化验中心 . ZY—121 炼铁检验作业区 ARL9900 X 射线荧光光谱仪技术操作规程	两位小数		%
	Q/BB 702.1—2011 盐酸熔融 EDTA 容量法测定钙、镁量	两位小数		%
灼烧减量	Q/BB 702.7—2011 石灰石化学分析方法　灼烧减量的测定	整数		%

表 5-37　石灰石检测项目及检测方法（北营）

检测项目	检 测 方 法	测定值	报告值	单位
SiO$_2$	检化验中心 . ZY—130 北营炼铁检验作业区 ARL 系列 X 荧光光谱仪分析作业指导书	两位小数		%
	检化验中心 . ZY—067 北营原料化验作业区石灰石、白云石、脱硫粉剂、生灰中二氧化硅含量的测定钼蓝分光光度法作业指导书	两位小数		%
CaO	检化验中心 . ZY—130 北营炼铁检验作业区 ARL 系列 X 荧光光谱仪分析作业指导书	两位小数		%
	检化验中心 . ZY—068 北营原料化验作业区石灰石、白云石、脱硫粉剂、生灰中氧化钙氧化镁含量的测定，EDTA 滴定法作业指导书	两位小数		%
MgO	检化验中心 . ZY—130 北营炼铁检验作业区 ARL 系列 X 荧光光谱仪分析作业指导书	两位小数		%
	检化验中心 . ZY—068 北营原料化验作业区石灰石、白云石、脱硫粉剂、生灰中氧化钙氧化镁含量的测定、EDTA 滴法性作业指导书	两位小数		%

（2）生石灰检测项目及检测方法见表 5-38、表 5-39。

表 5-38　生石灰检测项目及检测方法（板材）

检测项目	检 测 方 法	测定值	报告值	单位
SiO$_2$	Q/BB 702.4—2011 硅钼蓝比色法测定硅量	两位小数		%
CaO	Q/BB 702.2—2011 过氧化钠熔融 EDTA 容量法测定钙、镁量	两位小数		%
MgO	Q/BB 702.1—2011 盐酸熔融 EDTA 容量法测定钙、镁量	两位小数		%
Al$_2$O$_3$	Q/BB 702.6—2011 石灰石化学分析方法　抗坏血酸还原铬天青 S 光度法测定铝量	两位小数		%
S	Q/BB 702.5—2011 石灰石化学分析方法　高频燃烧红外吸收法测定硫含量	三位小数		%
灼烧减量	Q/BB 702.7—2011 石灰石化学分析方法　灼烧减量的测定	两位小数		%
活性度	YB/T 105—2014 冶金石灰物理检验方法	一位小数		mm

表 5-39　生石灰检测项目及检测方法（北营）

检测项目	检 测 方 法	测定值	报告值	单位
SiO$_2$	检化验中心. ZY—130 北营炼铁检验作业区 ARL 系列 X 荧光光谱仪分析作业指导书	两位小数		%
	检化验中心. ZY—067 北营原料化验作业区　石灰石、白云石、脱硫粘剂生石灰中二氧化硅的测定钼蓝分光光度法作业指导书	两位小数		%
CaO	检化验中心. ZY—130 北营炼铁检验作业区 ARL 系列 X 荧光光谱仪分析作业指导书	两位小数		%
	检化验中心. ZY—068 北营原料化验作业区　石灰石、白云石、脱硫粉剂、生灰中氧化钙氧化镁含量的测定 EDTA 滴定法作业指导书	两位小数		%
MgO	检化验中心. ZY—130 北营炼铁检验作业区 ARL 系列 X 荧光光谱仪分析作业指导书	两位小数		%
	检化验中心. ZY—068 北营原料化验作业区石灰石、白云石、脱硫粉剂、生灰中氧化钙氧化镁含量的测定　EDTA 滴定法作业指导书	两位小数		%
Al$_2$O$_3$	Q/BB 702.6—2011 石灰石化学分析方法　抗坏血酸还原铬天青 S 光度法测定铝量	两位小数		%
S	Q/BB 702.5—2011 石灰石化学分析方法　高频燃烧红外吸收法测定硫含量	三位小数		%
灼烧减量	GB/T 3286.8—2014 石灰石、白云石化学分析方法　灼烧减量的测定	两位小数		%
活性度	YB/T 105—2014 冶金石灰物理检验方法	整数		mm

（3）小品种混合料检测项目及检测方法见表 5-40。

表 5-40　小品种混合料检测项目及检测方法（北营）

检测项目	检 测 方 法	测定值	报告值	单位
TFe	检化验中心. ZY—507 钢渣中全铁、P、S 含量的测定作业指导书	两位小数		%
SiO$_2$	检化验中心. ZY—132 小品种混合料和烧结矿二氧化硅、氧化钙、氧化镁连续测定作业指导书	两位小数		%
CaO	检化验中心. ZY—132 小品种混合料和烧结矿二氧化硅、氧化钙、氧化镁测定作业指导书	两位小数		%
MgO	检化验中心. ZY—132 小品种混合料和烧结矿二氧化硅、氧化钙、氧化镁测定作业指导书	两位小数		%

（4）烧结矿检测项目及检测方法见表 5-41、表 5-42。

表 5-41　烧结矿检测项目及检测方法（板材）

检测项目	检 测 方 法	测定值	报告值	单位
TFe	检化验中心. ZY—121 炼铁检验作业区 ARL9900 X 射线荧光光谱仪作业指导书 检化验中心. ZY—109 炼铁检验作业区 MXF-2400X 荧光光谱仪作业指导书	两位小数		%
	Q/BB 701.2—2009 铁矿石化学分析方法　盐酸溶样容量法测定全铁量	两位小数		%

检测项目	检 测 方 法	测定值	报告值	单位
SiO₂	检化验中心.ZY—121 炼铁检验作业区 ARL9900 X 射线荧光光谱仪作业指导书 检化验中心.ZY—109 炼铁检验作业区 MXF-2400X 荧光光谱仪作业指导书	两位小数		%
	Q/BB 701.6—2009 铁矿石化学分析方法 硅钼蓝光度法测定二氧化硅量	两位小数		%
CaO	检化验中心.ZY—121 炼铁检验作业区 ARL9900 X 射线荧光光谱仪作业指导书 检化验中心.ZY—109 炼铁检验作业区 MXF-2400X 荧光光谱仪作业指导书	两位小数		%
	Q/BB 701.8—2009 铁矿石化学分析方法 EDTA 络合法联合测定氧化钙、氧化镁量（CaO 检测方法）	两位小数		%
MgO	检化验中心.ZY—121 炼铁检验作业区 ARL9900 X 射线荧光光谱仪作业指导书 检化验中心.ZY—109 炼铁检验作业区 MXF-2400X 荧光光谱仪作业指导书	两位小数		%
	Q/BB 701.8—2009 铁矿石化学分析方法 EDTA 络合法联合测定氧化钙、氧化镁量（MgO 检测方法）	两位小数		%
FeO	检化验中心.ZY—121 炼铁检验作业区 ARL9900 X 射线荧光光谱仪作业指导书 检化验中心.ZY—109 炼铁检验作业区 MXF-2400X 荧光光谱仪作业指导书	两位小数		%
	Q/BB 701.3—2009 铁矿石化学分析方法 重铬酸钾容量法测定氧化亚铁量	两位小数		%

表 5-42 烧结矿检测项目及检测方法（北营）

检测项目	检 测 方 法	测定值	报告值	单位
TFe	检化验中心.ZY—130 北营炼铁检验作业区 ARL 系列 X 荧光光谱分析作业指导书	两位小数		%
	检化验中心.ZY—314 铁矿石中全铁含量的测定作业指导书	两位小数		%
SiO₂	检化验中心.ZY—130 北营炼铁检验作业区 ARL 系列 X 荧光光谱分析作业指导书	两位小数		%
	检化验中心.ZY—135 铁矿石中二氧化硅含量的测定作业指导书	两位小数		%
CaO	检化验中心.ZY—130 北营炼铁检验作业区 ARL 系列 X 荧光光谱分析作业指导书	两位小数		%
	检化验中心.ZY—132 小品种混合料二氧化硅、氧化钙、氧化镁的连续测定作业指导书（CaO 检测方法）	两位小数		%

续表5-42

检测项目	检 测 方 法	测定值	报告值	单位
MgO	检化验中心.ZY—130北营炼铁检验作业区 ARL 系列 X 荧光光谱分析作业指导书	两位小数		%
	检化验中心.ZY—132小品种混合料二氧化硅、氧化钙、氧化镁的连续测定作业指导书（MgO 检测方法）	两位小数		%
FeO	检化验中心.ZY—130北营炼铁检验作业区 ARL 系列 X 荧光光谱分析作业指导书	两位小数		%
	Q/BB 701.3—2009铁矿石化学分析方法　重铬酸钾容量法测定氧化亚铁量	两位小数		%

5.2.1.3　球团

球团检测项目及检测方法（板材）见表5-43。

表 5-43　球团检测项目及检测方法（板材）

检测项目	检 测 方 法	测定值	报告值	单位
TFe	Q/BB 701.2—2009铁矿石化学分析方法　盐酸溶样容量法测定全铁量	两位小数		%
SiO_2	Q/BB 701.6—2009铁矿石化学分析方法　硅钼蓝光度法测定二氧化硅量	两位小数		%
CaO	Q/BB 701.8—2009铁矿石化学分析方法　EDTA 络合法联合测定氧化钙、氧化镁量	两位小数		%
FeO	Q/BB 701.3—2009铁矿石化学分析方法　重铬酸钾容量法测定氧化亚铁量	两位小数		%

球团检测项目及检测方法（北营）见表5-44。

表 5-44　球团检测项目及检测方法（北营）

检测项目	检 测 方 法	测定值	报告值	单位
TFe	Q/BB 701.19—2013铁矿石中 TFe、SiO_2 含量的测定 X 射线荧光光谱法作业指导书	两位小数		%
	检化验中心.ZY—134铁矿石中全铁含量的测定作业指导书	两位小数		%
SiO_2	Q/BB 701.19—2013铁矿石中 TFe、SiO_2 含量的测定 X 射线荧光光谱法作业指导书	两位小数		%
	检化验中心.ZY—135铁矿石中二氧化硅含量的测定作业指导书	两位小数		%
CaO	检化验中心.ZY—130北营炼铁检验作业区 ARL 系列 X 荧光光谱分析作业指导书	两位小数		%
FeO	Q/BB 701.3—2009铁矿石化学分析方法　重铬酸钾容量法测定氧化亚铁量	两位小数		%

5.2.2 方法原理及主要检测设备

5.2.2.1 铁精矿粉（含进口矿）

检测元素：TFe、SiO_2。

化学分析检测方法：TFe 检测方法：Q/BB 701.2—2009 铁矿石化学分析方法 盐酸溶样容量法测定全铁量。

方法原理：试样用盐酸、氟化钠分解。先用二氯化锡将部分高价铁还原为低价铁，在一定体积下，加钨酸钠指示剂，用三氯化钛还原剩余的高价铁，过量的三氯化钛进一步还原钨酸根生成"钨蓝"，再用重铬酸钾将"钨蓝"氧化消失，加入硫磷混酸，以二苯胺磺酸钠为指示剂，用重铬酸钾标准溶液滴定。

方法说明：

（1）用三氯化钛还原时，不宜过量，否则滴定时终点回返呈淡绿。

（2）三氯化钛还原时溶液温度控制在 40~50℃，还原后应立即滴定。

（3）空白二苯胺磺酸钠加入量要与分析样加入量一致。

（4）为保证溶解完全，加热溶解温度不要太高。

SiO_2 检测方法：Q/BB 701.6—2009 铁矿石化学分析方法 硅钼蓝光度法测定二氧化硅量

方法原理：试样用过氧化钠熔融，稀盐酸浸取。在 $[H^+]$ 为 0.2~0.25mol/L 的酸性介质中使硅酸与钼酸作用生成硅钼杂多酸（硅钼黄）。在草酸存在下，用硫酸亚铁铵将硅钼黄还原成硅钼蓝，于波长 660nm 处进行比色，测量其吸光度，从而测定二氧化硅含量。

方法说明：

（1）熔样时，过氧化钠的加入量、熔融时间、温度要控制好，否则结果波动较大。熔融到液面平静、溶液成亮红色，立即取出。

（2）将铁坩埚内沾的熔块残渣清洗干净。

（3）分析用水要达到三级以上。

（4）量杯不要混用，如必须混用，要清洗干净。

（5）熔样时要小心，防止烫伤。使用化学药品时要注意，防止化学药品事故。

TFe 检测方法：检化验中心.ZY—134 铁矿石全铁含量的测定作业指导书。

方法原理：试样以盐酸和氟化钾加热溶解，以氯化亚锡还原 Fe^{3+}，以钨酸钠为指示剂用三氯化钛将高价铁还原成低价，到生成"钨蓝"再用硫酸铜氧化到蓝色消失，加入硫磷混酸，以二苯胺磺酸钠为指示剂用重铬酸钾标准溶液滴定，借此测定全铁量。

方法说明：

（1）样品倒入三角瓶中时，若不慎将样品沾到瓶口或瓶身，要用药品将其冲到瓶底，否则要废弃重新称量。

（2）为保证溶解完全，加热溶解温度不要太高。

（3）在还原过程中，氯化亚锡不宜过量。

（4）加硫酸铜溶液 1~2 滴，不能多加。

（5）如加入硫酸铜溶液蓝色不能完全退去，使用重铬酸钾滴定至白色。

SiO_2 检测方法：检化验中心 . ZY—135 铁矿石中二氧化硅含量的测定作业指导书。

方法原理：试样以过氧化钠熔融，使难溶于酸的硅酸盐转化为易溶于酸的碱金属硅酸盐，熔块以稀盐酸浸取，使硅酸盐转化为硅酸析出，此溶液为分析试液。在弱酸性溶液中，硅酸与钼酸铵反应生成硅钼杂多酸（硅钼黄），在草硫混酸存在下，以硫酸亚铁铵还原为硅钼蓝，借以分光光度法测定 SiO_2 的百分含量。

方法说明：

（1）熔样时，过氧化钠的加入量、熔融时间、温度要控制好，否则结果波动较大。熔融到液面平静、溶液成亮红色，立即取出。

（2）将铁坩埚内沾的熔块残渣清洗干净。

（3）分析用水要达到三级以上。

（4）量杯不要混用，如必须混用，要清洗干净。

（5）发色后的母液要尽快比色，时间长会形成胶体，影响分析结果。

TFe、SiO_2 检测方法：Q/BB 701. 19—2013 铁矿石中 TFe、SiO_2 含量的测定　X 射线荧光光谱法。

方法原理：样品与四硼酸锂熔剂、硝酸锂、钴粉混合高温熔融，制成玻璃片。含有试样分析元素的玻璃片受到来自 X 射线管的初级 X 射线照射后，产生 X 射线荧光，它通过准直器形成一束近似平行的 X 射线投射到分光晶体上，经分光晶体分光，相应元素的一定波长 X 射线荧光被探测器接收，将其转变成电脉冲输送到测量系统，测量待测元素的 X 射线荧光强度，在计算机绘好的相应元素工作曲线上计算含量。

方法说明：

（1）所检测元素含量不要超出工作曲线范围，如超过，要重新绘制曲线或扩大曲线范围。

（2）钴粉中钴为内标元素，制备和使用时称量要准确。

（3）样品要熔融完全，熔样时坩埚充分摇摆，保证均匀；玻璃片若不完整或碎裂，要重新熔融。

（4）玻璃片待分析时不要用手或其他物品接触分析面，以免污染样品，影响分析结果。

（5）熔样时溴化锂溶液不要滴加过多，以免熔样时迸溅，造成结果不准。

（6）分析前保证仪器状态正常，否则不能分析。

（7）为了减少对坩埚的腐蚀，不能用该方法分析含硫高的铁矿。

方法主要设备：X 射线荧光光谱仪，熔样机。

图 5-7 所示为 ARL9900 型 X 射线荧光光谱仪及熔样机。

5. 2. 2. 2　烧结矿及烧结原料

A　石灰石

检测元素 SiO_2、CaO、MgO、灼烧减量。

化学分析检测方法：SiO_2 检测方法：Q/BB 702.4—2011 硅钼蓝比色法测定硅量。

方法原理：试样以过氧化钠熔融，盐酸浸取，在一定酸度下，钼酸铵与硅酸生成黄色的硅钼杂多酸，以草-硫混酸消除磷、砷干扰，用硫酸亚铁铵将硅钼黄还原成硅钼蓝。在

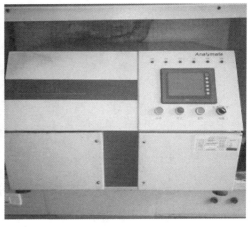

图 5-7　ARL9900 型 X 射线荧光光谱仪及熔样机

分光光度计上，于波长 680nm 处测量其吸光度，借此求得二氧化硅的质量分数。

方法说明：

（1）分析操作条件应与工作曲线建立条件尽量保持一致。

（2）如二氧化硅含量过高，可以适当少分取溶液分析。

（3）试样熔融必须完全，熔样温度不能太高，以免大量铁离子、镍离子、银离子等（与使用坩埚材质关联）进入溶液。

（4）试样不能放置时间过长，否则易生成胶体，造成结果偏低。

CaO、MgO 检测方法：Q/BB 702.1—2011 盐酸熔融 EDTA 容量法测定钙、镁量。

方法原理：试样用盐酸溶解，以三乙醇胺掩蔽铁、铝、锰等离子，在 pH = 12 ~ 13 的强碱性介质中以钙指示剂为指示剂，用 EDTA 标准溶液滴定氧化钙量。加氨性缓冲溶液重新调整试液至 pH = 10，以镁指示剂为指示剂，再用 EDTA 标准溶液滴定氧化镁量。

方法说明：

（1）加入氢氧化钾后要立即滴定，否则生成碳酸钙沉淀使结果偏低。

（2）指示剂不宜加入太多，否则终点不明显，有时指示剂封闭，所以近终点时应补加少量指示剂。

（3）分析用水要达到三级以上。

（4）钙镁连续测定中，氧化钙滴定过量会影响氧化镁消耗 EDTA 标准溶液的体积。

灼烧减量检测方法：Q/BB 702.7—2011 石灰石化学分析方法　灼烧减量的测定。

方法原理：试料置于瓷坩埚内，于高温炉中逐渐升温至（1050±50）℃，灼烧至恒重，其减少的质量占试样总质量的百分数即为灼烧减量。

方法说明：

（1）灼烧后残渣主要为氧化钙、氧化镁，吸湿性强，并与空气中水、二氧化碳反应，故应迅速称量。

（2）石灰石、白云石为碳酸盐，经灼烧二氧化碳挥发，灼烧应从低温开始逐渐升温，以免试样溅出影响结果。

（3）坩埚在使用前要灼烧。

方法主要设备：马弗炉。如图5-8所示。

图5-8　马弗炉

SiO₂检测方法：检化验中心.ZY—067北营原料化验作业区石灰石、白云石、脱硫粉剂、生灰中二氧化硅含量的测定钼蓝分光光度法作业指导书。

方法原理：试样经碱熔融，以水浸取，盐酸溶解，分取部分试液在0.15mol/L的盐酸介质中，硅酸与钼酸铵反应生成硅钼杂多酸，用草酸消除磷、砷的干扰，用硫酸亚铁铵溶液将其还原为硅钼蓝，于分光光度计波长680nm处测量吸光度。

方法说明：

（1）分析操作条件应与工作曲线建立条件尽量保持一致。

（2）如二氧化硅含量过高，可以适当少分取溶液分析。

（3）试样熔融必须完全，熔样温度不能太高，以免大量铁离子、镍离子、银离子等（与使用坩埚材质关联）进入溶液。

（4）试样不能放置过长，否则易生成胶体，造成结果偏低。

CaO、MgO检测方法：检化验中心.ZY—068北营原料化验作业区石灰石、白云石、脱硫粉剂、生灰中氧化钙氧化镁含量的测定EDTA滴定法作业指导书。

方法原理：试样用氢氧化钠熔融，以水浸取，盐酸溶解，用三乙醇胺掩蔽干扰，在不同的pH值下以EDTA标准溶液滴定，根据标准溶液的消耗量计算氧化钙、氧化镁的含量。

方法说明：

（1）加入氢氧化钾后要立即滴定，否则生成碳酸钙沉淀使结果偏低。

（2）指示剂不宜加入太多，否则终点不明显，有时指示剂封闭，所以近终点时应补加少量指示剂。

（3）分析用水要达到三级以上。

（4）试样熔融必须完全，熔样温度不能太高，以免大量铁离子、镍离子、银离子等（与使用坩埚材质关联）进入溶液，造成终点不明显。

（5）钙镁连续测定中，氧化钙滴定过量会影响氧化镁所消耗EDTA标准溶液的体积。

仪器分析检测方法：

检化验中心.ZY—109炼铁检验作业区MXF-2400X荧光光谱仪作业指导书。

检化验中心.ZY—121炼铁检验作业区ARL9900 X射线荧光光谱仪作业指导书。

检化验中心.ZY—130北营炼铁检验作业区ARL系列X荧光光谱仪分析作业指导书。

方法原理：将一定粒度的试样在一定条件下压成片，试样压片受到来自X射线管的初级X射线照射后产生X射线荧光，它通过准直器形成一束近似平行的X射线投射到分光晶体上，经分光晶体分光，相应元素的一定波长X射线荧光被探测器接收，将其转变成电脉冲输送到测量系统，测量待测元素的X射线荧光强度，在计算机绘好的相应元素工作曲线上计算含量。

方法说明：

（1）样品要干燥均匀。

（2）压制样品时，要控制好试样，不要使试样溢到试样环上。

（3）压制的试样要有一定强度，分析面光滑平整。

（4）在日常检测时，要关注试样基体变化，经常采用化学方法进行比对。如基体发生变化需使用新基体样品进行校正，若校正后结果不能满足要求应重新绘制工作曲线。

方法主要设备：X射线荧光光谱仪、粉末压片机。如图5-9所示。

图5-9 MXF-2400型X荧光光谱仪以及粉末压片机

B 生石灰

检测元素SiO_2、CaO、MgO、Al_2O_3、S、灼烧减量、活性度。

化学分析检测方法：

SiO_2检测方法：Q/BB 702.4—2011硅钼蓝比色法测定硅量（同石灰石）。

CaO检测方法：Q/BB 702.2—2011过氧化钠熔融EDTA容量法测定钙、镁量。

方法原理：试样用过氧化钠熔融，盐酸浸取。分取部分试液，用三乙醇胺掩蔽铁、铝、锰等离子，用氢氧化钾调节溶液至pH=12~13，以钙指示剂为指示剂，用EDTA标准溶液滴定氧化钙，根据消耗EDTA标准溶液的体积求得氧化钙量。

方法说明：

（1）加入氢氧化钾后要立即滴定，否则生成碳酸钙沉淀使结果偏低。

（2）指示剂不宜加入太多，否则终点不明显，有时指示剂封闭，所以近终点时应补加少量指示剂。

（3）分析用水要达到三级以上。

（4）试样熔融必须完全，熔样温度不能太高，以免大量铁离子、镍离子、银离子等（与使用坩埚材质关联）进入溶液。造成终点不明显。

MgO 检测方法：Q/BB 702.1—2011 盐酸熔融 EDTA 容量法测定钙、镁量（同石灰石）

SiO₂ 检测方法：检化验中心.ZY—067 北营原料化验作业区石灰石、白云石、脱硫粉剂 生灰中二氧化硅含量的测定钼蓝分光光度法作业指导书。

CaO、MgO 检测方法：检化验中心.ZY—068 北营原料化验作业区石灰石、白云石、脱硫粉剂生灰中氧化钙氧化镁含量的测定 EDTA 滴定法作业指导书。

Al₂O₃ 检测方法：Q/BB 702.6—2011 石灰石化学分析方法　抗坏血酸还原铬天青 S 光度法测定铝量

方法原理：试样以碱熔分解，盐酸酸化。分取部分试液，用六次甲基四胺调节 pH = 5~6，以抗坏血酸还原高价铁，铝与铬天青 S 生成紫红色络合物，在分光光度计上于波长 560nm 处测量其吸光度，借此求得铝含量。

方法说明：

（1）因为铬天青 S 为有色显色剂，所以加入量要准确一致。

（2）分析操作条件应与工作曲线建立条件尽量保持一致。

S 检测方法：Q/BB 702.5—2011 石灰石化学分析方法　高频燃烧红外吸收法测定硫含量。

方法原理：石灰石试样于高频感应炉的氧气流中加热燃烧，生成的二氧化硫由氧气载至红外分析器的测量室，二氧化硫吸收特定波长的红外能，其吸收能与其浓度成正比，根据检测器接受能量的变化可测得硫的含量。

方法说明：

（1）分析前加入坩埚内的助熔剂、试样顺序要与方法保持一致，不能改变。

（2）分析试样前要使用相应的标样进行校准和确认。

（3）操作时要注意安全，防止烫伤，废弃物桶内不能扔易燃物、可燃物，防止着火。

主要设备：红外碳硫仪。如图 5-10 所示。

图 5-10　红外碳硫仪

灼烧减量检测方法：Q/BB 702.7—2011 石灰石化学分析方法　灼烧减量的测定（同石灰石）。

活性度检测方法：YB/T 105—2014 冶金石灰物理检验方法。

方法原理：将一定量试样水化，用一定浓度的盐酸将石灰水化过程中产生的氢氧化钙中和，从加入石灰试样开始至实验结束，始终要在一定搅拌速度的速度状态下进行，并保持中和过程中的等当点，准确记录 10min 时的盐酸消耗量。

方法说明：

（1）该实验为条件试验，试样要求、实验条件、搅拌仪参数必须符合方法要求。

（2）滴定后期，如变色不明显，可补加酚酞 2~4 滴。

主要设备：活性度搅拌仪。如图 5-11 所示。

图 5-11　活性度搅拌仪

仪器分析检测方法：检化验中心 . ZY—130 北营炼铁检验作业区 ARL 系列 X 荧光光谱仪作业指导书。

方法原理及主要设备：同石灰石。

C　小品种混合料

检测元素 TFe、SiO_2、CaO、MgO。

化学分析检测方法：

TFe 检测方法：检化验中心 . ZY—507 钢渣中全铁、P、S 含量的测定作业指导书。

方法原理：钢渣中的全铁由金属铁、氧化铁中的铁等组成。对一定粒度的钢渣试样，用化学分析的方法测定尾渣中的全铁含量，最后根据金属铁含量计算获得钢渣中的全铁含量。

方法说明：

（1）样品倒入三角瓶中时，不慎将样品沾到瓶口或瓶身，要用药品将其冲到瓶底，否则要废弃重新称量。

（2）为保证溶解完全，加热溶解温度不要太高。

（3）在还原过程中氯化亚锡不宜过量。

（4）加硫酸铜溶液 1~2 滴，不能多加。

（5）如加入硫酸铜溶液蓝色不能完全退去，使用重铬酸钾滴定至白色。

（6）各粒级金属铁含量要准确。

SiO_2 检测方法：检化验中心 . ZY—132 小品种混合料和烧结矿二氧化硅、氧化钙、氧化镁的连续测定作业指导书。

方法原理：试样以过氧化钠熔融，使难溶于酸的硅酸盐转化为易溶于酸的碱金属硅酸盐，熔块以稀盐酸浸取，使硅酸盐转化为硅酸析出，此溶液为分析试液。在弱酸性溶液中，硅酸与钼酸铵反应生成硅钼杂多酸，在草硫混酸存在下，以硫酸亚铁铵还原为硅钼蓝，借以分光光度法测定 SiO_2 的百分含量。

方法说明：

（1）熔样时，过氧化钠的加入量、熔融时间、温度要控制好，否则结果波动较大。熔融到液面平静、溶液成亮红色，立即取出。

（2）将铁坩埚内沾的熔块残渣清洗干净。

（3）分析用水要达到三级以上。

（4）量杯不要混用，如必须混用，要清洗干净。

（5）熔样时要小心，防止烫伤。使用化学药品时要注意，防止化学药品事故。

CaO 检测方法：检化验中心 . ZY—132 小品种混合料和烧结矿二氧化硅、氧化钙、氧化镁的连续测定作业指导书（CaO 检测方法）。

方法原理：试样以过氧化钠熔融，使难溶于酸的硅酸盐转化为易溶于酸的碱金属硅酸盐，熔块以稀盐酸浸取，使硅酸盐转化为硅酸析出，此溶液为分析试液。分取一定量的母液，以三乙醇胺掩蔽铁、铝等，调整 $pH \geqslant 12$，以 EDTA 标准溶液滴定。

MgO 检测方法：检化验中心 . ZY—132 小品种混合料和烧结矿二氧化硅、氧化钙、氧化镁的连续测定作业指导书（MgO 检测方法）。

方法原理：试样以过氧化钠熔融，使难溶于酸的硅酸盐转化为易溶于酸的碱金属硅酸盐，熔块以稀盐酸浸取，使硅酸盐转化为硅酸析出，此溶液为分析试液。分取一定量的母液，以三乙醇胺掩蔽 Fe^{3+} 等，加入氨性缓冲溶液到 $pH = 10$ 左右，以 EDTA 标准溶液滴定，根据 EDTA 标准溶液消耗量计算氧化镁的含量。

D　烧结矿

检测元素 TFe、SiO_2、CaO、MgO、Al_2O_3、FeO。

化学分析检测方法：

TFe 检测方法：Q/BB 701. 2—2009 铁矿石化学分析方法　盐酸溶样容量法测定全铁量（同 2.2.1 中铁精矿粉）

SiO_2 检测方法：Q/BB 701. 6—2009 铁矿石化学分析方法　硅钼蓝光度法测定二氧化硅量（同 2.2.1 中铁精矿粉）

CaO、MgO 检测方法：Q/BB 701. 8—2009 铁矿石化学分析方法　EDTA 络合法联合测定氧化钙、氧化镁量

方法原理：试样用过氧化钠熔融，盐酸浸取，用三乙醇胺掩蔽铁、铝、锰等干扰，用氢氧化钾将溶液酸度调节至 $pH = 12$，加入钙指示剂，用 EDTA 标准溶液滴定至亮蓝色为终点，根据消耗的 EDTA 标准溶液的体积计算 CaO 的百分含量。另取原母液，用氨性缓冲溶液调节

溶液酸度至 pH＝10，以 PAN 为指示剂，用 EDTA 标准溶液滴定至淡黄色为终点，记录消耗 EDTA 的体积。根据前后两次消耗 EDTA 标准溶液的体积差计算 MgO 的百分含量。

方法说明：

（1）熔样时，过氧化钠的加入量、熔融时间、温度要控制好，否则结果波动较大。熔融到液面平静、溶液成亮红色，立即取出。

（2）将铁坩埚内沾的熔块残渣清洗干净。

（3）分析用水要达到三级以上。

（4）滴定过程中指示剂加入量要一致。

FeO 检测方法：Q/BB 701.3—2009 铁矿石化学分析方法　重铬酸钾容量法测定氧化亚铁量。

方法原理：在隔绝空气的条件下，用盐酸和氟化钠分解试样，以二苯胺磺酸钠为指示剂，用重铬酸钾标准溶液滴定，根据标准溶液的消耗量计算出氧化亚铁的含量。

方法说明：

（1）本方法操作重点是，操作过程要迅速，防止亚铁被氧化。

（2）空白二苯胺磺酸钠加入量要与分析样加入量一致。

（3）本方法不适用于含 S 高的试样，因在以盐酸溶解试样时有 H_2S 产生，能将 Fe^{3+} 还原成 Fe^{2+}，导致结果偏高。

（4）溶解试样所用的盐酸和其他试剂，不得混入硝酸或其他氧化还原性物质；否则结果偏差较大。

TFe 检测方法：检化验中心 . ZY—134 铁矿石中全铁含量的测定作业指导书（同 2.2.1 中铁精矿粉）。

SiO_2 检测方法：检化验中心 . ZY—135 铁矿石中二氧化硅含量的测定作业指导书（同 2.2.1 中铁精矿粉）。

CaO、MgO 检测方法：检化验中心 . ZY—132 小品种混合料和烧结矿二氧化硅、氧化钙、氧化镁的连续测定作业指导书。

仪器分析检测方法：

检化验中心 . ZY—121 炼铁检验作业区 ARL9900 X 射线荧光光谱仪作业指导书；

检化验中心 . ZY—109 炼铁检验作业区 MXF-2400X 荧光光谱仪作业指导书；

检化验中心 . ZY—130 北营炼铁检验作业区 ARL 系列 X 荧光光谱仪作业指导书。

方法原理及主要设备：同石灰石。

5.2.2.3　球团

检测元素 TFe、SiO_2、CaO、FeO。

化学分析检测方法：

TFe 检测方法：Q/BB 701.2—2009 铁矿石化学分析方法　盐酸溶样容量法测定全铁量（同 2.2.1 中铁精矿粉）。

SiO_2 检测方法：Q/BB 701.6—2009 铁矿石化学分析方法　硅钼蓝光度法测定二氧化硅量（同 2.2.1 中铁精矿粉）。

CaO 检测方法：Q/BB 701.8—2009 铁矿石化学分析方法　EDTA 络合法联合测定氧

化钙、氧化镁量（同2.2.2中烧结矿）。

FeO检测方法：Q/BB 701.3—2009铁矿石化学分析方法　重铬酸钾容量法测定氧化亚铁量（同2.2.2中烧结矿）。

TFe检测方法：检化验中心.ZY—134铁矿石中全铁含量的测定作业指导书（同2.2.1中铁精矿粉）。

SiO_2检测方法：检化验中心.ZY—135铁矿石中二氧化硅含量的测定作业指导书（同2.2.1中铁精矿粉）。

仪器分析检测方法：

TFe、SiO_2检测方法：Q/BB701.19—135铁矿石中TFe、SiO_2含量的测定X射线荧光光谱法作业指导书（同2.2.1中铁精矿粉）。

CaO检测方法：检化验中心.ZY—130北营炼铁检验作业区ARL系列X荧光光谱仪作业指导书。

方法原理及主要设备：同铁精矿粉。

5.3　铁水、炉渣

铁水和高炉炉渣是在高炉生产中同时形成的两种液态产物，是高炉冶炼的主要产品之一，其中生铁是铁和碳、硅、锰等元素的合金，并含有少量的磷和硫，同时也含有铬、钛、钒等微量元素，其按化学成分和用途可分为炼钢生铁、铸造生铁和铁合金3种。高炉炉渣主要由SiO_2、Al_2O_3、CaO、MgO四种氧化物组成，高炉炉渣按其形成过程有初渣、中间渣与终渣之分，一般所说的高炉炉渣系指终渣，具有熔点低、密度小和不溶于铁水的特点，便于渣与铁有效分离，获得纯净铁，这是高炉造渣的基本作用，因而可以说高炉炉渣对控制生铁成分、保证生铁质量有着重要的影响。

5.3.1　检测方法

铁水检测方法见表5-45。

表5-45　铁水检测方法

检测项目	检　测　方　法	测定值	报告值	单位	备注
C	GB/T 24234—2009　铸铁　多元素含量的测定　火花放电原子发射光谱法（常规法） 检化验中心.ZY—119炼铁检验作业区QSN750系列直读光谱仪作业指导书 GB/T 20123—2006钢和铁　总碳硫含量的测定　高频感应炉燃烧后红外吸收法（常规方法） 检化验中心.ZY—108炼铁化验作业区CS-200红外分析仪作业指导书	小数点后四位		%	板材
	检化验中心.ZY—127 4460直读光谱仪Win OE软件检测铸铁各元素含量作业指导书（WinOE软件） 检化验中心.ZY—128 4460直读光谱仪OXSAS软件检测铸铁各元素含量作业指导书	三位有效数字			北营

检测项目	检 测 方 法	测定值	报告值	单位	备注
Si	GB/T 24234—2009 铸铁 多元素含量的测定 火花放电原子发射光谱法（常规法） 检化验中心.ZY—119 炼铁检验作业区 QSN750 系列直读光谱仪作业指导书	小数点后四位		%	板材
	检化验中心.ZY—127 4460 直读光谱仪 WinOE 软件检测铸铁各元素含量作业指导书 检化验中心.ZY—128 4460 直读光谱仪 OXSAS 软件检测铸铁各元素含量作业指导书	三位有效数字			北营
Mn	GB/T 24234—2009 铸铁 多元素含量的测定 火花放电原子发射光谱法（常规法） 检化验中心.ZY—119 炼铁检验作业区 QSN750 系列直读光谱仪作业指导书	小数点后四位		%	板材
	检化验中心.ZY—127 4460 直读光谱仪 WinOE 软件检测铸铁各元素含量作业指导书 检化验中心.ZY—128 4460 直读光谱仪 OXSAS 软件检测铸铁各元素含量作业指导书	三位有效数字			北营
P	GB/T 24234—2009 铸铁 多元素含量的测定 火花放电原子发射光谱法（常规法） 检化验中心.ZY—119 炼铁检验作业区 QSN750 系列直读光谱仪作业指导书	三位有效数字		%	板材
	检化验中心.ZY—127 4460 直读光谱仪 WinOE 软件检测铸铁各元素含量作业指导书 检化验中心.ZY—128 4460 直读光谱仪 OXSAS 软件检测铸铁各元素含量作业指导书	三位有效数字			北营
S	GB/T 24234—2009 铸铁 多元素含量的测定 火花放电原子发射光谱法（常规法） 检化验中心.ZY—026 炼铁检验作业区 QSN750 系列直读光谱仪作业指导书 GB/T 20123—2006 钢和铁 总碳硫含量的测定 高频感应炉燃烧后红外吸收法（常规方法） 检化验中心.ZY—108 炼铁化验作业区 CS-200 红外分析仪作业指导书	小数点后四位		%	板材
	检化验中心.ZY—127 4460 直读光谱仪 WinOE 软件检测铸铁各元素含量作业指导书 检化验中心.ZY—128 4460 直读光谱仪 OXSAS 软件检测铸铁各元素含量作业指导书	三位有效数字			北营
Ti	GB/T 24234—2009 铸铁 多元素含量的测定 火花放电原子发射光谱法（常规法） 检化验中心.ZY—119 炼铁检验作业区 QSN750 系列直读光谱仪作业指导书	小数点后四位		%	板材
	检化验中心.ZY—127 4460 直读光谱仪 WinOE 软件检测铸铁各元素含量作业指导书 检化验中心.ZY—128 4460 直读光谱仪 OXSAS 软件检测铸铁各元素含量作业指导书	三位有效数字			北营

高炉炉渣检测方法见表 5-46。

表 5-46　高炉炉渣检测方法

检测项目	检 测 方 法	测定值	报告值	单位	备注
SiO_2	检化验中心.ZY—130 北营炼铁检验作业区 ARL 系列 X 荧光光谱仪作业指导书				板材
	检化验中心.ZY—109 炼铁检验作业区 MXF-2400X 荧光光谱仪作业指导书				北营
CaO	检化验中心.ZY—130 北营炼铁检验作业区 ARL 系列 X 荧光光谱仪作业指导书				板材
	检化验中心.ZY—109 炼铁检验作业区 MXF-2400X 荧光光谱仪作业指导书				北营
	检化验中心.ZY—131 高炉渣化学分析方法　联合测定中 EDTA 络合滴定法测定氧化钙量				
MgO	检化验中心.ZY—130 北营炼铁检验作业区 ARL 系列 X 荧光光谱仪作业指导书	两位小数	%	板材
	检化验中心.ZY—109 炼铁检验作业区 MXF-2400X 荧光光谱仪作业指导书				北营
	检化验中心.ZY—132 高炉渣化学分析方法　联合测定中 EDTA 络合滴定法测定氧化镁量				
Al_2O_3	检化验中心.ZY—130 北营炼铁检验作业区 ARL 系列 X 荧光光谱仪作业指导书				板材
	检化验中心.ZY—109 炼铁检验作业区 MXF-2400X 荧光光谱仪作业指导书				北营
	检化验中心.ZY—130 高炉渣化学分析方法　联合测定中 EDTA 络合滴定法测定三氧化二铝量				
S	检化验中心.ZY—130 北营炼铁检验作业区 ARL 系列 X 荧光光谱仪作业指导书				北营
TiO_2	检化验中心.ZY—130 北营炼铁检验作业区 ARL 系列 X 荧光光谱仪作业指导书				北营
FeO	检化验中心.ZY—109 炼铁检验作业区 MXF-2400X 荧光光谱仪作业指导书				板材

5.3.2　方法原理及主要检测设备

5.3.2.1　铁水检测方法原理及主要检测设备

目前板材检化验中心板材和北营区域分析铁水中各元素应用的设备主要是原子发射光谱仪和高频红外碳硫分析仪，其各自的方法原理如下。

A　原子发射光谱分析法原理及设备

检验原理：原子发射光谱分析采用的原理是用电弧（或火花）的高温使样品中各元素从固态直接气化并被激发发射出各元素的特征波长，用光栅分光后，成为按波长排列的"光谱"，这些元素的特征光谱线通过出射狭缝，射入各自的光电倍增管，光信号变成电信号，经仪器的控制测量系统将电信号积分并进行模/数转换，然后由计算机处理，并打印出各元素的百分含量。

适用范围：原子发射光谱分析法适用于铸铁（生铁）、白口铸铁、普碳钢、中低合金钢试样中多元素含量的测定，采用的国家标准是：GB/T 24234—2009《铸铁　多元素含量的测定　火花放电原子发射光谱法（常规法）》。

相关设备：原子发射真空直读光谱仪目前主要使用的是赛默飞世尔公司 ARL 4460 型和德国 OBLF 公司 OBLF QSN750/OBLF QSN750-Ⅱ型，具有简便、快速、准确等特点。如图 5-12 和图 5-13 所示。

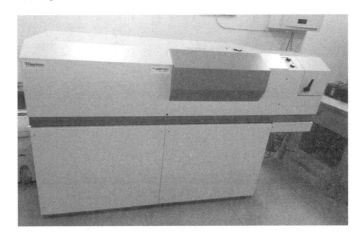

图 5-12　北营用 ARL 4460 型直读光谱仪

图 5-13　板材用 OBLF QSN750-Ⅱ型直读光谱仪

B　红外碳硫分析仪方法原理及主要检测设备

检验原理：将加入助熔剂的被测样品在感应炉高温作用下熔化，样品中的碳转化为 CO、CO_2；硫转化为 SO_2，用氧气作载气将释放气带出，以无水高氯酸镁除去 H_2O，以滤尘器除去尘埃，SO_2 经红外检测器定硫，然后经铂硅胶催化将 CO 转化为 CO_2，将 SO_2 转化为 SO_3，用纤维素吸收掉 SO_3，剩余的 CO_2 用 CO_2 红外检测器定碳量。

适用范围：红外碳硫分析仪适用于高炉生铸铁、普碳钢、中低合金钢试样的碳硫快速分析。采用的国家标准是：GB/T 20123《钢和铁　总碳硫含量的测定　高频感应炉燃烧后红外吸收法（常规方法）》和 GB/T 20126《非合金钢　低碳含量的测定　第二部分：感应炉（经预加热）内燃烧后红外吸收法》。

相关设备：高频红外碳硫分析仪目前使用的 LECO 公司 CS-200 高频红外碳硫分析仪，具有简便、快速、准确等特点。如图 5-14 所示。

图 5-14　CS-200 高频红外碳硫分析仪

检验注意事项如下。

（1）直读光谱仪：

1）样品表面应无油、无水、无砂眼、无裂痕、无交叉纹，温度不宜过热。

2）激发台上面要保持干净，电极上面应用生产样品或塑料盖子盖住激发点位置。

3）仪器出现异常情况请立即按红色按钮，关闭分析程序。

4）每次分析样品前要清理电极和激发台，样品轻轻放到激发台上，并用夹子压住。

5）计算机只能用作仪器本身使用，不得用于其他使用。

6）分析结束后要清理仪器和现场。

（2）红外碳硫分析仪：

1）分析试样要求无油、无水、无烧蓝的屑状样。

2）分析过程中不要用手接触坩埚，用专门的坩埚钳夹取坩埚，防止烫伤。

3）分析过程中不要用手接触试样、助熔剂，不要让其他东西混入试样和助熔剂中，防止污染，以免影响分析结果。

4）严禁随意设置更改程序或使用微机。

5）测样时，要小心放好坩埚，不能放偏，不能用手触摸坩埚。

6）定期清理炉头，保证仪器稳定。

5.3.2.2　高炉炉渣检测方法原理及主要检测设备

目前板材检化验中心板材和北营区域分析高炉炉渣中各元素所应用的设备主要是 X 荧光光谱仪。

X 荧光光谱仪分析法原理及设备如下。

检验原理：一定粒度的炉渣粉末在一定条件下压成片，试样压片受到来自 X 射线管的初级 X 射线照射后，产生 X 射线荧光，它通过准直器形成一束近似平行的 X 射线投射到分光晶体上，经分光晶体分光，相应元素一定波长 X 射线荧光被探测器接收，将其转变成电脉冲输送到测量系统，测量待测元素的 X 射线荧光强度。在计算机绘好的相应元素工作曲线上计算含量。

适用范围：X 射线荧光光谱法适用于烧结矿、石灰石、高炉渣等原料的元素成分分析，依据的国家标准是：GB/T 16597《冶金产品分析方法 X 射线荧光光谱法通则》。

相关设备：X 射线荧光光谱仪主要使用的是赛默飞世尔公司 ARL-9900 型 X 射线荧光光谱仪、日本岛津公司 MXF-2400 型 X 荧光光谱仪及国产的粉末压片机，具有简便、快速、准确、精度高的特点，特别适合对多种样品灵活的批量自动分析和测量。方法所用的主要设备为 X 射线荧光光谱仪和粉末压片机，如图 5-15、图 5-16 所示。

图 5-15　MXF-2400 型 X 射线荧光光谱仪和粉末压片机

荧光检验注意事项：

（1）样品要干燥均匀，满足标准规定的粒度要求。

（2）压制样品时，要控制好试样，不要使试样溢到试样环上。

（3）压制的试样要有一定强度，分析面光滑平整。

（4）在日常检测时，要关注试样基体变化，经常采用化学方法进行比对。如基体发生变化需使用新基体样品进行校正，若校正后结果不能满足要求应重新绘制工作曲线。

（5）样片、控样分析样片必须按规定使用、存放，一旦损坏立即通知技术人员。

炉渣化学分析各方法原理及主要设备：

Al_2O_3 检测方法：检化验中心 . ZY—115 高炉渣化学分析方法作业指导书。

方法原理：试样用盐酸溶解，加动物胶后过滤，并定容于容量瓶中，取二氧化硅滤液，以酚酞为指示剂，用氢氧化钠调整 pH＝1~2 之间，过量 EDTA 在 pH＝4~5 下使铝络合，以 PAN 为指示剂，用标液反滴定，待至终点，加入氟化钠使铝-EDTA 络合物转化为氟化铝，释放出 EDTA 用硫酸铜滴定，根据二次硫酸铜消耗计算铝量。

注意事项：

图 5-16   ARL-9900 型 X 射线荧光光谱仪和粉末压片机

（1）加入 EDTA 时应严格控制酸度。

（2）第一次滴定终点应严格控制，不能过量。

CaO 检测方法：检化验中心 . ZY—115 高炉渣化学分析方法作业指导书。

方法原理：试样用盐酸溶解，加动物胶后过滤，并定容于容量瓶中，取二氧化硅滤液，试样溶液用三乙醇胺掩蔽铁、铝、锰离子的干扰，加氢氧化钾调整 pH = 12，以钙试剂为指示剂，用 EDTA 标准溶液滴至紫红色变为纯蓝色为终点。

注意事项：

（1）滴定应先快后慢，加第二次钙指示剂后要一滴一滴加入 EDTA，充分振荡下滴定，防止过量。

（2）指示剂加入量要保持一致。

MgO 检测方法：检化验中心 . ZY—115 高炉渣化学分析方法作业指导书。

方法原理：试样用盐酸溶解，加动物胶后过滤，并定容于容量瓶中，分取二氧化硅滤液加三乙醇胺掩蔽铁、铝，加氨性缓冲溶液控制 pH = 8 ~ 10，加入镁指示剂，用 EDTA 标准溶液滴定。

注意事项：

（1）滴定须先快后慢，防止过量。

（2）指示剂加入量要保持一致。

6 钢材质量检测

6.1 钢材质量检测概述

6.1.1 钢材产品简介

钢后工序是从炼钢工艺拉开序篇，钢材产品包括热轧产品、冷轧产品、特殊钢产品及不锈钢产品。

铁水进入炼钢转炉之前，为去除某种有害成分，如硫、磷、硅或回收某种有益成分，如钒、铌等的处理过程为预处理过程。本钢炼钢厂铁水预处理主要是对铁水进行脱硫和扒渣，预处理后要达到脱硫深度在 0.002% 以下。转炉炼钢以铁水、废钢、造渣材料、铁合金等为主要原材料。废钢是转炉炼钢的主要原料之一，一般作为降温剂使用。白云石、石灰是转炉炼钢造渣必备的材料，转炉用合金分为合金化合金和脱氧合金，合金化合金根据钢种要求进行使用。转炉炼钢加入相应原材料后，不借助外加能源，靠铁液本身的物理热和铁液组分间化学反应产生热量而在转炉中完成炼钢过程。

本钢板材炼钢厂从满足市场需要出发，采用了转炉顶底复合吹炼、冶炼过程动态控制、金属镁粉脱硫、真空处理等具有国际先进水平的技术，摸索出一套符合实际的生产工艺流程，使炼钢厂的产能、产品质量及高精尖品种开发实现了质的飞跃。先后新开发生产了高级别管线钢、高级别深冲钢、冷轧电工硅钢、耐蚀钢、汽车大梁钢、焊瓶钢、船板钢等 400 多个新钢种，汽车板用钢（O5）、石油管线钢（X100、X80）、石油套管钢（J55）、硅钢、耐候钢等高附加值产品实现了稳定批量生产，产品实物质量达到了国内同行业先进水平，为本钢产品提高市场占有率做出了突出贡献。目前主要有 7 套铁水预处理站、7 座转炉、5 台 RH 真空精炼炉、1 台 AHF 化学升温炉精炼炉、5 台 LF 钢包精炼炉、2 台 1600mm 双流板坯连铸机、2 台 1750mm 薄板坯铸机、1 台矩形坯连铸机、1 台 2300mm 单流板坯连铸机、1 台 1900mm 双流板坯连铸机、1 台铸坯表面火焰清理机等具有国际先进水平的技术装备，具备 1200 万吨的年生产能力。

板材炼钢厂工艺流程如图 6-1 所示。

本钢北营炼钢厂于 1995 年投产，主要拥有 3 套铁水预处理站、7 座转炉、1 台 RH 真空精炼装置、1 台 VOD 精炼装置、4 座 LF 钢包精炼炉、1 台 8 机 8 流方坯连铸机、1 台 6 机 6 流方坯连铸机、3 台 5 机 5 流铸机、1 台 4 机 4 流铸机、1 台小板坯连铸机、1 台单流宽厚板坯连铸机、2 台双流板坯连铸机，可生产普碳钢、低合金钢、螺纹钢、优质碳素钢、预应力钢棒、爆破用钢、焊线钢、钢绞线、帘线、冷镦钢、工业链条用钢、矿工用钢、轻轨钢、弹簧钢、船板钢、焊瓶钢、冷轧用钢、管线钢、耐候钢、汽车结构用钢等 30 多个系列、1000 多个钢种，是一个产品多元化，具有较强市场竞争力的单位。

热轧产品是本钢主打产品之一，本钢集团拥有 4 条热轧板材轧制机组，其中板材公司

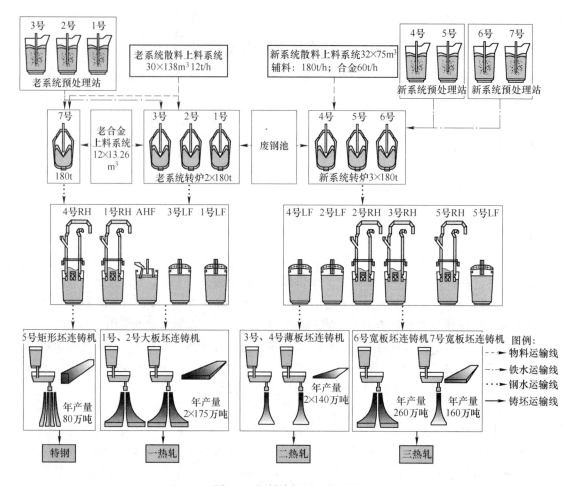

图 6-1 板材炼钢厂工艺流程

3 条，分别为 1974 年破土动工的 1700 线，2005 年建成投产的 1880 线，以及 2008 年建成投产的 2300 线，北营公司一条为 2007 年建成投产的 1780 线，另外北营公司还拥有 3 条棒材生产线和 3 条高速线材生产线。本钢热轧产品品种规格覆盖广泛，主要产品均已通过国际 ISO9001：2000 质量体系认证，出口欧美、亚、非、拉等国家，可生产高级别石油管线钢、先进高强钢以及汽车面板、结构原料，已经成为具有国际竞争力的热轧板材生产基地。下面介绍几条重要产线的生产情况。

1700 线生产厚度为 1.2~20mm，宽度 700~1550mm，最大卷重 24t，品种覆盖从 IF 钢到 X70 管线钢的全部钢种。

1800 线生产厚度为 0.8~12.7mm，宽度 850~1750mm，最大卷重 31.5t，可以稳定、高品质地生产厚度 1.2mm、1.5mm 的薄规格产品。

2300 线设计年产量为 515 万吨热轧钢卷，其中不锈钢卷 65 万吨。品种有普通结构钢、优质普通结构钢、低合金结构钢、管线钢、造船用钢、焊接气瓶用钢、高耐候结构钢、高强度结构用热处理和控轧钢板和钢带、桥梁用结构钢、汽车大梁用钢、IF 钢、双相（DP）及多相钢（MP）、相变诱导塑性钢（TRIP）、300 系列不锈钢、400 系列不锈钢等。可卷取石油管线钢 X80，产品规格为 $(1.2 \sim 25.4)\,mm \times (1000 \sim 2150)\,mm$，最大卷重 40t；不锈钢产品规格为 $(2 \sim 20)\,mm \times (1000 \sim 2150)\,mm$，最大卷重 37.13t，最大单重 18.13kg/mm。

北营 1780mm 热带钢连轧机于 2007 年 12 月建成投产，设计年产量为 400 万吨精品热轧板材，生产钢种主要有供冷轧原料用深冲带卷、结构用钢、高强度钢、热轧低碳结构钢、汽车结构用钢、船用钢、锅炉及压力容器用钢、集装箱用钢、管线用钢等 60 多个品种，产品规格为厚度 1.2~19mm、宽度 900~1630mm 之间各种尺寸规格的带钢产品，最大钢卷单重可达 34t。

本钢冷轧产品生产经历 20 多年的快速发展，拥有本钢冷轧薄板、本钢浦项、丹东不锈钢、三冷轧等冷轧产品产线，产品涵盖冷轧（罩退、连退）、有花镀锌、无花镀锌（GI/GA）、电镀锌、酸洗、硅钢、不锈钢、彩涂等 10 余个品种。

本钢冷轧薄板厂于 1994 年正式建厂，设计产量为 70 万吨，可生产高档的冷轧板、热镀锌板和彩涂板。产品广泛应用于汽车制造、家电、石油化工和建筑等行业，冷轧产品不但销往全国各地，还出口加拿大、西班牙、法国、美国等国家。从 1995 年 6 月第一卷冷轧板下线到 2000 年 11 月达产，直至 2002 年 12 月达到 100 万吨产量，快速发展的本钢冷轧厂已迈入百万吨级大型冷轧厂的行列。2003 年对轧机和平整机组进行过一次升级改造，使得机组的控制水平有了进一步的提高；2004~2005 年新上 2 号热镀锌线和彩涂机组一条，产品品类和镀锌产品水平进一步提升；2008~2009 年硅钢酸洗线和超薄轧机投入运行，2010 年 8~12 月无取向硅钢连退线和硅钢重卷机组投入运行，无取向硅钢产品开始批量投入市场。

本钢浦项以生产高质量汽车面板和高档家电用板为主，设计年产成品量为 196 万吨，其中：冷轧卷板 90 万吨，以汽车板为主的热镀锌卷板 45 万吨，以家电板为主的热镀锌卷板 35 万吨，冷硬卷板 20 万吨。主要钢种有 CQ、DQ、EDDQ、SEDDQ、CQ-HSS、DQ/DDQ-HSS、BH-HSS、DP、TRIP 等。产品规格：宽度 800~1850mm，厚度 0.2~2.5mm。

三冷轧可生产冷轧退火产品、热镀锌 GI 和 GA 产品。可生产 CQ~SEDDQ 软钢系列品种，高强钢包括 HC220Y 等高强度 IF 钢、BH340 等烘烤硬化钢、B250P 等加磷高强钢、HC420LA 等低合金高强钢，先进高强钢包括 DP780 等双相钢、TRIP780 等相变诱导塑性钢、PHS1800 等热成形钢，并具备开发 Q&P 钢等其他先进高强钢钢种的能力。冷轧退火产品最大强度可达到 1500MPa，热镀锌产品最大强度可达 1180MPa。

特钢产品是利用电炉炼钢生产而成，采用电炉兑铁水+中方坯+800（650）轧机产材的短流程生产线或高炉+转炉+炉外精炼+连铸+800 轧机产材长流程特钢生产线。主要生产圆和方坯等简单断面钢材。主要钢种有特殊碳素结构钢、碳素工具钢、碳素弹簧钢、合金弹簧钢、合金结构钢、滚珠轴承钢。产品规格范围 φ20~280mm。

6.1.2 钢材产品检测简介

科学检验是科学技术发展的基础，是推动科学技术发展的重要手段。冶金产品检验是冶金工业发展的基础，它标志着冶金工业技术水平和冶金产品的质量。钢材品种繁多、用途个性化、用户对性能的严格要求将是未来钢企主要的竞争要素。产品出厂时都要按照相应的标准及技术文件的规定进行各项检验，使用各种有效的手段对半成品和成品进行质量检验，检验工序必须作为生产流程中的一个重要工序。钢材质量检验可用于提高产品质量，指导生产出符合标准的钢材，以及指导用户根据检验结果合理选用钢材。

通过对半成品和成品进行质量检验，可以发现钢材质量缺陷，查明产生缺陷的原因，指导各生产环节（部门）制定相应措施将其消除或防止，同时也尽可能杜绝将有缺陷的不合格钢材供应给用户。此外，随着检验方法的改进和不断完善，可以进一步提高检验质量和准确性，提高检验速度，缩短检验周期，也可促进新钢种的开发研究和新产品的试制。

选择正确的检验标准、保证准确的检验操作，并在整个生产过程中贯彻执行，产品质量就有了保证，并可逐步得到提高。有了产品标准之后，还必须采用保证产品所需的各种检验方法规定的标准，这就是方法标准，它是评价和检验产品质量高低的技术依据。钢的检验方法标准包括化学成分分析、宏观检验、金相检验、机械性能检验、工艺性能检验、无损检验以及热处理检验方法标准等，每种检验方法标准又可分为几个到几十个不同的试验方法。每个试验方法都有相应的国家标准或冶金行业标准，有的试验方法还有企业标准。

钢材产品品种不同，要求检验的项目也不同，检验项目从几项到十几项不等，对每一种钢铁产品必须按技术条件规定的检验项目逐一检验，每个检验项目必须执行检验标准。每个检验项目都有一定的检验指标。例如，拉伸试验通常包含 4 个指标，即抗拉强度、屈服点或规定非比例伸长应力、断后伸长率和断面收缩率。下面对各种检验项目和指标作简单介绍。

（1）化学成分：每一个钢种都有一定的化学成分要求，化学成分是钢中各种化学元素的含量百分比。保证钢的化学成分是对钢后续生产的最基本保障。例如对于碳素结构钢，主要分析五大元素，即碳、锰、硅、硫、磷；对于合金钢，除分析上述五大元素外，还要分析合金元素。此外，对钢中的其他有害元素和残余元素的含量也有规定。目前本钢化学成分检验主要采用光谱分析与碳硫分析，及时为炼钢厂提供数据。

（2）钢的宏观检验技术指低倍检验，又称宏观分析，它是通过肉眼或放大镜（20 倍以下）来检验金属材料及其制品的宏观组织和缺陷的方法。金属材料在冶炼或热加工过程中，由于某些因素（例如非金属夹杂物、气体以及工艺选择或操作不当等）造成的影响，可能使金属材料的内部或表面产生缺陷，从而严重影响材料或产品的质量，有时还将导致报废。低倍检验通常有硫印试验、酸蚀试验、断口检验、塔形试验等，低倍检验能较快、较全面地反映出材料或产品的品质。因此，低倍检验在工厂中得到广泛的应用。

（3）金相组织检验是借助金相显微镜来检验钢中的内部组织及其缺陷。金相检验包括奥氏体晶粒度的测定、钢中非金属夹杂物的检验、脱碳层深度的检验以及钢中化学成分偏析的检验等。其中钢中化学成分偏析的检验项目又包括亚共析钢带状组织、工具钢碳化物不均匀性、球化组织和网状碳化物、带状碳化物及碳化物液析等。

（4）机械性能检验，所谓机械性能（或称力学性能）是指金属材料在外力作用下表现的抵抗能力，它的基本指标包括强度、塑性、硬度、韧性及疲劳强度等几方面，涉及的试验主要是拉伸检验、硬度检验、冲击检验及落锤检验。在一般金属材料机加工及设计使用中，大多以机械性能为主要依据，因此金属材料的机械性能检验是体现钢产品质量的重要衡量指标。

（5）工艺性能检验，是指零件制造过程中各种冷热加工工艺对材料性能的要求。工艺性能试验包括金属弯曲检验、金属（板材）反复弯曲检验、金属顶锻检验、金属杯突检验、金属扩孔检验等。特殊用途的钢对工艺性能检验有特殊要求，例如硅钢电磁性能检验。

（6）工序介质检验，钢成品生产是一个需要严控的生产工序，工序过程中生产使用物资及辅料都会直接影响钢产品的质量，为有效全流程管控质量，对生产工序中的介质及辅料进行检验是必要的质量保证措施。这一部分检验多为化学分析法，常见方法有重量分析法、滴定分析法、仪器分析法。重量分析法是根据化学反应生成物的重量求出被测组分含量的方法；滴定分析法是在被测组分溶液中，滴加某种已知准确浓度的试剂（称标准物质），根据反应完全时所消耗标准溶液的体积，计算出被测组分含量的方法；仪器分析法是借助特殊的光电仪器通过测量试样的光学性质（如吸光度、混浊度）、电化学性质（如电流、电位、电导）等物理、化学性质，得到待测组分含量的方法。

6.2 化学成分分析

6.2.1 化学成分分析

钢材的化学成分分析一般采用光电直读光谱仪来分析钢中除了气体元素外的所有元素，甚至在标钢齐全的情况下，使用水冷激发台和 LiF 透镜可以分析钢中氮。

6.2.1.1 发射光谱分析

A 名词解释

光谱：是复合光经过色散系统（如棱镜、光栅）分光后，被色散开的按照波长或频率顺序排列的电磁辐射。包括无线电波（或射频波）、微波、红外线、可见光、紫外线、X 射线、γ 射线和宇宙射线等。

基态：原子处于最低能级，这时电子在离核最近的轨道上运动，这是电子的稳定状态。

激发态：原子或分子吸收一定的能量后，电子被激发到较高能级但尚未电离的状态。

光谱的产生：通常情况下，物质的原子处于能量最低的基态（ground state）。原子的基态是可以被破坏的，当获取足够的能量后，原子的一个或者几个电子就可能被激发到较高的能级上去，原子便成为激发态，激发态是不稳定的，原子中的电子在高能级的激发态往低能级的基态跃迁，释放出的能量，量子化的，产生线状光谱。

光谱分析：是指发射光谱化学分析，是利用物质的物理性质（基于电磁辐射与物质相互作用后产生的辐射信号或发生的变化）来测定物质的化学组成、含量和结构的一类分析方法。

B 特点

（1）操作简便快速，原则上所有元素都能分析，由于不同元素发射不同波长的特征光，因此一般不必化学分离，同时可分析许多元素。

（2）灵敏度高（痕量分析）。

（3）试样用量少（微量分析），可作局部分析。

（4）准确度（与化学分析比较）痕量最好，常量相近，高含量较差。

（5）是一种比较法，需用标准样品。

（6）只能作元素的分析。

（7）由于很难获得分析非金属元素所必须的条件，因此不适宜非金属元素的分析。

（8）仪器价格较高。

C　光谱分析的总过程

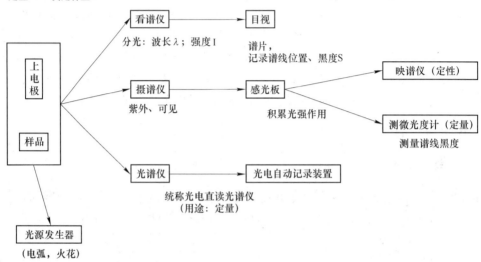

定性 —— 测定成分
定量 —— 测定含量C

6.2.1.2　光电直读光谱仪的分析原理

用火花光源（或 ICP 光源）的高温使样品中各元素从固态直接蒸发为气态、原子化后被激发跃迁而发射出各元素的特征波长的光，用凹面光栅分光后，成为按波长排列的"光谱"，这些元素的特征光谱线通过出射狭缝，射入各自的光电倍增管，光信号变成电信号，经仪器的控制测量系统将电信号积分并进行模/数转换，然后由计算机处理，并打印出各元素的百分含量。

6.2.1.3　光电直读光谱仪的主要构件及作用

光电直读光谱仪一般由光源系统、分光系统、光电测量系统组成。

A　激发光源（低压火花光源）

（1）光源：包括发生器及分析间隙处的蒸气云两部分，两者是密切相关的。

（2）作用：蒸发样品、样品原子化及激发原子三种作用同时进行，共同决定谱线的强度。火花光源和 ICP 光源而言，因为是热激发，需提供高能量。

（3）光源作用过程，样品在光源作用下辐射，包括以下过程：

1）样品进入激发区域的过程，蒸发、离解、化学反应、物理过程（例如扩散）。

2）蒸气在光源中的运动、扩散，电场中离子的运动、对流，以上二者联系固态或液态样品中元素含量及蒸气云中的含量。

3）气态下的过程，可以由不同的分子状态、电离、粒子碰撞激发，或者吸收激发，使原子或离子激发到高能级，还有激发态粒子的复合产生辐射或不辐射。此过程联系气相下各元素的含量及谱线强度。

（4）重要性：是光谱发射的决定因素。光谱仪器只能如实反映光源发射的光谱。对于发射光谱，发生器是外因，样品是内因。

（5）光源的种类：现在使用的直读光谱仪的光源主要是高能预低压火花光源和 ICP 光源。

（6）对光源的要求（从定量分析角度考虑）：

1）灵敏度高。

2）浓度灵敏度高，即当分析元素含量有小的变化时，相应的分析线强度或分析线对相对强度比的变化较大。

3）有良好的再现性，包括电学的、蒸发的、激发的各方面。

4）背景弱、谱线清楚，背景的来源是分子光谱或连续光谱。

5）保证工作曲线长期不变。

6）用来作分析，分析结果不因试样结构而有影响，不因试样中存在第三元素而影响。

7）分析结果不因试样大小而影响。

8）预燃时间短。

9）曝光时间短。

10）构造简单、体积小、操作容易、安全。

11）性能可多样。

不是每个分析任务要求所有优点都要满足。不同的光源也只能满足上列要求的一部分。

（7）谱线的产生和不同波长的由来：

1）试样的蒸发：在激发光源的作用下，固态样品被直接气化变成气态样品，样品中包含的不同元素或者元素的不同化合物的挥发性质不同，影响它们从样品中蒸发出来的先后及快慢，因此影响分析的灵敏度。

2）原子化：气态样品在激发光源的作用下，气态分子被离解为气态原子，部分原子电离为离子，分析间隙中形成蒸气云，其中有不同的粒子，粒子之间的碰撞引起原子或离子的被激发、激发而发射光谱，光谱中有哪些波长的谱线是由被激发的原子结构决定的。分子不能完全离解为原子，将影响分析的灵敏度及准确度。

3）激发：气态原子在激发光源的作用下，原子中的电子被激发到更高的能级，变成激发态。激发态极不稳定，在很短的时间内电子跃迁回低能级而辐射出特征光。

4）发射：原子释放能量，量子化的，产生线状光谱。

5）能级图如图 6-2 所示。

根据能级图，一种元素的原子能发射许多不同的谱线的原因是：蒸气云中存在许多这种元素的原子、可被激发到许多高能级、可有不同方式的跃迁，因此每一元素的原子能发射其特征光谱，试样的蒸发、原子化、激发几乎是同时完成的。

（8）光源的误差：光谱定量分析的总误差是由

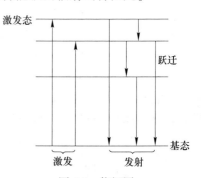

图 6-2 能级图

各个单元误差组合起来的。在作光电法光谱分析时，由于是光电直接转换方面的测量误差，因而很小，所以为降低光电法的总误差，应考虑降低光源方面的误差，因为这方面的误差在总误差中起显著的作用。所以在光电法时采用性能好的光源发生器具有十分重要的意义。

（9）控制气氛及电侵蚀：

1）控制气氛：光电法分析采用真空光电直读光谱仪，而在电极架部分充氩气，使样品在控制气氛下激发。采用真空及氩气两项措施的目的是在分析钢中合金元素的同时能分析钢中碳、磷、硫，使这些元素的短紫外灵敏线不被光路吸收。对于采用控制气氛以后，样品和在空气中激发不同，在分析钢时会产生两种不同的放电形式，即凝聚放电和扩散放电（表6-1）。放电形式的不同，影响分析的准确度。这两种放电在间隙中释放出的能量相同，但前者样品蒸发较烈，放电集中在样品的较小面积上，而后者的作用面积较大，蒸发不烈。不相同的是在近阴极处的放电电流密度，凝聚放电的电流密度大。两种放电得到的分析结果差别很大。氩气的纯度和流量、光源的参数、钢中一些元素的含量的高低都是产生不同放电形式的原因。样品表面有气孔、夹杂或者有油污会引起扩散放电；氩气不纯将引起激发不稳定的扩散放电；锻轧状态的钢样较浇铸状态的钢样更易由于氩气不纯而引起扩散放电；样品中如含有易氧化的元素，如铝、硅、铬等含量高时，生成稳定化合物，往往导致扩散放电，总之，引起扩散放电的原因是由于控制气氛中含有一定数量的氧。

表 6-1　放电形式

放电种类表现	凝聚放电	扩散放电
火花颜色	明亮、蓝色	黄褐色
放电声音	清脆	嘶嘶刺耳
斑痕	中心呈麻点，外圈呈褐色	中心与外界没有分界，呈白色
银电极状况	黑色，耗损少	灰色，有耗损
予燃曲线	规则	不规则
予燃时间	稳定，短	不稳定，长
积分时间	稳定，短	不稳定，长
分析结果	准确	不准确

2）电侵蚀：低压火花都用直流电向电容器充电，因此放电是单向的。由于单向，上下电极有极性，采用样品接负，辅助电极接正，这样对样品激发具有电侵蚀的作用。侵蚀指金属样品在光源的作用下，其表面物质的损失情况，英文写作 erosion。样品侵蚀若烈，则进入分析间隙的物质的量就多。在低压火花下，物质的侵蚀取决于放电的电流密度及放电时间的长短，放电时间加长，显著增加侵蚀；电流密度减小，侵蚀量显著降低；并且在单向放电下，阴极上的电侵蚀要比阳极上快许多倍。人们就是利用这种电侵蚀现象使分析样品有较大的速度蒸发进入分析间隙，使辅助电极在激发过程中基本很少消耗。这种单向电侵蚀的产生主要是由脉冲放电作用下离子轰击样品所致。

（10）低压火花光源：

1）采用单向交变放电电路。单向交变放电是以阻塞二极管代替电路中原来的电阻，因此能精确控制放电的终点，如图 6-3 所示。

2）这种光源的特点：①防止第二个半周产生振荡形式，使放电既是交流的又是单向的。②单向交变 di/dt 很大，每个火花的放电终点是固定的，因而精度高。由于电路中去掉电阻，使光源的散热量大大减少。③可减少标准化的次数和更换对电极、清理火花室的次数，当频率增加到 500 周时，为保证放电稳定和有效的"消电离"，一般在高频放电中必须增加氩气冲洗的流量。

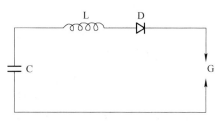

图 6-3　单向交变放电电路

3）由于充电电压比较低，所以发生器线路中，还包含有引燃火花的高压高频振荡线路。

B　分光系统

（1）分光系统的作用：将光源产生的复合光经透镜后杂散光变为平行光，经入射狭缝照射到凹面光栅上，色散成单色光经出射狭缝照射到光电倍增管上。

（2）透镜：又称聚光透镜，将杂散光变为平行光。

（3）入射狭缝和出射狭缝：限制了进出光的路线。

（4）凹面光栅：凹面光栅的毛坯为凹球面反射镜，刻成光栅后可省去一部分光仪中的准直物镜和照相物镜，亦即在光谱仪中凹面光栅本身既是色散元件，又是准直、聚焦元件。

图 6-4 所示为凹面光栅的帕邢-朗格式（大部分光谱仪均使用此方式），入射狭缝、光栅和出射狭缝都位于罗兰圆的圆周上。左侧带凹面的部分就是凹面光栅，它是与罗兰圆相切的，凹面光栅的曲率半径就是罗兰圆的直径。图 6-4 中的 S 为入射狭缝，S_1、S_2 就是出射狭缝。调整入射狭缝的位置，就能有效调整出射狭缝的位置，这样就能使特征光完全通过出射狭缝照射到光电倍增管上。

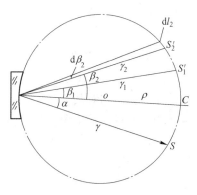

图 6-4　凹面光栅的帕邢-朗格式

（5）凹面光栅产生的光谱完全符合光栅方程：

$$d(\sin\alpha \pm \sin\beta) = m\lambda$$

式中　d——相邻两刻线间的距离，称为光栅常数；

α——入射角，即入射光束和光栅法线夹角；

β——衍射角，即衍射光束和光栅法线夹角；

λ——衍射光的波长；

m——干涉级或称光谱级。

如 α 与 β 都在光栅法线同一侧，方程取"+"号；

如 α 与 β 都在光栅法线异侧时，方程取"–"号。

（6）凹面光栅光谱仪的光学指标：色散率、分辨率、集光本领。

色散率：是指它对不同波长的光彼此衍射的角度间隔的大小。

分辨率：是指能分开相邻谱线的能力，可以根据瑞利判据确定。

集光本领：光栅将光能集中在所选用的光谱级的闪耀波长附近的能力。它与光栅的闪耀特性有关。

　　C　电测量系统（光电倍增管、积分电容、测量系统及 A/D 转换）

　　（1）光电倍增管：

如图 6-5 所示，射入光阴极 K 上的光束，促使电子由光阴极发出，轰击发射极 d_1，d_2，$d_3\cdots$，直至集电极 A 发射出光电流 I_o，各个发射极受到电子轰出以后，放出更多的电子且继续轰发下一个发射极，发射极之间存在着一定的电压。

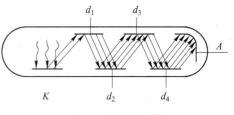

图 6-5　光电倍增管

　　（2）积分电容：从光电倍增管得到的电信号对积分电容充电，储存电量。

　　（3）测量系统及 A/D 转换：测量系统检测积分电容器上的电压，得到模拟量，通过 A/D（模数转换）得到数字化的量，通过计算机计算出不同元素的百分含量。

　　D　光谱分析方法

　　（1）内标法：光谱分析以比率光强作为定量分析依据的分析方法叫内标法。

　　（2）持久曲线法：选用 3 个以上标准样品，在保持相同分析条件的情况下绘制出分析工作曲线，以此曲线作为日常分析计算结果的主要依据，为消除条件变化的影响，应随时测出不同的修正值对曲线进行修正，这种方法叫持久曲线法。

　　（3）控制试样法：在分析中，用同分析样成分和结构、物理性质相近的标钢控制、修正分析样的分析值的分析法，叫控制试样法。控制试样法仍需用预先制作的工作曲线进行分析工作。

　　（4）使用控制样的重要性：发射光谱定量分析是一种相对比较的分析方法，各元素含量与产生的谱线强度之比不是固定不变的，不同的仪器、不同的条件下，不同的含量和不同的样品状态均对其上述比值产生影响使其变化，因此只能在一定固定的条件下，用与分析样相似的标钢找出含量与对应光强之间的关系式，用此关系式计算分析样的分析值才能保证分析值的准确性。为克服工作中仪器条件或样品成分及组织状态差异可能引起的分析误差，必须用同分析样各方面相近的标钢同时测定，对分析值进行修正，才能使分析结果更可靠。

　　E　光谱分析的主要误差来源

　　（1）样品成分、组织结构与标钢有差异。

　　（2）共存元素引起激发状况的变化。

　　（3）光源参数的变化。

　　（4）标钢值不真实或成分不均。

　　（5）样品成分不均。

　　（6）测光系统不稳定。

　　（7）操作条件不统一。

6.2.1.4　光电直读光谱仪

　　光电直读光谱仪的基本原理是，置于火花台上的样品在光源的作用下发光，经聚光透镜汇聚后穿过入射狭缝照射到凹面光栅上，凹面光栅将入射的光色散形成光谱，聚焦成像在罗兰圆上，经过出射狭缝照射到光电倍增管上进行光电转换，将得到的电信号对电容积分，通过检测积分电容的电压值得到模拟量，经 A/D 模数转换，得到数字信号，经计算机接收与预先制作的工作曲线比较，得到预分析的元素的百分含量。

A　QSN750-Ⅱ型光电直读光谱仪

QSN750-Ⅱ型光谱仪是一种多通道光电直读光谱仪，可分析多种基体材料（图 6-6），这种真空型光谱仪可分析钢铁和各种有色金属中的合金元素及痕量元素，还有助于分析碳、磷、硫、硼等产生紫外线的元素。

图 6-6　QSN750-Ⅱ型光谱仪

（1）光源和火花台。QSN750-Ⅱ型光谱仪使用脉冲激发光源 GDS-Ⅲ：脉冲放电光源，多火花分析系统，最高频率为 1kHz，全部固体电路（取消了辅助电极）可根据不同的分析要求由光谱仪的计算机控制改变激发参数，完全免维护。专利设计的氩气冲洗火花台和开放式样品台可适应各种样品，气动样品夹可用于快速样品夹持。

（2）光学系统。QSN750-Ⅱ型光谱仪采用帕邢-龙格架法，凹面光栅曲率半径 750mm，光栅刻线数 2400 条/mm，其一级谱线色散率为 0.55nm/mm，所有器件全部安置在真空室中，美国产 2 级旋片式真空泵保证了真空度，微处理器控制真空泵运转，真空室工作真空度为 5×10^{-3} 托，真空泵运转周期小于 5%，真空室的最大泄漏率为 4×10^{-6} 托/min。这样可检测紫外波段的黑金属元素如碳、磷、硫等。特殊设计的温度补偿可使光学室保持恒温，震动保护功能可保证光学稳定性。

（3）软件。Windows 7 采用或以上操作系统及自动分析程序选择和自动进行再校准提示可顺利完成分析作业，在每一次分析前系统检查，动态控制分析测量过程，分析元素背景校正、谱线重叠、元素间干扰及 100% 基体校正，分析数据直接以重量百分比输出，对一个样品多次分析的结果进行平均和对重现性的检查可保证分析结果的准确度。程序模块用于分析及控制参数的设定及对样品夹持系统的控制，可保证设备的稳定运行。完整的样品管理系统和数据存储功能可保证随时对样品抽检和数据调用。

（4）样品分析：

1）工作环境要求：

室温：15～30℃。

相对湿度：≤80%RH。

2）当仪器开机操作完成后，待仪器稳定，在主菜单画面点击F4，即可显示仪器各主要参数值，即真空度、主电压、光谱仪温度等，查看参数是否满足表6-2要求。

表 6-2　QSN750-Ⅱ型光谱仪参数表

参　　数	参数范围
真空度	大于 0.8
光谱仪温度	温度平衡时：$(32±0.3)℃$
负高压	$(-950±5)V$

3）标准化操作：顺序激发标准化样品，计算出相关参数。

4）类型标准化操作：在标准化操作后，根据冶炼钢种选择合适的类型控样进行类型标准化操作，即在主菜单画面中按功能键（F4）进入类型标准化分析画面，选择合适类型控样，然后激发所选控样。计算机自动对曲线进行修正。

5）分析：选择分析程序组、选择类型分析程序组，将样品放在试样台上，将样品信息录入计算机，按F10键，按绿色按钮激发样品，至少保证两点重现性好平均。将平均值报出。

B　ARL系列光电直读光谱仪

ARL系列光谱仪是一种多通道光电直读光谱仪，可分析多种基体材料（图6-7），ARL系列适合分析钢铁和各种有色金属中的合金元素及痕量元素，真空型有助于分析碳、磷、硫、硼等产生紫外线的元素以及宜在真空中分析的其他元素。在现代连铸技术中，可一次测出铝的总量和酸溶铝/酸不溶铝。

图 6-7　ARL系列光谱仪

a　光源和火花台

HiRep光源提供单向放电或振荡放电，单向放电只激发样品，电极本身不激发，因此即使激发上千次也不用修整电极，不会对分析结果有影响。振荡放电更适宜分析某些灰铸铁、粉末冶金件和满足其他特殊要求的样品。HiRep光源的高能预火花能力（HEPS）可以克服某些样品因冶金组织差异（不均质）引起的基体效应，它能在激发点范围内进行充分熔化而均质化，并有效去除表面所含的非金属夹杂物。光源有多种预熔条件和积分条件可供选择，有利于分析各种不同性质的材料。在设计上将高压点火器从光源部分移置到激发台内，减轻高频振荡的影响，增加火花放电的稳定性，使火花更集中，提高了灵敏度、精度和稳定性。

其精心设计的样品激发台及各种夹具适应了各种尺寸的棒状、片状、屑状样品的需要。多基（multi-base）激发台用于激发多种基体金属（如铁基、铜基、铝基等），不发生交叉污染。激发时采用充氩保护，使样品表面不被氧化，氩气消耗量低：待机时0.3L/min，激发时4L/min。样品架装有内装式循环冷却系统，能承受激发产生的高温，可长时间工作。配备机器人的自动化样品操作系统可以完成制样、送样、清理等任务，实现无人操作。

b 光学系统

ARL系列光学设计采用帕邢-龙格安装法，入射狭缝、光栅、出射狭缝都位于罗兰圆上，最多可设60条通道，其主要设计特点是光路简单、实用、有效，整个光通道上光学反射面数量保持最少，保证光传递过程中能量损失少，并减少杂散光。光学室为铸铁件，成扇形，容积30L，真空度保持在0.05托（相当于6.666Pa），这样可检测紫外波段的非金属元素如碳、磷、硫等。仪器采用大真空室和连续抽真空方式，可有效防止真空度波动对分析结果准确性的影响。光学室采用防震法安装，尤其对光栅、狭缝架等重要光学元件采取动态安装，有利于拆换这些元件，并有相当高的光学稳定性。光学室保持恒温，温差不超过±0.1℃，保证仪器能在温度16～30℃、最大温度变化率为±5℃/h的环境中正常使用。聚光透镜与光源、入射狭缝、光栅同处于一根轴线上，这样透光量高。透镜位于光源与光学室的连接处，便于清理和更换透镜，透镜安装架上有片阀，在取下透镜前先关闭片阀，这样不会破坏光学室的真空度。透镜前设置有微机控制的自动快门，可在预积分阶段打开快门，可防止预熔强光损伤透镜。有加热聚光透镜，可防止有机物在透镜上冷凝发生雾化现象。

入射狭缝与出射狭缝架相邻，宽20μm，手工调节机柜上的千分计旋钮，可使入射沿罗兰圆左右移动1mm。入射狭缝的移动可使整个光谱都沿罗兰圆移动，有利于调准出射狭缝位置和定期检查对准情况。出射狭缝宽度为37.5μm、50μm、75μm，可根据测量元素在恒温室内精心选择狭缝位置并定位，其位置可细调±2μm。

ARL系列采用焦距1m的凹面光栅，根据分析任务可以用1080条/mm、1667条/mm、2160条/mm中的一种，它们的有效波长范围为165～800nm，有很好的色散率，例如1080条/mm光栅一级光谱色散率（倒线色散率）为0.93nm/mm，二级为0.47nm/mm，三级为0.31nm/mm。

C 软件

ARL系列采用现代电子控制及计算机技术，通过建立在WinOE上的软件控制仪器顺利完成分析作业，监控仪器的工作状态，处理并储存分析结果。整个仪器采用一块以微处理机为主的"三层板"进行控制，积分电路为插件式，每6个通道一块板，最多可插10块板，便于维修和更换。

建立在WinOE上的软件是目前最好的光谱仪软件，其主要功能包括最全面的结果显示；9 种不同的显示格式；将每次激发存入磁盘；在激发过程中输入样品标记；用彩色图进行集成；多变量回归；自动储存每次分析的情况，以用于验证记录结果展择性标准化；可手工输入 15 种结果，用 ppm 或%混合显示；自动选谱线；WinOE 采用下拉式菜单，非专业人员也能很快熟悉使用；采用多窗口形式，同时进行几项分析任务；采用保护性密码，保护分析结果和仪器校正。

6.2.2　钢中碳硫分析

钢中碳硫一般采用红外碳硫仪进行分析。称取 0.5g 样品，加入助熔剂（钨粒）于坩埚中，在高频炉内通氧燃烧，在氧气的作用下，使样品中的碳硫转化变成 CO_2 及 SO_2。在控制燃烧时间、气体流量的基础上，用红外检测器同时测出 CO_2 及 SO_2 的浓度信号，经过 V/F 转换积分得到绝对光强值，再由计算机根据预置的工作曲线计算并显示和打印出试样中的 C、S 百分浓度值。

6.2.2.1　红外碳硫仪的主要构件

A　高频感应炉（振荡管装置图如图 6-8 所示）

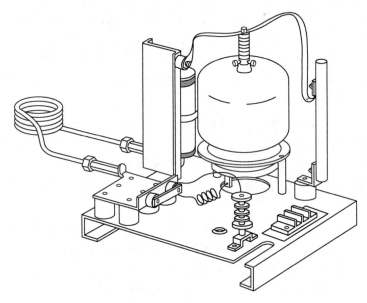

图 6-8　振荡管装置图

在高频磁场中，燃烧管中坩埚中的样品和助熔剂感应加热，在氧气氛围下燃烧，试样中的 C、S 元素和氧反应生成少量 CO、大量 CO_2 和 SO_2。

B　测量系统

红外光源（IR）为一镍铬丝电阻被加热到 850℃。红外源辐射可见光能也辐射整个红外光谱中各波长的红外线。下列对二氧化碳红外吸收原理的叙述同样也适用于二氧化硫。

碳是以二氧化碳的形式被红外池检测，二氧化碳吸收红外频谱中某精确波长的红外能量。硫是以二氧化硫的形式被红外池检测。当分析气流经池体时红外光源发射的能量被吸收，而不能再到达红外检测器；所有其他红外光源的能量经窄通频滤光片也不能抵达红外检测器，测到的被吸收的红外能量只能是某个元素的。该元素的浓度即为检测元件测得的红外能量的大小。

一个红外池既是参比池又是测量池。试样的总碳含量以 CO_2 形式被连续测量。红外池包括红外光源、斩波马达、窄频滤光片、聚光锥、红外能量检测器及池体。辐射能被斩波马达调制成 87.5Hz 后进入池体。调制的红外光经一窗口进入池体腔内然后经另一窗及精密波长滤光片出来。滤光片具有选择性，仅仅允许吸收二氧化碳的波长进入聚光锥，将能量集中在检测器上。随着被测气体浓度的增大，前置放大板的输出电压降低。

6.2.2.2 力可型红外碳硫仪

A 环境要求

（1）光谱室温度：15~30℃。

（2）光谱室相对湿度：≤80%RH。

（3）气体要求：载气（氧气）：纯度 99.99%，0.2758MPa（40PSI）。

（4）动力气（压缩空气、氮气、氩气）：必须无油无水，0.2758MPa（40PSI）。

B 漏气检查

在分析画面上点击"诊断"按钮后选择"漏气检查"项，出现系统漏气检查画面，一般进行全系统漏气检查，选择"系统漏气检查"项，点击"开始"按钮，系统开始进行漏气检查。界面出现提示"初始压力、当前压力、压力变化、结果"，如果压力变化在 5mm 汞柱（1mm 汞柱 = 133Pa）的范围内，系统就通过漏气检查，漏气检查结果显示"Passed"，说明漏气检查已通过，系统无泄漏；如果压力在加压值上下有 5mm 汞柱的变化，则系统就不通过漏气检查，需进一步检查漏气原因。

C 曲线校准

（1）重复分析同一标样 3 次以上，取得 3 次以上的分析结果。

（2）确认结果可靠后，选中结果较好的进行分析。

（3）单击分析软件上端配置菜单打开新校准菜单，分别察看碳/硫曲线。

（4）察看修正值误差，符合要求后单击确定，然后单击保存，完成曲线校正。

D 试样分析

（1）选择合适的分析组。

（2）在天平上称取样品。

（3）将装有样品的坩埚放在坩埚托上。

（4）再按析画面下按"分析"按钮或键盘"F5"按键，炉子关闭，分析自动开始。

（5）分析结果和释放峰在显示器上自动显示。

（6）至少平行分析两次，如果两次分析结果符合国家标准中关于重现性的要求，则取平均值传输到检化验二级机，保存分析结果。

6.2.3 钢中气体分析

钢中气体一般采用氧氮测定仪、定氢仪进行分析，现在也可以采用氧氮氢联合测定仪一次性完成。

6.2.3.1　氧氮测定仪、定氢仪的分析原理

一个已知重量的试样放置在石墨坩埚中，然后在电极炉中加热，释放出检测气体。用惰性气体作为载气（典型的有氦气），带动试样燃烧后释放出来的分析气体从炉子出来，流经质量流量控制器，平稳地进入各种检测池。

试样中的氧和坩埚中的碳形成 CO 和少量的 CO_2，CO 和 CO_2 被红外池检测；然后，气体通过热的稀土氧化铜，CO 转化成 CO_2，H_2 转化成 H_2O；随后气体继续进入红外池，CO_2 被检测，H_2O 和检测完的 CO_2 被无水过氯酸镁、碱石棉从载气中去除掉，以避免被热导池检测到。动态流量补偿器（专利品）用于向气路中补充一定的载气量，以补偿被吸收的气体的量。最后，混合试样气体进入热导池得到氮的分析结果。

6.2.3.2　氧氮测定仪、定氢仪的主要构件

A　电极炉

通过上下电极和石墨坩埚导电，以电加热的方式使样品熔融。样品中的氧与石墨坩埚中的碳反应生成 CO 和 CO_2，氮以 N_2 方式逸出。

B　测量系统

红外光源包括镍铬合金丝，由于是电阻，可被加热到 850℃。红外光源辐射为所有波长在红外光谱区的可见能量。

氧在红外池以一氧化碳或二氧化碳的形式被检测。碳氧化合物吸收红外光谱区一条确定波长的红外能量。所有其他红外能量用一块滤光片过滤掉，以阻止它们进入红外检测器。由于使用滤光片，红外能量的吸收只能归结为一种碳氧化合物。二氧化碳的浓度在检测器中是以能量水平来检测的。

一个红外池既作为参考，又作为测量。总氧（二氧化碳和一氧化碳）的检测是基于连续和同时的基础上的。红外池包括了红外光源、聚光锥、滤光片、红外检测器、池体。辐射的能量通过一个窗口进入池体，流过池体后，穿过第二个窗口和精确滤光片。滤光片具有选择性，仅仅允许吸收二氧化碳的波长进入聚光锥，将能量集中在检测器上。随着气体的集中增加，前置放大板的电压减少了。

热导检测池可以检测气体热导的差异。池体包括两对匹配了供应恒定气流的电桥。气体类型是不同的。基准电桥仅对应载气，测量电桥对应于混合了载气的试样气体。

当两对电桥同处于一种气体气氛时，池体的输出为 0。电桥电流使电热丝自热，保持电桥温度比恒温箱温度要高。恒温箱温度维持在 50℃，这样就可以消除室温变化带来的影响。

只要电热丝保持处在同样的环境中，池体的输出将维持为 0。任何环境的变化将导致输出的改变或减小。

当两个腔体都是氦气气流时，输出为 0。氮气的介入将导致测量电桥的温度减小，因为氮气的热导率比氦气的热导率小。这就导致通过电桥的电流发生改变，产生输出。输出的大小将随着氮的含量多少而改变。

6.2.3.3 氧氮氢检验过程

A 环境要求

(1) 光谱室温度：15~30℃。

(2) 光谱室相对湿度：≤80%RH。

(3) 气体要求：载气（氧气）：纯度99.99%，（22±5%）PSI。

B 漏气检查

在分析画面上点击"诊断"按钮，出现系统漏气检查画面，一般进行全系统漏气检查，选择"系统漏气检查"项，点击"开始"按钮，系统自动开始进行漏气检查。待一定时间显示结果。通过则进入下一步，不通过查找原因。

C 曲线校准

(1) 重复分析同一标样3次以上，取得3次以上的分析结果。

(2) 确认结果可靠后，选中结果较好的分析行。

D 试样分析

(1) 在仪器处于正常状态下单击SAMPLE图标。将托盘放在天平上，按清零键使读数保持为零。

(2) 将处理过的试样加入托盘，待天平读数稳定后按输入键后重量自动传输到计算机中。

(3) 按分析键，分析开始，待提示加入试料后加入称量完的试料，等待下电极下降。

(4) 待下电极降下后取下坩埚，再按分析键，自动清理炉头，结束后将新坩埚放在下电极上，按分析键待下电极上升。

(5) 下电极上升后试料自动投入坩埚中，分析仪自动开始分析，分析结束后氧、氮分析结果将在屏幕显示。

6.3 钢材力学性能检验

6.3.1 拉伸试验

拉伸试验是检验钢材的基本力学性能试验，是在应力状态为单轴，温度恒定，以一定的应变速率条件下进行的，可以测得屈服强度、抗拉强度、断后伸长率、断面收缩率、应变硬化指数、塑性应变比等多项力学性能指标。

6.3.1.1 拉伸试验标准

拉伸试验采用的国家标准是：GB/T 228.1《金属材料 拉伸试验 第一部分：室温试验方法》、GB/T 5028《金属材料 薄板和薄带拉伸应变硬化指数（n 值）的测定》、GB/T 5027《金属材料 薄板和薄带 塑性应变比（r 值）的测定》。

6.3.1.2 拉伸试验原理

拉伸试验是用拉力拉伸试样，直到试样断裂，测得相应的力学性能指标。试样变形一般分为弹性变形、屈服变形、均匀塑性变形、局部塑性变形和断裂几个阶段。通常在室温下进行试验，温度为10~35℃。对于金属薄板深冲压用钢需要测定两个非常重要的指标，即应变硬化指数（n 值）和塑性应变比（r 值），必须使用相应的纵向和横向引伸计。n

值是在单轴拉伸应力作用下，真实应力与真实塑性应变数学方程式中的真实塑性应变指数，标志着金属抵抗继续塑性变形的能力；r 值是在单轴拉伸应力作用下，试样宽度方向真实塑性应变和厚度方向真实塑性应变的比，是衡量金属薄板冲压成型的工艺性参数。

6.3.1.3　拉伸试样的制备

A　板状拉伸试样

a　试样形状

金属热轧板和冷轧板试样横截面积的形状一般为矩形，采用比例试样或非比例试样如图 6-9 所示。如产品标准有特殊要求，按要求执行。

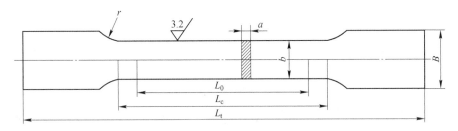

图 6-9　金属板材拉伸试样

b　试样尺寸公差和形状公差

冷轧板拉伸试样尺寸及公差见表 6-3；热轧板拉伸试样尺寸及公差见表 6-4。

表 6-3　冷轧板拉伸试样尺寸及公差　　　　　　　　（mm）

序号	b	r	L_0	L_c 一般试验	L_c 仲裁试验	尺寸公差	形状公差	备　注
1	20	≥20	80	120	120	±0.10	0.12	非比例试样
2	25	≥20	50	100	120	±0.10	0.12	非比例试样
3	20	≥20	$11.3\sqrt{S_0}$	≥$L_0+b/2$	L_0+2b	±0.10	0.12	比例试样
4	20	≥20	$5.65\sqrt{S_0}$	≥$L_0+b/2$	L_0+2b	±0.10	0.12	比例试样

表 6-4　热轧板拉伸试样尺寸及公差　　　　　　　　（mm）

序号	b	r	L_0	L_c 一般试验	L_c 仲裁试验	名义横向尺寸	尺寸公差	形状公差 一般试验	备　注
1	12.5	≥20	50			≥3	±0.02	0.03	非比例试样
2	20	≥12	$11.3\sqrt{S_0}$			≤6			比例试样
3	20	≥12	$5.65\sqrt{S_0}$			>6	±0.03	0.04	比例试样
4	25	≥20	50	≥$L_0+1.5\sqrt{S_0}$	$L_0+2\sqrt{S_0}$	≤10			非比例试样
5	30	≥12	$5.65\sqrt{S_0}$			>10	±0.05	0.06	比例试样
6	38	≥20	50			≤18			非比例试样
7	40	≥20	200			>18	±0.10	0.12	非比例试样

注：1. 表中所列为常见拉伸试样尺寸，未尽事宜详见 GB/T 228.1；

　　2. 如果试样的宽度公差满足表 6-3、表 6-4，原始横截面积可以用名义值，而不必通过实际测量再计算。

B 棒状拉伸试样

（1）试样形状

金属板坯、型材等加工成棒状拉伸试样；采用比例试样，见图6-10，如产品标准有特殊要求，则按其要求执行。

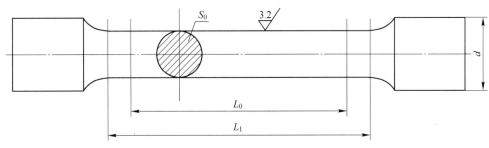

图 6-10 金属棒状拉伸试样

（2）试样尺寸公差和形状公差

棒状拉伸试样尺寸及公差见表6-5。

表 6-5 棒状试样横向尺寸公差 （mm）

名　称	标称横向尺寸	尺寸公差	形状公差
机加工的圆形横截面直径	>0~0	±0.02	0.03
	>6~10	±0.03	0.04
	>10~18	±0.05	0.04
	>18~30	±0.10	0.05

注：1. 表中所列为常见拉伸试样尺寸，未尽事宜详见 GB/T 228.1；

　　2. 如果试样的公差满足表6-5，原始横截面积可以用名义值，而不必通过实际测量再计算。如果试样的公差不满足表6-5，对每个试样的尺寸进行实际测量。

6.3.1.4 拉伸试验

A 拉伸试验设备

拉伸试验机主要由加力机构、夹持机构、记录装置和测力机构4部分组成。配置相应的附件可以对材料进行拉、压、弯、扭、剪切等力学试验，目前主要分为液压式试验机、电液式试验机、电液伺服万能试验机。无论哪一种类型试验机，拉伸试验所用设备应满足以下要求：

（1）准确度应达到1级或优于1级要求。

（2）有加力调速装置。

（3）有数据记录或显示装置。

（4）由计量部门定期检定合格。

B 拉伸试验速率

（1）应变速率，即方法 A，其 R_{eL}、R_{eH}、R_p、R_t、R_m、A 测试速度如图 6-11 方法 A 所示。

（2）应力速率，即方法 B，其 R_{eL}、R_{eH}、R_p、R_t、R_m、A 测试速度如图 6-11 方法 B 所示。

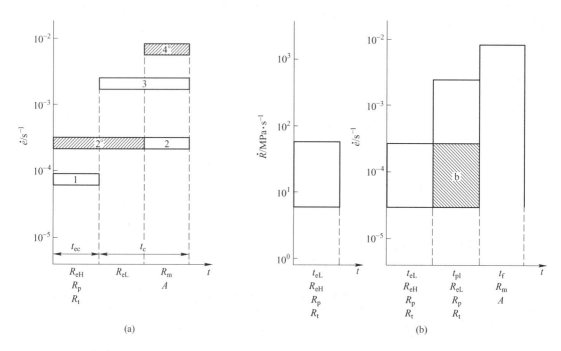

图 6-11　拉伸试验速率范围

（a）引伸计控制或横梁控制；（b）横梁控制

1—范围 1；$\dot{e} = 0.00007 s^{-1}$，相对误差±20%；2—范围 2；$\dot{e} = 0.00025 s^{-1}$，相对误差±20%；3—范围 3；

$\dot{e} = 0.0025 s^{-1}$，相对误差±20%；4—范围 4；$\dot{e} = 0.0067 s^{-1}$，相对误差±20%（$0.4 min^{-1}$，相对误差±20%）

C　拉伸强度指标测定

a　上屈服强度

上屈服强度 R_{eH} 可从力-延伸曲线图或峰值力显示器上测得，定义为力首次下降前的最大力值对应应力。

b　下屈服强度

下屈服强度 R_{eL} 可从力-延伸曲线上测得，定义为不计初始瞬时效应时屈服阶段中的最小力所对应应力。

对于上下屈服强度位置判定的基本原则如下：

屈服前的第 1 个峰值应力（第 1 个极大值应力）判为上屈服强度，不管其后的峰值应力比它大或比它小；

屈服阶段中如呈现 2 个或 2 个以上的谷值应力，舍去第 1 个谷值应力（第 1 个极小值应力）不计，取其余谷值应力中最小者判为下屈服强度，如只呈现 1 个下降谷，此谷值应力为下屈服强度；

屈服阶段中呈现屈服平台，平台应力判为下屈服强度，如呈现多个而且后者高于前者的屈服平台，判第 1 个平台应力为下屈服强度；

c 抗拉强度（R_m）

将试样拉伸至断裂，从记录的拉伸曲线图上确定试验过程中达到的最大力，或从测力度盘上读取最大力。用最大力除以试样原始横截面积得到抗拉强度。按照下面公式计算抗拉强度。

$$R_m = \frac{F_m}{S_0}$$

D 拉伸塑性指标测定

a 断面收缩率（Z）

按照定义测定断面收缩率，将试样断裂部分仔细地配接在一起，使其轴线处于同一直线上。断裂后最小横截面积的测定应准确到±2%。原始横截面积与断后最小横截面积之差除以原始横截面积的百分率为断面收缩率，按照下面公式计算断面收缩率。

$$Z = \frac{S_0 - S_u}{S_0} \times 100\%$$

b 断后伸长率（A）

断后伸长率为断后标距的残余伸长（$L_u - L_0$）与原始标距（L_0）之比的百分率，按照下面公式计算伸长率。

$$A = \frac{L_u - L_0}{L_0} \times 100\%$$

c 位移法测定断后伸长率

试验前采用标点机在试样上打点（5mm 或 10mm）；试验后，以符号 X 表示断裂后试样短段的标距标记，以符号 Y 表示断裂试样长段的等分标记，此标记与断裂处的距离最接近于断裂处至标距标记 X 的距离。如 X 与 Y 之间分格数为 n，则按如下测定断后伸长率：

（1）如 N-n 为偶数（图6-12），测量 X 与 Y 之间的距离及从 Y 至距离为 $\frac{1}{2}(N - n)$ 个分格的 Z 标记之间的距离，按下面公式计算断后伸长率：

$$A = \frac{XY + 2YZ - L_0}{L_0} \times 100\%$$

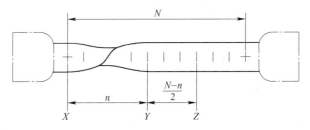

图6-12 N-n 为偶数位移法

（2）如 N-n 为奇数（图6-13），测量 X 与 Y 之间的距离及从 Y 至距离为 $\frac{1}{2}(N - n - 1)$

和 $\frac{1}{2}(N - n + 1)$ 个分格的 Z' 和 Z'' 标记之间的距离，按下式计算断后伸长率：

$$A = \frac{XY + YZ' + YZ'' - L_0}{L_0} \times 100\%$$

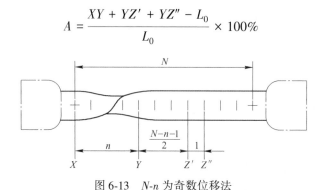

图 6-13　$N\text{-}n$ 为奇数位移法

6.3.2　硬度试验

硬度是表示材料表面抵抗弹性变形、塑性变形或破断的一种能力，是衡量金属软硬程度的一种性能指标，代号为 H。根据试验方法不同硬度试验可分为布氏硬度、洛氏硬度、维氏硬度、肖氏硬度等几种。常用的有布氏硬度、维氏硬度、洛氏硬度。

6.3.2.1　硬度试验标准

GB/T 231.1《金属材料 布氏硬度试验 第1部分：试验方法》

GB/T 230.1《金属材料 洛氏硬度试验 第1部分：试验方法（A、B、C、D、E、F、G、H、K、N、T标尺）》

GB/T 4340.1《金属材料 维氏硬度试验 第1部分：试验方法》

6.3.2.2　硬度试验原理

A　布氏试验原理

用一定直径的硬质合金球施加试验力压入试样表面，经规定的保持时间后，卸除试验力，测量试样表面压痕的直径，布氏硬度与试验力除以压痕表面积的商成正比。压痕被看作是具有一定半径的球形，压痕的表面积通过压痕的平均直径和压头直径计算得到。试验原理如图 6-14 所示，公式如下：

$$HBW = 常数 \times \frac{试验力}{压痕表面积} = 0.102 \times \frac{2F}{\pi D \sqrt{D^2 - d^2}}$$

式中　F——试验力，N；

　　　　D——硬质合金球直径，mm；

　　　　d——压痕平均直径，mm。

B　洛氏硬度试验原理

洛氏硬度是将压头（金刚石圆锥，硬质合金球）按图 6-15 分两个步骤压入试样表面，经规定的保持时间后，卸除主试验力，测量在初试验力下的残余压痕深度 h，根据 h 值及常数 N 和 S，用下面公式计算洛氏硬度：

$$洛氏硬度 = N - \frac{h}{S}$$

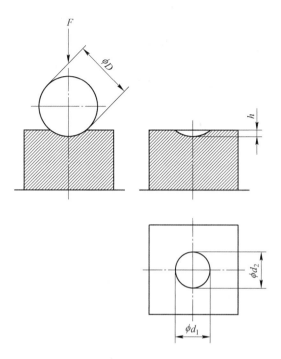

图 6-14 试验原理

式中　N——给定标尺的硬度数；

　　　　S——给定标尺的单位，mm；

　　　　h——残余压痕深度，mm。

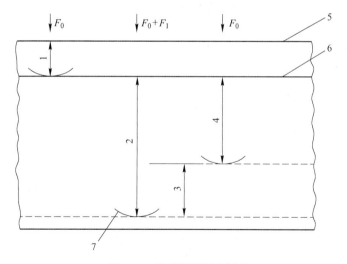

图 6-15 洛氏硬度试验原理

图 6-15 中，1 表示在初试验力 F_0 下的压入深度；2 表示由主试验力 F_1 引起的压入深度；3 表示卸除主试验力 F_1 后的弹性回复深度；4 表示残余压痕深度 h；5 表示试样表面；

6 表示测量基准面；7 表示压头位置。

　　C　维氏硬度试验原理

　　将顶部两相对面具有规定角度的正四棱锥体金刚石压头用一定的试验力压入试样表面，保持规定的时间后，卸除试验力，测量试样表面压痕对角线长度，维氏硬度值用四棱锥压痕单位面积上所承受的平均压力表示，按下面公式计算，图 6-16 所示为试验原理。

$$维氏硬度 = 常数 \times \frac{试验力}{压痕表面积} = 0.102 \times \frac{2F\sin\frac{136°}{2}}{d^2} = 0.1891\frac{F}{d^2}$$

式中　F——作用在压头上的试验力，N；

　　　　d——压痕两对角线长度的平均值，mm。

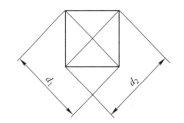
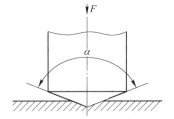

图 6-16　试验原理

6.3.2.3　硬度试验试样要求

　　(1) 布氏硬度试验试样要求。试样试验面应光滑平坦，无氧化皮及外界污物，尤其不应有油脂，表面粗糙度 Ra 不大于 1.6μm。试样支撑面应清洁，试样应能稳定地放置在工作台上，在试验规程中不发生滑动；试样厚度应不小于压痕深度的 8 倍。试验后，试样支撑面无可见的变形痕迹。

　　(2) 洛氏硬度试验试样要求。试样试验面必须光滑平坦，无氧化皮及外来污物，尤其不应有油脂，建议试样表面粗糙度 Ra 不大于 0.8μm，产品或材料标准另有规定除外。试样的制备应使受热或冷加工等因素对表面硬度的影响减至最小。试验后试样背面不应出现可见变形。对于用金刚石圆锥压头进行的试验，试样或试验层厚度应不小于残余压痕深度的 10 倍；对于用球压头进行的试验，试样或试验层的厚度应不小于残余压痕深度的15 倍。

　　(3) 维氏硬度试验试样要求。试样试验面必须光滑平坦，无氧化皮及外来污物，尤其不应有油脂，除非在产品标准中另有规定。试样表面的质量应能保证压痕对角线长度的精确测量。试样的制备应使受热或冷加工等因素对表面硬度的影响减至最小。试样或试验层厚度至少应为压痕对角线长度的 1.5 倍。试验后试样背面不应出现可见变形痕迹。

6.3.3　冲击试验

　　冲击试验是检验钢材的冲击韧性，是在冲击载荷下钢材塑性变形和断裂过程中吸收能量的能力，常用的试验方法是夏比冲击试验。

6.3.3.1 冲击试验标准

冲击试验标准为 GB/T 229《金属夏比缺口冲击试验方法》。

6.3.3.2 冲击试验原理

将规定几何形状的缺口试样置于试验机两支座之间，缺口背向打击面放置，用摆锤一次打击试样，测定试样的吸收能量。试样缺口分为 V 形和 U 形。试验一般在规定的温度下进行，分为低温冲击试验、常温冲击试验和高温冲击试验，常温冲击试验在（23±5）℃范围内进行。

6.3.3.3 冲击试验

A 冲击试验设备

冲击试验的设备为摆锤式冲击试验机，主要由机架、摆锤、试样支座、指示装置及摆锤释放、制动和提升机构等组成。所有测量仪器均应溯源至国家或国际标准。这些仪器应在合适的周期内进行校准。试样与摆锤冲击试验机支座及砧座相对位置如图 6-17 所示。

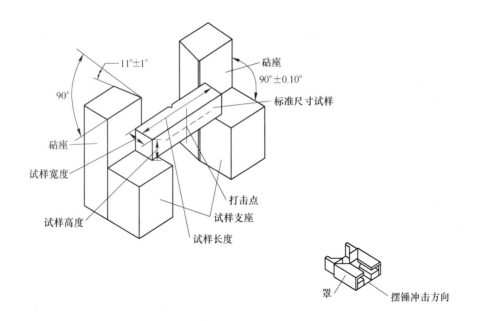

图 6-17 试样与摆锤冲击试验机支座及砧座相对位置

B 试样要求

试样应符合 GB/T 229《金属材料 夏比摆锤冲击试验 第 1 部分 试验方法》或相应标准的规定。试样制备应避免由于加工硬化或过热而影响金属的冲击性能试样形状和尺寸，缺口应开在试样的窄面上。如不能制备标准试样，可采用宽度 7.5mm、5mm 或 2.5mm 等小尺寸试样。试样表面粗糙度 Ra 应优于 5μm，端部除外。试样标记应标注在试样的端部，即标记远离缺口，不许标在与支座、砧座或摆锤刀刃接触面上，并避免塑性变形和表面不连续性对冲击吸收能量的影响。试样尺寸的量具最小分度值应不大于 0.02mm。标准夏比缺口冲击试样的形状、试样尺寸及加工精度如图 6-18、图 6-19 所示。

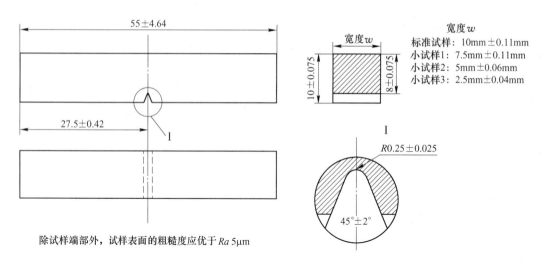

除试样端部外，试样表面的粗糙度应优于 *Ra* 5μm

图 6-18　夏比 V 形缺口冲击试样

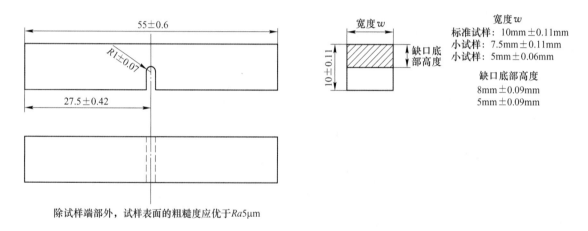

除试样端部外，试样表面的粗糙度应优于 *Ra*5μm

图 6-19　夏比 U 形缺口冲击试样

6.3.4　顶锻试验

顶锻试验指在室温或热状态下沿试样轴线方向施加压力，将试样压缩，检验金属在规定的锻压比下承受顶锻塑性变形的能力并显示金属表面缺陷。

6.3.4.1　顶锻试验标准

顶锻试验标准为 YB/T 5293《金属顶锻试验方法》。

6.3.4.2　顶锻试验原理

顶锻试验是在室温或热状态下沿试样轴线方向施加压力，将试样按规定的锻压比压缩，检验金属承受顶锻塑性变形的能力并显示金属表面缺陷以判断产品表面质量的一种工艺试验方法。冷顶锻试验一般在 10~35℃的室温下进行，对于温度要求较严格的试验，试验温度应为（23±5）℃；对于热顶锻试验，试样的加热温度、加热时间和允许的终锻温度应按照相关产品标准规定的要求。

6.3.4.3 顶锻试验

（1）试验设备。顶锻试验可用万能试验机、压力机、锻压机或手锤完成。试验时可使用支撑板和防止试样偏斜的夹具。支撑板应具有足够的刚性。对于热顶锻试样应用可控制温度的加热装置进行加热。

（2）试样要求。试样应保留原轧制表面或拔制表面，如试样表面要求机加工，应在相关产品标准中加以说明，试样机加工的轨迹应垂直于试样的中心线。试样的高度应在相关产品标准中规定。如未具体规定，对于黑色金属采用试样横截面尺寸的 1.5~2 倍，推荐采用 1.5 倍，试样高度的允许偏差不应超过 $\pm 5\% h$，试样端面应垂直于试样轴线。

6.3.5 落锤试验

落锤试验（drop weight tear test，DWTT）指用一定高度的落锤或摆锤一次性冲断处于简支梁状态的试样，测试钢材的落锤撕裂性能，如剪切面积百分数、总吸收能量、裂纹启裂能量等。

6.3.5.1 落锤试验标准

GB/T 8363《钢材 落锤撕裂试验方法》

SY/T 6476《管线钢管落锤撕裂试验方法》

6.3.5.2 落锤试验原理

落锤试验（DWTT）是模拟输送管道和圆筒型压力容器破坏形态的动态工程试验方法，是石油、天然气输送管道钢重要的一项指标，是将轧制的钢板取样加工成 305mm×76mm×板厚的试样，然后放在落锤试验机上将其砸断，检验断口的纤维撕裂面积。判断依据是按纤维撕裂面积的大小，纤维撕裂面积越大，结果越好。试验结果通过建立断口形貌与温度的关系，确定管线钢材料的韧脆转变温度，以保证管线在韧性温度区工作，避免发生脆性断裂事故。

6.3.5.3 落锤试验

A 落锤设备

试验机可为摆锤式或落锤式。为了保证将试样一次冲断，试验机应具有足够大的能量。试验机的冲击速度为 5~9m/s。试验机锤刃及支座有足够的硬度（HRC>56），锤刃、两支座及其公差应符合图 6-20 的规定。

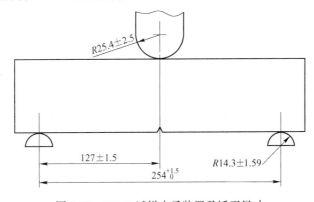

图 6-20 DWTT 试样支承装置及锤刃尺寸

落锤试验低温试验装置测温仪器的示值误差应不大于±0.5%，数显式的分辨率应不大于0.1℃，刻度式的最小分度应不大于1℃。试样从保温装置中取出至用锤击断应在10s内完成，要求自动上样系统要保证满足该要求。落锤试验机冲击能量大，能量测量传感器造价高，目前多数企业落锤试验机不具备能量测试条件。

B　落锤试样要求

试样缺口几何形状有2种，如图6-21所示，压制缺口或人字缺口，韧性较低时优先选用压制缺口；韧性较高的优先选用人字形缺口。

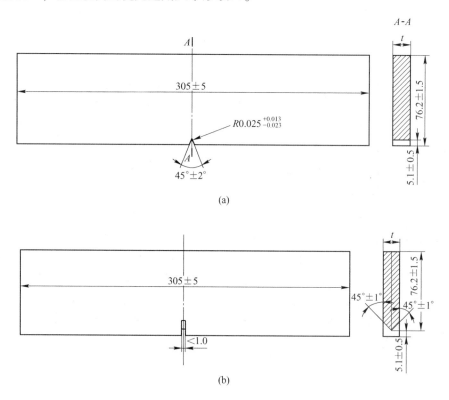

图6-21　落锤DWTT试样
（a）压制缺口；（b）人字形缺口

C　试验结果评定方法

DWTT试样断口形貌通常为：试样断口横截面上全部为韧性断裂区或脆性断裂区；从缺口根部开始呈现脆性断裂区；从缺口根部至锤击侧由脆性断裂转变为韧性断裂。

（1）试样断口的评定是测量净截面积上剪切面积百分数。

1）厚度≤19.0mm试样，在试样横截面上从压制缺口根部或人字形缺口的尖端起扣除一个试样厚度并从锤击侧扣除一个试样厚度后的截面，如图6-22所示。

2）厚度>19.0mm试样，从压制缺口根部或人字形缺口的尖端起和从锤击侧各扣除19.0mm截面。

（2）试样评定断口的净面内断裂面上呈暗灰色纤维状的断裂区为韧性断裂；试样评定断口的净面内断裂面上呈发亮的结晶状的断裂区为脆性断裂。

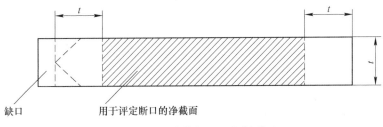

图 6-22　测定剪切面积的断裂面

（3）试样出现图 6-23 断口形貌，将净截面上出现韧性断裂和脆性断裂相间区域中的韧性断裂部分也作为脆性断裂计算。

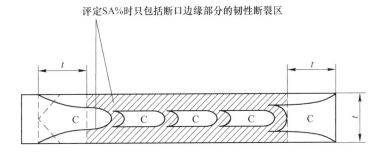

图 6-23　剪切断裂及解理断裂间断出现的断口

注：C 表示解理断裂区

（4）剪切面积百分比测定：

（5）用附有标尺的断口照片或求积仪测出脆性断裂区面积。

（6）三种典型试样断口测定计算办法：

1）试样厚度<19.0mm 时，按式（6-1）计算剪切面积百分数。

2）试样厚度等于 19.0mm 时，按式（6-2）计算剪切面积百分数。

3）试样厚度≥19.0mm 时，按式（6-3）计算剪切面积百分数。

$$SA = \frac{(71 - 2t)t - 0.75AB}{(71 - 2t)t} \times 100\% \qquad (6\text{-}1)$$

$$SA = \frac{627 - 0.75AB}{627} \times 100\% \qquad (6\text{-}2)$$

$$SA = \frac{33t - 0.75AB}{33t} \times 100\% \qquad (6\text{-}3)$$

式中　SA——剪切面积百分数（精确到 1%），%；

　　　t——试样厚度，mm；

　　　A——缺口根部"t"线处脆性断裂区宽度，mm；

　　　B——"t"线间脆性断裂区长度，mm。

（7）若断口呈图 6-24（c）形貌，则在两条"t"线处和两条"t"线之间的中点处测量脆性断裂区的宽度 A_1、A_2、A_3，按式（6-4）计算剪切面积百分数。

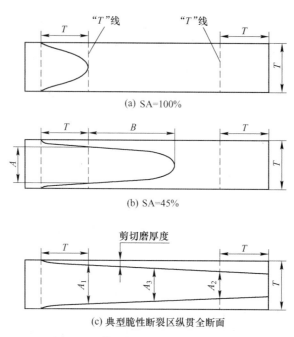

(a) SA=100%

(b) SA=45%

(c) 典型脆性断裂区纵贯全断面

图 6-24　典型的 DWTT 试样断口形貌

$$SA = \frac{t - (A_1 + A_2 + A_3)/3}{t} \times 100\% \qquad (6\text{-}4)$$

式中　SA——剪切面积百分数,%;

　　t——试样厚度, mm;

　　A_1——缺口根部"t"线处脆性断裂区宽度, mm;

　　A_2——锤击侧"t"线处脆性断裂区宽度, mm;

　　A_3——两条"t"线之间的中点处"t"线处脆性断裂区宽度, mm。

6.3.6　钢材力学性能试验影响因素

　　钢材力学性能试验结果受材料、试样、试验设备、试验程序等因素的影响：试样的不均匀度、试样的几何形状、制备方法和公差（尺寸及表面粗糙度）；试验设备和辅助测量系统（刚度、驱动、控制、操作方法）；试样尺寸的测量；试验的各阶段中的试验温度和加载速率；人为的或与测定相联系的软件误差；试验设备的测量器具的精度以及数值修约等。

6.4　钢材工艺性能检验

6.4.1　金属弯曲试验

　　弯曲试验是测定材料承受弯曲载荷时的力学特性的试验，是材料机械性能试验的基本方法之一。弯曲试验可以测定脆性和低塑性材料（如铸铁、高碳钢、工具钢等）的抗弯强度并能反映塑性指标的挠度，还可以用于检查材料的表面质量。

　　对于脆性材料弯曲试验一般只产生少量的塑性变形即可破坏，而对于塑性材料则不能测出弯曲断裂强度。由于弯曲时，截面上的应力分布是表面上的应力最大，因此其对材料表面缺陷反应灵敏，故钢铁行业常用于作为型材出厂产品判定依据之一。

目前，开展弯曲试验的有热轧板的弯曲试验（即冷弯试验）、冷轧镀锌板锌层附着性的弯曲试验、螺纹钢的反向弯曲试验、电工钢板检验的反复弯曲试验。

6.4.1.1 弯曲（冷弯）试验

弯曲（冷弯）性能是表征金属材料在常温下能承受弯曲而不破裂的能力，是检验钢板塑性的工艺试验。

弯曲试验机如图 6-25 所示。

图 6-25 弯曲试验机

A 弯曲（冷弯）试验原理

弯曲试验是以圆形、方形、矩形或多边形横截面试样在弯曲张纸上经受弯曲塑性变形，不改变加力方向，直至达到规定的弯曲角度的试验方法。弯曲试验时，试样两臂的轴线保持在垂直于弯曲轴的平面内。例如弯曲 180°的弯曲试验，按照相关产品标准的要求，可以将试样弯曲至两臂直接接触或两臂相互平行且相距规定距离，可使用垫块控制规定距离。

图 6-26 所示为弯曲试验示意图。

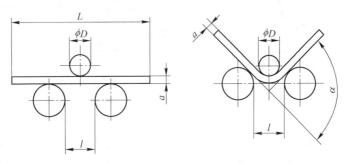

图 6-26 弯曲试验示意图

B　弯曲（冷弯）试验方法

金属弯曲试验采用标准：GB/T 232《金属材料 弯曲试验方法》。

试验要求：弯曲试验既可在弯曲试验机或万能试验机上进行；也可通过其他方式进行弯曲试验，但必须满足 GB/T 232 中对试验设备的要求。试验机应有支辊式弯曲装置。支辊长度应大于试样宽度，支辊应具有足够的硬度。对于 180°弯曲试验，可按照相关产品标准规定，采用下列方法之一完成试验。

（1）试样在力作用下弯曲至两臂相距产品标准规定距离且相互平行（图 6-27）。

（2）试样在力作用下弯曲至两臂直接接触，即 $d=0$（图 6-28）。

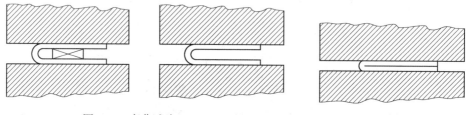

图 6-27　弯曲试验（一）　　　　　　　　　图 6-28　弯曲试验（二）

试验结果判定：

（1）应按照相关产品标准的要求评定弯曲试验结果。如未规定具体要求，弯曲试验后试样弯曲外表面无可见裂纹判定为合格，否则为不合格。

（2）相关产品规定的弯曲角度认作为最小值；若规定了弯曲压头直径，以规定的弯曲压头直径作为最大值。

6.4.1.2　反向弯曲试验

反向弯曲用于钢筋混凝土用钢筋的弯曲和反向弯曲试验。反向弯曲试验的目的是测定钢筋在弯曲变形与实效后的反向弯曲变形性能。

反向弯曲试验机如图 6-29 所示。

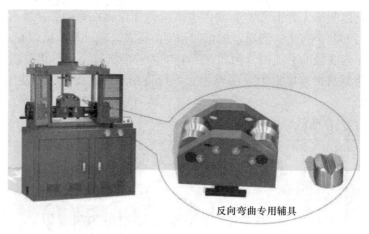

反向弯曲专用辅具

图 6-29　反向弯曲试验机

A　反向弯曲试验原理

弯曲试验是将试样两臂或一臂加力，使试样靠在规定直径的弯曲圆弧面（弯心）处承受一弯曲力矩而产生绕圆弧面的塑性变形到一特定角度的试验。

时效性能由反向弯曲试验测试，包括弯曲试验和时效热处理，再将试样反向弯曲还原到一定的角度。

B 反向弯曲试验方法

反向弯曲试验采用标准：YB/T 5126《钢筋混凝土用钢筋弯曲和反向弯曲试验方法》。

试验要求：试样应绕弯曲圆弧面（弯心）进行试验，弯曲角度和弯曲圆弧面（弯心）直径 D 应符合相关产品标准的要求。试验应在 10~35℃ 的室温下进行。弯曲后的试样应在 100℃ 的温度下进行时效处理，保温时间至少为 30min，在空气中自由冷却至室温后进行反向弯曲试验。根据相关产品标准或供需双方协议规定，弯曲后的试样也可不进行时效处理而直接在室温下进行反向弯曲试验。反向弯曲速度应不大于 20°/s。当反向弯曲到规定角度时，试验设备应能准确停机。试验完成后应仔细观测试样，若无目视可见的裂纹，则评定为合格。图 6-30 所示为弯曲和反向弯曲高度示意图。

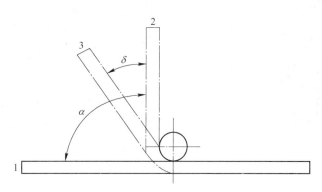

图 6-30 弯曲和反向弯曲角度示意图
1—起始位置；2—弯曲 α 角位置；3—反向弯曲 δ 角位置

6.4.1.3 反复弯曲试验

金属的反复弯曲试验是工艺性能检验的一种。试验的目的是定性测定金属材料在反复弯曲中经历塑性变形的能力和暴露缺陷。

反复弯曲试验机如图 6-31 所示。

A 反复弯曲试验原理

将一定形状和尺寸的试样一端夹紧，然后绕规定半径的圆柱形表面使试样弯曲 90°，再按相反方向弯曲。

反复弯曲试验原理如图 6-32 所示。

B 反复弯曲试验方法

反复弯曲试验采用标准：GB/T 235《金属材料 厚度等于或小于 3mm 薄板和薄带 反复弯曲试验方法》。

试验要求：根据试样厚度选择合适的钳口及导套，以保证试样在拔杆孔内（或槽内）自由运动。根据试样抗拉强度计算其相应拉力负荷 2% 的值，当试样拉力负荷的 2% 值在 2~10N 范围时，采用 φ1.0 弹簧，调节盖螺母，按下弹簧选用 2~10N 之间合适的张紧力进行试验；当试样拉力负荷的 2% 值大于 10N 时，采用 φ1.8 弹簧，调节盖螺母，按下弹簧选用0~60N之间合适的张紧力进行试验；记录弯折次数（试验断裂的最后一次弯曲不计入弯曲次数 N）为试验最终结果。

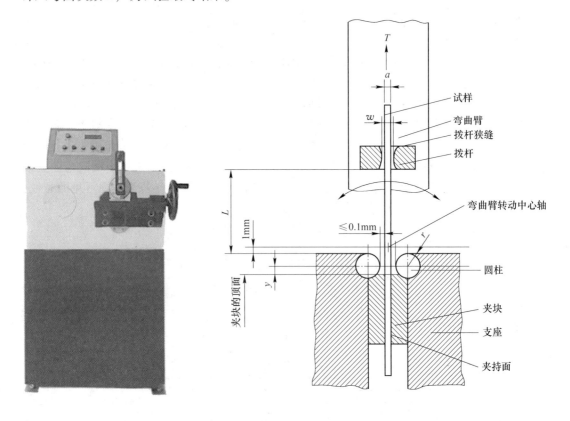

图 6-31　反复弯曲试验机　　　　　　　图 6-32　反复弯曲试验原理

6.4.2　薄板成型性能

　　金属冷轧薄板制品广泛应用在汽车工业，大部分经过冷压成型，金属薄板除具有较好的机械性能外，还需要有良好的成型性能，这是被广泛应用的原因。为了检测金属薄板成型性能，产生了很多试验方法，金属杯突试验和扩孔试验是较早应用的模拟试验方法。

　　金属薄板的成型性能可以简单理解为适应各种冷压成型状况和成型后能够保持良好机械性能的能力，板材成型性能的好坏会直接影响到冲压工艺过程、生产率、产品质量和生产成本。板料的冲压成型性能好，对冲压成型方法的适应性就强，就可以采用简便工艺，高效生产设备，生产出优质低成本的冲压零件。因此，对金属板材冲压成型性能的研究具有非常重要意义，为了能够运用最科学与最经济合理的冲压工艺过程与工艺参数制造出冲压零件，必须对作为加工对象的金属板材的性能具有十分清楚的了解，杯突试验是模拟试验法，是金属板材冲压性能的试验方法之一。

　　随着人类环境保护意识的日益增强，汽车减重、降低能源消耗已为当前趋势，且随着人们对汽车安全性重视程度的不断增强，对各种先进的高强度、加工性能良好的新型钢铁材料的需求越来越多。在各种新型钢铁材料中热轧高强钢板广泛用于底盘、悬挂及其周围部件，这些部位上的许多零部件具有非常复杂的形状，剪切或冲裁以后的金属薄板在受冲剪的边缘部位会产生损伤和加工硬化现象，在后续的冲压成型加工特别是拉伸变形时，这些部位会过早地产生裂纹而导致破坏。尤其一些高强钢加工中常有这种情况发生。而扩孔试验是一种模拟试验，它能直接反映汽车专用板材在扩孔时孔边的翻边成型性。而较高的扩孔性能即是其中一个非常重要的指标要求。

6.4.2.1 金属杯突试验

将一个端部为球形的冲头对着一个被夹紧在垫模和压模内的试样进行冲压，形成一个凹痕，直到出现一条穿透裂纹，依据冲头位移测得的凹痕深度即为金属杯突试验结果。

杯突试验机如图 6-33 所示。

A 金属杯突试验原理

杯突试验是评价金属薄板成型性的试验方法。又称埃里克森试验，是薄板成型性试验中最古老、最普及的一种。试验时，是将一个端部为球形的冲头对着一个被夹紧在压模和压模内的试样进行冲压形成一个凹痕，直到出现一条穿透裂纹，由冲头位移测得的凹痕深度即为试验结果。在试验中，材料的变形方式主要是拉胀成型，凸模压入深度越深，说明板料胀形性能越好。

图 6-34 所示为埃里克森杯突示意图。

图 6-33 杯突试验机

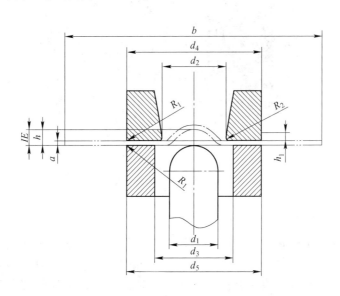

图 6-34 埃里克森杯突示意图

埃里克森杯突符号和说明见表 6-6。

表 6-6　符号和说明

符　号	名　称	试样和模具尺寸	
a	试样厚度/mm	$0.1 \leqslant a \leqslant 2$	$2 < a \leqslant 3$
d_2	压模孔径/mm	27 ± 0.05	40 ± 0.05
d_3	垫模孔径/mm	33 ± 0.1	33 ± 0.1
d_1	冲头直径/mm	20 ± 0.05	20 ± 0.05

注：依据试样厚度选择不同固定模孔径。

B　金属杯突试验方法

金属杯突试验标准：GB/T 4156《金属材料 薄板和薄带埃里克森杯突试验》。

试验要求：在试样上涂上少量石墨脂，在垫模和压模之间夹紧试样，保证压痕中心距试样任何边缘不小于 45mm，夹紧力为 10kN。缓慢给冲头施力使其接触试样，从接触点开始测量压入深度。压入速度控制在 5～20mm/min 范围内。裂纹显示出穿过试样的整个厚度时，立即停止移动冲头。测量冲头压入深度，精确到 0.1mm。除非产品标准另有规定，至少进行 3 次试验，取其平均值。

6.4.2.2　金属扩孔试验

用凸模把中心带孔的试样压入凹模，使试样中心孔扩大，直到板孔边缘出现裂纹为止。图 6-35 所示为德国 Erichsen 板材成型试验机。

图 6-35　德国 Erichsen 板材成型试验机

A　金属扩孔试验原理

扩孔试验是一种薄板成型性试验。扩孔试验包括冲制试验圆孔和利用锥头凸模压入冲制圆孔两个步骤，即冲孔完毕后，锥头凸模压入冲制圆孔并由试验机对其加力，直至圆孔在凸模作用下孔缘（竖缘）发生开裂停止试验。图 6-36 所示为冲制圆孔示意图，图 6-37 所示为扩孔示意图。

B　扩孔试验方法

扩孔试验标准：GB/T 15825.4《金属薄板成形性能与试验方法 第 4 部分：扩孔试验》。

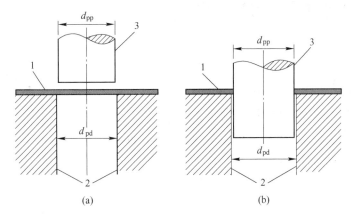

图 6-36　冲孔

（a）冲孔前；（b）冲孔后

1—试样；2—凹模；3—凸模

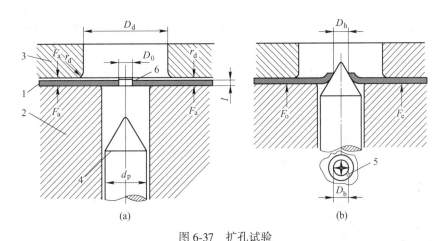

图 6-37　扩孔试验

（a）试验前；（b）试验后

1—试样；2—压边圈；3—凹模；4—锥头凸模；5—孔缘裂纹；6—冲孔毛刺

　　试验要求：每组个批号至少进行 3 次有效重复试验，安放试样时，应把冲制圆孔的毛刺边缘朝向凹模孔，并保证圆孔中心与锥头凸模轴线对中且要求试样的板面与锥头凸模运动方向垂直。使用压边圈把试样压牢，以防扩孔试验过程中压边圈下方的材料发生变形流动。压边力大小与试样的尺寸有关，例如对于 150mm×150mm 的试样，压边力不应小于 50kN，启动试验机把锥头凸模压入试样上的圆孔，锥头凸模运动速度不应大于 1mm/s。当观察到试样孔缘（竖缘）即将发生开裂的征兆时，应立即减慢锥头凸模运动速度，以准确捕捉试样孔缘（竖缘）发生开裂的瞬间时刻，即保证试验停机时试样孔缘（竖缘）变形状态恰处开裂时刻。发现试样孔缘（竖缘）发生开裂，立即停机。打开模具取出试样，使用合适的量具且避开裂纹，从两个相互垂直的方向测量已经开裂的试样孔径 D_h，测量精度应达到 0.05mm。

　　对每一次重复试验均计算出试样孔缘（竖缘）开裂时的孔径平均值，计算结果精确到 0.01mm；使用每次重复试验计算出的孔径平均值，按下列公式，分别计算它们的极限扩孔率。

$$\lambda = \frac{D_h - D_0}{D_0} \times 100\%$$

式中　　λ——极限扩孔率，单位为百分数，%；

　　　　D_0——试样上冲制圆孔的原始直径，mm；

　　　　D_h——试样孔缘（竖缘）开裂时的圆孔直径，mm。

6.4.3　电工钢检验

6.4.3.1　电工钢介绍

电工硅钢是一种重要的磁性材料，占工业磁性材料总量的 90%~95%，电工钢板根据硅含量不同分为电工钢和硅钢两类，有取向和无取向之分。其中取向硅钢可分为普通取向硅钢和高磁感取向硅钢，主要用作变压器，无取向硅钢又可分为低碳低硅电工钢和无取向硅钢，主要用作电机等。

硅钢片按硅含量可分为低硅钢（含硅 0.8%~1.8%）、中硅钢（含硅 1.8%~2.8%）、较高硅钢（含硅 2.8%~3.8%）及高硅钢（含硅 3.8%~4.8%）；按轧制方法和用途可分为热轧硅钢片和冷轧硅钢片，按晶粒取向又可分为取向硅钢板和无取向硅钢板。

6.4.3.2　磁性能检验

磁性检验测量指标有比总损耗和磁极化强度等。比总损耗是指当磁极化强度随时间按正弦规律变化，其峰值为某一标定值，变化频率为某一标定频率时，单位质量的铁芯消耗的功率，单位为瓦特每千克（W/kg）。通常所用的交流磁场频率为 50Hz 或 60Hz，而达到的磁通密度通常为 1.5T 或 1.7T。磁极化强度是指铁芯试样从退磁状态，在标定频率下磁极化强度按正弦规律变化，当交流磁场的峰值达到某一标定值时，铁芯试样达到的磁极化强度的峰值，单位为特斯拉（T）。

A　磁性能检验原理

爱泼斯坦方圈由初级线圈、次级线圈和作为铁心的试样组成形成一个空载变压器，以此测量磁极化强度。

单片测量仪由外部的初级绕组、内部的次级绕组成磁轭，与试样形成闭合磁路，以此测量磁极化强度。

B　试验方法

检验执行标准为 GB/T 3655《用爱泼斯坦方圈测量电工钢片（带）磁性能的方法》、GB/T 13789《用单片测试仪测量电工钢片（带）磁性能的方法》。

试验要求：试样的剪取要求剪切整齐、平坦，直角性良好，边沿无明显毛刺；爱泼斯坦方圈试验试样片数应为 4 的倍数，在同一电工钢上分别切取纵向和横向试样，试样的有效质量≥500g；爱泼斯坦方圈试验使用的钢板试样符合下述尺寸要求：宽度 $b = (30 \pm 0.2)$mm，长度 $l = (300 \pm 0.5)$mm。单片电工钢片（带）磁性能测量方法使用的钢板试样符合下述尺寸要求：宽度 $b = (500 + 5)$mm，长度 $l = (500 - 5)$mm。

称量试样，称量误差在±0.1%以内。称量后，样片应在拐角处按双搭接方式叠放在爱泼斯坦方圈中，在方圈的每一分支中样片的数目相同，使形成的内缘正方形边长为220mm。当样片按半数是平行于轧制方向和半数是垂直于轧制方向剪切时，轧制方向剪切的条片应插入方圈的两个相对的分支里，而那些垂直于轧制方向剪切的样片插入另外两个分支里。应注意确保在搭接部分片与片之间的空气间隙尽可能小。允许在每个搭接角处垂直于样片的搭接面施加一个大约1N的力。待测试样应在一个初始磁场高于先前测试磁场的退磁场下，逐渐降低交流磁场进行退磁。

双搭接方式如图6-38所示。

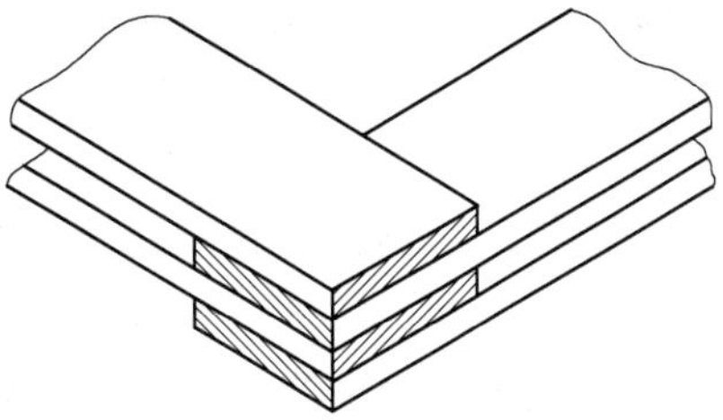

图6-38 双搭接方式

6.4.3.3 叠装系数试验

A 检验原理

测试仪是在一定的压力条件下，来测试电工钢板叠片性能。

B 试验方法

试验标准：GB/T 19289《电工钢片（带）的密度、电阻率和叠装系数的测量方法》。

试验要求：样片要求同爱泼斯坦方圈试验使用的钢板试样要求一致或直接使用爱泼斯坦方圈试验后的试样。以0.1%或更优的准确度称量试样质量，并分别以±0.2%和±0.7%或更优的准确度测量试样的平均长度和宽度，或在爱泼斯坦方圈试样满足IEC 60404-2要求的情况下，使用其的公称长度和宽度。叠装样片放置在一对夹板之间，夹板的表面积应足够大，以便完整覆盖处于叠装和受压状态下的试样表面；根据相关方协议，叠装系数的测定也可使用较小尺寸的夹板，但是不能小于25mm(长) × 12mm(宽)，此时，不必去除样片边部的毛刺。

叠装系数计算公式：

$$f = \frac{m}{\rho_{\mathrm{m}} h b l}$$

式中 f——叠装系数；

l——试样平均长度，cm；

b——试样平均宽度，cm；

ρ_{m}——试样密度，g/cm^3；

h——试样叠装高度，cm；

m——试样质量，g。

6.4.3.4 表面绝缘涂层电阻测定

取向硅钢的绝缘涂层是T1和T2涂层，无取向硅钢的绝缘涂层是T3、T4和T5涂层。T1涂层是以磷酸盐为主的无机涂层；T2涂层是以铬酸盐为主的无机涂层；T3涂层是铬酸盐型无机绝缘涂层；T4涂层是丙烯酸酯型无机-有机混合型绝缘涂层，丙烯酸酯乳所占比例为32%左右；T5涂层是丙烯酸酯型无机-有机混合型绝缘涂层，丙烯酸酯乳液占比例为60%左右。试验表明，在其他条件相同的情况下，涂层厚度增加，层间电阻增加。在其他条件相同的情况下，钢板的硅的质量分数增加，层间电阻增加。

A 检验原理

在规定的电压和压力下，将10个固定面积的金属触头压在钢板的一个涂层表面上，通过测试流过 10 个触头的电流评定表面绝缘涂层效能。

B　试验过程

试验标准：GB/T 2522《电工钢片（带）表面绝缘电阻、涂层附着性测试方法》。

把试样放在试样台和 10 个触头之间，缓慢施加一定的力：对于 $645mm^2$ 的总面积施加 $1290 \times (1 \pm 5\%)N$ 的力，对于 $1000mm^2$ 的总面积施加 $2000 \times (1 \pm 5\%)N$ 的力，相当于 $2N/mm^2$ 压力。试样面积要大于触头的总面积。

如果测试是评价单面的涂层绝缘质量，应使 10 个触头在钢板的 10 个具有代表性的不同区域或者 10 个测试样上测取 10 个数据。如果测试是综合评价双面涂层的绝缘质量，则应使用 10 个触头在钢板的每一面选取 5 个具有代表性的不同区域或者在 5 个测试试样上进行测试，在测试试样的同一个区域不应进行两面的测试。试验结果要区分表面绝缘电阻系数或层间电阻系数。

6.4.3.5　涂层附着性测试

涂层附着性测试标准：GB/T 2522《电工钢片（带）表面绝缘电阻、涂层附着性测试方法》。

试验要求：在离钢板或钢带边部 40mm 的地方，沿平行于轧制方向剪切具有代表性的试样。不得损伤试样涂层。试样的尺寸为宽度不小于 30mm，长度为 280~320mm，厚度为公称厚度，大部分采用宽度 $b = (30 \pm 0.2)mm$，长度 $l = (300 \pm 0.5)mm$。装置是直径分别为 10mm、20mm、30mm，公差为 ±0.1mm 的黄铜圆柱塔形体，将试样紧紧围绕黄铜圆柱塔形体从直径分别为 10mm、20mm、30mm，逐级弯曲 180°，然后检查钢片内表面涂层开裂和剥落的情况，试验结果按 GB/T 2522 标准进行评级报出。

6.4.4　影响钢材工艺性能检验准确度因素

6.4.4.1　弯曲试验准确度影响因素

样品加工质量、光洁度和边部倒角、取样方向及试样的宽度，同时试验机的弯曲速度、支承辊之间的跨距和弯心直径都是影响弯曲试验准确度的因素。

6.4.4.2　扩孔试验准确度影响因素

扩孔试验测试结果受扩孔力、压边力、预制孔位置、板厚、模具精度、预制孔光洁度以及试验终止控制时间等多种复杂因素的影响。例如，国家标准规定，当试样表面出现第一条贯穿型裂纹时为停机时间，但由于停机时人为控制的差异，扩孔后的形貌显示由于停机控制时间不当，两试样出现的裂纹数明显不同。目前，扩孔试验条件不同是扩孔试验结果波动较大的主要原因。经试验验证，试样形状对薄板的扩孔率基本没有影响，故为方便起见，多采用方形试样。预制孔的精度对扩孔率有较大的影响，也就是说在加工工件时采用铰孔的工件成品率要高于钻孔的工件。预制孔的加工方式对薄板的扩孔率有明显的影响，但其影响有一定的规律性，预制孔的加工方式和精度不能改变薄板扩孔率的性质，即钻孔的扩孔率高，铰孔的扩孔率更高。

研究了扩孔测试参数对扩孔率的影响，提出了以下操作建议：

（1）压边力：极限扩孔率测试值与压边力密切相关，随着压边力的增加，极限扩孔率迅速增加，建议实际检测中，试样压边力应大于试样扩孔所需实际载荷的 30%~50%，且不同设备进行比对时需采用相同的压边力。

（2）凸模上升速度：对测得的极限扩孔率结果有明显影响，建议扩孔凸模速度控制在 0.11~0.33mm/s 范围内。

（3）扩孔前润滑条件：对所测数据有明显影响，扩孔润滑条件可使极限扩孔率测试结果相差 1 倍，建议采用润滑条件进行扩孔试验。

（4）冲孔参数：冲孔时凸模上升速度对剪切面和撕裂面的比例有影响，建议采用高的冲孔速度，同时不同设备进行比对时需采用相同的冲孔速度。

6.4.4.3 杯突试验准确度影响因素

（1）同一种金属材料，在相同的轧制状态和试验条件下，杯突值随着试样厚度增加而增大。

（2）压模、垫模的尺寸的影响：模具的磨损对试验结果的影响较大，可以使试验结果提高 0.4~0.6mm。

（3）冲头磨损的影响：冲头的磨损可以使杯突值降低，因而需经常检查，发现磨损及时更换。

（4）夹紧力的影响：随着夹紧力的增加，杯突值逐渐减小，主要是试验时材料的流动性所致。夹紧力愈大，置于压模和垫模之间的试样所受到的正压力也愈大，试样与模具间的摩擦阻力也愈大。摩擦阻力将阻碍材料的塑性变形，试样的变形仅限于压模和垫模之间未被挤压部分，因此使测出的杯突值偏小。

（5）冲头上升速度的影响：试验时冲头上升速度必须缓慢或在快要接近破裂时减慢速度；否则，会由于冲头上升过快而使杯突值升高，这是由于惯性作用的原因。因此冲头速度一定要缓慢，一般控制在 5~20mm/min 为宜。

（6）润滑剂的影响：在同一材料上由于采用的润滑剂不同，导致测出的杯突值也各不相同。一般在试验前，试样两面和冲头应轻微地涂以石墨润滑脂。经供需双方协商，也可采用其他类型的润滑脂。

6.4.4.4 电工钢检验准确度影响因素

样板自身的表面光滑度与平整度、钢板厚度偏差和同板差是影响电工钢检验准确度的主要影响因素。试验过程中样板加工精度、试样方向选择、叠装试验压力偏差以及绝缘涂层电阻试样的表面清洁度，都应满足标准要求，否则会影响到试验结果的准确。

6.5 钢的宏观检验

宏观检验是指用肉眼或者放大镜在材料或零件上检查由于冶炼、轧制及各种加工过程带来的化学成分及组织等不均匀或缺陷的一种方法。钢的宏观检验是制取试样检验或直接在钢件上进行检验，其特点是检验面积大、易检验出分散缺陷，且设备及操作简易、检验速度快。宏观检验包括酸浸检验、断口检验、塔形车削发纹检验以及硫印检验等。

6.5.1 酸浸检验法

酸浸检验法就是将制备好的试样用酸液腐蚀，以显示其宏观组织和缺陷。酸浸检验是宏观检验中最常用的一种方法。在钢材质量检验中，酸浸检验被列为按顺序检验项目的第一位。如果一批钢材在酸浸检验中显示出不允许有的或者超过允许程度的缺陷时，则其他检验可以不必进行。酸浸检验的方法及评定分别执行 GB/T 226《钢的低倍组织及缺陷酸蚀检验法》、GB/T 153《优质碳素结构钢和合金结构钢连铸方坯低倍组织缺陷评级图》、GB/T 1979《结构钢低倍组织缺陷评级图》和 YB/T 4003《连铸钢板坯低倍组织缺陷评级图》。

酸浸检验法分为热酸浸蚀检验法、冷酸浸蚀检验法和电解酸蚀法三种。检化验中心分别使用热酸浸蚀检验法和冷酸浸蚀检验法。如果对检验结果有异议，仲裁时规定以热酸浸蚀检验法为准。

6.5.1.1　检验原理

酸浸蚀检验法属于电化学腐蚀。利用钢本身具有不均匀性或不连续性，抵抗酸蚀能力不同，以不同速度和不同程度与酸液发生电化学反应，呈现高低不平或颜色深浅不同，来显示钢的缺陷。成功的浸蚀检验取决于 4 个重要因素：浸蚀剂成分、浸蚀温度、浸蚀时间和浸蚀面光洁度。

热酸浸蚀检验法最常用的浸蚀剂是 1：1 的盐酸水溶液，适宜温度为 60~80℃，浸蚀时间要根据钢种、检验目的和被浸蚀面光洁度等来确定。

冷酸浸蚀检验法一般使用配制好的浸蚀液，与热酸浸蚀检验法比较对试样浸蚀面的粗糙度要求比较高，需要经过研磨和抛光。

6.5.1.2　试样制备

现场取样可用热锯、火焰烧切或冷锯切割等方法进行。试样加工时，必须去除由切割造成的变形区和热影响区，确保检验面不受其影响。检验面距切割面的参考尺寸为：

（1）热锯切时不小于 20mm。

（2）火焰烧切冷坯时不小于 25mm。

（3）冷锯切割冷坯时不小于 10mm。

试样制备一般采用铣磨床进行，首先对检验面进行粗加工，使检验面被铣削 20~40mm，然后将铣好的试样放在磨床上，继续对检验面进行细加工，如果是热酸浸蚀检验法表面粗糙度应达到 $Ra \leqslant 1.6\mu m$，冷酸浸蚀检验法表面粗糙度应达到 $Ra \leqslant 0.8\mu m$。如果试样长度大于铣磨床最大加工长度，可以使用带锯对试样进行切割，但切割后的检验面长度应>1/2 送检试样面长度。

6.5.1.3　操作过程

（1）热酸浸蚀检验法：将已经制备好的试样先清除油污，可以使用酒精擦拭干净，放入装有浸蚀剂的酸槽内保温。经检查能清晰地显示出宏观组织后，取出试样迅速浸没在热碱水中，同时用毛刷将试样检验面上的浸蚀产物全部刷掉，但要注意不要划伤和玷污浸蚀面，接着在热水中冲洗，最后用热风迅速吹干。

按照国家标准，对浸蚀完毕的试样检验面进行缺陷评级并填写原始记录。

（2）冷酸浸蚀检验法：将已经制备好的试样先清除油污，可以使用酒精擦拭干净，首先检查试样坯有无宏观裂纹及其尺寸，有无大颗粒夹杂物及其尺寸。再把浸蚀试剂倒在检验面上浇蚀 5~10min，用软毛刷在检验面上反复刷，同时用肉眼观察缺陷，缺陷清晰时用抹布擦掉浸蚀试剂及反应物，然后用水冲洗、擦干或吹干。如果擦掉浸蚀试剂发现检验面浸蚀不到位，即欠腐蚀，可以重复上面操作再进行一次，直到缺陷清晰为止。

按照国家标准，对浸蚀完毕的试样检验面进行缺陷评级并填写原始记录。

6.5.1.4 常见缺陷

一般疏松：在横向酸浸试样上表现为组织不致密，整个截面上出现分散的暗点和空隙。暗点是碳、非金属夹杂物和气体聚集产生的；空隙是非金属夹杂物被酸溶解遗留下来的空洞。钢组织疏松对钢的横向力学性能影响比较大，评级时应考虑分散在试样整个横截面上的暗点和空隙数量、大小及其分布状态。

中心疏松：横向酸浸试样上表现为空隙和暗点都集中分布在中心部位，它是钢锭最后结晶收缩的产物。轻微中心疏松对钢的力学性能影响不大，但是严重的中心疏松影响钢的横向塑性和韧性指标，且有时在加工过程中出现内裂，因此严重中心疏松是不允许存在的。

中心偏析：在酸浸试样的中心部位呈现腐蚀较深的暗斑，有时暗斑周围有灰白色带及疏松。中心偏析是钢液在凝固过程中，由于选分结晶的影响以及连铸坯中心部位冷却较慢，从而在中心部位产生的。评级时可以根据中心暗斑的面积大小及数量评定。

白点：在酸浸试样上表现为锯齿形的细小发裂，呈放射状、同心圆形或不规则形状分散在中央部位。其形成机理是氢和组织应力共同作用的结果。白点严重破坏了钢材连续性，有白点的钢材不能使用。

内部裂纹：内部裂纹分为角部裂纹、中心裂纹、中间裂纹、皮下裂纹。在横向酸浸试样的对应位置呈三岔或多岔的、曲折、细小的蜘蛛网形条纹。

6.5.2 断口检验方法

6.5.2.1 检验原理

断口检验是检查钢材宏观缺陷的重要方法之一，是在断口试样上刻槽，然后借外力使之折断，检验断面的情况，以判断断口的缺陷。执行标准为 GB/T 1814《钢材断口检验法》。

6.5.2.2 试样制备

试样的数量及取样部位应按相应的技术条件或技术协议规定执行。试样应用冷切、冷锯法截取。若用热切、热锯或气割时，刻槽必须离开变形区和热影响区。

直径（或边长）不大于40mm 的钢材作横向断口。试样长度为 100～140mm，在试样中部的一边或两边刻槽，如图6-39 所示。刻槽时应保留断口截面不少于原截面的50%。

直径（或边长）大于40mm 的钢材作纵向断口，切取横向试样，试样的厚度为 15～20mm。在试样横截面的中心线上刻槽，一般采用 V 形槽，如图6-40 所示。刻槽深度为试样厚度的1/3。当折断有困难时，可适当加深刻槽深度。

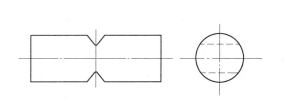

图 6-39　直径不大于 40mm 试样切口　　　　图 6-40　直径大于 40mm 试样切口

折断前试样的状态，以能真实地显示缺陷为准。当技术条件或双方协议有特殊要求时，按规定执行。如规定须在油中淬火后折断试样，折断前应将油擦洗干净或在 300℃ 以下烧去。

6.5.2.3　操作过程

断口检验使用的设备为断口机，每次使用前必须检查断口机各部分螺丝是否紧固，送电试转，待转动正常后方可操作，并在操作前进行空转，试打一次。

将制备试样置于断口机上开口向下，而后开动设备，用锤头将试样打断。每打开一支断口试样应立即检验，断口必须保持清洁无锈污。断口检验应在光线均匀、充足条件下评定，若看不清，可借助于 10 倍以下放大镜辅助判断缺陷。

6.5.2.4　常见缺陷

常见缺陷有纤维状断口、瓷状断口、结晶状断口、台状断口、撕痕状断口、层状断口、缩孔残余断口、白点断口、气泡断口、内裂断口、非金属夹杂（肉眼可见）及夹渣断口、异金属夹杂断口、黑脆断口、石状断口和萘状断口。

本钢检化验中心特钢检验作业区目前只针对军工钢（25CrVMo）进行断口检验，要求不能有任何缺陷存在，有以上任何缺陷都判定不合格。

其他进行断口检验的试样是因为在低倍检验过程中出现白点、缩孔、裂纹等缺陷，为进一步探查缺陷原因，在缺陷位置进行的断口检验是低倍检验的辅助检验方法。

6.5.3　塔形发纹酸浸检验方法

6.5.3.1　检验原理

发纹是钢中夹杂或气体、疏松等在加工过程中沿锻轧方向被延伸形成的细小发缕，是钢中宏观缺陷的一种，是检验钢的冶金质量的有效方法。发纹的存在会严重影响钢的力学性能，特别是疲劳强度等。因此，制造重要机件所用的钢材，如优质或高级优质合金结构钢，对发纹的数量、大小和分布状态都有严格的限制。检验执行国家标准为 GB/T 15711《钢中非金属夹杂物的检验 塔形发纹酸浸法》和 GB/T 226《钢的低倍组织及缺陷酸蚀检验法》。

6.5.3.2　试样制备

根据 GB/T 15711 标准规定，试验采用塔形试样。试验用的钢材（钢坯）的直径不得小于 16mm 或者不得大于 150mm（小于 16mm 或者大于 150mm 的钢材不进行塔形检验，除用户有特殊要求）。试样自交货状态的钢材（钢坯）上截取，试样应在冷状态下用机械方法切取，若用气割或热切等方法切取时，必须将金属熔化区、塑性变形区和热影响区完全去除。试验时每批钢材中取 3 个试样，一般在头、中、尾部各取一个试样，取样数量及部位也可以按产品标准或专门协议规定。

方钢或圆钢试样的检验面为 3 个平行于钢材（坯）轴线的同心圆柱面，如图 6-41 所示；扁钢试样的检验面为平行钢材（坯）轴线的纵截面，如图 6-42 所示。

试样加工过程应采用合理的切削工艺，防止产生过热现象，试样加工表面应光滑，加工后的试样表面粗糙度 Ra 值为 1.6μm。塔形试样的尺寸见表 6-7。

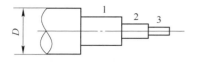
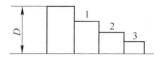

图 6-41 方钢或圆钢塔形试样

D—钢材的直径或边长

图 6-42 扁钢塔形试样

D—扁钢厚度

表 6-7 塔形试样的尺寸

阶梯序号	各阶梯尺寸/mm	长度/mm
1	0.90D	50
2	0.75D	50
3	0.60D	50

6.5.3.3 发纹的显示

试样表面发纹的显示可以按照 GB/T 226 标准进行。塔形试样的浸蚀程度对显示发纹的效果有很大影响。因此，对流线较重的低碳钢、低合金钢的浸蚀不能太深，否则会使流线加重而发纹难以分辨。某些高合金钢，将其深浸蚀，易于暴露发纹。但无论哪一种钢种，过深浸蚀都将会导致无法检验发纹，通常塔形试样的浸蚀应该较浅。

塔形试样的腐蚀检验法分为三种，即热酸浸蚀法、冷酸浸蚀法、电腐蚀法。通常采用热酸腐蚀法。具体操作过程按照前面酸浸检验法的过程执行。

6.5.3.4 发纹的检验和结果评定

检验时一般用肉眼观察试样每个阶段的整个表面发纹的数量、长度和分布，必要时可用不大于 10 倍放大镜进行检验。目前对发纹的识别还存在不少分歧，比较一致的看法是发纹经酸浸后在腐蚀面上呈窄而深的缝，而那些较宽的并带有缓坡、底部不平坦且深度很浅的凹槽则不认为是发纹。但应注意，不要把偏析带、流线或发裂（白点）等与发纹混淆。

发纹的检验项目包括塔形试样每一阶梯上发纹的条数，每一阶段上发纹的总长度（mm），每个试样上发纹的总条数，每个试样上发纹的总长度（mm），每个试样上发纹的最大长度（mm）等。

发纹的起算长度，按相应的产品标准或专门协议规定，在试样检验面的同一条直线上如有两条发纹，其间距离小于起算长度时，则以一条发纹计算，此时发纹长度包括间距长度。

钢对发纹的合格界限按相应的产品标准或专门协议规定。

发纹检验项目中只规定了有关发纹长度的技术条件，但发纹的宽度却并未提及。事实上，用较小的钢锭制成的钢材的发纹粗而短，用较大钢锭制成的钢材的发纹细而长。当总伸长率超过一定量时，将不易呈现细的发纹，它对钢材性能危害如何，尚无一致意见，有待进一步研究。

钢材塔形发纹显示还可以采用磁力探伤法，即将塔形试样置于强磁场内，使其磁化，然后将含有磁粉的悬浊液均匀的喷洒或涂敷在试样表面，由于磁粉将集聚在缺陷处，故可显示发纹。

6.5.4　硫印检验方法

硫印检验是用来直接检验 S 并间接检验其他元素在钢中偏析或分布的一种方法。国家标准 GB/T 4236《钢的硫印检验方法》中规定硫印检验适用于硫含量大于 0.005% 的钢种。

6.5.4.1　检验原理

在试验过程中，相纸上的稀硫酸水溶液与试样上的硫化物（FeS、MnS）发生作用，生成硫化氢气体，硫化氢再与相纸上的溴化银作用，生成硫化银沉淀，印在相纸的相应位置上，形成黑色或褐色斑点。其反应式为：

$$FeS + H_2SO_4 \longrightarrow FeSO_4 + H_2S\uparrow$$
$$MnS + H_2SO_4 \longrightarrow MnSO_4 + H_2S\uparrow$$
$$H_2S + 2AgBr \longrightarrow Ag_2S\downarrow + 2HBr$$

6.5.4.2　试样制备

硫印检验所用试样的取样部位和方向可根据检验目的确定。试样的截取、制备和要求等都与酸浸检验法基本相同。试样表面粗糙度 $Ra \leqslant 3.2\mu m$。一般来说，表面粗糙度值越小越好，试样表面应尽可能大些，并在试样检验前仔细的清理，不应有油污。

6.5.4.3　操作规程

试样经车削磨光后，先用四氯化碳或酒精将待检验试样面擦拭干净，不得留有油污、锈斑和脏物。防止硫印图像产生暗斑。尺寸合适、反差较大的相纸要面向下泡在硫酸水溶液中，浸泡 1~3min，并且不断摇动，以防止气泡附着在相纸上，而使酸液浸渍不均匀；相纸取出后，垂直抖几下，使相纸上多余液体滴掉，以使相纸上液膜均匀；然后将岩棉对准试样面，从一边缓慢的覆盖在试样面上。为了保证不让气体残留在相纸和试样面之间，可用橡皮棍在相纸上滚压几次，或用棉花轻轻擦拭几次，将气泡赶出。特别注意：不要使相纸发生滑动，否则会使所得结果模糊不清。经过 3~5min 后，取下相纸，于清水中清洗 10min，同时检查其结果是否符合要求，然后放入定影液中定影大约 10min，使未作用的溴化银溶掉，再于流动的清水中冲洗 30min，最后自然干燥。如果所得硫印照片不够理想，可将原试样面重新制备（去除 0.5mm 以上）再进行硫印检验。

GB/T 4236 国家标准中规定：5% 硫酸溶液适用于检验钢中硫含量为 0.005%~0.015% 的钢种，2% 硫酸溶液适用于检验钢中硫含量为 0.015%~0.035% 的钢种，0.2%~0.5% 硫酸溶液浓度适用于检验钢中硫含量为 0.10%~0.40% 的钢种。

6.5.4.4　结果评定

硫印相纸上有深褐色斑点的地方就是钢中硫化物的存在的部位。斑点越大，色泽越深，则表示硫化物颗粒越大，含硫量也越高；若斑点既小又稀少，色泽较浅，则表示硫的偏析较轻。评级时一般根据相纸上的深褐色斑点的颜色深浅、大小、多少及分布情况参照国家标准评级图进行评定。

6.5.4.5　常见缺陷

中心偏析：铸坯酸浸面上中心区域内呈现的腐蚀较深的暗斑或条带，在硫印图的中心区域内颜色深浅不一的褐斑或集中的褐带，偏析呈连续、断续和分散分布的三类。产生原因是钢液在凝固过程中，由于选分结晶的结果，低熔点的 S、P 等元素被推至铸坯中心而形成的。

以偏析类型、偏析带厚或偏析斑点大小来评定。A 类偏析为连续分布的条带，B 类偏析为断续分布的条带，C 类偏析为大小不同的斑点不连续聚集成的条带。

中间裂纹：铸坯酸蚀试面或硫印图上柱状晶区域内呈现的线状、曲线状缺陷。是由于钢中 S、P 等元素含量高以及铸坯鼓肚等原因而形成的沿晶裂纹，以裂纹长短、粗细和数量评定。

角裂纹：铸坯酸蚀试面上或硫印图上角部呈现的短小裂纹或硫偏析线。是由于铸坯窄边或宽边的凹陷或凸起，使角部组织受到应力作用形成的。以裂纹或硫偏析线尺寸、数量评定。

三角区裂纹：铸坯酸蚀试面上或硫印图上两端的三角区呈现的放射状裂纹或硫偏析线。是由于二次冷却不良，造成铸坯窄边或宽边的凹陷或凸起，在应力作用下使三角区内的柱状晶开裂形成的。以裂纹或硫偏析线尺寸、数量评定。

针孔状气泡：铸坯酸蚀试面上或硫印图上呈针孔状圆形小孔，与钢基体有明显的分界线，由于钢水过氧化或裹入气体而形成，根据气泡大小、数量、分布进行评级。

6.6 钢的金相检验

金相检验指利用显微镜来研究金属中相的形貌。利用金相法研究不同钢种在不同温度下的等温分解过程，并综合成等温转变曲线。金相分析发现了形状记忆合金，人们在 Cu-Zn 合金作高温金相分析时发现，马氏体针随温度的升降长度会缩短和伸长，在冷却时使它变形，再加热到临界点以上时又可以恢复到原有形状，具有形状记忆效应。

6.6.1 金相试样选取

(1) 纵向取样是指沿着钢材的锻轧方向进行取样。主要检验内容为非金属夹杂物的变形程度、晶粒畸变程度、塑性变形程度、变形后的各种组织形貌、热处理的全面情况等。

(2) 横向取样是指垂直于钢材锻轧方向取样。主要检验内容为金属材料从表层到中心的组织、显微组织状态、晶粒度级别、碳化物网、表层缺陷深度、氧化层深度、脱碳层深度、腐蚀层深度、表面化学热处理及镀层厚度等。

(3) 缺陷或失效分析取样截取的缺陷分析试样应包括零件的缺陷部分在内。例如，包括零件断裂时的断口，或者是取裂纹的横截面，以观察裂纹的深度及周围组织变化情况。取样时应注意不能使缺陷在磨制时被损伤甚至消失。

(4) 试样尺寸按相关标准要求进行制取，如果标准无要求则以磨面面积小于 $400mm^2$，高度 15~20mm 为宜。

6.6.2 金相试样制备

试样制备在金相检验过程中占有非常重要地位，它直接影响检验质量。试样制备通常包括试样磨制和试样腐蚀两个阶段。

试样使用砂轮锯切取，表面应无明显过热区。试样不得有损伤、卷边、毛刺、有肉眼可见的裂纹、缩孔、夹渣等缺陷。

金相试样经切或镶嵌后，需进行一系列的磨制工作，才能得到光亮的磨面。磨制过程包括磨平、磨光、抛光 3 个步骤。金相试样传统试样磨制分为 100 号粗磨、200 号粗磨、400 号细磨、800 号细磨和 1000 号细磨、抛光等工序，对小试样及薄试样制备分为切割、镶嵌、400 号粗磨、600 号粗磨、1000 号细磨、抛光等工序。磨制过程要求操作者手持试样要平稳，施力均匀，试样磨制时需沿磨面沿盘面径向往复移动，使整个磨面上的磨痕均匀一致。磨削方向应与上道工序垂直，并且保证最终抛光方向与夹杂物主轴方向垂直。

试样粗磨时需检验边缘的试样（如脱碳层深度试样）应保留好边缘；不检验边缘的试样应将无用的飞边、毛刺和棱角全部磨掉，以免在细磨和抛光时试样飞出。试样磨制深度应根据检验要求，细磨深度应将上道工序磨痕磨掉为止。抛光前应对试样进行清洗，抛光过程中施力不要过大，时间不宜过长，应以抛光后残留在试样面上的抛光剂能在数秒内自行晾干为宜。

试样腐蚀的过程为将已抛光的试样用水冲去抛光剂，用酒精洗去残余，然后用棉花蘸取浸蚀剂，在试样磨面涂抹一定时间，然后用水冲洗干净，再用酒精擦去余液，将试样置于热风机下吹干，用显微镜分析。经浸蚀后的试样表面不能用手摸或与其他物体碰擦，并应保存于干燥皿中。

金相试样腐蚀剂有二三百种。生产检验常用的腐蚀剂有以下几种：

（1）2%硝酸酒精溶液，适用于脱碳层深度、碳素工具钢、合金工具钢、铬轴承钢的球化组织腐蚀致使热轧钢材试样抛光面呈暗灰色。

（2）4%硝酸酒精溶液，适用于渗碳法奥氏体晶粒度显示，以腐蚀至试样表面的边缘部分出现黑色的渗碳层为止。

（3）饱和苦味酸钠水溶液，适用于直腐法奥氏体晶粒度显示，在室温下腐蚀试样 6~10min。

6.6.3　金相检验项目

6.6.3.1　非金属夹杂物检验

钢中非金属夹杂物主要来自钢的冶炼和浇注过程，以机械混合物存在于钢中的非金属夹杂物是不可避免的。碳素钢和低合金钢中非金属夹杂物主要有硫化物、氧化物、硅酸盐、氮化物等，其含量一般都很少，但它们对钢的性能的危害作用不可忽视。这种危害作用与非金属夹杂物的类型、大小、数量、形态及分布有关。因此，钢中非金属夹杂物的金相检验，对了解钢材的冶金质量及分析机械零件的失效原因具有十分重要的意义。非金属夹杂物检验包括夹杂物类型的定性和定量评级（测定它们的大小、数量、形态及分布等）两方面内容。

　　A　非金属夹杂物分类

金相法鉴别非金属夹杂是利用光学显微镜中的明场、暗场和偏光等照明条件下夹杂物的光学反应差异，以及在 8 种标准试剂中蚀刻后夹杂物发生化学反应出现的色差及侵蚀程度的不同，与典型夹杂物图片对比进行鉴别的活动。现将钢中通常出现的五类（GB/T 10561 中将夹杂物分为五类）非金属夹杂物的特征简述如下：

（1）A 类硫化物。主要分硫化铁（FeS）和硫化锰（MnS），以及它们的共晶体等。由于硫化物的塑性较好，钢材经压力加工后，硫化物常沿钢材伸长的方向被拉长呈长条形或纺锤形。在明场下硫化铁呈淡黄色，硫化锰呈灰蓝色，而两者的共晶体为灰黄色，它们在暗场下一般不透明，但有明显的周界线，硫化锰稍透明呈灰绿色。

硫化物如图 6-43 所示。

硫化锰

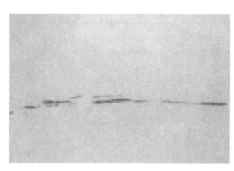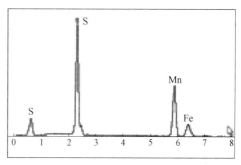

图 6-43　硫化物

（2）B 类氧化物。常见的有氧化亚铁（FeO）、氧化亚锰（MnO）、氧化铬（Cr_2O）、氧化铝（AlO）等，它们的塑性一般较差。压力加工后，它们往往沿钢材压延伸长方向呈不规则的点状或细小碎块状聚集成带状分布。在明场下，它们多数呈灰色；在暗场下，FeO 不透明，沿周界有薄薄的亮带；MnO 透明呈绿宝石色；Cr_2O 不透明很薄一层绿色；Al_2O 透明呈亮黄色。在偏光下，前两者为各向同性，后者为各向异性。

氧化物如图 6-44 所示。

铝酸钙类氧化物($mCaO·nAl_2O_3$)

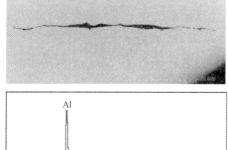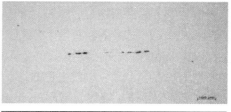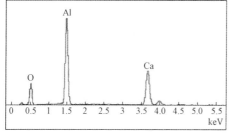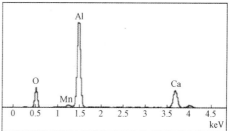

图 6-44　氧化物

（3）C 类硅酸盐夹杂。常见的硅酸盐夹杂物的塑性较差，明场下均呈暗灰色，带有环状反光和中心亮点；在暗场下，它们一般均透明，并带有不同的色彩。

硅酸盐如图 6-45 所示。

硅酸盐　明场黑灰色、暗场透明

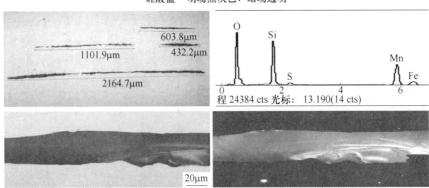

图 6-45　硅酸盐

（4）D 类（球状氧化物）。铝酸钙复合夹杂物为点状夹杂物，来源为氧化铝与渣中氧化钙生成的复合化合物。轧制过程中不变形，带角或圆形，形态比较小（一般小于 3），黑色或带蓝色无规则分布的颗粒。铸坯中非金属夹杂物绝大多数为硅酸盐类夹杂物，主要组分为 SiO_2、Al_2O_3、MnO、CaO、MgO，还含极少量 TiO_2。其形貌以球状为主，尺寸很小，绝大多数在 $2\sim10\mu m$。研究表明，控制钢水中 Ca、Mg、Al 成分，是控制 D 类夹杂的重要手段。

（5）DS 类（单颗粒球状类）。圆形或近似圆形，直径 $\geqslant13\mu m$ 的单颗粒夹杂物。

B　夹杂物评定

（1）检验非金属夹杂物是将未浸蚀的试样抛光面置于 100 倍的显微镜下，以最严重视场对照评级图，根据夹杂物长度、颗粒大小、数量多少、分布状态等综合考虑进行评定。在 GB/T 10561 中，夹杂物按长度或颗粒个数进行评定。

（2）在同一视场、同一母线上出现不同类型的非金属夹杂物时，应按占多数的一类综合考虑进行评定；同一视场、不同母线上出现不同类型的非金属夹杂物时，则应分类进行评定。

（3）对于粗系、细系宽度的评定原则，当同类的粗大和细小的夹杂物在同一视场中同时出现时（呈同一直线或不同一直线分布），均不得分开评定，其级别应将两系列（粗系、细系）夹杂物的长度或数量相加后按占优势的夹杂物评定。

（4）试样检验面上非金属夹杂物应基本保留（在 2/3 以上），试样热处理后出现淬火裂纹不能进行评定。试样抛光面上的麻点、孔洞和浮落物等不能视为非金属夹杂物。

（5）夹杂物评定遵循以下 8 项规则：1）按照形态分类，而非化学成分的规则；2）异类夹杂物，分开评定的规则；3）下限图谱，低级评定的规则；4）长度评级别，而非面积的规则；5）同类夹杂物长度相加的规则；6）粗细分类、优势（最大）为主的规则；7）起评级别 0 级，报出 0 级并不代表无夹杂物原则（按照标准要求下限评级，不到 0.5 级即评 0 级）0 非无夹杂的规则；8）对于超尺寸夹杂物，应计入该视场中粗系夹杂物评定结果。

6.6.3.2 晶粒度检验

晶粒度是晶粒大小的量度。通常使用长度、面积或体积来表示不同方法的评定或测定晶粒大小。晶粒度检验标准为 GB/T 6394、GB/T 4335 两个标准，适用于测定金属材料晶粒度，它以晶粒的几何图形为基础，主要有单相组成的金属平均晶粒度测定方法和表示原则，这方法也适用于标准评级图形貌相似的任何组织。测定等轴晶粒的晶粒度时，使用比较法。如要求高精确度时，可采用面积法和截点法。如有争议时，截点法是仲裁法。使用比较法时应注意非等轴晶粒不能使用，且不适用于深度冷加工材料或部分再结晶的变形合金晶粒度测定。

GB/T 6394 评级图谱如图 6-46 所示。

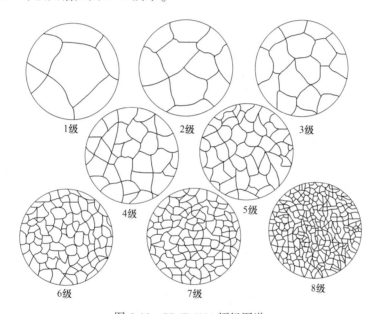

图 6-46 GB/T 6394 评级图谱

A 试样的制备

测定晶粒度用试样应在交货状态的材料上切取，试样的数量及取样部位按相应的标准或技术条件规定。试样尺寸为：圆形：φ10~12mm；方形；10mm×10mm，试样截取位置为钢材的 1/4 处。测定晶粒度试样不允许重复热处理；渗碳处理用的试样应除去脱碳层和氧化层。

B 晶粒显示方法

（1）渗碳法。渗碳法适用于测定碳含量（质量分数）≤0.25% 的碳素钢和合金钢，尤其是渗碳钢采用渗碳法显示奥氏体晶粒度。它是将试样表面层增碳，待其达到过共析成分后进行缓冷，使奥氏体中的过饱和碳以碳化物形式沿奥氏体晶界呈网络形式析出，从而显示在规定温度时奥氏体晶粒的大小。渗碳用试样应除去脱碳层及氧化层。渗碳后的试样表面应磨去 1.5mm 以上，经浸蚀后即可测定晶粒度。

（2）氧化法。氧化法适用于测定含碳量 0.25%~0.60% 的碳素钢和合金钢的奥氏体晶粒度。它是利用氧原子向晶内扩散而晶界优先氧化的特点来显示奥氏体晶粒大小。氧化法又称为气氛氧化法。试样经粗磨和细磨（400 号）后，将检验面朝上置于炉中进行氧化处理。氧化后，试样检验面应与蜡盘盘面倾斜 10°～15°进行细磨和抛光，使试样检验面部分区域保留氧化层，以利于试样在磨削、浸蚀后选择合适的区域（尽量靠近正常集体组织的氧化网所显示的晶粒）测定晶粒度。除上述两种常用的晶粒显示方法外，在 GB/T 6394—2017 中还推荐了铁素体网法、渗碳体网法、直接淬硬法等供选择使用。

C　晶粒度测定原则

晶粒度测定有多种方法，如比较法、面积法和截点法等。生产检验中常用比较法，其测定原则如下：

在放大 100 倍的显微镜下，在每个试样检验面上选择 3 个或 3 个以上具有代表性的视场，对照标准评级图进行评定。在具有代表性的视场中，若晶粒大小均匀则用一个级别来表示该种晶粒。若晶粒大小不均匀，经全面观察后，如属偶然或个别现象，可不予计算；如较为普遍，则应计算不同级别晶粒在视场中所占比例。当某个级别晶粒占总面积的90%以上时，则只记录此一种晶粒的级别；否则，应用不同级别来表示该试样的晶粒度。其中第一个级别代表占优势的晶粒度。渗碳后未显示出完整渗碳体网或出现其他特殊组织时，不得检验。

6.6.3.3　带状组织检验

在经热加工后的亚共析钢显微组织中，铁素体与珠光体沿压延变形方向交替成层分布的组织，称为带状组织。

带状组织是钢材内部缺陷之一，出现在热轧低碳结构钢显微组织中，沿轧制方向平行排列，成层状分布，形同条带的铁素体晶粒与珠光体晶粒是由于钢材在热轧后的冷却过程中发生相变时铁素体优先在由枝晶偏析和非金属夹杂延伸而成的条带中形成，导致铁素体形成条带，铁素体条带之间为珠光体，两者相间成层分布。如图 6-47 所示。

图 6-47　低碳钢带状组织

带状组织形成原因：金属材料在冶炼浇注后绝大部分要经过压力加工方可成为型材。但是，加工后的材料容易得到沿着变形方向珠光体和铁素体呈带状分布的组织，即形成带状组织。形成带状组织的原因大致有两种：

（1）成分偏析引起的带状组织。在低碳钢中，由于夹杂物的含量较多，加工变形后，夹杂物呈流线分布，当钢从热加工温度冷却时，这些夹杂物可作为先共析铁素体成核的核心使先共析铁素体先在夹杂物周围生成，最后剩余奥氏体转变成珠光体，使先共析铁素体和珠光体呈带状分布，形成带状组织。这种带状组织很难用热处理的方法加以消除。

（2）热加工温度不当引起的带状组织。在锻造时，热加工停锻温度位于两相区时（A_{r1} 和 A_{r3} 之间），铁素体沿着金属流动方向从奥氏体中呈带状析出，尚未分解的奥氏体被割成带状，当冷到 A_{r1} 时，带状奥氏体转化为带状珠光体，这种组织可以通过正火或退火的方法加以消除。

A 带状组织危害及消除方法

带状组织的存在会使金属的力学性能呈各向异性，沿带状组织的方向明显优于其垂直方向。压力加工时易于从交界处开裂。对于需要后续热处理的零件，带状组织轻则会导致热变形过大，重则会造成应力集中，甚至出现裂纹。如果带状组织非常严重的话，正火是解决不了的，最好进行高温扩散退火，在 1050℃ 以上加热，才能使碳原子扩散均匀，消除带状组织。

B 带状组织评定

参照 GB/T 13299《钢的显微组织评定方法》、GB/T 34474.1《钢中带状组织的评定第 1 部分：标准评级图法》进行评定；按 GB/T 13298《金属显微组织检验方法》进行取样及样品制备。上述标准适用范围：低碳、中碳钢的钢板、钢带和型材。

试样尺寸以检验面面积小于 $400mm^2$，试样的高度以 15~20mm（小于横向尺寸）为宜。

评定珠光体钢中的带状组织，要根据带状铁素体数量，并考虑带状贯穿视场的程度、连续性和变形铁素体晶粒多少确定。上述标准按钢材碳的质量分数分为 A、B、C 三系列，每系列中按偏析程度分为 0~5 级，5 级最严重，由试样 100 倍视场的相应图片对照评定，两级别之间可附半级。

带状组织各级别特征（GB/T 13299—91）见表 6-8。

表 6-8 带状组织各级别特征（GB/T 13299—91）

级别	组 织 特 征		
	A 系列	B 系列	C 系列
0	等轴的铁素体晶粒和少量的珠光体，没有带状	均匀的铁素体—珠光体组织，没有带状	均匀的铁素体-珠光体组织，没有带状
1	组织的总取向为变形方向，带状不很明显	组织的总取向为变形方向，带状不很明显	铁素体聚集，沿变形方向取向，带状不很明显
2	等轴的铁素体晶粒基体上有 1~2 条连续的铁素体带	等轴的铁素体晶粒基体上有 1~2 条连续的和几条分散的等轴铁素体带	等轴的铁素体晶粒基体上有 1~2 条连续的和几条分散的等轴铁素体-珠光体带
3	等轴的铁素体晶粒基体上有几条连续的等轴铁素体带贯穿过整个视场	等轴晶粒基体组成几条连续的贯穿视场的铁素体-珠光体交替带	等轴晶粒基体组成的几条连续铁素体-珠光体交替的带，穿过整个视场
4	等轴铁素体晶粒和较粗的变形铁素体晶粒组成贯穿视场的交替带	等轴晶粒和一些变形晶粒组成贯穿视场的铁素体-珠光体均匀交替带	等轴晶粒和一些变形晶粒组成贯穿视场的铁素体-珠光体均匀交替带

级别	组 织 特 征		
	A 系列	B 系列	C 系列
5	等轴铁素体晶粒和大量较粗的变形铁素体晶粒组成贯穿视场的交替带	变形晶粒为主构成贯穿视场的铁素体-珠光体不均匀交替带	变形晶粒为主构成贯穿视场的铁素体-珠光体不均匀交替带

6.6.3.4　脱碳层深度检验

（1）脱碳：钢表层上碳的损失。主要包括以下几种方式：

1）部分脱碳。钢材试样表面含碳量减少到低于基体含碳量，并且大于室温时碳在铁素体中固溶极限。

2）完全脱碳。也叫铁素体脱碳层，试样表层碳含量水平低于碳在铁素体中最大固溶度，只有铁素体存在。

（2）有效脱碳层深度：从试样表面到规定的碳含量或硬度水平点的距离，规定的碳含量或硬度水平应以不因脱碳而影响使用性能为准。

（3）总脱层深度：从试样表面到碳含量等于基体碳含量的那一点的距离，等于部分脱碳和完全脱碳之和。

评定脱碳层参照 GB/T 224《钢的脱碳层深度测定法》。该标准的测定法适用于测定钢材（环）及其零件的脱碳层深度。脱碳层深度测定分金相法、硬度法和化学分析法三种。本书介绍金相法。

金相法是在光学显微镜下观察试样从表面到中心随着碳含量的变化产生的组织变化。

脱碳层如图 6-48 所示。

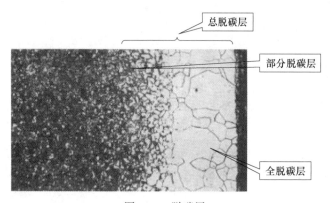

图 6-48　脱碳层

A　试样的制取

选取的试样面应为横向截面（垂直纵向），截取试样时不能受热。对于直径不大于 25mm 的圆钢，或边长不大于 20mm 的方钢，要检测整个周边；对于直径大于 25mm 圆钢或边长大于 20mm 的方钢，可截取试样同一截面的几个部分，以保证总检测测周长不小于 35mm。但不要选取多边形产品的棱角处或脱碳极端深度的点。试样按一般金相法进行磨抛，但边缘不得倒圆、卷边，试样的侵蚀可用 4% 硝酸酒精。

B 视场的选取及评定

总脱碳层的测定在亚共析钢中是以铁素体与其他组织组成物的相对量变化来区分的，在过共析钢中是以碳化物含量相对基体的变化来区分的。借助于测微目镜或直接在显微镜毛玻璃屏上测量从表面到其组织和基体组织已无区别的那一点距离。对每一试样，在最深的均匀脱碳区一个视场内应随机进行几次测量（至少需五次），以这些测量值的平均值作为总脱碳层深度。对于轴承钢、工具钢，如技术条件中没有特殊规定，在测量时试样中脱碳极端深度的那些点要排除。全脱碳层的测定：全脱碳层是指试样表面脱碳后得到的全铁素体组织，因此，测量时应从表面测至有渗碳体或有珠光体出现的那一点距离，或测量产生全铁素体组织的深度为全脱碳层深度。如图6-49所示。

6.6.3.5 碳化物带状检验

带状碳化物是碳化物分布不均匀的一种表现。只有铬轴承钢才检验带状碳化物。铬轴承钢的带状碳化物是钢锭浇注、凝固过程中形成的枝晶偏析引起的。在各枝晶之间富集碳和铬，从而引起成分和组织的不均匀性。当热加工时，这些富碳铬区域沿加工方向被延伸，形成带状碳化物。

检验带状碳化物应根据不同的组织状态和评定原则分别进行评定。GB/T 18254技术标准中带状碳化物以颗粒带状碳化物为前提，评定时以碳化物颗粒聚集程度、大小、带的宽度、长度等为主要依据，可考虑半级评定。

通常在放大100倍的显微镜下，沿钢材加工方向自试样中心部位至边缘，以最严重视场对照评级图进行评定。评定时以放大100倍的显微镜观察为主要依据。若介于合废之间难以判定，则可用放大500倍的显微镜观察辅助评定。

铬轴承钢碳化物带状如图6-50所示。

图6-49 脱碳层深度测量 　　　　　图6-50 铬轴承钢碳化物带状

铬轴承钢带状碳化物级别特征见表6-9。

6.6.3.6 碳化物网状检验

碳素工具钢、合金工具钢和铬轴承钢等过共析钢，在热轧、锻造等热加工后的冷却过程中，由于碳在奥氏体中溶解度降低，会沿奥氏体晶界析出并形成网络状碳化物。

表 6-9　铬轴承钢带状碳化物级别特征

交货状态	放大倍率	级别	特　　　征
轧后状态	100×	1.0	有极微细的宽约 0.5mm 的碳化物带，近乎贯穿视场
		2.0	碳化物颗粒较小，有一条宽约 2mm 的碳化物带贯穿视场
		3.0	碳化物颗粒较小，有三条碳化物带贯穿视场，带宽约 4mm
		3.5	碳化物颗粒粗大、集中、密集，形成宽约 5mm 的碳化物带贯穿视场
		4.0	碳化物颗粒粗大、密集，形成宽约 7mm 的碳化物带贯穿视场
	500×	1.0	有一条宽约 3mm 的碳化物带，近乎贯穿视场
		2.0	碳化物颗粒较小，有一条宽约 10mm 的碳化物带贯穿视场
		3.0	碳化物颗粒大，有一条宽约 15mm 的碳化物带贯穿视场
		3.5	碳化物颗粒粗大、集中，形成宽约 25mm 的碳化物带贯穿视场
		4.0	碳化物颗粒粗大、密集，形成宽约 35mm 的碳化物带贯穿视场
退火状态	100×	1.0	碳化物颗粒细小、分散，带状不够明显
		2.0	碳化物颗粒细小、较分散，形成宽 1.5~2mm 较明显的带贯穿视场
		2.5	碳化物颗粒较小、集中，形成宽 2.5~3mm 明显的带贯穿视场
		3.0	碳化物颗粒粗大、集中，形成宽 4.5~5mm 明显的带
		3.5	碳化物颗粒粗大、密集，形成宽 7~7.5mm 明显的带
		4.0	碳化物颗粒粗大、很密集，形成宽 8~8.5mm 明显的带
	500×	1.0	碳化物颗粒细小、均匀、分散，略有成带趋势
		2.0	碳化物颗粒较小、略集中，形成宽 10~12mm 的疏散颗粒带贯穿视场
		2.5	碳化物颗粒较小、略集中，形成宽约 15mm 的颗粒带贯穿视场
		3.0	碳化物颗粒大、集中、密集，形成宽约 20mm 的颗粒带贯穿视场
		3.5	碳化物颗粒粗大、集中、密集，形成宽约 1/2 视场直径的颗粒带贯穿视场
		4.0	碳化物颗粒粗大、集中、密集，形成宽约视场直径的颗粒带贯穿视场

　　由于钢锭化学成分偏析加之钢材中心部位冷却速度较边缘缓慢，通常钢材中心部位的网状碳化物比较严重，因此，检验网状碳化物应选取钢材中心部位，在放大 500 倍的显微镜下以最严重视场对照评级图，根据网状碳化物的成网倾向、网的厚度和连续性等综合考虑进行评定。

　　网状碳化物试样检验前需经热处理。热处理温度是否合适，对检验结果影响很大。温度过高易使原始碳化物溶解量过多，出现粗大的片状马氏体组织或使试样开裂，从而减轻网状碳化物级别，这时应重新取样检验；温度过低，则使原始碳化物溶解量过少，从而加重网状碳化物级别，这时应重新进行热处理后再检验。

　　铬轴承钢网状碳化物级别特征见表 6-10。

表 6-10　铬轴承钢网状碳化物级别特征

级别	特　　　征
1	均匀分布的点状碳化物

级别	特　征
2	出现少量条状碳化物
3	条状碳化物增多并出现分叉，有成网趋势
4	碳化物沿晶界分布形成连续不封闭网状
5	碳化物沿晶界分布形成连续封闭网状

图6-51所示为铬轴承钢网状碳化。

6.6.4　常用金相检验设备

6.6.4.1　试样切割机

无论采取何种截取方法截取试样，都必须保证不使试样观察面的金相组织发生变化。软材料可用锯、车刨等方法切取；硬材料可用水冷砂轮切片机、电火花切割等方式切取成符合标准要求的形状及尺寸，硬而脆的金属可以用锤击法取样。不论用哪种方法切割，均应注意不能使试样由于变形或过热导致组织发生变化。对于使用高温切割的试样，必须除去热影响部分。

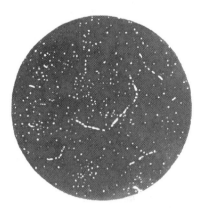

图6-51　铬轴承钢网状碳化

6.6.4.2　金相试样镶嵌机

在金相试样的制备过程中，有许多试样直接磨抛（研磨、抛光）有困难，当试样尺寸过小、形状特殊（如金属碎片、丝材、薄片、细管钢皮等）不易握持，或要保护试样边缘（如表面处理的检验、表面缺陷的检验等）时要对试样进行夹持或镶嵌。进行镶嵌过嵌的样品不但磨抛方便，而且可以提高工作效率及试验结果准确性。镶嵌可分为冷镶嵌和热镶嵌。

6.6.4.3　金相研磨机

磨光的目的是得到一个平整的磨面，但这种磨面上还留有极细的磨痕，需将在以后的抛光过程中消除。磨光可分为粗磨、细磨、抛光这三道工序。

自动金相制样设备的操作比较简便。将试样用固定器固定，并将制样所需的各种粒度的研磨纸及抛光用的抛光织物全部贴在转盘上（该种设备装有多个转盘），预先设定磨抛程序及各项参数，设备将在电脑控制下完成从粗磨、细磨、抛光直至最后将试样干燥的所有工序。

自动化的金相制样设备由于操作简便，并能大大提高工作效率等优点，已越来越受到金相检验工作者的青睐，它无疑是未来金相试样制备的趋势。

6.6.4.4　金相显微镜

光学显微镜（optical microscope，OM）是利用光学原理，把人眼不能分辨的微小物体放大成像，以供人们提取微细结构信息的光学仪器。在金相分析中主要反映和表征构成材料的相和组织组成物，晶粒（亦包括可能存在的亚晶），非金属夹杂物乃至某些晶体缺陷（例如位错）的数量、形貌、大小、分布、取向、空间排布状态等信息，是观察材料形态、组织的重要仪器。

图 6-52 所示为金相显微镜。图 6-53 所示为显微镜物镜构造。

图 6-52　金相显微镜

镜身数据说明

"160"
即指取下物镜和目镜后的镜筒长度

"0.17"
代表盖玻片的厚度

"0.65"
代表了孔径数值

"S40"
即是代表了倍数

图 6-53　显微镜物镜构造

A　金相显微镜成像原理

从最简单的放大镜到最复杂的新型显微镜，所有这些光学仪器的构成都是基于光线在均匀介质中作直线传播，并在两种不同介质的分界面上发生折射或反射等现象。研究这些现象的理论称为几何光学。

金相显微镜的基本放大原理如图 6-54 所示。其放大作用主要由焦距很短的物镜和焦距较长的目镜来完成。为了减少像差，金相显微镜的目镜和物镜都是由透镜构成复杂的光学系统，其中物镜的构造尤为复杂。

为了便于说明，图 6-54 中的物镜和目镜都简化为单透镜。物体 AB 位于物镜的前焦点外但很靠近焦点的位置上，经过物镜形成一个倒立放大的实像 $A'B'$，这个像位于目镜的物方焦距内但很靠近焦点的位置上，作为目镜的物体。目镜将物镜放大的实像再放大成虚像 $A''B''$，位于观察者的明视距离（距人眼 250mm）处，供眼睛观察，在视网膜上成最终的实像。

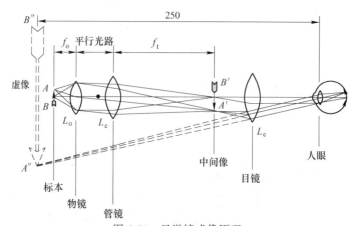

图 6-54　显微镜成像原理

$M_0 = f_t/f_0$，M_0——代表物镜放大倍数；f_t——代表管镜焦距；f_0——代表物镜焦距

B　金相显微镜的组成

金相显微镜主要由光学系统、照明系统、机械系统、附件装置（包括摄影或其他如显微硬度等装置）组成（图6-55）。根据金属样品表面上不同组织组成物的光反射特征，用显微镜在可见光范围内对这些组织组成物进行光学研究和定性和定量描述。

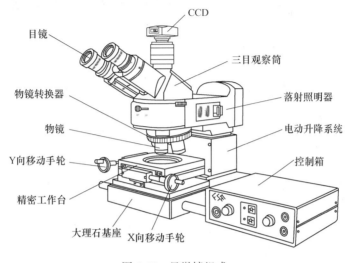

图 6-55　显微镜组成

显微镜基本分解如图 6-56 所示。

图 6-56　显微镜基本分解

C　金相显微镜分类

金相显微镜分为正置金相显微镜、倒置金相显微镜。正立式显微镜光路短，光路设计简单，光损少，制样要求高，样品高度有要求，方便多视场连续观察，镜头不易落灰易维护；倒置式显微镜光路长，光损较大，光路设计较复杂，制样要求较低，对样品高低无要求，检测方便快速，不适合多视场分析，同等配置下倒置显微镜的价格要高于正立式显微镜。

正置显微镜与倒置显微镜对比如图 6-57 所示。

6.6.4.5　扫描电子显微镜

扫描电子显微镜的制造是依据电子与物质的相互作用。当一束高能的入射电子轰击物

对比项目	正置	倒置
1 光路	光程短，光损少	光程长，光损多
2 操作性	试样在镜头下方，方便定位视场	不方便找视场
3 检测范围	大	受垫片孔大小限制
4 保养	物镜向下，无需保养	定期清理
5 试样要求	需压平	单面平整-效率高
6 样品高度	受镜体高度限制	不受限制
7 安全性	操作不当，易损伤物镜	不易损伤物镜

图 6-57　正置显微镜与倒置显微镜对比

质表面时，被激发的区域将产生二次电子、俄歇电子、特征 X 射线和连续谱 X 射线、背散射电子、透射电子，以及在可见、紫外、红外光区域产生电磁辐射；同时，也可产生电子-空穴对、晶格振动（声子）、电子振荡（等离子体）。原则上讲，利用电子和物质的相互作用可以获取被测样品本身的各种物理、化学性质的信息，如形貌、组成、晶体结构、电子结构和内部电场或磁场等。

扫描电子显微镜由三大部分组成：真空系统、电子束系统以及成像系统；部分电子显微镜配有能谱仪用于对材料微区成分元素种类与含量分析。

扫描电子显微镜工作原理：SEM 的工作原理是用一束极细的电子束扫描样品，在样品表面激发出次级电子，次级电子的多少与电子束入射角有关，也就是说与样品的表面结构有关，次级电子由探测体收集，并在那里被闪烁器转变为光信号，再经光电倍增管和放大器转变为电信号来控制荧光屏上电子束的强度，显示出与电子束同步的扫描图像。图像为立体形象，可反映标本的表面结构。为了使标本表面发射出次级电子，标本在固定、脱水后要喷涂上一层重金属微粒，重金属在电子束的轰击下发出次级电子信号。图 6-58 为扫描电子显微镜。

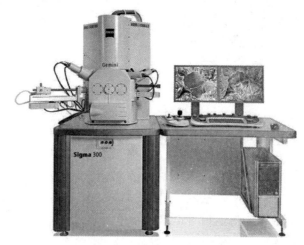

图 6-58　扫描电子显微镜

6.6.5 金相检验在失效分析的应用

金属材料的缺陷通常有宏观缺陷和微观缺陷两大类。对宏观缺陷常用肉眼或低倍放大镜（<10 倍）来分析，微观缺陷利用光学显微镜、扫描电镜、电子探针等仪器来分析。按加工工艺过程的不同，缺陷可分为铸造缺陷、锻造缺陷、热处理缺陷等。

以下为失效分析案例（HPB300 钢筋表面缺陷原因分析）。

HPB300 热轧光圆钢筋具有强度高、综合性能好等优点，是建筑用钢的主要产品，被大量用作箍筋、分布筋，HPB300 钢筋质量的好坏直接关系着人们生命财产的安全，因此HPB300 钢筋质量的控制非常重要，除了化学成分和力学性能必须满足标准要求外，表面质量也要求不能有翘皮、裂纹、折叠等缺陷。某公司生产的小 10mm，HPB300 钢筋出现了翘皮、裂纹、折叠、掉肉等缺陷，通过宏观分析、化学成分分析、金相检验、扫描电镜以及能谱分析等方法对钢筋表面缺陷形成的原因进行了分析，以避免类似的不合格品再次出现。

（1）非金属夹杂物。在 HPB300 钢筋缺陷处依据 GB/T 13298—2015《金属显微组织检验方法》取平行于锻轧方向的纵截面试样，磨抛后采用 GX-71 金相显微镜对试样的光态形貌进行观察，发现有大量长条状夹杂物平行于锻轧方向，依据 GB/T 10561—2005《钢中非金属夹杂物含量的测定—标准评级图显微检验法》对非金属夹杂物含量进行评定，结果为 C 类（硅酸盐类）夹杂物。

（2）显微组织。HPB300 钢筋基体显微组织为正常的珠光体+铁素体，无异常组织，如图 6-59 所示。

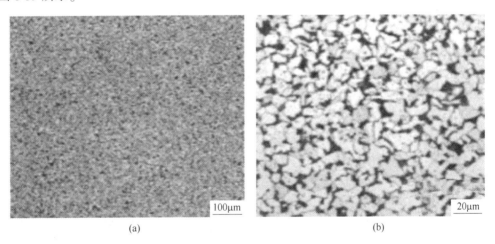

(a)   (b)

图 6-59　HPB300 钢筋基体显微组织

（a）低倍形貌；（b）放大形貌

（3）扫描电镜及能谱分析。对 HPB300 钢筋表面缺陷处和纵截面试样的非金属夹杂物进行扫描电镜（SEM）及能谱（EDS）分析，能谱分析位置及结果如图 6-60 所示。可知缺陷处物质主要是钢材在后期热加工过程中被氧化所形成的铁的氧化物如图所示。

夹杂物能谱分析显示，粗系超长非金属夹杂物主要为 SiO 与 MnO 混合硅酸盐类夹杂物。

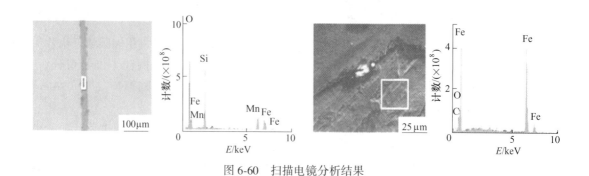

图 6-60　扫描电镜分析结果

（4）结论及建议。HPB300 钢筋表面翘皮、裂纹、折叠、掉肉缺陷形成的主要原因是：大量非金属夹杂物造成翘皮状有根结疤缺陷；大量非金属夹杂物和轧辊槽形状不规则导致裂纹缺陷；轧制过程中前面道次出现耳子或者过充满导致产生折叠缺陷；轧制过程中外界金属或其他物质落在轧件表面，在后期加工过程中又脱落，形成掉肉缺陷。

建议强化对钢坯中夹杂物的处理能力，尽量生产高纯净度、无表面缺陷的连铸坯；规范轧钢工序各个环节的操作，定期检查更换辊环、轧槽和导卫等，落实头尾剪切标准化作业。

6.7　钢的无损检测

6.7.1　无损检测简介

无损检测是在不损坏被检对象的结构完整性和使用功能的前提下，采用物理、化学或电子等方法为手段，借助于先进的技术和设备器材，对被检对象的内部及表面的结构、性质、状态进行检查和测试，从而评价被检测对象的质量和安全程度的方法。

无损检测的目的是保证产品的可靠性，防止失效、防止事故的发生，降低企业成本，提高客户满意度，协助产品研发，控制生产过程及保持质量水平。检测在产品的设计阶段、制造过程、产成品及在役期间均可进行。

无损检测在机械、冶金、石油天然气、化工、航空航天、电力、核工业、煤炭、有色金属、建筑、汽车、电子电器等领域都有应用。无损检测方法很多，主要包括超声波、涡流、射线、渗透、磁粉。

涡流探伤（eddy current testing，ET），涡流探伤是建立在电磁感应原理基础上的一种无损检测方法，由于导体自身各种因素（如导电率、磁导率、形状、尺寸和缺陷等）的变化，会导致感应电流的变化，利用这种现象可以判断导体的性质和状态。由于趋肤效应，大部分涡流都集中在金属表面。涡流探伤的局限性：只适用于导电材料，测试范围为表面和近表面。涡流探伤的优点：不需要耦合剂；检测速度快，易实现自动化；能用于复杂形状工件的检查。

射线探伤（radiographic testing，RT）是使射线投射到底片上，使乳胶膜上的溴化银产生光化作用析出金属银而构成潜象中心，经显影、定影后此处底片变黑，而透射后射线强度较小处的底片就较"白"些。这就是射线的照相作用。射线探伤适用于铸件与焊缝的检测，既可探测其体积上缺陷，如夹杂、气孔等，也可探测沿射线方向延伸的线状缺陷，如未焊透、裂纹等。但对于与射线方向倾斜的缺陷，如未熔、倾斜裂纹等，由于它们沿射线方向厚度较小就难以发现了。射线检测适用于几乎所有材料，对试件形状、表面粗糙度、材料晶粒度没有严格要求。优点是能较准确判断缺陷的性质、数量、尺寸和位置，可得到缺陷的直观图像且长期保存；缺点是检测成本较高、检测速度不快、射线对人体有伤害及存在应用的局限性。

渗透探伤（penetrate testing，PT）是在工件表面施涂含有荧光染料或着色染料的渗透液后，在毛细管作用下，经过一定时间的渗透，渗透液渗进表面开口缺陷中，去除工件表面多余的渗透液并干燥后，再在工件表面施涂吸附介质——显像剂，显像剂将吸附缺陷中的渗透液，在一定光源下（困光或白光），缺陷处的渗透液痕迹被显示，从而探测出缺陷的形状及分布状况。渗透探伤局限性：适用于检查金属和非金属表面开口缺陷；无法检查表面下和内部缺陷；较难用于多孔材料；渗透探伤优点：检验灵敏度高，可检出目视难以发现的 0.02mm 深 0.001mm 宽表面裂纹。

磁粉探伤是铁磁材料磁化时，由于不连续性存在使工件表面和近表面的磁力线发生畸变而产生漏磁场。如在工件表面喷洒磁粉，漏磁场会吸附磁粉，形成在合适光照下目视可见磁痕，显示出缺陷位置、形状和大小。磁粉探伤的局限性：仅适用于铁磁性材料；需通过人眼观察磁痕，难于实现自动化；仅用于检测表面和近表面缺陷。磁粉探伤的优点：对目视难以观测的微小裂纹有很高灵敏度，操作简单、方便，检测结果直观，所用设备成本低。

6.7.2 超声波探伤

超声波探伤（ultrasonic testing，UT）是无损检测应用最为广泛的一种。超声波在物体内传播，当遇到异质界面时产生反射，故可通过探伤仪荧光屏上脉冲反射的位置、波高及形态变化对物体中的缺陷进行判断。

超声波检测的实质是首先将工件被检部位置于一个超声场中，工件若无不连续分布，则超声场在连续介质中的分布是正常的；若工件中存在不连续分布，则超声波将在异质界面产生反射、折射和透射。测出这种异常分布相对于正常分布的变化，并找出它们之间变化的规律就是超声波探伤的任务。超声波探伤的局限性：不适合复杂形状工件的检测；超声波探伤的优点：穿透能力强，灵敏度高，可以确定缺陷的位置、当量及形状，操作方便、安全、无辐射。

6.7.2.1 超声波探伤相关物理基础

波动是振动在介质中的传播过程；而声波是机械振动在弹性介质中的传播过程。

产生机械波的必要条件有产生振动的振源（即探头）、传播振动的弹性介质（即被检测工件）。

超声波的特点：频率高、波长短、指向性好、可定向发射、超声波能量高、穿透能力强、能在界面上产生反射、折射及波型转换。

A 近场区及影响

波的干涉是两列频率相同、振动方向相同、位相相同或位相相差恒定的波相遇时，某些地方的振动互相加强、减弱或完全抵消的现象。

近场区指波源附近由于波的干涉使超声波波源附近出现声压极大极小值的区域。

近场区长度指波源轴线上最后一个声压极大值至波源的距离。

避免在近场区内对缺陷定量的原因是，处于声压极大值处的较小缺陷回波可能较高，而处于声压极小值处的较大缺陷回波可能较低，因此，容易引起误判甚至漏检，故应避免在近场区内对缺陷定量。

B 半扩散角及影响

半扩散角是圆盘源辐射的纵波声场的第一零值发散角。

半扩散角的影响是减小半扩散角可以改善波束指向性，使能量集中，有利于提高探伤灵敏度。在实际探伤检验中要综合考虑探头晶片直径及探头频率对半扩散角及近场区长度的影响，要合理选择探头型号，一般在保证探伤灵敏度的前提下应尽可能减少近场区长度。

C 惠更斯原理

介质中波动传播到的各点都可以看作发射子波的波源，在其后任意时刻这些子波的包迹就决定新的波阵面。

波的衍射或绕射及影响是波在传播过程中遇到与波长相当的障碍物时，能绕过障碍物改变方向继续前进的现象。波的绕射和障碍物尺寸及波长相对大小有关，当障碍物尺寸远远小于波长时，波的绕射强，反射弱；当障碍物尺寸远远大于波长时，反射强，绕射弱，此时声波几乎全反射。由于波的绕射，使超声波产生晶粒绕射，顺利地在介质中传播，这对探伤有利，但同时又会使一些小缺陷漏检。

D 透射率、反射率及影响

反射率、透射率与交界面两边介质的声阻抗 Z 有关。界面上反射波声压与入射波声压之比称为界面声压反射率，用 r 表示；界面上透射波声压与入射波声压之比称为界面声压透射率，用 t 表示；Z_1 表示入射面介子声阻抗，Z_2 表示透射面介子声阻抗；反射率：$r = (Z_1 - Z_2)/(Z_1 + Z_2)$，透射率：$t = 2Z_2/(Z_1 + Z_2)$。

当 $Z_2 > Z_1$ 时，$t > r$，透射率大于反射率，既有透射也有反射；当 $Z_1 > Z_2$ 时，$t < r$，透射率小于反射率，既有透射也有反射；当 $Z_1 \gg Z_2$ 时，$t \approx 0$，声压几乎全反射无透射；当 $Z_1 \approx Z_2$ 时，$r \approx 0$，$t \approx 1$，声压几乎全透射无反射。

E 超声波衰减及影响

超声波的衰减是指超声波在介质中传播时，会随着距离的增加逐渐减弱的现象。衰减的原因包括扩散衰减、散射衰减、吸收衰减。衰减与介质的晶粒直径、声波的频率、各向异性系数有关，当晶粒较粗大时，若采用较高频率，将会引起严重衰减，此时，示波屏出现林状回波，同时信噪比明显下降，穿透能力显著降低，因此，晶粒较大的奥氏体钢和一些铸件超声检测比较困难。

6.7.2.2 试块

试块是按照一定用途设计制作的具有简单几何形状的人工反射体。

试块具有确定探伤检测灵敏、调节扫描速度、评定缺陷的当量，测试仪器和探头的性能。

试块的分类：

按标准化程度分：标准试块、对比试块。

按用途分：校验试块，灵敏度试块。

按标准反射体形状分：平底孔试块，横孔试块，槽口试块等。

按检测对象分：锻件探伤试块，焊缝探伤试块，金属材料探伤试块。

6.7.2.3 探头

超声检测换能器主要是用电来实现超声的电声换能，是实现无损检测的关键部件，俗称探头。

探头的种类：用于超声探伤的探头有接触式直角纵波探头，斜角横波、板波、表面波探头，液浸式探头、聚焦探头、联合探头、电子切换或相位线控阵探头和宽带探头等。

探头 2.5p20z 表示材质为锆钛酸铅，频率为 2.5MHz，直径为 20mm 的直探头。探头标识包括基本频率、晶片材料、晶片尺寸和探头种类。

A 探头的选择

纵波直探头：波束轴线垂直于探测面，用于探测与探测面平行的缺陷。如钢材、钢板等。

横波斜探头：是通过波型转换实现的横波探伤。用于探测与探测面垂直或成一定角度的缺陷。如焊缝探伤的未焊透、未熔合等。

B 探头频率的选择

由于波的绕射使超声波探伤灵敏度约为波长的一半，因此提高频率有利于发现更小的缺陷。频率高，脉冲宽度小，分辨率高，有利于区分相邻缺陷；频率高，波长短，半扩散角小，波束指向性好，能量集中，有利于发现缺陷并对缺陷进行定位。因此，在实际探伤中应全面分析考虑各方面因素，合理选择频率，一般在保证探伤灵敏度的前提下应尽可能选用较低频率。对于晶粒较细的钢件一般选用较高频率，常用的 2.5~5.0MHz；对于晶粒较粗大的奥氏体钢，铸件等宜选用较低频率，常用 0.5~2.5MHz。

C 探头晶片尺寸的选择

晶片尺寸增加，半扩散角减少，波束指向性变好，超声波能量集中，有利于探伤；晶片尺寸增加，近场区长度增加，不利于探伤；晶片尺寸大，超声波能量大，探头未扩散区扫查范围增大，远距离扫查范围相对变小，发现远距离缺陷能力增强，有利于探伤。

探伤厚度大的工件时，为发现远距离缺陷宜选用大晶片探头；探伤小工件时，为提高缺陷定位定量精度宜选用小晶片探头；探伤曲率大或表面不太平的工件时，为减少耦合损失应选用小晶片探头。

6.7.2.4 超声波探伤方法

按超声波探伤原理分类，可分为脉冲反射法、穿透法、共振法三种，其中脉冲反射法应用最为广泛。脉冲反射法是根据脉冲超声波在物体内传播时遇到有声阻抗差异的界面发生反射的原理进行探伤，并根据探伤仪显示屏上脉冲反射波的位置、波高及形态对物体中缺陷的深度、当量及性质，进行判断的一种检测方法。

脉冲反射法的优点：探测灵敏度较高、能较准确地对材料的缺陷进行定位、应用范围广、可采用各种波形对形态不同的材料进行探伤。当材料中存在缺陷时，部分声能被缺陷反射或阻挡，接收能量变小，荧光屏上所显示的接收波幅度下降；若缺陷面积很大时，声波全部被缺陷反射回来，则荧光屏上无接收波出现。

按探头和工件接触方式分类可分为接触法和水浸法两大类。接触法是在探头和工件表面之间涂上一层耦合剂直接探伤的方法。耦合剂的作用是消除探头和工件之间存在的空隙，以避免声波传播到空隙处而产生强烈反射，确保声波顺利进入工件中。常用的耦合剂有矿物油、水、润滑脂、糨糊、甘油和水玻璃。工件表面光滑平整时可用机油和水作耦合剂；工件表面较粗糙时可用甘油和水玻璃作耦合剂。接触法探伤操作简单、方便、易携带，可外出工作，但探头消耗量较大。

水浸法是探头发射的超声波经过一定厚度的水层后再进入工件的探伤方法。水浸法可以把工件全部浸放在液体中、局部水浸法或喷流水浸。水浸探伤由于探头发射的声波经过水层后到达工件表面，在水和工件表面上有部分声能反射回来，在荧光屏上显示出界面波S；另一部分声能进入工件，当遇到缺陷时，又有部分声能反射回探头，荧光屏上显示出缺陷波F；其余部分声能传入工件底面，形成底波B。当缺陷足够大时，可将声能全部反射回来，则荧光屏上界面波之后只有缺陷波存在而无底波。水浸法探伤可以减少探头的磨损、盲区小。

由于探伤灵敏度不受接触压力和工件表面光洁度等因素影响，因此探伤时可适当提高灵敏度；由于水中声速为钢中声速的1/4，因此水层厚度应采用等于或大于被探工件厚度的1/4，保证工件的二次界面波在工件第一次底波之后使 S_2 和底面回波不至于混淆难辨，水浸法所使用的水应保持清洁，不应有杂波。

按照超声波的形式分类，可把脉冲反射法超声波探伤法分为直探头探伤、斜探头探伤、表面波探伤和板波探伤四种形式。直探头探伤法也叫纵波探伤法，这种探伤方法在实际工作中应用最广泛。纵波探伤法主要用探测铸件、锻件和轧材的内部组织和缺陷，有时也用纵波探伤法对工件进行测厚。斜探头探伤法一般也叫横波探伤法，横波探伤法主要用来探测焊缝及管材的缺陷。表面波主要用来探测表面和近表面存在的裂纹缺陷。

6.7.3　钢材的超声波探伤

钢材缺陷可分为铸造缺陷、轧制缺陷和热处理缺陷。主要缺陷有缩孔、疏松、夹杂、裂纹、折叠、白点、裂纹、粗晶等。GB/T 4162《钢棒超声波检验方法》和 GB/T 7736《钢的低倍缺陷超声波检验》标准规定了其探伤范围和探伤方法。一般对钢材的探伤可采用人工手动纵波，如产品技术标准有要求可采取横波探伤。

6.7.3.1　试验准备

钢材表面应无氧化铁皮、凹坑、铁锈及其他影响声波入射的污物，如有上述情况，必须清除。

仪器性能要求水平线性的测试结果≤2%，垂直线性的测试结果≤5%，灵敏度余量的测试结果≥42dB。

测试方法：

（1）垂直线性和动态范围的测试：调节 a 闸门套住被测平底孔回波，调节增益值，使增益值大于 34dB 时回波幅度在 20%~80%以内。选中主菜单中子菜单【计测】垂直线性选择【on】，测试结果将自动显示在波形区右上方。

（2）水平线性的测试：仪器连接上 BH-50 回波探头，a 闸门方式为【正】或【负】

水平线性计测主菜单设为【on】，测试结果显示在波形区右上方。

（3）灵敏度余量的测试：使 200mϕ2 平底孔回波的最高波幅度达到 50%，拔掉仪器探头插座上的探头线，灵敏度余量【计测】主菜单设为【on】，测试结果显示在波形区右上方。

6.7.3.2 试验其他要求

试块要求：对比试块材质应与被检件声学性能（如声速、声衰减等）及规格尺寸相近；检测面是平面时可选用平面对比试块，检测面是曲面时，选择曲率半径为（0.7~1.1 倍）的对比试块。

探头要求：探头电缆线绝缘良好，插头与仪器插座匹配。当被检试样声程小于 80mm 时使用 2.5Pϕ14Z 探头，当被检试样声程大于 80mm 时可使用 2.5Pϕ20Z 探头。

耦合剂要求：一般使用水、化学浆糊、机油等。涂耦合剂时应全面、均匀。

6.7.3.3 灵敏度调整

仪器开机自检后正常启动，调"零"点，按钢材的规格调整探测范围。根据具体情况选择合适的灵敏度调节方法。

试块法：当探测声程小于 3N 时用试块法调节灵敏度。根据质量等级要求选用与被检钢材声学性能和声程及曲率相近似的对比试块进行调试。调节探伤仪，使对比试块上的最大声程孔及最小声程孔的回波高度均不低于荧光屏满幅度的 80%，以此为检测灵敏度，可根据表面状态进行灵敏度补偿，粗探伤时提高 6dB 作为扫查灵敏度。

大平底法：当探测声程大于 3N 时，可采用大平底法调节灵敏度，即在被检钢材完好部位将第一次底面回波高度调整到满幅的 50%~80%，作为评定回波信号的基准，然后根据被检钢材检测标准要求按下列公式计算增益数值，在基准波高基础上提高相应 ΔdB 值，再进行检验。

$$\Delta = 20\lg P_B/P_f = 20\lg 2\lambda x/(\pi D_f^2)$$

式中 x——被检测钢材（坯）的直径或边长；

　　　D_f——平底孔直径。

AVG 曲线法：输入基准孔径，【主菜单】中输入检测范围及 a 闸门起始位置、电平高度 50%，使其可以套住底波。输入使用探头的规格及频率。输入曲线孔径 1、曲线孔径 2、曲线孔径 3，曲线孔径【DAC】菜单第五页，例：如果要求检测等级为 ϕ2 当量平底孔，设曲线 1 孔径为 2mm，则 AVG 曲线 1 即为 ϕ2 当量曲线。选择【AVG】曲线菜单【DAC】菜单第三页，按下▲键，使 AVG 曲线菜单选项切换到记录。使用 a 闸门套住回波，并移动探头使回波最大，然后调节【衰减】使回波在 50%~80% 之间。选择 AVG 曲线菜单【DAC】菜单第五页，按下【AVG】曲线菜单对应▲键，仪器此时根据 a 闸门内回波生成 AVG 曲线。根据生成的判伤曲线对检测到的缺陷大小进行评判，完成探伤工作。

6.7.3.4 探伤检测过程

根据调整好的灵敏度进行探伤检验，圆形钢材应进行 100% 探伤，方形钢材应在相邻两面进行 100% 探伤，采取轴向及周向探伤相结合，探伤间距不得超过探头有效声束宽度的 80%，并适当调整探头接触面的角度，以获得最大的回波。无缺陷回波或缺陷回波幅度低于标准要求判为"探伤合格"；缺陷回波幅度等于或超过标准要求的判为"探伤不合"；凡判为"探伤不合"的试料应在缺陷位置上做好标识，切除并判废，也可取样进行低倍酸蚀检验，确定缺陷性质。

探伤检测注意事项：探伤检测扫描速度应在 $3\sim6m/min$；检测过程中除注意观察一次声程内有无缺陷回波外，还要对底面回波的高度进行监视。如发现异常应立刻停止检测，重新调整灵敏度进行判断。探伤过程中，每隔一段时间对灵敏度要重新校整一次，以免造成误判或漏检。

6.8　钢的热处理

钢的热处理工艺就是通过加热、保温和冷却的方法改变钢的组织结构以获得工件所要求性能的一种热加工工艺。根据加热、冷却方式及获得的组织和性能的不同，钢的热处理工艺可分为普通热处理（退火、正火、淬火和回火）、表面热处理（表面淬火和化学热处理）及形变热处理等。按照热处理在零件整个生产工艺过程中位置和作用的不同，热处理工艺又分为预备热处理和最终热处理。

6.8.1　热处理的组成

热处理由加热、保温和冷却三部分组成。

6.8.1.1　加热

用不同的加热速度，达到所希望的加热温度。加热目的：

（1）提高钢的塑性。因为钢在常温时塑性很低。

（2）使其内外温度均匀，减少温度差造成的应力。

（3）改变钢内部结晶组织，消除锻、轧制过程中所造成的应力。

6.8.1.2　保温

保温主要是钢中碳化物溶解和奥氏体均匀化的过程。保温目的：

（1）使钢内外温度均匀一致。

（2）使其显微组织完成预期的转变，并尽可能地均匀化。

6.8.1.3　冷却

用不同的速度冷却来控制冷却时的转变、相变，转变、相变在保温和冷却时发生，而主要控制是冷却的转变。这是热处理操作上加热→保温→冷却的最后一道工序，在某些情况下，也是热处理质量最重要最关键的一道工序。

冷却方法：一般分为炉冷（退火）、空气中冷却（退火、正火、淬火、回火）、油冷（淬火、回火）。最后应该指出，无论是正火、退火、淬火、回火，为了避免产生过高的不均衡的内应力和使钢过度的变形或开裂，必须采取一切可能的措施，使钢各部均匀冷却。

6.8.2　实验室热处理工艺

6.8.2.1　钢的退火

退火是将钢加热至临界点 A_c 以上或以下温度，保温以后随炉缓慢冷却以获得近乎于平衡状态组织的热处理工艺。其主要目的是均匀钢的化学成分及组织，细化晶粒，调整硬度，消除内应力和加工硬化，改善钢的成形及切削加工性能，并为淬火作好组织准备。钢的退火工艺种类颇多，按加热温度可分为两大类：一类是在临界温度（A_{c3} 或 A_{c1}）以上的退火，也称为相变重结晶退火，包括完全退火、不完全退火、等温退火、球化退火和扩散退火等；另一类是在临界温度（A_{c1}）以下的退火，也称低温退火，包括再结晶退火、去应力和去氢退火等。按冷却方式退火可分为连续冷却退火及等温退火等。完全退火是将钢件或钢材加热至 A_{c3} 以上 20~30℃，经完全奥氏体化后进行缓慢冷却，以获得近于平衡组织的热处理工艺。它主要用于亚共析钢，其目的是细化晶粒、均匀组织、消除内应力、降低硬度和改善钢的切削加工性。不完全退火是将钢加热至 A_{c1}~A_{c3}；（亚共析钢）或 A_{c1}~A_{ccm}（过共析钢）之间，经保温后缓慢冷却以获得近乎于平衡组织的热处理工艺。球化退火是使钢中碳化物球化，获得粒状珠光体的一种热处理工艺。主要用于共析钢、过共析钢和合金工具钢。其目的是降低硬度、均匀组织、改善切削加工性，并为淬火作组织准备。

6.8.2.2　钢的正火

正火是将钢加热到 A_{c1} 或 A_{ccm} 以上 30~50℃ 或更高温度，保温以后在空气中冷却得到珠光体类组织的热处理工艺，也有人叫它正常化处理或常化处理。

正火目的：去除钢的内应力，降低钢的硬度。

6.8.2.3　钢的淬火

淬火是将钢加热至临界点 A_{c3} 或 A_{c1} 以上一定温度，保温以后以大于临界冷却速度的速度冷却得到马氏体（或下贝氏体）的热处理工艺叫做淬火。

淬火的目的：获得尽量多的马氏体，可以显著提高钢的强度、硬度、耐磨性，与各种回火工艺相配合可以使钢在具有高强度高硬度的同时具有良好的塑韧性。

6.8.2.4　钢的回火

回火是把淬过火或经过冷加工变形的钢加热到选定的温度（低于钢的下临界点或再结晶温度），保持充分的时间，以消除其因淬火或冷加工变形所产生的残余应力，获得较稳定的显微组织并根据需要尽可能达到综合力学性能的热处理工艺。低温回火是钢淬火后在 150~250℃ 保持较长时间，以便在不过多丧失其淬火硬度的情形下，尽可能消除由淬火产生的内应力的热处理工艺，也称马氏体低温回火。低温回火后的组织叫做低温回火马氏体，或简称回火马氏体。中温回火是淬火钢在 350~500℃ 范围保温，然后冷却的一种热处理工艺。淬火钢在中温回火的组织是回火屈氏体，具有足够高的弹性极限、硬度和强度，并保持一定的韧性。高温回火是钢淬火后在较高的温度回火以得到较好的强度和韧性的综合力学性能的热处理工艺。回火温度根据所要得到的性能进行选择，一般大于 400℃。

回火的目的：减少或消除淬火时产生的内应力、稳定组织、稳定尺寸、调整钢的性能。

6.8.3　热处理设备

（1）箱式高温电阻炉，如 RJX 8-13 型。可供试样的热处理淬火、正火、回火、渗碳等使用。箱式高温电阻炉是以碳硅棒为加热体，进行双面加热的。

（2）箱式中温电阻炉。可供试样的热处理淬火、正火、回火、退炉等使用。箱式电阻炉是以电阻丝为加热体，进行四面或六面加热的。

6.8.4　实验室热处理的操作方法

6.8.4.1　末端淬火热处理

A　试样验收

试样验收按 GB/T 225 执行，试样总长度（100±0.5）mm，试样直径 25~25.5mm，凸缘 3mm，超出标准范围返回加工室重新制样。

B　正火操作

试样装在放有电极粉、生铁屑或木炭粉的末端淬火盒内，设定炉温，仪表显示达到规定的温度后，将装有试样的端淬盒装入炉中进行正火处理，每炉最多装 8 支试样，正火保温时间按标准执行，标准无要求时，保温时间按 GB/T 225 执行，到时间后出炉空冷，同步记录工艺参数。

C　淬火操作

a　检查端淬机

（1）启动端淬机电源开关。

（2）按水泵启动按钮，停留 2min 左右，用钢板尺测自由水柱高度，超出范围，进行调整。

喷水管端部如图 6-61 所示。

（3）启动加热或制冷按钮，调试冷却水温度，水温为（20±5）℃。

（4）检查喷水口挡板是否完好。

（5）检查端淬数显时间继电器的时间设定。

（6）各参数合格后方可操作。

b　淬火操作

（1）试样装在放有电极粉、生铁屑或木炭粉的末端淬火盒内，设定炉温，仪表显示达到规定的温度后将装有试样的端淬盒装入炉中，进行淬火处理。淬火保温时间按标准执行，标准无要求时，保温时间按 GB/T 225 执行。

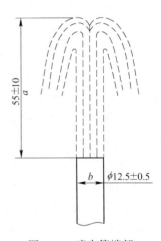

图 6-61　喷水管端部

a—水射流自由高度；b—喷水管口的直径

（2）到规定时间后进行端淬，出炉时两人配合一人开炉门，一人用工作钳夹住非淬火端的凸缘处，将淬火试样从炉中取出放在保持支座上，试样从炉中取出至开始喷水之间的时间应不超过 5s。同时使试样轴心对准喷水口中心进行淬火，喷水时间至少为 10min，此后可将试样浸入冷水中完全冷却，同步记录工艺参数。

（3）在整个淬火过程中应防止风吹到试样上，严防试样侧面及顶部接触水。

（4）试验结束，关闭端淬机电源开关。

6.8.4.2　奥氏体晶粒度检验试样热处理

A　渗碳法

对碳含量（质量分数）≤0.25%的碳素钢和合金钢，尤其是渗碳钢可以采用渗碳法显示奥氏体晶粒度。对于碳含量较高的钢不使用渗碳法。除非另有规定，渗碳试样热处理应在（930±10）℃保温 6h，必须保证获得 1mm 以上的渗碳层；渗碳剂必须保证在规定的时间内产生过共析层；试样应以缓慢的速度炉冷至下临界温度以下，以足以在渗碳层的过共析区的奥氏体晶界上析出渗碳体网。

B 氧化法

对碳含量（质量分数）0.25%~0.60%的碳素钢和合金钢氧化法。将试样抛磨面朝上置于炉中，除非另有规定，对碳含量（质量分数）≤0.35%钢的试样在（900±10）℃加热，碳含量（质量分数）≥0.35%钢的试样在（860±10）℃下加热，保温 1h，然后淬入冷水或盐水中。

6.8.4.3 金相试样的热处理

A 夹杂物

（1）碳素工具钢和合金工具钢金相检验试样的热处理工艺采用标准规定温度的中下限。

（2）滚珠钢夹杂物试样的热处理工艺采用标准工艺的中下限温度淬火后回火。即 820~840℃淬火+150~200℃回火。

（3）碳素结构钢和合金结构钢夹杂试样的热处理均采用标准温度的中下限温度淬火，冷却剂采用油冷或水冷。

B 组织

（1）滚珠钢带状、网状、液析试样的热处理工艺采用标准工艺的中下限温度淬火后回火。即（820~840℃）淬火+（150~200℃）回火。

（2）碳素工具钢和合金工具钢网状试样的热处理采用标准规定的淬火温度进行淬火。

（3）碳素结构钢和合金结构钢的带状组织按相应产品标准执行。

C 碳化物不均度

试样的检验状态为退火状态。必要时，也允许采用淬回火状态。

D α-相

不锈钢 α-相的热处理工艺为淬火+回火。

E 不锈钢晶间腐蚀试样热处理

按相应产品标准规定，根据钢的化学成分和试验方法要求，不锈钢晶间腐蚀试样在晶间腐蚀试验前要进行固溶处理或固溶加敏化处理。对含有 Ti、Nb 和 Ta 等稳定化学元素的钢固溶处理后，一般需经 650℃保温 60min 空冷的敏化处理。

F 脱碳层、魏氏组织不进行热处理

6.8.4.4 低倍试样的热处理

某些合金钢断口试样需经热处理后检验。淬火断口或调质断口的热处理淬火温度应采用标准规定的工艺进行淬火或调质处理。

6.9 冷轧工艺介质溶液检验

6.9.1 冷轧工艺简介

本钢冷轧系统拥有 1700mm 冷连轧、1970mm 冷连轧、2280mm 冷连轧各 1 条，

1450mm 单机架冷轧 2 台，20 辊可逆冷轧机 2 台，罩式退火炉 1 条，连续退火炉 3 条，热镀锌机组 5 条，电镀锌机组 1 条，彩涂生产线 1 条，冷轧硅钢生产线 1 条、不锈钢冷带退火酸洗机组 1 条。

　　冷轧工艺流程：酸轧（酸洗冷轧）—退火—镀锌—精整。每一条机组都有工艺介质需要化验：酸轧有酸洗液、乳化液，连退有清洗剂，镀锌有清洗剂、锌锅液、电镀锌液、电镀酸洗液、漂洗水、用来配制各种溶液的脱盐水及各种后处理剂（钝化液、磷化液、耐指纹液）等，这些介质的指标都直接影响产品质量，因此，及时准确地报出各种介质的化验指标，对提高冷轧、镀锌产品质量起着非常关键的作用。

6.9.2　冷轧介质溶液检验

　　冷轧介质溶液主要包括冷轧生产线工艺生产流程中用到的各种提升产品质量的辅助化工产品，或用于辅助生产的各种水质以及产生的废水等，在本节的冷轧工艺介质溶液类进行介绍。介质溶液指标对生产既有警示作用也有提示作用，废水排放更是企业的一项硬性指标和任务，因此检验的准确性、及时性显得尤为重要。

　　冷轧介质检验项目见表 6-11。

表 6-11　冷轧介质检验项目

序号	试样名称	检验项目	采样地点
1	酸洗液	铁	酸轧机组
		盐酸	
2	清洗剂	总碱、游离碱	连退机组、镀锌机组、电镀锌机组
		电导率、油分、铁分	
3	乳化液（常规）	油含量	酸轧机组
		pH 值	
		电导率	
		游离脂肪酸	
		皂化值	
		灰分	
		铁含量	
		铁皂含量	
		ESI	
		Cl^-	
4	清洗水、漂洗水	pH 值、电导率	连退机组
		Cl^-	
5	水淬槽入、出口水；脱盐水；原水	pH 值、电导率、Cl^-	连退机组、公辅机组
6	斜板出水、循环反洗水	pH 值、COD 值	公辅机组

序号	试样名称	检验项目	采样地点
7	磷化液	硝酸根	热镀锌机组、电镀锌机组
		总酸 TA	
		游离酸 FA	
		铵离子 NH_4^+	
8	钝化液	H_2CrO_4	热镀锌机组
9	处理液——无铬钝化或无铬耐指纹溶液	固体含量和（或）特征元素	热镀锌机组
10	锌液（GA、GI）	Al、Fe、Pb、Sb	热镀锌机组
11	电镀液	二价铁、三价铁	电镀锌机组
		pH 值、锌、酸值	
12	导电辊清洗水	pH 值、锌、酸值	
13	废水	总铬、六价铬、总铁	公辅机组
		化学需氧量（COD）	公辅机组
		锌的测定	公辅机组
		水中油分	公辅机组
		浊度	公辅机组
		悬浮物	公辅机组
		pH 值	公辅机组
		电导率	公辅机组
14	循环水、补充水	氯化物、钙、镁、磷的测定	公辅机组
		碱度、总碱度	公辅机组
		浊度的测定	公辅机组

6.9.2.1 酸洗液检测

热轧带钢在冷轧前必须进行酸洗，其目的是清除黏附在钢材表面的氧化层，为后续加工做好准备。带钢除鳞，过去采用硫酸酸洗。但由于盐酸酸洗的带钢表面洁净且光亮、金属消耗少、成本低等优点，加之1959年奥地利鲁兹纳公司解决了盐酸回收工艺，因此20世纪70年代后，世界各国已普遍把老式的硫酸酸洗机组改造成盐酸酸洗机组，并争相建设新的盐酸酸洗机组。

酸洗液指标见表6-12。

表 6-12　酸洗液指标　　　　　　　　　　　　　　（g/L）

酸洗液	总酸	自由酸	铁
酸洗槽	大约 180	40	140
酸洗槽 Ⅱ	大约 181	100	80
酸洗槽 Ⅲ	大约 182	140	40

注：废酸中铁离子浓度达到140g/L时，需排放到酸再生区进行处理。

检验原理、步骤及注意事项

（1）游离盐酸检验：

检验原理：酸碱中和法。试样用氟化钾掩蔽溶液中的铁，以甲基红-亚甲基蓝为指示剂，用氢氧化钠标准溶液滴定至浅绿色为终点。

检验步骤：吸取 10mL 酸液试样于 100mL 容量瓶中，以水稀释至刻度，摇匀。取上述试液 10mL 于 250mL 三角烧瓶中，加水 50mL，加 5~10mL 氟化钾溶液，二滴混合指示剂，用 0.1000mol/L 氢氧化钠标准溶液滴定至浅绿色为终点。

注意事项：为保证试验数据稳定，试样均匀，试验前应充分摇匀。

（2）亚铁检验：

检验原理：氧化还原法。试样以二苯胺磺酸钠为指示剂或不使用指示剂，通过电位控制，在硫-磷混合酸酸性介质中用重铬酸钾标准溶液滴定，此时 Fe^{2+} 全部被氧化为 Fe^{3+}，根据在滴定中消耗的重铬酸钾标准溶液的毫升数，求得 Fe^{2+} 的含量。

检验步骤：吸取 10mL 酸液试样于 100mL 容量瓶中，以水稀释至刻度，摇匀。取上述试液 10mL 于 300mL 三角烧瓶中，加硫磷混酸 30mL、50mL 水、5 滴二苯胺磺酸钠指示剂，用重铬酸钾标准溶液滴定，溶液由绿色变稳定的紫色为终点。

注意事项：为保证试验数据稳定，试样均匀，试验前应充分摇匀。

6.9.2.2　乳化液

为了保证冷轧润滑效果，就必须在轧辊与带钢接触表面之间形成一层油膜，该油膜能在很大压力作用下不破裂。生产实践表明，冷轧时只需很薄的润滑油膜就可以达到减少摩擦的作用，如果油膜厚度超过一定值，则对减少摩擦不再起作用，相反会由于过"润滑"而使轧辊发生"打滑"现象，在高速轧制条件下，更容易出现"打滑"。"打滑"会造成轧辊和带钢表面损伤或发生断带等事故。因此，轧制时只需保证带钢表面具有临界厚度油膜即可。油膜的临界厚度受轧机形式、带钢种类和生产环境等因素的影响。

生产过程中，通常将少量的油和大量的水混合成乳化液使用，油起润滑剂的作用，水起冷却剂和润滑油溶剂的作用。乳化液是一种液相以细小液滴的形式分布于另一种液相中，形成两种液相组成的足够稳定的系统。形成液滴的液体称为分散相。乳化液的其余部分称为分散（连续）介质。

乳化液广泛应用于各种轧制过程。它的冷却能力比油大得多，在循环系统中可长期使用，耗油量较低，而且有良好的抗磨性能。

A　乳化液的评价指标

（1）油含量。表示乳化液中油的总浓度。经验表明，乳化液浓度的高低与轧机运转速度有一定的关系。运转速度越低要求乳化液浓度越高。从传热的角度说，浓度越低，传热性能越好，但与此同时，油膜的厚度越小，润滑效果越差。

（2）皂化值。皂化指用碱使油脂水解成脂肪酸和甘油的反应。皂化值是指皂化 1g 试样油所需氢氧化钾的毫克数。皂化值是乳化液分析的一个关键指标，不同的基油其皂化值亦不同。根据皂化值可判断轧制油中的油脂或合成脂等油剂的含量。皂化值高，同样工作条件下乳化液的润滑效果好；反之，润滑效果差。

（3）酸值。中和 1g 油中酸性物质所需的氢氧化钾的毫克数。轧制油在轧制过程中逐渐氧化，生成过氧化物后转化成有机酸，酸值过大是轧制油老化的标志。游离脂肪酸指的是油性剂中含有的游离的脂肪酸成分，也可用酸值来表示，即游离脂肪酸%×2＝酸值。测定游离脂肪酸可以判断乳化液中油的分解量。游离脂肪酸有利于乳化液的润滑作用，其含量不宜太低；含量太高则可能造成在轧镀锌板时给脱脂带来困难。

（4）pH 值。pH 值影响乳化液的稳定性。pH<5，乳化液颗粒度增大，乳化液不稳定；pH>8 或在 9.5 时颗粒度变小，引起冷轧润滑困难。pH 值与电导率突然发生变化，表明有酸、盐类或碱侵入乳化液；如果电导率一定而 pH 值下降可能表现为细菌的繁殖而腐败，此时，乳化液会有一种特殊的气味。

（5）铁含量。乳化液中铁含量主要来源于它所接触的金属铁粉，铁在乳化液中以下列几种形式存在：Fe、Fe_3O_4、FeO、Fe_2O_3 和铁皂。如果乳化液中铁含量过高，表明乳化液润滑作用不够。铁含量高主要在油浓度较低时产生，由于润滑作用不够，辊缝处就有铁粉被磨出来。油浓度低是指乳化液中活性油的浓度低，有时杂油泄漏及产生铁皂，使得总油浓度不低，其实这里面存在有杂质油和铁皂部分。在氯含量过高时，对带材产生的锈蚀可使乳化液中铁含量增高。

（6）氯化物含量。乳化液中氯含量太高，可使带钢退火后产生锈点，在储存时间长、钢板潮湿的情况下更易生锈；况且它还影响乳化液的稳定性，所以氯含量超过一定值时，就要更换乳化液。氯含量主要是由于酸洗槽中氯含量过高，冲洗不净引起。乳化液中补充水也有可能引起氯含量偏高，氯含量过高电导率上升较快。

（7）灰分含量。乳化液中的灰分主要来自无机盐类或铁粉，随着轧制时间的增加，灰分含量逐渐增加。一般乳化液的灰分含量不要超过 1000mg/L，轧制时乳化液的灰分含量越低越好。因为灰分较多，会增加机械磨损，降低乳化液的润滑性，同时也影响退火后板面的清洁度。

（8）电导率。通过电导率的变化能反映乳化液质量的变化。正常时 pH 值保持不变，电导率随轧制周期延长而缓慢上升。一般是 pH 在 5.5~8.0 之间，电导率上升速度为 10~20μs/cm 左右，这是因为不断补充水和油，使乳化液中的盐含量不断增加的。值得注意的是，pH 值保持不变而电导率上升很快，这可能是中性盐侵入乳化液，一般多从酸洗喷槽带来。另一种是 pH 值和电导率突然同时上升，这表明含碱物质及其盐类进入乳化液。如是 pH 值突然下降而电导率上升则可能是无机酸或其盐类进入乳化液。

B　乳化液检验

为了保证乳化液的润滑和冷却功能，必须对乳化液的各项指标进行检验和分析，根据检验结果调整乳化液的相关参数，使乳化液的各项指标达到最佳。乳化液的取样点一般设在乳化液槽前部，由轧机乳化液操作工将化验样送到检验室，在检验室进行各项指标检验。

乳化液指标见表 6-13。

表 6-13　乳化液指标

检验项目	检验频率	控制范围
油含量	1 次/班	1.0%~4.5%
pH 值	1 次/班	4~7
电导率	1 次/班	$S_1/S_2<300\mu s/cm$，$S_3<100\mu s/cm$

检验项目	检验频率	控制范围
皂化值	2次/周	>150mgKOH/g
活性油含量	2次/周	>85%
杂油含量	2次/周	<15%
铁含量	2次/周	$S_1/S_2<300mg/L$，$S_3<100mg/L$ $S_1/S_2<500mg/L$，$S_3<100mg/L$
灰分含量	2次/周	$S_1/S_2<800mg/L$，$S_3<200mg/L$
游离脂肪酸	2次/周	>4%
铁皂	2次/周	<1.0
稳定系数 ESI	2次/周	≥25

a 油含量检验

（1）盐酸破乳法。

检验原理：于乳化液中加入浓盐酸或硝酸破乳，使油相和水相分离，冷却至室温即可读取油层的百分含量；取一定重量的乳化液通过加热烘干，将乳化液中水相去除，剩下的油相重量。

检验步骤：将乳化液试样充分摇匀，用移液管吸取100mL试样于测定瓶中，加10mL盐酸（若盐酸破乳效果不好，可加入10%的氯化钠和10mL硝酸破乳）于测定瓶中，并加水至零刻度，塞上瓶塞，摇匀。将测定瓶置于恒温水浴锅中，在（95±3）℃保温2h，取出测定瓶，冷却至室温，读出并记录测定瓶中油相体积，以百分含量计。

注意事项：取乳化液检验前一定摇匀。取样均匀性、油水分离完全、冷却完全；读取分离油的毫升数时，必须减去水相和油相之间铁皂和不溶材料部分，读取总油含量时应包括铁皂和不溶材料部分。

（2）重量法。

检验原理：重量法使用热重量分析法快速、可靠地测定乳化液中的油浓度。当取一定量的样品后，经水分测定仪的称重、烘干、恒重等全自动程序，测量结束后仪器显示出乳化液的油浓度，以百分含量表示。

检验步骤：选定方法后打开热天平盖子，拿出样品盘。盖上盖子，按START键，打开盖子，放上样品盘和玻璃纤维膜，待仪器提示后盖上盖子，等待清零。清零结束后，仪器会提示进行下一步。打开盖子，用干净的吸管吸取乳化液1.8~2.2g，均匀地滴在玻璃纤维膜上。盖上盖子，进入测量程序，待测量结束后，屏幕上显示的数值即为乳化液样品的油浓度，以百分含量表示。如果使用滤纸代替玻璃纤维膜，则只需将滤纸在每次分析之前当成样品测试即烘干滤纸。

注意事项：以轻按方式或使用指尖操作触摸屏，用手打开或关闭样品室时请始终让加热模块处于完全打开状态，一定要将样品薄薄一层均匀放入玻璃纤维膜或滤纸上，否则会造成热量分布不均匀而影响测量结果。如果使用滤纸试验，在每次烘干滤纸之后应立即进行样品测定，以防滤纸吸收水分影响测量结果。

b　pH 值检验

检验原理：利用 pH 计测定溶液 pH 的方法是一种电位测定法。它是将玻璃电极插入被测溶液中，由于内参比电极的电位是恒定的，因此产生于玻璃膜两边的电位差在一定温度下与试液的 pH 值成直线关系。

检验步骤：开机前，须检查电源是否接妥。电极的连接是否正确，防止腐蚀性气体侵蚀。

设置温度，仪器的 pH 标定：采用已知 pH 值的缓冲溶液进行标定。pH 值"定位"根据所测溶液 pH 值大致范围来定，测酸性溶液用"pH = 4.00 缓冲溶剂"，中性用"pH = 6.86 缓冲溶剂"，碱性溶液用"pH = 9.18 缓冲溶剂"，另外选择一已知 pH 值的缓冲溶剂，进行"斜率"标定。

用蒸馏水清洗电极，电极用滤纸擦干后，即可把电极放入一已知 pH 的缓冲溶液中，标定完成后，选择标准缓冲溶液 3 为被测样，进行测定，测定结果与已知值偏差不大于 0.05 即为合格，否则重新标定。把电极插入试样之内，稍稍摇动烧杯，使之缩短电极响应时间。调节"温度"电位器使指溶液的温度。置"选择"开关于"pH"。此时仪器所指的 pH 值即未知溶液的 pH 值。测量完毕，要用清水将电极清洗干净，浸泡在 3mol/L 氯化钾中。

注意事项：仪器不使用时也不要把电极头从插座中拔出来。电极不使用时浸入饱和 KCl 溶液中。复合电极的陶瓷忌与油脂等物质接触。复合电极在使用前，必须赶尽球泡头部和电极中间的气泡。测量时，电极的引入线需保持静止，否则会引起测量不稳定。电源插座旁边保险丝座内装有保险，如仪器指示灯不亮，而电源供应又正常，则可检查保险丝是否已断。用缓冲溶液标定仪器时，要保证缓冲溶液的可靠性，因为如果缓冲溶液有错，将导致测量结果的误差。

c　电导率检验

检验原理：将已知电极常数的电导率电极插入待测试样中，根据电导仪电桥达到平衡时的指示值，求得试样的电导率。

检验步骤：首先将校准、测量开关选择至"校正"位置，接上电源线，打开电源开关，并预热数分钟（待指示值完全稳定下来为止）（约 30min），调节常数旋钮使指示常数值与电极相同，用市售电导标液对仪器进行校准。然后将校准、测量选择至"测量"位置，将量程选择开关扳到所需要的测量范围，如预先不知被测乳化液的电导率的大小，应先把其扳在最大电导率测量档，然后逐档下降，以防表盘示数不准，电桥达到平衡时读取指针所指示的刻度，即为测定时温度下的电导率值。

注意事项：应在乳化液温度接近室温情况下测量，否则应将测量值乘温度系数。电导率电极插入试液应缓慢，以使电导池中完全充满试样，绝对不能存在气泡，同时应将电极离开烧杯底部 1cm 以上，以免搅拌子打坏电极。每测一个试样之后都要用蒸馏水充分冲洗电导池。有油污可用二甲苯或丙酮清洗后擦干。

d　铁皂检验

检验原理：采用丁酮萃取乳化液中铁皂，用已恒重的滤器过滤，留在滤器上的物质，即铁皂。

检验步骤：预先将定量滤纸进行恒重，称量操作重复至连续两次称量间的质量差数不超过 0.0004g 或质量不增加为止。取乳化液 300~500mL 于 1000mL 烧杯中，再加入 30~50g NaCl，在充分搅匀的情况下加热至 75℃使氯化钠完全溶解，冷却后移入 1000mL 的分液漏斗中，加入 150~200mL 丁酮，在多次放出气体的情况下充分摇匀，然后进行萃取使水和轧制油分离，弃去水相，取中间相（铁皂）于准备好的滤纸中过滤，并用丁酮冲洗滤纸，直至滤纸上不沾有轧制油油迹，滤纸透明无色为止。将上述滤纸置于称量瓶中，在（110±5）℃的烘箱中烘至恒重，称准至 0.0002g。

注意事项：萃取时，一定要使水和轧制油充分分离，否则会影响测定结果。乳化液与丁酮在分液漏斗中震荡时一定要不断放气，否则会使溶液喷溅。

e　灰分检验

检验原理：取一定量的乳化液试样在电热板上蒸去试样中的水分，然后用无灰定量滤纸作引火芯燃烧试样，并将固体残渣煅烧至恒重。用重量法测定乳化液的灰分。

检验步骤：将瓷坩埚（或蒸发皿）恒重，称准至 0.0002g。重复进行煅烧、冷却及称量，直至连续称量间的质量差数不大于 0.0004g 或质量增加为止。取 20mL 乳化液试样放入已恒重的瓷坩埚内，用一张定量滤纸叠两折，卷成圆锥体，用尖刀把距尖端 5~10mm 的顶端部分剪去（放入坩埚内），把卷成圆锥体的滤纸（引火芯）立刻放在坩埚内，要放稳，并将大部分试样表面盖住。引火芯浸透试样后，蒸发至干，在电热板上点火燃烧。试样的燃烧应进行到获得干性炭化残渣为止，火焰高度维持在 10cm 左右。试样燃烧后，将盛有残渣的坩埚移入（775±25）℃的高温炉中，在此温度下保持 1.5~2h，直到残渣完全成为灰烬。残渣成灰后，再将坩埚进行恒重。

注意事项：因乳化液试样中大部分是水，因此在加热蒸发水分时，应缓慢加热，以防试样溅出影响测定结果。

f　皂化值检验

检验原理：已知重量的样品在过量的氢氧化钾乙醇溶液中煮沸，在这个过程中游离酸可皂化成分与 KOH 反应形成钾皂。用盐酸标准溶液滴定过量的碱，以酚酞作指示剂，溶液颜色从红色到样品原来的颜色为终点，测定皂化值。

检验步骤：乳化液试样应充分摇匀。取乳化液（300~500）±5mL 于烧杯中，加入 30~50g NaCl 混匀，在充分搅匀情况下加热至 75℃使盐完全溶解。将加热后的乳化液冷却后移入 1000mL 的分液漏斗中，盖上分液漏斗塞，在多次放出气体情况下充分摇匀。加入 150~200mL 丁酮进行萃取，使水和轧制油分离。弃去水相和铁皂，并将油相部分用滤纸过滤。将滤液在加热板上加热，使水和丁酮蒸发，剩余部分为油相。取 2 个干燥的磨口三角瓶，在其中一个三角瓶中称大约 2g 油试样，精确到 0.01g；另一个三角瓶留做空白试验用。每个三角瓶加 2~3 粒玻璃珠或沸石避免暴沸。分别用加 25mL 的氢氧化钾乙醇溶液到每个三角瓶中，用少量异丙醇冲洗三角瓶内壁，避免氢氧化钾成分残留在壁上。放置冷凝管在每个三角瓶上并在加热板上沸腾回流 30min。立刻用 50mL 异丙醇冲洗冷凝管，使其加到三角瓶内部。加 5~10 滴酚酞指示剂。用 0.5mol/L 的盐酸标准溶液在连续和缓的晃动下滴定，颜色从红色到样品原来的颜色作为终点。

注意事项：乳化液加热破乳，温度需要控制在 75℃，否则乳化液中的某些成分会被破坏，致使提炼出来的基油颜色灰暗。实验证明，皂化值结果偏低 10mg KOH/g 左右。最后蒸发萃取剂的时候，需要仔细观察液面的变化，当液面上略微有些冒烟时，说明萃取剂已蒸发完毕，如果冒烟过大，则得到的基油就会变成黑色，对实验结果的最小影响约为 4.8mg KOH/g。氢氧化钾乙醇溶液在使用前有浑浊现象，应该先过滤。因为如果不过滤，溶液中有析出的氢氧化钾颗粒，如果加入测定皂化值的轧制油中，就会导致测定结果不稳定。

g　游离脂肪酸检验

检验原理：已知重量的样品被溶解于二甲苯和异丙醇，以酚酞作为指示剂，用氢氧化钾标准溶滴定由无色至粉红色为终点，借此测定游离脂肪酸含量。

检验步骤：乳化液试样应充分摇匀，同皂化值步骤，从乳化液中萃取出油，在150mL干燥的三角烧瓶中称2g油，精确到0.01g。加25mL二甲苯并搅拌，直至样品完全溶解。加50mL异丙醇并搅拌直至样品完全均匀。如有必要，利用加热（微热）促使样品溶解。在滴定前样品要冷却到室温，加5~10滴酚酞指示剂，用0.1mol/L氢氧化钾溶液滴定，轻微摇匀溶液，避免空气中CO_2溶解到溶液中；溶液颜色由无色到红色表示到达终点。控制终点保持15s不变色。

注意事项：萃取时，一定要使水和轧制油充分分离，否则会影响测定结果。乳化液与丁酮在分液漏斗中震荡时，一定要不断放气，否则会使溶液喷溅。乳化液加热破乳，温度需要控制在75℃，否则乳化液中的某些成分会被破坏，致使提炼出来的基油颜色灰暗，使结果偏低。

h　ESI检验

检验原理：取均化后的上、下层乳化液各45mL，加浓盐酸并加水稀释至130mL，加热破乳，取均化后的下层乳化液100mL，加浓盐酸并加水稀释至130mL，加热破乳，读取并计算下层与油浓度分出油的体积数之比，即为ESI。

检验步骤：取乳化液试样400mL置于1000mL均化器中，开动搅拌器，转速为15000~18000r/min，均化30s。均化结束后停止搅拌，倒出300mL乳化液于500mL分液漏斗中。将分液漏斗置于漏斗架上，静止15min。从分液漏斗底部缓慢放出100mL乳化液于100mL量筒内，倒入油分测定瓶内。向油分测定瓶内加入约10mL浓盐酸，然后用蒸馏水稀释至瓶颈零刻度处。将油分测定瓶放入（95±3）℃的水浴锅内，放至约2h，直至油水分离。取出油分测定瓶冷却至室温，读取测定瓶中的油层体积V。

注意事项：不同型（弥散型和乳化型）的乳化液检验方法稍有区别。

轧制油测定：将水和油各加热至50℃，配制成浓度为3%的乳化液，按上述方法测定。

i　氯离子检验

检验原理：用自动滴定仪，通过电位滴定测得试样消耗0.01mol/L $AgNO_3$溶液量，计算出试样的氯离子含量。

检验步骤：先通过实验确定等当点，设置好滴定终点。取50mL试样于100mL烧杯中。（根据氯离子含量的多少选择合适的取样量与烧杯的大小）将自动滴定管中加上0.01mol/L的硝酸银溶液，将毛细管中的气泡放出。将自动滴定仪的滴定模式旋钮打到自动上，将搅拌子放到装有水样的烧杯中，再将装有搅拌子的烧杯放到搅拌器的平台上，将氯离子选择电极和参比电极一起放到试样中。打开搅拌器电源开关，搅拌子正常搅拌，打开电位显示仪开关，屏幕上应有一个负值电位，再按一下搅拌器的绿色按钮就开始滴定，到达终点时将自动停止滴定,终点指示灯亮起。

注意事项:该方法要求 pH 在 6.5~10.5 之间滴定,否则会影响测定结果。若乳化液 pH 不在此范围内,可用 0.1M 硫酸或 0.1M 氢氧化钠调节至适当的 pH 才能滴定。

j　铁含量检验

检验原理:将乳化液试样灰化处理后,用盐酸溶解,控制 pH 值在 2~9 之间,用盐酸羟胺还原铁,以邻菲罗啉为显色剂生成橙红色络合物 $[(C_{12}H_8N_2)_3Fe]^{2+}$ 在波长 510nm 处进行比色测定。

检验步骤:将灰分残渣加入 5mL 盐酸再加热至沸 2~3min。将瓷坩埚中溶液转移到 250mL 容量瓶中,加水稀释至刻度,摇匀备用。工作曲线的绘制:在 6 个 50mL 容量瓶中分别用微量滴定管准确加入 0.1mL、3mL、5mL、7mL、9mL 的 10μg/mL 铁标准溶液。在上述 6 个 50mL 容量瓶中,各加入 10% 盐酸羟胺 2mL,30% 乙酸钠溶液 10mL,0.1% 邻菲罗啉乙醇溶液 10mL,加水稀释到刻度,摇匀。

试样的测定:吸取制备好的试液 10mL 于 50mL 容量瓶中,加入 10% 盐酸羟胺 2mL,30% 乙酸钠溶液 10mL 和 0.1% 邻菲罗啉 10mL,加水稀释至刻度摇匀,用比色皿在分光光度计波长 510nm 处测定吸光度。

注意事项:把卷成圆锥体的滤纸(引火芯)立刻放入坩埚内,一定要放稳,并将大部分试样表面盖住,在电热板上蒸发至干。试样的燃烧应进行到获得干性炭化残渣为止。

6.9.2.3　清洗剂

清洗段的目的就是清除冷轧带钢表面的污染物。冷轧带钢表面的污染物有冷轧时使用的轧制油、轧制过程中产生的金属颗粒、分解的碳氢化合物、附带的化学反应产物(如铁皂化物)、机械油的泄漏等,所以原料带钢必须要经过清洗,如果带钢清洗不净,经过退火炉后就会在带钢的表面形成残留的固体颗粒和碳化物,影响退火产品质量,不能满足客户需求及产生炉辊结瘤,从而造成带钢表面的压痕和划伤。

清洗剂指标见表 6-14。

表 6-14　清洗剂指标　　　　　　　　　　　　　　　(mg/L)

检验指标	指标范围
总碱	0~50
游离碱	0~50
油分	0~100
铁	0~500

A　清洗剂检验

a　总碱、游离碱

检验原理:基于酸碱中和反应,样品经过适当处理,使存在于其中的碱转移到水或水与有机溶剂的混合液中,在合适的指示剂存在下,用规定浓度的酸标准溶液滴定,就可测出样品的相应检验结果。

检验步骤:游离碱,10mL 样品,加入 75mL 水,加入 3~5 滴酚酞指示剂。用 0.5000mol/L 盐酸溶液进行滴定,直至酚酞指示剂由紫红色变为无色,记下消耗的盐酸体

积 $V(\text{mL})$。

总碱，10mL 样品，加入 75mL 水，加入 3~5 滴甲基橙示剂。用 0.5000mol/L 盐酸溶液进行滴定，直至甲基橙指示剂由黄色变为砖红色，记下消耗的盐酸体积 $V(\text{mL})$。

注意事项：由于化合物中包含银离子及其他元素会在水解中消耗 Cl^- 或在滴定中消耗酸，因此此类化合物都会影响样品浓度。根据浓度取样品量，浓度高少取，浓度低适当多取，一般取样量在 5~50mL 之间。也可以按照质量取样，方法稍有不同。

b 油分检验

检验原理：盐酸破乳，用丁酮萃取。

检验步骤：准确移取 50mL(V) 的试液于 250mL 分液漏斗中。加入 20mL 浓盐酸，振荡混匀，用 pH 试纸确认试液呈酸性。加入 100mL 丁酮（放气），充分振荡 5min，静置 10min 分层，将下层水相废弃。将有机相从分液漏斗下部通过装有无水硫酸钠的快速滤纸漏入到 250mL 的烧杯中（无水硫酸钠量约 1/3 漏斗）。在电炉上加热烧杯（<100℃），使丁酮蒸发干。将烧杯放入烘箱中烘 10min（<100℃），取出置于干燥器内 0.5h 后，称量烧杯的重量 G_2，算出总油分。

注意事项：所用分析器具必须洗涤干净，以避免油的污染；在萃取时必须经常放气，以免液体飞溅；在测量过程应避免水的引入，操作时必须保持通风良好，分液漏斗的活塞不要涂凡士林。

c 铁含量检验

检验原理：采用盐酸溶解试样，在盐酸介质中利用电感耦合等离子体发射光谱仪，测定清洗剂中铁元素含量。

检验步骤：标准曲线的制作，在 ICP 上选择铁的测定波长：$\lambda = 238.2\text{nm}$。分别取 1g/L 铁标液 0、2.5mL、5.0mL、7.5mL、10.0mL 于 5 个 100mL 容量瓶中，用量杯在 5 个容量瓶中各加入浓盐酸 10mL，加水稀释至刻度 100mL。用 ICP 测定强度，以表 6-15 的标准溶液的浓度和测定强度对应制作标准曲线。

表 6-15 标准溶液浓度

标准溶液	空白	高标 1	高标 2	高标 3	高标 4
1g/L Fe 加入量/mL	0	2.5	5	7.5	10
标准溶液浓度/mg·L^{-1}	0	25	50	75	100
对应试样浓度/mg·L^{-1}	0	250	500	750	1000

注：标准曲线线性 $r \geqslant 0.999$ 时，可以进行试验样测定。

取 10mL 试液于 100mL 烧杯中。加入 10mL 盐酸，在电炉上加热溶解铁。待铁溶解完全后（无气泡产生），从电炉上取下试样，冷却后，加水稀释至 100mL 容量瓶中，摇匀。将溶液用定性滤纸过滤出约 20mL 至小烧杯中，滤液用 ICP 光谱仪进行测定。

注意事项：当试样含铁量高时可以适当少取试样或稀释定溶后的试样，注意倍数关系，最终报出的结果值是 ICP 上测定值乘以相应的倍数。同理，铁含量高需增大取样量，ICP 上测定值应除以相应的倍数。

6.9.2.4　锌锅液

A　影响锌液因素

a　钢中铝对热镀锌的影响

铝作为一种对钢铁热镀锌起重要作用的元素，它对 Fe-Zn 反应有着极大的影响，并引起了镀锌层生成机理的变化。当铝作为钢铁中的成分时，它对 Fe-Zn 反应几乎没有影响。而作为脱氧剂用来生产镇静钢时，则会对镀锌层产生不良的影响。铝含量较高（如浇注时加入 0.7% 以上）会导致表面缺陷，这是因为脱氧时生成的三氧化二铝会在钢中形成很细的偏析，这在热镀锌时容易引起漏镀产生花斑。

b　锌液中铁的影响

铁作为锌锭的杂质被带入锌液的量是很小的，最多不超过 0.03%（4 号锌锭）。在 450℃时，铁在锌中的溶解度为 0.03%，若锌液中铁的含量超过 0.03%，铁将与锌生成铁锌化合物，由于其比重大于锌故而沉入锅底，即成为底渣，当锌液中含铝时，也有可能和铝反应，生成 Fe_2Al_5，其比重较锌轻而浮起，形成浮渣。两种渣的生成都会消耗大量的锌和铝。锌液中铁的存在，将使锌液的黏度和表面张力增加，从而使锌液的流动性变差，同时恶化锌液对钢板的润湿条件，如相应地延长镀锌时间则会使镀层变厚，而且主要是使 ε 相变厚。锌液中铁的存在还会提高镀层的硬度，并阻碍再结晶过程。总之，铁的过量存在是有害的，它使镀层变脆，表面变灰暗，增加锌渣的生成，增加了锌和铝的消耗量。

c　锌液中的铅对热镀锌的影响

锌液中的铅不仅仅是因为自然界中锌铅总是伴生成矿而作为杂质由锌锭带入，还有时是在镀锌时作为原料加入的，铅在温度为 450℃的锌液中的溶解度为 1.5%，过量的铅会沉到锌锅底部。铅是以珠状弥散于纯锌层中的，它对热锌镀时的 Fe-Zn 反应和镀层的其他合金层没有影响，但铅的存在会使锌液的黏度和表面张力降低，增强锌液对钢板的浸润能力，从而减少带钢的浸锌时间；同时铅的存在还能使锌液的熔点降低。延长锌液的凝固时间，促进锌花的成长，会获得较大的锌花。

在使用铁制锌锅时，在锌锅内加入铅，使之形成 10~30cm 厚的铅层（湿法镀锌时更多），这一方面是为了以铅作为 Fe-Zn 之间的传热介质，减少铁与锌的接触面积，从而减少锌对铁锅的侵蚀；另一方面，锌渣可以浮在铅液上面，便于捞取。

在锌液中加入铅也带来一些问题。例如，铅的加入会使镀层颜色发暗，当铅在锌液中的含量超过 1% 时，会引起镀层的晶间腐蚀，降低镀层的耐腐蚀性能，铅的蒸发将污染环境，危害操作人员的健康。

d　锌液中金属锑对热镀锌的影响

金属锑的加入主要是代替铅以利于形成较大的锌花，锑的加入不会像铅那样引起镀层的晶间腐蚀，但锑的加入也带来一些不利的影响。例如，锑会引起纯锌层的脆性，降低其挠性，另外它还会使合金层增厚，增加铁在锌中的溶解度，从而增加铁损，也使锌的损耗增加，还会使镀层变得灰暗。在使用钢制锌锅时，一旦出现局部过热现象时锑可使钢的浸蚀增加。另外实验证明，在酸性介质中，锑可使镀层的腐蚀溶解速度增加。锌液中含有 0.01%~0.02% 作为杂质存在的锑时，锑的不良影响并不明显，当含量达到 0.05% 时即产生不利影响。

锌锅液指标见表 6-16。

表 6-16 锌锅液指标

检验元素	GI	GA
Al	0.135%~0.25%	0.10%~0.14%
Fe	<0.015%	<0.040%
Pb	≤0.008%	
Sb	0.08%~0.12%	

B 锌锅液检验

检验原理：电感耦合等离子体发射光谱法基本原理。

原子发射光谱法是依据每种化学元素的原子或离子在热激发或电激发下，发射特征电磁辐射进行元素定性与定量分析的方法。原子的外层电子由高能级向低能级跃迁，多余能量以电磁辐射的形式发射出去，这样就得到了发射光谱。通常情况下，原子处于基态，在激发光源作用下，原子获得足够的能量，外层电子由基态跃迁到较高的能量状态，即激发态。处于激发态的原子是不稳定的，其寿命小于 10^{-8} s，外层电子就从高能级向较低能级或基态跃迁，多余能量的发射就得到了一条光谱线。谱线波长与能量的关系为：

$$\lambda = \frac{hc}{E_2 - E_1}$$

式中　E_2，E_1——分别为高能级与低能级的能量；

　　　　λ——波长；

　　　　h——Planck 常数；

　　　　c——光速。

原子中某一外层电子由基态激发到高能级所需的能量称为激发能，以 eV（电子伏）表示。原子光谱中每一条谱线的产生各有其相应的激发能，这些激发能在元素谱线表中可以查到。由第一激发态向基态跃迁发射的谱线称为第一共振线。第一共振线具有最小的激发能，因此最容易被激发，即该元素最强的谱线。在激发光源作用下，原子获得足够的能量就会发生电离，电离所必须的能量称为电离能。原子失去一个电子称为一次电离，一次电离的原子再失去一个电子称为二次电离，依此类推。

离子也可能被激发，其外层电子跃迁也发射光谱。由于离子和原子具有不同的能级，所以离子发射的光谱与原子发射的光谱是不一样的，每一条离子线也都有其激发能，这些离子线激发能的大小与电离能高低无关。

在原子谱线表中，罗马字Ⅰ表示中性原子发射的谱线，Ⅱ表示一次电离离子发射的谱线，Ⅲ表示二次电离离子发射的谱线，……。例如，Mg Ⅰ 285.21nm 为原子线，Mg Ⅱ 280.27nm 为一次电离离子线。

原子光谱是由于原子的外层电子（或称价电子）在两个能级之间跃迁而产生的。原子的能级通常用光谱项符号来表示：

$$n^{2S+1}L_J$$

检验仪器如下。

a ICP

ICP 光源是高频感应电流产生的类似火焰的激发光源。仪器主要由高频发生器、等离子炬管、雾化器等三部分组成（图 6-62）。高频发生器的作用是产生高频磁场供给等离子体能量，频率多为 27~50MHz，最大输出功率通常是 2~4kW。

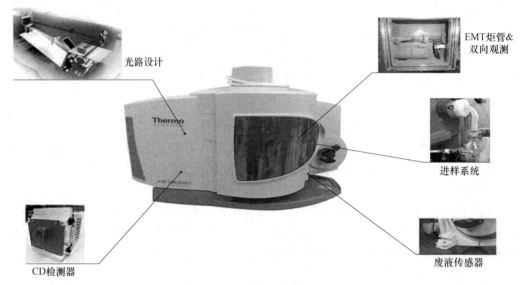

图 6-62　ICP 结构

ICP 的主体部分是放在高频线圈内的等离子炬管，如图 6-63 所示。在此断面图中，等离子炬管是一个三层同心的石英管，感应线圈 S 为 2~5 匝空心铜管。

等离子炬管分为三层：最外层通 Ar 气作为冷却气，沿切线方向引入，可保护石英管不被烧毁；中层管通入辅助气体 Ar 气，用以点燃等离子体；中心层以 Ar 为载气，把经过雾化器的试样溶液以气溶胶形式引入等离子体中。

当高频发生器接通电源后，高频电流 I 通过线圈，即在炬管内产生交变磁场 B，炬管内若是导体就产生感应电流，这种电流呈闭合的涡旋状即涡电流，如图 6-63 中虚线 P。它的电阻很小，电流很大（可达几百安培），释放出大量的热能（达 10000K）。电源接通时，石英炬管内为 Ar 气，它不导电，用高压火花点燃使炬管内气体电离。由于电磁感应和高频磁场 B，电场在石英管中随之产生，电子和离子被电场加速，同时和气体分

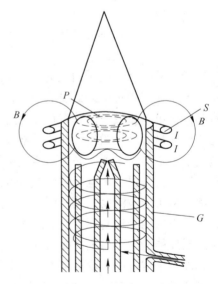

图 6-63　电感耦合等离子体（ICP）光源
B—交变磁场；I—高频电流；P—涡电流；
S—高频感应线圈；G—等离子炬管

子、原子等碰撞，使更多的气体电离，电子和离子各在炬管内沿闭合回路流动，形成涡流，在管口形成火炬状的稳定的等离子焰炬。

等离子焰炬外观像火焰，但它不是化学燃烧火焰而是气体放电。它分为三个区域

（图6-64）：

（1）焰心区。感应线圈区域内，白色不透明的焰心，高频电流形成的涡流区，温度最高达10000K，电子密度也很高。它发射很强的连续光谱，光谱分析应避开这个区域。试样气溶胶在此区域被预热、蒸发，又称预热区。

（2）内焰区。在感应圈上 10~20mm 处，淡蓝色半透明的炬焰，温度为 6000~8000K。试样在此原子化、激发，然后发射很强的原子线和离子线。这是光谱分析所利用的区域，称为测光区。测光时，在感应线圈上的高度称为观测高度。

（3）尾焰区。在内焰区上方，无色透明，温度低于6000K，只能发射激发能较低的谱线。

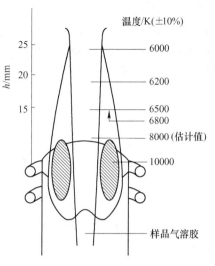

图 6-64　ICP 的温度分布

高频电流具有"趋肤效应"，ICP 中高频感应电流绝大部分流经导体外围，越接近导体表面，电流密度越大。涡流主要集中在等离子体的表面层内，形成"环状结构"，造成一个环形加热区。环形的中心是一个进样的中心通道，气溶胶能顺利地进入等离子体内，使得等离子体焰炬有很高的稳定性，试样气溶胶可在高温焰心区经历较长时间加热，在测光区平均停留时间可达 2~3ms，比经典光源停留时间（10^{-3}~10^{-2}ms）长得多。高温与平均停留时间使样品充分原子化，并有效地消除了化学干扰，周围是加热区，用热传导与辐射方式间接在此区域被预热、蒸发，又称预热区。

综上所述，ICP 光源具有以下特点：

（1）检出限低。气体温度高，可达 7000~8000K，加上样品气溶胶在等离子体中心通道停留时间长，因此各种元素的检出限一般在 10^{-1}~10^{-5}μg/mL 范围。可测 70 多种元素。

（2）基体效应小。

（3）ICP 稳定性好，精密度高。在实用的分析浓度范围内，相对标准差约为 1%。

（4）准确度高，相对误差约为 1%，干扰少。

（5）选择合适的观测高度，光谱背景小。

（6）自吸效应小。分析校准曲线动态范围宽，可达 4~6 个数量级，这样也可对高含量元素进行分析。由于发射光谱有对一个试样可同时做多元素分析的优点，ICP 采用光电测定在几分钟内就可测出一个样品从高含量到痕量各种组成元素的含量，快速而又准确，因此，它是一种很有竞争力的分析方法。

ICP 的局限性是：对非金属测定灵敏度低，仪器价格较贵，维持费用也较高。

b　全谱直读光谱仪

（1）色散系统。色散系统由中阶梯光栅和与其成垂直方向的棱镜组成。

1）中阶梯光栅。普通的闪耀光栅闪耀角 β 比较小，在紫外及可见区只能使用一级至三级的低级光谱。中阶梯光栅采用大的闪耀角刻线密度不大，可以使用很高的谱级，因而可得到大色散率、高分辨率和高的集光本领。

2）棱镜。由于使用高谱级，出现谱级间重叠严重、自由光谱区较窄等问题，因此采用交叉色散法，如图 6-65 所示。在中阶梯光栅的前边（或后边）加一个垂直方向的棱镜，进行谱级色散，得到的是互相垂直的两个方向上排布的二维光谱图，可以在较小的面积上汇集大量的光谱信息，包括从紫外到可见区的整个光谱，故可利用的光谱区广，光谱检出限低，并可多元素同时测定。

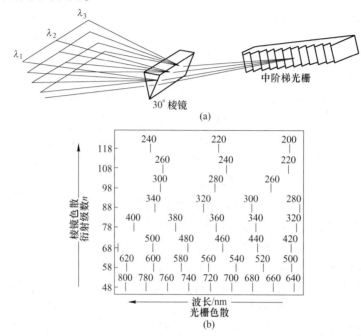

图 6-65　中阶梯光栅单色器色散示意图

（2）检测系统

热电的 ICP 光谱仪采用电荷注入器件（CID），其优点是信号读出时所有储存的电荷信号不会被破坏，因而可被重复读取或储存下来。

检验步骤：

1）试样处理。称取 0.8~1.5g 钻取的试样，精确至 0.0001g。将试料置于 100mL 烧杯内，缓缓加入 15mL 硝酸，微沸溶解后，取下冷却。移入 100mL 容量瓶中，用水稀释至刻度，混匀。

2）校准曲线系列的配制。称取 5 份基体锌粒，每份 1.000g，分别移入 5 个 100mL 烧杯中。分别缓缓加入 15mL 硝酸，微沸溶解后，取下冷却，移入 100mL 容量瓶中，在 5 个容量瓶中分别加入铝标准溶液 0mL、1.0mL、1.5mL、2.0mL、2.5mL；铁标准溶液和铅、镉标准溶液 0mL、1mL、3mL、5mL、7mL，用水稀释至刻度，混匀。

3）测量元素波长选择见表 6-17。ICP 测定条件氩气流量：冷却气 14L/min，辅助气流量 0.1~1.5L/min，载气流量 0.6~0.7L/min。

表 6-17　测量元素波长

元　素	Al	Fe	Pb	Cd
谱线/nm	394.4 或 396.1	238.2	220.3	228.8

4）测定。用 ICP 测量校准曲线系列，以各元素的谱线强度对应表 6-18 含量绘制校准曲线。当校准曲线线性 $r \geqslant 0.999$ 时，进行试样测定。

表 6-18　元素含量　　　　　　　　　　（%）

校准曲线	Std-0	Std-1	Std-2	Std-3	Std-4
Al	0	0.10	0.15	0.20	0.25
Fe	0	0.01	0.03	0.05	0.07
Pb	0	0.001	0.003	0.005	0.007
Cd	0	0.001	0.003	0.005	0.007

注意事项：锌锅样时要先钻约 5mm 深，此部分钻屑去除不要。然后继续钻取 10mm 左右深的试样，即总共钻入深度 15mm 左右。钻样时，要反复推拉手柄，以获得尽可能小的碎屑，不要持续钻入。钻好的试样放在试样袋内混匀。加热溶解锌锅样时须微沸溶解，以保持试样酸度一致。

6.9.2.5　冷轧水质

循环冷却水主要用于各机组及公辅设施的设备冷却，循环水处理站内包括循环水冷却系统、循环水供水 A 系统、循环水供水 B 系统、事故柴油机供水设施、旁通过滤系统、反洗系统、生活水储存加压供水系统、生产消防水供水系统、细水雾消防水供水系统、水质加药系统、补水系统 10 个部分。

循环水处理设施包括供水、冷却、过滤、水质稳定等设施。各用户使用后的回水利用余压上冷却塔，经冷却后回到冷水井，再用循环供水泵组供给用户循环使用。为去除冷却过程中飘入水中的尘埃，需设计旁滤系统，过滤器的反洗排水入过滤器反洗水调节池，通过反洗排水提升泵送至废水处理站处理。系统运行之后，循环水中的盐分不断浓缩，为了维持系统的正常运行，需要不定期进行排污。为了防止设备、管道的结垢和腐蚀，需要向循环水系统投加水质稳定剂，以保证系统的正常运行。在整个系统的正常运行过程中，由于冷却塔的飞溅、蒸发，以及系统排污，造成系统的水量减少，需要向系统补充水。

废水处理为有效处理主线排水，对含酸、含碱、乳化液、平整液等废水采用了不同的工艺，进行有针对性的处理。考虑到保护环境、减少排放，对于部分废水进行了回用。

循环水水质指标见表 6-19。

表 6-19　循环水水质指标

水质项目	单位	工业用水	循环水	备　注
pH		7~8	7.6~8.5	
悬浮物	mg/L	≤30	≤10	
全硬度	mg/L	≤220	≤340	以碳酸钙计
Ca 硬度	mg/L	≤150	≤160	以碳酸钙计
M-碱度	mg/L	≤180	≤260	
氯离子	mg/L	≤60	≤120	
硫酸离子	mg/L	≤80	≤120	

水质项目	单位	工业用水	循环水	备　注
电导率	MS/cm	≤1000	≤1200	
全铁	mg/L	≤1	≤3	以 Fe 计
总磷	mg/L		≤10	
浊度	X		≤20	

废水水质指标见表6-20。

表6-20　废水水质指标

序号	污染物	排放标准	单　位	备　注
1	pH	6~9		
2	悬浮物（SS）	≤100	mg/L	老线
3	悬浮物（SS）	≤30	mg/L	硅钢
4	CODCr	≤100	mg/L	
5	BOD5	≤20	mg/L	
6	石油类	≤10	mg/L	老线
7	石油类	≤5	mg/L	硅钢
8	Cr^{6+}	≤0.5	mg/L	
9	总 Cr	≤1.5	mg/L	
10	总 Zn	≤2.0	mg/L	
11	总 Ni	≤1.0	mg/L	
12	总 Mn	≤2.0	mg/L	
13	电导率	≤1200	μS/cm	
14	氯离子	≤400	mg/L	不考虑

水质检验如下。

A　化学需氧量检验

检验原理：试样中加入已知量的重铬酸钾溶液，在强硫酸介质中，以硫酸银作为催化剂，经高温消解后，用分光光度法测定 COD 值。

检验步骤：

（1）校准曲线的绘制。加热器预热到设定的（165±2）℃。选定预装混合试剂，摇匀试剂后再拧开消解管管盖。量取相应体积的 COD 标准系列溶液（试样）沿消解管内壁慢慢加入消解管中。将消解管放入（165±2）℃的加热器的加热孔中，加热器温度略有降低，待温度升到设定的（165±2）℃时，计时加热 15min。待消解管冷却至 60℃左右时，手执管盖颠倒摇动消解管几次，使消解管内溶液均匀，用无毛纸擦净管外壁，静置，冷却至室温。

高量程方法在（600±20）nm 波长处，以水为参比液，用光度计测定吸光度值，高量程 COD 标准系列使用溶液 COD 值对应其测定的吸光度值减去空白试验测定的吸光度值的差值，绘制校准曲线。

低量程方法在（440±20）nm 波长处，以水为参比液，用光度计测定吸光度值，低量程 COD 标准系列使用溶液 COD 值对应空白试验测定的吸光度值减去其测定的吸光度值的差值，绘制校准曲线。

（2）空白试验。用水代替试样，按照重复上述步骤测定其吸光度值，空白试验应与试样同时测定。

（3）试样的测定。选定对应的预装混合试剂，将已稀释好的试样在搅拌均匀时取相应体积的试样。按照上述步骤进行测定。测定的 COD 值由相应的校准曲线查得，或由光度计自动计算得出。

注意事项：氯离子是主要的干扰成分，水样中含有氯离子会使测定结果偏高，加入适量硫酸汞与氯离子形成可溶性氯化汞配合物，可减少氯离子的干扰，选用低量程方法测定 COD，也可减少氯离子对测定结果的影响。在（600±20）nm 处测试时，Mn（Ⅲ）、Mn（Ⅵ）或 Mn（Ⅶ）形成红色物质，会引起正偏差，其 500mg/L 的锰溶液（硫酸盐形式）引起正偏差 COD 值为 1083mg/L，其 50mg/L 的锰溶液（硫酸盐形式）引起正偏差 COD 值为 121mg/L；而在（440±20）nm 处，500mg/L 的锰溶液（硫酸盐形式）的影响比较小，引起的偏差 COD 值为 -7.5mg/L，50mg/L 的锰溶液（硫酸盐形式）的影响可忽略不计。在酸性重铬酸钾条件下，一些芳香烃类有机物、吡啶等化合物难以氧化，其氧化率较低。试样中的有机氮通常转化成铵离子，铵离子不被重铬酸钾氧化。

B　油分检验

检验原理：仪器使用萃取溶剂按一定萃取比例，以气流扰动技术将水体中的油类萃取出来，再将萃取溶液通过油水分离膜过滤装置除水除杂质后导入比色皿中，然后红外分光系统再对萃取溶液中的油类含量进行分析检测。通过全自动操作智能软件来完成自动化操作。

检验步骤：

（1）分析前的准备和检查。检查确保试剂管插入四氯乙烯中（检查试剂量是否充足够用），检查确保仪器外部试剂管路通畅、无弯折且能够抽取到试剂，无进样管悬空状态。检查清洗管是否插入清水或去离子水中（用于清洗萃取池），确保仪器外部试剂管路通畅、无弯折且能够抽取到清洗水样；将排废管插入废液桶中固定稳妥。准备将待测样品称量好 500mL 水样加入样品瓶中，将对应的进样管插入样品瓶底部，确保没有悬空和放错位置的情况（确保进样管能够抽干水样进入萃取池）。检查废液桶是否足够接入将要做的样品废液，如果不够，需要及时更换废液桶确保无试剂废液溢出。

（2）分析操作。

开机仪器预热：仪器通电后，分别打开前处理主机、测油仪主机及计算机的电源。

查找并打开软件快捷键，点击"分析"进入界面。空白调零，仪器开始执行全自动空白调零，此时"开始"按键变为灰色且无法点击，等待流程执行完成后，"开始"按键变回彩色且可点击状态，此时空白调零结束。

（3）样品测试。将 500mL 水样倒入采样瓶中放置好，然后将进样管插入采样瓶（注意进样管不能有悬空状态）；进入软件"分析"界面，点击功能模块的"样品测试"，然后点击全自动设置模块的"选择执行文件"，根据之前插入的进样管选择执行文件（如 1 个样品就将 1 号进样口插入采样瓶中，则此时选择"　008测1#总油　"文件，如果是 2 个样品选择"026测1-2#总油"，依次类推），然后修改右侧样品信息模块为"萃取剂体积50mL、水样体积500mL、萃取剂稀释倍数1倍"，之后点击"开始"按键，仪器自动执行选中流程，此时"开始"按键变为灰色且无法点击，等待执行完成后，"开始"按键变回彩色且可点击状态，此时样品测试结束。

该套设备可进行连续测样，只需将多个水样依次插入进样管，然后选择对应的执行文件即可（如"026测1-2#总油"、"028测1-3#总油"等）。注意将进样管插到水样底部，且保证仪器外部的进样管路通畅、无弯折。完成测试后可以在下面分析结果数据里查看水中油结果，水中油 mg/L"一列为测试结果，也就是水样中的油浓度值，仪器默认扫描两次样品，取平均值作为最终结果，结果保留至小数点后一位。

注意事项：使用时注意检查试剂管是否插入四氯乙烯瓶中（检查试剂量是否充足），确保仪器外部试剂管路通畅、无弯折且能够抽取到试剂，无试剂管悬空状态；将清洗管插入清水或去离子水中，确保仪器外部试剂管路通畅、无弯折且能够抽取到清洗水；注意对待测样品的清洁度分类，如果有杂质和容易堵管路的物质，要注意分离或者静止分层（分开进样，避免杂质异物堵通管路，如果无法分离或者浓度太高，可以人工手动萃取然后进样测试数据，仪器可以切换成手动测试完成）；如果经常使用仪器，请保持仪器一天24h 开机；废液桶的四氯乙烯挥发的气体比较多，所以废液桶一定要相对密封好；空白调零仪器自动保存软件自动默认，比如一天测试20个样品就做一次全自动空白调零就可以；软件的暂停按键是当样品或者仪器有问题时使用，当仪器运行有异常情况点击暂停按键然后断开电源联系厂商；停止是提供手动测试使用的，在运行的情况不能点击停止或者暂停按键。

C 总锌检验

检验原理：在 pH 为 8.5~9.5 的硼酸盐缓冲溶液中，锌离子与锌试剂形成红色螯合物，测定吸光度。

检验步骤：水样前处理，循环水中锌存在溶锌和不溶锌两部分，应用 0.45μm 的微孔滤纸过滤后，不溶的部分就留在纸上，分析滤液中的锌就是溶锌，而且不经过过滤的水样直接测定为总锌。10mL 水样，加 10mL 硼酸盐缓冲溶液，加入锌试剂 2mL，用水稀释至刻度，摇匀，放置 10min 比色。随同试样做空白试验。

注意事项：取样量要根据水样中的大致含量而定，当含量大于 5mL/L 时，要减少取样量或进行稀释；pH 低总锌相对就高，所以测定总锌前，先测定 pH 值，然后再定取总锌的水样量，原则上取样量为 10mL；色度深的水样也要少取。如：pH 5.98 取水样 5mL，pH 6.8~7.0 以上的取 10mL，pH 4.12 取 0.5mL，pH 3.95 取 0.1mL。

D 总磷检验

检验原理：采用强氧化剂过硫酸铵加热分解有机酸盐及聚磷酸盐为正磷酸盐，用硫酸肼还原磷钼黄为磷钼蓝后进行分光光度测定。

检验步骤：取水样 5mL，加入 1mL 1mol/L 硫酸溶液，加入 50mg 过硫酸铵，将锥形瓶放在置有石棉网或是可调电炉均匀加热煮沸溶液刚好冒浓厚白烟为止。取下稍冷，加少量水，加入 4~40mg 无水亚硫酸钠粉末，在电炉微沸 30~60s 取下，将溶液小心转移到50mL 比色管内并加少量水冲洗原三角瓶 3 次，洗液移入比色管中，（溶液应该控制在

25mL 左右）。加 4mL 钼酸钠溶液及 1mL 硫酸肼溶液后放入已经煮沸的水浴锅中，煮沸 10min 后取出，用流水冷却，用水稀释至比色管刻度，随同试样做空白试验。

注意事项：蒸干这一步是该方法的关键，因此应该小心操作；如果循环水中有机物质较多，过硫酸铵-硫酸钠分解剂可适当多加一些，当蒸干冒白烟时，有机物质炭化变黑，这时应在加亚硫酸钠微沸后进行过滤。

E 总铁检验

检验原理：利用亚铁离子与 1.10-二氮朵菲能形成稳定的红色配合物，其中三价铁离子先用盐酸羟胺还原为二价铁离子，用分光光度法测定总铁离子的含量。

检验步骤：取水样 50mL，加入 5mL 盐酸、2mL 盐酸羟胺，加热煮沸 10min 后取下，冷却后移入 50mL 比色管中，用水稀释至刻度，向比色管中加入 2mL 1.10—二氮朵菲和 5mL 醋酸铵溶液，将溶液倒入仪器自带比色管中比色，随同试样做空白试验。

注意事项：可根据水质铁含量的大小酌情增加或减少取样量。

F 悬浮物检验

检验原理：水质中的悬浮物是指水样通过孔径为 0.45μm 的滤纸，截留在滤纸上并于 103~105℃烘干至恒重的固体物质。

检验步骤：

滤膜准备，将定量滤纸放在敞开盖的称量瓶中，在 103~105℃烘干 0.5h 后取出，放入干燥器内，冷却至室温后称其重量。反复烘干、冷却、称量，直至两次称量的重量差 ≤±0.2mg。将恒重的定量滤纸放在漏斗内，并用夹子固定好。以去离子水湿润定量滤纸。

试样测定，量取充分混合均匀的试样 100mL，使试样全部通过定量滤纸，再以每次 10mL 去离子水连续洗涤 3 次，继续过滤以除去痕量水分。停止过滤后，仔细取出载有悬浮物的定量滤纸放在原恒重的称量瓶里，移入烘箱中于 103~105℃下烘干 1h 后移入干燥器中，使冷却到室温，称其重量，反复烘干、冷却、称量，直至两次称量的重量差 ≤±0.2mg 为止。

注意事项：漂浮或浸没的不均匀固体物质不属于悬浮物质，应从水样中除去；不能加入任何保护剂，以防破坏物质在固、液间的分配平衡；滤纸上截留过多的悬浮物可能夹带过多的水分，除延长干燥时间外，还可能造成过滤困难，遇此情况，可酌情少取试样。滤膜上悬浮物过少则会增大称量误差，影响测定精度，必要时可增大试样体积，一般以 5~100mg 悬浮物量做为量取试样体积的实用范围。

G 镁离子检验

检验原理：在 pH=10 的缓冲溶液中，用酸性铬蓝 K-奈酚绿 B 为指示剂，以乙二胺四乙酸二钠标准溶液络合滴定镁含量。

检验步骤：取水样 50mL，加三乙醇胺 2mL，加入酒石酸钾钠 2mL，加入氯化铵缓冲溶液 20mL，加入少量酸性铬蓝 K-奈酚绿 B 指示剂，用乙二胺四乙酸二钠标准溶液滴定至溶液由紫色变为蓝色即为终点。记录消耗的乙二胺四乙酸二钠标准溶液毫升数，随同试样做空白试验。

注意事项：可根据镁含量的大小酌情多取或少取水样。

H 总硬度检验

检验原理：在 pH=10 的条件下，用 EDTA 标准溶液络合滴定钙和镁离子，作为指示剂的铬黑 T 与钙和镁形成紫红色或紫色螯合物，游离的钙和镁离子首先与 EDTA 反应到达终点时，溶液的颜色由紫色转变为蓝色。

检验步骤：取水样 50mL 于 250mL 三角瓶中，加入 5mL 氯化氨缓冲溶液，加入少量铬黑 T，用 EDTA 标准溶液滴定，充分振荡至溶液由紫色转变为蓝色即为终点。

注意事项：可根据硬度的大小酌情多取或少取水样。

I　碱度检验

检验原理：中和 1L 水样至某指定 pH 值时所需酸的毫克当量数称为碱度，用甲基橙指示剂代替酸度计来指示终点。

检验步骤：取水样 50.00mL，加 4 滴甲基橙指示剂，用 0.1mol/L 盐酸标准溶液滴至溶液出现橙色，记录消耗量。

注意事项：可根据碱度的大小酌情多取或少取水样。

J　氯离子检验

检验原理：在中性及弱碱性范围内（pH 在 6.5 ~ 10.5），以铬酸钾为指示剂，以硝酸银滴定氯化物时，由于氯化银的溶解度小于铬酸银的溶解度，氯离子首先被完全沉淀出来后，然后铬酸盐以铬酸银的形式被沉淀，产生砖红色，指示滴定终点到达。

检验步骤：取 50mL 水样，另取 50mL 蒸馏水做空白试验。如水样 pH 值在 6.5 ~ 10.5 范围内，可直接滴定；若超出此范围的水样，应以酚酞作指示剂，用稀硫酸或氢氧化钠溶液调节至红色刚刚褪去。加入 1mL 铬酸钾溶液，用硝酸银标准溶液滴定至砖红色沉淀刚刚出现，即为滴定终点，同法做空白滴定。

注意事项：如水样有干扰，如水样浑浊及带有颜色，或含有硫化物、硫酸盐、硫代硫酸盐等，应先排除干扰，再进行检测。该方法适用浓度范围 10 ~ 500mg/L 的氯化物，高于此范围的可以稀释再测。

6.10　入厂辅料检验

6.10.1　简述

本钢为增强对生产用轧制油等入厂辅料的质量检验能力，于 2019 年开始投资建设油品检验项目。检验物料包括轧制油、酸洗钝化液、酸洗缓蚀剂、酸洗板防锈油、清洗剂、平整液、光整液、环保三价铬钝化液、环保有机无铬钝化液、耐指纹液、磷化液、液压油、润滑油、工业闭式齿轮油等。通过对辅料的检验，可以实现工序生产用油和介质的进厂检验以及使用过程跟踪监测，满足本钢生产需要，提高本钢产品质量控制水平。

6.10.2　油品的应用机理及关键理化指标

6.10.2.1　液压油

液压油是液压系统正常运行的关键辅助措施，不仅传递动力，还能起到润滑清洗元件，为液压系统降温散热的作用。液压系统故障 80% 是由系统中液压油污染造成的，因此对液压油的检测至关重要。

液压油在使用时，如果温度偏高，会使液压油的黏度降低，润滑性下降，会使液压泵及液压元件在工作时磨损加快，容易造成泄漏；如果温度偏低，会使液压油的黏度升高，将造成液压元件的运动灵活性下降，严重时可能会使运动元件不能运动，影响正常工作。液压系统的发热会导致统故障，因此控制好液压油的温度是液压系统正常工作的保障。通常把液压油工作中的温度控制在 25~55℃ 范围内，因此我们在测液压油的黏度时只测 40℃ 的指标。

6.10.2.2 润滑油

润滑油是用在各种类型机械上以减少摩擦、保护机械及加工件的液体润滑剂，主要起润滑、冷却、防锈、清洁、密封和缓冲的作用。润滑油添加剂是加入润滑剂中的一种或几种化合物，以使润滑剂得到某种新的特性或改善润滑剂中已有的一些特性。添加剂按功能分主要有抗氧化剂、抗磨剂、摩擦改善剂、黏度指数增进剂等类型。

润滑油最主要的性能是黏度、氧化安定性和润滑性。黏度是反映润滑油流动性的重要质量指标，不同的使用条件具有不同的黏度要求，重负荷和低速度的机械要选用高黏度润滑油，因此润滑油对黏度的检测范围相对液压油要更宽。

氧化安定性表示油品在使用环境中由于温度、空气中氧以及金属催化作用表现的抗氧化能力。油品氧化后，根据使用条件会生成细小的沥青质为主的碳状物质，呈黏滞的漆状物质或漆膜，或黏性的含水物质，从而降低或丧失其使用性能。

润滑油的色度可以反映其精制程度和稳定性，对于基础油来说，精制程度越高，其烃的氧化物和硫化物脱除的越干净，颜色越浅。但是，即使精制的条件相同，不同油源和基属的原油产生的基础油，其颜色和透明度也可能不同，但由于在基础油中使用添加剂后，颜色也会发生变化，颜色作为判断油品精制程度高低的指标已失去意义，因此色度对于在用和储运过程中的油品更有意义。通过比较其颜色的历次测定结果，可以估计其氧化、变质和受污染的程度。如颜色变深，除了受深色油污染的可能外，则表明油品氧化变质，因为胶质有很强的着色力，重芳烃液有较深的颜色，假如颜色变成乳浊，则油品中有水或气泡的存在。

同时，润滑油的抗磨损性能及润滑剂的承载能力也是判断润滑性能的重要指标，通过四球试验机测定磨斑直径及最大无卡咬负荷可以完成这种判定。

在高速齿轮、大容积泵送和飞溅润滑系统中，润滑油如果吸收空气会形成小气泡，即雾沫空气，这会降低润滑油的润滑性，因此好的润滑油要有分离雾沫空气的能力，测定空气释放值可以完成对这种能力的检测；同时，通过对润滑泡沫特性的检测可以描述润滑油的泡沫倾向和稳定性。

6.10.2.3 工业闭式齿轮油

工业闭式齿轮油主要的性能有极压抗磨性（有效防止齿面擦伤、磨损和胶合，保证齿轮运转顺畅），氧化安定性（保证油品长久的使用寿命），防锈、抗乳化性（在齿轮油工作中进水情况下可有效的防止机件腐蚀），抗泡沫性（能提供有效油膜保护，起良好的润滑、散热作用）。

在实际中一方面要考察工业闭式齿轮油的防锈性，另一方面要考虑它的腐蚀性，以及与合成液的水分离性。这可以通过液相锈蚀，铜片腐蚀，抗乳化的检测来实现。

6.10.2.4 轧制油

轧制油在冷轧生产中的作用是多方面的，其性能的好坏直接影响轧制过程的稳定性和带钢表面的质量。为此具有下列性能要求：具有良好的润滑性、冷却性、防锈性、化学稳定性，环保健康。皂化值是轧制油的一个主要指标，石油产品含有一些能与碱形成金属皂的添加剂，例如脂类，每 1g 试样以特定的方式与碱共热时所消耗碱的量就是皂化值。皂化值的高低表示油脂中脂肪酸分子量的大小（即脂肪酸碳原子的多少）。皂化值愈高，说明脂肪酸分子量愈小，亲水性愈强，愈易失去油脂的特性；皂化值愈低，则脂肪酸分子量愈大或含有不皂化物，油脂接近固体。润滑油和添加剂的产品规格中规定了皂化值的指标。

6.10.2.5　防锈油

防锈油以石油溶剂、润滑油、基础油等为基础原料，加入多种添加剂调制而成。防锈油可分为除指纹型防锈油、溶剂稀释型防锈油、脂型防锈油、润滑油型防锈油和气相防锈油五种类型。其中润滑油型防锈油的主要用途是金属材料及其制品的防锈，其主要技术要求有闪点、倾点、运动黏度、铜片腐蚀、除膜性、防锈性，并且为保证后续工序，应检验其脱脂性。

6.10.3　介质的应用机理及关键理化指标

（1）磷化液。磷化是在电镀后进行的，在带钢表面喷射磷化液，反应后形成一层含 Ni、Mn 的磷酸锌结晶层即磷化膜，磷化膜的存在能大大提高涂装的附着力，而且具有一定的耐蚀性，同时对于深冲用材料而言，由于磷化膜的存在将大大提高其成型能力，通过对磷化液的工艺参数（总酸，游离酸）的控制，可将磷化膜的厚度控制在要求的范围内。

（2）耐指纹液。耐指纹液能够对电镀锌板表面进行遮盖，提升电镀锌的板面质量，同时又能保证 EG 板（SECC 是热镀锌钢板（JIS），通称 EG）特有的光泽感，其在钢板表面形成的皮膜保护了钢板，要求达到在正常耐指纹皮膜范围内的耐蚀性要求。

（3）钝化液。2003 年 1 月，欧盟颁布《关于在电子电器设备中限制使用某些有害物质的指令》及《关于报废电子电气设备指令》（ROHS 指令），限制使用有害物质如 Pb、Hg、Cd、Cr^{6+}、PBB 等。中国出口电子电器产品的企业从 2005 年 12 月 1 日起停止使用六价铬表面处理工艺。对钢铁制造行业提出相应的要求，对于热镀锌钢板既要保留钢板的普通钝化工艺下的性能，又要兼顾其环保要求。这促使了无铬产品技术的发展：环保三价铬钝化液，环保有机无铬钝化液。

钝化液通过与基材发生反应生成钝化层，抑制 O_2、H_2O 等腐蚀性离子的通过，对钢板起到保护作用。检验的主要技术参数有密度、pH 值、铬含量及固体分。

（4）清洗剂。金属钢板在深加工前表面会有各种污染物，例如，储运过程中使用的防锈油、冷轧时使用的轧制油、轧制过程中产生的金属颗粒、分解的碳氢化合物以及附带的化学反应产物等。对清洗剂控制的重要检验指标是总碱和游离碱。

（5）光整液。光整液的作用体现在以下几个方面。

清洗性能：防止辊印、幅印发生，耐污染性提升；

分散性能：防止锌粉的凝结；

润滑性能：保有适当的摩擦系数，减少磨耗粉产生，确保要求润滑性；

防锈性能：防止在下一工序前生锈，并且可以达到延长辊的使用期限，辊的吨耗降低；减少辊印和锈的产生，带钢表面品质提高。

通常检验：密度、折光、碱值、pH。

6.10.4 检验方法

本钢外购辅料检验，从物料上分，主要分油品检验和介质检验两个部分；从方法上分，主要分化学检验和仪器检验两个部分。

化学检验部分，本钢制定了一套完整、可行的检验方法，并形成技术文件，从而改变了以往采用物料厂家的方法进行试验，即使是同一物料，由于供料厂家不同，配方不同而使用不同方法的历史，并且为了保证方法能够广泛应用，选用的都是经典的酸碱滴定、氧化还原滴定等方法。

仪器检验部分，从最初的仪器选型就严格遵照国家标准或行业标准，并且为更具实际意义制定了相关的技术文件。

6.10.4.1 化学检验

A 清洗剂中游离碱和总碱检验

适用于冷轧产线所有关键辅料中清洗剂原液产品，用滴定分析法测定碱度的分析。

执行 GB/T 9736《化学试剂 酸度和碱度测定通用方法》。

样品经过适当处理，使存于其中的碱转移到水中，在合适的指示剂存在下，用规定浓度的酸标准溶液滴定，就可测出样品的相应碱度。

操作步骤：

（1）游离碱测定步骤。取预先烘干的 250mL 三角瓶，准确称量（1.5000~2.0000）g±0.0001g 样品，为 m（g）；

准确加入 100mL 蒸馏水；加入 3~5 滴酚酞指示剂；用 0.5000mol/L 盐酸溶液进行滴定，直至酚酞指示剂由紫红色变为无色，记下所消耗的盐酸体积 V（mL）。

（2）总碱测定步骤。取预先烘干的 250mL 三角瓶，准确称量（1.5000~2.0000）g±0.0001g 样品，为 m（g）；

准确加入 100mL 蒸馏水；加入 3~5 滴甲基橙示剂；用 0.5000mol/L 盐酸溶液进行滴定，直至甲基橙指示剂由黄色变为砖红色，记下所消耗的盐酸体积 V（mL）。

（3）报出结果

游离碱或总碱以 mgNaOH/g 形式报出结果，计算如下：

$$游离碱或总碱（mgNaOH/g）= V \times C \times 40/m$$

式中　V——消耗的盐酸溶液的毫升数，mL；

　　C——盐酸溶液的摩尔浓度，mol/L，此处为盐酸经过标定后的实际浓度；

　40——氢氧化钠物质的量，g/mol；

　　m——样品取样量的克数，g。

滴定分析结果一般采用双样取平均值表示，且滴定分析的相对误差为小于±0.1%，因此当双样相对误差高于 0.1%时，采取第三遍分析，直至满足精密度的要求。

B 冷轧介质酸值检验

冷轧介质酸值检验适用于冷轧产线所用磷化剂等原液产品，用滴定分析法测定酸值的分析。执行 GB/T 9736《化学试剂 酸度和碱度测定通用方法》。

样品经过适当处理，使存在于其中的酸转移到水中，在合适的指示剂存在下，用规定浓度的碱标准溶液滴定，就可测出样品的相应酸值。

分析步骤：

(1) 游离酸测定步骤。取预先烘干的 100mL 容量瓶中，准确称量(2.0000 ± 0.0001)g 样品，为 m(g)；用去离子水稀释至刻度，摇匀，制成母液；用移液管移取 10mL 母液至 250mL 三角瓶中；加入 50mL 去离子水；加入 4~5 滴溴酚蓝指示剂；用 0.1000mol/L NaOH 进行滴定，颜色由黄变成浅蓝（pH=4），记下所消耗的氢氧化钠的体积 V(mL)。

(2) 总酸测定步骤。用移液管移取 10mL 母液至 250mL 三角瓶中；加 50mL 去离子水；加入 4~5 滴酚酞指示剂；用 0.1000mol/L NaOH 进行滴定，颜色由无变成红色（pH=8.5），记下所消耗氢氧化钠的体积 V(mL)。

(3) 报告结果。游离酸或总酸以 mg/g 形式报出结果，计算如下：

$$游离酸或总酸(mg/g) = 10VC40/m$$

式中　V——消耗的氢氧化钠溶液的毫升数，mL；

　　　C——氢氧化钠溶液的摩尔浓度，mol/L，此处为氢氧化钠经过标定后的实际浓度；

　　　40——氢氧化钠物质的量，g/mol；

　　　m——样品取样量的克数，g。

C　钝化液中铬的检验

钝化液中铬的检验适用于冷轧产线所用钝化液原液产品，用滴定分析法测定铬的分析。

在酸性溶液中，二价铁将六价铬还原为三价铬，当定量反应完成后，以邻菲罗啉指示剂颜色的变化来指示滴定终点的到达，根据反应的定量关系计算出六价铬的含量。

试样在酸性介质中以硝酸银为催化剂，用过硫酸铵将铬氧化成六价，再以硫酸亚铁标准溶液滴定，根据反应的定量关系，计算总铬的含量。

三价铬在酸性溶液中，以 Ag^+ 作为催化剂，与过硫酸铵反应被氧化成六价铬：

$$2Cr^{3+} + 3S_2O_8^{2-} + 7H_2O = Cr_2O_7^{2-} + 14H^+ + 6SO_4^{2-}$$

过量的过硫酸铵经煮沸后完全分解：

$$2S_2O_8^{2-} + 2H_2O \xrightarrow{\triangle} 4SO_4^{2-} + 4H^+ + O_2\uparrow$$

在酸性条件下，硫酸亚铁被六价铬氧化成三价铁：

$$6Fe^{2+} + Cr_2O_7^{2-} + 14H^+ = 6Fe^{3+} + 2Cr^{3+} + 7H_2O$$

邻菲罗啉与 Fe^{2+} 在酸性条件下生成红褐色配合物。

分析步骤：

(1) 六价铬的测定步骤。取预先烘干的 100mL 烧杯，准确称量 (30 ± 0.001)g 样品（似含量），为 m(g)；用去离子水定容到 500mL 容量瓶，摇匀，制成母液；用移液管移取 10mL 母液至 250mL 三角瓶中；加入 10mL 50% 的硫酸；加入 3 滴邻菲啰啉指示剂；用 0.1000mol/L 硫酸亚铁标准溶液进行滴定，至颜色呈红褐色，记下消耗的硫酸亚铁标准溶液的体积 V(mL)。

(2) 总铬（三价铬）的测定步骤。取预先烘干的 100mL 烧杯，准确称量（30±

0.001)g样品，为m(g)；用去离子水定容到500mL容量瓶，摇匀，制成母液；用移液管移取10mL母液至250mL三角瓶中；加入5mL 50%的硫酸，1mL(1+2)的硝酸；加100mL去离子水，放入沸石；加热煮沸5min，取下稍冷；加10mL硝酸银溶液，缓慢加入过量的过硫酸铵（约2~3g），煮沸10min，冷却至室温；加入20mL 50%的硫酸，加入6滴邻菲啰啉指示剂；用0.1000mol/L硫酸亚铁标准溶液进行滴定，至颜色由黄色变为绿色，最后变成红褐色，记下所消耗的硫酸亚铁标准溶液的体积V(mL)。

（3）结果报告。六价铬或总铬的含量以w(Cr)形式报出结果，计算如下：

$$w(\mathrm{Cr}) = \frac{CV \times 0.8666}{m} \times 100\%$$

式中 V——消耗的硫酸亚铁标准溶液的体积，mL；

0.8666——换算系数；

C——硫酸亚铁标准溶液的摩尔浓度，mol/L，此处为硫酸亚铁标准溶液经过标定后的实际浓度；

m——试样量，g。

D 酸洗缓蚀剂缓蚀率的检验

酸洗缓蚀剂缓蚀率的检验适用于冷轧产线所用缓蚀剂等产品的检验。

标准腐蚀试片经过15%的盐酸溶液腐蚀，放入加有缓蚀剂的盐酸溶液中，计算腐蚀速率的相对比值，即为缓蚀率。

分析步骤：准备两块试片，用360号砂纸对试片四周进行打磨，目的是除掉氧化层；取游标卡尺，对试片的长、宽、厚进行量尺（每片量三次，取平均值）；记录试片尺寸信息，例如：1号片50.35×25.30×2.10，2号片50.35×25.19×2.12；取两根绝缘电线，把试片穿起来，另一头缠在玻璃棒上；取一个试盘和一个200mL的烧杯，把石油醚倒入烧杯中，用脱脂棉蘸取石油醚对试片四周进行擦拭，目的是把试片上的油脂脱掉；另外取一个200mL的烧杯，倒入乙醇溶液，把每个试片放入乙醇中清洗，目的是把石油醚除掉；用风筒把试片吹干，如果试片上出现痕迹，可以把乙醇加热，用热的乙醇清洗试片；对试片进行称重，例如：1号片20.6216g，2号片20.6914g；取事先配制好的盐酸（15%）溶液分别倒入两个500mL烧杯中；以1号烧杯为空白试验，在2号烧杯中加入5%的缓蚀剂，当缓蚀剂的密度约为1时，可以用体积代替质量即加入2.5mL缓蚀剂；将两试片分别放入两个烧杯中，用玻璃棒挂起来，把烧杯放入水浴锅中；用温度计量烧杯中液体的温度为60℃时开始计时1h；取出试片放入盘中，依次用自来水、纯水、乙醇冲洗，再用风筒吹干；这时就不能再用手触摸试片，要借用滤纸把试片从绝缘线上拿下来；把试片用滤纸包上，放入干燥器中，冷却到时室温；再次称重，例如：1号片20.3614g，2号片20.6750g；计算试片前后质量差G；例如：1号片G_1=0.2602g，2号片G_2=0.0164g；计算试片的面积S；计算腐蚀速度$V = G/(Sh)$，试片的缓蚀率：

$$H = \frac{V_1 - V_2}{V_1} \times 100\%$$

E 石油产品脱脂性的检验

石油产品脱脂性的检验适用于冷轧产线所用防锈剂等产品用浸入式涂油，涂脱脂剂方式检测石油产品脱脂性的分析，标准样板经过涂油、静置、涂脂后，经水清洗来判断防锈剂的可清洗性。

分析步骤：取两块标准板，用干净软纸沾乙醇擦拭钢片两面，擦拭时向一个方向进行，擦拭至表面没有印痕（也可根据情况用脱脂剂进行处理，以清除试片上原有油膜，然后用乙醇清洗后吹干）；在合适的容器中倒入要检测的防锈剂，去除浮在表面上的气泡；用小挂钩，一端勾住标准板顶部的小孔，把标准板浸入防锈剂中 30s，顶端留有缝隙，以 100mm/min 的速度往上提；把挂钩放在试片架上，保证钢片静置 7d（或其他），其间禁止用手接触；静置完成后，用一个干净的 2000mL 的烧杯配制脱脂剂（浓度与温度要等同于生产现场条件）；用止血钳夹住标准板，放入脱脂剂中，手动摆动，每秒运动一次，共运动 3min；取出试片置于盛有净水的烧杯中，摆洗 3min；提起试片垂直放置 30s后，观察试片表面的沾水面积进行评定。判定结果以钢板上要留有水印的面积为准，要求大于 95% 为合格；否则为不合格，报告可清洗性、时间、沾水面积。为减少钢板及脱脂剂本身带来的误差，采用平行试验，若两片试片沾水面积均大于或等于 95%，则说明试样的可清洗性合格；若两片试片其中一片的沾水面积小于 95%，则重复试验。

注意事项：钢板擦拭时，要保证按一个方向进行；静置时，不能触碰钢板表面；对于脱脂过程的处理可以最大可能模拟现场条件，可以适当改变温度和时间；对于防锈脂试样，把试样加热到一定温度使其熔化，要注意试片温度，使膜厚为规定要求。

6.10.4.2　仪器检验

本钢入厂检验所用的设备，从技术参数到精密度等完全符合相关检验项目的国家或行业标准。并且在选定依托的国标时，也注重了技术先进性，这也决定了依此确定设备的先进性。最终本钢入辅料的检验实现了设备先进性、方法准确性，完全可以满足本钢生产的需求。

（1）密度计。采用 U 形管震荡原理，内置高精度的温湿度传感器及大气压传感器，并进行自动黏度补偿，通过 U 形管摄像，样品进样及数据处理准确完成密度的检测。应用于石油产品的质量控制和混比工艺监控，检测物料有石油产品及介质。

（2）全自动运动黏度测定仪。仪器的核心部分为测量池，是由一对同心旋转的圆筒和一个 U 形振动管组成。试样注入精确控温的测量池中，通过测定试样在剪切应力下内筒的平衡旋转速度和涡流制动力及 U 形管的振动频率下完成检测，石油产品被用作润滑油时，其黏度的大小直接关系到设备能否正常运行，黏度指标是产品规格中必不可少的，主要应用于轧制油、防锈油、液压油、润滑油的检测。

（3）台式 X 射线荧光硫分析仪。将油品置于样品杯中，以麦拉膜形成的二次窗口对试样进行激发，测量激发出来能量为 2.3keV 的硫 Ka 特征 X 射线强度，将数值累计进行对比，从而获得质量分数含量，石油产品的质量与硫含量有关，有关标准通过限制燃料中的硫含量来防止或限制环境污染，主要应用于轧制油的检验。

（4）激光粒度分布仪。激光衍射法是在两相体系中通过分析颗粒的光散射特性来进行粒度分布测量的粒度分析方法，假设颗粒为球形，因此对于非球形颗粒，所报告的粒度分布是根据球形颗粒散射图样体积和的理论值与实测的散射图样相匹配得到。通过分析轧制油在水相中的粒径分布情况，可以从某一侧面反应乳化液的一些性能。但由于搅拌速度等因素对离子径的影响很大，所以并不能完全反应现场的性能，主要应用于轧制油的检验。

（5）四球摩擦试验机。在四球试验机上评定润滑剂的承载能力：最大无卡咬负荷。在实际应用中可根据润滑剂的各种不同用途选用不同的评定指标。4 个钢球的接触点都浸没在润滑油中，每次试验时间为 10s，试验后测量油盒内任何一个钢球的磨痕直径按规定的程序反复试验，直到求出代表润滑油承载能力的评定指标。同样，3 个钢球在油盒中，用试验油浸没，另一个钢球置于顶部，施加规定的负荷，当试验油达到规定的温度时，顶球以规定的转速旋转 60min 后试验结束，测定 3 个钢球的磨斑直径，取平均值评价润滑油的抗磨损性能。用于评价在规定的滑动条件下润滑油的相对抗磨损性能，从而获得与实际使用性能的关联性，主要应用于润滑油的检验。

（6）热天平。热解重量分析法可快速、准确地测定液体、浆体中的水分含量。采用烘炉干燥的方式确定物质在加热过程中的损失的质量，用于考察轧制油与水制成乳化液后，油水的亲和能力。通过烘干恒重，测其中油的浓度，以及油水静置分离后其中油的浓度，通过两者的比值，求出轧制油的稳定性 ESI（X%，Xh）；对于介质，通过烘干求得固体分的含量，主要应用于轧制油、平整液、光整液、钝化液的检验。

（7）全自动开口闪点试验仪。通过严格控制试样量及升温速率，按规定的温度间隔用一个小的试验火焰扫过试验杯，使液面上部蒸气闪火，并记录温度，用于评价物质的易燃性，主要应用于轧制油、防锈油的检验。

（8）便携式油液状态检测仪。基于红外光谱技术，通过光纤收集穿过载样池的红外光，并通过探测器接收。光纤可以在传输过程中最小化大气干扰以及在分光计数时最大化光量，从而实现最好的光学分辨率并通过丰富的工业油液定量分析数据库，实现对油液的监测，可用来直接表征润滑油老化及污染的多个关键理化指标，包括总酸 TAN、总碱 TBN、氧化度、硝化度、硫化度、添加剂损耗、混油污染、微水、烟炱、乙二醇等，主要应用于润滑油、液压油、工业闭式齿轮油的检验。

（9）多功能磨粒分析仪。多功能磨粒分析仪包括 3 个模块。其中，内嵌高灵敏磁力传感器，实现铁磁颗粒浓度（$\times 10^{-6}$）以及 $25\mu m$ 以上铁磁性颗粒总数、尺寸分布的检测；基于直接成像技术，可直接捕获磨粒及污染物颗粒的形貌特征及其透光度，其内置的专家系统对捕获到的磨粒或污染物颗粒的图像进行智能识别，进而实现对磨粒的识别和自动分类；能够得到颗粒尺寸、总数和分布信息，直接测定油液的污染度等级，可直接测定颜色很黑的油（如高烟炱含量的机油）及高污染度（5000000 颗粒/mL）油样，从而实现颗粒计数功能；可进行铁谱分析；自动识别切削磨损、接触/滑动磨损、疲劳磨损、非金属磨粒、纤维、气泡、水滴等；ISO 4406，NAS1638 污染度评价标准评污染度等级。主要应用于润滑油、液压油的检验。

（10）油料光谱分析仪。采用的是旋转石墨盘电极激发技术，振荡型电弧放电，产生试样蒸发和激发所需要的能量。内置润滑油检测程序，定期用单标及多元素的混标进行校准和验证，以提高分析速度并保证分析的准确度。可准确完成对油品中 24 种元素的定量检测，判断设备磨损的程度和位置，实现油的监测及设备的管理。主要应用于润滑油，液压油的检验。

（11）全自动色度仪。把试样注入玻璃试样池中，并将其置于自动仪器光路中。仪器测定试样的透光率以得到 CIE 三刺激值（达到色匹配时所需的三原色的数量），通过适当的算法自动转化为赛波特颜色号或 ASTM 颜色号。石油产品颜色测定的主要目的是用于生产控制，由于颜色很容易观察，当已知某种特定产品的颜色时，如果发现颜色超出可接受的范围，则表明该产品有可能被污染，主要应用于润滑油的检验。

（12）全自动闭口闪点测定仪。通过对试样的连续搅拌，并以恒定速率加热样品，在规定的温度间隔对试样进行点火，使试样蒸气发生闪火的最低温度。用于评价物质的易燃性，主要应用于工业闭式齿轮油的检验。

（13）自动倾点仪。将石油产品注入测试杯中，放入夹套内，仪器在制冷过程中倾斜倾点管，同时使用光学仪器检查试样表面的移动情况。在规定的条件下，观察到的试样能够流动的最低温度就是倾点。石油产品的倾点可以作为产品使用的最低温度指标，产品的流动性能对于润滑系统、燃油系统及管线运输的正确操作是很重要的，主要应用于轧制油、酸洗板防锈油、润滑油、工业闭式齿轮油的检验。

（14）液相腐蚀测定仪。将圆柱形的试验钢棒全部浸在试样中，在规定的检验温度及周期下，以锈蚀钢棒标尺来判断锈蚀的程度。

在很多情况下，如汽轮机中水分可能混入润滑油，从而使铁部件生锈，但通过加入适量的抑制剂的矿物油可以防止这种锈蚀，因此可以表示新油规格指标测定及监测正在使用的油品，评定石油产品与水混合时对铁部件的防锈能力，主要应用于润滑油、工业闭式齿轮油的检验。

（15）抗乳化性能测定仪。试样和蒸馏水混合，并在规定温度及转数的情况下搅拌5min，记录乳化液分离所需的时间，静止30min或60min后，如果乳化液没有完全分离，或乳化层没有减少为3mL或更少，则记录此时油层（或合成液）、水层和乳化层的体积。用于测定混入水和受湍流影响的油与水的分离特性，即评定石油和合成液的水分离性能力。它既可用于新油的规格试验，也可用于监测使用中的油品，主要应用于润滑油、工业闭式齿轮油的检验。

（16）氧化安定性测定仪。将石油产品、水和铜线圈放入一个带盖的玻璃盛样器内，置于装有压力表的氧弹中。氧弹充入620kPa压力的氧气，在规定的恒温浴中，使其以100r/min的速度与水平面成30°角轴向旋转。试验达到规定的压力降所需要的时间即为试样的氧化安定性。油品的氧化安定性代表了油品的使用寿命，在规定的加速老化的条件下，确定抗氧化反应的时间，可以用来检查油品氧化安定性的连续性，主要应用于润滑油，工业闭式齿轮油的检验。

（17）空气释放值测定。试样加热到规定的温度，通过对试样吹入过量的压缩空气，使试样剧烈搅动，让空气在试样中形成小气泡，停气后记录雾沫空气体积减到0.2%的时间，用于评定液压油等石油产品分离雾沫空气的能力，主要应用于润滑油的检验。

（18）泡沫特性测定仪。试样在24℃时，用恒定流速的空气吹气5min，然后静止，测定试样中泡沫的体积；取第二份试样在93.5℃下进行试验，当泡沫消失后，再在24℃下进行重复试验。在高速齿轮，大容积泵送和飞溅润滑系统中，润滑油生成泡沫的倾向是一个严重的问题，由此引起的不良润滑，气穴现象和润滑剂的溢流损失都会导致机械故障。为此评价润滑油等石油产品的泡沫倾向性和泡沫稳定性，主要应用于润滑油，工业闭式齿轮油的检验。

（19）铜片腐蚀测定仪。将合格的铜片浸没在试样中，根据产品的种类加热到规定的温度和时间，周期结束后，对比铜片腐蚀标准色板，判断腐蚀级别。原油中的硫化物部分存在于石油产品中，不同硫化物的化学类型会对金属产生不同的腐蚀，铜片腐蚀的测定可以评定石油产品对铜片的腐蚀程度，主要应用于工业闭式齿轮油的检验。

参 考 文 献

[1] 黄涛，李绍连，吴晓红，等.检测和校准实验室能力认可准则培训教程 ［M］.北京：中国标准出版社，2019.

[2] 周尊英，刘心同.实验室质量管理统计技术 ［M］.北京：中国标准出版社，2014.

[3] 刘珍.化验员读本上下册 ［M］.4 版.北京：化学工业出版社，2011.

[4] 武汉大学主编.分析化学 ［M］.（5 版）.北京：高等教育出版社 2010.

[5] 柯以侃，周心如，王崇臣，等.化验员基本操作与实验技术 ［M］.北京：化学工业出版社，2011.

[6] 苏志平.分析化学（上册）［M］.5 版同步辅导及习题全解 ［M］.北京：中国水利水电出版社，2011.

[7] 李启华，余锦，宋祥江，等.工厂化验员速查手册 ［M］.2 版.北京：化学工业出版社，2004.

[8] 应崇福.超声学 ［M］.北京：科学出版社，1990.

[9] 云庆华.无损探伤 ［M］.北京：劳动出版社，1992.

[10] 黄一石.仪器分析 ［M］.2 版.北京：化学工业出版社，2019.

[11] 罗立强，詹秀春，李国会.X 射线荧光光谱仪 ［M］.北京：化学工业出版社，2008.

[12] 何顺绥.LECO 仪器应用及维修技术讲座讲义 ［M］.北京：北京力科仪器服务中心，1990.

[13] 张博.金相检验 ［M］.北京：机械工业出版社，2009.9.

[14] 邹莲娣，雷建中，栾燕，等.GB/T 18254—2016 高碳铬轴承钢.中国国家标准化管理委员会，2016.

[15] 何群雄，栾燕，邹莲娣，等.GB/T 10561—2005 钢中非金属夹杂物含量的测定标准评级图显微检验法.中国国家标准化管理委员会，2005.

[16] 程丽杰，栾燕，谷强，等.GB/T 6394—2017 金属平均晶粒度测定方法.中国国家标准化管理委员会，2017.

[17] 程丽杰，栾燕，谷强，鞠新华，盖秀颖，卢必红，张龙.GB/T 34474.1—2017 钢中带状组织的评定 第 1 部分：标准评级图法.中国国家标准化管理委员会，2017.

[18] 李继康，鞠新华，栾燕，等.GB/T 224—2019 钢的脱碳层深度测定法.中国国家标准化管理委员会，2019.